畜产品工艺学

郝修振　申晓琳　主编

中国农业大学出版社

·北京·

内 容 提 要

　　本书系统、全面地阐述了畜产品加工的基础理论知识和主要产品加工技术,共包括三大部分:肉品工艺学、乳品工艺学及蛋品工艺学。第一篇肉品工艺学介绍了原料肉的结构与特性、畜禽的屠宰及分割、肉品加工的基本原理与技术以及中式传统肉制品、西式肉制品、调理肉制品的加工技术。第二篇乳品工艺学介绍了乳的成分及性质、原料乳的验收与预处理技术,以及巴氏杀菌乳与超高温灭菌乳、酸乳、含乳饮料、冰淇淋、乳粉等乳制品的加工技术。第三篇蛋品工艺学介绍了禽蛋加工基础知识、禽蛋的品质鉴定和分级方法、禽蛋的贮藏保鲜技术,松花蛋、咸蛋、糟蛋、现代蛋制品等产品的加工技术。

　　本书在编写过程中紧密结合我国畜产品工业生产现状,参阅了大量中外文献资料,同时总结了多所院校相关专业的教学成果。本书理论结合实际,既强调了基础性、原理性的知识,又突出了生产技能操作,并力求将本行业新知识、新技术、新工艺引入其中,较全面地涵盖了当今畜产品加工的理论知识和技能,反映了国内外畜产品加工技术的最新进展。该书图文并茂,深入浅出,通俗易懂,适合作为各大专院校畜产品工艺学的教材,也可供食品生产企业以及相关企业的技术人员阅读和参考。

图书在版编目(CIP)数据

畜产品工艺学/郝修振,申晓琳主编. —北京:中国农业大学出版社,2015.10
ISBN 978-7-5655-1419-7

Ⅰ.①畜…　Ⅱ.①郝…②申…　Ⅲ.①畜产品-食品加工　Ⅳ.①TS251

中国版本图书馆 CIP 数据核字(2015)第 238401 号

书　　名	畜产品工艺学		
作　　者	郝修振　申晓琳　主编		

策划编辑	赵　中	责任编辑	冯雪梅
封面设计	郑　川	责任校对	王晓凤
出版发行	中国农业大学出版社		
社　　址	北京市海淀区圆明园西路 2 号	邮政编码	100193
电　　话	发行部 010-62818525,8625	读者服务部 010-62732336	
	编辑部 010-62732617,2618	出 版 部 010-62733440	
网　　址	http://www.cau.edu.cn/caup	e-mail cbsszs@cau.edu.cn	
经　　销	新华书店		
印　　刷	北京时代华都印刷有限公司		
版　　次	2015 年 10 月第 1 版　2015 年 10 月第 1 次印刷		
规　　格	787×1 092　16 开本　27.75 印张　680 千字		
定　　价	58.00 元		

编 写 人 员

主　编　郝修振　申晓琳

副主编　付　丽　袁玉超　李和平

参　编　张秀凤　党美珠　李　辉　王　斌　王莹莹

主　审　杨宝进　黄埔幼宇

前　言

　　我国畜产品加工业改革开放以来发展迅速,取得了举世瞩目的成就。畜产品加工的规模化、集约化、标准化及加工制品质量逐步改善,产品结构渐趋合理,深加工程度不断提高,产业经济地位日益重要。畜产品加工业已经成为推动农牧业产业结构调整、增加农民收入、提高国民身体素质、促进农牧业良性循环等方面不容忽视的力量。目前,我国畜产品消费已告别了畜产品供应短缺的历史,进入了由数量与原料需求型向质量与制品需求型转化的新阶段。畜产品加工业的快速发展,不仅加大了对人才的需求量,同时也对人才的实用性、技能性、创新性提出了更高的要求。我们在不断总结近年来畜产品行业发展特点及畜产品加工课程建设与改革经验的基础上,编写了这本《畜产品工艺学》,以满足高校食品科学与工程类专业建设和相关课程改革的需要,提高课程教学质量和人才培养水平,助推我国畜产品行业的发展。

　　本书编写人员均为教学一线相关课程老师或企业技术人员,由郝修振、申晓琳主编,杨宝进和黄埔幼宇主审。第一章由付丽编写,第二章由袁玉超编写,第三章由袁玉超与王莹莹共同编写(袁玉超编写第一、二、三、五节,王莹莹编写第四节),第四章、第五章、第六章由郝修振编写,第七章、第九章、第十四章由申晓琳编写,第八章由李辉编写,第十章、第十三章由付丽编写,第十一章由党美珠编写,第十二章由张秀凤编写;第十五章、第十八章、第二十一章由李和平编写,第十六章、第十七章、第二十章由张秀凤编写,第十九章由李和平和王斌共同编写(李和平编写第一、二节,王斌编写第三、四、五节)。

　　本书编写过程中,得到了中国农业大学出版社、河南花花牛乳业有限公司、河南伊赛牛肉股份有限公司和相关高等院校的大力支持和帮助,在此表示衷心感谢!本书编写过程中参考了大量国内外文献资料和相关专业网站资料,有些未能列出,在此向这些文献资料的作者表示感谢!

　　由于编者水平有限且编写时间仓促,不当之处在所难免,恳请读者提出宝贵意见。

编　者

2015 年 7 月

目　录

第一篇　肉品工艺学

第三篇　蛋品工艺学

第一篇
肉品工艺学

第一章
原料肉的结构与特性

【目标要求】

1. 了解肉的基本概念和分类；
2. 了解并掌握肉的组织结构特点及其与肉品质的关系；
3. 掌握肉的化学组成成分及其对肉加工品质的影响；
4. 了解形成肉色的物质及其结构性质，掌握肉色变化的机理及影响因素；
5. 了解肉中的风味物质及其产生途径；
6. 掌握肉保水性的概念、物理化学基础及影响因素；
7. 掌握肉嫩度的概念、影响因素及提高肉嫩度的技术。

第一节　肉的组织结构

一、肉及肉制品的概念及分类

肉是指各种动物宰杀后所得可食部分的总称，包括肉尸、头、血、蹄和内脏部分。在肉品工业中，按其加工利用价值，把肉理解为胴体（carcas），即畜禽经宰杀、放血后除去毛、内脏、头、尾及四肢（腕及关节以下）后的躯体部分，俗称白条肉。从狭义上讲，肉是指胴体中除去骨的可食部分，又称其为净肉。

根据有关标准与要求，对胴体按不同部位，去皮、去骨分割成的肉块，称为分割肉（cut meat）。肥肉（fat），又称为肥膘，是指胴体皮下及肌间脂肪。

根据 GB/T 19480—2009《肉与肉制品术语》：

1. 按肉所处温度状况分为

（1）热鲜肉（hot meat）　在肉品生产中，把屠宰后未经人工冷却过程的肉称为热鲜肉。因为贮存温度偏高，加之肉外观潮湿，为微生物的生长繁殖提供了适宜的温度，保质期短。

（2）冷却肉（chilled meat）　又称为冷鲜肉、排酸肉、冰鲜肉，准确地说应该叫"冷却排酸肉"。是指在低于 0℃ 环境下，将肉中心温度降低到 0～4℃，而不产生冰结晶的肉。与热鲜肉相比，冷却肉的加工、储藏、运输和销售始终处于 0～4℃ 的冷却环境下，大多数微生物的生长繁殖被抑制，可以确保肉的安全卫生；而且冷却肉经历了充分的成熟过程，质地柔软有弹性，滋味鲜美。与冷冻肉相比，冷却肉具有汁液流失少、营养价值高等优点。被誉为是集安全、营养、美味于一体的最科学的生鲜肉。在我国市场上，冷却肉自20世纪80年代出现至今，已越来越受消费者喜爱。

(3)冷冻肉(frozen meat)　在低于-23℃环境下，将肉中心温度降低到≤-15℃的肉。由于肉内水分在冻结过程中，体积会增长9%左右，大量冰晶的形成，会造成细胞的破裂，组织结构遭到一定程度的破坏，因此解冻时组织细胞中汁液析出，导致营养成分的流失，并且风味也会明显下降。

2.按肉的色泽分为

(1)红肉(red meat)　含有较多肌红蛋白，呈现红色的肉类，如猪、牛、羊等畜肉；

(2)白肉(white meat)　肌红蛋白含量较少的肉类，指鸡、鸭、鹅等禽肉。

二、肉的组织结构

肉(胴体)主要由肌肉组织、脂肪组织、结缔组织和骨骼组织四大部分组成。这些组织的构造、性质及其含量直接影响到肉品质量、加工用途和商品价值。依据屠宰动物的种类、品种、性别、年龄和营养状况等因素不同而有很大差异(表1-1,表1-2)。

表1-1　肉的各种组织占胴体的百分比　　　　%(质量分数)

组织名称	牛肉	猪肉	羊肉	组织名称	牛肉	猪肉	羊肉
肌肉组织	57~62	39~58	49~56	结缔组织	9~12	6~8	20~35
脂肪组织	3~16	15~45	4~18	血液	0.8~1	0.6~0.8	0.8~1
骨骼组织	17~29	10~18	7~11				

表1-2　不同月龄猪胴体各组织的比例　　　　%(质量分数)

月龄	肌肉组织	脂肪组织	骨骼组织
5	50.3	30.1	10.4
6	47.8	35.0	9.5
7.5	43.5	41.4	8.3

肌肉组织为胴体的主要组成部分，也是肉品加工的主要对象，因此下面重点介绍肌肉组织的形态结构。

(一)肌肉组织

1.肌肉组织的宏观结构

家畜体上有600块以上形状、大小各异的肌肉，但其基本结构是一样的(图1-1)。

肌肉的基本构造单位是肌纤维，即肌细胞。肌纤维与肌纤维之间有一层很薄的结缔组织膜围绕隔开，此膜叫肌内膜(endomysium)；每50~150条肌纤维聚集成束，称为肌束；外包一层结缔组织鞘膜称为肌周膜或肌束膜(perimysium)，这样形成的小肌束也叫初级肌束(primary bundle)。由数十条初级肌束集结在一起并由较厚的结缔组织膜包围就形成次级肌束(又叫二级肌束)。由许多二级肌束集结在一起即形成肌肉块，外面包有一层较厚的结缔组织

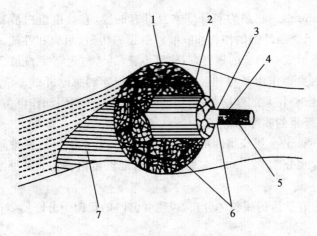

图 1-1　肌肉组织的宏观结构
1.肌外膜　2.肌束膜　3.肌内膜　4.肌纤维膜
5.肌原纤维　6.肌纤维　7.腱纤维

称为肌外膜(epimysium)。这些分布在肌肉中的结缔组织膜既起着支架的作用,又起着保护作用,血管、神经通过三层膜穿行基中,伸入到肌纤维的表面,以提供营养和传导神经冲动。此外,还有脂肪沉积其中,使肌肉断面呈现大理石样纹理。

2.肌肉的微观结构

肌纤维(muscle fiber),即肌细胞核,呈细长的圆柱状,直径为 10～100 μm,长度为 1～40 mm,最长可达 100 mm(图 1-2)。肌纤维由肌膜、肌浆、肌细胞核和肌原纤维组成。

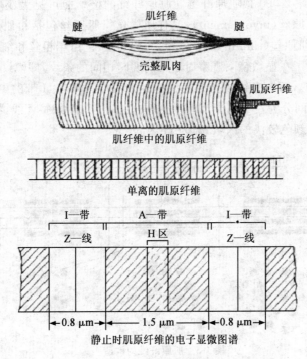

图 1-2　肌肉的微观结构

（1）肌膜（sarolemma） 肌膜为肌纤维本身具有的膜，它是由蛋白质和脂质组成的，具有很好的韧性，因而可承受肌纤维的伸长和收缩。肌膜的构造、组成和性质，相当于体内其他细胞膜。肌膜向内凹陷形成一网状的横管，叫作横小管（通常称为 T 系统或 T 小管）和纵向的管称为肌质网。横管的主要作用是将神经末梢的冲动传导到肌原纤维。肌质网的管道内含有 Ca^{2+}，肌浆网的小管起着钙泵的作用，在神经冲动的作用下（产生动作电位），可以释放或收回 Ca^{2+}，从而控制着肌纤维的收缩和舒张。

（2）肌浆（sarcoplasm） 肌纤维的细胞质称为肌浆，填充于肌原纤维间和核的周围，是细胞内的胶体物质。含水分 75%～80%。肌浆内富含肌红蛋白、酶、肌糖原及其代谢产物、无机盐类等。

骨骼肌的肌浆内有发达的线粒体分布，说明骨骼肌的代谢十分旺盛，习惯把肌纤维内的线粒体称为肌粒。

肌浆中还有一种重要的细胞器叫溶酶体（lysosomes），是一种小胞体，内含有多种能消化细胞和细胞内容物的酶。在这种酶系中，能分解蛋白质的酶称为组织蛋白酶（cathepsin），有几种组织蛋白酶均对某些肌肉蛋白质有分解作用，对肉的成熟和嫩化具有很重要的意义。

（3）肌细胞核 骨骼肌纤维为多核细胞，但因其长度变化大，所以每条肌纤维所含核的数目不定。一条几厘米长的肌纤维可能有数百个核。核呈椭圆形，位肌纤维的边缘，紧贴在肌纤维膜下，呈有规则的分布，核长约 5 μm。

（4）肌原纤维（myofibrils） 肌原纤维是肌细胞独特的器官，也是肌纤维的主要成分，占肌纤维固形成分的 60%～70%，是肌肉的伸缩装置。肌原纤维在电镜下呈长的圆筒状结构，其直径是 1～2 μm，其长轴与肌纤维的长轴相平等并浸润于肌浆中。肌原纤维的构造见图 1-3。一个肌纤维含有 1 000～2 000 根肌原纤维。肌原纤维的横切面可见大小不同的点呈有序排列，这些点实际上是肌原丝（myofilament），又称肌微丝。肌原丝包括粗肌原丝（tich-myofilament，简称粗丝）和细肌原丝（thin-myofilament，简称细丝）。由于粗丝和细丝的排列在某一区域形成重叠，从而形成了在显微镜下观察时所见的明暗相间的条纹，即横纹。我们将光线较暗的区域称为暗带（A 带），而将光线较亮的区域称之为明带（I 带）。I 带的中央有一条暗线，称之为 Z 线，将 I 带从中间分为左右两半，A 带的中央也有一条暗线称 M 线，将 A 带分为左右两半。在 M 线附近有一颜色较浅的区域，称为 H 区。

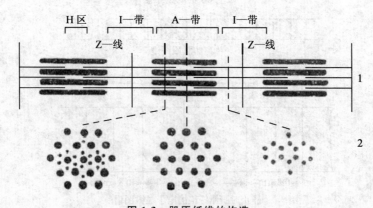

图 1-3 肌原纤维的构造
1.纵断面 2.各部位的横断面

从肌原纤维的构成上看,它是由许多按一定周期重复的单元组成的。我们把两个相邻 Z 线间的肌原纤维单位称为肌节(sarcomere),它包括一个完整的 A 带和两个位于 A 带两边的半 I 带。肌节是肌肉收缩、松弛交替发生的基本单位。肌节的长度是不恒定的,它取决于肌肉所处的状态。当肌肉收缩时,肌节变短;松弛时,肌节变长。哺乳动物放松时的肌肉,其典型的肌节长度为 $2.3~\mu m$。

构成肌原纤维的粗丝和细丝不仅大小、形态不同,而且它们的组成性质和在肌节中的位置也不同。粗丝主要由肌球蛋白组成,故又称之为肌球蛋白微丝(myosin filament),直径约 $10~nm$,长约为 $1.5~\mu m$。A 带主要由平行排列的粗丝构成,另外有部分细丝插入。每条粗丝中段略粗,形成光镜下的中线(M 线)及 H 区。粗丝上有许多横突伸出,这些横突实际上是肌球蛋白分子的头部。横突与插入的细丝相对。细丝主要由肌动蛋白分子组成,所以又称肌动蛋白微丝(actin filament),直径为 $6\sim8~nm$,自 Z 线向两旁各扩张约 $1.0~\mu m$。I 带主要由细丝构成,每条细丝从 Z 线上伸出,插入粗丝间一定距离。在细丝与粗丝交错穿插的区域,粗丝的横突(6 条)分别与 6 条细丝相对。因此,从肌原纤维的横断面上看(图 1-3),I 带只有细丝,呈六角形分布。在 A 带,由于两种微丝交替交错穿插,所以可以看到以一条粗丝为中心,有 6 条细丝呈六角形包绕在周围。而 A 带的 H 区则只有粗丝呈三角形排列。

当肌肉收缩或松弛时,不是粗丝在 A 带位置的长度变化,而是细丝在 A 带中伸缩。因此,肌肉收缩的原因是细丝在粗丝之间的滑动。

(二)脂肪组织

脂肪组织(adipose tissue)是畜禽胴体中仅次于肌肉组织的第二个重要组成部分,在活体内起着保护组织器官和提供能量的作用,在肉中,脂肪是风味的前体物质,对于改善肉质、提高风味均有影响。

脂肪的构造单位是脂肪细胞,脂肪细胞或单个或成群地借助于疏松结缔组织连在一起。细胞中心充满脂肪滴,细胞核被挤到周边。脂肪细胞外层有一层膜,膜为胶状的原生质构成,细胞核即位于原生质中。脂肪细胞是动物体内最大的细胞,直径为 $30\sim120~\mu m$,最大者可达 $250~\mu m$,脂肪细胞越大,里面的脂肪滴越多,因而出油率也高。

脂肪在体内的蓄积,依动物种类、品种、年龄、肥育程度不同而异。猪多蓄积在皮下、肾周围及大网膜中;羊多蓄积在尾根、肋间;牛主要蓄积在肌肉内;鸡蓄积在皮下、腹腔及肌胃周围。脂肪蓄积在肌束内最为理想,这样的肉呈大理石样,肉质较好。

脂肪组织中脂肪占绝大部分,其次为水分、蛋白质以及少量的酶、色素和维生素等。

(三)结缔组织

结缔组织(connective tissue)在动物体内对各器官组织起到支持和连接作用,使肌肉保持一定弹性和硬度,是构成肌腱、筋膜、韧带及肌肉内外膜、血管、淋巴结的主要成分,分布于体内各部。

结缔组织是由细胞、纤维和无定形基质组成,其含量和肉的嫩度有密切关系。细胞存在于纤维中间,纤维由蛋白质分子聚合而成,可分胶原纤维、弹性纤维、网状纤维三种,但以前两者为主。

1. 胶原纤维

胶原纤维(collagenous fiber)呈白色,故称白纤维,纤维呈波纹状,分布于基质内。纤维长度不定,粗细不等,直径 $1\sim12\ \mu m$,有韧性及弹性。胶原纤维主要由胶原蛋白组成,是肌腱、皮肤、软骨等组织的主要成分。

2. 弹性纤维

弹性纤维(elastic fiber)色黄,故又称黄纤维。有弹性,直径 $0.2\sim12.0\ \mu m$。弹性蛋白为弹性纤维的主要成分,约占弹性纤维固形物的 25%。弹性蛋白在很多组织中与胶原蛋白共存,但在皮、腱、肌内膜、脂肪等组织中含量很少,而在项韧带与血管壁(特别是大动脉管壁)中含量最多。

3. 网状纤维

网状纤维(reticular fiber)主要分布于疏松结缔组织与其他组织的交界处,如在上皮组织的膜中、脂肪组织、毛细血管周围,均可见到极细致的网状纤维。网状纤维与胶原纤维的化学本质相同,但比胶原纤维细,直径 $0.2\sim1\ \mu m$。主要由网状蛋白组成,属于糖蛋白类,为非胶原蛋白。

结缔组织的含量取决于畜禽年龄、性别、营养状况及运动等因素。老畜、公畜、消瘦及使役的动物,结缔组织发达。同一动物不同部位其含量也不同。一般地讲,前躯由于支持沉重的头部,结缔组织较后肢发达,下躯较上躯发达。

结缔组织为非全价蛋白,不易消化吸收,增加肉的硬度,食用价值低,如牛肉结缔组织的吸收率仅为 25%,而肌肉的吸收率为 69%。但可以利用加工胶冻类食品。

(四)骨组织

骨组织是肉的次要成分,食用价值和商品价值较低。成年动物骨骼的含量比较恒定。猪骨占胴体的 $5\%\sim9\%$,牛占 $15\%\sim20\%$,羊占 $8\%\sim17\%$,兔占 $12\%\sim15\%$,鸡占 $8\%\sim17\%$。

骨由骨膜、骨质及骨髓构成。骨膜是由结缔组织包围在骨骼表面的一层硬膜,里面有神经、血管。骨骼根据构造的致密程度分为密质骨和松质骨,骨的外层比较致密坚硬,内层较为疏松多孔。骨按构造又分为管状骨和扁平骨。管状骨密质层厚,扁平骨密质层薄。在管状骨的管骨腔及其他骨的松质层孔隙内充满有骨髓。骨髓分红骨髓和黄骨髓。红骨髓含血管、细胞较多,为造血器官,幼龄动物含量多;黄骨髓主要是脂类,成年动物含量多。

骨的化学成分,水分占 $40\%\sim50\%$,胶原蛋白占 $20\%\sim30\%$,无机质占 20%。无机质成分主要是钙和磷。

将骨骼粉碎可以制成骨粉,作为饲料添加剂,此外还可熬出骨油和骨胶。利用超微粒粉碎机制成骨泥,是肉制品的良好添加剂,也可用于其他食品以强化钙和磷。

第二节　肉的化学组成

肉的化学成分主要是指肌肉组织的各种化学物质的组成,包括有水分、蛋白质、脂类、碳水化合物、含氮浸出物及少量的矿物质和维生素等(表 1-3)。哺乳动物骨骼肌的化学组成列于表 1-4。

表 1-3　畜禽肉的化学组成

名称	含量/%					热量 /(J/kg)
	水分	蛋白质	脂肪	碳水化合物	灰分	
牛肉	72.91	20.07	6.48	0.25	0.92	6 186.4
羊肉	75.17	16.35	7.98	0.31	1.92	5 893.8
肥猪肉	47.40	14.54	37.34	—	0.72	13 731.3
瘦猪肉	72.55	20.08	6.63	—	1.10	4 869.7
马肉	75.90	20.10	2.20	1.33	0.95	4 305.4
鹿肉	78.00	19.50	2.25	—	1.20	5 358.8
兔肉	73.47	24.25	1.91	0.16	1.52	4 890.6
鸡肉	71.80	19.50	7.80	0.42	0.96	6 353.6
鸭肉	71.24	23.73	2.65	2.33	1.19	5 099.6
骆驼肉	76.14	20.75	2.21	—	0.90	3 093.2

表 1-4　哺乳动物骨骼肌的化学组成　　　%

化学物质	含量	化学物质	含量
水分(65~80)	75.0	脂类(1.5~13.0)	3.0
蛋白质(16~20)	18.5	中性脂类(0.5~1.5)	1.5
肌原纤维蛋白	9.5	磷脂	1.0
肌球蛋白	5.0	脑苷酯类	0.5
肌动蛋白	2.0	胆固醇	0.5
原肌球蛋白	0.8	非蛋白含氮物	1.5
肌原蛋白	0.8	肌酸与磷酸肌酸	0.5
M-蛋白	0.4	核苷酸类(ATP、ADP 等)	0.3
C-蛋白	0.2	游离氨基酸	
α-肌动蛋白素	0.2	肽(鹅肌肽、肌肽等)	0.3
β-肌动蛋白素	0.1	其他物质(IMP、NAD、NADP、尿素等)	0.1
肌浆蛋白	6.0	碳水化合物(0.5~1.5)	1.0
可溶性肌浆蛋白和酶类	5.5	糖原(0.5~1.3)	0.8
肌红蛋白	0.3	葡萄糖	0.1
血红蛋白	0.1	代谢中间产物(乳酸等)	0.1
细胞色素和呈味蛋白	0.1	无机成分	1.0
基质蛋白	3.0	钾	0.3
胶原蛋白网状蛋白	1.5	总磷	0.2
弹性蛋白	0.1	硫	0.2
其他不可溶蛋白	1.4	氯	0.1
		钠	0.1
		其他(包括镁、钙、铁、铜、锌、锰等)	0.1

一、水分

水分是肉中含量最多的成分,不同组织水分含量差异很大,其中肌肉中含量为 70%～80%,皮肤中为 60%～70%,骨骼中为 12%～15%,脂肪组织含水很少。肉中水分含量多少及存在状态影响肉的加工质量及贮藏性。

1.肉中水分的存在形式

肉中的水分存在形式大致可以分为三种。

(1)结合水　是指与蛋白质分子表面借助极性基团的静电引力紧密结合的水分子层,它的冰点很低(-40℃),无溶剂特性,不能被微生物利用。不易受肌肉蛋白质结构和电荷变化的影响,甚至在施加严重外力条件下,也不能改变其与蛋白质分子紧密结合的状态。约占肌肉总水分的 5%。

(2)不易流动水　肌肉中大部分水分(80%)是以不易流动水状态存在于纤丝、肌原纤维及膜之间。它能溶解盐及其他物质,并在 0℃ 或稍低时结冰。这部分水量取决于肌原纤维蛋白质凝胶的网状结构变化,通常我们度量的肌肉保水性及其变化主要指这部分水。

(3)自由水　指存在于细胞外间隙中能自由流动的水,约占总水分的 15%。

2.水分活度的概念

水分是微生物生长活动所必需物质,一般说来,食品的水分含量越高,越易腐败。但是,严格地说微生物的生长并不取决于食品的水分总含量,而是它的有效水分,即微生物能利用的水分多少,通常用水分活度来衡量。

水分活度(water activity, A_w)是指食品在密闭器中测得的水蒸气压力(p)与同温下测得的纯水蒸气压力(p_0)之比。

即:
$$A_w = \frac{p}{p_0}$$

纯水的 $A_w=1$,在完全不含水时 $A_w=0$,所以 A_w 的范围在 0～1。

水分活度反映了水分与肉品结合的强弱及被微生物利用的有效性,各种食品都有一定的 A_w 值。新鲜肉为 0.97～0.98,鱼为 0.98～0.99,红肠为 0.96 左右,干肠为 0.65～0.85。各种微生物的生长发育有其最适的 A_w 值。一般而言,细菌生长的 A_w 下限为 0.94,酵母菌为 0.88,霉菌为 0.8。A_w 下降至 0.7 以下,大多数微生物不能生长发育,但嗜盐菌在 0.7、耐干燥菌在 0.65、耐渗压的酵母菌在 0.61 时仍能发育。

二、蛋白质

肌肉中除水分外主要成分是蛋白质,占 18%～20%,占肉中固形物的 80%,肌肉中的蛋白质按照其所存在于肌肉组织上位置的不同,可分为三类:肌原纤维蛋白,占总蛋白的 40%～60%;肌浆蛋白,占总蛋白的 20%～30%;结缔组织蛋白,约占总蛋白的 10%。这些蛋白的含量因动物种类、肌肉部位等不同而有一定差异。

1.肌原纤维蛋白

肌原纤维蛋白(myofibrillar protein)是构成肌原纤维的蛋白质,支撑着肌纤维的形状,因此也称为结构蛋白或不溶性蛋白质。通常利用离子强度 0.5 以上的高浓度盐溶液提取,被提取后,即可溶于低离子强度的盐溶液中,属于这类蛋白质的有肌球蛋白、肌动蛋白、原肌球蛋白、肌原蛋白等,见表1-5。

表 1-5　肌原纤维蛋白的种类与作用　　　　　　　　　　　　　　　　%

名称	相对分子质量/1 000	含量	存在位置与作用
肌球蛋白	47～51	45	A 带,粗丝的主要成分,参与肌肉收缩
肌动蛋白	41～61	20	I 带,细丝的主要成分,参与肌肉收缩
原肌球蛋白	65～80	5	I 带,位 F 肌动蛋白双股螺旋的第一沟槽内,参与肌肉收缩
肌原蛋白	69～81	5	I 带,有三个亚基,参与肌肉的收缩
M-蛋白	16	2	M 线,将粗丝连接在一起,维持粗丝排列
C-蛋白	13～14	2	A 带,维持粗丝的稳定
α-肌动蛋白	19～21	2	Z 线,固定邻近细丝
β-肌动蛋白	62～71	<1	I 带,位于细丝自由端,阻止 G 肌动蛋白连接起来
γ-肌动蛋白	7～8	<1	I 带,阻止 G 肌动蛋白聚合成 F 肌动蛋白
I-蛋白	—	6	A 带,阻止休止状态的肌肉水解 ATP
肌间蛋白	5.5	<1	I 带,维持细丝的排列

(1)肌球蛋白　肌球蛋白(myosin)是肌肉中含量最高也是最重要的蛋白质,约占肌肉总蛋白质的1/3,占肌原纤维蛋白质的50%～55%。

肌球蛋白不溶于水或微溶于水,属球蛋白性质,可用高离子强度的缓冲液(如 0.3 mol/L KCl/0.15 mol/L 磷酸盐缓冲液)抽提出来,在中性盐溶液中可溶解,在饱和的 NaCl 或 $(NH_4)_2SO_4$ 溶液中可盐析沉淀。相对分子质量为 470 000～510 000,pI 为 5.4。在 50～55℃ 发生凝固,易形成黏性凝胶。肌球蛋白的溶解性和形成凝胶的能力与其所在溶液的 pH、离子强度、离子类型等有密切关系,并直接影响肉与肉制品的质地、保水性和风味等。

肌球蛋白是粗丝的主要成分,构成肌节的 A 带。肌球蛋白的形状很像"豆芽",全长为 140 nm,其中头部 20 nm,尾部 120 nm;头部的直径为 5 nm,尾部直径 2 nm。肌球蛋白在胰蛋白酶的作用下,裂解为两个部分,即由球形头部和一部分杆状尾部构成的重酶解肌球蛋白(heavy meromyosin, HMM)和杆状尾部的轻酶解肌球蛋白(light meromyosin, LMM)。HMM 在木瓜蛋白酶的作用下可再裂解成两个亚碎片,即头部 HMMS(S_1)和一部分尾部 LMMS(S_2)。头部(S_1)具有 ATP 酶的活性和连接肌动蛋白的作用位点,Ca^{2+} 可以激活其活性,而 Mg^{2+} 则抑制其活性,可以分解 ATP,并可与肌动蛋白结合形成肌动球蛋白,与肌肉的收缩直接有关。

大约需 400 个肌球蛋白分子构成一条粗丝。在构成粗丝时,肌球蛋白的尾部相互重叠,而头部伸出在外,并做很有规则的排列,如图1-4至图1-6所示。

(2)肌动蛋白　肌动蛋白(actin)占肌原纤维蛋白的 20%,是构成细丝的主要成分。肌动蛋白只由一条多肽链构成,相对分子质量 41 800～61 000。肌动蛋白单独存在时,为一球形的蛋白质分子结构,称 G-actin,G-actin 直径为 5.5 nm。当 G-actin 在有磷酸盐和少量 ATP 存在的时候,即可形成相互连接的纤维状结构,需 300～400 个 G-actin 形成一个纤维状结构;两

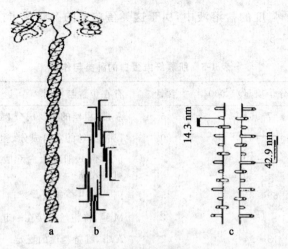

图 1-4 肌球蛋白图示

a. 一个肌球蛋白分子 b. 在一条粗丝中肌球蛋白

分子排列 c. 一条粗丝

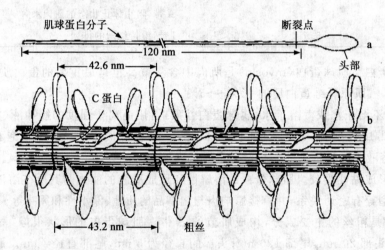

图 1-5 粗丝的结构

a. 肌球蛋白分子 b. 粗丝

条纤维状结构的肌动蛋白相互扭合成的聚合物称为 F-actin,其结构见图 1-7、图 1-8。F-肌动蛋白每 13～14 个球体形成一段双股扭合体,在中间的沟槽里"躺着原肌球蛋白",原肌球蛋白呈细长条形,其长度相当于 7 个 G-actin,在每条原肌球蛋白上还结合着一个肌原蛋白。肌动蛋白的作用是与原肌球蛋白及肌原蛋白结合成细丝,在肌肉收缩过程中与蛋白的横突形成交联(横桥),共同参与肌肉的收缩过程。

肌动蛋白质的性质属于白蛋白类,它还能溶于水及稀的盐溶液中,在半饱和的 $(NH_4)_2SO_4$ 溶液中可盐析沉淀,pI 为 4.7,F-actin 在有 KI 和 ATP 存在时又会解离成 G-actin。肌动蛋白不具备凝胶形成能力。

(3)肌动球蛋白 肌动球蛋白(actomyosin)是肌动蛋白与肌球蛋白的复合物,肌动球蛋白根据制备手段的不同可以分为两种:

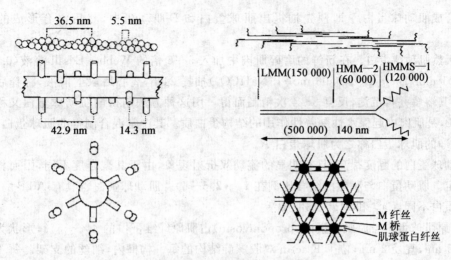

图 1-6　粗丝与细丝结合示意图

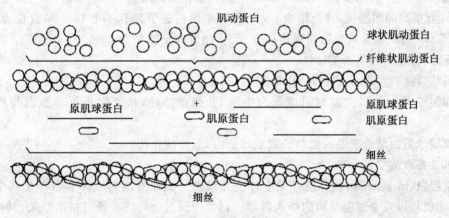

图 1-7　细丝的结构

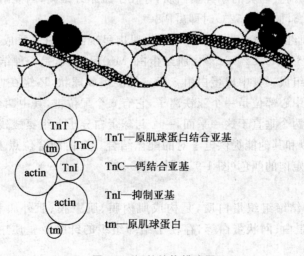

图 1-8　细丝结构模式图

①合成肌动球蛋白　即预先抽提出肌球蛋白和 F-肌动蛋白，然后混合形成的肌动球蛋白。

②天然肌动球蛋白　在新鲜的磨碎肌肉中加入 5～6 倍的 Webber-Edsall 溶液（0.6 mol/L KCl，0.01 mol/L Na₂CO₃，0.06 mol/L NaHCO₃）抽提 24 h，离心后取上清液，稀释后使其沉淀，再将其溶解并再沉淀，反复 3～4 次精制而得。用这种方法制得的肌动球蛋白又称之为肌球蛋白 B，是肌肉中起保水性黏着性作用的结构蛋白质。其中常混合制得的肌球蛋白，为了区别，将纯净的肌球蛋白称之为肌球蛋白 A。

肌动球蛋白的黏度很高，具有明显的流动双折射现象，由于其聚合度不同，因而相对分子质量不定。肌动蛋白与肌球蛋白结合比例在 1:（2.5～4）。肌动球蛋白也具有 ATP 酶活性，但与肌球蛋白不同，Ca^{2+} 和 Mg^{2+} 都能激活。

（4）原肌球蛋白　原肌球蛋白（propomyosin）占肌原纤维蛋白的 4%～5%，形状为杆状分子，长 45 nm，直径 2 nm，位于 F-actin 双股螺旋结构的每一构槽内，细丝的支架。每 1 分子的原肌球蛋白结合 7 分子的肌动蛋白和 1 分子的肌原蛋白，相对分子质量为 65 000～80 000。

（5）肌原蛋白　肌原蛋白（troponin）又叫肌钙蛋白，占肌原纤维蛋白的 5%～6%，肌原蛋白对 Ca^{2+} 有很高的敏感性，并能结合 Ca^{2+}，每一个蛋白分子具有 4 个 Ca^{2+} 结合位点，沿着细丝以 38.5 nm 的周期排列在原肌球蛋白分子上，相对分子质量为 69 000～81 000。肌原蛋白有三个亚基，各有自己的功能特性：

①钙结合亚基　是 Ca^{2+} 的结合部位。

②抑制亚基　能高度抑制肌球蛋白中 ATP 酶的活性，从而阻止肌动蛋白与肌球蛋白结合。

③原肌球蛋白结合亚基　能结合原肌球蛋白，起连接作用。

2. 肌浆蛋白质

肌浆蛋白（myogen）是指在肌纤维中环绕并渗透到肌原纤维的液体和悬浮于其中的各种有机物、无机物以及亚细胞结构的细胞器等。通常把肌肉磨碎压榨便可挤出肌浆，其中主要包括肌溶蛋白、肌红蛋白肌浆酶等，其主要功能是参与细胞中的物质代谢。

（1）肌溶蛋白　属清蛋白类的单纯蛋白质，存在于肌原纤维间，因能溶于水，故容易从肌肉中分离出来。pI 为 6.3，加热到 52℃时即凝固。

（2）肌红蛋白　肌红蛋白（myoglobin Mb）为肌肉呈现红色的主要成分，相对分子质量为 17 000，pI 为 6.78，含量占 0.2%～2%。肌红蛋白（Mb）呈球状，是一种结合蛋白，由一个球蛋白和一个血红素辅基组成。其中球蛋白由 8 段 α-螺旋组成球状，环绕在血红素的周围起生理保护作用。血红素的中心部位是一个亚铁离子，它有 6 个配位键，其中四个和卟啉环上的氮结合，处于一个平面；另两个垂直于这一平面，一个与球蛋白分子上组氨酸残基的氮结合，另一个为自由结合位点，可以和其他能提供电子对的配体结合。自由结合位点上结合的分子类型及铁原子的氧化状态决定肉的颜色（图 1-9 和图 1-10）。

3. 肉基质蛋白质

肉基质蛋白质为结缔组织蛋白质，是构成肌内膜、肌束膜、肌外膜和腱的主要成分，包括有胶原蛋白、弹性蛋白、网状蛋白等，存在于结缔组织的纤维及基质中。它们均属于硬蛋白类。

（1）胶原蛋白　胶原蛋白（collagen）是构成胶原纤维的主要成分，约占胶原纤维固形物的

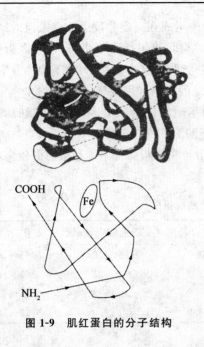

图 1-9　肌红蛋白的分子结构　　　　　　　图 1-10　血红素

85%，是一种多糖蛋白，呈白色，相当于机体总蛋白质的 20%～25%。胶原蛋白中含有大量的甘氨酸，约占氨基酸总量的 1/3。另有脯氨酸（12%）及少量的羟脯氨酸。其中羟脯氨酸含量稳定，一般为 13%～14%，可区别于其他蛋白质。通常通过测定羟脯氨酸含量的多少来确定肌肉结缔组织的含量，并作为衡量肌肉质量的一个指标。胶原蛋白中色氨酸、酪氨酸及蛋氨酸等必需氨基酸含量甚少，故此种蛋白质是不完全蛋白质。

　　胶原蛋白质地坚韧，具有很强的延伸力，不溶于水及稀溶液，但在酸或碱溶液中则可膨胀。它不易被碱性胰蛋白酶所消化，但可被酸性胃蛋白酶及细菌所产生的胶原蛋白酶所消化。

　　胶原蛋白遇热会发生收缩，热收缩温度随动物种类有较大差异，一般鱼类为 45℃，哺乳动物为 60～65℃。当加热温度大于热收缩温度时，胶原蛋白就会逐渐变为明胶，此过程并非水解过程，而是氢键断开，原胶原分子的 3 条螺旋被解开，溶于水中，当冷却时就会形成明胶。明胶易被酶水解，也易被消化，在肉品加工中，利用胶原蛋白的这一性质加工肉冻。

　　（2）弹性蛋白　弹性蛋白（elastin）呈黄色，弹性较强，但强度不及胶原蛋白，其抗断力仅为胶原蛋白的 1/10。弹性蛋白在化学上很稳定，对酸、碱、盐都稳定，不溶于水，即使在水中煮沸以后，亦不能水解成明胶。弹性蛋白不被结晶的胰蛋白酶、胰凝乳蛋白酶、胃蛋白酶所作用，但可被无花果蛋白酶、木瓜蛋白酶、菠菜蛋白酶和胰弹性蛋白酶水解。弹性蛋白也是不完全蛋白质。

　　（3）网状蛋白　在肌肉中，网状蛋白（reticulin）为构成肌内膜的主要蛋白，呈黑色，含有约 4% 的结合糖类和 10% 的结合脂肪酸，其氨基酸组成与胶原蛋白相似，用胶原蛋白酶水解，可产生与胶原蛋白同样的肽类。因此，有人认为它的蛋白质部分与胶原蛋白相同或类似。网状蛋白对酸、碱比较稳定。

三、脂肪

　　脂肪是肌肉中仅次于肌肉的另一个重要组织，对肉的食用品质影响很大。肌肉内脂肪含量的多少直接影响肉的多汁性、嫩度。另外,不同脂肪酸组成在一定程度上决定了肉的风味。

动物的脂肪可分为蓄积脂肪和组织脂肪两大类,蓄积脂肪包括皮下脂肪、肾周围脂肪、大网膜脂肪及肌肉间脂肪等;组织脂肪为肌肉及脏器内的脂肪。家畜的脂肪组织90%为中性脂肪,7%～8%为水分,蛋白质占3%～4%,此外还有少量的磷脂和固醇酯。

肉类脂肪有20多种脂肪酸,其中饱和脂肪酸以硬脂酸和软脂酸居多;不饱和脂肪酸以油酸居多;其次是亚油酸。硬脂酸的熔点为71.5℃,软脂酸为63℃,油酸为14℃。

不同动物脂肪的脂肪酸组成不一致,相对来说鸡脂肪和猪脂肪含不饱和脂肪酸较多,牛脂肪和羊脂肪含饱和脂肪酸多些,见表1-6。

表1-6　不同动物脂肪的脂肪酸组成

脂肪	硬脂酸含量/%	油酸含量/%	棕榈酸含量/%	亚油酸含量/%	熔点/℃
牛脂肪	41.7	33.0	18.5	2.0	40～50
羊脂肪	34.7	31.0	23.2	7.3	40～48
猪脂肪	18.4	40.0	26.2	10.3	33～38
鸡脂肪	8.0	52.0	18.0	17.0	28～38

四、浸出物

浸出物是指除蛋白质、盐类、维生素外能溶于水的浸出性物质,包括含氮浸出物和无氮浸出物。

1.含氮浸出物

含氮浸出物为非蛋白质的含氮物质,如游离氨基酸、磷酸肌酸(CP)、核苷酸类(ATP、ADP、AMP、IMP、GMP)及肌苷、尿素等。这些物质左右肉的风味,为香气的主要来源,如ATP除供给肌肉收缩的能量外,逐级降解为肌苷酸是肉香的主要成分,磷酸肌酸分解成肌酸,肌酸在酸性条件下加热则为肌酐,可增强熟肉的风味。

2.无氮浸出物

无氮浸出物为不含氮的可浸出的有机化合物,包括有糖类化合物和有机酸。糖类又称碳水化合物,主要是糖原、葡萄糖、麦芽糖、核糖、糊精;有机酸主要是乳酸及少量的甲酸、乙酸、丁酸、延胡索酸等。

糖原主要存在于肝脏和肌肉中,肌肉中含0.3%～0.8%,肝中含2%～8%。宰前动物消瘦、疲劳及病态,肉中糖原贮备会减少。动物宰前肌糖原含量多少,对宰后肉的pH、保水性、颜色等均有影响,并且影响肉的储藏性。

五、矿物质

矿物质是指一些无机盐类和元素,含量占1.5%。这些无机物在肉中有的以单独游离状态存在,如镁、钙离子;有的以螯合状态存在,如硫、磷与糖蛋白和酯结合存在。钙、镁参与肌肉收缩,钾、钠与细胞膜通透性有关,均与肉的保水性有关。铁离子为肌红蛋白、血红蛋白的结合成分,参与氧化还原,影响肉色的变化。牛肉中铁的含量较高。肉中主要矿物质含量见表1-7。

表 1-7　肉中主要矿物质含量　　　　　　　　　　　mg/100 g

项目	钙	镁	锌	钠	钾	铁	磷	氯
含量	2.6~8.2	14~31.8	1.2~8.3	36~85	451~297	1.5~5.5	10.~21.3	34~91
平均	4.0	21.1	4.2	38.5	395	2.7	20.1	51.4

六、维生素

肉中维生素主要有维生素 A、维生素 B_1、维生素 B_2、维生素 PP，叶酸 C、维生素 D 等。其中脂溶性的较少，而水溶性的较多，如猪肉中 B 族维生素特别丰富，维生素 A 和维生素 C 很少。肉中某些维生素含量见表 1-8。

表 1-8　肉中主要维生素含量　　　　　　　　　　　mg/100 g

畜肉	维生素 A	维生素 B_1	维生素 B_2	维生素 PP	泛酸	生物素	叶酸	维生素 B_6	维生素 B_{12}	维生素 D
牛肉	微量	0.07	0.20	5.0	0.4	3.0	10.0	0.3	2.0	微量
小牛肉	微量	0.10	0.25	7.0	0.6	5.0	5.0	0.3	—	微量
猪肉	微量	1.0	0.20	5.0	0.6	4.0	3.0	0.5	2.0	微量
羊肉	微量	0.15	0.25	5.0	0.5	3.0	3.0	0.4	2.0	微量

第三节　肉的食用品质与评价

肉的物理性质主要包括肉的颜色、风味、保水性、pH、嫩度等。这些性质在肉的加工贮藏中，直接影响肉品的质量。

一、肉的颜色

肌肉的颜色是重要的品质指标。事实上，肉的颜色本身对肉的营养价值和风味并无多大影响。颜色的重要意义在于它是肌肉的生理学、生物化学和微生物学变化的外部表现，肉色往往给人第一印象。因此，消费者一般认为亮红色的肉是新鲜、卫生并且是安全可食的。从 1960 年左右，国外开始重视并研究冷却肉的色泽，很多国家把肉的颜色作为分级定价的重要的参考指标。

1. 形成肉色的物质

肉的颜色本质上由肌红蛋白（Mb）和血红蛋白（Hb）产生。肌红蛋白为肌肉自身的色素蛋白，决定了肉色的深浅。血红蛋白存在于血液中，对肉颜色的影响要视放血的好坏而定。放血良好的肉，肌肉中肌红蛋白色素占 80%~90%，比血红蛋白丰富得多。所以，肌红蛋白含量的多少及其存在状态的不同是造成不同动物、不同肌肉的颜色深浅不同的主要原因。

2. 肌红蛋白的变化

肌肉中的肌红蛋白含量受动物种类、肌肉部位、年龄、性别等因素的影响。一般牛羊肉色泽深红，猪肉次之；鸡腿肉中 Mb 含量是鸡胸肉的 5~10 倍；一般随动物年龄的增长，肌肉中

Mb 含量增多；一般公畜肌肉含有较多的 Mb。另外，运动多的动物和肌肉部位，其 Mb 含量也高。

　　肉的颜色除受 Mb 含量影响外，主要由肉中肌红蛋白的不同化学存在形式含量和分布决定。肌红蛋白本身是紫红色。与氧结合可生成氧合肌红蛋白（MbO_2），为鲜亮红色，是新鲜肉的象征；Mb 和 MbO_2 均可以被氧化生成高铁肌红蛋白（MMb），呈棕褐色，使肉色变暗；Mb 受热后发生变性形成球蛋白氯化血色原，呈灰褐色，是熟肉的典型色泽。Mb 的不同化学状态在一定条件下可以相互转化（图 1-11）。

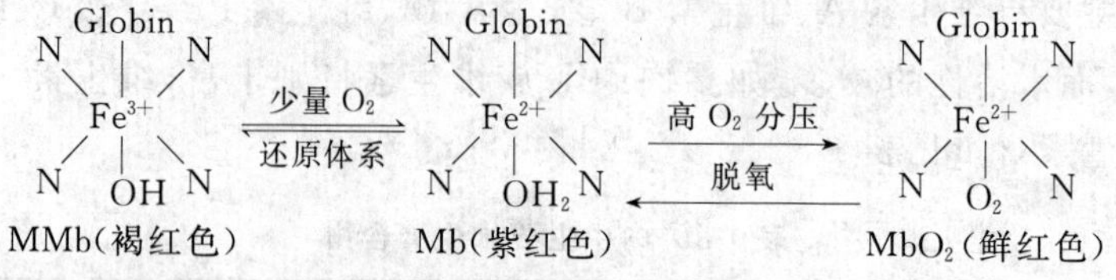

图 1-11　肌肉颜色的变化机理

Globin—肌红蛋白中的球蛋白　　MMb—高铁肌红蛋白

Mb—肌红蛋白　　MbO_2—氧合肌红蛋白

　　由图可见，MbO_2 和 MMb 的形成和转化对肉的色泽最为重要。正常流通时，Mb 很快和 O_2 结合成消费者所喜爱的鲜亮红色的 MbO_2，此时自由结合位点上结合一个氧分子；当环境中没有 O_2 时，MbO_2 就发生脱氧合作用，变成暗紫色的 Mb，此时铁原子仍然处于 Fe^{2+} 状态，若暴露于空气中 $30\sim45$ min 即可恢复鲜红色；但在低氧分压（$1\sim10$ mmHg）、微生物、脂肪氧化、高温和光线作用下，Mb 球蛋白部分变性，失去保护血红素的生理功能。血红素辅基中 Fe^{2+} 会逐渐氧化成 Fe^{3+}，肉色由鲜红色转为棕褐色，此时铁原子的自由结合位点与一水分子结合。肉中的 Mb 很少以单一的化学形式出现，常常是几种化学形式共存并且不断转化。相对 Mb 而言，MMb 稳定且只能通过其酶调节反应缓慢发生逆转生成 Mb，而缺乏该反应酶或协同因子的肌肉组织则不能发生逆转反应。当肉表面 MMb 占总 Mb 20% 时，该肉的零售价会降低 50%；当肉表面 40% 以上被氧化成 MMb 后，肉色就不再为消费者接受了。

　　3. 影响肌肉颜色变化的因素

　　（1）环境中的氧含量　O_2 分压的高低决定了肌红蛋白是形成氧合肌红蛋白还是高铁肌红蛋白，从而直接影响到肉的颜色。理论上讲，当氧分压高于 13.3 kPa 时，MMb 就很难形成。但放置在空气中的肉，即使氧的分压高于 13.3 kPa，由于细菌繁殖消耗了肉表面大量的 O_2 时，仍能形成 MMb。

　　（2）湿度　环境中湿度大，则肌红蛋白氧化速度慢，因在肉表面有水汽层，影响氧的扩散。如果湿度低并且空气流速快，则加速高铁肌红蛋白的形成，使肉色褐变加快。如牛肉在 8℃ 冷藏时相对湿度为 70% 时，则 2 d 变褐；相对湿度为 100% 时，则 4 d 变褐。

　　（3）温度　肌肉中 MbO_2 的形成是随着氧气的渗透由肉的表面向内部扩展，温度较低时，扩展较快，而高温不利于氧的渗透。环境温度高还会促进 Mb 的氧化，温度低则氧化得慢。如牛肉贮藏 9 d 变褐，0℃ 时贮藏 18 d 才变褐。另外，温度升高还有利于细菌繁殖，从而加快 Mb 的氧化。据测定，在 $-3\sim30$℃ 范围内，每提高 10℃，MbO_2 氧化为 MMb 的速率提高 5 倍。因此，为了防止肉变褐氧化，尽可能在低温（$0\sim4$℃）下贮存和销售。

（4）pH　动物肌肉在宰前呈中性，宰后由于糖酵解作用使乳酸在肌肉中累积，pH下降。肌肉的pH下降的速度和程度对肉的颜色有很大影响。如动物在宰前糖原消耗过多，尸僵后肉的极限pH高（＞6.0），易出现DFD肉和DCB肉。如pH下降过快则会造成蛋白质变性、肌肉失水、肉色灰白，产生PSE肉。

DFD肉（dark firm and dry muscle）受到应激反应的猪、牛、羊，屠宰后产生的色暗、坚硬和发干的肉。

PSE肉（pale soft and exudative muscle）受到应激反应的猪、牛、羊，屠宰后肉产生的苍白、灰白或粉红、质地松软或肉汁渗出的肉。

DCB肉（dark cutting beef）黑切牛肉。在饥饿应激下屠宰的牛，得到的肌肉切面颜色呈灰暗的牛肉。

（5）微生物　细菌繁殖加速肉色的变化，特别是MMb的形成。另外，贮藏时污染的细菌分解蛋白质，有的细菌会产生硫化氢与Mb结合生成绿色的硫代肌红蛋白，使肉变绿；污染霉菌则在肉表面形成白色、红色、绿色、黑色等色斑或发出荧光。

（6）其他因素　长期光线照射使肉表面温度升高，细菌繁殖加快，肉色变暗；快速冷冻的肉颜色较浅，因为形成的冰晶小，光线透过率低，因而显得色浅。

4.保持肉色的方法

Mb氧化成MMb而变色的鲜肉，只要在货架期内，其内在质量和可食性在一段时间内并没有降低。可消费者常把这种变色误认为是细菌繁殖引起的，认为变色意味着冷却肉腐败的开始。为了解决这一变色问题，一般是在工厂先将冷却肉真空包装，到超市销售前再临时打开真空包装袋，修割切分后用泡沫聚苯乙烯托盘包装，上面用透氧薄膜覆盖，这种形式包装的冷却肉，其色泽鲜红，冷柜中的货架期为1～3 d。这样在超市多了一道操作工序容易造成二次污染，而且修割下来的下脚料难以综合利用，造成极大的浪费。国外是采用母子袋包装。包装简便省力，但膜用量大，成本高。因此，使冷却肉在货架期内呈现并维持吸引人的亮红色是人们关注的问题。

对于生鲜肉判断颜色变化主要通过色差计与感官评定来判定新鲜度。而研究颜色变化主要是测定高铁肌红蛋白还原酶活性、色素蛋白含量或者各种肌红蛋白及其衍生物的吸光值变化等。

二、肉的风味

肉的风味（flavor）又称肉的味质，指的是生鲜肉的气味和加热后肉制品的香气和滋味。它是肉中固有成分经过复杂的生物化学变化，产生各种有机化合物所致。其特点是成分复杂多样，含量甚微，用一般方法很难测定，除少数成分外，多数无营养价值，不稳定，加热易被破坏和挥发。

1.肉的气味

生肉不具备芳香性，一般只有咸味、金属味和血腥味。动物种类、性别、饲料及贮藏环境等对肉的气味有很大影响。羊肉有膻味，狗肉有腥味。某些特殊气味如羊肉的膻味，来源于挥发性低级脂肪酸如4-甲基辛酸、壬酸、癸酸等，存在于脂肪中。喂鱼粉、豆粕、蚕饼等也会影响肉的气味，饲料含有的硫丙烯、二硫丙烯、丙烯—丙基二硫化物等会移行在肉内，发出特殊的气味。冷藏时，由于微生物繁殖，在肉表面形成菌落成为黏液，而后产生明显的不良气味。长时间的冷藏,脂肪自动氧化,解冻肉汁流失,肉质变软会使肉的风味降低。肉在辐射保藏时,以 ^{60}Co 比照射剂量大引起色香味的变化;γ 射线照射后,产生 H_2S、酮、醛等物质,使气味变得不好。肉在不良环境贮藏时,如与带有挥发性物质的葱、药物等混合贮藏,会吸收外来异味。

2. 肉的香气和滋味

肉的香气是肉经烹调加热后,肉中的芳香前体物质降解产生具有挥发性芳香物质,靠人的嗅觉细胞感受,经神经传导到大脑产生芳香感觉。

肉的滋味是肉中的可溶性呈味物质(非挥发性的)刺激人的舌面味觉细胞-味蕾,通过神经传导到大脑而反映出味感。

肉的香气和滋味成分十分复杂,有 1 000 多种。有资料表明牛肉的香气,经实验分析有 300 种左右。与肉香味有关的物质主要有醇、醛、酮、酸、酚、醚、呋喃、吡咯、内酯、糖类及含氮化合物等。肉中的滋味物质见表 1-9。

表 1-9 肉的滋味物质

滋味	化 合 物
甜	葡萄糖、果糖、核糖、甘氨酸、丝氨酸、脯氨酸、羟脯氨酸
咸	无机盐、谷氨酸钠、天冬氨酸钠
酸	天冬氨酸、谷氨酸、组氨酸、天冬酰胺、琥珀酸、乳酸、二氢吡咯羧酸、磷酸
苦	肌酸、肌酐酸、次黄嘌呤、鹅肌肽、肌肽、其他肽类、组氨酸、精氨酸、蛋氨酸、缬氨酸、亮氨酸、异亮氨酸、苯丙氨酸、色氨酸、酪氨酸
鲜	MSG、5′-IMP、5′-GMP,其他肽类

肉的鲜味(香味)由味觉和嗅觉综合决定。味觉与温度密切相关。0～10℃间可察觉,30℃敏锐。肉的滋味,包括有鲜味和外加的调料味。肉的鲜味成分主要有肌苷酸、氨基酸、酰胺、三甲基胺肽、有机酸等。

成熟肉风味的增加,主要是核甙类物质及氨基酸变化所致。牛肉的风味主要来自半胱氨酸,猪肉的风味可从核糖、胱氨酸获得。牛、猪、绵羊的瘦肉所含挥发性的香味成分主要存在于脂肪中,如大理石样肉。脂肪交杂状态愈密风味愈好。因此肉中脂肪沉积的多少,对风味更有意义。

3. 肉风味的形成

(1)美拉德反应 人们较早就知道将生肉汁加热就可以产生肉香味,通过测定成分的变化发现在加热过程中随着大量的氨基酸和绝大多数还原糖的消失,一些风味物质随之产生,这就是所谓美拉德反应:氨基酸和还原糖反应生成香味物质。

(2)脂质氧化 是产生风味物质的主要途径,据测定,90%的芳香物质来自脂质氧化。脂质氧化产物不同产生不同的风味。与脂肪常温氧化产生酸败味不同,在加热的情况下氧化产生风味物质。另外,一些脂肪加热氧化产生的各种醛类还为美拉德反应提供了大量的底物。

(3)硫胺素降解 肉在烹调过程中有大量的物质发生降解,其中硫胺素(维生素 B_1)降解所产生的 H_2S 对肉的风味,尤其是牛肉味的生成至关重要。H_2S 本身是一种呈味物质,更重要的是它可以与呋喃酮等杂环化合物反应生成含硫杂环化合物,赋予肉强烈的香味,其中 2-甲基-3-呋喃硫醇被认为是肉中最重要的芳香物质。

(4)腌肉风味 亚硝酸盐在腌肉时除有发色作用外,对腌肉的风味也有重要影响。亚硝酸盐(抗氧化剂)抑制了脂肪的氧化,所以腌肉体现了肉的基本滋味和香味,减少了脂肪氧化所产生的具有种类特色的风味以及过热味(WOF)。

(5)加入辅料产生的风味　在肉制品加工过程中,为了改善其感官性状及风味,延长其贮藏性,常添加一些辅料,包括调味料、香辛料。

4.影响肉风味的因素

影响肉风味的因素很多,见表1-10。

表 1-10　影响肉风味的因素

因素	影响
年龄	年龄愈大,风味愈浓
物种	物种间风味差异很大,主要由脂肪酸组成上差异造成。物种间除风味外,还有特征性异味,如羊膻味、猪味、鱼腥味等
脂肪	风味的主要来源之一
氧化	氧化加速脂肪产生酸败味,随温度增加而加速
饲料	饲料中鱼粉腥味、牧草味,均可带入肉中
性别	未去势公猪,因性激素缘故,有强烈异味,公羊膻腥味较重,牛肉风味受性别影响较小
腌制	抑制脂肪氧化,有利于保持肉的原味
细菌繁殖	产生腐败味

三、肉的保水性

1.保水性(water holding capacity,WHC)的概念

肉的保水性也叫系水力或系水性,是指当肌肉受外力作用,如在加压、切碎、加热、冷冻、解冻、腌制等加工保持其原有水分与添加水分的能力。它对肉的品质有很大的影响,是肉质评定时的重要指标之一,有着重要的经济价值。系水力的高低可直接影响到肉的风味、颜色、质地、嫩度、凝结性等,特别是肉制品的出品率。

2.肌肉系水力的物理化学基础

肌肉中的水是以结合水、不易流动水和自由水三种形式存在的。其中不易流动水部分主要存在于肌细胞内、肌原纤维及膜之间,占总水分的80%,度量肌肉的保水性主要指的是这部分水,它取决于肌原纤维蛋白质的网格结构及蛋白质所带净电荷的多少。蛋白质处于膨胀的胶体状态时,网格空间大,保水性就高;反之处于紧缩状态时,网格空间小,保水性就低。因此,肌肉加工中要提高产品的保水性主要就是增大不易流动水的比例。

3.影响肌肉保水性的因素

肌肉的保水性的大小取决于动物宰前因素和宰后因素。宰前因素包括动物的种类、品种、年龄、宰前状况等。

影响肉保水性的宰后因素包括:

(1)蛋白质　水在肉中存在的状况也叫水化作用,与蛋白质的空间结构有关。蛋白质网状结构越舒松,保持的水分越多,反之则保持较少。蛋白质分子所带的净电荷对蛋白质的保水性具有两方面的意义:其一,净电荷是蛋白质分子吸引水的强有力的中心;其二,由于净电荷使蛋白质分子间具有静电斥力,因而可以使其结构松弛,增加保水效果。对肉来讲,净电荷如果增加,保水性就得以提高,净电荷减少,则保水性降低。

(2)pH　保水性随pH的高低而发生变化,其实质是蛋白质分子的净电荷效应。肌肉中大部分蛋白质的pI为5.0～5.4,当pH在5.0左右时,保水性最低。保水性最低时的pH几乎与肌动球蛋白的等电点一致。如果稍稍改变pH,就可引起保水性的很大变化。任何影响肉pH变化的因素或处理方法均可影响肉的保水性,尤以猪肉为甚。在实际肉制品加工中,常用添加磷酸盐的方法来调节pH至5.8以上,以提高肉的保水力。

(3)金属离子　肌肉中含有Ca、Mg、Zn、Fe、Ag、Al、Sn、Pb、Cr、Me等多价金属元素,在肉中以结合或游离状态存在,它们在肉成熟期间会发生变化。这些多价金属在肉中浓度虽低,但对肉保水性的影响却很大。Ca^{2+}可使保水性增加。Zn及Cu亦具有同样的作用。一价金属如K含量多,则肉的保水性低。但Na的含量多时,则保水性有变好的倾向。

(4)动物因素　畜禽种类、年龄、性别、饲养条件、肌肉部位及屠宰前后处理等,对肉保水性都有影响。兔肉的保水性最佳,依次为牛肉、猪肉、鸡肉、马肉。就年龄和性别而论,去势牛>成年牛>母牛,幼龄>老龄,成年牛随体重增加而保水性降低。猪的背上肌保水性最好,依次是胸大肌>腰大肌>半腱肌>股二头肌>臀中肌>半腱肌>背最长肌。其他骨骼肌较平滑肌为佳,颈肉、头肉比腹部肉、舌肉的保水性好。

(5)宰后肉的变化　刚屠宰后的肉保水性很高,但几十小时甚至几小时后就显著降低,然后随肉的成熟而肉的保水性开始缓缓地增加。

(6)食盐　一定浓度的食盐具有增加肉保水能力的作用。这主要是因为食盐能使肌原纤维发生膨胀。肌原纤维在一定浓度食盐存在下,大量氯离子被束缚在肌原纤维间,增加了负电荷引起的静电斥力,导致肌原纤维膨胀,使保水力增强。另外,食盐腌肉使肉的离子强度增高,肌纤维蛋白质数量增多。在这些纤维状肌肉蛋白质加热变性的情况下,将水分和脂肪包裹起来凝固,使肉的保水性提高。Hamm就生肉及加热肉的保水性用牛肉进行的试验表明,当食盐浓度为4.6%～5.8%时,保水性达到最强。通常肉制品中食盐含量仅在2%左右,因此,为提高黏结性和保水性,有必要在制品中添加其他的保水剂。

(7)磷酸盐　在肉制品加工中,可通过添加磷酸盐提高肉的保水性。磷酸盐能结合肌肉蛋白质中的Ca^{2+}、Mg^{2+},使蛋白质的—COOH被解离出来。由于羧基间负电荷的相互排斥作用使蛋白质结构松弛,提高了肉的保水性。较低的浓度下就具有较高的离子强度,使处于凝胶状态的球状蛋白质的溶解度显著增加,提高了肉的保水性。焦磷酸盐和三聚磷酸盐可将肌动球蛋白解离成肌球蛋白和肌动蛋白,使肉的保水性提高。肌球蛋白是决定肉的保水性的重要成分。但肌球蛋白对热不稳定,其凝固温度为42～51℃,在盐溶液中30℃就开始变性。肌球蛋白过早变性会使其保水能力降低。多聚磷酸盐对肌球蛋白变性有一定的抑制作用,可增加肌球蛋白对热的稳定性,可使肌肉蛋白质的保水能力稳定。另外,磷酸盐呈碱性反应,加入肉中可以提高肉的pH,从而能增加肉的保水性。

四、肉的嫩度

肉的嫩度(tenderness)是肉的主要食用品质之一,是消费者评判肉质优劣的最常用的指标。它决定了肉在食用时口感的老嫩,是由肌肉中各种蛋白质的结构特性决定。

1.嫩度的概念

我们通常所谓肉嫩或老实质上是对肌肉各种蛋白质结构特性的总体概括,它直接与肌肉蛋白质的结构及某些因素作用下蛋白质发生变性、凝集或分解有关。

根据 GB 19480—2009《肉与肉制品术语》,肉的嫩度是指肉在咀嚼或切割时所需的剪切力。可用专门的嫩度仪、质构仪进行测量,一般以切割肌纤维阻力或剪切力的大小来判断肉的嫩度。

2.影响肉嫩度的因素

影响肉嫩度的因素有很多,如动物的种类、品种、年龄、性别、肌肉部位等。这些因素之所以影响肉的嫩度是因为它们的肌纤维精细、质地以及结缔组织质量和数量有着明显的差异,而肌纤维的精细及结缔组织的质地是影响肉嫩度的主要内在因素。

(1)动物的种类、品种及性别　一般来说,畜禽体格越大其肌纤维越粗大,肉亦越老。在其他条件一致的情况下,一般公畜的肌肉较母畜粗糙,肉质较老。

(2)畜龄　一般说来,动物年龄越小,肌纤维越细,结缔组织的成熟交联越少,肉也越嫩。年龄增加使肉嫩度下降的原因是:结缔组织成熟交联增加、肌纤维变粗、胶原蛋白的溶解度下降并对酶的敏感性下降。

(3)肌肉的部位　不同部位的肌肉因功能不同,其肌纤维粗细、结缔组织的量和质差异很大。一般来说运动越多,负荷越大的肌肉部分因其有绳状致密的结缔组织支持,这些部位的肌肉要老,如腰部肌肉比腿部肌肉、胸部肌肉都要嫩。同一块肌肉的不同部位嫩度也不同,猪背最长肌的外侧比内侧部分要嫩。

(4)营养状况　凡营养良好的家畜,肌肉脂肪含量高,大理石花纹丰富,肉的嫩度好。肌肉脂肪有冲淡结缔组织的作用,而消瘦动物的肌肉脂肪含量低,肉质老。

(5)尸僵和成熟　宰后尸僵发生时,肉的硬度会大大增加。因此,肉的硬度又有固有硬度和尸僵硬度之分,前者为刚宰后和成熟时的硬度,而后者为尸僵发生时的硬度。肌肉发生异常尸僵时,如冷收缩和解冻僵直,肌肉发生强烈收缩,从而使硬度达到最大。一般肌肉收缩时短缩度达到40%时,肉的硬度最大。僵直解除后,随着成熟的进行,硬度降低,嫩度随之提高,这是由于成熟期间尸僵硬度逐渐消失,Z线易于断裂之故。

(6)加热处理　加热对肌肉嫩度有双重效应,它既可以使肉变嫩,又可使其变硬,这取决于加热的温度和时间。

3.提高肉嫩化的方法

(1)电刺激　即宰杀放血后,对屠畜通以一定的电流,加速肌肉的代谢,从而缩短尸僵的持续期并降低尸僵的程度。原因是电刺激会引起肌肉痉挛性收缩,导致肌纤纤结构破坏;同时电刺激可加速家畜宰后肌肉的代谢速率,使肌肉尸僵发展加快,可以避免羊胴体和牛胴体产生冷收缩,使肉成熟时间缩短,改善肉质。

(2)低温吊挂自动排酸　宰后的肉挂在10℃以下的低温库中进行自动排酸,自然完成宰后肉的僵直、解僵和成熟过程,是目前我国高档牛肉生产的主要方法。

(3)机械嫩化　应用机械方法处理以改变肉的纤维结构提高肉的嫩度。如嫩化机、滚揉机、切割机、搅碎机、斩拌机等的使用有助于肌纤维的断裂,使肉嫩化。

(4)酶法　利用蛋白酶类可以嫩化肉。常用的酶为植物蛋白酶,主要有木瓜蛋白酶、菠萝蛋白酶和无花果蛋白酶,商业上使用的嫩肉粉多为木瓜蛋白酶。

(5)醋渍法　将肉在酸性溶液中浸泡可以改善肉的嫩度。据试验,溶液 pH 介于 4.1～4.6 时嫩化效果最佳,用酸性红酒或醋来浸泡肉较为常见,它不但可以改善嫩度,还可以增加肉的风味。

(6)压力法　给肉施加高压可以破坏肉的肌纤维中亚细胞结构,使大量 Ca^{2+} 释放,同时也释放组织蛋白酶,使得蛋白水解活性增强,一些结构蛋白质被水解,从而导致肉的嫩化。

(7)碱嫩化法　用肉质量的 $0.4\%\sim1.2\%$ 的碳酸氢钠或碳酸钠溶液对牛肉进行注射或浸泡腌制处理,可以显著提高 pH 和保水能力,降低烹饪损失,改善熟肉制品的色泽,使结缔组织的热变性提高,而使肌原纤维蛋白对热变性有较大的抗性,所以肉的嫩度提高。

(8)钙盐嫩化法　随着钙激活本科学说的不断成熟,于 20 世纪 80 年代后期建立起来的一种改善肉嫩度的方法。通常以 $CaCl_2$ 为嫩化剂,作用时配制成 $150\sim250$ mg/kg,用量为肉质量的 $5\%\sim10\%$,可以采取肌肉注射、浸渍腌制等方法进行处理,都可取得良好的嫩化效果。

复习思考题

1. 什么叫肉? 肉如何进行分类?
2. 如何理解低温肉制品将成为肉类发展的主流?
3. 什么是调理肉制品,有何优缺点?
4. 什么是功能肉制品? 试举例说明。
5. 简述肌肉的构造。
6. 肌肉中的蛋白质分为哪几类? 肌球蛋白有何功能和特性?
7. 肉中的水分是如何分类的?
8. 哪些因素影响肉的色泽?
9. 简述影响肉嫩度的因素。肉的嫩化技术有哪些?
10. 何谓肉的保水性? 影响肉保水性的因素主要有哪些?

第二章

畜禽的屠宰及分割

【目标要求】

1. 了解畜禽宰前检验的方法及宰前的饲养管理；

2. 掌握畜禽屠宰、分割的基本要求和工艺操作要点；

3. 了解屠体宰后检验的方法、程序及检验后肉品的处理。

畜禽屠宰加工是获得生鲜肉食的基础，事关广大消费者的生命安全和身体健康，是畜牧业的健康发展的重要一环。同时通过屠宰加工，生产出肉类深加工的原料肉，其品质在一定程度上决定了肉制品的质量。而原料肉的品质，不但与畜禽的品种、饲料、性别、年龄等有关，还与屠宰加工的条件、技术、贮藏等密切相关。

所谓屠宰加工，就是肉用畜禽经过刺杀、放血、浸烫脱毛（或剥皮）、开膛净膛、去头蹄、劈半等一系列加工工序，最后加工成胴体（即白条肉）的过程。这只是一个肉类初加工的过程。

国务院颁发的《生猪屠宰管理条例》规定：国家实行生猪定点屠宰、集中检疫制度；未经定点，任何单位和个人不得从事生猪屠宰活动，但是，农村地区个人自宰自食的除外；生猪定点屠宰厂（场）由设区的市级人民政府根据设置规划，并颁发生猪定点屠宰证书和生猪定点屠宰标志牌；生猪定点屠宰厂（场）应当具备与屠宰规模相适应、水质符合国家规定标准的水源条件，有符合国家规定要求的待宰间、屠宰间、急宰间以及生猪屠宰设备和运载工具，有依法取得健康证明的屠宰技术人员，有经考核合格的肉品品质检验人员，有符合国家规定要求的检验设备、消毒设施以及符合环境保护要求的污染防治设施，有病害生猪及生猪产品无害化处理设施，依法取得动物防疫条件合格证；生猪定点屠宰厂（场）屠宰的生猪，应当依法经动物卫生监督机构检疫合格，并附有检疫证明；屠宰生猪，应当符合国家规定的操作规程和技术要求，如实记录生猪来源和生猪产品流向（记录保存期限不得少于 2 年）；应当建立严格的肉品品质检验管理制度。肉品品质检验应当与生猪屠宰同步进行，并如实记录检验结果；合格的生猪产品，加盖肉品品质检验合格验讫印章或者附具肉品品质检验合格标志；生猪定点屠宰厂（场）以及其他任何单位和个人不得对生猪或者生猪产品注水或者注入其他物质，也不得屠宰注水或者注入其他物质的生猪，也不得为对生猪或者生猪产品注水或者注入其他物质的单位或者个人提供场所；从事生猪产品销售、肉食品生产加工的单位和个人以及餐饮服务经营者、集体伙食单位销售、使用的生猪产品，应当是生猪定点屠宰厂（场）经检疫和肉品品质检验合格的生猪产品。

第一节　畜禽宰前的准备和管理

准备进行屠宰的畜禽必须符合国家颁布的《家畜家禽防疫条例》、《肉品检验程序》的相关规定,经检疫人员检疫,出具检疫证明,保证健康无病,方可作为屠宰对象。动物在屠宰前,都要进行宰前检验和宰前的科学管理。

一、宰前检验及处理技术

畜禽的宰前检验与管理是保证肉品卫生质量的重要环节之一,屠宰畜禽通过宰前临床检查,可以初步确定其健康状况,尤其是可以发现许多在宰后难以发现的传染病,如破伤风、狂犬病、脑炎、胃肠炎、脑包虫病、口蹄疫以及某些中毒性疾病,因宰后一般无特殊病理变化或解剖部位的关系,在宰后检验时常有被忽略或漏检的可能。而对于这些疾病,依据其宰前临床症状是不难做出诊断的,从而做到及早发现、及时处理、减少损失,还可以防止畜禽疫病的传播。此外,合理的宰前管理,不仅能保障畜禽健康,降低病死率,而且也是获得优质肉品的重要措施。

(一)宰前检验的步骤与程序

1. 入场(厂)验收

验讫证件,了解疫情。当畜禽由产地运输到屠宰加工企业后,在未卸下车、船之前,兽医检验人员应先向押运人员索取"三证",即产地检验证明、车辆消毒证明和非疫区证明,了解产地有无疫病,并了解运输过程中的疾病及死亡情况。

视检畜禽,病健分群。检疫人员亲自到车船仔细察看畜禽群,核对畜禽的种类和头数。如发现数目不符或见到畜禽死亡以及症状明显的畜禽时,必须认真查明原因。如果发现有疫情或疫情可疑时,不得卸载,立即将该批畜禽转入隔离圈(栏)内,进行仔细的检查和必要的实验室诊断。

逐头测温,剔除病畜。供给进入预检圈(栏)的畜群充分饮水,待安静休息4 h后逐头测温。将体温异常的病畜移入隔离圈(栏)。经检查确认健康的屠畜则赶入待宰圈。

个别诊断,按章处理。隔离出来的病畜禽或可疑病畜禽,经适当休息后,进行仔细的临床检查,必要时辅以实验室诊断,确诊后按章处理。

2. 住场查圈

入厂检验合格的畜禽,在宰前饲养管理期间,兽医人员应该经常深入圈栏,对畜禽群进行静态、动态和饮食状态等的观察,以便及时发现漏检的或新发病的畜禽,做出相应的处理。

3. 送宰检验

送入宰前饲养管理场的健康畜禽,经过2 d左右的休息管理后,即可送去屠宰。为了最大限度地控制有病畜禽,在送宰前需要再进行详细的外貌检查,没发现有病畜禽或可疑禽时,可开具准宰证,送入准宰圈。

(二)宰前检验的方法

宰前检验的方法可依靠兽医的临床诊断,再结合屠宰场(厂)的实际情况灵活运用,生产实践中多采用群体检查和个体检查相结合的方法。首先从大群中挑出有病或不正常的畜禽,然后再详细的逐头检查,必要时应用病理学诊断和免疫学诊断的方法。一般对猪、羊、禽类等的宰前检验都应用群体检查为主,辅以个体检查;对牛、马等大家畜的宰前检验应以个体检查为主,辅以群体检查。

1. 群体检查

群体检查是将来自同一地区或同批的畜禽作为一组,或以圈、笼、箱划群进行检查;检查时可按静态、动态、饮食状态三个环节进行,对发现异常的个体标上记号。

(1)静态检查　检疫人员深入到圈舍,在不惊扰畜禽使其保持自然安静的情况下,观察其精神状态、睡卧姿势、呼吸和反刍状态,注意有无咳嗽、气喘、战栗、呻吟、流涎,嗜睡和孤立一隅等反常现象。

(2)动态检查　静态检查后,可将畜禽轰起,观察期活动姿势,注意有无跛行、后退麻痹、打晃跟跄、屈背弓腰和离群掉队现象。

(3)饮食状态检查　在畜禽进食时,观察其采食和饮水状态,注意有无停食、不饮、少食、不反刍和想食又不能吞咽等异常情况。

2. 个体检查

个体检查是在群体检查中被挑选的病畜禽和可疑病畜禽集中进行较详细的临床检查。即使已经群体检查并判定为健康无病的牲畜,必要时也可抽检 10% 做个体检查,如果发现有传染病时,可继续抽检 10%,有时甚至全部进行个体检查。个体检查的方法可归纳为看、听、摸、检四大要领。

(1)看　就是观察病畜的表现。观察其精神、被毛和皮肤(有无水疱、溃疡、结节等);观察运步状态;观察鼻镜和呼吸动作;观察可见黏膜(是否苍白、潮红、黄染);观察排泄物。

(2)听　可以耳朵直接听取或用听诊器间接听取牲畜体内发出的各种声音。听叫声;听咳嗽;听呼吸音;听胃肠音;听心音。

(3)摸　用手触摸畜体各部,应结合眼观、耳听,进一步了解被检组织和器官的技能状态。摸耳根、脚跟;摸体表皮肤;摸体表淋巴结(大小、形状、硬度);摸胸廓和腹部。

(4)检　重点是检测体温。体温的升高或降低,是牲畜患病的重要标志。

(三)宰前检验后的处理

经宰前检验健康合格、符合卫生质量和商品规格的畜禽按正常工艺屠宰;对宰前检验发现病畜禽时,根据疾病的性质、病势的轻重以及有无隔离条件等做如下处理。

1. 禁宰

经检查确诊为炭疽、鼻疽、牛瘟、恶性水肿、气肿疽、狂犬病、羊快疫、羊肠毒血症、马流行性淋巴管炎、马传染性贫血等恶性传染病的牲畜,采取不放血法扑杀。肉尸不得食用,只能工业用或销毁。同群其他牲畜应立即进行测温。体温正常者在指定地点急宰,并认真检验;不正常者予以隔离观察,确诊为非恶性传染病的方可屠宰。

2. 急宰

确认为无碍肉食卫生的一般病畜及患一般传染病而有死亡危险的病畜,应立即急宰。凡疑似或确诊为口蹄疫的牲畜应立即急宰,其他同群牲畜也应全部宰完。患布氏杆菌病、结核病、肠道传染病、乳房炎和其他传染病及普通病的病畜,必须在指定的地点或急宰间屠宰。

3. 缓宰

经检验确认为一般性传染病且有治愈希望者,或患有疑似传染病而未确诊的牲畜应予以缓宰。但应考虑有无隔离条件和消毒设施,以及病畜短期内有无治愈希望,经济费用是否有利成本核算等问题。否则,只能急宰。

此外,宰前检疫发现牛瘟、口蹄疫、马传染性贫血以及其他当地已基本扑灭或原来没有流行过的某些传染病,应立即封锁现场,进行环境、工器具、衣帽、鞋的卫生消毒,并采取个人防护措施,必要时取样送检,并及时向当地兽医防疫机构报告。

二、屠宰前的管理

宰前管理是指畜禽屠宰前的管理,包括运输、休息、禁食、饮水、驱赶等。

(一)畜禽进厂

畜禽运输车辆由专门的入口进入厂区,厂区门口安装有喷淋消毒设施和专用的消毒池。用 50～100 mol/L 的次氯酸钠溶液对车体和畜禽进行喷淋消毒,消毒池用 300～400 mol/L 的次氯酸钠溶液对车辆车轮进行消毒。然后,编号卸车、检验、称重、入圈。在驱赶时,要求轻驱慢赶,高喊轻拍,严禁棒打脚踢。

(二)宰前休息

运到屠宰场的牲畜,到达后不宜马上进行宰杀,由于环境改变、受到惊吓等外界因素的刺激,牲畜易于过度紧张而引起疲劳,使血液循环加速,体温升高,肌肉组织中的毛细血管充满血液,正常的生理机能受到抑制、扰乱或破坏,从而降低了机体的抵抗力,微生物容易侵入血液中,加速肉的腐败过程,也影响副产品品质。

畜禽必须在指定的圈舍中休息。宰前休息目的是恢复运输途中的疲劳,恢复正常生理状态,消除应激反应,有利于放血;增强抵抗力,抑制微生物的繁殖;提高肌糖原的含量,减少PSE 肉(即白肌肉,指受到应激反应的畜禽屠宰后,产生色泽苍白、灰白或粉红、质地软和、肉汁渗出的肉),加速尸僵的进行。所以牲畜宰前充分休息对提高肉品质量具有重要意义。宰前休息时间一般为 24～48 h。

休息时应注意使畜禽保持安静状态,不可过度拥挤,在驱赶时禁止鞭打、惊恐及冷热刺激。

(三)宰前断食

屠畜一般在宰前 12～24 h 断食,断食时间必须适当,其意义主要有以下几点:

(1)临宰前给予充足饲料时,则其消化和代谢机能旺盛,肌肉组织的毛细血管中充满血液,屠宰时放血不完全,肉容易腐败。

(2)停食可减少消化道中的内容物,防止剖腹时胃肠内容物污染胴体,并便于内脏的加工处理。

(3)保持屠宰时安静,便于放血。

断食时间不能过长,以免引起骚动。断食会降低牲畜的体重和屠宰率,一般宰前绝食牛、羊 24 h、猪 12 h、鸡鸭 18～24 h、兔 20 h 内、鹅 8～16 h。

(四)充分饮水

在断食后,应供给充分的饮水,甚至 1‰ 的食盐水更好。充分饮水能使畜体进行正常的生理机能活动,调节体温,促使粪便排泄,以放血完全,获得高质量的屠宰产品。如果饮水不足会引起肌肉干燥,造成牲畜体重严重下降,直接影响产品质量;饮水不足还会使血液变浓,不易放血,影响肉的贮藏性。但是为避免屠畜倒挂放血时胃内容物从食道流出污染胴体,在屠宰前2～4 h 应停止给水。

（五）运输车辆和候宰圈的管理

运输车辆卸车后，要先在洗车台清除粪便后，再用热水冲洗至污水不呈黄色为止，然后用含有有效氯5%～10%的漂白粉溶液消毒，最后用热水冲洗干净。与之接触的工具（特别是装运家禽的周转筐）应做相应的冲洗与消毒。

候宰圈清空后要及时清扫冲洗干净后，用100～200 mol/L的次氯酸钠溶液喷洒消毒30 min以上，必要时用2%～5%的烧碱溶液喷洒消毒2～5 min。每循环使用一次要消毒一次。

第二节　生猪屠宰加工

猪的屠宰工艺如图2-1所示。

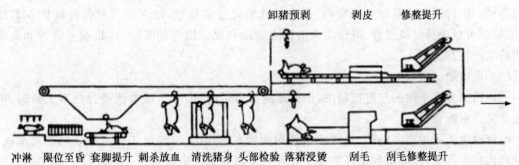

卸猪预剥　　剥皮　　修整提升

冲淋　限位至昏　套脚提升　刺杀放血　清洗猪身　头部检验　落猪浸烫　刮毛　刮毛修整提升

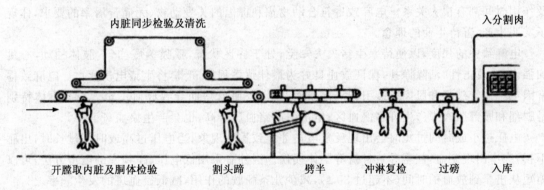

内脏同步检验及清洗　　　　　　　　　　　　　　　　入分割肉

开膛取内脏及胴体检验　　割头蹄　　劈半　　冲淋复检　　过磅　　入库

图 2-1　猪屠宰工艺流程图

根据国家《生猪屠宰操作规程》（GB/T 17236）规定，从致昏开始，猪的全部屠宰过程不得超过45 min，从放血到摘取内脏，不得超过30 min，从编号到复检、加盖检验印章，不得超过15 min。

一、淋浴

目的是洗去猪体病菌及污物提高肉品质量，增加导电性能，有利于电麻操作，提高致昏效果。在淋浴或水洗时，由于水压的关系对生猪则是一种突然的刺激，环境的突变引起生猪机体的应激性反映，表现为生猪的精神异常兴奋、心跳加快、呼吸增强、肌肉紧张、体温上升。如果在这时电麻放血，则会造成肉尸放血不全、内脏瘀血等，从而出现毛细血管扩张及暂时的生理性充血。为此在淋浴后要让生猪休息 5～10 min,最长不应超过 15 min,然后再进行电麻刺杀为好。

淋浴一般在候宰圈或者赶猪道进行,喷水应是上下左右交错地喷向猪体,水温应根据季节的变化,适当加以调整,冬季一般应保持在 38℃左右。夏季一般在 20℃左右。淋浴的时间在 3～5 min。在淋浴时要保持一定的水压,不宜太急,以免生猪过度紧张,最好是毛毛细雨,使屠畜有凉爽舒适的感觉,促使外围毛细血管收缩,便于放血。

二、击晕

应用物理的或化学的方法,使家畜在宰杀前短时间内处于昏迷状态,谓之致昏,也叫击晕。主要方法有电击法及 CO_2 麻醉法。击晕的目的是使屠畜暂时失去知觉,因为屠宰时牲畜精神上受到刺激,容易引起内脏血管收缩,血液剧烈地流集于肌肉内,致使放血不完全,从而降低了肉的质量。同时避免宰杀时屠畜嚎叫、拼命挣扎消耗过多糖原,使宰后肉尸保持较低 pH,此外,击晕还可以保持环境安静、减轻工人的体力劳动和保证操作的安全,体现职业道德和高尚文明的生产精神。

(一)电击晕

国内目前普遍采用的是电击晕法,也就是通常所说的"电麻",微电流通过牲畜大脑时,可使牲畜完全麻醉昏迷。

电麻时电流通过猪的脑部,造成实验性癫痫状态,暂时失去知觉 3～5 min。猪心跳加剧,全身肌肉高度痉挛,故能得到良好的放血效果。电麻效果与电流强度、电压大小、频率高低以及作用时间都有很大关系。电麻致昏符合动物福利提倡的关爱动物、无痛苦屠宰的要求,体现了文明生产、善待生命的理念。

电麻致昏的强度,以使待宰生猪失去知觉,处于昏迷状态,呼吸缓慢均匀,肢体抽动,心跳加强,失去攻击性,消除挣扎,保证放血良好为最佳致昏程度,严禁将生猪电击死亡。电麻致昏常因毛细血管破裂和肌肉撕裂引起局部瘀血,或因心脏麻痹而导致放血不全。引起胴体特别是腿部和腰部肌肉中产生许多瘀血区;电击引起猪血压升高,也会产生瘀血斑。

电压过小或时间过短时会出现反复电击才能致昏的现象;当电压过高或时间过长时,出血不畅,肉中出现瘀血,甚至导致骨折等胴体损伤。国外有采用低电压、高频率的电击方法,可以缩短从击晕到放血的时间(不超过 30 s),减少儿茶酚胺的作用,减低瘀血斑的发生频率。

电麻设备有手握式电麻器和光电电麻机两种。手握式电麻器由调压器、导线、手握式电麻装置组成(图 2-2)。光电电麻装置是猪自动触点而晕倒的一套装置,较为复杂,由光电管、活动夹板、活塞及大翻板等组成,外形像一只铁柜。当猪逐头按次序、相等的时间间隔进入一个槽状的狭小自动运输通道,触及自动开闭的夹形电麻器上,猪头切断光线,产生信号,活动夹板夹住猪头,进行电麻,晕倒后滑落的运输带上(图 2-3)。目前先进的光电自动电击晕设备是心脑三点式低压电击晕机,采用双位电击(心脑三点低压电麻),3 个击晕电极(头—头—心脏),头部击昏电流在 2.4～2.8 A,击昏时间为 2.2 s,心脏击晕电压在 75～100 V,时间为 1.5 s。

(二)二氧化碳麻醉

丹麦、美国、加拿大、德国等国家应用较多,属化学致昏法。使屠畜通过用干冰产生的二氧化碳密闭室或隧道,由于吸入二氧化碳而致昏。二氧化碳浓度 65%～75%,空气 25%～35%。

图 2-2　猪手持式电麻器

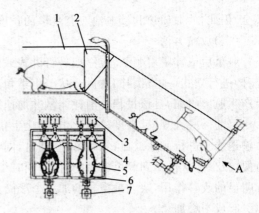

图 2-3　猪自动电麻装置
1.机架　2.铁门　3.磁力牵引器　4.挡板
5.触电板　6.底板　7.自动插销

猪只 15 s 左右失去知觉而倒下,保持时间 2~3 min。

此方法麻醉的猪在安静状态下,不知不觉地进入昏迷状态,呼吸维持较久,心跳不受影响,由于肌肉完全放松,血液循环正常,屠宰放血时利于充分放血,不会出现充血现象,肉的品质较高。此外,肌糖原含量相对较高,肌肉 pH 偏低,肉的保存性较好。实验证明吸入二氧化碳对血液、肉质及其他脏器影响较小。但工作人员不能进入麻醉室,二氧化碳浓度过高时,也能使屠畜死亡,且该套设备造价高,我国尚未大范围推广。

三、刺杀放血

刺杀放血是指屠宰时致生猪死亡的动作,即用刀刺入屠畜体内,割破血管或心脏使血液流出体外,造成屠畜死亡的屠宰操作环节。须在生猪致昏后立即进行,不得超过 30 s,沥血时间不得少于 5 min。常用放血方式有倒挂放血(吊挂垂直刺杀放血)和卧式放血两种。

(一)刺杀方法

致昏后的生猪,操作人员一手握住吊链套管,一手拉住猪的左后腿,将吊链环套挂在猪腿跗关节上方,将猪提升上自动轨道生产线,即进入刺杀放血工作。

国内生猪屠宰企业长期、广泛采用的刺杀方法是切断颈部血管(动脉、静脉)法。选用一把长刃尖刀(20~25 cm),操作人员一手抓住猪前腿,另一手握刀(握刀必须正直,大拇指压在刀背上,不得偏斜),刀尖向上,刀锋向前,同体颈表面形成 15°~20° 倾斜角,对准颈部第一肋骨咽喉正中偏右 0.5~1 cm 处向心脏方向刺入,刀刺入深度按猪的品种、肥瘦情况而定,一般在 15 cm 左右。刀不要刺得太深,以免刺入胸腔和心脏、气管,造成瘀血。刺入后,刀略向左偏,直至第三肋骨附近,抽到时侧刀下拖切断颈部动脉和静脉。

这种方法,拖刀和拔刀时速度要快,最好是拔出来的刀上不沾血迹,从进刀到出刀的全部时间,不超过 1~1.5 s。刺杀时,不得使猪呛膈、瘀血。每刺杀一头猪,放血刀要在 82℃ 的热水中消毒一次,放血刀可轮换使用。

这种刺杀方法,刀口较小,可减少烫毛池的污染,不伤及心脏,心脏保持收缩功能,有利于充分放血,操作简单安全。但也由于刀口较小,必须保证充分的沥血时间,否则容易造成放血不全,因此,放血轨道和接血池应有足够的长度来保证放血充分。

(二)放血方法

刺杀后或伴随着刺杀,应立即进行卧式或用链钩套住猪左脚跗骨节,将其提上轨道(套脚提升)进行立式(垂直倒挂)放血。从卫生学角度看,倒挂屠体,放血良好,利于随后的加工,但会产生肌肉收缩,且该过程会消耗能量并加速厌氧的糖酵解,促进 PSE 肉的产生。

目前一些大规模、高度机械化、自动化生猪屠宰企业,也较多采用击晕后,猪只躺在卧式滚筒输送线上进行刺杀放血,然后吊挂、沥血,同时收集血液,进行血液的深加工。卧式放血操作简便,减少了从击晕到刺杀放血的时间,同时缩短了屠体内激素和酶的作用时间,对肉的品质有明显的改善作用,缺点是需要增加一个滚筒式输送床,而且往往采取真空放血,因工艺和占地引起成本增加。

在小型屠宰场或屠宰量较小时,不论立式还是卧式放血,接血槽往往是土建或不锈钢池子,血液自然流出后用自来水冲掉或人工收集,商贩定时收购加工,也有少数采用管道收集,然后分离,喷雾干燥加工成血粉、血清粉、血浆粉等产品或者其他生化制品。这种放血方式,放血量占猪只体重的 3.5% 左右,占全部血液量的 50% 左右。

一些屠宰场采用更先进的真空放血设备,放血量可达总血量的 90% 左右,也有利于血液深加工综合利用。所用工具是一种具有真空抽气装置的特制"空心刀",刺杀时用空心刀直接在颈部刺入,经过第 1 对肋骨中间向右心插入,血液即通过刀刃空隙、刀柄空心腔沿橡皮管路抽入容器中。用空心刀放血可以获得食用或医疗用的血液,从而提高副产品利用价值。真空放血虽刺伤心脏,但因有真空抽气装置,放血仍然良好。

(三)放血不全的原因

放血程度是肉品品质的重要指标。放血完全的胴体,大血管内不存有血液,内脏和肌肉中含血量少,肉质鲜嫩,色泽鲜亮,含水量少,保存期长。放血不完全的胴体,色泽深暗,含水量高,易造成微生物的生长繁殖,容易腐败变质,不耐久藏。

造成放血不全的原因有:

(1)宰前生猪未进行适当的休息和饮水,特别是商品猪在运输过程中造成机体的疲劳过度,生猪机体内水分减少,血液循环缓慢,心力减弱,于是在刺杀后血液排出缓慢,机体内血液不能完全排出。

(2)由于电麻时间过长和电压过高,致使生猪心脏衰竭死亡,宰杀时血液外流受阻而引起放血不全。

(3)病猪或体温高的生猪,由于受病理的影响,机体脱水,血液的浓度增高,致使宰杀放血时血流缓慢,造成出血不全。

(4)将猪电麻致死或刺伤心脏,使心脏停止跳动,血液不能循环,为此刺杀后血液只能借助自身重力流出,但流速慢、血量少,部分血液仍瘀积在各组织器官中而造成放血不全。

(5)刺杀时进刀部位选择不准,未能切断颈部脑而引起放血不全。

(6)刺杀后马上进行热烫刮毛或剥皮,血液自流时间短,也会出现放血不全。

四、摘甲状腺

甲状腺俗称"栗子肉",是合成、储存、分泌甲状腺素的腺体,与肾上腺、病变淋巴结一起俗称为"三腺",是《生猪屠宰产品品质检验规程》(GB/T 17996)中明确规定必须摘除的有害腺体之一。甲状腺素具有增加全身组织细胞的氧消耗量及热量产生,促进蛋白质、碳水化合物和脂肪的水解,促进人体的生长发育及组织分化的作用。

由于甲状腺具有性质稳定,不易被高温破坏的特点,一般的加热方法很难使其失活。所以,即使人们食用了经过熟制的甲状腺的产品也可能出现中毒现象。人误食甲状腺后,过量的甲状腺素会造成过敏中毒,病人出现兴奋、恶心、呕吐、狂躁不安、心脏悸动、头痛、发热和荨麻疹等症状,孕妇还会发生流产,严重者可以导致死亡。研究表明,人如果食入量为 1.8 g 的鲜甲状腺即可发生中毒。

操作时看清甲状腺所在位置,从刺杀刀口伸进一只手,拉住腺体并将其撕下;或左手用钩钩住颈部内侧甲状腺,右手持刀将其割下。要求同时修去表层包皮,剪净上面的碎脂肪,保持腺体完整。如果在取红脏后摘除甲状腺,则左手用镊子夹住附着在喉头上的甲状腺,右手持刀将其割下。

五、浸烫脱毛

浸烫脱毛是带皮猪屠宰加工中重要环节,浸烫脱毛好坏与白条肉质量有直接关系。在浸烫前,不论对何种方式放血的屠体,都要进行清洗。目前国内企业多数都是利用安装有特制鞭条的清洗机进行清洗,开启喷水喷头用清水洗掉猪身上的泥沙和血污、粪便等污物,避免濡染池水,以及由此造成的屠体之间的交叉污染。

(一)浸烫脱毛原理

猪宰后浸入一定温度(60℃以上)的水中,保持适当的时间,使表皮、真皮、毛囊和毛根的温度升高,毛囊和毛根处发生蛋白质变性而收缩,促使毛根与毛囊分离。同时毛经过浸烫后,变软,增加了韧性,脱毛时不易折断,可收到连根拔起之效。水温过高或过低,都对脱毛的质量产生不利影响。如水温过低,毛根、毛囊、表皮与真皮之间不起变化,无法脱毛、脱皮;如水温过高,蛋白质迅速变性,皮肤收缩,结果毛囊收缩,无法脱毛,表皮与真皮结合在一起,无法分离。

浸烫水温与浸烫时间与季节、气候、猪品种、月龄有关。不同品种猪的毛稀密程度不同皮厚度也不一样,对浸烫温度和时间有不同要求。月龄大的对水温要求比月龄小的猪高,一般浸烫水温为 58～62℃,时间为 5～8 min。

(二)烫毛

现在国内外大中型屠宰厂采用得比较多的烫毛方法主要有两种:一种是烫池工艺,属于热水浸烫,一种是竖式隧道烫工艺,是部分技术先进的大规模生猪屠宰企业通过引进吸收的方式,使用蒸汽式(蒸汽冷凝式)烫毛系统。烫池工艺是由原来的手工烫毛发展为往复式摇烫,然后发展到国内目前运用最为普通的"运河式烫毛"。

1.摇摆式烫毛

往复式摇烫工艺采用摇摆式烫毛装置,主要由烫池、摇烫机两部分,如图 2-4 所示。

毛猪进入烫池后,一般按照先后次序进、出入摇烫机,但遇上个别需要多泡烫的猪时,毛猪在进摇烫机之前或出摇烫机之后的空池内停留一段时间。此外,在摇烫机的右侧也留有一个 400 mm 宽的空烫池,以便不宜进摇烫机的大猪(150 kg)通过此狭窄的空烫池传至出猪处,进行手工刮毛。摇烫机右侧还装有活动栅栏门,以便猪被卡在蝶形架中不动时,可

图 2-4　摇摆式烫毛装置

开门将猪拖出。

2.运河式烫毛

摇摆式烫毛装置工作时,热量损失大,卫生状况差,工作环境恶劣。随着屠宰企业卫生标准的提高,摇摆式烫毛装置慢慢地被运河式烫毛装置或蒸汽烫毛装置取代。

在烫池内安装一条自动线轨道,屠体从刺杀、放血到烫毛都是吊挂进行,在浸烫过程中,挂脚链不松开直接进入烫池,在可控沉降的导轨下,被悬挂输送机拖动从入口拖动到出口即完成浸烫(图 2-5)。浸烫后悬挂输送线送至脱毛机上部,自动脱钩,进入脱毛机。整个浸烫过程无须人工操作,基本实现了生产线机械化加工。封闭式的运河式烫池,温度稳定、均匀,烫毛效果好,可降低能源消耗和减少工人劳动强度,克服了传统烫毛,刮毛操作困难,生产不连续等缺点,提高了生产效益。但是这种烫毛工艺仍沿袭着传统的"热水混烫"模式,其最大的缺点是容易造成交叉感染,内脏呛水,能源消耗较大,水污染严重,同时烫池浸烫法使胴体温度升高,加速宰后糖酵解,肉的极限 pH 较低,容易造成 PSE 肉,从而降低肉的品质。

图 2-5　运河式浸烫池

3.蒸汽式烫毛装置

由于烫池浸烫存在一定的缺陷,而冷凝式蒸汽烫毛隧道技术,比现有的烫池方式可有效避免病菌的交叉感染,改善烫毛工序的卫生条件,在欧洲广为流行,因此《生猪屠宰企业资质等级要求》(SB/T 10396)五星级生猪屠宰加工企业烫毛必须采用热水喷淋烫毛或隧道蒸汽烫毛。目前国内只有部分大型屠宰加工企业引进了蒸汽烫毛装置,国产化的屠宰设备加工企业所开发的蒸汽烫毛装置还处在初步推广阶段。

冷凝式蒸汽烫毛隧道主要由不锈钢保温箱体,蒸汽供热(湿)系统,热循环系统,自动温控系统,排污系统等组成。如图 2-6 所示。

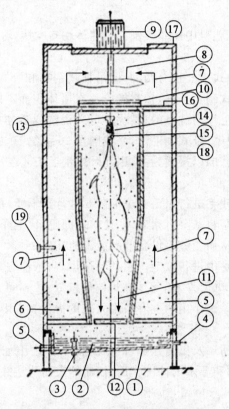

图 2-6　冷凝式蒸汽烫毛隧道示意图
1.水箱　2.烫毛水　3.蒸汽管　4.测温仪　5.排水口　6.水蒸气　7.蒸汽循环方向
8.吹风扇　9.带动吹风扇的电机　10.蒸汽冷却机组　11.热烫屠体冷却
蒸汽循环方向　12.活动挡板　13.空中传送装置　14.轨道　15.抓钩
16.支撑屠体的梁　17.隧道外架　18.隔热板　19.恒温调节器

生猪经放血、控血后处于吊挂状态进入蒸汽隧道,隧道内的温度为 62～65℃,湿度为 96％以上,以大约 12 m/s 的速度循环。蒸汽供热(湿)系统将蒸汽冷凝至 62～65℃,然后通过热循环系统进入隧道,隧道两侧安装的导流板迫使湿热蒸汽均匀扩散,环绕猪屠体周围对猪体的较浅表层及猪毛进行浸润和浸烫。余热蒸汽回到隧道外与热蒸汽重新混合后循环使用,隧道底部的通道用来收集冷凝水和使蒸汽均匀分布,烫毛温度由安装在隧道上的温控系统来控制。蒸汽式烫毛装置长度主要依屠宰量、浸烫时间来确定。与烫池相比可节约用水 90％,节省蒸汽 30％，余热重复利用，减少运行费用和水处理费用。

4. 烫毛的技术要求

屠体浸烫完毕、进入刮毛机之前，操作者可以用手在鬃毛部或者前腿部试捋一下，如果捋毛即脱，表明浸烫适度，可以进入刮毛工序，否则需要继续浸烫。不论何种浸烫方式，都要把握好温度和时间，防止"烫生"、"烫老"和"烫熟"。

(三)脱毛

脱毛分手工刮毛和机器脱毛两种。极少数小型屠宰场无脱毛设备时，可进行人工刮毛。先用刮铁刮去耳和尾部毛，再刮头和四肢，然后刮背部和腹部。各地刮法不尽一致，以方便、刮净为宜。

机器刮毛基本上是靠刮毛机中的软硬刮片与猪体相互摩擦，将毛刮去，同时向猪体喷淋温水，刮毛时间 30～60 s 即可。

目前国内外机器刮毛方式主要也有两种，即吊挂式刮毛和卧式刮毛。吊挂式刮毛法是猪屠体进入刮毛隧道后，与卧式刮毛一样，依靠橡胶片在屠体表面不断地拍打磨蹭，并同时配有 60～62℃热水淋洗，达到除毛和清洗目的，其优点可与烫洗隧道连成一体，构成烫毛脱毛连续化，无须摘钩，提高了工作效率；卧式刮毛法，是我国自 20 世纪 50 年代至今一直沿袭的一种刮毛工艺，由于我国烫毛工艺依旧以浸烫为主，因此卧式刮毛工艺在我国非常普遍。

(四)修刮、燎毛与抛光

脱毛机脱毛后，还要对残毛进行燎毛。燎毛前要进行预干燥，目前绝大多数都是采用预干燥机，它是采用鞭状橡胶或塑料条鞭打猪屠体，使其表面脱水、干燥，为燎去猪屠体上未脱净的猪毛而设置的前加工设备，从而使燎毛设备节省能源消耗。

预干燥后，往往在燎毛炉中进行燎毛。它是利用燃气，依靠自动点燃装置，对准悬挂输送链上的屠体喷火，炉温至 1 000℃左右，屠体在炉内停留 3～4 s，可使猪屠体的表面清洁，也使猪屠体表面温度增高，起到杀菌作用。也有采用人工的方法，利用喷灯将颈部、鼠蹊部及其他部位未脱掉的残毛烧掉。

燎毛后，要将烧焦的皮屑层及黑污挂掉(俗称刮黑)，常使用抛光机(即清洗刷白机)也是在隧道内利用鞭条的抽打作用和温水的冲洗作用，使屠体表面清洁并有光泽。

(五)割头、割蹄、割尾

有的企业在脱毛后，进行去头、去尾、去蹄。去头有以下三种方法：

1. 锯头

用锯头机，可上下调节，升降的口，适合大生产需要。操作时，一人掌握升降圆盘锯，看准屠体大小，迅速调整锯片对准屠体头颈寰枕关节处。另一人左手抓住屠体左前腿，右手推脑骨处，可迅速割下猪头。不足之处是猪体过大影响锯头速度和直接影响出肉率。目前也有用去头钳的，在颈背部贴近耳根部位将猪胫骨切断。

2. 刀砍

操作者先割好猪头一侧槽头，左手抓住手钩钩起，使露出寰椎关节，然后右手持砍刀，对准寰枕关节猛砍，猪头即被砍下。该法缺点是劳动强度大。

3. 刀割关节

从头颈连接的寰枕关节处与猪耳根平齐割下头部。从两耳根后部(距耳根 0.5～1 cm)连线处下刀，将皮肉割开，刀尖深入枕骨大孔将头骨与颈骨分离，然后左手下压，将猪头紧贴枕骨割开,不得过多地带颈部猪肉(重量≤50 g),使之成为"三角头"。两侧咬肌裸露,宽度3～4 cm。要求刀具每使用一头消毒一次。缺点是,大猪猪头离地面太近,割时有些困难。

不论哪种方法,在实际生产时,都必须使猪头仍先连在胴体上,待同步检验完毕后,用刀将猪头彻底割下。

去猪蹄也有两种方法,一种是机械去蹄,用手动液压去蹄钳,将前蹄从腕关节处夹断,后蹄从跗关节处剪断,要求刀口平整,不能切割成锯齿形。另一种是人工的方法,去前蹄时,先用刀在腕关节下方3～4 cm处划一圈,整齐地割下猪皮,划前蹄时将猪蹄向外扳,使前蹄逐渐弯曲,然后用刀将猪皮上推,露出关节部位,下刀将前蹄从关节处割下。去后蹄时要求先用刀在踝关节的上方2～3 cm处划一圈,将猪皮整齐地割开,再将猪后蹄稍用力往外扳,同时用力从踝关节处将后蹄割下。刀口平、齐、吻合,猪蹄要求断面整齐猪皮的长度超出断面2 cm以上。

去尾时,右手持刀贴尾根关节割下,将尾根割成圆锥形,要求下刀部位准确,刀口齐、圆,使割后肉尸没有骨梢突出皮外,没有明显凹坑。

六、剥皮

在生产不带皮猪肉时,要先去头蹄、去尾,然后剥皮,通常称为"毛剥",有机械剥皮法和人工剥皮法两种。国内普遍采用机械剥皮法,依靠剥皮机上辊筒的运转,带动猪屠体进行180°的翻转,通过调整剥皮机刀片间隙,使刀片顺着皮、膘结合部位剥下猪皮,并在水流的冲淋下,从下料口滑出猪皮。利用剥皮机剥皮之前,由于机械性能制约,猪屠体上有些部位和上机时需要夹住部分猪皮,必须先用手工预剥一面或两面,并确定预剥面积,以解决设备无法剥到的部位,所以机械剥皮仍然含有手工剥皮的工序。

无论手工剥皮还是机械剥皮,均不得划破皮面,少带肥膘。手工预剥时要求下刀平整,屠体上无皮毛、无损伤,要杜绝出现"鱼鳞"刀痕等现象,要求操作人员必须掌握四个要点,即"通、平、紧、挺"。"通"就是在剥皮时猪屠体前段必须剥通颈下部(即槽头部分);后段必须剥通尾根部,否则机械剥皮时,容易使猪皮破裂,并使破皮残留在屠体上。"平"就是刀身必须前后平贴着猪皮进刀,不可有一端翘起,否则容易破皮,并使皮上脂肪过多。"紧"和"挺"就是在进刀时,必须将猪皮拉紧,使皮张绷紧平整,不能有一处松软或打皱,否则容易发生刀伤破皮、"描刀"和破洞等。

(一)机械剥皮

1. 挑皮

挑腹皮。从颈部起沿腹部中央正中线挑开,至肛门处,刀刃向上,不能挑得太深,以免挑破腹壁及内膜,伤及内脏。

挑前后腿裆皮。刀刃向上,从进刀口处直线挑开前后裆皮,不宜挑得太深,避免伤及肌肉和皮下脂肪,注意与挑开的腹皮呈十字形状,下刀平整。

2. 预剥

手工剥皮,按剥皮机性能,预剥一面或两面,确定预剥面积。剥皮时一手把猪皮拽紧展平,另一手将刀刃紧贴皮内侧,刀尖上斜,刀刃朝下,沿猪皮、肥膘结合缝呈弧形向后运刀,幅度要长,动作要连贯,大面要剥到两腿窝以下,形成一条直线,将猪皮剥离。剥右侧时,从臀部或腿腹部入刀剥离至后肢后侧皮,再从腹部剥到胸部,最后剥离前肢后侧皮,直到剥通前肢;剥左侧时从颈部入刀,一直到后肢,最后使臀部、肩部形成一条直线。

3. 夹皮

将预剥开的大面(右侧)猪皮扯平,绷紧无褶,放入剥皮机卡口,夹紧。注意防止皱皮和双层皮,并把猪前后腿均匀压直,保持一条直线。

4. 开剥

夹皮完毕,开机人员应检查猪皮是否平整,夹皮人员手指是否离开刀口,再开机夹紧猪皮,当辊筒卡口处转进刀片内,应及时调节操作杠杆,把刀片紧贴猪皮,以免带皮油。由于猪皮厚度不均,颤动的刀片剥到脊背时,需调节操作杆,略微放宽刀片与猪皮的距离,把皮完整剥下,将猪屠体推下滑道后,开机人员松开卡口,夹皮人员将猪皮及时取下,使辊筒钳口停位准确。开剥时要求水冲淋与剥皮同步进行,按皮层厚度掌握进刀深度,不得划破皮面,少带肥膘。

(二)人工剥皮

将生猪屠体放在操作台上,按下列顺序剥皮。

挑腹皮。从颈部沿腹部正中线切开皮层至肛门处。

剥臀皮。先从后臀部皮层尖端割开一小块皮,用手拉紧,顺序下刀剥下两侧臀部皮和尾根皮。

剥腹皮。左右两侧分别剥,剥右侧时,一手拉紧、拉平后裆肚皮,按顺序剥下后腿皮、腹皮、前腿皮;剥左侧时,一手拉紧脖皮,按顺序剥下脖头皮、前腿皮、腹皮、后腿皮。

剥脊背皮。将屠体四肢向外平放,一手拉紧、拉平大皮,用刀剥下脊背皮。

(三)修整

用环形刀将刺杀放血口处污染的肉修去,部位要准,不得残留刀口肉。

七、剖腹取内脏

剖腹取内脏主要包括编号,割肥腮(下腮巴肉),雕圈,挑胸,剖腹,拉直肠割膀胱,取白脏、红脏等内容。

(一)编号

编号人员对自动线输送的屠体,按顺序在每一屠体耳部和前腿外侧用食品级记号笔编上号码,也可以用号牌对猪屠体进行编号,这有利于统计当日屠宰的头数。号牌每使用一次,要用82℃以上的热水消毒一次。生产结束,用清水冲洗干净后,再用100~200 mol/L 的次氯酸钠溶液浸泡消毒。

(二)割肥腮

操作人员右手持刀,左手抓住左边放血肥腮处,刀离颌腺3~5 cm 处入刀,顺着下颌骨平割至耳根后再在寰枕关节处入刀,入刀时刀刃横割,刀尖略偏上,刀柄略向下,顺下颌骨割至放血口离颌下 3~5 cm 处收刀。要割深、割透,两侧肥肥肉要割得平整,一般以小平头为标准。左右肥腮与颈肉相连通,但不能有皮连接。

(三)雕圈

雕圈是沿猪的肛门外围,将刀刺入雕成圆形。雕圈是生猪屠宰解剖、开腔和净腔(摘除猪屠体腹腔内的内脏)加工的第一步,目的在于将直肠和胴体分开,并通过套袋或束口等措施防止肠体粪污污染胴体。

手工雕圈时,右手拿刀从尾根刺入肛门外围,从趾骨中缝划开肛圈皮肉,左手食指深入肛门,拉紧下刀部位的皮层后,右手用刀沿肛圈划两个半圆,雕成圆圈,然后刀尖稍向外,割断尿管和筋腱,掏开后用手轻轻将大肠头拉出来垂直放入骨盆内。要求大肠头脱离括约肌,但不得割破直肠,不带三角肉。

机械雕圈时,用手动开肛器对准猪的肛门,将探头伸入肛门,启动开关,环形刀将直肠与猪体分离,拔出探头的同时,将大肠头拉出来。注意探头伸入位置要准确,不得过深或偏斜,避免割破直肠。

不论是刀具还是开肛器,都要用82℃以上的热水一头一消毒。

(四)开膛

开膛净腔是指用功能刀具打开生猪的胸腔和腹腔,取出内脏的过程。具体地讲,开膛就是自放血刀口沿胸部正中挑开胸骨,沿腹部正中线自上而下剖腹,将生殖器从脂肪中拉出,连同输尿管全部割除的过程。一般分挑胸、摘猪鞭、剖腹三个步骤。净腔指摘除猪屠体胸腹腔内的内脏的过程,一般分为取白脏、取红脏两个步骤。

开膛和净腔是生猪屠宰后解体加工的第一步,对后续工序的加工质量有重要影响。一般有仰卧开膛和吊挂开膛两种方法,前者适应于小型屠宰场,后者在大规模生产中使用,要求下刀要准、浅、轻,以免刺破内脏,污染胴体。

1. 仰卧开膛

让屠体四肢朝天,仰卧在特制的解剖架上,操作者从第一对乳头处下刀划到放血刀口,划开胸皮;然后从胸骨与肋骨相连的最末一节下方刺入,打开胸腔,从咽喉下端割断气管、食管。不得刺破心脏、胆囊、肠胃。

从挑胸处下刀划到肛门附近,以划开腹皮露出皮下脂肪为宜;割开两腿中间肌肉,露出骨头。然后打开腹腔,割断直肠两旁系膜并雕圈。

左手伸入猪屠体腹腔,向后扳开胃肠,右手用刀割断食管、肠系膜,然后连同胃肠、膀胱、卵巢或睾丸一起取出。然后扳开肝脏,将心肝肺与横膈膜、护心油、肝筋、腰肌、脊动脉割断后,连同横膈膜一起取出,要求不得损伤腰肌和胸腔。

内脏全部取出后,用刀在两后退跗关节后上方戳个洞,穿上挂钩,然后将净腔后的胴体倒挂在肉架上,从上到下、从里到外,用水冲洗干净体腔内的血污、浮毛、瘀血、污物等杂质。

取出的内脏经检验合格后,应及时送到专用的副产品加工间整理。

2. 吊挂开膛

首先进行挑胸,操作者以左手抓住屠体的左前腿,使其胸部与人相对略偏右,右手持刀,刀刃向下,对准胸部两排乳头的中间略偏左1 cm(放血口在右侧就在右侧挑胸),由上而下切开胸部的皮肤、皮下脂肪、胸肌至放血口处,直至看见胸骨(俗称胸子骨),再将刀刃翻转向上,刀刃离胸骨中心线3～5 cm,并与胸骨中线呈40°,与水平线呈70°,从胸前口(放血口)插入胸腔,刀往上挑,挑开左侧全部真肋、肋软骨,与胸骨分离,挑胸口与放血口对齐成一直线。在入刀时,用力要先重后轻,防止用力过重,刺破肝、胆、胃,同时刀尖不宜刺得太深,以免刺破肺脏。

然后要摘除猪鞭,用刀将骨盆正中的皮层自上而下划开,使猪鞭露出并用左手拽住,右手用刀尖从猪鞭根部连同输尿管一起割断,左手用力将猪鞭拉出,再将包皮盲囊割下,要求不得将猪鞭根部留在胴体上。

最后剖腹,屠体腹剖与人相对,操作者用左手抓住左后肋,以起固定和着力作用。右手持刀,沿两股中间切开皮肤、脂肪层和腹壁肌,到耻骨缝合,然后刀翻转,刀尖朝向腹外,刀柄和右手在腹腔内,右手拇指和食指紧贴在腹壁上,用力向下推割,一直割到与挑胸口的刀口形成一条线，俗称三口成一线，即放血口、挑胸口、剖腹口成一条线，不得出现三角肉。入刀时用力要适当，用力过重，会切破膀胱、直肠和其余肠子，污染肉尸和刀具；用力过轻，需要剖二三刀。如内脏破损，必须将污物排除，用水冲洗干净，刀具应消毒，以防止交叉污染而影响肉质。

（五）拉直肠割膀胱

把直肠、膀胱从骨盆腔中拉出并将膀胱割除，称之为拉直肠割膀胱。操作时使屠体腹腔朝向操作者，左手抓住膀胱体，右手持刀，将左右两边两条韧带切断，然后左手用力一拉，使直肠脱离骨盆腔，同时用刀割开结肠系膜与腹壁的结合部分，直至肾脏处，最后在膀胱颈处切断，将膀胱放入容器内再做处理。拉直肠时注意用力要均匀，防止直肠被拉断或被拉出花纹而降低经济效益。同时，用刀时还要注意防止戳破直肠壁和膀胱。

（六）取胃肠（取白脏）

操作时左手抓住直肠，右手持刀，割开直肠系膜与腹壁的固着部分直至肾脏处，然后左手食指和拇指再抓住胃的幽门部食管 1.5 cm 处并切断，使其分离，并立即放到同步检验盘中。要求食管不得残留过短，不得刺破肠、胃、胆囊，避免筒体被肠胃内容物、胆汁污染。如果肉尸已被污染，应立即冲洗肉尸，胃、肠也应冲洗干净。

（七）取肝、心、肺（取红脏）

一手抓住肝，另一手持刀在胸口处割断肝筋，割开两侧横膈膜和心包膜与胸腔壁的系膜，左手顺势将肝下揿，右手持刀将连接胸腔和颈部的韧带割断，同时割断膈肌角肉和脊动脉，划开两侧护心油，割断食管和气管的连带组织，刀子伸入将喉骨处割断，取出心肝肺，不得使其破损。取出红脏后，应挂在同步检验线的红脏挂钩上。

心、肝、肺和肠、胰、脾应分别保持自然联系，并与胴体同步编号，由检验人员按宰后检验要求进行检疫。

取红脏、白脏所用的刀具要在 82℃以上的热水中一头一消毒。白脏同步检验盘和红脏挂钩每使用一次要用 82℃以上的热水消毒一次。生产结束，用清水冲洗干净后，再用 100～200 mol/L 的次氯酸钠溶液浸泡消毒。

八、劈半

劈半是将肉尸沿脊柱劈成两半，是修整胴体的必要工序，一般在猪摘除内脏后，将胴体纵向劈成两半（两分体片猪肉），不仅便于宰后检验，而且便于冻结、冷藏、码放。生产中分为手工和机械化两种方式，但绝大多数生猪屠宰场采用机械化方式。

1. 手工作业

一般是操作人员先沿胴体脊背正中线，从尾至头部，用刀切开皮肤和皮下脂肪层（要求骨节对开），形成一条直线，即“描脊”。然后一手持刀劈开荐椎，另一手握住右边胴体，再沿描脊线往下，从尾椎、腰椎、颈椎至最后一节寰椎，用力劈开脊椎骨，将胴体分成两片，尾骨留在左半片上。要求下刀轻重适当，动作连贯，刀口平滑，劈半均匀。

2. 机械化作业

一般采用桥式劈半锯、往复式劈半锯、带式劈半锯等设备进行操作。使用往复式劈半锯时，操作人员左手握住机架上部手柄，右手握住手动开关，开启双手安全开关，面对胴体腹部，将锯弓架在骨盆中央，使锯齿对准脊椎正中线往下，将猪胴体沿脊椎中线一劈为二。

用桥式电锯劈半时应使轨道、锯片、导入槽呈直线，然后右手轻扶胴体后腿，左手轻扶前腿,使两腿平衡,脊椎中缝对准锯片,沿脊椎中线将胴体一分为二。

无论采取何种工艺,均以全线劈开脊椎管,暴露出脊髓为好。要求劈半时使骨节对开,劈半均匀,劈面平整挺直,不得弯曲、劈断、劈碎脊椎,以免损坏产品,堆积锯末。

3.冲淋

左手用钩钩住胴体,右手用水管按照从里到外、从上到下的要求,用清水洗净体腔内的瘀血、浮毛、污物及劈半时留在脊椎骨变的锯末等。

4.去肾脏

肾脏俗称腰子,摘除肾脏时,一只手伸平,插入肾脏与腹腔壁之间,将肾包膜抠开(尽量不要将肾膜抠破),另一只手按住肾脏周围的腹腔壁,将肾脏掀离腹腔壁,用刀具紧贴肾脏割断肾血管、输尿管,取下肾脏。要求肾脏不带输尿管和碎油、包膜。

5.撕板油

板油是胴体的腹壁脂肪,采用人工方法时,扶正胴体,手指从板油下边缘外侧抠入,掀开板油组织,然后五指抓紧板油向上提起,将板油撕净。撕后检查腰肌、软裆、第五肋骨处,要求不得有残留。此方法劳动强度大。

采用机械方法时,在轨道上安装一台电机,带动两只撕板油的夹子,轮流上下升降。当片猪肉达到操作位置时,两名操作人员分别将一片胴体的板油下端撕开一角,并用下降的夹子夹住,随即夹子上升,将板油撕下。此方法节省人力,但残留多,容易撕碎板油,仍需人工补撕。

九、摘除肾上腺

肾上腺的皮质与髓质均分泌激素,功能各异。皮质的激素主要影响物质代谢,并有增强机体抗御各种损伤等作用;髓质的激素则有升高血压、促进糖原分解等功能,并对内脏的平滑肌起松弛作用。人如果误食肾上腺,约在 0.5 h 内即可发病。主要症状为恶心、呕吐、心绞痛、手足麻木、血压及血糖升高等中毒症状。重症者,因小血管收缩,颜面变为苍白,应迅速救治。

摘除时,左右持镊子夹住肾的扁条状腺体,将肾上腺向外拉,右手持刀将其割下,尽量少带脂肪。刀具每使用一次,要在 82℃ 以上的热水中消毒一次。

十、胴体修整

胴体肉尸修整包括修割与整理两部分。修割就是把残留在肉尸上的毛、灰、血污等,以及对人体有害的腺体和病变组织修割掉,以确保人身健康。修整则是根据加工规格要求或合同的需要对胴体不平整的切面进行必要的修削整形,使胴体具有完好的商品形象。修整包括湿修和干修两种方法。

修整的标准是局部或轻微的病变组织应彻底修割,但不得修下过多的正常组织;全身性或严重的病变组织,应将整个胴体或器官废弃做无害化处理。

修整时刀锋要紧贴皮面,下刀由小到大,由浅及深,修去臀部和腿裆部的黑皮、皱皮,刮净残毛、绒毛、粪污、胆污、油污、血污。修净体腔内的碎板油、小里脊两侧淋巴结。按照由里到外、由上到下、由浅及深的原则,沿病变组织与正常组织分界处下刀,将胴体上的伤痕、瘀血、痂皮、红斑、病变淋巴结、皮肤结节、脓包、皮癣、湿疹等病变部分分离出来,而后将病变组织修割掉;出血点或出血斑用刀直接修割,直到全部修净为止。

(一)修整把关

1. 刮残毛

尽量修刮干净片猪肉上的残毛、毛根,剥皮猪应修净胴体上残留的皮毛块。

2. 割横膈膜

横膈膜位于割开胸腔和腹腔的横膈肌上,用刀紧贴肋骨将其修割净。

3. 割血污肉

操作时操作者左手拇指和食指捏住右边肉体接近第一肋骨处放血口表层的肉,使肉体固定,右手持刀,在第一肋骨处入刀,顺着颈椎割去槽头部位内表层被血和烫池水污染的肉血块相喉管等,然后左手抓住右边进刀部位的放血口,用刀割下被血污染的肉边子,约割到槽头末端时为止。割左边血污肉时,右手持刀,左手捏住左侧的血污肉,从颈椎处向外割,其余方法同上。

4. 割乳(奶)头

操作者左手用镊子夹住乳头轻拉,右手持刀在乳头基部入刀,由上而下,顺序将乳头逐个割净。要求割成圆形,不残留奶根,不带黄汁发现有黄色乳汁的乳头,要割深一点,如发现乳头部位有灰色色素时,必须把色素全部割掉。也可用左手撑住奶脯上端,右手握刀,从胴体后腿软裆处下刀,紧贴奶脯由上而下割去奶头。

5. 割槽头

槽头是指下颌后部第一颈椎之前的肉。先刷掉槽头上残留的污物、血污,再将槽头内侧血管和各种腺体割掉,然后操作者左手抓住槽头下部的肉,稳住肉体,右手持刀,在第一颈椎下1~2 cm处水平入刀,左手拉肉,右手持刀,沿第一颈椎直线平行割下,不得过高或过低。人工洗刷时,可用刷子在水的冲淋下进行。也可采用槽头冲洗机,操作时根据片猪肉大小,适当调整刷子的高度,使刷子对准槽头。

6. 修割护心油

用刀修去附着于胸骨上脂肪组织,要求下刀准确,不得划伤胸腔、肋骨。

7. 修割病变组织

包括出血点或出血斑、血肿、积血、瘀血、肉内肿块、病变淋巴结等。

(二)冲洗

在剖腹和肉尸整理过程中,由于大小血管内的残血外流和被不慎割破的脏器造成粪胆汁的外溢,使肉尸受到污染,如不及时冲洗,就会造成细菌繁殖,使肉品质和外观都受到影响,所以应反复冲洗。

(三)消毒

刀具每使用一次,要在82℃以上的热水中消毒一次。被脓包等污染后,应随时消毒,必要时应更换刀具。

盛放修割下料、废弃物的容器应每循环一次,用82℃以上的热水消毒一次。生产前后用100~200 mol/L 的次氯酸钠溶液消毒。

十一、冷却排酸

胴体修整、复检后,一般利用轨道秤逐头准确计量,在宰后检验合格的每片猪肉的臀部和肩胛部加盖兽医验讫、检验合格和等级印戳,用 1.9%~2.0% 的乳酸溶液对胴体进行喷淋减菌。然后推入排酸间预冷排酸,预冷间温度 0～4℃,相对湿度 90％～95％,胴体间距 3～5 cm,时间 12～24 h,预冷至后腿中心温度降到 7℃以下。

第三节　牛与家禽屠宰技术

一、牛屠宰技术

牛肉的品质和肉牛的年龄、性别、饲养水平有很大的关系。年龄与肉的风味、嫩度和色泽有密切关系,幼龄牛风味很淡、味道纯正、肌纤维细嫩、嫩滑、肌肉颜色浅、脂肪白,随年龄增大,肌肉颜色变深,变成紫红色,随年龄增大脂肪颜色加深,尤其是放牧饲养的老牛,脂肪呈黄色,肉的嫩度也明显地随年龄而下降。肥瘦程度也是左右肉的质量的最重要的因素之一,年幼的良好满膘牛,其肉更嫩,由于脂肪的增加,肉的香气也随之提高;老龄满膘肥牛则肌肉由于肌纤维之间间杂脂肪组织使色泽变得柔和,脂肪颜色变淡,使剖面肌肉和脂肪颜色变得较鲜艳,有的甚至出现大理石状或雪花状的高档牛肉,同时肉质变嫩,风味佳良。

性别对肉的颜色和风味也有很大影响。公牛肌肉颜色由于肌红蛋白含量高而颜色深,公牛肉的特有风味较母牛肉浓郁;同龄母牛肌肉中肌红蛋白含量较少而色泽较浅,而母牛肉则较公牛肉纤维细腻软嫩;公牛肉中脂肪含量较相同饲养水平的母牛肉少。

牛的产地、育肥期日粮组成、饲养水平与饲养方式,对牛肉质量也有影响,放牧饲养的牛肉嫩度最差,舍饲全天拴系的牛肉最嫩。

不同品种更有差别。中国地方良种黄牛的肉大理石状明显,夏洛来牛、皮埃蒙特牛、荷斯坦牛及其他改良牛,则瘦肉比例大,即使成年满膘牛,也难以达到"五花"肉。

有了优质的肥牛,还不一定就获得优质的牛肉。屠宰是生产优质牛肉的重要环节。只有科学严格的屠宰工艺,才能保证牛肉的优质,否则牛育肥的再好,也难以获得上等的牛肉。

牛屠宰工艺如图 2-7 所示。

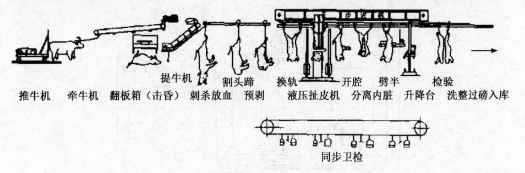

图 2-7　牛屠宰加工示意图

(一)宰前检验与管理

与生猪屠宰一样,活牛的屠宰前也需索取"三证",进行宰前检验,并断食静养饮水与淋浴。

(二)致晕

致昏的方法有多种,经常使用刺昏法、击昏法、电麻法。均要求致昏适度,牛昏而不死。对于清真屠宰场,按照伊斯兰教义,不得进行致昏。

1.刺昏法

用1.5～2 cm宽、20～25 cm长的薄型专用刀具完成,用刺昏刀迅速、准确地刺入牛的枕骨和第一颈椎之间,破坏延脑和脊髓的联系(图2-8),造成瘫痪。本法的优点是操作简单,易于掌握,缺点是刺得过深时,伤及呼吸中枢或血管运动中枢,可使呼吸立即终止或血压下降,影响放血效果,有时出现早死现象。

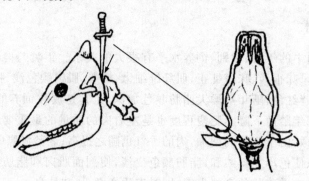

图2-8　延脑切断位置

2.击昏法

用击昏枪对准牛的双角与双眼对角线交叉点,启动击昏枪使牛昏迷。

3.电麻法

在翻板箱中用单杆式电麻器击牛体,使牛昏迷,电压不超过200 V,电流为1～1.5 A,作用时间6～30 s,电麻方法如图2-9所示。此法操作方便,安全可靠,适宜于较大规模的机械化屠宰厂进行倒挂式屠宰。电麻法造成中枢神经麻痹,刺激心脏活动,使血压升高有利于放血。电击之后牛从晕倒到苏醒的时间为1 min左右。

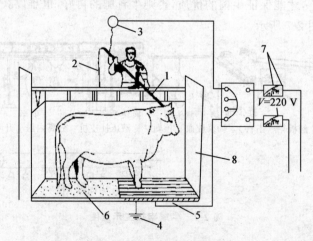

图2-9　牛自动电麻装置示意图
1.电麻杆　2.电线　3.插座　4.地线　5.通电铁板　6.橡皮板　7.安全装置　8.自动翻板

(三)放血

牛被击昏后,立即进行宰杀放血。用扣脚链扣紧牛的右后小腿,用电动葫芦匀速提升,使牛后腿部接近输送机轨道,然后挂至轨道链钩上。滑轮沿轨道前进,将牛运往放血池,进行戳刀放血。挂牛要迅速,从击昏到放血之间的时间间隔不超过 1.5 min。

从牛喉部下刀,横向割断食管、气管和血管,采用伊斯兰"断三管"的屠宰方法,入刀时力求稳妥、准确、迅速。清真屠宰场操作时,要由阿訇主刀,根据伊斯兰教义,牛吊起后,将拴牛绳系紧拴牛桩后,用干净的遮掩布覆盖牛眼,牛头朝向西方(圣城麦加,位于沙特阿拉伯),阿訇默默诵经的同时,进行刺杀放血。

刺杀放血刀应每次应用 82℃ 以上的热水消毒,轮换使用。放血时间不少于 8 min,放血完全。

(四)剥皮、去内脏

1.结扎肛门

用清水冲洗肛门周围,将橡皮筋套在左臂上,然后将塑料袋也反套在左臂上。左手抓住肛门并提起,右手持刀将肛门沿四周割开并剥离,随割随提升,提高至 10 cm 左右。将塑料袋翻转套住肛门,顺势用左臂上的橡皮筋扎住塑料袋,然后将结扎好的肛门送回腹腔深处,以防在后续工序中内容物流出污染胴体。

2.剥后腿皮

从跗关节下刀,刀刃沿后腿内侧中线向上挑开牛皮。沿后腿内侧线向左右两侧剥离,从跗关节上方至尾根部牛皮,同时割除生殖器。割掉尾尖,放入指定器皿中。

3.去后蹄

从跗关节下刀,割断连接关节的结缔组织、韧带及皮肉,割下后蹄,放入指定的容器中。

4.剥胸、腹部皮

用刀将牛胸腹部皮沿胸腹中线从胸部挑到裆部。沿腹中线向左右两侧剥开胸腹部牛皮至欤窝止。

5.剥颈部及前腿皮

从腕关节下刀,沿前腿内侧中线挑开牛皮至胸中线。沿颈中线自下而上挑开牛皮。从胸颈中线向两侧进刀,剥开胸颈部皮及前腿皮至两肩止。

6.去前蹄

从腕关节下刀,割断连接关节的结缔组织、韧带及皮肉,割下前蹄放入指定的容器内。

7.换轨

启动电葫芦,用两个管轨滚轮吊钩分别钩住牛的两只后腿跗关节处,将牛屠体平稳送到管轨上。

8.机器扯(撕)皮

将预剥好的牛自动输送到扯皮工位,用拴牛腿链把牛的两前腿固定在拴牛腿架上。扯皮机的扯皮滚筒,通过液压作用上升到牛的后腿位置,用牛皮夹子夹住(或钢丝绳套紧)已预剥好牛皮,从牛的后腿部分往头部扯,扯到尾部时,减慢速度,用刀将牛尾的根部剥开。在机械扯皮过程中,扯皮机均匀向下运动,两边操作人员站在单柱气动升降台进行修割,边扯边用刀轻剥皮与脂肪、皮与肉的连接处。扯到腰部时适当增加速度。扯到头部时,把不易扯开的地方用刀剥开。牛皮扯下后,扯皮滚筒开始反转,扯皮机复位,通过牛皮自动解扣链将牛皮自动放入牛皮风送罐内。然后气动闸门关闭,往牛皮风送罐内充入压缩空气,将牛皮通过风送管道输送到牛皮暂存间。整个机器扯皮的过程,如图 2-10 所示。

图 2-10　扒皮机操作过程

扒皮时注意云皮肉和牛皮的完整。在扒皮过程中,要控制好扒皮机,防止扒皮机运转过快,将胴体脂肪带下,剥皮工的双手只许接触牛皮,决不能接触胴体,如果不慎接触到胴体,立即修割掉污染部位,用清水进行冲洗,刀具在使用过程中如收到牛皮污染,要及时用配有消毒液的水冲洗消毒,再由清水冲洗干净,然后继续工作,每剥完一头牛刀具必须放到消毒盒内消毒。

9. 割牛头

用刀在牛脖一侧割开一个手掌宽的孔,将左手伸进孔中抓住牛头。沿放血刀口处割下牛头,挂同步检验轨道。

10. 开胸、结扎食管

先用刀将胸肉划开,然后用开胸锯从胸软骨处下刀,沿胸中线向下贴着气管和食管边缘,锯开胸腔及脖部。开胸时一定要注意把握好开胸锯的下锯角度,避免划破内脏,胸骨一定要锯直,两侧误差不能超过 1 cm。

用刀剥离气管和食管,将气管与食管分离至食管和胃结合部,将食管顶部结扎牢固,使内容物不流出。

11. 取白脏

将刀具插入消毒盒中高温消毒,待牛进入工作台后,先割除生殖器官,放入盒中,刀尖向外,刀刃向下,由上向下推刀割开肚皮至胸软骨处。注意刀尖必须朝向自己,以免划破内脏,污染胴体,然后用左手扯出直肠,右手持刀伸入腹腔,从左到右割离腹腔内结缔组织。用力按下牛肚,取出胃肠送入同步检验盘,然后扒净腰油。

12. 取红脏

左手抓住腹肌一边,右手持刀沿体腔壁从左到右割离横膈肌,割断连接的结缔组织,留下小里脊。取出心、肝、肺,挂到同步检验轨道,并将胸腹腔冲洗干净。然后将刀具插回消毒盒消毒,冲洗手臂、围裙、工作台和地面。如果不慎划破肠胃,污染腹腔,需用高压水将腹腔冲洗干净,转入病牛线并隔离放置,另做处理。

13. 取肾脏、截牛尾

肾脏在牛的腔内部,被脂肪包裹,划开脏器膜即可取下。截牛尾时,由于其已在拉皮时一起拉下,只需要在尾部关节处用刀截下即可。摘取内脏时,要注意下刀轻巧,不能划破肠、肛、膀胱、胆囊,以免污染肉体。

(五)劈半、修整

将劈半锯插入牛的两腿之间,从耻骨连接处下锯,从上到下匀速地沿牛的脊柱中线将胴体劈成二分体,要求不得劈斜、断骨,应露出骨髓。然后取出骨髓、腰油放入指定容器内。

整理时,一手拿镊子,一手持刀,用镊子夹住所要修割的部位,修去胴体表面的瘀血、淋巴、污物和浮毛等不洁物,注意保持肌膜和胴体的完整。

最后用 32℃左右温水,由上到下冲洗整个胴体内侧及锯口、刀口处。

二、家禽屠宰技术

(一)致昏

致昏的方法有很多,目前多采用电麻致昏法。常用以下三种。

1. 电麻钳

电麻钳呈"Y"形,在叉的两边各有一个电极,当电麻钳接触家禽头部时,电流即通过大脑而达到致昏的目的。

2. 电麻板

电麻板的构成是在悬空轨道的一段(该段轨道与前后轨道断离)接有一电板,而在该段轨道的下方,设有一瓦楞状导电板。当家禽倒挂在轨道上传送,其喙或头部触及导电板时,即可形成通路,从而达到致昏目的。

以上两种电麻方法多采用单向交流电,在 0.65～1.0 A,80～105 V 的条件下,电麻时间为 2～4 s。

3. 电晕槽

水槽中设有一个沉浸式的电棒,屠宰线的脚扣上设有另一个电棒,屠禽上架后当头经过下面的水槽时,电流即通过整只禽体使其昏迷。

电晕条件是电压 35～50 V,电流 0.5 A 以下,时间(禽只通过电晕槽时间)为:鸡为 8 s 以下,鸭为 10 s 左右。电昏时间要适当,以在 60 s 内能自动苏醒为宜。电昏后马上将禽只从挂钩上取下,若过大的电压、电流会引起锁骨断裂,心肝破坏,心脏停止跳动,放血不良,翅膀血管充血等。

(二)刺杀放血

家禽的刺杀,要求保证放血充分的前提下,尽可能地保持胴体完整,减少放血刀口的污染,以利于保藏。美国农业部建议电昏与宰杀作业之间距,夏天为 12～15 s,冬天则需增加到 18 s。常用的刺杀放血方法有如下几种。

1. 动脉放血

该方法是在家禽左耳垂的后方切断颈动脉颅面分支,其切口鸡约 1.5 cm,鸭鹅约 2.5 cm,沥血时间应在 2 min 以上。本方法操作简单,放血充分,也便于机械化操作,而且开口较小,能保证胴体较好的完整性,污染面也不大,故目前大多采用这种放血方法。

2. 口腔放血法

用一手打开口腔,另一手持一细长尖刀,在上腭裂后约第二颈椎处,切断任意一侧颈总静脉与桥静脉连接处。抽刀时,顺势将刀刺入上腭裂至延脑,以促使家禽死亡,并可使竖毛肌松弛而有利于脱毛。用本法给鸭放血时,应将鸭舌扭转拉出口腔,夹于口角,以利于血流畅通并避免呛血。沥血时间应在 3 min 以上。本法放血效果良好,能保证胴体的完整,但操作较复杂,不易掌握,稍有不慎,易造成放血不良,有时也容易造成口腔及颅腔的污染,不利于禽肉的保藏。

3. 三管切断法

在禽的喉部横切一刀,在切断动、静脉的同时,也切断了气管与食管,即所谓的三管切断法。本法操作简便,放血较快,但因切口较大,不但有碍商品外观,而且容易造成污染。

(三)烫毛

目前机械化屠宰加工肉用仔鸡时,浸烫水温为(60±1)℃,而农民散养的土鸡月龄较大,浸烫水温为 61～63℃,鸭、鹅的浸烫水温为 62～65℃。浸烫水温必须严格控制,水温过高会烫破皮肤,使脂肪溶化,水温过低则羽毛不易脱离。浸烫时间一般控制在 1～2 min,主要根据家禽的品种、月龄和季节而定。

(四)脱毛

机械拔毛主要利用橡胶束的拍打与摩擦作用脱除羽毛,因此必须调整好橡胶束与屠体之间的距离。另外应掌握好处理时间。禽只禁食超过 8 h,脱毛就会较困难,公禽尤为严重。若禽只宰前经过激烈的挣扎或奔跑,则羽毛根的皮层会将羽毛固定得更紧。此外,禽只宰后 30 min 再浸烫或浸烫后 4 h 再脱毛,都将影响到脱毛的速度。

(五)去绒毛

禽体烫拔毛后,尚残留有绒毛,其去除方法有三种:一为钳毛,将离体浮在水面(20～25℃)上,用拔毛钳子(一头为钳,一头为刀片)从颈部开始逆毛倒钳,将绒毛钳净,此法速度较慢。二为浸蜡拔毛,挂在钩上的屠禽浸入溶化的松香甘油酯液中,然后再浸入冷水中(约 3 s)使松香甘油酯硬化。待松香甘油酯不发黏时,打碎剥去,绒毛即被粘掉。松香甘油酯拔毛剂配方:11％的食用油加 89％的松香甘油酯,放在锅里加热至 200～230℃充分搅拌,使其溶成胶状液体,再移入保温锅内,保持温度为 120～150℃备用。进行松香甘油酯拔毛时,要避免松香甘油酯流入鼻腔、口腔,并仔细将松香甘油酯清除干净。三为火焰喷射机烧毛,此法速度较快,但不能将毛根去除。

(六)清洗、去头、切爪

1. 清洗

屠体脱毛后,在去内脏之前须充分清洗。一般采用加压冷水(或加氯水)冲洗。

2. 去头

应视消费者是否喜好带头的全禽而予增减。去头装置是一个"V"形沟槽。倒吊的禽头经过凹槽内,自动从喉头部切割处被拉断而与屠体分离。

3. 切爪

目前大型工厂均采用自动机械从腰部关节切下。如高过腿部关节,称之为"短胫"。"短胫"外观不佳,易受微生物污染,而且影响取内脏时屠体挂钩的正确位置;若是切割位置低于腹部关节,称之为"长胫",必须再以人工切除残留的胫爪,使关节露出。

(七)取内脏

取内脏前需再挂钩。活禽从挂钩到切除爪为止称为屠宰去毛作业,必须与取内脏区完全隔开。此处原挂钩转回活禽作业区,而将禽只重新悬挂在另一条清洁的挂钩系统上。取内脏可分为 4 个步骤:切去尾脂腺;切开腹腔,切割长度要适中,以免粪便溢出污染屠体;切除肛门;扒出内脏,有人工抽出法和机械抽出法。

(八)检验、修整、包装

禽胴体掏出内脏后,经检验、修整、包装后入库贮藏。库温-24℃情况下,经 12~24 h 使肉温达到-12℃,即可贮藏。或经 0~4℃的冷水冷却至中心温度 10℃以下,即可分割。

第四节　宰后检验技术

宰后检验是相对于宰前检验而言的,实际是屠宰过程中的检验。宰前检验漏检的病畜当作健康畜禽屠宰解体后,可经过对肉尸、脏器所呈现的病理变化和异常现象进行综合分析、判断而检出,并做出相应的处理。

宰后检验通常是以感官检验和剖检为主,即在自然光线(室内以日光灯为宜)的条件下,检验人员借助于检验工具,按照规定的检验部位,用视觉、触觉、嗅觉等由表及里地进行检查,以做出正确的判断和处理,在必要时,则应进行实验室诊断。

一、检验方法

1. 视检

即观察肉尸的皮肤、肌肉、胸腹膜、脂肪、骨骼、关节、天然孔和各种脏器的色泽、形态、大小、组织状态等。这种观察可为进一步剖检提供线索。如结膜、皮肤、脂肪发黄,表明有黄疸可疑,应仔细检查肝脏和造血器官甚至剖检关节的滑液囊及韧带等组织,注意其色泽变化;如喉颈部肿胀,应考虑检出炭疽和巴氏杆菌病;特别是皮肤的变化,在某些疾病(如猪瘟、猪丹毒、猪肺疫、痘症等)的诊断上具有特征性。

2. 剖检

除了上述暴露部分的观察以外,还可以借助检验器械剖开观察肉尸、组织、器官的隐蔽部分或深层的组织变化。按"肉品卫生检验试行规程"的规定要求,必须剖检若干部位的淋巴结、脏器组织、肌肉、脂肪等,以观察其组织性状、色泽变化等是否正常,从而做出正确的判断。剖检时,应注意淋巴结应进行纵剖,肌肉必须顺纤维方向切开。非必要时不得横切以缩小污染面,并保持商品的完整美观。

3. 触检

肌肉组织或脏器,有时在表面不显任何病变,可借助检验器械或用手触摸,以判定组织器官的弹性和软硬度,以发现软组织深部的结节病灶。

4. 嗅检

嗅检是辅助观察、剖检、触检方法而采取的一种必要方法。如猪生前患有尿毒症,则宰后肉品必有尿酸味。又如肉品腐败后,则有特异的气味。检验时,可以按其异味轻重的程度而做出适当的处理。

5. 实验室诊断

肉品宰后检验过程中,有些疾病往往不能单凭上述各项检验方法所判定,必须借助于实验室诊断,利用微生物学、组织病理学、血清学、理化学等检验方法才能正确判断。如猪的局部炭疽等。

二、屠体宰后检验的程序

(一)头部检验

在猪放血后、浸烫前(或剥皮前),必须先行剖检两侧颌下淋巴结,观察有无肿大、浸润、结核、化脓、点状出血等,剖检外咬肌有无寄生虫,视检鼻盘、唇、齿龈、咽喉黏膜和扁桃体是否有干燥、水疱、点状出血、肿胀、溃疡等症状。在猪的头部检验中,经常遇到化脓或钙化的颈部淋巴结,必须及时割除。此外,在落头前,应有专人负责并将附在喉头的甲状腺割除,以免引起误食中毒。牛的头部检验除普通检查口腔及咽喉黏膜外,还应检查舌根纵剖面,并切开检查内外咬肌。

(二)皮肤(体表)检验

肉尸在剖腹前,必须由检验人员仔细检查全身皮肤,发现体表有传染病症状的及时标记处理。可采用视检和抽检,必要时可剖检局部皮肤,观察皮肤深层及皮下组织。皮肤检验应注意观察在四肢、腋下、耳根、后股、腹部等处有无斑点状或弥漫性的发红或出血症状。如猪瘟一般在四肢、腋下等部有点状或斑状的深红色出血,边缘整齐,肉尸悬挂时间越久,则出血点越加醒目。发现以上皮肤症状,应及时做出标记,结合脏器、肌肉、脂肪等进行综合判断。如有疑难,则应会合数人会诊,再行处理。各种传染病的皮肤症状必须与一般皮肤病如湿疹、虫咬等区别,以免误诊错验。剥皮猪则必须在专设的照皮架上由专人负责照验皮张,以防漏检;也可把猪皮平铺在特制灯箱的毛玻璃上,检查有无丹毒的疹块。

(三)内脏检查

内脏检查应逐个进行。

1.肺脏检查

观察外表、色泽、大小,触检被膜及其弹性,必要时切开检查,并剖检支气管淋巴结及纵隔淋巴结。检查牛结核病和传染性胸膜炎,猪的出血性败血病,观察是否有充血、出血、溃烂、硬化等病变;同时切开肺叶,检查是否有住肉孢子虫、肺丝虫等寄生虫。

2.心脏检查

检验心包、心肌、心内外膜、心实质是否有急性传染性的出血现象,心肌中是否有囊尾蚴,对猪应特别注意二尖瓣,是否有菜花状的猪丹毒症。

3.肝脏检查

检查颜色、硬度、形状、弹性,并剖检肝门淋巴结,是否有硬化及石灰变性,以及寄生的肝蛭。必要时切开检查,并剖检胆囊。

4.肠胃检查

切开检查胃淋巴结及肠系膜淋巴结,并观察胃肠浆膜,必要时剖检胃肠黏膜。当牛、马、羊患炭疽时,其肠系膜淋巴结呈急性肿胀,并出血。此外,牛瘟的主要症状是回盲瓣出血溃烂,猪瘟则往往在大肠黏膜上出现扣状溃疡。

5.脾脏检查

看有无肿胀,弹性如何,必要时切开检查。患炭疽的牛、羊、马,脾脏急性肿大,容易破裂,并呈黑色,猪则在边缘上有梗塞症状。

6.肾脏检查

观察色泽、大小,并触检弹性是否正常,必要时纵剖检查(需连在肉尸上一同检查)。

7. 生殖器检查

必要时检查子宫、睾丸、膀胱等。

8. 乳房检查

（牛羊）触检并切开检查，看乳房淋巴结有无病变。

（四）胴体检验

一般应在肉尸劈半后进行，首先判定放血程度。

视检皮肤、皮下组织、脂肪、肌肉、胸腔、关节、筋腱、骨及骨髓、胸膜、腹膜等有无异常。剖检颈浅背（肩前）淋巴结、股前淋巴结、腹股沟浅淋巴结、腹股沟深淋巴结，必要时增检颈深后淋巴结核腘淋巴结，检查有无出血、水肿、脓肿、结核、浆液性和出血性炎症等。剖检乳房淋巴结是否正常，并刮视大小腰肌有否囊虫寄生，再检验肾脏，观察其色泽、大小等是否正常，必要时纵剖检查髓质和肾盂。如在剖检乳房淋巴结和股前淋巴结时发现疑问，应再剖检股后淋巴结、肩胛前淋巴结等。由于检验是在运输轨道上进行，劈半后肉尸已分成两片，所以初验时往往由检验员两人各验一片，发现问题，应及时互相联系对照。

（五）寄生虫检验

1. 旋毛虫检验

取出腹腔脏器后，在每头猪的左右横膈膜脚肌处各取一小块肉样（每块重约 30 g），与肉尸编记同一号码，以撕膜与显微镜镜检相结合进行检验。方法是在自然光线十分充足的情况下（或足够的日光灯照明），先撕去肌膜，用肉眼仔细观察肉样，然后在肉样上用医用剪刀剪取 24 个小片（每片约米粒长，但宽度较小，必须顺纤维剪），放在 60～80 倍的低倍镜下检查，同时必须注意有否钙化囊虫或住肉孢子虫的寄生。在旋毛虫检验的采样以后，肉尸劈半以前，对每头猪腹腔内的 2 个肾上腺，必须由专人摘除。

2. 囊尾蚴

囊尾蚴可在所有肌肉组织中寄生，分布在猪胴体各处，因此应引起高度重视，防止出现漏检。主要检查部位猪为咬肌、两侧腰肌和膈肌，其他可检部为心肌、肩胛外侧肌和股部内侧肌等；牛为咬肌、舌肌、深腰肌和膈肌；羊为膈肌、心肌。

3. 住肉孢子虫

猪镜检横膈膜肌脚（与旋毛虫一同检查）；黄牛仔细检视腰肌、腹斜肌及其他肌肉；水牛检视食道、腹斜肌及其他肌肉。

（六）复验

主要对胴体进行综合的疫病、寄生虫病等方面的检疫检验，防止漏检，评定胴体修整加工质量、监督摘除"三腺"等。当发现骨折、肌肉深部的出血、化脓等病灶时，剔出，另行修割整理。如发现有化脓、结核或严重出血肿胀的病变淋巴结必须割除，并对体表及腹腔再做一次全面的观察。牛、羊主要剖检股前淋巴结、肩胛前淋巴结及肠淋巴结。

三、检验后肉品的处理方法

（一）气味异常肉品

是指由于某些原因而引起屠畜产生某些非正常的肉味的肉或肉尸，可分为性臭、尿臭、酸臭、氨臭、微生物原因引起的异样气味、药物臭和饲料臭等。根据气味的性质不同可分别进行处理，如对性臭不是很严重的肉可加工制成食用时不需加热的细碎肉制品（如红肠）、尿臭严重的可作工业用、氨臭的可烧煮加工等,保证不会对人的健康和环境造成影响。

(二)色泽异常肉品

色泽异常肉是指由于某些原因而引起屠畜产生某些非正常颜色的肉或肉尸,主要包括PSE肉、DFD肉、肉色变绿等。对肉色发生轻微异常者,可食用,而对变色严重者,如肉色属于腐败性变绿,则应酌情对胴体予以全部或局部做次品处理。

(三)病害畜禽及其产品

是指确认为染疫动物以及其他严重危害人畜健康的病害动物及其产品;病死、毒死或不明死因动物的尸体;从胴体割除下来的病变部分等。这部分畜禽或胴体要采用销毁处理,常用焚毁或掩埋的方法。

焚毁就是将病害动物尸体或病害动物产品投入焚化炉或用其他方式烧毁炭化。掩埋时地应远离学校、公共场所、居民住宅区、村庄、动物饲养和屠宰场所、饮用水源地、河流等地区;掩埋前应对需掩埋的病害动物尸体和病害动物产品实施焚烧处理;掩埋坑底铺 2 cm 厚生石灰;掩埋后需将掩埋土夯实,病害动物尸体和病害动物产品上层应距地表 1.5 m 以上;焚烧后的病害动物尸体和病害动物产品表面,以及掩埋后的地表环境应使用有效消毒药喷洒消毒。但掩埋方法不适用于患有炭疽等芽孢杆菌类疫病,以及牛海绵状脑病、痒病的染疫动物及产品、组织的处理。

(四)条件可食肉品的处理

指屠宰后的畜禽胴体和内脏,经检验认为畜禽虽患非恶性传染病、轻症寄生虫病或一般性疾病,但其肉质尚好,仅少数内脏有轻的病变,故按有关规定经无害处理后利用。主要有高温处理法、冷冻处理、盐腌处理等处理方法。

1.冷冻

对患有口蹄疫体温正常的患畜,其剔骨肉及其内脏,经过按规范冷却排酸无害处理后可以出厂销售。利用低温的作用,使病原体细胞的水结成冰,致使病原体死亡,达到无坏话处理的目的。猪和牛在规定检验部位上的 40 cm² 面积内发现囊尾蚴和钙化的虫体在 3 个以下者(包括 3 个),整个肉尸经冷冻无害处理后可出厂;羊肌肉的切面上在 40 cm² 面积内发现有 9 个以上(包括 9 个)虫体,而肌肉无任何病变者,冷冻处理后出厂。低温对寄生在猪、牛肉中的旋毛虫、囊虫等都有致死作用。旋毛虫在 −17℃ 以下时 2 d 死亡;绦虫类在 −18℃ 时,3 d 死亡;囊尾蚴在 −12℃ 时即可完全死亡。

2.腌制

本法常用于轻症囊虫病及布鲁氏杆菌病的肉的无害化处理。将肉切成 2.5 kg 的肉块,表面擦上食盐(用量为肉重的 15%),然后盐渍于 18°Bé 的盐水中,有囊虫的肉盐渍不少于 21 d,有布鲁士杆菌病的不少于 60 d(此法夏天不宜使用)。另外肉尸仅脂肪有明显变色而无其他传染病或异味者,可做腌制处理。

由于盐溶液很难渗入脂肪,位于皮下脂肪层中的不易被杀死,故应先剔除皮下脂肪,炼制食用油。

3.高温处理

利用某些病原菌、病毒、寄生虫在高温蒸煮下很快灭活的特点,将病害动物及其产品高温蒸煮一段时间,达到无害化并继续利用的目的。一般有两种方法,高压蒸煮法是把肉尸切成不超过 2 kg、厚不超过 8 cm 的肉块,放在密闭的高压锅内,在 112 kPa 压力下蒸煮 1.5~2 h。一般煮沸法是把肉尸切成不超过 2 kg、厚不超过 8 cm 的肉块，放在普通锅内煮沸 2～2.5 h（从沸腾时算起）。

有如下情况发生者，需进行高温处理。猪患慢性局部炭疽；口蹄疫体温高的患畜的肉尸、内脏及副产品；肉尸有部分淋巴结结核病病变时；骨结核病牲畜；布鲁氏杆菌病的牲畜；破伤风的牲畜；轻微猪瘟、猪丹毒、猪巴氏杆菌病（猪出血性败血病、猪肺疫）和有轻微病变的肉尸及内脏。

4. 加工肉

即用于"加工复制品"，但"四部规程"中没有明文规定。猪、牛患有囊尾蚴病，在规定检查部位，40 cm² 面积内有 6～10 个虫体，如能将虫体全部清除，可作为肉制品原料。凡是高温处理的原料也可作为加工肉。

5. 炼食用油

即用干化机、湿化机化制。凡患有重症旋毛虫病、囊虫病和病情严重但脂肪尚可食用的一般传染病，以及黄脂病畜，其脂肪组织均可炼食用油，炼制时要求温度在 100℃以上，时间不少于 20 min。

第五节　宰后肉的变化及肉的排酸

动物经过屠宰放血后由于机体的死亡引起了呼吸与血液循环的停止、氧气供应的中断，使肌肉组织内的各种需氧性生物化学反应停止、转变成厌氧性活动。因此，肌肉在死后所发生的各种反应与活体肌肉完全处于不同状态、进行着不同性质的反应。

活体肌肉处于静止状态时，由于 Mg^{2+} 和 ATP 形成复合体的存在，妨碍了肌动蛋白与肌球蛋白粗丝突起端的结合。肌原纤维周围糖原的无氧酵解和线粒体内进行的三羧酸循环，使 ATP 不断产生，以供应肌肉收缩之用。肌球蛋白头是一种 ATP 酶，这种酶的激活需要 Ca^{2+}。

活体肌肉收缩时来自大脑的信息经神经纤维传到肌原纤维膜产生去极化作用，神经冲动沿着 T 小管进入肌原纤维，可促使肌质网将 Ca^{2+} 释放到肌浆中。钙离子可以使 ATP 从其惰性的 Mg-ATP 复合物中游离出来，并刺激肌球蛋白的 ATP 酶，使其活化。肌球蛋白 ATP 酶被活化后，将 ATP 分解为 ADP、无机磷和能量，同时肌球蛋白纤丝的突起端点与肌动蛋白纤丝结合，形成收缩状态的肌动球蛋白。

当神经冲动产生的动作电位消失，通过肌质网钙泵作用，肌浆中的钙离子被收回。ATP 与 Mg^{2+} 形成复合物，且与肌球蛋白头部结合。而细丝上的原肌球蛋白分子又从肌动蛋白螺旋沟中移出，挡住了肌动蛋白和肌球蛋白结合的位点，形成肌肉的松弛状态。

一、宰后僵直

由于无氧呼吸，ATP 水平下降和乳酸浓度提高（pH 降低），肌浆网钙泵的功能丧失，使肌浆网中 Ca^{2+} 逐渐释放而得不到回收。致使 Ca^{2+} 浓度升高，引起肌动蛋白沿着肌球蛋白的滑动收缩；另一方面引起肌球蛋白头部的 ATP 酶活化，加快 ATP 的分解并减少，同时由于 ATP 的丧失又促使肌动蛋白细丝和肌球蛋白细丝之间交联的结合形成不可逆性的肌动球蛋白，从而引起肌肉的连续且不可逆的收缩，收缩达到最大程度时即形成了肌肉的宰后僵直，也称尸僵。宰后僵直所需要的时间因动物的种类、肌肉的种类、性质以及宰前状态等都有一定的关系。

因此,在现代法医学上僵尸的时间也常做判断尸体死亡的时间证据。达到宰后僵直时期的肌肉在进行加热等成熟时肉会变硬、肉的保水性小、加热损失多、肉的风味差,也不适合于肉制品加工。

二、解僵与成熟

解僵指肌肉在宰后僵直达到最大程度并维持一段时间后,其僵直缓慢解除、肉的质地变软的过程。解僵所需要的时间因动物、肌肉、温度以及其他条件不同而异。在 0~4℃ 的环境温度下鸡需要 3~4 h,猪需要 2~3 d,牛则需要 7~10 d。

成熟是指尸僵完全的肉在冰点以上温度条件下放置一定时间,使其僵直解除、肌肉变软、系水力和风味得到很大改善的过程。肉的成熟过程实际上包括肉的解僵过程,二者所发生的许多变化是一致的。

尸僵持续一段时间后,即开始缓解,肉的硬度降低、保水性能恢复,使肉变得柔软多汁,具有良好的风味,最适宜加工食用,这个过程即为肉的成熟。关于肉的成熟机制主要有两种学说:①钙离子学说。这种学说认为肉的成熟过程主要发生两种变化:一是死后僵直肌原纤维产生收缩张力,并发生断裂,张力的作用越大,肌原纤维的肌节断裂成小片状的程度就越大;死后肌质网功能的破坏,Ca^{2+} 从肌质网中释去,使肌浆中的 Ca^{2+} 浓度急剧增高,高浓度的 Ca^{2+} 长时间作用,使蛋白质变性而断裂;二是僵直时生成的肌动球蛋白复合体的肌球蛋白和肌动蛋白之间的结合力在成熟过程中会逐渐变弱;再者肌肉中结构弹性网状蛋白质由不可溶性变为可溶性。②酶蛋白学说。肌肉在成熟过程中肌原纤维在蛋白酶——肽链内切酶的作用下引起分解。在肌肉中,肽链内切酶有许多种,如胃促激酶、氢化酶等。

三、肉的腐败变质

肉类完成成熟后,应及时终止,否则肌肉中的蛋白质在组织酶的作用下,蛋白质进一步水解,生成胺、氨、硫化氢、酚、吲哚、粪臭素、硫化醇,则发生蛋白质的腐败。同时发生脂肪的酸败和糖的酵解,产生对人体有害的物质,称之为肉的腐败变质。

健康动物的血液和肌肉通常是无菌的,造成肉品腐败变质的微生物主要来自外部环境。在屠宰和贮藏过程中,环境中的微生物首先污染肉品表面,再沿血管进入肉的内层,并进而伸入到肌肉组织。然而,即使在腐败程度较深时,微生物的繁殖仍局限于细胞与细胞之间的间隙内,只有到深度腐败时才到肌纤维部分。

四、肉的排酸技术

肉作为原料,不论是烹调还是加工,成熟期的要比僵直期的品质优良。常温下肉的成熟要比低温下速度快,但常温下微生物容易生长繁殖,酶也有较高的活性,容易造成原料肉的腐败变质。特别是牲畜刚屠宰完毕时,体内热量还没有散去,肉体温度一般为 38~39℃。屠宰后其体内新陈代谢作用大部分仍在进行,所以体内温度略有升高,如宰后 1 h 的肉体温度较刚宰杀时体温高 1.5~2℃,肉体较高的温度和湿润的表面最适宜微生物生长和繁殖。因此,应该在较低的(但不能冻结)的温度下,使肉完成成熟,这实际是一个冷却的过程,在这个过程中,pH 缓慢上升,行业中形象地把该过程称为排酸。

通过冷却，可以抑制微生物生长繁殖；同时使肉体表面形成一层完整而紧密的干燥膜，即可以阻止微生物的入侵，又可以减缓肉体内的水分蒸发，延长了肉的贮存时间，一般可以保存1~2周时间；肉的冷却排酸过程也基本完成了肉的成熟，使肉由僵硬变得柔软，持水性增强，肉的风味得到了改善，具有香味和鲜味；此外，冷却也是冻结的准备过程，整胴体或半胴体的冻结，由于肉层厚度较厚，若用一次冻结(即不经过冷却，直接冻结)，常是表面迅速冻结，而内层的热量不易散发，从而使肉的深层产生"变黑"等不良现象，影响成品质量；通过冷却排酸，可延缓脂肪和肌红蛋白的氧化，使肉保持鲜红色泽。

排酸肉的加工是发达国家针对畜类的屠宰提出的强制性的加工方法，它通过严格的质量控制(如卫生整修技术、大肠杆菌检验管理、HACCP的实施以及同步检疫等)，确保了肉的安全、营养、卫生，可使加工前原料的微生物污染处于较低水平，而质量品质达到较高水准。20世纪末，冷却排酸肉开始引入我国。

(一)排酸温度

排酸冷却是指将肉的温度降低到冻结点以上的温度(肉的冻结点大约为−1.7℃)。排酸温度的确定主要就是从利于抑制微生物的生长繁殖考虑。将胴体保存在0~4℃范围，可以抑制病原菌的生长，保证肉品的质量与安全，若超过7℃，病原菌和腐败菌的增殖机会大大增加。

近10年来，鉴于肉类工业逐步现代化，质量卫生意识加强和一系列管理系统的执行，肉品的卫生状况日益改善，并从节能角度考虑，国际上已将冷却肉的上限度从4℃提高到7℃。

(二)排酸方法

肉的排酸工艺有一次冷却工艺、二阶段冷却工艺。

1. 一次冷却工艺

我国的肉类加工企业普遍采用一次冷却工艺。肉类一次冷却工艺技术参数见表2-1。

表 2-1　肉类一次冷却工艺技术参数

冷却过程	半片猪胴体内		1/4 牛胴体内		羊腔	
	库温/℃	相对湿度/%	库温/℃	相对湿度/%	库温/℃	相对湿度/%
冷却间进货之前	−3~−4	90~92	−1	90~92	−1	90~92
冷却间进货结束后	0~3	95~98	0~3	95~98	0~4	95~98
冷却 10 h 后	1~2	90~92	0~−1	90~92	0~−1	90~92
冷却 20 h 后	0~−3	90~92	0~−1	90~92	0~−1	90~92

库内相对湿度的高低对肉的冷加工质量有直接的影响，如过高，会造成微生物繁殖；过低，会使肉体水分过多蒸发而引起质量损失。

在一定的空气温度和流速下，肉的冷却时间主要取决于肉体的肥瘦、肉块的厚薄以及肉体的表面积大小。猪 1/2 胴体肉排酸时间一般为 24 h，牛 1/2 胴体肉的排酸时间一般为 48~72 h，羊整腔为 10~12 h，肉体最厚部位(一般指后腿)中心温度降至 0~4℃即可结束冷却过程。当胴体最厚部位中心温度冷却到低于 7℃ 时，即认为排酸完成。

2. 二阶段冷却工艺

在国际上，随着冷却肉的消费量的不断增大，各国对肉类的冷却工艺方法加强了研究，其重点围绕着加快冷却速度、提高冷却肉质量等方面来进行。其中较为广泛采用的是丹麦和欧洲其他一些国家提出的二阶段快速冷却工艺方法，其特点是采用较低的温度和较高的风速进行冷却。第一阶段是在快速冷却隧道或在冷却间内进行,空气温度降得较低,一般为-15~-10℃,空气速度一般为1.5~2.5 m/s,经过2~4 h后,胴体表面在较短的时间内降到接近冰点,迅速形成干膜,而后腿中心温度还在16~25℃;然后再用一般的冷却方法进行第二次冷却,在冷却的第二阶段,冷却间温度逐步升高至0~2℃,以防止肉体表面冻结,直到肉体表面温度与中心温度达到平衡,一般为2~4℃,冷却间内空气循环同时随着温度的升高而慢下来。

采用二阶段冷却工艺方法的设备有两种形式:一种是全部冷却过程在同一冷却间中完成,一种是在分开的冷却间内进行。

我国对肉类的排酸方法主要采用冷风机进行冷却,即在排酸间(冷却间)内装设落地式冷风机或吊顶式冷风机。将经过屠宰加工修整分级后的胴体由轨道分别送入排酸间。肉体与肉体之间要有3~5 cm间距,不能贴紧,以便使肉体受到良好的吹风,散热快,空气速度保持适当、均匀。

(三)肉类在排酸过程中的变化

1.成熟作用

在冷却过程中,由于肉类在僵直后的变化过程中,其本身的分解作用是在低温下缓慢进行的,因此,肉体开始进行着成熟作用,再经过冷藏过程,肉体的成熟作用就完成了。

2.水分蒸发引发的干耗

肉在冷却过程中,最初由于肉体内较高的热量和水分,致使水分蒸发得较多、干耗较大。随着温度的降低,肉体表面产生一层干膜后,水分蒸发也就相应减少。肉体的水分蒸发量取决于肉体表面积、肥度、冷却间的空气温度、风速、相对湿度、冷却时间等。

3.寒冷收缩现象

采用二阶段快速冷却工艺易造成肉体产生寒冷收缩现象。当屠宰的肉进行二阶段快速冷却、肌肉的温度下降太快时,即肉的pH降为6.2以前、冷却间温度在-10℃以下时,肌肉会发生强烈的冷收缩现象,致使肌肉变得老硬。这样的肉在进一步成熟时也不能充分地软化,即使加热处理后也是硬的。这主要是由于肌肉组织细胞中的酶的活性在一定范围内是随着温度的下降而逐渐加强的,当温度在-10℃以下快速冷却时,由于酶的作用,将加速ATP的水解,从而加大肌肉的收缩。这对于牛肉和羊肉尤为重要,肉的柔性被破坏很大,是一个不好的现象。为此,可采用电激方法来防止牛、羊肉的寒冷收缩。而对于猪肉来说,由于脂肪层较厚、导热性差,其pH比牛、羊肉下降快,不会发生寒冷收缩现象。

4.肉的色泽变化

肉在冷却过程中,其表面切开的颜色由原来的紫红色变为亮红色,尔后呈褐色。这主要是由于肉体表面水分蒸发,使肉汁浓度加大,由肌红蛋白所形成的紫红色经轻微地冻结后生成亮红色的氧合肌红蛋白所致。但是,当肌红蛋白或氧合肌红蛋白发生强烈的氧化时,生成氧化肌红蛋白,当这种氧化肌红蛋白的数量超过50%时,肉就变成了不良的褐色。

第六节 肉的剔骨分割

由于受生猪不同品种、年龄、肥瘦程度及部位等因素的影响,肉的质量差异很大,其加工用途、实用价值和商品价值也不尽不同。因此无论从食用角度、肉品加工角度,还是商业角度,都应对猪肉进行分级,并分割使用。

一、猪胴体的分级

猪肉在零售时,根据其质量差异可划分为不同等级,按质论价。猪胴体的分级标准各国不一,但基本上都是以肥膘厚度结合每片胴体的质量进行分级定等的。肥膘厚度以每片猪肉的第六、第七肋骨中间平行至第六胸椎棘突前下方脂肪层的厚度为依据。

根据我国国内贸易行业标准(SB/T 10656)规定,我国对猪肉的分级是按照猪胴体形态结构和肌肉组织分布进行分割的。将感官指标、胴体质量、瘦肉率、背膘厚度作为猪肉分级的评定指标,将胴体等级从高到低分为1、2、3、4、5、6 六个级别,见表2-2。

表 2-2　猪胴体的等级分级

级别	感官	带皮胴体质量(W)［去皮胴体质量(W)下调 5 kg］	瘦肉率(P)	背膘厚度(H)
1级	体表修割整齐,无连带碎肉、碎膘,肌肉颜色光泽好,无白肌肉。带皮白条表面无修割破皮现象,体表无明显鞭伤、无炎症。去皮白条要求体面修割平整,无伤斑、无修透肥膘现象。体型匀称,后腿肌肉丰满	60 kg≤W≤85 kg	$P \geqslant 53\%$	$H \leqslant 2.8$ cm
2级		60 kg≤W≤85 kg	$51\% \leqslant P \leqslant 53\%$	2.8 cm≤H≤3.5 cm
3级	体表修割整齐,无连带碎肉、碎膘,肌肉颜色光泽好,无白肌肉。带皮白条表面无修割破皮现象,体表无明显鞭伤、无炎症。去皮白条要求体面修割平整,无伤斑、无修透肥膘现象。体型较匀称	55 kg≤W≤90 kg	$48\% \leqslant P < 51\%$	3.5 cm<H≤4 cm
4级		45 kg≤W≤90 kg	$44\% \leqslant P < 48\%$	4 cm<H≤5 cm
5级	体表修割整齐,无连带碎肉、碎膘,肌肉颜色光泽好。带皮白条表面无明显修割破皮现象,体表无明显鞭伤、无炎症。去皮白条要求体面修割平整,无伤斑、无修透肥膘现象	$W > 90$ kg 或 $W < 45$ kg	$42\% \leqslant P < 44\%$	5 cm<H≤7 cm
6级		$W > 100$ kg 或 $W < 45$ kg	$P \leqslant 42\%$	$H > 7$ cm

二、猪肉的剔骨分割技术

剔骨与分割是同时进行的,目前常用的剔骨方法是冷剔骨法,即经过冷却排酸以后进行剔骨分割。该法的优点是微生物污染程度低,产品质量好等;缺点是干耗大,剔骨和肥膘分离困难,肌膜易破裂等。国内也曾经用过热剔骨法,即热胴体先经过晾肉间降温至 20℃左右,再进行剔骨分割。此工艺操作简单,猪肉干耗少,肌膜完整,易于剔骨和肥膘分离。但产品温度较高,容易受到微生物的污染,出现表面发黏、色泽恶化等腐败现象。

(一)零售猪肉的剔骨分割技术

我国将供市场零售的猪胴体分成六大部分:肩颈部、臀腿部、背腰部、肋腹部、前臂和小腿部、前颈部,具体分割示意图如图 2-11 所示。

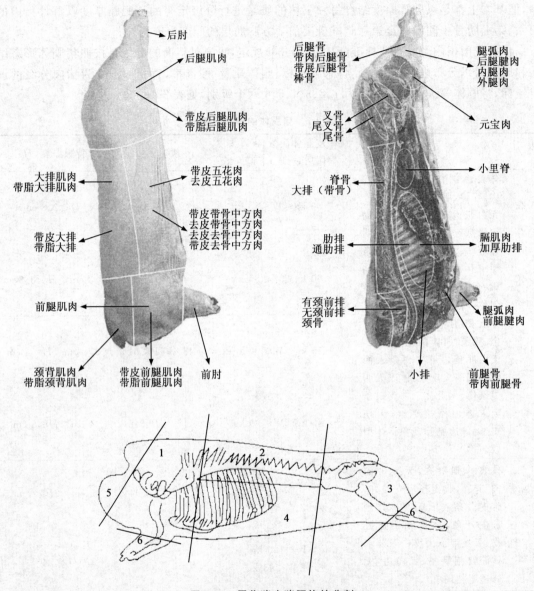

图 2-11　零售猪肉猪胴体的分割

1.肩颈肉　2.背腰肉　3.臀腿肉　4.肋腹肉　5.前颈肉　6.肘子肉

零售猪肉采用手工分段法,将片猪肉腔面向上平放于操作案台上,或将片猪肉吊挂。用左手扶猪,右手持刀沿猪的第五、六肋骨间下刀,分开肩胛部位;然后从腰椎与荐椎连接处下刀,去下后腿部位,将整个胴体分成前、后、中三段。

1.肩颈部(俗称胛心、前槽、前臀肩)的分割

前端从胴体第一、第二颈椎切去颈脖肉,后端从第四、第五胸椎间或第五、六肋骨中间与背

线呈直角切断。下端如做西式火腿,则从腕关节截断,如做其他制品则从肘关节截断并剔出椎骨、肩胛骨、臂骨、胸骨和肋骨。

2.臀腿部(俗称后腿、后丘、后臀肩)的分割

从最后腰椎与荐椎结合部和背线呈直角垂直切断,下端则根据不同用途进行分割。如做分割肉、鲜肉出售,从膝关节切断,剔出腰椎、荐椎、髋骨、股骨并去尾;如做火腿则保留小腿、后蹄。

3.背腰部(俗称通脊、大排、横排)的分割

前去肩颈部,后去臀腿部,取胴体中段下端从脊椎骨下方4～6 cm处平行切断,上部为背腰部。

4.肋腹部(俗称软肋、五花、腰排)的分割

与背腰部分离,切去奶脯即是。

5.前臂和小腿部(前后肘子、蹄髈)的分割

前臂为上端从肘关节,下端从腕关节切断;小腿为上端从膝关节,下端从跗关节切断。

6.前颈部(俗称脖头、血脖)分割方式

从寰椎前或第1、2颈椎处切断,肌肉群有头前斜肌、头后斜肌、小直肌等。该部肌肉少,结缔组织及脂肪多,一般利用制馅及做灌肠充填料。

(二)内、外销猪肉的剔骨分割技术

我国常将供内、外销的半片猪胴体分割为颈背肌肉、前腿肌肉、脊背大排、臀腿肌肉四大部分,这是《分割鲜、冻猪瘦肉》(GB 9959.2)中规定的按不同部位分割加工的四块去皮、去骨、去皮下脂肪猪瘦肉的简称,常作为工业原料使用,其中:

Ⅰ号分割肉:即颈背肌肉,是指从第五、六肋骨中间斩下的颈背部位肌肉;

Ⅱ号分割肉:即前腿肌肉,是指从第五、六肋骨中间斩下的前腿部位肌肉;

Ⅲ号分割肉:即大排肌肉,是指在脊椎骨下4～6 cm肋骨处平行斩下的脊背部位肌肉;

Ⅳ号分割肉:即后腿肌肉,是指从腰椎与荐椎连接处(允许带腰椎一节半)斩下的后腿部位肌肉。

内外销猪肉采用机械分段法,将片猪肉腔面向上平放于传送带上,调整片猪肉的位置,使猪的第五、六肋骨间对准锯片,向前推进锯开肩胛部位;再将腰椎与荐椎连接处(允许带腰椎一节半)对准锯片向前推进,锯下后腿部位。再沿脊椎骨下4～6 cm的肋骨处平行锯下脊背与腹肋部位。采用手动切割锯时,下锯深度不超过1 cm,以免伤及大排肌肉,保持脊背皮和腹肋皮的完整性。

1.后腿部位的剔骨分割

去腿圈　摆顺猪胴体后腿,对准跗关节上方2～3 cm处平行锯下腿圈。

剔叉骨、尾骨　左手按Ⅳ号肉,右手握刀沿尾骨边缘剥离尾骨,沿尾骨与叉骨结合处剔下尾骨,要求尾骨带肉量适中;沿叉骨走向剥离附着的肌肉和边缘肌肉,斩断叉骨与股骨的结合部(髋关节),取下叉骨,叉骨不能带明显红肉,肌肉不能出现刀伤,不能将不同用途的尾骨、叉骨放入相同的盒子内。

扒膘　一手抓住肥膘的边缘,一手持刀,刀走肌肉与肥膘结合处去掉肥膘,保持肌膜的完整性,不得划破肌膜。

修面　一手拿捏子,一手持刀,平刀修去表面残留的大块脂肪,割掉外露的淋巴结、筋腱和

皮块等。

剔后腿骨　自胫骨下刀,沿肌肉的走向剥离后腿腱肉,然后自内腿肉与和尚头之间划开暴露的股骨,刀沿骨肉结合部贴紧骨头剔下后腿骨。

2. 前腿部位的剔骨分割

摘修槽头　沿臂头肌弧状中间肌膜平行线割下槽头,修去浮毛、皮块和腺体等,摘除槽头碎肉。

(1)分面　紧贴肩胛骨板向前推割,分开Ⅰ、Ⅱ号肉,在第一节颈椎骨处下刀剔下颈背肌肉,避免刀伤。

(2)扒膘　一手抓住肥膘,一手持刀,刀顺着肥膘与肌肉的结合处扒掉肥膘,保持肌膜完整。

(3)修面　一手拿捏子,一手持刀,平刀修去Ⅰ、Ⅱ号肉上的大块脂肪、瘀血、软骨和骨茬等,注意保持外形及肌膜的完整。

(4)剔前腿骨、肩胛骨　沿肩胛骨边沿划开,用刀背面贴板骨面刮开肌肉与板骨的结合部,割断板骨与臂骨结合处的筋腱,右手按推前腿部,用左手食指扳下板骨,割掉肩胛软骨,然后持刀沿臂骨向下剔割至前臂骨,再反方向剔割下前腿骨。

3. 腹背部位的剔骨分割

(1)肋排锯　对准脊椎骨下4~6 cm的肋骨处平行锯开,分别推出肉大排与肋排,或用气动切割锯对准脊椎骨下4~6 cm的肋骨处平行切断肋骨,锯口深度在0.5 cm以内,不能伤及Ⅲ号肉,保持脊背皮与腹肋皮的完整性。

(2)扒大排　一手握住大排,一手持刀沿Ⅲ号肉肌膜与脊膘的结合处扒下大排,摘去膈肌脚和周围组织,顺大排方向轻轻摘下小里脊。

(3)剔Ⅲ号肉　脊骨平面朝下,一手抓住大排前端,刀锋顺着肋骨边向下划开,然后翻过来,从脊骨边缘持刀割掉Ⅲ号肉。

(4)修Ⅲ号肉　肉块肌膜向上,平行削去表面脂肪,尽量保持肌膜完整,成形良好。

(5)扒肋排　用刀割去横膈肌,持刀在肋软骨边缘1~3 cm处划弧,从肥膘边缘割入,然后用手抓住肋排边缘,刀贴肋骨取下肋排。

(6)修膘　刀从肥膘边缘入手,平刀将膘修割为脊膘、碎膘、五花肉、精碎肉四部分,各部分都应符合产品加工标准。

分割肉在修整时力求刀法平直整齐,保持肌膜完整。必须修割掉伤斑、出血点、血污、碎骨软骨、脓疱、淋巴结、浮毛和杂质。严重苍白的肌肉及其周围有浆液浸润的组织应当剔除。

分割冻猪瘦肉分为三级,即一级、二级、三级。冻猪瘦肉的分级规格见表2-3。

表 2-3　分割冻猪瘦肉的分级标准

项目	一级	二级	三级
重量/kg	颈背肌肉≥0.80 前腿肌肉≥1.35 大排肌肉≥0.55 后腿肌肉≥2.20	每块肉的块形应保持基本完整。不带碎肉。重量不限	每块肉重量不限
修整要求	肌肉应保持完整,表层脂肪修净,肌膜尽量不破。Ⅱ、Ⅲ号肌肉允许保留腱膜。每块肉内部的筋、腱和脂肪不修		肌肉表层允许带脂肪,但厚度不超过0.5 cm。每块肉内部的筋、腱和脂肪不修

三、牛肉的分割

牛肉的分割剔骨是一项技术性较高的工作,分割前要掌握牛胴体的结构,如图 2-12 所示。

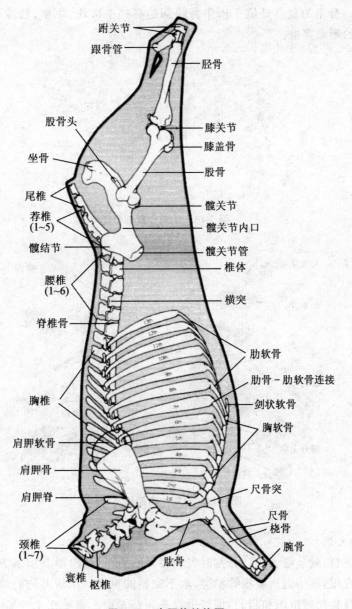

图 2-12　牛胴体结构图

牛肉的分割首先要四分胴体。具体的分割方法是:在第十二肋骨和第十三肋骨之间,将半胴体分成前 1/4 胴体和后 1/4 胴体。第十三肋骨连带在后 1/4 胴体上,以保持腰肉的整体形状。在分割的时候,要使切面整齐匀称。

在四分胴体之后,要对胴体进一步分割。常用的分割方法有带骨分割法、割肉剔骨法、吊架剔骨法等。

　　活牛屠宰后,制成标准二分体,首先要排酸,然后分割成臀腿肉、腰部肉(里脊和外脊)、腹部肉、胸部肉、肋部肉、肩颈肉、前腿肉 7 个部分(图 2-13),在此基础上最终进行 12～17 部分的分割。主要包括牛柳、西冷、眼肉、前胸肉、腰肉、颈肉、部分上脑、肩肉、膝圆、臀肉、大米龙、小米龙(图 2-14)。分割的重点是位于肉牛背腰部的高档牛肉块:牛柳、西冷和眼肉。修整时要保持每块肌肉的形态完整。

图 2-13　牛肉分割部位图

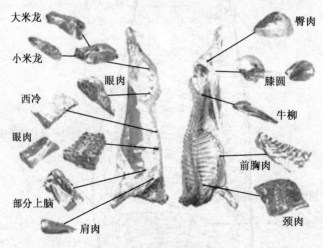

图 2-14　分割牛肉部位及名称

1. 牛柳(腰大肌)

　　牛柳也叫里脊,就是腰大肌。分割时先剥去肾脂肪,然后沿耻骨前下方把里脊剔下,最后由里脊头向里脊尾,逐个剥离腰椎骨横突,取下完整的里脊。然后并进行修整分类,修整时必须修净肌膜等疏松结缔组织和脂肪,保持里脊头完整无损。重量在 1.8 kg 以上的为 S 里脊;1.5～1.8 kg 为 A 里脊;1.5 kg 以下的为 B 里脊。

2. 西冷(背最长肌)

　　西冷也叫外肌外脊,主要是背最长肌。分割时先沿最后一节腰椎向下切,再沿眼肌的腹壁一侧(离眼肌 5～8 cm)向下切,然后在第九～十胸肋之间切断胸椎,最后逐个把胸、腰椎骨剥离。修整时,必须去掉筋膜、腱膜和全部肌膜。长度 50～60 cm,宽以边唇为准,要求为油面清洁、无伤,可由牛的大小定型。分 A、B、F 级别。A 级大理石花纹要达到 80% 以上,油面平、无伤、无脏物;B 级基本同 A 级,油面略差;F 级无油面,但要修净肉筋。

3. 眼肉(背阔肌、肋最长肌、肋间肌等)

眼肉主要包括纵向肌肉,眼肉的一端与外脊相连,另一端在第 5~6 胸椎处。分割时先剥离胸椎,抽出筋腱,然后在眼肉的腹侧,8~10 cm 宽的地方切下。修整时,必须去掉筋膜、腱膜和全部肌膜。同时,保证正上面有一定量的脂肪覆盖。长 26~30 cm,宽度以外边唇的 2~3 cm 处,级别以边部花纹为准,分 A、B 级,A 级大理石花纹要达到 80% 以上,表面油面平、白。

4. 上脑(背最长肌、斜方肌等)

上脑的分割方法是,剥离胸椎,去除筋腱,在眼肌腹侧距离为 6~8 cm 处切下。修整时,必须去掉筋膜、腱膜和全部肌膜。肉块长 18~20 cm,修掉表面油、血、筋,宽以牛肉大小制作,级别以边部花纹为准分 A、B 级,A 级大理石花纹要达到 80% 以上。

5. 嫩肩肉

嫩肩肉也叫辣椒肉,主要是三角肌。分割时沿着眼肉横切面的前端继续向前分割,可得一圆锥形的肉块,便是嫩肩肉。

6. 胸肉(升肌和胸横肌)

胸肉的分割方法是,在剑状软骨处随胸肉的自然走向剥离,修去部分脂肪即成一块完整的胸肉。修整时,修掉脂肪、软骨、去掉骨渣。

7. 腱子肉

腱子分为前、后两部分,主要是前肢肉和后肢肉。腱子肉的分割方法是,前牛腱从尺骨端下刀,剥离骨头,后牛腱从胫骨上端下刀,剥离骨头取下。修整时,必须去掉脂肪和暴露的筋腱。

8. 小米龙

主要是半腱肌。位于臀部,当牛后腱子取下后,小米龙肉块处于最明显的位置。分割时可按小米龙肉块的自然走向剥离。修整时必须去掉脂肪和疏松结缔组织。

9. 大米龙

与小米龙一起,也叫针扒。大米龙主要是臀股二头肌。与小米龙紧相连,故剥离小米龙后大米龙就完全暴露,顺着该肉块自然走向剁离,便可得到一块完整的四方形肉块。修整时必须去掉脂肪和疏松结缔组织。

10. 臀肉

也叫尾龙扒,主要包括半膜肌、内收肌、股薄肌等。分割时把大米龙、小米龙剥离后便可见到一块肉,沿其边缘分割即可得到臀肉。也可沿着被切开的盆骨外缘,再沿本肉块边缘分割。修整时,去净脂肪、肌膜和疏松结缔组织。

11. 膝圆

膝圆也叫牛霖或和尚头,主要是臀股四头肌,膝圆的分割方法是,大米龙、小米龙、臀肉取下后,沿膝圆肉块周边(自然走向)分割,即可得到。修整时,修掉膝盖骨、去掉脂肪及外露的筋腱、筋头、保持肌膜完整无损。

12. 腰肉

主要包括臀中肌、臀深肌、股阔筋膜张肌。在臀肉、大米龙、小米龙、膝圆取出后,剩下的一块肉便是腰肉。

13.腹肉

腹肉即肋条肉,主要包括肋间内肌、肋间外肌等。也是肋排,分无骨肋排和带骨肋排。一般包括4～7根肋排。修整时,去净脂肪、骨渣。

14.黄瓜条

黄瓜条也叫烩扒,分割时沿半腱肌上端至髋骨结节处与脊椎平直切断的下部精肉。修整时,去掉脂肪、肌膜、疏松结缔组织和肉夹层筋腱,不得将肉块分解而去除筋腱。分割时,自第11～12肋骨断面处至后腿肌肉前缘直线切下,上沿腰部西冷下缘切开,取其精肉。修整时,必须去掉外露脂肪,淋巴结。

牛柳、西冷、眼肉、上脑是传统的高档部位肉,重量占屠宰活重的5.30%～6.0%,这4块肉目前国内卖价较高,产值可占一头牛总产值的50%左右。臀肉、大米龙、小米龙、膝圆、腰肉的重量占屠宰活重的8.80%～10.90%,这5块肉的产值占一头牛总产值的15%～17%。

四、分割肉的包装

冷却肉的包装一般采用不透氧包装材料或真空包装、气调包装。

1.真空包装

真空包装阻止了肉表面因脱水而造成的重量损失,由于降低了包装内的氧含量,抑制了好氧细菌的生长繁殖,减少了蛋白质的降解和脂肪的氧化酸败,保持了肉中的肌红蛋白处于还原状态的淡紫色,相对延长了肉的货架期,并且保持了外观的整洁。

采用真空包装的冷却肉在0～4℃条件下可贮存20～28 d。目前国内外的真空包装主要有三种:第一种是收缩包装,将分割肉用收缩膜的包装袋包装,抽掉空气并加热封口,接着放入热水中使包装袋受热收缩(82℃左右的热水或蒸汽中浸烫1～3 s,并立即在冰水中冷却),紧贴于肉面。这样不但使薄膜收缩,外观美好,而且能将鲜肉表面的微生物部分杀死,0～4℃下保质期可达45 d。第二种是热成型滚动包装,将分割好的肉块放入热成型的塑料盒内,然后加盖膜抽真空热封。第三种是真空紧缩包装,将单块分割肉制成所需的形状,放在柔韧而牢固的地板上,然后热封顶盖,使包装材料紧贴在制品上,使其呈制品本身的形状。研究表明,用真空包装与保鲜剂复合使用,能充分发挥各自优势,使其保鲜效果更好。

2.气调包装技术

气调包装是指在密封性能好的材料中注入特殊的气体或气体混合物,以此来抑制肉品本身的生理生化作用和抑制微生物的作用,从而达到延长货架期的目的。气调包装和真空包装相比,并不会延长肉品的货架期,但会减少肉品受压和血水渗出的情况,并能使肉品保持良好的色泽。肉类保鲜中常用的气体是O_2、CO_2和N_2等。

CO_2是气调包装的抑制剂,是气调保鲜中最关键的一种气体。它对大多数需氧菌和霉菌的繁殖有较强的抑制能力,可以延长细菌生长的滞后期和降低其对数增长期的速度,但对厌氧菌无抑制作用。用纯CO_2保鲜时间长,可达15 d,但是由于没有与O_2接触,使冷却肉的色泽暗淡,因此一般采用混合气体保鲜。但是CO_2可溶于水和油脂中,导致包装盒塌陷,影响外观。

O_2在冷却肉的保鲜中有两方面的作用,一是抑制冷却肉贮存时厌氧菌的生长繁殖;二是在短期内使肉色呈现红色,容易被消费者接受。但是它有其固有的缺点,O_2过多易引起需氧菌的迅速繁殖,使腐败加快。

N_2 是惰性气体,性质稳定,价格便宜,对包装物一般不起作用,也不会被肉所吸收,对包装材料的透气率很低,可利用它来排除氧气,制造缺氧的环境,从而减缓肉品氧化,抑制需氧微生物的生长繁殖。

CO 是一种有毒气体,但是它具有抑制细菌生长和抗氧化作用,因此在气调包装中可以采用低浓度 CO,有研究表明,低浓度的 CO 可与肌红蛋白结合形成比氧合肌红蛋白更稳定的一氧化碳肌红蛋白,有助于保持冷却肉鲜红的颜色,提高其感官效果。

生鲜猪肉气调包装的保护气体由 O_2 和 CO_2 组成,当 O_2 的浓度超过 60% 才能保持肉的鲜红色泽;CO_2 的最低浓度不低于 25% 才能有效地抑制细菌的繁殖。由于各类红肉的肌红蛋白含量不同,肉的红色程度不尽相同,如牛肉比猪肉的颜色深,因此,气调包装时氧的浓度需要根据肉品的种类进行调整,以取得最佳的保持色泽和防腐效果。生鲜猪肉的气调包装气体通常由 60%～70% O_2 和 30%～40% CO_2 组成。一般来说,气调包装的冷鲜肉在 0～4℃ 下的货架期可比真空包装延长 7～10 d。

第七节　肉类冷藏与冻藏技术

低温可以抑制微生物的生命活动和酶的活性,从而达到贮藏保鲜的目的。

一、肉的冷藏

肉分割以后,不能立即销售的,要么冷藏,要么冻结冻藏。冷藏间基本都是采取风冷的形式,分割肉按照不同部位进行真空小包装后放入托盘,然后放入冷藏间的货架进行冷藏。也有不经包装,用肉钩吊挂在货架上进行冷藏的,当然也有其他的包装形式。经过冷却的胴体肉可以在安装有轨道的冷藏间中进行短期的贮藏。肉的冷却贮藏是使肉深处的温度降低到 0～1℃,然后在 0℃ 左右贮藏的方法。此种方法不能使肉中的水分冻结。冷藏时,库内温度以选择 −1～1℃ 为宜,相对湿度应保持在 85%～90%。

为了保证肉在冷藏期间的质量,冷藏间的温度应保持稳定,尽量减少开门次数,不允许在贮有已经冷却好的肉胴体的冷藏间内再进热货。冷藏间的空气循环应当均匀,速度应采用微风速。一般冷藏间内空气流速为 0.05～0.1 m/s,接近自然循环状态,以维持冷藏间内温度均匀即可,减少冷藏期间的干耗损失。

像这样,严格执行检疫、检验制度屠宰后的生猪(牛)胴体,经锯(劈)半后迅速进行冷却处理,使胴体深层肉温(一般为后腿中心温度)在 24 h 内迅速降为 −1～7℃,并在后续分割加工、流通、贮藏和销售过程中始终保持在冷链条件下的新鲜猪(牛)肉,称为冷却肉。

冷却肉的冷藏时间按肉体温度和冷藏条件来定。一般来说,在库温 0℃ 左右、相对湿度 90% 左右的条件下,猪胴体肉冷藏时间为 10 d 左右。表 2-4 为国际制冷学会推荐的冷却肉冷藏期限,但在实际应用时应将此表列时间缩短 25% 左右为好。

由于冷却肉是在 0℃ 条件下贮藏,在这种温度条件下,嗜冷性微生物仍能继续生长,肉中酶的作用仍在继续进行,故肉的质量将发生变化。与冷却过程一样,冷藏时会发生干耗、成熟与色泽的变化。

表 2-4　国际制冷学会推荐的冷却肉冷藏期限

肉别	温度/℃	贮藏期
牛肉	−1.5～0	4～5 周
仔牛肉	−1～0	1～3 周
羊肉	−1～1	1～2 周
猪肉	−1.5～0	1～2 周
兔肉	−1～0	5 d
副产品（内脏）	−1～0	3 d

二、肉类的冻结技术

冷却肉冷藏期短,当肉在 0℃ 以下冷藏时,随着冻藏温度的降低,肌肉中冻结水的含量逐渐增加,肉的 A_w 逐渐下降,使细菌的活动受到抑制,所以冻藏能有效地延长肉的保藏期。

把肉的温度降低到 −18℃ 以下,使肉中绝大部分水分变成冰晶,在 −21～−18℃ 的环境下贮藏的方法叫肉的冻藏。要想使鲜肉能够进行冻藏,必先对鲜肉进行冻结。鲜肉内水分不是纯水而是含有机物及无机物的溶液,要降到 0℃ 以下才产生冰晶,随着温度继续下降,由于肉汁中可溶性物质浓度增加,使冰点不断下降。对于大部分食品,在 −5～−1℃ 温度范围内几乎 80% 水分结成冰,此温度范围称为最大冰晶生成带。对保证冻肉的品质来说,这是最重要的温度区间。

冻结速度对肉品的质量有着显著的影响,一般冰结晶的大小与其形成的速度有关。在快速冻结时形成的冰结晶颗粒小,数量多,在组织中分布均匀,对肉组织破坏性小,解冻后汁液又可渗入组织中,几乎可以恢复原有的品质及营养价值,但对于分割肉来讲,从质量和能耗两个方面考虑,一般 −23℃ 冻结 24 h 即可。目前,多数在 −39～−36℃ 进行冻结。

(一)胴体的冻结

胴体的冻结加工和胴体的冷却十分相似,直接推入吹风式冻结间吊挂在轨道上进行冻结。胴体冻结间的温度一般要求在 −28℃ 以下,经过 48 h 的冻结后,后腿中心温度可达到国标要求的 −15℃ 以下。为了减少水分的损失可以用特制的聚乙烯方体袋将胴体包裹起来。

胴体肉的冻结可以采用一次冻结工艺,也可以采用二次冻结工艺。一次冻结是指宰后鲜肉不经冷却,直接进入冻结间冻结。冻结温度为 −25℃,风速为 1～2 m/s,冻结时间为 16～18 h,肉深层温度达到 −15℃,即完成冻结过程。二次冻结是指宰后鲜肉现送入冷却间,在 0～4℃ 温度下冷却 8～12 h,然后转入冻结间,在 −25℃ 条件下进行冻结,一般 12～16 h 完成冻结。但牛羊肉容易产生寒冷收缩,不宜采用一次冻结工艺。

(二)分割肉的冻结

分割肉的冻结可以采用一次冻结工艺,也可以采用二次冻结工艺,目前绝大多数都是采用二次冻结工艺。分割产品的冻结多数采用铁盘冻结,极少数采取将产品包装好后直接装入纸箱进入冻结库进行冻结。铁盘可以放在冻结架上,也可以在冻结间将肉码成"品"字形的花垛,纸箱包装产品必须放在冻结架上进行冻结,不能直接码成"品"字形的花垛。采用铁盒冻结时,产品冻结完成后,还要将产品从铁盒中取出,然后用纸箱或编织袋包装,可以采用不分块的大包装,即将产品直接放在铺有塑料方体袋的铁盒或纸箱中入库冻结;也可以采用分自然块的小包装,即用聚乙烯膜将分割肉缠裹成圆柱形,然后再放入铁盘或纸箱中入库冻结。无论是大包装还是小包装,一般均调整到 25 kg/件的标准件。

分割产品的冻结多数在专门速冻库内进行,也可以在平板冻结器和速冻隧道中进行。速冻库一般采用吹风冻结装置,冻结间内装设吊顶式冷风机或落地式冷风机。目前我国速冻库的温度一般蒸发温度取−38℃、库房温度取−28℃,风速 4～6 m/s 或 7～8 m/s;平板冻间装置和速冻隧道冻结温度可达−35℃。按照我国关于食品冻结的一般规定,食品冻结结束时产品中心温度不得高于−15℃,一般 20～24 h 即冻结完毕。

三、冻藏技术

肉类冻结以后,就要进行冻藏。冻藏间的温度应保持稳定,其波动范围要求不超过±1℃。如果温差过大,会造成肉体组织内冻晶体融化和再结晶,增加干耗损失和加速脂肪酸败。冻藏间的空气相对湿度要求越高越好,并且要求稳定,以尽量减少水分蒸发。一般要求空气相对湿度保持在 95%～98%,其变动范围不能超过±5%。冻藏间的空气只允许有微弱的自然循环。如采用微风速冷风机,其风速亦应控制在 0.25 m/s 以下,不能采用强烈吹风循环,以免增大冻结肉的干耗。表 2-5 为冻结肉类冻藏温度和时间的关系。

表 2-5　冻结肉类冻藏温度和时间

食肉种类	温度/℃	冷藏时间/月	食肉种类	温度/℃	冷藏时间/月
牛肉	−12	5～8	羊肉	−12	3～6
牛肉	−15	6～9	羊肉	−18	8～10
牛肉	−18	8～12	羊肉	−23	6～10
小牛肉	−18	6～8	猪肉	−12	2～3
肉酱	−12	5～8	猪肉	−18	4～6
肉酱	−18	8～12	猪肉	−23	8～12

四、肉类冻藏过程中的变化规律

1. 颜色

冻结的肉在冻藏过程中,随着时间的延长表面颜色逐渐变暗褐色,这主要是由于肌肉组织中的肌红蛋白被氧化和表面水分蒸发而使色素物质浓度增加所致。同时,由于氧化作用,冻结肉中的脂肪由原来的白色逐渐变成黄色。

2. 干耗

干耗初期仅在冻结食品的表面层发生冰晶升华,长时间后逐渐向里推进,达到深部冰晶升华。这样不仅使冻结肉脱水减重,而且由于冰晶升华后的地方成为细微空穴,大大增加了冻结肉与空气的接触面积。肉中的脂肪氧化酸败,表面黄褐变色,使肉的外观损坏,食味、风味、营养价值都变差,这种现象称为冻结烧。冻结烧部分的肉含水率非常低,为 2%～3%,断面呈海绵状,蛋白质脱水变性,肉的质量严重下降。

3. 脂肪酸败

肉品的脂肪在氧的作用下,发生氧化水解,称为脂肪酸败。冻结肉在冻放过程中最不稳定的成分是脂肪。脂肪易受空气中的氧及微生物酶的作用而变酸。

4.组织变化

组织变化主要表现为冰结晶的变化—再结晶,使晶体体积增大。冷藏库内的空气温度的波动是引起再结晶的主要原因。由于大型冰晶体具有挤压作用,从而使分子的空间结构歪斜造成肌肉纤维被破坏。当解冻时,冰结晶所融化成的水又不能被肉体组织吸收,造成肉的汁液流失。

复习思考题

1.畜禽宰前为什么要休息、禁食、饮水? 有何具体要求?

2.畜禽宰前电击晕有何好处? 电压、电流及电晕时间有何要求?

3.影响畜禽放血的因素有哪些? 放血不良对制品会产生什么影响?

4.屠宰加工主要包括哪些工作?

5.试述我国猪肉的分割方法。

6.试述我国牛分割方法。

7.猪肉、牛肉排酸的技术条件是什么?

8.什么是冷却肉? 与热鲜肉、冻藏肉相比,冷却肉有什么特点?

9.肉类冷藏、冻藏的技术条件是什么?

第三章
肉品加工的基本原理与技术

【目标要求】
1. 掌握肉的解冻、腌制、斩拌、杀菌及腌制的基本原理;
2. 掌握肉的解冻、腌制、斩拌、杀菌及腌制的关键技术。

第一节 肉 的 解 冻

冻藏肉在食用或进行深加工之前一般要进行解冻。解冻的过程就是使肉中的冰晶融化成水并被肉吸收而恢复到冻结前的新鲜状态。解冻时复原越好,解冻产品质量就越高。冻藏肉的品质不仅受冻结方法及冻结速率等的影响,而且冻藏肉解冻过程中冰晶体大小与分布及解冻过程汁液流失对肉品品质也产生直接影响,解冻过程中可能会出现汁液流失、变色、风味损失、质地改变、肌球蛋白变性、脂质氧化以及由于脂质与蛋白质交联导致肌原纤维蛋白聚集而影响肌肉蛋白质和水结合的能力,使食品质量降低。因此,解冻过程对食品原料的组织结构、理化特性和微生物指标都有很大的影响。

肉类解冻按供热的方式来分有两类,一类是由温度较高的介质向冻结肉表面传热,热量由表面逐渐向中心传递,即所谓的外部解冻法,如空气、水解冻法;另一类如低频、高频、微波等解冻方法使冻结肉各部分同时加热,即所谓的内部加热法。各种解冻方法都有各自的特点,根据需要选择适当的解冻方法。

一、空气解冻法

这种方法操作简便,成本低,是我国最常用的方法之一。空气解冻时通过控制空气的温度、湿度、流速和食品与空气之间的温差等而达到不同的解冻工艺要求。一般要求空气温度为 $14\sim15\,℃$,相对湿度为 $90\%\sim98\%$,风速为 $1\sim2\ \text{m/s}$,解冻时间一般为 $15\sim24\ \text{h}$,肉深部温度达到 $-2\sim0\,℃$ 为止。

这种方法是将肉块放在解冻间的货架上进行的,根据空气所处的状态分为静止空气解冻和流动空气解冻(常用连续式送风解冻器),根据改变解冻室内的温度或压力的方式又有热空气解冻和加压空气解冻(常用加压空气解冻器)。

这种解冻法因其解冻速度慢,肉的表面易变色,汁液流失率为5%～8%,易受灰尘和微生物的污染。

二、水解冻法

水解冻分为常压下的静水解冻(可使用搅拌器)和流水解冻两种方式,可在自来水池中进行,也是我国常用的肉类解冻方法之一。以水作为解冻介质,由于水比空气的传热性能好,其解冻速度。

一般水的温度为10℃左右,4～8 h就可解冻完毕。缺点是食品吸水、体积增大、可溶性营养物质流失较多,肉色灰白,且容易导致微生物滋生,故水解冻时应做到水温要低;带包装进行水解冻;增大食品表面积,以加大解冻速度,减少微生物繁殖。

另一种方法是高静水压解冻(50～1 000 MPa),原理是当压力上升到210 MPa时水的凝固点下降,此时冰发生相变,因此高压下水的未冻结区是潜在的解冻区域。这种解冻方法速度快,解冻效果由压力的大小和处理时间的长短决定,施加的压力越高,冻结肉中心部位温度越低。但当温度低于-24℃或-25℃时,不管压力有多大,冻结肉也不能解冻,所以在解冻过程中,适当的加热处理是有必要的。相比传统水方法,速度快,且对解冻后食品的外观和风味保持较好。但尚未处于工业化应用阶段。

三、低温高湿解冻法

肉品温度和环境之间的温度差是解冻的主要驱动力,而可变的温度差可以促进热交换以加大解冻速率。根据冻肉解冻过程中冰-水的理化特性和热交换特性,冻肉在2～8℃的低温条件下解冻,4℃时水的密度最大,温度围绕4℃波动可以通过改变水的密度,促进水分的迁移,并加快热量交换,提高解冻速率;同时结合高湿(相对湿度90%以上)解冻条件,保护原料肉蛋白水合面,抑制解冻过程中肉的氧化。

如图3-1所示,冻肉置于解冻架上,解冻初期,由于冻肉自身的低温以及解冻会吸收大量热量,导致库温降低,当库温低于2℃时,蒸汽加热系统启动,湿热蒸汽流经加热蒸汽管,进入加热盘管加热,直至库内温度升至8℃时停机;解冻后期,当库温高于8℃时,制冷蒸发器启动,空气流经风道,通过风道口到达肉块,实现库内降温,直至库温达到2℃时停机。在整个解冻过程中,当库内湿度低于90%时,湿热蒸汽加湿系统启动,热蒸汽通过湿热蒸汽喷口喷至库内,用于冻肉加温、加湿解冻。如此循环,直至肉块中心温度达到(0±1)℃时,解冻过程结束。整个解冻过程中通过加热蒸汽和制冷空气联合调节解冻库内温湿度,使库内温度始终维持在2～8℃,库温的变化情况为2℃→8℃→2℃,库内湿度始终保持在90%以上,从而实现冻肉保鲜解冻;解冻后库内各点温度均匀一致,每个肉块表面与内部温度差低于2℃。这种解冻库通过分段控制解冻库内温湿度,使肉块细胞组织能充分吸收并保持其原有的营养成分,减少解冻造成的营养流失。解冻结束后,制冷系统按设定温度工作,实现肉样的短暂储藏保鲜。

这种方法目前在很多企业得到推广,低温条件可抑制酶的活性,控制微生物生长;高湿环境可使肉表面形成一层水膜,起到隔绝氧气的作用,从而控制肉质的氧化和减少的汁液流失。与传统空气解冻相比,原料肉的汁液损失率只有2%～3%,蛋白质含量和蒸煮损失率都显著降低,肌肉氧化程度降低,肉的色泽、硬度、弹性和嫩度都得到改善,显著提高解冻肉的品质,经济效益突出。此外,低温高湿解冻方法还具有程序化控制可及时调节解冻库内的温度和湿度,

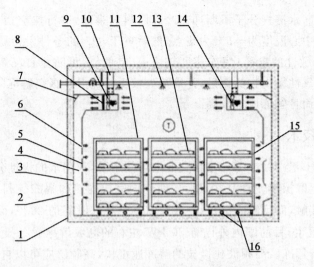

图 3-1　高湿低温解冻原理示意图

1.冷库外板　2.保温层　3.冷库内板　4.风道夹层　5.风道　6.风道口　7.支撑变向板
8.蒸发器　9.送风机　10.固定连接板　11.解冻架　12.湿热蒸汽喷口
13.冻肉　14.引风机　15.解冻架立柱　16.加热盘管

适合于大型的工业化解冻,产品质量一致,与外部环境隔绝,微生物指标得以控制和能耗低、节约能源等优点,具有不断研究和推广应用的前景。

四、微波解冻法

微波(915 MHz 或 2 450 MHz)以两种形式产生热量,一种是产生偶极化,使偶极子像自由水一样振动和转动;另一种是自由电荷在电场刺激下进行离子传导。微波解冻时,食品表面与电极并不接触,从而防止了介质对食品的污染,并且微波作用于食品内部,使食品内部分子相互碰撞产生摩擦而使食品解冻。微波解冻仅为常规解冻时间的 1/5,食品营养物质的损失降低。近年来,微波解冻由于其速度快、效率高等特点,已经引起了人们足够的重视。

微波频率对解冻食品的质量有很大影响。一般说来,频率越高,其加热速度越快,但穿透深度越小。微波对水和冰的穿透和吸收程度不一样,微波在冰中的穿透深度较水大,但水对微波的吸收速率比冰快,易造成肉解冻不均匀和局部过热现象。频率越高,水对微波的吸收效果(即微波对食品的加热作用)就越明显。由于在一般冻结食品中,并非所有的水都形成冰,仍有 5%～10% 的水以液体状态存在,当微波频率升高时,这部分水对微波的吸收能力较强,从而导致了解冻时食品局部过热而其他部位还处于冻结状态的解冻不均匀和汁液流失严重的问题,使得食品的品质降低。915 MHz 微波解冻比传统解冻的速度要快,与 4℃ 以上的传统解冻相比,汁液失率减少;但用 2 450 MHz 微波解冻后汁液流失率高达 17%。而一般微波炉的频率是 2 450 MHz,不适合于解冻肉类。

五、真空解冻法

真空解冻是真空条件下解冻室内水槽中的水蒸气在冻结食品的表面凝结放出潜热而使食品升温解冻的方法。在密封的容器中,当真空度达 705 mm 汞柱时,水在 40℃ 就可以沸腾,并产生大量低温水蒸气,水蒸气分子不断冲击冷冻原料的表面,进行热交换,从而促使原料快速解冻,控制食品内部中心温度为-5℃为终点,然后置于0℃的条件下冷藏。真空解冻具有温度较低,适合一些热敏性的食品;解冻速度较快;真空低氧,可防止食品解冻过程中的氧化裂变,也可抑制一些好氧性微生物的繁殖;汁液流失较少等优点。真空解冻的缺点是大块肉的内层深处的升温较慢,而且解冻成本较高。

六、高频解冻技术

高频解冻(10 kHz 至 300 MHz)是在交变电场作用下,利用水的极性分子随交变电场变化而旋转的性质,产生摩擦热使食品在极短的时间内完成加热和解冻。利用这种方法解冻,食品表面与电极并不接触,而且解冻更快,一般只需真空解冻时间的 20%,而且解冻后汁液流失少,操作简单,安全卫生,目前国内外已有 30 kW 左右的高频解冻设备投入市场,可以大量快速地对冷冻食品进行解冻。高频波比微波的解冻速度快,高频感应可以自动控制解冻的终点,因此高频解冻比微波解冻更适用于大块冻品的解冻。但高频波解冻时,也容易产生局部过热效应。

七、低频解冻法

低频解冻(电阻型)是将冻结肉视为电阻,利用电流通过电阻时产生的热使冰融化,所用电流是交流电源,频率为 50 Hz 或 60 Hz 的低频。也称为欧姆解冻。解冻速度比空气和水解冻快 2~3 倍,耗电少,设备费用少。与微波解冻相比,欧姆解冻更有效,因为几乎所有的能量都进入食品,而且欧姆解冻不受食品厚度,即穿透深度的限制。与传统的加热解冻相比,欧姆解冻有高热流率和高能量转换效率。使用这种方法,冷冻食品可以在-3~3℃条件下快速解冻。

但要求冻结肉的表面平滑,这样才能保证设备的上下极板紧贴肉表面,只有贴紧部分才能通过电流,否则会出现肉的局部过热变质现象。可以先利用空气解冻或水解冻使冻结食品表面温度升高到-10℃左右后,再进行低频解冻,不但可以改善电极板与食品的接触状态,同时还可以减少随后解冻中的微生物繁殖。而在低电压时采用此法处理,其解冻后汁液流失率低,持水能力也得到较大的改善。

八、高压静电解冻

高压静电(电压 5~10 kV,功率 30~40 W)解冻技术是将冻结食品放入到高压静电场中(如 10 kV),温度控制在-3~0℃的低温环境,利用高压电场能源作用食品,使其解冻。因为高压静电场产生的微能源可以加速冰层结构中氢键的断裂使冰以小冰晶的形式存在再逐步过渡到小分子水的液体状态。该法解冻速度快,解冻后温度分布均匀,汁液流失少,能有效防止食品的油脂酸化,且高压静电场对微生物具有抑制和杀灭作用。解冻后,原料肉的外观新鲜度明显好于无静电解冻,主要原因是高压静电场产生的臭氧附着在肉表面,氧与肌红蛋白的结合,导致肉表面的色泽鲜红;解冻过程中失水率低于常规解冻,水分含量高可以提高光线的折射率,从而提高肉表面的亮度。

此外,还有超声波解冻法和远红外辐射解冻法等。

九、组合解冻法

组合解冻是指在解冻的不同阶段采用不同的解冻方法进行解冻。针对不同的目的选择各自适合的解冻方法来进行组合，综合几种解冻方法的利弊，扬长避短，达到降低解冻成本，提高冻品品质的目的。

高频波（或微波）解冻时，容易产生局部过热效应。为了避免该现象的发生，在高频波（或微波）解冻的同时利用 0℃ 以下的流动空气从冻结肉表面通过，吸收过多的热量，使冻结肉表面和内部的温度差不至于太大。当解冻到冰点温度下，再采用冷藏库或送风解冻，最终达到完全解冻。这两种解冻方法结合，大大缩短解冻时间，减少微生物的污染，避免单一解冻方法的弊端。

第二节　肉 的 腌 制

肉的腌制是肉品贮藏的一种传统手段，也是肉品生产关键技术之一。肉的腌制是用食盐或以食盐为主并添加硝酸盐（或亚硝酸盐）、蔗糖和香辛料等辅料对原料肉进行浸渍的过程。近年来，随着食品科学的发展，在腌制时常加入品质改良剂如磷酸盐、异抗坏血酸以提高肉的保水性，获得较高的出品率。同时腌制的目的已从单纯的防腐保藏发展到主要为了改善风味和色泽，提高肉制品的质量。

常用的腌制剂包含硝酸盐（亚硝酸盐）、食盐、复合磷酸盐、糖、发色助剂等，腌制时根据其不同特性，按次序添加。味精虽然起不到腌制的作用，但一同添加使用方便，因此，也常常包含在腌制剂中。

一、腌制的原理与作用

（一）食盐的作用及用量

1. 产生咸味

食品加工中保持良好的滋味相当重要，在肉制品中食盐的用量（按成品计算）一般为 1.8%～2.5% 即可。

2. 产生鲜味

肉制品中含有大量的蛋白质、脂肪等成分，但其鲜味要在一定浓度的咸味下才能表现出来。同时，食盐是味精的助鲜剂，一般 1 g 食盐加入 0.1～0.15 g 味精，鲜味效果最佳。

3. 溶解盐溶蛋白

肌肉组织中含量最多的肌球蛋白是盐溶性的，在 4.5%～5.0% 的盐浓度下溶解性最佳。肌球蛋白的溶出，对肉制品的结构、保水性、保油性及嫩度、口感都具有十分重要的意义。

4. 防腐作用

主要表现在：①脱水作用。食盐溶液有较高的渗透压，能引起微生物细胞质膜分离，导致微生物细胞的脱水、变形，同时破坏水的代谢。②影响细菌的酶活性。食盐与膜蛋白质的肽键结合，导致细菌酶活力下降或丧失。③对微生物细胞的毒性作用。Cl^- 和 Na^+ 均对微生物有毒害作用。食盐不能灭菌，但钠离子的迁移率小，钠离子与微生物细胞中的阴离子结合破坏微生物细胞的正常代谢。氯离子比其他阴离子（如溴离子）更具有抑制微生物活动的作用。④离子水化作用。食盐溶解于水后即发生解离,减少了游离水分,破坏水的代谢,导致微生物难以生长。⑤缺氧的影响。食盐的防腐作用还在于氧气不容易溶于食盐溶液中,溶液中缺氧,可以防止好氧菌的繁殖。食盐不能灭菌,但一定浓度的食盐(10%～15%)能抑制许多腐败微生物的繁殖,因而对腌腊制品具有防腐作用。

食盐可促使硝酸盐、亚硝酸盐、糖向肌肉深层渗透。单独使用食盐,会使腌制的肉色泽发暗,质地发硬,仅有咸味,影响产品的可接受性,因此常用复合的腌制剂进行腌制。

食盐溶解的盐溶蛋白,拥有较强凝胶特性,影响肉制品的流变学特性,对肉制品质构有重要影响,与风味及其产品率也密切相关。

腌制时,食盐的用量以占产品重量1.8%～2.5%为宜,因在这些作用中,首先要考虑的是产品的滋味。实际上,在加工肠类制品时,由于出品率的关系,这个用量与提取盐溶蛋白的最佳比例基本一致。

(二)硝酸盐和亚硝酸盐的作用及用量

在腌制时使用硝酸盐已经有几千年的历史,硝酸盐是通过还原性细菌或还原性物质生成亚硝酸盐而起作用的。起作用如下:

1. 防腐作用

硝酸盐和亚硝酸盐在 pH 4.5～6.0 的范围内可以抑制肉毒梭状芽孢杆菌的生长,也可以抑制金黄色葡萄球菌等其他类型腐败菌的生长。硝酸盐浓度为 0.1% 和亚硝酸盐浓度为 0.01% 左右时最为明显。其主要作用机理在于 NO_2^- 与蛋白质生成一种复合物,从而阻止丙酮降解生成 ATP,抑制了细菌的生长繁殖;而且硝酸盐及亚硝酸盐在肉制品中形成 HNO_2 后,分解产生 NO_2,再继续分解成 NO^- 和 O_2,氧可抑制深层肉中严格厌氧的肉毒梭菌的繁殖,从而防止肉毒梭菌产生肉毒毒素而引起的食物中毒,起到了抑菌防腐的作用。

亚硝酸盐的防腐作用受 pH 的影响很大,腌肉的 pH 越低,食盐含量越高,硝酸盐和亚硝酸盐对肉毒梭菌的抑制作用就越大。在 pH 为 6 时,对细菌有明显的抑制作用,当 pH 为 6.5 时,抑菌能力有所降低,在 pH 为 7 时,则不起作用,但其机理尚不清楚。

2. 发色作用

肉在腌制时食盐会加速血红蛋白(Hb)和肌红蛋白(Mb)氧化,形成高铁血红蛋白(MHb)和高铁肌红蛋白(MMb),使肌肉丧失天然色泽,变成淡灰色。为避免颜色变化,在腌制时常使用发色剂即硝酸盐和亚硝酸盐,使肌肉中色素蛋白质和亚硝酸钠发生化学反应形成鲜艳的一氧化氮肌红蛋白,这种化合物在烧煮时变成稳定粉红色,使肉呈现鲜艳的色泽。其作用机理是:

首先硝酸盐在肉中脱氮菌(或还原物质)的作用下,还原成亚硝酸盐;然后与肉中的乳酸产生复分解作用而形成亚硝酸;亚硝酸再分解产生一氧化氮;一氧化氮与肌肉纤维细胞中的肌红蛋白(或血红蛋白)结合而产生鲜红色的亚硝基(NO)肌红蛋白(或亚硝基血红蛋白),使肉具有鲜艳的玫瑰红色。

$$NaNO_3 \xrightarrow[+2H]{\text{细菌还原作用}} NaNO_2 + H_2O$$

$$NaNO_2 + CH_3CH(OH)COOH \rightarrow HNO_2 + CH_3CH(OH)COONa$$

亚硝酸很不稳定,即使在常温下也可分解产生亚硝基(NO)

$$3HNO_2 \xrightarrow{\text{还原物质}} NO + 2NO_2 + H_2O$$

分解产生的亚硝基会很快地与肌红蛋白反应生成鲜艳的、亮红色的亚硝基肌红蛋白(Mb-NO,也称一氧化氮肌红蛋白)。

$$NO + 肌红蛋白(血红蛋白) \xrightarrow{\text{适宜条件}} NO—Met—Mb$$
$$一氧化氮高铁肌红蛋白$$

$$NO—Met—Mb \xrightarrow{\text{适宜条件}} NO—肌红蛋白(血红蛋白)$$
$$一氧化氮肌红蛋白$$

亚硝基肌红蛋白遇热后,释放出巯基(—SH)变成具有鲜红色的亚硝基血色原。

$$NO—肌红蛋白(血红蛋白) + 热 + 烟熏 \longrightarrow NO—血色原(Fe^{2+})$$
$$一氧化氮亚铁血色原(稳定粉红色)$$

肌红蛋白(Mb)呈球状,由一个球蛋白和一个血红素辅基组成。血红素的中心部位是一个铁原子,铁原子的氧化状态决定肉的颜色。

亚硝酸是提供一氧化氮的最主要来源。实际上获得色素的程度,与亚硝酸盐参与反应的量有关。亚硝酸盐能使肉发色迅速,但呈色作用不稳定,适用于生产过程短而不需要长期贮藏的制品,对那些生产周期长和需长期保藏的制品,最好使用硝酸盐。

3. 改善风味作用

使用亚硝酸盐腌制的肉制品可以明显改善产品的风味。有人实验证明,不加亚硝酸盐的西式腌制火腿其风味和盐咸肉没有太大区别。亚硝酸盐能够改善风味的作用机理可能与其具有抗氧化作用有关。

4. 亚硝酸盐的毒害作用及用量

硝酸盐和亚硝酸盐对人体具有毒性作用,人类亚硝酸盐的中毒量为 $0.3 \sim 0.5$ g,致死量 3 g。当人体大量摄取亚硝酸盐(一次性摄入 0.3 g 以上)进入血液后,可使正常的血红蛋白 Fe^{2+} 变成高铁血红蛋白(Fe^{3+}),致使血红蛋白失去携氧的功能,导致组织缺氧,在 $0.5 \sim 1$ h 内,产生头晕、呕吐、全身乏力、心悸、皮肤发紫、严重时呼吸困难、血压下降甚至于昏迷、抽搐而衰竭死亡。硝酸盐或者亚硝酸盐的代谢产物在肉中可以与二甲胺类物质作用产生亚硝胺,具有致癌作用。由于其对保持腌制肉制品的色、香、味有特殊作用,迄今未发现理想的替代物质。更重要的原因是亚硝酸盐对肉毒梭状芽孢杆菌的抑制作用至今无可替代,但对其使用量和残留量有严格要求。

经过腌制作用后残留的硝酸盐和亚硝酸盐大约不到 10%,大部分都发生了变化,转变成其他物质。所以,只要正常使用,不必过分担心其毒性问题。我国食品添加剂使用卫生标准规定,肉类罐头及制品的硝酸钠和亚硝酸钠最大使用量分别为 0.50 g/kg 和 0.15 g/kg。最大残留量(以亚硝酸钠计),肉类罐头 $\leqslant 0.05$ g/kg,肉制品(肉类罐头和盐水火腿以外的肉制品) $\leqslant 0.03$ g/kg,精肉制盐水火腿 $\leqslant 0.07$ g/kg。

(三)糖的作用及用量

在腌制肉时要添加一定量的糖,主要有葡萄糖、蔗糖和乳糖。

糖的主要作用:

1.增加风味

可一定程度地缓和腌肉的咸味;另外,在加热肉制品时,糖和含硫氨基酸之间发生美拉德反应,产生醛类等羰基化合物以及硫化合物,增加肉的风味。

2.促进发色

还原糖(葡萄糖)能吸收氧防止肉脱色;糖为硝酸盐还原菌提供碳源,使硝酸盐转变为亚硝酸盐,加速 NO 的形成,使发色效果更佳。在短期腌制时建议使用具有还原性的葡萄糖,长时间腌制时可加蔗糖,它可以在微生物和酶的作用下转化为葡萄糖和果糖。

3.增加持水性、增加嫩度、提高出品率

糖类的羟基位于环状结构的外围,具有亲水性,提高肉的保水性和出品率;另外,极易氧化成酸,利于胶原膨润和松软,增加肉的嫩度。

4.促进发酵

糖可以降低介质的水分或提高肉的渗透压,所以可在一定程度上抑制微生物的生长,但一般的使用量达不到抑菌作用,还能给微生物提供营养。在发酵肉制品添加糖,可促进发酵。

在肉类腌制时,按原料肉计算,一般可添加 1% 左右的糖。

(四)磷酸盐的作用及用量

磷酸盐在肉制品加工中的作用,主要是提高肉的保水性,增加黏着力。常用的是焦磷酸盐、三聚磷酸盐和六偏磷酸盐,一般是它们的钠盐。

1.提高 pH

磷酸盐呈碱性反应,加入肉中可以提高肉的 pH,从而能增加肉的持水性。

2.增加离子强度

多聚磷酸盐是多价阴离子化合物,即使在较低的浓度下也具有较高的离子强度,使处于凝胶状态的球状蛋白的溶解度显著增加(盐溶现象)而达到溶胶状态,提高了肉的持久性。

3.与金属离子发生螯合作用

多聚磷酸盐与多价金属离子结合的性质。使其能结合肌肉蛋白质中的 Ca^{2+}、Mg^{2+},使蛋白质的—COOH 解离出来,同性电荷的相斥作用减弱,使蛋白质结构松弛,可提高肉的持水性。

4.解离肌动球蛋白

焦磷酸盐和三聚磷酸盐有解离肌动球蛋白的功能,可将肌动球蛋白离解成肌球蛋白和肌动蛋白。肌球蛋白的增加也可使肉的持水性提高。

5.抑制肌球蛋白的热变性

肌球蛋白对热不稳定,焦磷酸盐对肌球蛋白的变性有一定的抑制作用,可以使肌肉蛋白质的持水能力更稳定。

由于各种磷酸盐的性质和作用不同,生产中常使用几种磷酸盐的混合物(复合磷酸盐),复合磷酸盐的添加量(按原料)一般在 0.1%~0.3% 范围,最多不超过 5 g/kg,过量会影响肉的色泽,并且有损风味(口感发涩)。

磷酸盐在冷水中溶解性较差,因此在腌制特别是注射配制腌制液时,要先将磷酸盐在温水中充分溶解后再加入冰水降温,然后加入原料肉中,但在如果在斩拌乳化时使用,可直接添加。

(五)发色助剂的作用及用量

由发色原理可知,NO 的量越多,则呈红色的物质越多,肉色则越红。从亚硝酸分解的过程看,亚硝酸经自身氧化反应,只有一部分转化成 NO,而另一部分则转化成了硝酸。硝酸具有很强氧化性,使红色素中的还原型铁离子(Fe^{2+})被氧化成氧化型铁离子(Fe^{3+}),而使肉的色泽变褐。同时,生成的 NO 可以被空气中的氧氧化成亚硝基(NO_2),进而与水生成硝酸和亚硝酸:

$$2NO + O_2 \longrightarrow 2NO_2$$
$$2NO_2 + H_2O \longrightarrow HNO_3 + HNO_2$$

反应结果不仅减少了 NO 的量,而且又生成了氧化性很强的硝酸。

少量的硝酸,不仅可使亚硝基氧化,抑制了亚硝基肌红蛋白的生成,同时由于硝酸具有很强的氧化作用,即使肉类中含有类似于巯基(—SH)的还原件物质,也无法阻止部分肌红蛋白被氧化成高铁肌红蛋白。因而在使用硝酸盐与亚硝酸盐类的同时常使用 L-抗坏血酸、L-抗坏血酸钠、异抗坏血酸等还原性物质来防止肌红蛋白的氧化,同时它们还可以把氧化性的褐色高铁肌红蛋白还原为红色的还原型肌红蛋白,进而再与亚硝基结合以助发色,并能使亚硝酸生成 NO 的速度加快。这就是助色剂或护色剂。

腌制液中复合磷酸盐会改变盐水的 pH,会影响抗坏血酸的助色效果,因此往往加抗坏血酸的同时加入助色剂烟酰胺。烟酰胺也能形成稳定的烟酰胺肌红蛋白,使肉呈红色,且烟酰胺对 pH 的变化不敏感。据研究,同时使用抗坏血酸和烟酰胺助色效果好,且成品的颜色对光的稳定性要好得多。

由于抗坏血酸不易保存,所以常用异抗坏血酸钠,其使用量(按原料)为 0.1% 即可。

(六)味精的作用及用量

谷氨酸钠即味精是含有一个结晶水分子的 L-谷氨酸钠盐,是最常用的增鲜剂,阈值 0.03%,烹饪或食品中的常用添加量 0.2%～0.5%。

(七)腌制的作用

通过腌制,能起到如下作用:

(1)发色作用。生成稳定的、玫瑰红色的一氧化氮肌红蛋白和一氧化氮血红蛋白。

(2)防腐作用。抑制肉毒梭状芽孢杆菌及其他腐败微生物的生长。

(3)赋予肉制品一定的香味。产生风味物质,抑制蒸煮味产生。

(4)改善产品组织结构,提高保油性和保水性,提高出品率,使产品具有良好的弹性、脆性、切片性。

二、原料肉的静止腌制技术

肉的腌制方法很多,大致可分为干腌法、湿腌法、混合腌制法、滚揉腌制法等。不同原料、不同产品对腌制方法有不同的要求,有的产品采用一种腌制法即可,有的产品则需要采用两种甚至两种以上的腌制法。

(一)干腌法

用食盐或盐硝混合物涂擦肉块,然后层层堆叠在腌制容器里,各层之间再均匀地撒上盐,压实,通过肉中的水分将其溶解、渗透而进行腌制的方法,整个腌制期间没有加水,故称干腌法。在食盐的渗透压和吸湿性的作用下,肉的内部渗出部分水分、可溶性蛋白质、矿物质等,形成了盐溶液,使盐分向肉内渗透至浓度平衡为之。在腌制过程中,需要定期将上、下层肉品翻转,以保证腌制均匀,这个过程也称"翻缸"。翻缸的同时,还要加盐复腌,复腌的次数视产品的种类而定,一般2～4次。在腌制时由于渗透扩散作用,肉内分泌出一部分水分和可溶性蛋白质与矿物质等形成盐水,逐渐完成其腌制过程。干腌法生产的产品有独特的风味和质地,适合于大块原料肉的腌制。我国传统的金华火腿、咸肉、风干肉等都采用这种方法。一般腌制温度3～5℃,食盐用量一般是10%以上。国外采用干腌法生产的比例很少,主要是一些带骨火腿。干腌的优点是操作简便,制品较干,营养成分流失少,风味较好。其缺点是盐分向肉品内部渗透较慢,腌制时间长,肉品易变质;腌制不均匀,失重大,色泽较差。干腌时产品总是失水的,失去水分的程度取决于腌制的时间和用盐量。腌制周期越长,用盐量越高,原料肉越瘦,腌制温度越高,产品失水越严重。由于操作和设备简单,在小规模肉制品厂和农村多采用此法。

(二)湿腌法

湿腌法即盐水腌制法。就是将盐及其他配料配成一定浓度的盐水卤,盐溶液一般是15.3～17.7 °Be′,硝石不低于1%,也有用饱和溶液的,然后将肉浸泡在盐水中,通过扩散和水分转移,让腌制剂渗入肉品内部,以获得比较均匀地分布,直至它的浓度最后和盐液浓度相同的腌制方法。腌制液可以重复利用,再次使用时需煮沸并添加一定量的食盐。湿腌法腌制肉类时,需腌制3～5 d,常用于腌制分割肉、肋部肉等。

肉类在腌制时,腌制品内的盐分取决于腌制的盐液的浓度。首先是食盐向肉内渗入而水分则向外扩散,扩散速度决定于盐液的温度和浓度。盐水的浓度是根据产品的种类、肉的肥度、温度、产品保藏的条件和腌制时间而定的。高浓度热盐液的扩散率大于低浓度冷盐液。硝酸盐也向肉内扩散,但速度比食盐要慢。瘦肉中可溶性物质则逐渐向盐液中扩散,这些物质包括可溶性蛋白质和各种无机盐类。为减少营养物质及风味的损失,一般采用老卤腌制。即老卤水中添食盐和硝酸盐,调整好浓度后再用于腌制新鲜肉,每次腌制肉时总有蛋白质和其他物质扩散出来,最后老卤水内的浓度增加,因此再次重复应用时,腌制肉的蛋白质和其他物质损耗量要比用新盐液时的损耗少得多。卤水愈来愈陈,会出现各种变化,并有微生物生长,糖液和水给酵母的生长提供了适宜的环境,可导致卤水变稠并使产品产生异味。

湿腌法的优点是渗透速度快,腌制均匀,盐水可重复使用,肉质较为柔软,湿腌法的时间基本上和干腌法相近,它主要决定于盐液浓度和腌制温度。不足之处是色泽和风味不及干腌制品,腌制时间长,所需劳动力比干腌法大,蛋白质流失0.8%～0.9%,因含水分多不易保藏。

目前,生产灌肠制品所使用的肉糜,它的腌制方法也属于湿腌法。将解冻好的瘦肉用绞肉机绞碎后(或者加入绞碎的肥膘),先将肉放入搅拌机,边搅拌边依次加入用冷水溶解的亚硝酸盐、糖盐味精、热水溶化后加冷水冷却的复合磷酸盐,然后20 kg/100 kg原料的冰水,最后加入异维生素C-Na,充分搅拌均匀后,放入标准肉车,上盖塑料薄膜,在0～4℃的腌制间腌制24 h即可。

(三)混合腌制法

采用干腌法和湿腌法相结合的一种方法。可先进行干腌放入容器中后,再放入盐水中腌制或在注射盐水后,用干的硝盐混合物涂擦在肉制品上,放在容器内腌制。干腌和湿腌相结合可增加制品贮藏时的稳定性,防止产品过度脱水,免于营养物质过度损失。不足之处是操作较复杂。而干腌和湿腌相结合可以避免湿腌法因食品水分外渗而降低腌制液浓度;同时腌制时不像干腌那样促进食品表面发生脱水现象;另外,内部发酵或腐败也能被有效阻止。

无论是何种腌制方法在某种程度上都需要一定的时间,要求有干净卫生的环境,需保持低温(0~4℃)。盐腌时一般采用不锈钢容器。肉腌制时,肉块重量要大致相同,在干腌法中较大块的放最低层且脂肪面朝下,第二层的瘦肉面朝下,第三层又将脂肪面朝下,依此类推,但最上面一层要求脂肪面朝上,形成脂肪与脂肪、瘦肉与瘦肉相接触的腌渍形式。腌制液的量要没过肉表面,通常为肉量的50%~60%。腌制过程中,每隔一段时间要将所腌肉块的位置上下交换,以使腌渍均匀,其要领是先将肉块移至空槽内,然后倒入腌制液,腌制液损耗后要及时补充。

需要提到的是水浸:它是一道腌制的后处理过程,一般用于干腌或较高浓度的湿腌工序之后,为防止盐分过量附着以及污物附着,需将大块的原料肉再放入水中浸泡,通过浸泡,不仅除掉过量的盐分,还可起到调节肉内吸收的盐分。浸泡时应使用卫生、低温的水,一般浸泡在约等于肉块10倍量的静水或流动水中,所需时间及水温因盐分的浸透程度、肉块大小及浸泡方法而异。

以上的腌制方法,原料肉基本保持静止不动,相对于滚揉腌制来说,是一种静态腌制的方法。

(四)影响腌制效果的控制技术

肉类腌制的目的主要是防止其腐败变质,同时也改善了组织结构、增加了风味。为了达到腌制的目的,就应该对腌制过程进行合理的控制,以保证腌制质量。

1. 食盐的纯度

食盐中除含 $NaCl$ 外,尚含有 $CaCl_2$、$MgCl_2$、Na_2SO_4 等杂质,这些杂质在腌制过程中会影响食盐向食品内部渗透的速度,如果过量,还可能带能苦涩的味道。食盐中不应有微量的铜、铁、铬存在,它们对腌肉制品中脂肪氧化酸败会产生严重影响。为此,腌制时要使用精制盐,要求 $NaCl$ 含量在98%以上。

2. 食盐用量或盐水浓度

食盐的用量是根据腌制目的、环境条件、腌制品种类和消费者口味而添加的。扩散渗透理论也表明,扩散渗透速度随盐分浓度而异。干腌时用盐量越多或湿腌时盐水浓度越大,则渗透速度越快,食品中食盐的内渗透量越大。为达到完全防腐,要求肉中盐分浓度最少7%以上,这就要求盐水浓度最少在25%以上;腌制时温度低,用盐量可降低。提取盐溶性蛋白的最佳食盐浓度是5%左右,但消费者能接受的最佳食盐浓度为1.8%~2.5%,这也是用盐量参考的标准。

3. 温度

温度越高,扩散渗透速度越迅速,反应的速度也越快,但微生物生长活动也就越迅速,易引起腐败菌大量生长造成原料变质。为防止在食盐渗入肉内之前就出现腐败变质现象,腌制应在低温环境条件下(0~4℃)进行。目前,肉制品加工企业基本都具有这样温度的腌制间。

4. 腌制方法

腌制过程要考虑盐水的渗透速度和分布的均匀性,对于现代肉制品加工企业来说,灌肠类的肉糜由于比表面积大,常采用静止的湿腌法;对于盐水火腿的肉块状原料,常采用滚揉腌制的动态腌制法。

5. 氧化

肉类腌制时,保持缺氧环境有利于稳定色泽,避免肉制品褪色。有时制品在避光的条件下贮藏也会褪色,这是由于NO-肌红蛋白单纯氧化所造成。当肉内缺少还原性物质时,肉中的色素氧合肌红蛋白和肌红蛋白就会被氧化成氧化肌红蛋白,从而导致暴露于空气中的肉表面的色素氧化,并出现褪色现象,从而影响产品的质量。所以滚揉腌制时,常采用真空滚揉机;肉糜静态腌制时,在腌制料上覆盖一层塑料薄膜,既能防止灰尘,又能使原料肉表面与空气隔断。

6.腌制时间

在0~4 ℃下,充足的时间才能保证盐水渗透与生化反应的充分进行,因此,必须有一定的时间才能原料肉被腌透。不同的原料其腌制时间的长短都不一样,传统酱牛肉采取湿腌法,一般5~7 d可以腌透;灌肠用的肉糜一般24 h即可;盐水火腿滚揉腌制需要滚揉桶的周长运行12 000 m即可。

三、原料肉的滚揉腌制技术

肉糜类采用静态的腌制,由于比表面积大,盐水容易渗透,容易达到腌制效果,但火腿类的肉块原料,如果采取静态腌制,必然造成渗透速度和腌制剂分布梯度问题,即腌制速度与效果问题。动态的滚揉腌制能加快腌制速度,而腌制前的盐水注射技术则解决了渗透速度和分布不均的问题。

(一)盐水注射技术

盐水注射就是将一定浓度的盐水(广泛含义的盐水,包括腌制剂、调味料、黏着剂、填充剂、色素等)通过特制的针头直接注入原料内,使盐水能够快速、均匀地分布在肉块中,提高腌制效率和出品率。再经过滚揉,使肌肉组织松软,大量盐溶性蛋白渗出,提高了产品的嫩度,增加了保水性,颜色、层次、纹理(填充剂与肉结合地更好)等产品结构得到了极大的改善。注射腌制肌肉要比一般盐腌缩短1/3以上的时间。

盐水注射常用盐水注射机,其外形和工作过程如图3-2所示。注射时,先把腌制剂及其他辅料按设计的配方,添加一定的冰水在制浆机中制成冰水,过滤后转移到注射机的盐水槽中,原料肉经修整后放入注射机的传动带上,传送带步进,将肉块传送到注射针板下停止,随即注射针板下降,注射针刺入肉中,在盐水泵的作用下将盐水注入肉块后,针板抬起,传送带前行,将注射好的肉块移出,未注射的到达针板下方注射,循环进行。

图3-2　盐水注射机及其工作过程

盐水注射时要注意以下工艺要求:

1.腌制液的配制

腌制液(盐水)在配置时一要根据肉制品加工的原则和国标规定的食品添加剂在最终产品

中的最大允许量及产品的种类进行合理的认真计算并称重。二要确保各种添加剂的充分溶解：配置盐水时先将香辛料熬煮后过滤，冷却到 4℃ 以下，加入亚硝后，再加入难溶的磷酸盐、糖、味精，最后再溶入其他的添加剂。注意维生素 C 类的添加须在盐水制备将结束时，才允许加入，否则它先和盐水中的亚硝反应，减少 NO_2^- 在盐水中的浓度，造成产品发色不好。

2. 控制盐水和原料肉的温度

配制盐水时一般加入冰屑，使盐水温度控制在 −1～1℃，最高不能超过 5℃。原料肉的温度控制在 6℃ 以下。

3. 注射压力和注射量的正确调整

注射压力的调整是根据产品的种类、肉块大小、出品率的高低来决定，在欧洲火腿类和培根类产品的注射一般采用小于 0.3 MPa 的低注射量的低压注射，因为注射压力过高会造成肉块组织结构的破坏，影响产品的质量。在我国因没有一定的产品标准，加工企业各自执行自己的企业标准，因此注射量也各不相同。出品率高时，就要注射压力大，有时甚至注射两遍。

4. 合理的嫩化

利用嫩化机尖锐的齿片刀、针、锥或带有尖刺的拼辊，对注射盐水后的大块肉，进行穿刺、切割、挤压，对肌肉组织进行一定程度的破坏，打开肌肉束腱，以破坏结缔组织的完整性；增加肉块表面积，从而加速盐水的扩散和渗透，也有利于产品的结构。

(二)滚揉技术

1. 滚揉机构造

滚揉机的外形是一个卧式的滚筒，滚筒内部有螺旋状桨叶，经注射后的肉块在滚筒内随着滚筒的转动，桨叶把肉块带到上端，随即一部分肉块在重力的作用下摔下，与低处的肉互相撞击，同时，一部分沿着桨叶向位置低的一端滑去，就这样，肉块在滚揉机内与腌制液一起相互"摩擦、挤压、摔打"（立式按摩机只是在搅拌桨叶的作用下，肉块相互摩擦、挤压、按摩），将纤维结缔组织"打开"。加速了盐水的渗透速度，提高了腌制效果，如图 3-3 所示。

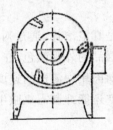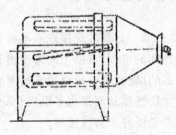

图 3-3　滚揉机

2. 滚揉的作用

通过滚揉腌制，可加速肉中腌制液渗透和吸收，缩短腌制时间；使肌肉松弛、膨胀，提高了原料的保水性能和出品率；促进了液体介质（盐水）的分布，改善了肉的嫩度，改善结构，确保切片美观。

3. 滚揉机的使用

操作时，将注射好的肉块用真空吸料管吸入滚揉桶，或者通过提升机用肉车把原料直接倒入桶内,盖好盖子,启动真空泵,使桶内真空度达到 0.08 MPa 即可,设定好滚揉程序开始滚揉。可以连续滚揉,也可以正转、停止、反转、停止、正转,循环进行(俗称间歇滚揉),有的设备还可以在转动时保持真空状态,在静止时释放真空保持常压或者冲入 N_2 加压(呼吸式滚揉)。呼吸式滚揉的效果要好于间歇滚揉,连续滚揉效果最差。一般 0.5 kg 大小的肉块在 0~4℃的滚揉腌制间,滚揉 8~10 h 即可。滚揉结束,释放真空,打开盖子,放出原料。

4.影响滚揉效果的因素

(1)适当的装载量　如果装载太多,肉块的下落和运动受到限制,肉块在滚揉桶内将形成"游泳状态",起不到挤压,摔打的作用。装载太少,则肉块下落过多会被撕裂,导致滚揉过度,导致肉块太软和蛋白质变性,从而影响成品的质量。一般按容量计装载 70% 即可。

(2)转速的影响　转速越大,蛋白质溶解和抽提越快,但对肌肉的破坏程度也越大,滚揉速度控制肉块在滚揉机内的下落能力,一般设备出厂时,已设置为 8~12 r/min。

(3)滚揉时间　滚揉时间短,肉块还没完全松弛,盐水未完全吸收,蛋白质的萃取少,会出现色泽不均匀,结构不一致,黏合力和保水性都差,出品率也可能降低。滚揉时间过长,则可能导致萃出的可溶性蛋白质过多,肉块过于软化,并可能出现渗水现象,不利于后续加工。但不同的滚揉机,外径和转动速度不同,因此用小时来衡量滚揉时间是不科学的。

滚揉时间可用下式表示:

$$L=UNT$$

式中:U 为滚揉机的内周长(将内径乘以圆周率);N 为滚揉机的转速,r/min;T 为滚揉机转动的总时间(间歇滚揉的时间不包括在内),s;L 为滚揉机转动的总距离。

滚揉时间一般控制在周长转动 12 000 m 为宜。

(4)滚揉方式　静置目的是使滚揉作用抽提的蛋白质充分吸收水分,若静置时间不充分,抽提的蛋白质还没来得及吸收水分就被挤回肌纤维内部,甚至阻止肌纤维内部的蛋白质向外渗出。因此间歇滚揉(运转 30 min,停止 10 min)效果要好于连续滚揉,呼吸滚揉好于间歇滚揉。

(5)真空度　目前的滚揉机基本都是真空滚揉,通过对滚揉桶抽真空,能够排出肉品原料及其渗出物间的空气,有助于改善腌肉制品的外观颜色,在以后的热加工中也不致产生热膨现象破坏产品的结构;真空可以加速盐水向肉块中渗透的速度,加速腌制速度,提高腌制效果;真空还能使肉块膨胀从而提高了嫩度;真空还能抑制需氧微生物的生长和繁殖。所以,使用真空滚揉机的效果要好于常压滚揉。

(6)温度　滚揉产生的机械作用可使肉温升高,促进了微生物的繁殖,同时肌纤维蛋白的最佳溶解和抽提温度 2~4℃,也要求温度不能过高。一般滚揉间温度控制在 0~4℃,滚揉后原料温度 6~8℃。

第三节　肉 的 斩 拌

在制作各种灌肠和午餐肉罐头时,常常要把原料肉斩拌。

斩拌的目的:一是对原料肉进行细切,使原料肉馅乳化,产生黏着力;二是将原料肉馅与各种辅料进行搅拌混合,形成均匀的乳化物。

斩拌机是加工乳化型香肠最重要的设备之一,其结构见图3-4。

斩拌过程中,盛肉的转盘以较低速旋转,不断向刀组送料,刀组以高速转动,原料一方面在转盘槽中做螺旋式运动,同时,被切刀搅拌和切碎,并排掉肉糜中存在的空气,利用置于转盘槽中的切刀高速旋转产生劈裂作用,并附带挤压和研磨,将肉及铺料切碎并均匀混合,并提取盐溶蛋白,使物料得到乳化。

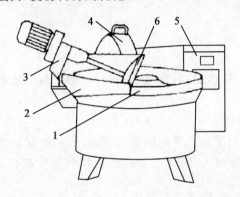 

图3-4　斩拌机的结构
1.斩肉盘　2.出料槽　3.出料部件　4.刀盖　5.电器控制箱　6.出料转盘

真空斩拌机,就是在斩拌过程中,有抽真空的作用,避免空气打入肉糜中,防止脂肪氧化,保证产品风味;可释出更多的盐溶性蛋白,得到最佳的乳化效果;可减少产品中的细菌数,延长产品贮藏期,稳定肌红蛋白颜色,保护产品的最佳色泽,相应减少体积8%左右。

在斩拌操作之前,要对斩拌机的刀具进行检查。如果刀刃部出现磨损,瞬间的升温会使盐溶蛋白变性,肉也不会产生黏着效果,不会提高保水性,还会破坏脂肪细胞,使乳化性能下降,导致油水分离。如果每天使用斩拌机,则最少每隔10 d要磨一次刀。在装刀的时候,刀刃和转盘要留有1~2 mm厚的间隙,并注意刀具一定要牢固地固定在旋转轴上。刀部检查结束后,还要将斩拌机清洗干净。可用先后用自来水、洗涤液和热水清洗,在清洗后,要在转盘中添加一些冰水,对斩拌机进行冷却处理。

斩拌前,瘦肉和脂肪一般要分别绞制,并尽可能做到低温保存。斩拌时,依据香肠的种类、原料肉的种类、肉的状态,水量的添加也不相同。水量根据配方而定,为了控制斩拌温度,一般需要加入一定量的碎冰。

斩拌时,首先启动刀轴,使其低速转动,再开启转盘,也使其低速转动,此时将瘦肉放入斩拌机内,肉就不会集中于一处,而是全面铺开。由于畜种或者年龄不同,瘦肉硬度也不一样。因此要从最硬的肉开始,依次放入。继而刀轴和转盘都旋转到中速的位置上,先加入溶解好的亚硝酸钠,转盘旋转1~2圈后,再加入溶解好的复合磷酸盐,然后加入食盐、砂糖、味精、维生素C等腌制剂,加入总冰水的1/3,以利于斩拌。先加入亚硝,是因为亚硝的用量很少,便于分布均匀,如果先加入食盐和磷酸盐,蛋白马上溶出,黏稠度增加,不利于亚硝的分布和作用。冰屑的作用就是保持操作中的低温状态。然后,两个速度都开到高速的位置上,斩拌3~5圈。将两个速度调到中速的位置,加入淀粉、蛋白等其他增量材料和结着材料,斩拌的同时,加入1/3冰水,再启动高速斩拌,肉与这些添加材料均匀混合后,进一步加强了肉的黏着力。最后添加脂肪和调味料、香辛料、色素等,把剩余1/3的冰水全部加完。在添加脂肪时,要一点一点添加,使脂肪均匀分布。若大块添加,则很难混合均匀,时间花费也较多。这样,肌肉蛋白和植物蛋白就能把脂肪颗粒全部包裹,防止出油。在这期间,肉的温度会上升,有时甚至会影响产品质量,必须加以注意肉馅温度一般不能超过12℃。

斩拌结束后,将盖打开,清除盖内侧和刀刃部附着的肉。附着在这两处的肉,不可直接放入斩拌过的肉馅内,应该与下批肉一起再次斩拌,或者在斩拌中途停一次机,将清除下的肉加到正在斩拌的肉馅内继续斩拌。

影响乳化效果的因素:

1. 转速的影响

大型斩拌机的刀轴一般都具有三个转动速度,转速越高,乳化效果越好,但容易造成温升较大,因此必须控制好最终温度。

2. 时间的影响

随着斩拌时间的延长,瘦肉斩得越来越细,有利于达到良好的乳化状态,但同时脂肪细胞膜破坏的概率增大,使产品油水分离(出油)的风险增大,因此一般有效斩拌时间控制在 5~8 min 即可。

3. 脂肪的添加

肉先于脂肪斩拌,充分提取蛋白质后,才能充分乳化脂肪细胞分离出的油滴。理论上瘦肉和脂肪的比例在 50:50 的情况下,就可以充分包住脂肪,但油水分离现象往往与脂肪的分散状态和脂肪质量或斩拌时温度上升等因素有关。为了避免油脂的析出,可将脂肪提前制作为乳化脂,然后加入到原料肉中进行斩拌。由于乳化脂对脂肪颗粒进行了很好的包埋,与肌原纤维蛋白形成的网状结构是一种非常稳定的凝胶体系,即使脂肪添加量较多,也不易出油。制作乳化脂可以采用大豆蛋白、酪蛋白等作为乳化剂,一般乳化剂、脂肪、水可按 1:5:5 甚至可达到 1:15:15,采用热乳化(斩拌猪脂肪时不低于 45℃,斩拌牛脂肪时不低于 50℃)或冷乳化(加冰屑控制温度在 4℃左右),乳化时间为几分钟至十几分钟不等。

第四节　肉制品的杀菌

一、肉制品杀菌方式

肉制品的杀菌包括热力杀菌和非热力杀菌。

(一)热力杀菌

将食品加热到某一高温并保持一段时间,使可导致食品腐败变质的微生物失去生命力,以保藏食品的过程称为热力杀菌。其主要目的是在杀灭有害微生物的同时使肉制品加热熟化,是肉制品加工企业产品质量安全控制的关键工序。理想的热力杀菌效果是将热力对食品品质的影响限制在最小的条件下,达到产品安全卫生指标的要求。

1. 沸水浴杀菌

沸水浴杀菌是设备最简单、费用最低的热力杀菌方法,常用于 pH 低于 4.5 的酸性罐藏食品的杀菌,如柑橘、苹果等水果罐头。酸性罐藏食品中的酸性内容物能抑制杀菌后残余微生物的生长繁殖,有利于杀菌后罐头的贮藏。因此,沸水浴杀菌能最大限度减少对酸性罐藏食品内营养成分的破坏。许多低温肉制品也采用沸水浴杀菌方式,因为杀菌后的成品在-18℃以下冷冻保藏基本能阻止微生物的进一步生长繁殖。肉制品的沸水浴杀菌过程又称蒸煮。实际操作过程中,要综合考虑产品煮熟的品质要求及产品的出品率、蒸煮隧道热分布的均匀性和是否存在冷点等因素。对不同规格产品进行热穿透测试,根据拟杀灭的目标致病菌及杀菌程度,综合考虑蒸煮后产品的感官质构数据,确定不同形态及规格产品蒸煮的关键限值。

2.高温高压杀菌

高温高压杀菌是利用高压饱和蒸汽、过热水喷淋等手段杀灭微生物的方法,是热力杀菌中最有效、应用最广泛的杀菌方法。一般 pH 高于 4.5 的低酸性罐藏食品,如动物源性食品罐头等多采用此杀菌方式。以罐头食品为例,热力杀菌强度即温度和时间的组合,如 121℃ 30 min 或 118℃ 42 min。

杀菌强度设计必须科学合理,主要取决于 2 个因素:①目标微生物的耐热性;②罐头食品的传热性。微生物的耐热性是制订杀菌强度的理论依据,它规定了罐头杀菌时必须达到的最低杀菌值。微生物的耐热性以 D 值、Z 值、F 值等杀菌参数进行界定。

D 值表示在一定温度下,杀死 90% 目标菌所需要的时间,亦称微生物杀灭率。在一定杀菌条件下,不同微生物具有不同的 D 值,同一微生物在不同杀菌条件下,D 值亦不相同。因此,D 值随微生物的种类、环境和灭菌温度变化而异。

Z 值表示热力致死时间呈 1/10 或 10 倍变化时,相对应的加热温度的变化。不同微生物的 Z 值不同,Z 值越大表明其耐热性越强。

F 值表示在一定温度下,杀死一定浓度的细菌或芽孢所需的时间(min),亦称杀菌致死值。F 值可用于比较不同杀菌过程的杀菌值,但只有当 Z 值相同时,各微生物的 F 值才可相互比较。温度和 Z 值不同,F 值也不同。通常在 F 值右侧上下分别注有 Z 值和致死温度(℃),例如"F_{110}^{8}"表示致死温度为 110℃时杀死 Z 值为 8℃的一定量细菌所需要的热处理时间(min)。低酸性食品的杀菌对象主要为肉毒杆菌,一般使用 Z 值为 10℃,致死温度为 121.1℃这样的基准,即用"$F_{121.1}^{10}$"表示,为简便起见,通常以"F_0"代表"$F_{121.1}^{10}$",表示 121℃下,杀灭产品中 90% 肉毒梭菌芽孢所需要的时间。实际热力杀菌操作中除了 121℃恒温过程以外,还包括升温和降温时间,因此实际杀菌强度还包括这两个过程的杀菌强度换算。一般 F 值与 D 值关系可用 $F=nD$ 表示,n 是不固定的,随工厂卫生条件、食品污染微生物的种类及其程度而变化。在《出口罐头生产企业注册卫生规范》中明确规定:"热力杀菌工艺必须能够保证杀菌强度达到足以杀灭对象菌,其中低酸性罐头的杀菌强度不低于'$12D$',酸性罐头及酸化罐头的杀菌强度不低于'$6D$',如因保持产品特性需要而采用低于上述杀菌强度的杀菌工艺,企业应当提供科学证明"。低酸性罐头食品最低杀菌强度必须至少采用 $12D$ 值,才能基本上保证食品安全卫生。一般选定肉毒梭状芽孢杆菌作为热力杀菌的目标菌。试验表明,肉毒梭状芽孢杆菌在 121.1℃下,其 D 值为 0.204。最低杀菌强度 $F_0=12D=2.5$,也就是在 121.1℃下加热 2.5 min 即可。但实际上目前很多罐头企业的热力杀菌强度往往采用 121℃ 30 min,比其理论最低杀菌值大很多。主要原因是根据肉毒梭状芽孢杆菌的耐热性来确定罐头的 F_0 值,只是表明为满足杀死该微生物所应提供的热量,而如何根据所要求的最低杀菌强度来确定杀菌规程还需要依据罐头的传热特性等来确定,同时企业还在综合各种因素的基础上增加了很大的保险系数。

(二)二次杀菌

为便于存放和延长保质期,一些使用透气性肠衣生产的肉制品在包装之后会进行二次杀菌。二次杀菌方式目前较多,应用于肉及肉制品中的既有传统热力杀菌,也包括各种非热力杀菌。研究发现真空包装后进行热力杀菌处理的产品,较非热力处理的产品具有更好的贮藏性。因此,为延长真空包装产品货架期而进行的二次加热力杀菌尤为重要。但杀菌条件需严格设定,过度热处理包括加热温度过高或时间过长,均可能造成产品结构被破坏以致产生出油、出水等不良现象,且表面大量渗出的汁液极易成为细菌营养源,使产品保质期缩短,且品质特性下降,最终影响市场销售。

目前,不少学者已从风味、感官特性以及保水性等方面研究二次杀菌带给肉与肉制品品质的影响。持水性对于肉类产业是一个不容忽视的技术以及经济指标,水分子的存在形式和活性分布状态决定了蛋白质的保水能力,直接影响产品的硬度等质构特性。

(三)非热力杀菌

非热力杀菌技术是指利用非加热的方法杀灭食品中特定的致病微生物,使微生物的总量符合标准的杀菌技术。该技术具有产热低或不产热,有利于热敏感的制品杀菌,能最大限度地保持食品的香味、色泽和营养成分的特点,有效地避免了传统热力杀菌技术影响产品品质的缺点。目前应用较为广泛的非热力杀菌技术主要包括超高压杀菌、微波杀菌、高压脉冲电场杀菌以及辐照杀菌。

1.超高压杀菌

超高压杀菌是依靠水或其他液体作为介质处理密闭于柔性容器内的食品,以达到杀菌的目的。一般采用 100 MPa 以上的压力处理。由于超高压杀菌对生产设备的要求高,生产成本也比较高,目前使用的企业比较少,具有一定的使用局限性。

在超高压环境下,微生物的细胞壁和细胞膜被破坏,微生物的生理功能部分或者全部丧失,最终导致微生物死亡,达到杀菌的目的。影响因素主要包括压力、加压时间、温度、微生物等。

高压条件下氢键受到的影响很小,因此肉中的营养物质、风味物质和维生素损失也比较小。

2.微波杀菌

微波一般是指频率从 300 M~300 000 MHz(食品加工中一般为 915 MHz 和 2 450 MHz),波长从 1 mm 到 1 m 的电磁波。微波杀菌适用于导热性不良以及塑料、玻璃包装的食品等。目前,美国、日本等国家将微波杀菌广泛应用于肉品工业中。

微波杀菌包括非热力效应微波杀菌以及热效应微波杀菌。非热力效应指微波形成的电磁场使有害微生物体内的分子发生旋转,营养细胞死亡,从而进行杀菌。热效应指的是微生物内的分子受电场作用而剧烈震荡,分子间的摩擦产热,从而使温度升高,达到杀菌的效果。影响微波杀菌的因素包括微波杀菌频率、食品含湿率、食品包装等。

微波杀菌速度快、效果好,在软包装产品中应用比较广泛。

3.高压脉冲电场杀菌

高压脉冲电场杀菌技术是指将微生物置于反复作用的高电压脉冲电场中,使其死亡从而达到杀菌的一种技术。

主要原理是借助两个电极之间的瞬时高压电场作用于微生物,使微生物的细胞膜遭到破坏,因而达到杀菌的目的。现在高压脉冲电场杀菌技术杀菌相关的机制假说比较多,其中涵盖了黏弹性模型、细胞电穿孔理论、电解产物效应、电崩解理论和空穴理论等,常常电穿孔理论和电崩解论为绝大多数人所接受。影响杀菌的因素主要有处理菌的种类和数量、脉冲电场于波形、脉冲的数目频率与时间、样品的温度、pH 等。电场强度通常是影响最大的因素,电场强度同微生物存活率呈负相关。

4. 辐照杀菌

辐射杀菌是利用辐射源(通常为 ^{60}Co 或 ^{137}Cs)放出的射线辐射微生物,使其生理结构遭到破坏进行杀菌的方法。目前研究其机制认为主要有三方面。破坏微生物细胞核,使其线粒体和染色体固化,导致其细胞死亡;抑制细胞的繁殖作用;γ 射线辐射微生物细胞,使原生质破裂,细胞死亡,以此进行杀菌。辐照杀菌不仅能杀死肉制品的表面微生物,同时对于内部微生物的杀菌效果也比较明显。

二、罐头肉制品的杀菌

1. 罐头肉制品中的微生物

罐头肉制品中存在着各种不同的微生物,有的腐败微生物能在罐头食品中繁殖,并在食品中发生作用,使食品感官特性产生变化导致腐败而失去可食性。腐败菌的种类随食品种类和保藏状态而异。从许多研究结果所知,其代表性的有革兰氏阴性菌中的假单胞菌属、产碱菌、大肠菌、肠杆菌等;革兰氏阳性菌有微球菌、葡萄球菌、芽孢菌、乳酸菌等。某些微生物常常在高温的泉水中也能生存,人们一般把 55℃ 下能繁殖的微生物称为高温菌,有芽孢杆菌、梭菌属的芽孢菌、乳酸菌、放线菌等种类。这些高温菌不仅在高温下能繁殖,而且大都能长出耐热性芽孢来抵抗加热力杀菌,它们是罐头肉制品中最难杀灭的腐败菌之一。

2. 罐头食品微生物的控制

罐头食品杀菌的目的是杀死食品中所污染的致病菌、产毒菌、腐败菌,并破坏食物中的酶使食品耐藏而不变质。罐头杀菌通常都是利用加热法促使微生物死亡,加热使微生物细胞内的蛋白质受热凝固而失去了新陈代谢的能力。微生物能够繁殖的温度范围随微生物的种类有很大的差异,人们把微生物分为低温细菌、中温细菌和高温细菌。微生物在比其繁殖的最适温度高数度的温度下就开始致死,因此致死温度随微生物的种类而异。例如,低温细菌海产弧菌在 $22\sim23℃$ 时就开始致死,葡萄球菌在 $45\sim46℃$ 开始致死,而高温细菌嗜热脂肪芽孢杆菌在 60℃ 或以上的温度下才开始致死。芽孢杆菌的芽孢则对高温具有更高的抵抗性。

(1)微生物的热致死曲线　研究表明,如果在图的纵坐标上标残存菌数的对数,横坐标上标加热时间,则在一定范围内,微生物的热致死曲线呈直线关系,显示微生物的热致死通常是以对数速度进行的。杀死微生物所需要的时间,取决于开始时的细菌数。在某个温度下,要把所存在的某种微生物全部杀死,如果初菌数提高 10 倍,那么杀菌所需要的时间就需要在该杀菌温度下延长。因此原料初期所受污染程度越高对成品质量的影响越大,在生产中应尽可能减少产品中的初始细菌数。

(2)杀菌时微生物的致死　肉毒梭菌的芽孢在磷酸缓冲液(pH 7)中,在 100℃ 时加热 30 min 致死,115℃ 时加热 10 min 致死,在 120℃ 温度下进行杀菌,经过 4 min 即可完全致死。但是罐头食品是蛋白质、脂肪、碳水化合物等的混合食品,这些物质对细菌的芽孢构成保护层,因此,在 120℃ 加热 4 min,有时也未必能使细菌的芽孢致死。为了安全起见,食品工业界现在采用中心温度在 120℃,$5\sim6$ min 或以上的高温高压杀菌。

3. 杀菌工艺条件

食品在高温高压杀菌时,温度越高,细菌致死的时间就越短,但食品本身的蛋白质变性、脂肪氧化、风味损失等现象也将加速进行。因此在食品加工工艺中要考虑如何有效地杀灭细菌,又要注意尽可能保存食品品质和营养价值,最好还能做到有利于改善食品品质。正确的杀菌工艺条件应恰好能按照选定的 F 值完成杀菌任务,将罐内细菌全部杀死和使酶钝化,保证贮藏安全,但同时又能保住食品原有的品质或恰好将食品煮熟而又不至于蒸煮过度。

杀菌操作过程中罐头食品的杀菌工艺条件主要由温度、时间、反压三个主要因素组合而成,常用杀菌式表示:

$$\frac{t_1 - t_2 - t_3}{T}p$$

式中:T 为杀菌锅的杀菌温度,℃;t_1 为杀菌锅加热升温升压时间,min;t_2 为杀菌锅内杀菌温度保持稳定不变的时间,min;t_3 为杀菌锅内降压降温时间,min;p 为杀菌加热或冷却时杀菌锅内使用反压的压力。

杀菌式表明罐头杀菌操作过程中可以划分为升温、恒温和降温三个阶段。升温阶段就是将杀菌锅温度提高到杀菌式规定的杀菌温度(T),同时要求将杀菌锅内空气充分排除,保证恒温杀菌时蒸汽压和温度充分一致的阶段,升温阶段的时间不宜过短,否则就达不到充分排气的要求,杀菌锅内会有气囊残存。

恒温阶段就是保持杀菌锅温度稳定不变的阶段,此时要注意的是杀菌锅温度升高到杀菌温度并不意味着包装内食品温度也达到了杀菌温度的要求,实际上食品尚处于加热升温阶段。降温阶段就是停止蒸汽加热力杀菌并用冷却介质冷却,同时也是杀菌锅放气降压阶段。为防止罐头内压较高,外压突然降低而出现破袋现象,冷却时还需加压即反压。

4. 软罐头食品

软罐头食品是指除用蒸煮袋密封包装的食品外,凡装在密封塑料容器内,经封口或结扎,经湿热高温高压杀菌达到商业无菌的食品。

软罐头食品从包装形态上分为袋装食品、盘装食品和结扎食品三类,产品种类繁多。袋装食品的包装形态,四边都经热封,制成袋状,这类食品种类多,产量也大,是软罐头食品中的主流。盘装食品是将食品装在盘状容器内,加盖封口后进行高温高压杀菌的肉制品,容器又分透明盘和铝箔盘两种。结扎食品是将包装材料一端用铝线结扎起来,装入食品后,另一端也用铝线扎紧,进行高温高压杀菌的食品,这类食品主要有火腿肠、鱼肉香肠、咖喱制品等。

由于蒸煮袋要在热水或水蒸气中经受 110～140℃ 的高温杀菌,所以材料必须有良好的热封性、耐热性、耐水性和隔绝性。通常的蒸煮袋有透明型、铝箔隔绝型等。透明型其外层采用尼龙或聚酯薄膜,内层是聚丙烯、聚乙烯等聚烯烃薄膜,也有中间夹有高隔绝性聚偏二氯乙烯薄膜的。铝箔隔绝型通常采用三层基材黏合在一起,外层薄膜是 12 μm 左右的聚酯,起到加固及耐高温的作用;中间 9 μm 左右作为阻隔层的薄膜有聚偏二氯乙烯、铝箔、乙烯-乙烯醇共聚物,具有良好的避光、防透气、防透水性能;内层密封层为 70 μm 左右的聚烯烃(改性聚乙烯或聚丙烯),符合食品卫生要求,并能热封。由于软罐头采用的复合薄膜较薄,因此在杀菌时到达食品要求的温度时间短,可使食品保持一定的色、香、味。

软罐头密封前必须尽可能把空气排出,目的是阻止需氧菌及霉菌的发育生长,防止或减轻因加热力杀菌时空气膨胀而使容器变形或破裂，同时氧气的减少可以避免维生素和其他营养素遭受破坏，避免或减轻食品色、香、味的变化。排气主要采用抽真空密封法，真空室真空度一般为 67～92 kPa。也有采用蒸汽冲洗法，使软袋的顶隙空气下降。食品装袋时要防止封边区遭受污染，封边操作要保证密封良好。

第五节　肉的熏制

烟熏是一种已沿用多年的传统肉制品加工方法，长期以来，世界各地人们对不同浓度的烟熏味均有一定的喜好。在肉制品加工生产中，许多肉制品都要经过烟熏这一工艺过程，特别是西式肉制品，如灌肠、火腿、培根、生熏腿、熟熏圆腿等，均需经过烟熏。

一、烟熏材料的选择

烟熏肉制品是通过熏烟附着在肉制品表面来产生作用的，而熏烟是通过燃烧可燃性材料来获取的。烟熏肉制品可采用多种材料来发烟，但最好选择树脂含量少、烟味好，而且防腐物质含量多的材料，一般多为硬木和竹类，而软木、松叶类因树脂含量多，燃烧时产生大量黑烟，使肉制品表面发黑，且熏烟气味不好，所以不宜采用。常用的熏材主要有白杨、白桦、山毛榉、核桃树、山核桃木、樱、赤杨、悬铃木、楸树等，个别国家也采用玉米芯，白糖、稻糠也可以发烟。此外，日本斋藤的试验结果表明稻壳和玉米秆也是很好的烟熏材料。最好的为枣木、山枣木，其次是其他果木，最次是杨木等杂木，禁忌柏木、松木。

熏材的形态一般为木屑，也可使用薪材（木柴）、木片或干燥的小木粒等。熏制以干燥为主要目的时，往往直接使用较大块的木柴。熏材无论是刨花还是木薪材都应该干燥贮存，且不含木材防腐剂。潮湿的材料会带有霉菌，熏烟容易将其带到肉制品上。木材防腐剂可能会产生有害烟雾，影响熏制品的食用安全。熏材的干湿程度，一般水分含量以 20%～30% 者为佳。新鲜的锯屑含水量较高，一般需经晒干或风干后才能使用。但在使用时要添加水分，以有利于发烟及烟雾有效成分的附着。

二、烟熏方式

肉制品加工中常见的烟熏方法很多，分类依据不同，种类也不同。

（一）按制品的加工过程分类

1. 熟熏

这是一种非常特殊的烟熏方法。它是指熏制温度为 90～120℃，甚至 140℃ 的烟熏方法。显然，在这种温度下的熏制品已完全熟化，无须再熟化加工。熟熏制品多为我国的传统熏制品，大多是在煮熟之后进行烟熏，如熏肘子、熏猪头、熏鸡、熏鸭及鸡鸭的分割制品等。经过熏制加工后使产品呈金黄色的外观，表面干燥，形成烟熏的特有气味，可增加耐贮藏性。熟熏制品的加工技术一般包括原料选择、整理、预处理（脂制或蒸煮）、造型、卤制和熏制。

2. 生熏

这是常见的熏制方法。它是指熏制温度为 30～60℃ 的烟熏方法。这种方法制得的产品，需进行蒸煮或炒制才能食用。生熏制品的种类很多，其中主要是熏腿和熏鸡，还有熏猪排、熏猪舌等。主要以猪的方肉、排骨等为原料，经过腌制、烟熏而成，具有较浓的烟熏气味。

(二)按熏烟的生成方式分类

1. 直接烟熏

这是一种原始的烟熏方法,在烟熏室内直接不完全燃烧熏材进行熏制,烟熏室下部燃烧木材、上部垂挂产品。根据在烟熏时所保持的温度范围不同,可分为冷熏、温熏、热熏、焙熏等方法。

2. 间接烟熏

用发烟装置(熏烟发生器)将燃烧好的一定温度和湿度的熏烟送入熏烟室与产品接触后进行熏制,熏烟发生器和熏烟室是两个独立结构。这种方法不仅可以克服直接烟熏时熏烟的密度和温、湿度不均的问题,而且可以通过调节熏材燃烧的温度和湿度以及接触氧气的量,来控制烟气的成分,减少有害物质的产生,因而得到广泛的应用。就烟的发生方法和烟熏室内温度条件可分为湿热法、摩擦生烟法、燃烧法、炭化法、二步法等方法。

(三)按熏制过程中的温度范围分类

1. 冷熏法

冷熏是指在 15~30℃,进行较长时间(4~7 d)的烟熏。熏前原料需经过较长时间的腌渍。此法一般只用于火腿、培根、干燥香肠、特别是发酵香肠等的烟熏,制造不进行加热工序的制品。

2. 温熏法

温熏法是指原料经过适当脯渍(有时还可加调味料)后,在温度为 30~50℃进行的烟熏,用于培根、带骨火腿及通脊火腿。

3. 热熏法

热熏即指原料经过适当腌渍(有时还可加调味料)后进行烟熏,温度在 50~80℃,多为 60℃,熏制时间在不超过 5~6 h。在该温度范围内蛋白质几乎全部凝固。产品表面硬化度较高,但内部仍含有较多水分,有较好的弹性。本法在我国灌肠制品加工中应用最多。

4. 焙熏法

焙熏法的温度为 90~120℃,是一种特殊的熏烤方法,包含蒸煮或烤熟的过程,应用于烤制品生产,常用于火腿、培根的生产。

(四)其他烟熏方法

1. 电熏法

电熏法是应用静电进行烟熏的一种方法。将制品吊起,间隔 5 cm 排列,相互连上正负电极,在送烟同时通上 15~20 kV 高压直流电或交流电,使自体(制品)作为电极进行电晕放电,烟的粒子由于放电作用而带电荷,急速地吸附在制品表面并向内部渗透。目前应用很少。

2. 液熏法

用液态烟熏制剂代替烟熏的方法称为液熏法,又称无烟熏法。目前在国外已广泛使用,代表烟熏技术的发展方向。

烟熏液是将木材干馏过程中产生的烟雾冷凝,再将冷凝液进一步精馏以除掉有害物质和树脂后制成的一种液态熏烟制剂。将产生的烟雾引入吸收塔的水中,熏烟不断产生并反复循环被水吸收,直到达到理想的浓度。经过一段时间后,溶液中有关成分相互反应、聚合,焦油沉淀,过滤除去溶液中不溶的烃类物质后,液态烟熏剂就基本制成了。这种液熏剂主要含有熏烟中的蒸气相成分,包括酯、有机酸、醇和羰基化合物。

液熏法有四种方式,即直接添加法、喷淋浸泡法、肠衣着色法和喷雾法,均在煮制前进行。采用烟熏液制成的肉制品的风味、色泽及贮存性能均比直接采用熏烟熏制的产品差。

三、熏烟成分及其作用

熏烟是木材不完全燃烧产生的,是由水蒸气、其他气体、液体(树脂)和固体微粒组合而成的混合物。熏制的实质就是制品吸收木材分解产物的过程,因此木材的分解产物是烟熏作用的关键。

熏烟的成分很复杂,现已从木材发生的熏烟中分离出来 200 多种化合物,其中常见的化合物为酚类、醇类、类化合物、有机酸和烃类等。但并不意味着烟熏肉中存在所有化合物,有实验证明,对熏制品起作用的主要是酚类和羰基化合物。

1. 酚类

熏烟中酚类有 20 多种,其中有愈创木酚、4-甲基愈创木酚等。在烟熏中,酚类有四种作用:①抗氧化作用。②促进熏烟色泽的产生。③有利于熏烟风味的形成。和风味有关的酚类主要是愈创木酚、4-甲基愈创木酚、2,6-二甲氧基酚类等。单纯的酚类物质气味单调,与其他成分(羰基化合物、胺、吡咯等)共同作用呈味效果则好得多。④防腐作用。酚类具有较强的抑菌防腐作用。

酚及其衍生物是由木质素裂解产生的,温度为 280~550℃时木质素分解旺盛,温度为 400℃左右时分解最强烈。

2. 醇类

木材熏烟中醇的种类繁多,其中最常见和最简单的醇是甲醇(木醇),此外还有乙醇、丙烯醇、戊醇等,但它们常被氧化成相应的酸类。醇类的作用主要是作为挥发性物质的载体,其含量也较低。它的杀菌效果很弱,对风味、香气并不起主要作用。

3. 有机酸

熏烟中含有的有机酸为 1~10 个碳原子的简单有机酸。有机酸对熏烟制品的风味影响甚微,但可聚积在制品的表面,呈现微弱的防腐作用。酸有促使烟熏肉表面蛋白质凝固的作用,在生产去肠衣的肠制品时,将有助于肠衣剥除。

4. 羰基化合物

熏烟中存在着大量的羰基化合物,主要是酚类和醛类。它们同有机酸一样存在于蒸气蒸馏组分中,也存在于熏烟的颗粒上。虽然绝大部分羰基化合物为非蒸气蒸馏性的,但蒸气蒸馏组分内有着非常典型的烟熏风味,而且还含有所有羰基化合物形成的色泽。因此羰基化合物可使熏制品形成特有的熏烟风味和棕褐色。

5. 烃类

从熏烟中能分离出许多环芳烃(简称 PAH),其中有苯并蒽、苯并芘、二苯并蒽及 4-甲基芘。在这些化合物中有害成分以 3,4-苯并芘为代表,它污染最广,含量最多,致癌性最强。

3,4-苯并芘对食品的污染极为普遍,尤其是熏烤类肉制品。而以煤炉和柴炉直接熏烤的肉制品含量最高。如何减少熏烟成分中 3,4-苯并芘的含量是熏烤类肉制品行业极其关注的问题。

6. 气体物质

熏烟中产生的气体物质,如 CO_2、CO、O_2、NO、N_2O、乙炔、乙烯、丙烯等,这些化合物对熏制的影响还不甚明了,大多数对熏制无关紧要。CO_2 和 CO 可被吸收到鲜肉的表面,产生一氧化碳肌红蛋白,而使产品产生亮红色。O_2 也可与肌红蛋白形成氧合肌红蛋白或高铁肌红蛋白,但还没有证据证明熏制过程会产生这些物质。气体成分中的 NO 可在熏制过程中形成亚硝胺,碱性条件有利于亚硝胺的形成。

四、烟熏的目的

1. 呈味作用

烟熏风味主要来自于两方面:一是烟气中的许多有机化合物附着在制品上,赋予制品特有的烟熏香味,如有机酸(蚁酸和醋酸)、醛、醇、醋、酚类等,特别是酚类中的愈创木酚和 4-甲基愈创木酚是最重要的风味物质。二是烟熏的加热促进肉制品中蛋白质的分解,生成氨基酸、低分子肽类、脂肪酸等,使肉制品产生独特的风味。

2. 发色作用

烟熏可以使肉制品呈深红色、茶褐色或褐黑色等,色泽美观。颜色的产生源于三方面:一是熏烟成分中的羰基化合物可以和肉蛋白质或其他含氮物中的游离氨基发生美拉德反应,使制品具有独特的茶褐色;二是熏烟加热促进了硝酸盐还原菌增殖及蛋白质的热变性,游离出半胱氨酸,从而促进一氧化氮血素原形成稳定的颜色;三是受热时有脂肪外渗起到润色作用。

3. 防腐作用

烟熏的杀菌防腐作用主要是烟熏的热作用、烟熏的干燥作用和烟熏所产生的化学成分共同作用的结果。熏烟成分中,有机酸、醛和酚类杀菌作用较强。有机酸可与肉中的氨等碱性物质中和,由于其本身的酸性而使肉酸性增强,从而抑制腐败菌的生长繁殖。醛类一般具有防腐性,特别是甲醛,不仅具有防腐性,而且还与蛋白质或氨基酸的游离氨基结合,使碱性减弱,酸性增强,进而增加防腐作用;酚类物质也具有弱的防腐性。但烟熏产生的杀菌防腐作用是有限度的。熏烟中许多成分具有抗氧化作用。

五、烟熏设备

(一)烟熏设备

烟熏方法虽有多种,但常用的还是温熏法。常用的烟熏设备有烟熏土炉、全自动烟熏炉。

1. 烟熏土炉

如图 3-5 所示,采用混凝土或灰泥建造,烟熏室的顶部装设可调节温度、发烟、通风的百叶窗或烟囱,室内侧壁要用砖块水泥或瓷片制作。

2. 全自动烟熏炉

全自动烟熏炉是目前最先进的肉制品烟熏设备。除具有干燥、烟熏、蒸煮的主要功能外,还具有自动喷淋、自动清洗的功能,适合于所有烟熏或不烟熏肉制品的干燥、烟熏和蒸煮工序。室外壁设有 PLC 电气控制板,用以控制烟熏浓度、烟熏速度、相对湿度、室温、物料中心温度及操作时间,并装有各种显示仪表。全自动烟熏炉的外观如图 3-6 所示。

全自动烟熏炉按照容量可分为一门一车、一门两车、两门四车等型号。也可以前后开门,前门供装生料使用,朝向灌肠车间,后门供冷却、包装使用,朝向冷却和包装间,这样生熟分开,有利于保证肉制品卫生。也有两门一车、两门两车、四门四车型。

将肉制品挂在架子车上,推入炉内,关好炉门,按加工肉制品工艺程序要求,把时间和温度

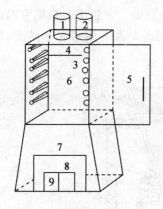

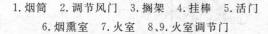

图 3-5　一般烟熏装置

1.烟筒　2.调节风门　3.搁架　4.挂棒　5.活门

6.烟熏室　7.火室　8、9.火室调节门

图 3-6　全自动烟熏炉

数据输入操作控制盘的计算器上,启动控制盘操作按钮,电脑就按编排好的程序开始工作。

炉内安装排管式加热器,通过强制热对流传热,使加热室内空气升温。各蒸汽管路阀门由蒸汽电磁按指令开、关。在生产过程中蒸汽压力保持在 294～392 kPa,然后由搅拌风机把加热室中的热风输送到炉内,使热风透过产品之间缝隙进行热交换,使产品受热脱水,达到烘烤目的。

烘烤时间、温度达到要求后,电脑发出指令,蒸汽电磁阀打开挡板,向炉内释放蒸汽,进行热加工。此时炉内自动保持要求温度,搅拌风机同时转动,使蒸汽在炉内扩散均匀,保持恒温,提高传热效率,避免制品在蒸煮时出现生熟不均现象。

蒸煮工序结束后,电脑自动发出指令,烟雾发生器开始工作,向炉内输送烟,对制品进行烟熏。为保持炉内恒温,加热器同时工作,把经加热的空气吹入炉内。

烟雾发生器工作是独立操作。当锯末倒入料斗后,烟雾发生器电热管开始加热锯末、发烟,但不会出现明火燃烧。锯末在锥形料斗内的搅拌器转动下,均匀散落在加热器上,并覆盖整个加热器,发出的烟由吹风机吹入管道,并经炉壁上的水过滤器进入炉内,这样可把烟内杂物除去,以保证烟熏制品的质量和卫生标准。

烟熏结束后,炉内需要一个冷却过程。冷却水管安装的电磁阀在电脑控制下打开,使冷水经过管路喷嘴向产品喷雾冷却。同时排潮风机自动启动向炉内排入冷空气,使炉内在较短的时间内降温。

(二)烟雾发生器

1.燃烧发烟装置

利用燃烧法产生烟雾就是指将木屑倒在电热燃烧器上使其燃烧,再通过风机送烟的方法。此法将发烟和熏制分两处进行。烟的生成温度与直接烟熏法相同,需通过减少空气量和控制木屑的湿度进行调节,但有时仍无法控制在 400℃ 以内。所产生的烟是靠送风机与空气一起送入烟熏室内的,所以烟熏室内的温度基本上由烟的温度和混入空气的温度所决定。这种方法是以空气的流动将烟尘附着在制品上,从发烟机到烟熏室的烟道越短,焦油成分附着越多。

2.湿热分解装置

湿热分解法是将水蒸气和空气适当混合,加热到 300～400℃ 后,使热量通过木屑产生热分解。因为烟和水蒸气是同时流动的,因此变成潮湿的高温烟。一般送入烟熏室内的烟温度约80℃,故在烟熏室内烟熏之前制品要进行冷却。冷却可使烟凝缩附着在制品上,因此也称凝缩法。湿热分解装置(也称蒸汽式烟熏发生器)见图3-7。

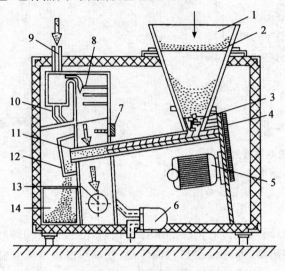

图 3-7 湿热分解装置

1.木屑 2.筛子 3.搅拌器 4.螺旋传送带 5.电机 6.排水装置
7.温度计 8.过热器 9.蒸汽口 10.凝缩管 11.汽化室
12.木屑挡板 13.烟出口 14.残渣容器

复习思考题

1.肉解冻常用的方法有哪些?

2.肉品腌制常用腌制剂有哪些?各有什么作用?使用量及注意事项是什么?

3.亚硝酸盐在肉品中的发色机理是什么?

4.原料肉的腌制方法有哪些?

5.详述滚揉腌制的原理、作用及技术。

6.详述斩拌的原理、作用及技术。

7.罐头肉制品常用的杀菌方法是什么?杀灭的目标微生物是什么?

8.杀菌中的 D 值、Z 值、F 值的含义是什么?

9.肉品非热力力杀菌有哪些?

第四章

中式传统肉制品加工

【目标要求】
1. 了解中式肉制品的种类及产品特点；
2. 了解并掌握中式肉制品的加工工艺及操作要点；
3. 掌握中式肉制品加工的质量控制措施；
4. 了解并掌握中式肉制品加工的新技术及发展现状。

中式肉制品是指具有中国传统风味的肉制品，是中华民族3 000多年世代相传发展起来的，因产地和加工方法的不同而各具特性。主要分为腌腊肉制品、酱卤肉制品、干肉制品、熏烤肉制品、中式香肠以及油炸制品、罐头制品等。其中腌腊肉制品、酱卤肉制品、干肉制品、熏烤肉制品是中式肉制品的典型代表。

第一节　腌腊肉制品

腌腊肉制品(cured meat product)是我国传统的肉制品之一。所谓"腌腊"是指畜禽肉类通过加盐(或盐卤)和香料进行腌制，又经过了一个寒冬腊月，使其在较低的气温下，自然风干成熟，形成独特腌腊风味而得名。根据GB/T 26604—2011《肉制品分类》，腌腊肉制品是指以畜禽肉或其可食副产品等为原料，添加或不添加辅料，经腌制、晾晒(或不晾晒)、烘焙(或不烘焙)等工艺制成的肉制品。该类肉制品具有肉质紧密坚实、色泽红白分明、滋味咸鲜可口、风味独特、便于携运和耐贮藏等特点，至今尤为广大群众所喜爱。腌腊肉制品的品种繁多，我国的腌腊肉制品主要有腊肉、咸肉、板鸭、腊肠、风干肉类以及中式火腿等。目前部分腌腊制品已实现工业化的规模生产。

一、腌腊肉制品的种类及特点

如今，腌腊早已不单是保藏防腐的一种方法，而成了肉制品加工的一种独特工艺。凡原料肉经预处理、腌制、脱水、保藏成熟加工而成的生肉制品都属于腌腊肉制品。尽管腌腊制品种类很多，但其加工原理基本相同。其加工的主要工艺为腌制(cure)和干燥成熟，直接关系着腌腊制品的产品质量。

　　按加工工艺及产品特点的不同,腌腊肉制品可分为咸肉类(corned meat)、腊肉类(cured meat)、风干肉类(air-dried meat)、腊肠类(chinese sausage)以及中式火腿类(chinese ham)。

　　1.咸肉类

　　以鲜肉为原料、经食盐和其他辅料腌制、加工而成的生肉制品,食用前需经熟制加工。咸肉又称腌肉,其主特点是成品肥肉呈白色,瘦肉呈玫瑰红色或红色,具有独特的腌制风味,味稍咸。常见的有咸猪肉、咸水鸭、咸鸡等。

　　2.腊肉类

　　腊肉是我国古老的腌腊肉制品之一,是以鲜肉为原料,配以各种调味料,经腌制、烘烤(或晾晒、风干、脱水)、烟熏(或不烟熏)等工艺加工而成的生肉制品,食用前需经熟化加工。腊肉类的主要特点是成品金黄色或红棕色,产品整齐美观,具有腊香、味美可口。常见的有腊猪肉(四川腊肉、广式腊肉、湖南腊肉等)、腊鸭、腊鹅、板鸭、板鹅、腊鱼等。腊肉的种类很多,即使同一品种也因产地不同,其风味、形状等也各具特点。

　　3.风干肉类

　　肉经腌制、洗晒、晾挂、干燥等工艺加工而成的生肉类制品,食用前需经熟化加工。风干肉类而耐咀嚼,回味绵长。常见的有风干猪肉、风干牛肉、风干兔肉和风干鸡等。

　　4.腊肠类

　　又名风干肠,是以畜禽肉等肉为主要原料,经切碎或绞碎后按一定比例加入食盐、酒、白砂糖等辅料拌匀,腌清后充填入肠衣中,经烘烤或晾晒或风干等工艺制成的生干肠制品。腊肠类肉制品的特点是加工过程中肉组织中的蛋白质和脂肪在适宜的温度、湿度条件下受微生作用自然发酵,产生独特的风味。我国较为有名的腊肠有广式腊肠、哈尔滨风干肠等。由于原材料和产地不同,风味各不相同,但生产方法大致相同。

　　5.中式火腿类

　　是指带皮、骨、爪的鲜猪后腿,经腌制、洗晒或风干、发酵等工艺制成的具有独特风味生肉制品。中式火腿是我国著名的传统腌腊肉制品,因产地、加工方法和调料不同而不同。该为产品色、香、味、形俱全,皮薄肉嫩、肉质红白鲜艳、肌肉呈玫瑰红色,具有独特的腌制风味,虽肥瘦兼具,但食而不腻,易于保藏。代表性的产品有金华火腿(浙江)、宣威火腿(云南)、如皋火腿(江苏)等。

二、腌腊肉制品加工

(一)咸肉

　　咸肉种类可分为带骨和不带骨两大类。根据其规格和部位又可分为"连片"、"段头"、"小块咸肉"和"咸腿"。

　　连片是指整个半片猪胴体,去头尾,带皮带骨带脚爪。腌成后每片重在 13 kg 以上。

　　段头是指不带后腿及猪头的猪胴体,带皮、带骨、带前爪。腌成后重量在 9 kg 以上。

　　小块咸肉是指带皮、带骨、每块重 2.5 kg 左右的长条腌制品。

　　咸腿也称香腿,猪后腿带皮、带骨带爪,腌成后重量不低于 2.5 kg。

　　1.工艺流程

　　原料选择→修整→开刀门→腌制→成品。

2. 操作要点

(1) 原料选择 若为新鲜猪肉,必须摊开凉透;若是冻猪肉,必须经解冻微软后再行分割处理。

(2) 修整 先削去血脖部位的碎肉、污血,再割除血管、淋巴、碎油及横膈膜等。

(3) 开刀门 为了加速腌制,可在肉上割出刀口,俗称开刀门。刀口的大小、深浅和多少取决于腌制时的气温和肌肉的厚薄。一般气温在 10~15℃ 时应开刀门,刀口可大而深,以加速食盐的渗透,缩短腌制时间;气温在 10℃ 以下时,少开或不开刀门。

(4) 腌制 在 0~4℃ 条件下腌制。温度高,腌制过程快,但易发生腐败。肉结冰时,则腌制过程停止。

干腌法:以肉重计算,用盐 14%~20%,硝石 0.05%~0.75%。将擦好盐的肉块堆垛腌制。经 25~30 d 即可腌成。

湿淹法:用开水配制 22%~35% 的食盐液,再加入 0.7%~1.2% 的硝石,2%~7% 食糖(也可不加)。每隔 4~5 d 上下层翻转一次。15~20 d 即成。

(5) 咸肉的保藏 咸肉保藏有堆垛和浸卤两种方法。

① 堆垛法 待咸肉水分稍干后,堆放在 -5~0℃ 的冷库中,可贮藏 6 个月,损耗量为 2%~3%。

② 浸卤法 将咸肉浸在 1.200~1.210(24~25°Bé)的盐水中。这种方法可延长保存期,使肉色保持红润,没有重量损失。

(二) 腊肉(以广式腊肉为例)

广东腊肉刀工整齐,不带碎骨,无烟熏味及霉斑,每条重 150 g 左右,长 33~35 cm,宽 3~4 cm,无骨带皮。色泽金黄、香味浓郁、味鲜甜美、肉质细嫩、肥瘦适中。

1. 工艺流程

原料选择→剔骨、切肉条→配料→腌制→烘烤→包装与储藏→成品。

2. 配方

猪肋条肉 10 kg,食盐 0.2 kg,亚硝酸盐 1 g,白砂糖 0.36 kg、曲酒 0.16 kg,酱油 0.04 kg。

3. 操作要点

(1) 原料肉的选择 选择新鲜猪肉,精选符合卫生标准之无伤疤、膘肥肉满、肥瘦层次分明的、不带奶脯的肋条肉。修刮净皮上的残毛及污垢。

(2) 剔骨、切肉条 剔去肋骨,修整边缘,按规格切成长 35~40 cm,宽 4~5 cm,每条重 180~200 g 的薄肉条,并在肉的上端用尖刀穿一小孔,系 15 cm 长的麻绳,以便于悬挂。将切条后的肋肉浸泡在 30℃ 左右的清水中漂洗 1~2 min,以除去肉条表面的浮油、污物,然后取出沥干水分。

(3) 配料 按配方将各种辅料称量备用。

(4) 腌制 一般采用干腌法和湿腌法。

干腌法是将辅料倒入缸或木盆内,使各种腌料充分混合拌匀,完全溶化后,把切好的肉条放进腌肉缸中翻动,使每根肉条均与腌液接触。

湿腌法是按配方用含盐量 10% 清水溶解其他配料,倒入容器中,然后放入肉条,搅拌均匀。于 20℃ 下腌制 4~6 h,每 30 min 翻动次缸。注意腌制温度越低,腌制时间越长。使肉条完全被吸收配料,取出肉条,沥干水分,挂在竹竿上。

(5)烘烤　腊肉的因肥膘较多,烘烤的温度不宜过高,一般将温度控制在45～55℃,最初烘烤时温度可稍高些55～60℃,烘烤时间为1～3 d。传统烘房是三层式,肉烘烤之前,先在烘烤房内放上火盆(炉),使烘房温度上升到50℃后用炭把火压住,再将腌制好的肉悬挂在烘房的横竿上,注意间距。肉条挂完后,再将火盆中炭拨开,使其燃烧进行烘烤。烘烤时底层温度在80℃左右,不宜太高,以免烤焦。但温度也不宜太低,以免水分蒸发不足。烘房内温度要求均一。也可白天在阳光下曝晒,晚上放入烘房或烘箱内烘烤。根据皮、肉颜色可判断,烘烤完成的腊肉皮干、瘦肉呈玫瑰红色,肥肉透明或呈乳白色。

(6)包装与储藏　冷却后的肉条即为腊肉的成品。传统腊肉用防潮蜡纸包装,现多用抽真空包装。在20℃下保存3～6个月。

(三)中式火腿(以金华火腿为例)

金华火腿产于浙江省金华地区诸县。金华火腿皮色黄亮,肉色似火,以色、香、味、形“四绝”为消费者所称誉。

1.工艺流程

鲜腿的选择→截腿坯→修整→腌制→洗晒→整形→发酵→修整→落架和堆叠→成品。

2.操作要点

(1)鲜腿的选择　选择金华“两头乌”猪的鲜后腿。皮薄骨细,爪小,腿心饱满,精多肥少,膘厚适中,腿坯重5.5～6.0 kg为宜,膘厚2.5 cm左右且色要洁白。

(2)截腿坯　从倒数2～3腰椎间横劈断椎骨,使刀锋稍向前倾,垂直切断腰部。

(3)修整　金华火腿要先经过初步整形,俗称修割腿胚后,再进入腌制工序。

整理:刮净腿皮上的细毛和脚趾间的细毛、黑皮、污垢等。

修骨:用刀削平腿部耻骨、股关节和脊椎骨。修后的荐椎仅留两节荐椎体的斜面,腰椎仅留椎孔侧沿与肉面水平,防止造成裂缝。

修整腿面:腿坯平置于案板上,使皮面向下,腿干向右,抒平腿皮,从膝关节中央起将疏松的腿皮割开一半圆形,前至后肋部,后至臂部。再平而轻地割下皮下结缔组织。切割方向应顺着肌纤维的方向进行。修后的腿面应光滑、平整。

修腿皮:用皮刀从臀部起弧形割除过多的皮下脂肪及皮,抒平腹肌,弧形割去腿前侧过多的皮肉。修后的腿坯形似竹叶,左右对称。用手指挤出股骨前、后及盆腔壁三个血管中的积血。鲜腿雏形即已形成。

(4)腌制　腌制是加工火腿的主要工艺环节,也是决定火腿加工质量的重要过程。根据不同气温,恰当地控制时间、加盐数量、翻倒次数是加工火腿的技术关键。由于食盐溶解吸热一般要低于自然温度 大致在4～5℃,因此腌制火腿的最适宜温度应是腿温不低于0℃,室温不高于8℃。

在正常气温条件下,金华火腿在腌制过程中共上盐并翻倒7次。上盐主要是前三次,其余四次是根据火腿大小、气温差异和不同部位而控制盐量。根据金华火腿厂的经验,总用盐量约占腿重的9%～10%。一般重量在6～10 kg的大火腿需腌制40 d左右或更长一些时间。

每次擦盐的数量:第一次用盐量占总用盐量的15%～20%,将鲜腿露出的全部肉面上均匀地撒上一薄层盐。上盐后若气温超过20℃以上,表面食盐在12 h左右就溶化时,必须立即补充擦盐。

第二次上盐在第一次上盐24 h后进行,加盐的数量最多,占总用盐量的50%～60%。

第二次上盐 3 d 后进行第三次上盐,根据火腿大小及三签处的余盐情况控制用盐量。火腿较大、脂肪层较厚,三签处余盐少者适当增加盐量,一般在 15% 左右。

第三次上盐堆叠 4～5 d 后,进行第四次上盐。用盐量少,一般占总用盐量的 5% 左右。目的是经上下翻堆后调整腿质、温度,并检查三签处上盐溶化程度。如不够再补盐,并抹去脚皮上黏附的盐,以防腿的皮色不光亮。

当第五、六次上盐时,火腿腌制 10～15 d,上盐部位更明显地收拢在三签头部位,露出更大的肉面。此时火腿大部分已腌透,只是脊椎骨下部肌肉处还要敷盐少许。火腿肌肉颜色由暗红色变成鲜艳的红色,小腿部变得坚硬呈橘黄色。大腿坯可进行第七次上盐。在翻倒几次后,经 30～35 d 即可结束腌制。

(5)洗晒和整形　腌好的火腿要经过浸泡、洗刷、挂晒、印商标、整形等过程。

浸泡和洗刷:将腌好的火腿放入清水中浸泡一定的时间,其目的是减少肉表面过多的盐分和污物,使火腿的含盐量适宜。浸泡的时间 10℃ 左右约 10 h。

浸泡后即进行洗刷。肉面的肌纤维由于洗刷而呈绒毛状,可防止晾晒时水分蒸发和内部盐分向外部的扩散,不致使火腿表面出现盐霜。

第二次浸泡,水温 5～10℃,时间 4 h 左右。如果火腿浸泡后肌肉颜色发暗,说明火腿含盐量小,浸泡时间需相应缩短;如肌肉面颜色发白而且坚实,说明火腿含盐量较高,浸泡时间需酌情延长。如用流水浸泡,则应适当缩短时间。

晾晒和整形:浸泡洗刷后的火腿要进行吊挂晾晒。待皮面无水而微干后打印商标,再晾晒 3～4 d 即可开始整形。

整形是在晾晒过程中将火腿逐渐校成一定形状。将小腿骨校直,脚不弯曲,皮面压平,腿心丰满,使火腿外形美观,而且使肌肉经排压后更加紧缩,有利于贮藏发酵。

整形之后继续晾晒。气温在 10℃ 左右时,晾晒 3～4 d。在平均气温 10～15℃ 条件下,晾晒 80 h 后减重 26% 是最好的晾晒程度。

(6)发酵　经过腌制、洗晒和整形等工序的火腿,在外形、颜色、气味、坚实度等方面尚没有达到应有的要求,特别是没有产生火腿特有的芳香味,与一般咸肉相似。发酵鲜化就是将火腿贮藏一定时间,使其发生变化,形成火腿特有的颜色和芳香气味。

将晾晒好的火腿吊挂发酵 2～3 个月,到肉面上逐渐长出绿、白、黑、黄色霉菌时 这时火腿的正常发酵即完成发酵。如毛霉生长较少,则表示时间不够。发酵过程中,这些霉菌分泌的酶,使腿中蛋白质、脂肪发生发酵分解作用,从而使火腿逐渐产生香味和鲜味。

(7)修整　发酵完成后,腿部肌肉干燥而收缩,腿骨外露。为使腿形美观,要进一步修整,达到腿正直,两旁对称均匀,腿身成竹叶形的要求。

3. 中式火腿的贮藏

火腿在贮藏期间,发酵成熟过程并未完全结束,应在通风良好,无阳光的阴凉房间按级分别堆叠或悬挂贮藏,使其继续发酵,产生香味。

悬挂法易于通风和检查,但占有仓库较多,同时还会因干缩而增大损耗。

堆叠法是将火腿交错堆叠成垛。发酵好的火腿从架上取下来,进行堆叠,堆高不超过 15 层,堆叠用的腿床应距地面 35 cm 左右,采用肉面向上、皮面向下逐层堆放,并根据气温不同每隔 10 d 左右倒堆一次。在每次倒堆的同时将流出的油脂涂抹在肉面上,这样不仅可防止火腿的过分干燥,而且还可保持肉面油润有光泽。

（四）板鸭

南京所产的板鸭最负盛名,鸭驰名中外。明清时南京就流传"古书院,琉璃塔,玄色缎子,咸板鸭"的民谣。板鸭是用盐卤腌制风干而成,分腊板鸭和春板鸭两种。因其肉质细嫩紧密,像一块板似的,故名板鸭。南京板鸭的制作技术已有600多年的历史,到了清代时,地方官员总要挑选质量较好的新板鸭进贡皇室,所以又称"贡鸭",是咸鸭的一种。板鸭色香味俱全。外行饱满,体肥皮白,肉质细嫩紧密,食之酥香,回味无穷。

1. 工艺流程

选鸭与催肥→宰前断食→宰杀放血→浸烫煺毛→摘取内脏→清膛水浸→擦盐干腌→制备盐卤→入缸卤制→滴卤叠坯→排坯晾挂。

2. 操作要点

（1）选鸭与催肥 选体重在 1.75 kg 以上的鸭,宰杀前要用稻谷饲养 15～20 d 催肥,使膘肥、肉嫩、皮肤洁白。这种鸭脂肪熔点高,在温度高的情况下也不容易滴油、发哈。经过稻谷催肥的鸭,叫"白油"板鸭,是板鸭的上品。

（2）宰前断食 对育肥好的鸭子宰前 12～24 h 停止喂食,只给饮水。

（3）宰杀放血 传统上采用口腔或颈部宰杀法。用电击昏（60～70 V）后宰杀利于放血。

（4）浸烫煺毛 浸烫煺毛必须在宰杀后 5 min 内进行。浸烫水温 65～68℃为宜。烫好立即煺毛。

（5）摘取内脏 在翅和腿的中间关节处把两翅和两腿切除。然后再在右翅下开一长约 4 cm 的直形口子,取出全部内脏并进行检验,合格者方能加工板鸭。

（6）清膛水浸 清膛后将鸭体浸入冷水中浸泡 3 h 左右,以浸除体内余血,使鸭体肌肉洁白。

（7）擦盐干腌 沥干水分,将鸭体人字骨压扁,使鸭体呈扁长方形。擦盐要遍及体内外,一般 2 kg 的光鸭用食盐 125 g 左右。擦盐后叠放在缸中腌制 20 h 左右即可。

（8）制备盐卤 卤由食盐水和调料配制而成。因使用次数多少和时间长短的不同而有新卤和老卤之分。

新卤的制法是每 50 kg 盐加大料 150 g,在热锅上炒至没有水蒸气为止。每 50 kg 水中加炒盐约 35 kg,放入锅中煮沸成盐的饱和溶液,澄清过滤后倒入腌制缸中。卤缸中要加入调料,一般每 100 kg 放入生姜 50 g,大料 15 g,葱 75 g,以增添卤的香味,冷却后即为新卤。盐卤腌 4～5 次后需重新煮沸。煮沸时可加适量的盐,以保持咸度,相对密度通常为 1.180～1.210（22～25 波美度）。同时要清除污物,澄清冷却待用。

（9）入缸卤制 将干腌后的鸭放置卤缸中,上面盖以竹算,将鸭体压入卤缸内距卤面 1 cm 以下。将鸭体放入卤缸中卤制称为"复卤"。复卤 24 h 左右即可。

（10）滴卤叠坯 鸭体在卤缸中经过规定时间腌制后即要出缸。将取出的鸭体挂起,滴净水分。然后放入缸中,盘叠 2～4 d。这一工序称为"叠坯"。

（11）排坯晾挂 叠坯后,将鸭体由缸中提出,挂在木架上,用清水洗净,擦干,称其为排坯。排坯的目的在于使鸭体外形美观。排坯后进行整形,在胸部加盖印章即为成品。

第二节 酱卤肉制品

根据 GB/T 19480—2009《肉与肉制品术语》,酱卤肉制品(stewed meat in seasoning)是以鲜(冻)畜禽肉和可食副产品放在加有食盐、酱油(或不加)、香辛料的水中,经预煮、浸泡、烧煮、酱(卤)等工艺加工而成的酱卤系列肉制品。酱卤制品几乎在我国各地均有生产,但由于各地的消费习惯和加工过程中所用的配料、操作技术不同,形成了许多品种,有的已成为地方名特产,如苏州的酱汁肉,北京月盛斋的酱牛肉,河南的道口烧鸡、山东德州扒鸡、无锡糖醋排骨等。

近年来,随着对酱卤肉制品的传统加工工艺理论的研究以及先进加工设备的应用,一些酱卤肉制品的传统加工工艺得以改进,如用新的工艺加工的烧鸡、酱牛肉等产品更受人们的欢迎。

一、酱卤制品的种类及特点

根据 GB 26604—2011《肉制品分类》,酱卤制品包括白煮肉类、酱卤肉类、糟肉类以及肉冻类四大类。

1. 白煮肉类及特点

白煮也叫白烧、白切。白煮肉类(boiled meat)可以认为是酱卤肉类未经酱制或卤制的一个特例,是肉经(或不经)腌制,在水(盐水)中煮制而成的熟肉类制品。一般在食用时再调味,产品最大限度地保持原料肉固有的色泽和风味。其特点是制作简单,仅用少量食盐,基本不加其他配料,基本保持原形原色及原料本身的鲜美味道,外表洁白,皮肉酥润,肥而不腻。白煮肉类以冷食为主,吃时切成薄片,蘸以少量酱油、芝麻油、葱花、姜丝、香醋等。白煮肉类有白切羊肉、白切鸡、白切猪肚等。

2. 酱卤肉类及特点

酱卤肉类是酱卤肉制品中品种最多的一类熟肉制品,其风味各异,但主要制作工艺大同小异,只是在具体操作方法和配料的数量上有所不同。酱卤肉类包括酱肉、卤肉及肉类副产品、酱鸭、盐水鸭、扒鸡等肉类制品。

根据这些特点,酱卤肉类可划分为以下五种:

(1)酱制 亦称红烧或五香,是酱卤肉类中的主要制品,也是酱卤肉类的典型产品。这类制品在制作中因使用了较多的酱油,以至制品色深、味浓,故称酱制。又因煮汁的颜色和经过烧煮后制品的颜色都呈深红色,所以又称红烧制品。另外,由于酱制品在制作时使用了八角、桂皮、丁香、花椒、小茴五种香料,故有些地区也称这类制品为五香制品。

(2)酱汁制品 以酱制为基础,加入红曲米使制品具有鲜艳的樱桃红色。酱汁制品使用的糖量较酱制品多,在锅内汤汁将干、肉开始酥烂准备出锅时,将糖熬成汁直接刷在肉上,或将糖散在肉上。酱汁制品色泽鲜艳喜人,口味咸中有甜。

(3)蜜汁制品 蜜汁制品的烧煮时间短,往往需油炸,其特点是块小,以带骨制品为多。蜜汁制品的制作方法有两种:第一种是待锅内的肉块基本煮烂,汤汁煮至发稠,再将白糖和红曲米水加入锅内。待糖和红曲米水熬至起泡发稠,与肉块混匀,起锅即成。第二种是先将白糖与红曲米水熬成浓汁,浇在经过油炸的制品上即成(油炸制品多带骨,如大排、小排、肋排等)。蜜汁制品表面发亮,多为红色或红褐色,制品鲜香可口,蜜汁甜蜜浓稠。

(4)糖醋制品　方法基本同酱制,配料中需加入糖和醋,使制品具有甜酸味。

(5)卤制品　先调制好卤制汁或加入陈卤,然后将原料放入卤汁中。开始用大火,待卤汁煮沸后改用小火慢慢卤制,使卤汁逐渐浸入原料,直至酥烂即成。卤制品一般多使用老卤。每次卤制后,都需对卤汁进行清卤(撇油、过滤、加热、晾凉),然后保存。

酱卤肉类的特点是制作简单,操作方便;成品表面光亮,颜色鲜艳;并且由于重大料、重酱卤,煮制时间长,制品外部都粘有较浓的酱汁或糖汁。因此,制品具有肉烂皮酥、浓郁的酱香味及糖香味等特色。

3.糟肉类及特点

糟肉类是用酒糟或陈年香糟代替酱汁或卤汁制作的一类产品。它是肉经白煮后,再用"香糟"糟制的冷食熟肉类制品。其特点是制品胶冻白净,清凉鲜嫩,保持固有的色泽和曲酒香味,风味独特。但糟制品由于需要冷藏保存,食用时又需添加冻汁,故较难保存,携带不便。因此受到一定的限制。我国著名的糟肉类有糟肉、糟鸡、糟鹅、糟翅等肉类制品。

4.肉冻类

肉冻类主要包括肉皮冻、水晶肉等肉类制品。

二、酱卤肉制品加工技术

酱卤肉制品的加工方法主要是两个过程,一是调味,二是煮制(酱制)。

1.调味及其种类

(1)调味概念　调味就是根据不同品种、不同口味及不同的消费习惯加入不同种类或数量的调味料,加工成具有特定风味的产品。如南方人喜爱甜则在制品中多加些糖,北方人吃得咸则多加点盐,广州人注重醇香味则多放点酒。

(2)调味种类　根据加入调料的作用和时间大致分为基本调味、定性调味和辅助调味等三种。

①基本调味　在原料整理后未加热前,用盐、酱油或其他辅料进行腌制,奠定产品的咸味叫基本调味。

②定性调味　原料下锅加热时,随同加入的辅料如酱油、酒、香辛料等,决定产品的风味叫定性调味。

③辅助调味　加热煮熟后或即将出锅时加入糖、味精等,以增加产品的色泽、鲜味叫辅助调味。辅助调味是制作酱卤肉制品的关键。必须严格掌握调料的种类、数量以及投放的时间。

2.煮制

煮制是酱卤肉制品加工中主要的工艺环节,也就是对原料肉实行热加工的过程。

煮制的目的是改善肉的感官,产生与生肉不同的口感、弹力等物理变化,降低肉的硬度,使产品达到熟制,容易消化吸收并产生特有的香味和风味。此外,煮制还能杀死致病微生物,提高产品的安全性。

煮制的加热的方式有水加热、蒸汽加热、油炸等,通常多采用水加热煮制。

(1)煮制方法　在酱卤肉制品加工中煮制方法包括清煮和红烧,另外还有油炸。

①清煮　清煮又称预煮、白煮、白锅等。其方法是将整理后的原料肉投入沸水中,不加任何调料,用较多的清水进行煮制。清煮的目的主要是去掉肉中的血水和肉本身的腥味或气味,

在红烧前进行,清煮的时间因原料肉的形态和性质不同有异,一般为 15～40 min。清煮后的肉汤称白汤,清煮猪肉的白汤可作为红烧时的汤汁基础再使用,但清煮牛肉及内脏的白汤除外。

②红烧　红烧又称红锅。其方法是将清煮后的肉放入加有各种调味料、香辛料的汤汁中进行烧煮,是酱卤制品加工的关键性工序。红烧的目的不仅可使制品加热至熟,更重要的是使产品的色、香、味及产品的化学成分有较大的改变。红烧的时间,随产品和肉质不同而异,一般为 1～4 h。红烧后剩余之汤汁叫老汤或红汤,要妥善保存,待以后继续使用。制品加入老汤进行红烧风味更佳。

另外,油炸也是某些酱卤制品的制作工序,如烧鸡等。油炸的目的是使制品色泽金黄,肉质酥软油润,还可使原料肉蛋白质凝固,排除多余的水分,肉质紧密,使制品造型定型,在酱制时不易变形。油炸的时间,一般为 5～15 min。多数在红烧之前进行。但有的制品则经过清煮、红烧后再进行油炸,如北京盛月斋烧羊肉等。

③煮制火力　在煮制过程中,根据火焰的大小强弱和锅内汤汁情况,可分为大火、中火、小火三种。

大火:又称旺火、急火等。大火的火焰高强而稳定,锅内汤汁剧烈沸腾。

中火:又称温火、文火等。火焰较低弱而摇晃,锅内汤汁沸腾,但不强烈。

小火:又称微火。火焰很弱而摇晃不定,锅内汤汁微沸或缓缓冒气。

火力的运用,对酱卤制品的风味及质量有一定的影响,除个别品种外,一般煮制初期用大火,中后期用中火和小火。大火烧煮的时间通常较短,其主要作用是尽快将汤汁烧沸,使原料初步煮熟。中火和小火烧煮的时间一般比较长,其的作用可使肉品变得酥润可口,同时使配料渗入肉的深部。加热时火候和时间的掌握对肉制品质量有很大影响,需特别注意。

三、酱卤肉制品的质量控制

1.选料
用于酱卤肉制品加工的原辅料对其产品的质量有非常重要的影响。酱卤肉制品加工用料讲究,所有原辅料及食品添加剂质量应符合国家相关标准及有关规定。

2.汤汁的调制
酱卤肉制品加工中所使用的汤汁是保证产品质量的关键。要求科学配料,形成独特的风味和色泽。另外,老汤也是加工酱卤肉制品的关键。调制老汤时要精心熬煮,老汤使用过程中要妥善保管和处理,以保证产品的风味和安全性。

3.煮制的温度和时间
酱卤肉制品煮制的温度和时间直接影响产品的质量。在加工过程中,一定要根据产品的特点,掌握好煮制时的火候和适当的煮制时间。

四、酱卤制品加工

(一)软包装酱牛肉
牛肉营养价值很高,蛋白质含量多、脂肪含量却很少。中医认为牛肉有补中益气、滋养脾胃、强健筋骨、化痰息风、止渴止涎的功效。

酱牛肉一直深受消费者喜爱,酱香浓郁、牛肉劲道、软烂适度、清鲜可口。酱牛肉的传统加工方法煮制时间长、耗能多、产品出品率低。现代工艺加工酱牛肉多采用盐水注射、真空滚揉的快速腌制、低温熟制、真空包装、高温杀菌等方法，使制品肉质鲜嫩、风味独特、品质优良，且产品的出品率大大提高。

1. 工艺流程

原料肉的选择与处理→配制腌制液→盐水注射→滚揉腌制→煮制→冷却→真空包装→高温杀菌→冷却、检验→成品。

2. 操作要点

(1)原料肉的选择与处理　选用经兽医卫生检验合格的优质牛肉，多选用牛腱子肉，除去血污、淋巴、脂肪后，将其切成300～400 g的肉块(按具体产品而定)。

(2)配制腌制液　将适量的白胡椒、花椒、大料等香辛料放入水中熬制，然后冷至30℃左右，加入食盐。另外，也可根据产品特点和不同消费需求添加其他配料或调味料，充分搅拌使完全溶化，过滤后备用。

(3)盐水注射　用盐水注射机将配制好的注射液注入肉块中。

(4)滚揉腌制　将注射后的牛肉块放入滚揉机中，以8～10 r/min的转速滚揉。滚揉时的温度应控制在10℃以下，滚揉时间为4～6 h。

(5)煮制　煮制在夹层锅内进行。将香辛料装入双层纱布袋内包裹好，松紧适当。锅内加入清水和老汤，放入料包，沸水煮制15～20 min至风味浓郁即成卤汤；将滚揉后的牛肉块放入夹层锅内，并加入食盐、酱油、味精等，水中焖煮30～40 min，将牛肉捞出沥干水分。

(6)冷却、真空包装　煮制入味后的牛肉，经冷却后，进行真空包装。

(7)高温杀菌　为提高产品的贮藏性，要对真空包装的牛肉进行高温杀菌。一般121℃的条件下，40～50 min。

(8)冷却、检验　杀菌后的产品经冷却后，要进行检验，合格的产品即可装箱，即为成品。

3. 产品特点

肉质鲜嫩，表面光亮，出品率高达70%(传统工艺出品率仅为45%～50%)。

(二)道口烧鸡

道口烧鸡产于河南滑县道口镇，创始人张丙。距今已有300多年历史，经后人长期在加工技术中革新，使其成为我国著名的特产，广销四方，驰名中外，制品冷热食均可，属方便风味制品。

1. 工艺流程

原料鸡选择→宰杀开剖→撑鸡造型→油炸上色→煮制→出锅→冷却→成品。

2. 原料辅料

100只鸡(重量100～125 kg)，食盐2～3 kg，硝酸钠18 g，桂皮90 g，砂仁15 g，草果30 g，良姜90 g，肉豆蔻15 g，白芷90 g，丁香5 g，陈皮30 g，蜂蜜或麦芽糖适量。

3. 操作要点

(1)原料鸡选择　选择重量1～1.25 kg的当年健康土鸡。一般不用肉用仔鸡或老母鸡做原料，因为鸡龄太短或太长，其肉风味均欠佳。

(2)宰杀开剖　采用切断三管法放净血，刀口要小，放入65℃左右的热水中浸烫2～3 min，取出后迅速将毛褪净，切去鸡爪，从后腹部横开7～8 cm的切口，掏出内脏，割去肛门，洗净体腔和口腔。

(3)撑鸡造型　用尖刀从开膛切口伸入体腔,切断肋骨,切勿用力过大,以免破坏皮肤,用竹竿撑起腹腔,将两翅交叉插入口腔,使鸡体成为两头尖的半圆形。造型后,清洗鸡体,晾干。

(4)油炸上色　在鸡体表面均匀涂上蜂蜜水或麦芽糖水(水和糖的比例是 2:1),稍沥干后放入 160℃左右的植物油中炸制 3~5 min,待鸡体呈金黄透红后捞出,沥干油。

(5)煮制　把炸好的鸡平整放入锅内,加入老汤。用纱布包好香料放入鸡的中层,加水浸没鸡体,先用大火烧开,然后改用小火焖煮 2~3 h 即可出锅。

(6)出锅　待汤锅稍冷后,利用专用工具小心捞出鸡只,保持鸡身不破不散。

(7)冷却　出锅后的烧鸡经冷却后,可进行包装,即为成品。

4. 产品特点

成品色泽鲜艳,黄里带红,造型美观,鸡体完整,味香独特,肉质酥润,有浓郁的鸡香味。

(三)南京盐水鸭

南京盐水鸭是江苏省南京市传统的风味佳肴,至今已有 400 多年历史,加工制作不受季节限制,产品味道鲜,肉质嫩,颇受消费者欢迎。

1. 工艺流程

原料选择→宰杀→整理、清洗→烘干→煮制→成品。

2. 原料辅料

光鸭 10 只(约重 20 kg),食盐 300 g,八角 30 g,姜片 50 g,葱段 0.5 kg。

3. 操作要点

(1)原料的选择与宰杀　选用肥嫩的活鸭,宰杀放血后,用热水浸烫并褪净毛,在右翅下开约 10 cm 长的口子,取出全部内脏。

(2)整理、清洗　斩去翅尖、脚爪。用清水洗净鸭体内外,放入冷水中浸泡 30~60 min,以除净鸭体中血水,然后吊钩沥干水分。

(3)腌制　先干腌后湿腌。

干腌:又称抠卤,每只光鸭用食盐 13~15 g,先取 3/4 的食盐,从右翅下刀口放入体腔、抹匀,将其余 1/4 食盐擦于鸭体表及颈部刀口处。把鸭坯逐只叠入缸内腌制,干腌时间 2~4 h,夏季时间短些。

湿腌:又称复卤,湿腌须先配制卤液。配制方法:取食盐 5 kg、水 30 kg、姜、葱、八角、黄酒、味精各适量,将上述配料放在一起煮沸,冷却后即成卤液,卤液可循环使用。复卤时,将鸭体腔内灌满卤液,并把鸭腌浸在液面下,时间夏季为 2 h,冬季为 6 h,腌后取出沥干水分。

(4)烘干　把腌好的鸭吊挂起来,送入烘炉房,温度控制在 45℃左右,时间约需 0.5 h,待鸭坯周身干燥起皱即可。经烘干的鸭在煮熟后皮脆而不韧。

(5)煮制　取一根竹管插入肛门,将辅料(其中食盐 150 g)混合后平均分成 10 份,每只鸭 1 份,从右翅下刀口放入鸭体腔内。锅内加入清水,烧沸后,将鸭放入沸水中,用小火焖煮 20 min,然后提起鸭腿,把鸭腹腔的汤水控回锅里,再把鸭放入锅内,使鸭腹腔灌满汤汁,反复 2~3 次,再焖煮 10~20 min,锅中水温控制在 85~90℃,待鸭熟后即可出锅。出锅时拔出竹管,沥去汤汁,即为成品。

4. 产品特点

产品皮白肉嫩,鲜香味美,清淡爽口,风味独特。

(四)东江盐焗鸡

东江盐焗鸡是广东惠州市的传统风味名肴,至今已有300多年历史。特点是色泽素洁,滋味清香,很有风味。

1. 工艺流程

原料选择→宰杀、整理→腌制→盐焗→成品。

2. 原料辅料

母鸡1只(1.3 kg左右),生盐(粗盐)2 kg,味精3 g,八角粉2 g,砂姜粉2 g,生姜5 g,葱段10 g,小麻油、花生油适量。

3. 操作要点

(1)原料选择　选用即将开产经育肥后的三黄鸡,体重为1.25～1.5 kg。

(2)宰杀、整理　将活鸡宰杀放净血,烫毛并除净毛,在腹部开一小口取出所有内脏,去掉脚爪,用清水洗净体腔及全身,挂起沥干水分。

(3)腌制　鸡整理好后,把生姜、葱段捣碎与八角粉一起混匀,放入鸡腹腔内,腌制约1 h。在一块大砂纸(皮纸)上均匀地涂上一层薄薄花生油,将鸡包裹好,不能露出鸡身。

(4)盐焗　将粗盐放在铁锅内,加火炒热至盐粒爆跳,取出1/4热盐放在有盖的砂锅底部,然后把包好的鸡放在盐上,再将其余3/4的盐均匀地盖满鸡身,不能露出,最后盖上砂锅盖,放在炉上用微火加热10～15 min(冬季时间长些),使盐味渗入鸡肉内并焗熟鸡,取出冷却,剥去包纸即可食用。用小麻油,砂姜粉、味精与鸡腹腔内的汤汁混合均匀调成佐料,蘸着吃。

4. 产品特点

成品皮为黄色,有光泽,皮爽肉滑,肉质细嫩,骨头酥脆,滋味清香,咸淡适宜。

(五)白斩鸡

白斩鸡得我国传统名肴,特别是在广东、广西,每逢佳节,在喜庆迎宾宴席上,是不可缺少又是最受欢迎的菜肴。

1. 工艺流程

原料选择→宰杀、整形→煮制→成品。

2. 原料辅料

鸡10只,原汁酱油400 g,鲜砂姜100 g,葱头150 g,味精20 g,香菜、麻油适量。

3. 操作要点

(1)原料选择　选用临开产的本地良种母鸡或公鸡阉割后经育肥的健康鸡,体重1.3～2.5 kg左右为好。

(2)宰杀、整形　采用切断三管放净血,用65℃热水烫毛,拔去大小羽毛,洗净全身。在腹部距肛门2 cm处,剖开5～6 cm长的横切口,取出全部内脏,用水冲洗干净体腔内的瘀血和残物,把鸡的两脚爪交叉插入腹腔内,两翅撬起弯曲在背上,鸡头向后搭在背上。

(3)煮制　将清水煮至60℃,放入整好形的鸡体(水需淹没鸡体),煮沸后,改用微火煮7～12 min。煮制时翻动鸡体数次,将腹内积水倒出,以防不熟。把鸡捞出后浸入冷开水中冷却几分钟,使鸡皮骤然收缩,皮脆肉嫩,最后在鸡皮上涂抹少量香油即为成品。

食用时,将辅料混合配成佐料,蘸着吃。

4. 产品特点

成品皮呈金黄,肉似白玉,骨中带红,皮脆肉滑,细嫩鲜美,肥而不腻。

第三节　干 肉 制 品

干肉制品是指将原料肉先经熟加工,再成型、干燥或先成型再经熟加工制成的易于常温下保藏的干熟类肉制品。现代干肉制品的加工的主要目的不是为了长期保藏,而是加工成肉制品满足各种消费者的喜好。这类肉制品可直接食用,具有营养丰富、美味可口、体积小、质量轻,食用方便、质地干燥、便于保存和携带等特点。干肉制品主要包括肉干、肉脯和肉松三大种类。成品多呈小的片状、条状、粒状、团粒状、絮状。

一、干制原理

干制既是一种保存手段,又是一种加工方法。肉品干制的基本原理可概括为一句话:通过脱去肉品中的一部分水,抑制了微生物的活动和酶的活力,从而达到加工出新颖产品或延长贮藏时间的目的。

肉与肉制品中大多数微生物都只有在较高 A_w 条件下才能生长。只有少数微生物需要低的 A_w。因此,通过干制降低 A_w 就可以抑制肉制品中大多数微生物的生长。但是必须指出,一般干燥条件下,并不能使肉制品中的微生物完全致死,只是抑制其活动。若以后环境适宜,微生物仍会继续生长繁殖。因此,肉类在干制时一方面要进行适当的处理,减少制品中各类微生物数量;另一方面干制后要采用合适的包装材料和包装方法,防潮防污染。

二、影响食品干制的因素

1.食品表面积

为了加速湿熟交换,食品常被分割成薄片或小片后,再行脱水干制。物料切成薄片或小颗粒后,缩短了热量向食品中心传递和水分从食品中心外移的距离,增加了食品和加热介质相互接触的表面积,为食品内水分外逸提供了更多的途径。从而加速了水分蒸发和食品脱水干制。食品的表面积越大,干燥速度越快。

2.温度

传热介质和食品间温差愈大,热量向食品传递的速度也愈大,水分外逸速度亦增加。

3.空气流速

加速空气流速,不仅因热空气所能容纳的水蒸气量将高于冷空气而吸收较多的蒸发水分,还能及时将聚积在食品表面附近的饱和湿空气带走,以免阻止食品内水分进一步蒸发,同时还因和食品表面接触的空气量增加,而显著地加速食品中水分的蒸发。因此,空气流速愈快,食品干燥速度愈迅速。

4.空气湿度

脱水干制时,如用空气作干燥介质,空气愈干燥,食品干燥速度也愈快,近于饱和的湿空气进一步吸收蒸发水分的能力,远比干燥空气差。

5.大气压力和真空

在大气压力为 1 atm 时,水的沸点为 100℃,如大气压力下降,则水的沸点也就下降,气压愈低,沸点也降低,因此在真空室内加热干制时,就可以在较低的温度下进行。

三 、干制技术

肉类脱水干制方法,随着科学技术不断发展,也不断地改进和提高。按照加工的方法和方式,目前已有自然干燥、人工干燥、低温冷冻升华干燥等。按照干制时产品所处的压力和加热源可以分为常压干燥、微波干燥和减压干燥。

1.根据干燥的方式分类

(1)自然干燥　自然干燥法是古老的干燥方法,要求设备简单,费用低,但受自然条件的限制,温度条件很难控制,大规模的生产很少采用,只是在某些产品加工中作为辅助工序采用,如风干香肠的干制等。

(2)烘炒干制　烘炒干制法亦称传导干制。靠间壁的导热将热量传给与壁接触的物料。由于湿物料与加热的介质(载热体)不是直接接触,又称间接加热干燥。传导干燥的热源可以是水蒸气、热力、热空气等。可以在常温下干燥,亦可在真空下进行。加工肉松都采用这种方式。

(3)烘房干燥　烘房干燥法亦称对流热风干燥。直接以高温的热空气为热源,借对流传热将热量传给物料,故称为直接加热干燥。热空气既是热载体又是湿载体。

2.按照干制时产品所处的压力和热源分类

根据干燥时的压力,肉制品干燥方法包括常压干燥和减压干燥,减压干燥包括真空干燥和冻结干燥。

(1)常压干燥　肉制品的常压干燥过程包括恒速干燥和降速干燥两个阶段,而降速干燥阶段又包括第一降速干燥阶段和第二降速干燥阶段。

在恒速干燥阶段,肉块内部水分扩散的速率要大于或等于表面蒸发速度,此时水分的蒸发是在肉块表面进行,蒸发速度是由蒸汽穿过周围空气膜的扩散速率所控制,其干燥速度取决于周围热空气与肉块之间的温度差,而肉块温度可近似认为与热空气温度相同。在恒速干燥阶段将除去肉中绝大部分的游离水。

当肉块中水分的扩散速率不能再使表面水分保持饱和状态时,水分扩散速率便成为干燥速度的控制因素。此时,肉块温度上升,表面开始硬化,进入降速干燥阶段。该阶段又包括两个阶段:水分移动开始稍感困难阶段为第一降速干燥阶段,以后大部分成为胶状水的移动则进入第二降速干燥阶段。

肉品进行常压干燥时,内部水分扩散的速率影响很大。干燥温度过高,恒速干燥阶段缩短,很快进入降速干燥阶段,但干燥速度反而下降。因为在恒速干燥阶段,水分蒸发速度快,肉块的温度较低,不会超过其湿球温度,加热对肉的品质影响较小。但进入降速干燥阶段,表面蒸发速度大于内部水分扩散速率,致使肉块温度升高,极大地影响肉的品质,且表面形成硬膜,使内部水分扩散困难,降低了干燥速率,导致肉块中内部水分含量过高,使肉制品在贮藏期间腐败变质。故确定干燥工艺参数时要加以注意。在干燥初期,水分含量高,可适当提高干燥温度。随着水分减少应及时降低干燥温度。现在有人报道在完成恒速干燥阶段后,采用回潮后再行干燥的工艺效果良好,可有效地克服肉块表面干硬和内部水分过高这一缺陷。

除了干燥温度外,湿度、通风量、肉块的大小、摊铺厚度等都影响干燥速度。

常压干燥时温度较高,且内部水分移动,易与组织酶作用,常导致成品品质变劣,挥发性芳香成分逸失等缺陷。但干燥肉制品特有的风味也在此过程中形成。

（2）减压干燥　食品置于真空中，随真空度的不同，在适当温度下，其所含水分则蒸发或升华。也就是说，只要对真空度作适当调节，即是在常温以下的低温，也可进行干燥。理论上水在真空度为614 Pa以下的真空中，液体的水则成为固体的水，同时自冰直接变成水蒸气而蒸发，即所谓升华。就物理现象而言，采用减压干燥，随真空度的不同，无论是通过水的蒸发还是冰的升华，都可以制得干制品。因此肉品的减压干燥有真空干燥（vaccum dehydration）和冻结干燥（freeze-dry）两种。

①真空干燥　真空干燥是指肉块在未达结冰温度的真空状态（减压）下加速水分的蒸发而进行干燥。真空干燥时，在干燥初期，与常压干燥时相同，存在着水分的内部扩散和表面蒸发。但在整个干燥过程中，则主要为内部扩散与内部蒸发共同进行干燥。因此，与常压干燥相比较，干燥时间缩短，表面硬化现象减小。真空干燥常采用的真空度为533～6 666 Pa，干燥中品温在常温至70℃以下。真空干燥虽使水分在较低温度下蒸发干燥，但因蒸发而芳香成分的逸失及轻微的热变性在所难免。

②冻结干燥　冻结干燥是指将肉块冻结（−40～−30℃）后，在真空状态下（真空度13～133 Pa的干燥室内），使肉块中的水升华而进行干燥，又称为低温升华干燥。这种干燥方法不仅干燥速度快，对肉品色、味、香、形几乎无任何不良影响，是现代最理想的干燥方法。但设备较复杂，投资大，费用高。我国冻结干燥法在干肉制品加工中的应用才起步，相信会得到迅速发展。

（3）微波干燥　用蒸汽、电热、红外线烘干肉制品时，耗能大，易造成外焦内湿现象。利用新型微波能技术则可有效解决以上问题。微波是电磁波的一个频段，频率范围为300～3 000 MHz。微波发生器产生电磁波，形成带有正负极的电场。食品中有大量的带正负电的分子（水、盐、糖），在微波形成的电场作用下，带负电荷的分子向电场的正极运动，而带正电荷的分子向电场负极运动。由于微波形成的电场变化很大，且呈波浪形变化，使分子随着电场的方向变化而产生不同方向的运行。分子间的运动经常产生阻碍、摩擦而产生热量，使肉块得以干燥。而且这种效应在微波一旦接触到肉块时就会在肉块内外同时产生，而无须热传导、辐射、对流，在短时间内即可达到干燥的目的，且使肉块内外受热均匀，表面不易焦煳。但微波干燥有设备投资费用较高，干肉制品的特征性风味和色泽不明显等缺陷。

四、干制肉制品加工

（一）肉干

肉干（dried meat dice）是以畜禽瘦肉为原料，经修割、预煮、切丁（或条、片）、调味、复煮、收汤、干燥制成的熟肉制品。由于原辅料、加工工艺、形状、产地等的不同，肉干的种类很多，但按加工工艺不外乎两种：传统工艺和改进工艺。传统工艺生产肉干，由于经过两次煮制，不仅生产效率低，而且复煮收汁时易造成焦煳，产品质量不易控制，不利于工业的生产。

1. 工艺流程

原料肉选择与修整→切块→腌制→煮制、冷却→切条→脱水→真空包装→成品。

2. 配方

原料肉100 kg，食盐3.00 kg，蔗糖2.0 kg，酱油2.00 kg，黄酒1.50 kg，味精0.2 kg，抗坏血酸钠0.05 kg，亚硝酸钠0.01 kg，五香浸出液9.0 kg，姜汁1.00 kg。

3. 操作要点

(1)原料肉选择与修整　肉干加工一般多用牛肉,但现在也用猪、羊、马等肉。无论选择什么肉,都要求新鲜,一般选用前后腿瘦肉为佳。将原料肉剔去皮、骨、筋腱、脂肪及肌膜后顺着肌纤维切成 1 kg 左右的肉块,用清水浸泡 1 h 左右除去血水、污物,沥干后备用。

(2)切块　剔除脂肪和结缔组织,切成大约 4 cm 的块,每块约重 200 g。

(3)腌制　按配方要求加入辅料,在 4～8℃下腌制 48～56 h。

(4)煮制、冷却、切条　腌制结束后,在 100℃蒸汽下加热 40～60 min 至中心温度 80～85℃,冷却到室温后再切成大约 3 mm 厚的肉条。冷却以在清洁室内摊晾、自然冷却较为常用。必要时可用机械排风,但不宜在冷库中冷却,否则易吸水返潮。

(5)脱水　将肉条铺在竹筛或铁丝网上,放置于三用炉或远红外烘箱烘烤内。前期可控制在 70～80℃,后期可控制在 60～65℃,一般需要 2～3 h 脱水直到肉表面呈褐色,含水量低于 20%,成品的 A_w 低于 0.79(通常为 0.74～0.76)。在烘烤过程中要注意定时翻动。

另外,也可采用其他方法脱水:

①炒干法　肉条在炒锅中文火加温,并不停搅翻,炒至肉块表面微微出现蓬松茸毛时,即可出锅,冷却后即为成品。

②油炸法　将肉条投入 135～150℃的菜油锅中油炸。炸到肉块呈微黄色后,捞出并滤净油即可。

(6)真空包装　将产品用真空包装机包装,成品无须冷藏。包装以复合膜为好,尽量选用阻气、阻湿性能好的材料。最好选用 PET/Al/PE 等膜,但其费用较高;PET/PE,NY/PE 效果次之,但较便宜。

(二)肉脯

1. 肉脯的种类

肉脯(dried meat slice)是指瘦肉经切片(或绞碎)、调味、腌制、摊筛、烘干、烤制等工艺制成的干熟薄片型的肉制品。与肉干加工方法不同的是肉脯不经水煮,直接烘干而制成。同肉干一样,随着原料、辅料、产地等的不同,肉脯的名称及品种不尽相同,但就其加工工艺而言,不外乎传统工艺和新工艺两种。

2. 肉脯传统加工工艺

工艺流程:原料肉选择→预处理→冷冻→切片→解冻→腌制→摊筛→烘烤→烧烤→压平→切片成型→包装。

用传统工艺加工肉脯时,存在着切片、摊筛困难,难以利用小块肉和小畜禽及鱼肉,无法进行机械化生产。

3. 肉脯加工新工艺

(1)工艺流程

原料肉处理→斩拌配料→腌制→抹片→表面处理→烘烤→压平→烧烤→成型→包装。

(2)配方

以鸡肉脯为例:鸡肉 100 kg,$NaNO_3$ 0.05 kg,浅色酱油 5.0 kg,味精 0.2 kg,糖 10 kg,姜粉 0.30 kg,白胡椒粉 0.3 kg,食盐 2.0 kg,白酒 1 kg,维生素 C 0.05 kg。

（3）操作要点

①斩拌、腌制　将原料肉经预处理后，与辅料入斩拌机斩成肉糜。肉糜斩得越细，腌制剂的渗透就越迅速、充分，盐溶性蛋白的溶出量就越多。同时肌纤维蛋白质也越容易充分延伸为纤维状，形成蛋白的高黏度网状结构，其他成分充填于其中而使成品具有韧性和弹性。因此，在一定范围内，肉糜越细，肉脯质地及口感越好。肉糜置于 10℃ 以下腌制 1.5～2.0 h。腌制时间对肉脯色泽无明显影响，而对质地和口感影响很大。这是因为即使不进行腌制，发色过程也可以在烘烤过程中完成。但若腌制时间不足或机械搅拌不充分，肌动球蛋白转变不完全，加热后不能形成网状凝聚体，导致成品口感粗糙，缺乏弹性和柔韧性。

②抹片　竹筛表面涂油后，将腌制好的肉糜涂摊于竹筛上，厚度以 1.5～2.0 mm 为宜。因随涂抹厚度增大，肉脯柔性及弹性降低，且质脆易碎。

③表面处理　在烘烤前用 50％ 的全鸡蛋液涂抹肉脯表面效果很好。

④烘烤　在 70～75℃ 下烘烤 2 h。若烘烤温度过低，不仅费时耗能，且香味不足、色浅、质地松软。若温度超过 75℃，在烘烤过程中肉脯很快卷曲，边缘易焦，质脆易碎，且颜色开始变褐。

⑤压平　在烧烤前进行压平效果较好，因肉脯中水分含量在烧烤前比烧烤后高，易压平；同时烧烤前压平也减少污染。

通过在肉脯表面涂抹蛋白液和压平机压平，可以使肉脯表面平整，增加光泽，防止风味损失和延长货架期。

⑥烧烤　在 120～150℃ 下烧烤 2～5 min。若温度超过 150℃，肉脯表面起泡现象加剧，边缘焦煳、干脆。当烧烤温度高于 120℃ 则能使肉脯具有特殊的烤肉风味，并能改善肉脯的质地和口感。

⑦成型、包装　按要求切片、包装。

（三）肉松

1. 肉松的种类

肉松（dried meat floss）是以畜禽瘦肉为主要原料，经修整、切块、煮制、撇油、调味、收汤、炒松、搓松制成肌肉纤维蓬松成絮状的熟肉制品。随着原料、辅料、产地等的不同，肉松的名称及品种不同，我国传统的肉松有太仓肉松和福建肉松。就其加工工艺而言，肉松类包括绒状肉松（dried pork fibre）和粉状肉松（fried pork fibre）两种。我国传统的肉松有太仓肉松（绒状肉松）和福建肉松（粉状肉松）。下面以太仓肉松为例介绍肉松的加工。

2. 太仓肉松的加工

太仓肉松是江苏省太仓所生产的名特产品，相传创制于 1874 年清同治年间。特点是纤维蓬松、颜色金黄、松软如绒、油净干爽、脂香回甜。

（1）工艺流程

原料肉的选择与预处理→配料→煮制→炒压→炒松→搓松→冷却→包装、贮藏→成品。

（2）操作要点

①原料肉的选择与预处理　一般选择新鲜猪的前后腿肉为原料。去皮、骨、肥膘及结缔组织。结缔组织的剔除一定要彻底，否则加热过程中胶原蛋白水解后，导致成品黏结成团块而不能呈良好的蓬松状。将修整好的原料肉切成 1.0～1.5 kg 的肉块。切块时尽可能避免切断肌纤维，以免成品中短绒过多。另外，切块时要使肌肉纤维的长短均匀一致。用清水冲洗，清除血污。

②配料　猪腿肉 100 kg,酱油 25 kg、白糖 2 kg,茴香 600 g,生姜 1.5 kg,黄酒 2 kg,味精 50 g。

③煮制　将香辛料用纱布包好后和肉一起放入夹层锅内,加与肉等量水,用蒸汽加热常压煮制。煮沸后撇去油沫。煮制结束后起锅前须将油筋和浮油撇净,这对保证产品质量至关重要。若不除去浮油,肉松不易炒干,炒松时易焦锅,成品颜色发黑。煮制的时间和加水量应根据肉质老嫩决定。肉不能煮的过烂,否则成品绒丝短碎。以筷子稍用力夹肉块时,肌肉纤维能分散为宜。煮肉时间 2~3 h。

④炒压(打坯)　肉块煮烂后,改用中火,一边炒一边压碎肉块,炒压肉丝至肌纤维松散时即可进行炒松。此步骤一定要控制火候,否则易糊底。也可将肉煮制后捞出,推开,待冷却后,撕开肉块使之成为纤维状,再放入原汁中边煮过翻动。

⑤炒松　炒松有人工炒和机炒两种。在实际生产中可人工炒和机炒结合使用。当汤汁全部收干后,用小火炒至肉略干,转入炒松机内继续炒至水分含量小于 20%,颜色由灰棕色变为金黄色,具有特殊香味时即可结束炒松。在炒松过程中如有塌底起焦现象,应及时起锅,清洗锅后方可继续炒松。

⑥擦松　为了使炒好的松更加蓬松,可利用滚筒式擦松机擦松,使肌纤维成绒丝松软状。利用振动筛,使肉松与肉粒分开。再将肉松中焦块、肉块、粉粒等拣出,提高成品质量。

⑦冷却、包装贮藏　待肉松冷却后即可进行包装。肉松吸水性很强,不宜散装。短期贮藏可选用复合膜包装,贮藏 3 个月左右;长期贮藏多选用玻璃瓶或马口铁罐,可贮藏 6 个月左右。

第四节　熏烤肉制品

熏烤肉制品(smoked meat products)是指以熏烤为主要加工方法生产的肉制品。其制品分为熏制品和烤制品两类。熏制品是以烟熏为主要加工工艺生产的肉制品;烤制品是以烤制为主要加工工艺生产的肉制品。

一、熏制

熏制是利用燃料没有完全燃烧的烟气对肉品进行烟熏,温度一般控制在 30~60℃,以熏烟来改变产品口味和提高品质的一种加工方法(详见第三章第五节)。

二、烤制

烤制是利用烤炉或烤箱在高温条件下干烤,温度一般为 180~220℃,由于温度较高,使肉品表面产生一种焦化物,从而使制品香脆酥口,有特殊的烤香味,产品已熟制,可直接食用。烤制使用的热源有木炭、无烟煤,红外线电热装置等。

烤制方法分为明烤和暗烤两种。

1. 明烤

把制品放在明火或明炉上烤制称明烤。从使用设备来看,明烤分为三种:

第一种是将原料肉叉在铁叉上,在火炉上反复炙烤,烤匀烤透,烤乳猪就是利用这种方法。

第二种是将原料肉切成薄片状,经过腌渍处理,最后用铁钎穿上,架在火槽上。边烤边翻动,炙烤成熟,烤羊肉串就是用这种方法。

第三种是在盆上架一排铁条,先将铁条烧热,再把经过调好配料的薄肉片倒在铁条上,用木筷翻动搅拌,成熟后取下食用,这是北京著名风味烤肉的做法。

明烤设备简单,火候均匀,温度易于控制,操作方便,着色均匀,成品质量好。但烤制时间较长,需劳力较多,一般适用于烤制少量制品或较小的制品。

2.暗烤

把制品放在封闭的烤炉中,利用炉内高温使其烤熟,称为暗烤。又由于制品要用铁钩钩住原料,挂在炉内烤制,又称挂烤。北京烤鸭、叉烧肉都是采用这种烤法。

暗烤的烤炉最常用的有三种:

第一种是砖砌炉,中间放有一个特制的烤缸(用白泥烧制而成,可耐高温),烤缸有大小之分,一般小的一炉可烤6只烤鸭,大的一次可烤12~15只烤鸭。这种炉的优点是制品风味好,设备投资少,保温性能好,省热源,但不能移动。

第二种是铁桶炉,炉的四周用厚铁皮制成,做成筒状,可移动,但保温效果差,用法与砖砌炉相似,均需人工操作。这两种炉都是用炭作为热源,因此风味较佳。

第三种是红外电热烤炉,比较先进,炉温、烤制时间、旋转方式均可设定控制,操作方便,节省人力,生产效率高,但投资较大,成品风味不如前面两种暗烤炉。

三、熏烤肉制品加工

(一)沟帮子熏鸡

沟帮子是辽宁省的一座集镇,以盛产味道鲜美的熏鸡而闻名北方地区。沟帮子熏鸡已有50多年的历史,很受北方人的欢迎。

1.工艺流程

原料选择→宰杀、整形→投料打沫→煮制→熏制→涂油→冷却→包装→成品。

2.配料

鸡400只,食盐10 kg,白糖2 kg,味精200 g,香油1 kg,胡椒粉50 g,香辣粉50 g,五香粉50 g,丁香150 g,肉桂150 g,砂仁50 g,豆蔻50 g,砂姜50 g,白芷150 g,陈皮150 g,草果150 g,鲜姜250 g。

以上辅料是有老汤情况下的用量,如无老汤,则应将以上的辅料用量增加1倍。

3.操作要点

(1)原料选择　选用一年内的健康活鸡,公鸡优于母鸡,因母鸡脂肪多,成品油腻,影响质量。

(2)宰杀、整形　颈部放血,烫毛后褪净毛,腹下开腔,取出内脏,用清水冲洗并沥干水分。然后用木棍将鸡的两大腿骨打折,用剪刀将膛内胸骨两侧的软骨剪断,最后把鸡腿盘入腹腔,头部拉到左翅下。

(3)投料打沫　先将老汤煮沸,盛起适量沸汤浸泡新添辅料约1 h,然后将辅料与汤液一起倒入沸腾的老汤锅内,继续煮沸约5 min,捞出辅料,并将上面浮起的沫子撇除干净。

(4)煮制　把处理好的白条鸡放入锅内,使汤水浸没鸡体,用大火煮沸后改小火慢煮。煮到半熟时加食盐,一般老鸡要煮制2 h左右,嫩鸡则1 h左右即可出锅。煮制过程勤翻动,出锅前,要始终保持微沸状态,切忌停火捞鸡,这样出锅后鸡躯干爽质量好。

(5)熏制、涂油　出锅后趁热在鸡体上刷一层香油,放在铁丝网上,下面架有铁锅,铁锅内装有白糖与锯末(白糖与锯末的比例为 3∶1),然后点火干烧锅底,使其发烟,盖上盖经 15 min 左右,鸡皮呈红黄色即可出锅。熏好的鸡还要抹上一层香油。

(6)冷却、包装 即为成品。

4.产品特点

成品色泽枣红发亮,肉质细嫩,熏香浓郁,味美爽口,风味独特。

(二)北京烤鸭

北京烤鸭是典型的烤制品,为我国著名特产。北京的"全聚德"烤鸭,创始于 1864 年,清同治三年,以其优异的质量和独特的风味在国内外享有盛誉。

1.工艺流程

原料鸭选择→宰杀、脱毛→充气→净膛→清洗、挂钩→烫坯→挂糖色、凉坯→灌水→烤制→成品。

2.配料

北京鸭 10 只,麦芽糖适量。

3.操作要点

(1)原料鸭选择 选择经过填肥的北京填鸭,以 40 日龄以内、活重 2.5～3 kg 的填鸭最为适宜。

(2)宰杀脱毛 切断三管,放净血,用 70℃热水浸烫鸭体 3～5 min,然后去掉大小绒毛,不能弄破皮肤,剁去双脚和翅尖。

(3)充气 在脱净毛的白条鸭脖子上开一小口,将气管、食管切断,掰开鸭嘴取出鸭舌,从颈部刀口处向鸭体皮下充气,使气体充满鸭体皮下脂肪和结缔组织之间,当鸭身变成丰满膨胀的躯体便可。打气要适当,不能太足,会使皮肤胀破,也不能过少,以免膨胀不佳。充气的目的是使皮肉分离,全身鼓起,利于烤制的美观。

(4)净膛 用用尖刀从鸭右腋下开 3 cm 左右切口,取出全部内脏,要保持鸭体的完整、无破损。然后取一根长约 8 cm 秸秆或细竹,塞进鸭腹,一端卡住胸部脊柱,另一端撑起鸭胸脯,要支撑牢固。目的是使鸭体表面伸展,以保持鸭体外形丰满,烤制时受热均匀,易于食用前片制成型。

(5)清洗、挂钩 支撑后把鸭逐只放入清水池中洗膛,将水先从右腋下刀口灌入体腔,然后从肛门倒出,反复洗几次,同时注意冲洗体表、口腔,把肠的断端从肛门拉出切除并洗净。左手抓住鸭脖,右手持钩,入钩部位在肩部上方 5 cm 处。注意钩正撑直,以利于烤制受热均匀。

(6)烫坯 提起挂鸭的钩,用沸水烫鸭皮,第一勺水先烫刀口处的侧面,防止跑气,再淋烫其他部位,用 3～4 次沸水即可把鸭坯烫好。烫皮的目的是利用热胀冷缩的原理使皮肤光滑绷紧,皮下气体充分膨胀,并使鸭体皮下的蛋白质凝固定型,便于美观、着色和烤制,烤制后鸭皮酥脆。烫皮后须晾干水分。

(7)挂糖色、凉坯 取 1 份麦芽糖或蜜糖与 4 份水混合后备用,和烫皮的方法一样,浇淋鸭体全身,一般浇淋 2 次即可。挂糖色的目的是使鸭体烤制后呈枣红色,外表色泽美观,鸭皮酥脆。挂糖色的鸭坯放于通风阴凉处风干,也可采用机械制冷的方法凉坯。凉坯间室温 15～20℃,待鸭坯表面干透后,再放于 0～-5℃的冷库内放置 48 h,进行冷冻排酸处理,以改善肉质。

(8)灌水 从冷库里取出鸭坯,先用一节长 8～10 cm 带骨结的秸秆塞住肛门,以防灌水后漏水,然后从右腋下刀口注入体腔内沸水至2/3体积。注入烫水的鸭进炉后能急剧汽化,这样里蒸外烤,易于快速成熟,并具有外脆里嫩的特色。

(9)烤制　北京烤鸭的烤制分明炉(挂炉)和焖炉两种。明炉(挂炉)烤制采用明火,以北京全聚德烤鸭为代表;焖炉烤制是不见明火,以北京便宜坊烤鸭为代表,其他方面两者并无太大的区别,一般明炉(挂炉)烤制比较常用。

挂炉长200 cm,炉深160 cm,炉口长80 cm,高90 cm,用耐火砖砌成。炉里侧安放有挂鸭用的金属杆,果材在炉口燃烧,靠炉体的高温将鸭烤熟。炉口下方有一个长40 cm的通气口,利用其开启和闭合控制炉温。

将鸭坯挂入已升温的烤炉内,炉温一般控制为200～230℃。一般鸭坯需烤制30～45 min。烤制时间和温度要根据鸭体大小与肥瘦灵活掌握,一般鸭体大而肥,烤制时间应长些,否则相反。如用砖砌炉或铁桶炉进行烤制,应勤调转鸭体方向,使之烤制均匀。当鸭全身烤至枣红色并熟透,出炉即为成品。

4.产品特点

成品表面呈枣红色,油润发亮,皮脆里嫩,肉质鲜美,香味浓郁,肥而不腻。

(三)广东叉烧肉

广东叉烧肉是广东各地最普遍的烤肉制品,也是群众最喜爱的烧烤制品之一。

1.工艺流程

原料选择与整理→腌制→上铁叉→烤制→上麦芽糖→成品。

2.配料

鲜猪肉50 kg,精盐2 kg,白糖6.5 kg,酱油5 kg,50度白酒2 kg,五香粉250 g,桂皮粉350 g,味精、葱、姜、色素、麦芽糖适量。

3.操作要点

(1)原料选择与整理　叉烧肉一般选用猪腿肉或肋部肉。剔除皮、骨、脂肪等,切成长约40 cm、宽4 cm、厚1.5～2 cm的肉条。将肉条用温水清洗,沥干水备用。

(2)腌制　切好的肉条放入盆内,加入全部辅料并与肉拌匀,将肉不断翻动,使辅料均匀渗入肉内,腌浸1～2 h。

(3)上铁叉　将肉条穿上特制的倒丁字形铁叉(每条铁叉穿8～10条肉),肉条之间须间隔一定空隙,以使制品受热均匀。

(4)烤制　把炉温升至180～220℃,将肉条挂入炉内进行烤制。约烤制35～45 min,制品呈酱红色即可出炉。

(5)上麦芽糖　当叉烧出炉稍冷却后,在其表面刷上一层糖胶状的麦芽糖即为成品。麦芽糖使制品油光发亮,更美观,且增加适量甜味。

4.产品特点

成品色泽为酱红色,光润香滑,肉质美味可口,咸甜适宜。

(四)烤鸡

1.工艺流程

选料→屠宰与整形→腌制→上色→烤制→成品。

2.配料

肉鸡100只(重150～180 kg),食盐9 kg,八角20 g,小茴香20 g,草果30 g,砂仁15 g,豆

蔻 15 g,丁香 3 g,肉桂 90 g,良姜 90 g,陈皮 30 g,白芷 30 g,麦芽糖适量。

3. 操作要点

(1)选料　选用 8 周龄以内,体态丰满,肌肉发达,活重 1.5~1.8 kg,健康的肉鸡为原料。

(2)屠宰与整形　采用颈部放血,60~65℃热水烫毛,褪毛后冲洗干净,腹下开膛取出内脏,斩去鸡爪,两翅按自然屈曲向背部反别。

(3)腌制　采用湿腌法。湿腌料配制方法是:将香料用纱布包好放入锅中,加入清水 90 kg,并放入食盐,煮沸 20~30 min,冷却至室温即可。湿腌料可多次利用,但使用前要添加部分辅料。将鸡逐只放入湿腌料中,上面用重物压住,使鸡淹没在液面下,时间为 3~12 h,气温低时间长些,反之则短,腌好后捞出沥干水分。

(4)上色　用铁钩把鸡体挂起,逐只浸没在烧沸的麦芽糖水[水与糖的比例为(6~8):1]中,浸烫 30 s 左右,取出挂起晾干水分。还可在鸡体腔内装填姜 2~3 片,水发香菇 2 个,然后入炉烤制。

(5)烤制　现多用远红外线烤箱烤制,炉温恒定至 160~180℃,烤 45 min 左右。最后升温至 220℃烤 5~10 min。当鸡体表面呈枣红色时出炉即为成品。

4. 产品特点

成品外观颜色均匀一致呈枣红色或黄红色,有光泽,鸡体完整,肌肉切面紧密,压之无血水,肉质鲜嫩,香味浓郁。

第五节　中式香肠

中式香肠是我国传统肉制品中的一大类,以其独特的风味、品质受到消费者的欢迎。中式香肠是以畜禽等肉为主要原料,经切碎或绞碎后按一定比例加入食盐、酒、白砂糖等辅料拌匀,腌渍后充填入肠衣中,经烘焙或晾晒或风干等工艺制成的生干肠制品。目前,大部分中式香肠的加工已实现的工业化。我国传统的香肠的种类很多,如广式腊肠、哈尔滨风干肠、南京香肚等。香肠加工中由于经过日晒或烘干使水分大部分除去,因此富于储藏性,又因大部分香肠都经过较长时间的晾挂成熟过程,具有浓郁鲜美的风味。

一、广式腊肠

1. 工艺流程

原料肉选择与修整→切丁→拌馅、腌制→灌制→漂洗→晾晒或烘烤→成品。

2. 配料

瘦肉 80 kg,肥肉 20 kg。猪小肠衣 300 m,精盐 2.2 kg,白糖 7.6 kg,白酒(50 度)2.5 kg,白酱油 5 kg,硝酸钠 0.05 kg。

3. 操作要点

(1)原料选择与修整　原料以猪肉为主,要求新鲜。瘦肉以腿肉为最好,肥膘以背部硬膘为好。加工其他肉制品切割下来的碎肉亦可作原料。原料肉经过修整,去掉筋膜、骨头和皮。瘦肉用装有筛孔为 0.4~1.0 cm 的筛板的绞肉机绞碎,肥肉切成 0.6~1.0 cm³ 大小。肥肉丁切好后用温水清洗一次,以除去浮油及杂质,捞起沥干水分待用,肥瘦肉要分别存放。

(2)拌馅与腌制 按选择的配料标准,原料肉和辅料混合均匀。搅拌时可逐渐加入20%左右的冰水,以调节黏度和硬度,最后加入肥膘,搅拌均匀,使肉馅更滑润、致密。在清洁室内放置1~2 h。当瘦肉变为内外一致的鲜红色,用手触摸有坚实感,不绵软,肉馅中汁液渗出,手摸有滑腻感时,即完成腌制,此时加入白酒拌匀,即可灌制。

注意:硝酸盐和亚硝酸盐添加时要注意用量,添加时要用少量的水溶化或与盐、糖等固态辅料混合均匀后再加入肉中。加料前,硝酸盐和亚硝酸盐与维生素C不能混在一起。两种添加方法。一是将糖、盐、硝酸盐和亚硝酸盐、味精等混合均匀,加入肉中,再加入维生素C;二是将糖、盐、维生素C、味精等混合均匀,加入肉中,再加入硝水。

另外,搅拌过程中注意观察肉馅的状态。搅拌不足,肉料混合不均匀,肉块黏结力弱,切片时脂肪易脱落;搅拌过度,黏性太大,影响香肠的灌制速度和脱水,切面不光滑,结构不易致密。因此搅拌机以20 r/min的速度,搅拌5~10 min为宜。

(3)灌制 可以采用胶原蛋白肠衣或天然肠衣(盐渍、干制)。将腌好的肉馅放入灌肠机的料桶中,将处理好的肠衣套在灌嘴上,开动机器进行灌制。使肉馅均匀地灌入肠衣中。要掌握松紧程度,不能过紧或过松。过紧,煮制时易破裂;过松,空气渗入易变质且干制后干扁,影响产品外观。

(4)排气 用排气针扎刺湿肠,排出内部残留的空气。最好采用真空灌肠机进行灌制。

(5)结扎 按品种、规格要求每隔10~20 cm用细线结扎一道。

(6)漂洗 将湿肠用35℃左右的清水漂洗一次,除去表面污物,然后依次分别挂在竹竿上,以便晾晒、烘烤。

(7)晾晒和烘烤 将悬挂好的香肠放在日光下曝晒2~3 d。在日晒过程中,有胀气处应针刺排气。晚间送入烘烤房内烘烤,温度保持在40~60℃。一般经过3昼夜的烘晒即完成,然后再晾挂到通风良好的场所风干10~15 d即为成品。

二、香肚

香肚是用猪肚皮(干、盐渍的膀胱)作肠衣,灌入调制好的肉馅,经过晾晒而制成的一种肠类制品。香肚形似苹果,肥瘦红白分明。外皮虽薄,但弹性很强,不易破裂,便于贮藏和携带。与腊肠加工工艺相近,但要灌装入经处理的膀胱中。

1.工艺流程

浸泡肚皮→选料→拌馅→灌制→晾晒→成品。

2.配料

猪瘦肉80 kg,肥肉20 kg。250 g的肚皮400只,白糖5.5 kg,精盐4~4.5 kg,香料粉25 g(香料粉用花椒100份、大茴香5份、桂皮5份,焙炒成黄色,粉碎过筛而成)。

3.操作要点

(1)浸泡肚皮 不论干制肚皮还是盐渍肚皮都要进行浸泡。一般要浸泡3 h乃至几天不等。每万只膀胱用明矾末0.375 kg。先干搓,再放入清水中搓洗2~3次,里外层要翻洗,洗净后沥干备用。

(2)选料 选用新鲜猪肉,取其前、后腿瘦肉,切成筷子粗细、长约3.5 cm的细肉条,肥肉切成丁块。

（3）拌馅　先按比例将香料加入盐中拌匀，加入肉条和肥丁，混合后加糖，充分拌和，放置 15 min 左右，待盐、糖充分溶解后即行灌制。

（4）灌制　根据膀胱大小，将肉馅称量灌入，大膀胱灌馅 250 g，小膀胱灌馅 175 g。灌完后针刺放气，然后用手握住膀胱上部，在案板上边揉边转，直至香肚肉料呈苹果状，再用麻绳扎紧。

（5）晾晒　将灌好的香肚，吊挂在阳光下晾晒，冬季晒 3～4 d，春季晒 2～3 d，晒至表皮干燥，肚皮呈半透明，瘦肉与脂肪的颜色鲜明为止。然后转移到通风干燥室内晾挂，1 个月左右即为成品。

三、肠衣的加工

肠衣（casting）是灌肠制品的特殊包装物，主要分为两大类，即天然肠衣和人造肠衣。

（一）肠衣的种类

1. 天然肠衣

即猪、牛、羊的大肠、小肠、盲肠、食管（牛）和膀胱等。主要是由牛、羊、猪等动物的大肠、小肠、盲肠和膀胱等而成。

天然肠衣的特点是具有良好的韧性和坚实度，弹性好，透气性好，适当干燥后，可进行烟熏，并可直接食用。但规格和形状不整齐，厚薄不均匀，数量有限等。

天然肠衣因加工方法不同，分干制肠衣和盐渍肠衣两类。

2. 人造肠衣

人造肠衣使用方便，安全卫生，标准规格，填充量固定，易印刷，价格便宜，损耗少。人造肠衣使用中对于产品加工成型、保质风味、延长产品的保存期、减少蒸发干耗等方法有明显的优点。

人造肠衣一般可分为四类：胶原蛋白肠衣、纤维素肠衣、塑料肠衣和玻璃纸肠衣。

（1）胶原蛋白肠衣（collagen casing）　是经猪、牛真皮层的胶原蛋白纤维为原料，在碱液中挤压成型制成的管状肠衣。

胶原蛋白肠衣的优点：

①口感好、可直接食用，透明度好，制作工艺简单。

②高度透气和透湿性。在烟熏或蒸煮过程中允许气体水分透入同时不会导致内容物流失。由于其特殊结构，能充分吸入烟熏香料至香肠内且完好保存其香味（在保质期内）。

③热稳定性。蛋白肠衣能在冷却和储存期间始终保持产品尺寸一致，不会有空间气泡出现，从而保证产品质量。

④弹性好。胶原蛋白肠衣有一定的弹性。

⑤美观性。胶原蛋白肠衣的自然收缩能确保香肠表面平滑美观，在灌肠期间能保持产品外形尺寸整齐美观。

胶原蛋白肠衣是适用于灌制脆脆肠、热狗肠、台湾烤肠、火腿肠、早餐肠、风干肠等的可食用的肠衣，可以替代动物肠衣。现有厂家把胶原蛋白设计成套索型，可直接打开使用方便。

胶原蛋白肠衣使用中要注意以下几点：肠衣应存放在塑料袋等密闭包装中，如果暴露过久,会造成肠衣霉变、发干;扭结过紧,会造成断裂;灌装管不直,与扭结器不同心,会造成肠衣破裂;肠衣内径同灌装管需匹配,一般用灌装管径小于肠衣内径 1~2 mm,这样在灌装过程中才能顺利自动向前推进;有些肠衣相对较薄,但口感会很好,可是灌装中速度不宜过快,防止断裂;注意灌装时饱满度要适宜,不可灌得过满;使用时可用 30℃温水浸泡 2~5 min 回软;保存最好避光,室温控制在 25℃左右,空气相对湿度为 65%~75%,冬季保存时离暖气设备不少于 1 m 的距离。一般保存期为 2~3 年。

用于香肠加工的胶原蛋白肠衣应符合 GB 14967—1994《胶原蛋白肠衣卫生标准》。

(2)纤维素肠衣(cellulose casing)　用天然纤维如棉绒、木屑、亚麻和其他植物纤维挤压而成的肠衣。这类肠衣有透气性但不可食用,具有高度抗拉伸和抗破裂性质,充填方便。根据纤维素肠衣的加工技术不同,分为小直径肠衣和大直径肠衣两种。可以连续灌装并打卡,提高劳动效率,节约劳动力。

目前市场上用销售的纤维素肠衣有焦糖色型和条纹型。焦糖色型的可以在不改变产品风味和结构情况下,给予产品表皮从金黄色到深褐色不同深度的颜色,从而减少或不用烟熏上色过程;条纹型的在透明肠衣上印有条纹,可以用来区分不同产品,使加工中减少失误。

(3)塑料肠衣(plastic casing)　用聚偏二氯乙烯(PVDC)、聚乙烯(PE)、聚丙烯(PP)等制成的肠衣。品种样式较多,因不透气,只能蒸煮,不能烟熏,也不能食用。特点是有光泽,柔软性好,强韧、无味、无臭,容易印刷上商标和规格,在高温(121℃以内)和低温下仍有很好的韧性,所以在肉品加工业发达国家已被广泛使用。

(4)玻璃纸肠衣(glassing casing)　是以再生胶质纤维素薄膜制成的片状或筒状肠衣。玻璃纸肠衣物美价廉,纸质柔软有弹性,但使用不当易破裂。

(二)天然肠衣的加工

1.取肠

猪宰后,先从大肠与小肠的连接处割断,随即一只手抓住小肠,另一只手抓住肠网油,轻轻地拉扯,使肠与油层分开,直到胃幽门处割下。

2.捋肠

将小肠内的粪便尽量捋尽,然后灌水冲洗,此肠称为原肠。

3.浸泡

从肠大头灌入少量清水,浸泡在清水木桶或缸内。一般夏天 2~6 h,冬天 12~24 h。冬天的水温过低,应用温水进行调节提高水温。要求浸泡的用水要清洁,不能含有矾、硝、碱等物质。将肠泡软,易于刮制,又不损害肠衣品质。

4.刮肠

把浸泡好的肠放在平整光滑的木板(刮板)上,逐根刮制。刮制时,一手捏牢小肠,一手持刮刀,慢慢地刮,持刀需平稳,用力应均匀。既要刮净,又不损伤肠衣。

5.盐腌

每把肠(91.5 m)的用盐量为 0.7~0.9 kg。要轻轻涂擦,到处擦到,力求均匀。一次腌足。腌好后的肠衣再打好结,放在竹筛上,盖上白布,沥干生水。夏天沥水 24 h,冬天沥水 2 d.沥干水后将多余盐抖下,无盐处再用盐补上。

6.浸漂折把

将半成品肠衣放入水中浸泡、折把、洗涤、反复换水。浸漂时间夏季不超过 2 h,冬季可适当延长。漂至肠衣散开、无血色、洁白即可。

7.灌水分路

将漂洗净的肠衣放在灌水台上灌水分路。肠衣灌水后,两手紧握肠衣,双手持肠距离30～40 cm,中间以肠自然弯曲成弓形,对准分路卡,测量肠衣口径的大小,满卡而不碰卡为本路肠衣。测量时要勤抄水,多上卡,不得偏斜测量。盐渍猪小肠衣分路标准见表4-1。

表 4-1　猪肠衣分路标准

路分	1	2	3	4	5	6	7
口径/mm	24～26	26～28	28～30	30～32	32～34	34～36	36 以上

8.配码

将同一路的肠衣,在配码台上进行量码和搭配。在量码时先将短的理出,然后将长的倒在槽头,肠衣的节头合在一起,以两手拉着肠衣在量码尺上比量尺寸。量好的肠衣配成把。配把要求:要求每把长 91.5 m,节头不超过 18 节,每节不短于 1.37 m。

9.盐腌

每把肠衣用精盐(又称肠盐)1 kg。腌时将肠衣的结拆散,然后均匀上盐,再重新打好把结,置于筛盘中,放置 2～3 d,沥去水分。

10.扎把

将肠衣从筛内取出,一根根理开,去其经衣,然后扎成大把。

11.装桶包装

扎成把的肠衣,装在木制的"腰鼓形"的木桶内,桶内用塑料袋再衬白布袋,将肠衣在白布袋里由桶底逐层整齐地排列,每一层压实,撒上一层精盐。每桶 150 把,装足后注入清洁热盐卤 24 波美度。最后加盖密封,并注明肠衣种类、口径、把数、长度、生产日期等。

12.贮藏

肠衣装在木桶内,木桶应横放贮藏,每周滚动一次,使桶内卤水活动,防止肠衣变质。贮藏的仓库须清洁卫生、通风。温度要求在 0～10℃,相对湿度 85%～90%。还要经常检查和防止漏卤等。

复习思考题

1.简述腌腊肉制品的种类及特点。

2.试述酱卤制品的种类及其特点。

3.酱卤制品加工中的关键技术是什么?

4.调味有哪些方法?

5.简述道口烧鸡加工的工艺及操作要点。

6.简述酱牛肉加工的工艺及操作要点。

7.试述干制的方法及原理。

8.肉干、肉松和肉脯在加工工艺上有何显著不同？

9.试述烟熏的目的。

10.简述熏烟的成分及其作用。

11.烟熏的方法有哪些？

12.烧烤的方法有哪几种？各有何特点？

13.简述熏鸡加工工艺流程及操作要点。

第五章

西式肉制品加工

【目标要求】

1. 了解西式肉制品的种类及产品特点；

2. 了解并掌握西式肉制品的加工工艺流程及操作要点；

3. 掌握西式肉制品的配方原理和配方计算方法；

4. 了解并掌握西式肉制品的品质控制措施。

西式肉制品按其加工方法可分为灌肠（如蒸煮肠、火腿肠、发酵肠）、火腿（如盐水火腿、熏制火腿）和培根三大类。西式肉制品生产设备有盐水注射机、滚揉机、斩拌机、灌装机、烟熏蒸煮设备以及各种肉品包装设备等，这些设备自动化程度高，操作方便，适合大规模自动化生产。

第一节　西式灌肠

西式灌肠是以畜禽肉为原料，经腌制（或不腌制）、斩拌或绞碎而使肉成为块状、丁状或肉糜状态，再配上其他辅料，经搅拌或滚揉后而灌入天然肠衣或人造肠衣内经烘烤、熟制和熏烟等工艺而制成的熟制灌肠制品或不经腌制和熟制而加工的需冷藏的生鲜肠。其具体名称多与产地有关，如意大利肠、法兰克福肠、维也纳肠、波兰肠、哈尔滨红肠等。

一、西式灌肠的种类

灌肠制品是世界上产量最高、品种最多的肉制品（表5-1）。

按制作情况，分非加热制品和加热制品；

按生熟情况，分生香肠（鲜香肠）和熟香肠；

按烟熏情况，分烟熏肠和非烟熏肠；

按发酵情况，分发酵肠和不发酵肠；

按脱水程度，分干香肠（失水$>30\%$，$A_w \leqslant 0.90$）、半干香肠（失水$>20\%$，$A_w = 0.93$）、非干香肠（失水$>10\%$）；

按原料肉切碎的程度，可分为绞肉型和肉糜型肠；

按原料肉腌制程度,可分为鲜肉型和腌肉型肠;

按添加填充料,可分为纯肉和非纯肉肠;

按所用原料肉,可分为猪肉肠、牛肉肠、兔肉肠、混合肉肠等。

表 5-1　灌肠制品及特征

名称	主要特征
生鲜肠	用新鲜肉,不腌制,原料肉切碎后加入调味料,搅拌均匀后灌入肠衣内,冷冻贮藏,食用时熟制
烟熏生肠	用腌制或不腌制的原料肉,切碎,加入调味料后搅拌均匀灌入肠衣,经烟熏,而不熟制,食用前熟制即可
熟肠	用腌制或不腌制的肉类,绞碎或斩拌,加入调味料后,搅拌均匀灌入肠衣,熟制而成
烟熏熟肠	经腌制,绞碎或斩拌,加入调味料后灌入肠衣内烘烤,熟制后熏烟而成
发酵肠	肉经腌制、绞碎,加入调料后灌入肠衣内,可烟熏或不烟熏,然后干燥,发酵,除去大部分的水分
特殊制品	是用一些特殊原料(肉皮,麦片,肝,淀粉等),经搅拌,加入调料后制成的产品
混合制品	以畜肉为主要原料,再加上鱼肉、禽肉或其他动物肉等制成的产品

灌肠传入中国有近百年的历史。灌肠可以提高原料的利用率和产品得率,而且食用方便,营养丰富,便于携带和运输,是非常受欢迎的肉类制品。一方面生鲜肠在我国加工很少,另一方面是其加工工艺与熟制肠基本上相同,故未作专门介绍。因此,本节所涉及的内容实际上仅是熟制灌肠制品。

二、中式香肠与西式灌肠加工的主要区别

中式香肠与西式灌肠加工的主要区别见表 5-2。

表 5-2　国内外灌制品加工的主要区别

项目	中式香肠	西式灌肠
原料肉	以猪肉为主	除了猪肉以外,可用猪肉与其他肉混合(牛肉)
原料肉的处理	瘦肉、肥肉都切成丁	瘦肉成馅、肥肉成丁或瘦、肥肉都要成肉馅
调味料	加酱油,不加淀粉	加淀粉不加酱油,玉果、胡椒、洋葱及大蒜
日晒熏烟	长时间日晒、挂晾	烘烤、烟熏
包装容器	猪、羊的小肠进行灌制,体积小	牛盲肠或猪、牛的大肠进行灌制,体积大
含水量	≤20% 可长期保存	40% 保藏性差

三、西式灌肠的加工

1. 工艺流程

原料肉选择和修整→低温腌制→绞肉或斩拌→配料、搅拌制馅→灌制或填充→烘烤→蒸煮→熏制→冷却、质量检查→包装、贮藏。

2. 操作要点

(1)原料肉的选择与修整　选择兽医卫生检验合格、质量良好的新鲜猪臀腿部位的肉。有时为了提高肉馅的黏着力和保水性,使肉馅色泽美观,增加弹性,可加入一定数量的牛肉。肥

肉只能用猪的脂肪。瘦肉要除去骨、筋腱、肌膜、淋巴、血管、病变及损伤部位。

（2）腌制　将选好的瘦肉切成一定大小的肉块，按比例添加配好的混合盐进行腌制。混合盐中通常盐占原料肉重的 1.6%～1.8%，亚硝酸钠占 0.010%～0.015%，抗坏血酸占 0.03%～0.05%，复合磷酸盐为 0.4%。肥膘切成肥膘丁或肥膘颗粒，加入 1.8% 的食盐。腌制温度一般在 10℃ 以下，最好是 4℃ 左右，腌制 1～3 d。

腌制好的肉可用绞肉机绞碎或用作斩拌机斩拌。

（3）绞肉（grind）　如果生产肉粒型的灌肠，需要使用绞肉机。

绞肉是将原料肉通过绞肉机进行破碎的过程。在进行绞肉操作之前，检查金属筛板和刀刃部是否吻合。检查结束后，要清洗绞肉机。在用绞肉机绞肉时，肉温应不高于 10℃。通过绞肉工序，原料肉被绞成颗粒状的肉馅。绞肉机的筛板有不同规格的孔眼，可根据不同产品进行选用。绞肉时注意：使用绞肉机前一定要摆放平稳；操作期间不得将手接近进肉口，手与进肉口的距离应保持 15 cm 以上。机器运转时决不允许用手或其他工具伸向进肉筒内，以免绞伤手。

（4）斩拌（chopping）　如果生产肉糜型的灌肠（乳化肠），需要使用斩拌机。斩拌是用斩拌机对肉（含各种辅料）进行细切和乳化的过程。斩拌机兼有斩拌、搅拌、乳化等功能。如是真空斩拌机，在真空下工作，具有卫生条件好，盐溶性蛋白溶出多，防止脂肪氧化，而且物料温度升高少，产品质量好的优点（详见第三章第三节）。

（5）搅拌、制馅　经斩拌的肉馅可直接转入灌肠机，进行灌制。不经斩拌的肉馅需要加入到搅拌机内完成制馅。搅拌的目的是使原料肉辅料充分混匀和结合；肉馅通过机械的搅拌达到最佳乳化效果。未经斩拌的原料，通过搅拌可起到乳化效果，达到有弹性目的。搅拌肉使用脂肪，也要先使瘦肉产生足够的黏性后，再添加脂肪。

搅拌时各种原辅料的添加顺序与斩拌相同，温度同样控制在 15℃ 以下，各种辅料添加时应均匀撒在叶片的中央部位。

搅拌注意的问题：搅拌要根据肉块的大小和要达到的目的不同，合理地调整转速和时间；搅拌时因机械的作用，肉馅的温度上升很快，应采取措施降低温度，并控制在 15℃ 以下。

搅拌机有真空搅拌机和非真空搅拌机。真空搅拌机能有效地控制气泡的产生，在采用真空搅拌机时，应保持适当真空度下进行搅拌。

（6）灌制与填充　将斩拌好的肉馅，移入灌肠机内进行灌制和填充。灌制时必须掌握松紧均匀。过松易使空气渗入而变质；过紧则在煮制时可能发生破损。如不是真空连续灌肠机灌制，应及时针刺放气。

灌好的湿肠按要求打结后，悬挂在烘烤架上，用清水冲去表面的油污，然后送入烘烤房进行烘烤。

（7）烘烤　烘烤的作用是使肉馅的水分再蒸发掉一部分，使肠衣干燥，紧贴肉馅，并和肉馅黏合在一起，防止或减少蒸煮时肠衣的破裂。另外，烘干的肠衣容易着色，且色调均匀。烘烤温度 65～70℃，维持 40～50 min，使肠的中心温度达 55～65℃。烘好的灌肠表面干燥光滑，无油流，肠衣半透明，肉色红润。目前采用的有木柴明火、煤气、蒸汽或远红外线等烘烤方法。其中蒸汽炉烘烤被广泛采用。

（8）蒸煮　有水煮和汽蒸两种方法。

水煮时，先将水加热到 90～95℃，把烘烤后的肠下锅，保持水温 80～85℃。当肉馅中心温度达到 70～72℃时为止。感官鉴定方法是用手轻捏肠体,挺直有弹性,肉馅切面平滑光泽者表示煮熟。反之则未熟。

　　蒸煮时,肠中心温度达到 72～75℃时即可。例如肠直径 70 mm 时,则需要蒸煮 70 min。

　　(9)烟熏　烟熏可促进肠表面干燥有光泽;形成特殊的烟熏色泽(茶褐色);增强肠的韧性;使产品具有特殊的烟熏芳香味;提高防腐能力和耐贮藏性。一般用三用炉烟熏,温度控制在 50～70℃,时间 2～6 h。

　　(10)冷却、质量检查、包装　熏制完成的灌肠推入晾制间,室温 15～18℃,30～40 min。然后进行人工剪结后,经修整后进行包装。

四、其他熟制灌肠的加工

1.大红肠

大红肠又名茶肠,是欧洲人喝茶时用的肉食品。

　　(1)配方　牛肉 45 kg,玉果粉 125 g,猪肥膘 5 kg,猪精肉 40 kg,白胡椒粉 200 g,硝石 50 g,鸡蛋 10 kg,大蒜头 200 g,淀粉 5 kg,精盐 3.5 kg,牛肠衣口径 60～70 mm,每根长 45 cm。

　　(2)工艺流程　原料修整→腌制→绞碎→斩拌→搅拌→灌制→烘烤→蒸煮→成品。

烘烤温度 70～80℃,时间 45 min 左右。水煮温度 90℃,时间 1.5 h。不熏烟。

　　(3)成品　成品外表呈红色,肉馅呈均匀一致的粉红色,肠衣无破损,无异斑,鲜嫩可口,得率为 120%。

2.小红肠

小红肠又名维也纳香肠,味道鲜美,风行全球。将小红肠夹在面包中就是著名的快餐食品,因其形状像夏天时狗吐出来的舌头,故得名热狗(hot dog)。

　　(1)配方　牛肉 55 kg,精盐 3.50 kg,淀粉 5 kg,猪精肉 20 kg,胡椒粉 0.19 kg,硝石 50 g,猪奶脯肥肉 25 kg,玉果粉 0.13 kg。肠衣用 18～20 mm 的羊小肠衣,每根长 12～14 cm。

　　(2)工艺流程

原料肉修整→绞碎斩拌→配料→灌制→烘烤→蒸煮→熏烟或不熏烟→冷却→成品。

烘烤温度 70～80℃,时间 45 min;蒸煮温度 90℃,时间 10 min。

　　(3)成品　外观色红有光泽,肉质呈粉红色,肉质细嫩有弹性,成品率为 115%～120%。

五、高温火腿肠加工

火腿肠最先起源于日本和欧美,是深受广大消费者欢迎的一种肉类食品,是以鲜、冻畜肉、禽肉、鱼肉为主要原料,辅以填充剂(淀粉、植物蛋白粉等),然后再加入调味品(食盐、糖、酒、味精等)、香辛料(葱、姜、蒜、豆蔻、砂仁、大料、胡椒等)、品质改良剂(卡拉胶、维生素 C 等)、护色剂、保水剂、防腐剂等物质,经腌制、斩拌(或乳化)、灌入塑料肠衣,经高温蒸煮杀菌等加工工艺制成的肉类灌肠制品。其特点是肉质细腻、鲜嫩爽口、携带方便、食用简单、保质期长。

1.工艺流程

原料肉选择→解冻→绞碎→腌制→斩拌→灌肠→蒸煮杀菌→冷却→成品检验→贮藏。

2.操作要点

　　(1)原料肉选择　原料肉应是来自健康牲畜,经兽医检验合格的,质量良好且鲜、冻肉都可用来生产。

(2)解冻　原料肉的解冻的原则:尽可能恢复新鲜肉的状态;尽可能减少汁液流失;尽可能减少污染;适合于工厂化生产(时间短、解冻量大)。原料肉解冻方法:空气解冻(也叫自然解冻);水解冻;真空解冻;微波解冻。因后两种方法目前不适合工厂化生产,前两种解冻方法较常用。

(3)绞碎　解冻后的原料肉要先去除筋、腱、碎骨与污物,用切肉机或刀切成 5~7 cm 宽的长条后,放入绞肉机中绞碎。目的是使肉的组织结构达到一定程度的破坏,以重新组成某种结构的肠制品。绞肉时,应特别注意控制好肉温不高于 10℃,否则肉馅的持水力、黏结力就会下降,对制品质量产生不良影响。为了控制好肉温,绞肉前要先将原料肉和脂肪切碎,然后分别将它们的温度控制在 3~5℃。同时,绞肉时不要超量填肉,特别是在绞脂肪时,每次的投放量要少一些。绞碎后,要求肉粒直径为 6 mm。

(4)腌制　经绞碎的肉放入搅拌机中,同时加入食盐(2%)、亚硝酸钠(30 mg/kg)、复合磷酸盐(0.1%)、异抗坏血酸钠(0.04%)、各种香辛料和调味料等。搅拌 5~10 min,混合均匀。搅拌的关键是控制肉温不超过 10℃,搅拌完毕,将肉糜放入腌制桶或池中,装至八成满排净表面气泡,上面盖上胶纸或塑料,放入腌制间进行腌制。

腌制间温度为 0~4℃,湿度是 85%~90%,腌制 24 h。腌制好的肉颜色鲜红,且色调均匀,变得富有弹性和黏性,同时提高了制品的持水性。

腌制工艺的目的是通过食盐溶解抽提出肌肉中的肌球蛋白和肌动球蛋白。肉糜中肌球蛋白的含量是影响肉制品持水性和黏结性的主要因素。因为腌制工艺中溶出的大量肌球蛋白,在后续的蒸煮工艺中加热凝固,凝胶化的蛋白质分子相互连接,形成网状结构,水在其中被包住,使肉制品表现为良好的持水性和黏结性。要较好地溶出肉中肌球蛋白和肌动球蛋白,必须维持一定的食盐浓度,一般为 3%~5%,但出于口感和健康的原因考虑,食盐含量要控制在 2% 以下,会对肉制品的保水性及黏结性产生了一定的影响,因此要在制品中添加磷酸盐作保水剂和黏结剂。腌制中添加的亚硝酸钠主要起发色作用,异抗坏血酸钠起发色助剂作用。

另外,由于肌球蛋白的热稳定性较差,因此在蒸煮工艺的前续加工中,应尽量控制温度(一般小于 10℃),否则会引起肌球蛋白发生变性,肉制品就不具有很好的黏结性和保水性。

(5)斩拌　斩切、拌和。是通过斩拌机来完成的,在肉糜类(肠类)产品加工中,斩拌起着极为重要的作用,斩拌得好坏直接决定制品的质量。斩拌前先用冰水将斩拌机降温至 10℃ 左右。然后投放肉馅到斩拌机斩拌 1 min,接着加入片冰机生产的冰片(约 20%)、糖及胡椒粉,斩拌 2~5 min 后加入玉米淀粉(约 8%)和大豆分离蛋白(5%),再斩拌 2~5 min 结束。斩拌时应先慢速混合,再高速乳化,斩拌温度控制在 10℃ 左右。斩拌时间一般为 5~8 min,经斩拌后的肉馅应色泽乳白、黏性好、油光好。填充剂玉米淀粉具有黏着和持水作用。大豆分离蛋白除了可以增加火腿肠的蛋白质含量外,还具有强烈的乳化性、保水性、保油性、黏着性和胶凝性等功能。

另外,斩拌时各种辅料的添加要均匀地撒在料盘的周围,以达到拌和均匀的目的。

(6)灌肠　灌肠是将斩拌好的肉馅灌入事先准备好的肠衣中,灌制时按重量计。采用连续真空灌肠机,使用前,灌肠机的料斗用冰水降温。倒入第一锅时,排出机中空气。灌肠后用自动打卡机结扎,使用的是聚偏二氯乙烯(PVCD)材料肠衣。灌制的肉馅要紧密而无间隙,防止装得过紧或过松,胀度要适中,以两手指压肠子两边能相碰为宜。

(7)蒸煮杀菌　灌制好的肠子 30 min 内要蒸煮杀菌,否则须加冰块降温。经蒸煮杀菌的火腿肠,不但产生特有的香味、风味,稳定了肉色,使肉黏着、凝固,而且还消灭了细菌,杀死了病原菌,提高制品的保存性。

蒸煮杀菌工序操作规程分三个阶段:升温、恒温、降温。将检查过完好无损的火腿肠放入杀菌篮中,每篮分隔成五层,每层不能充满,应留一定间隙(以能放入一个手掌为宜),然后把杀菌篮推入卧式杀菌锅中,封盖。将热水池中约 70℃ 的水泵到杀菌锅中至锅满为止,打开进气阀,利用高温蒸汽加热升温,在这一过程中,锅内压力不能超过 0.3 MPa,温度升到杀菌温度时开始恒温,此时压力应保持在 0.25~0.26 MPa。杀菌完毕后,应尽快降温,在约 20 min 内由杀菌温度降至 40℃,降温时,杀菌锅的进水管入冷水,排水管出热水(热水排至热水池中,作为下一次蒸煮杀菌时用水)。通过控制进出水各自的流量,使形成的水压与火腿肠内压力相当(约 0.22 MPa)。冷却时,既要使火腿肠迅速降温,又要不致因降温过快而使火腿肠由于内外压力不平衡而胀破。降温到 40℃ 时,打开热水阀将部分 40℃ 热水排出,然后喷淋自来水至水温为 33~35℃,关掉自来水阀继续彻底排掉锅内的水,关掉排水阀,开自来水进水阀,供水至锅体上温度计旁的出水口有水出为止,关掉进水阀,静置 10 min,排水,结果整个冷却过程。一般情况下,从热水进锅升温开始到冷却结束,约耗时 1.5 h。

杀菌温度和恒温时间,依灌肠的种类和规格不同而有所区别。如:45 g、60 g、75 g 重的火腿肠 120℃ 恒温 20 min;135 g、200 g 重的火腿肠 120℃ 恒温 30 min;40 g、60 g、70 g 重的鸡肉肠 115℃ 恒温 30 min;135 g、200 g 重的鸡肉肠 115℃ 恒温 40 min。

(8)冷却、成品　杀菌处理后的火腿肠,经充分冷却,贴标签后,按出产日期和品种规格装箱,即为成品。

3. 常见质量问题

高温火腿肠属于高温肉制品,保质期长。影响火腿肠质量的因素有两个方面:一是火腿肠在生产过程中的每道加工工序是否按照加工工艺的具体要求严格执行;二是在生产过程中是否严格控制微生物的污染问题。由于其生产环节、工序较多,如某个环节或工序达不到要求,尤其是关键环节和关键工序不符合要求时,很容易出现一些质量问题。所在在火腿肠生产过程中不仅要保证工艺要求,还要保持车间环境卫生和工人个人卫生。

(1)胀袋　火腿肠发酵产酸产气,肠衣和肠体之间充满酸臭气体即引起胀袋。引起胀袋的细菌主要是梭状芽孢杆菌。

①原料肉严重不合格　原料肉在贮运、修割过程中受到二次污染,或是在解冻过程中,肉温控制不当使微生物生长繁殖。

②生产过程中污染　因生产间人员和用具、地面、墙壁、生产机械设备等没按卫生要求消毒,或对消毒对象所用的药物、浓度、消毒时间等方面不适宜,不能及时有效地杀死微生物繁殖体和芽孢体。

③生产车间温度过高　生产间温度要求不能超过 15℃,如果达到 15℃ 或更高,特别是高温炎热季节会加速微生物繁殖。

④薄膜热合不良。

⑤肠体两端结扎不紧或两端有肉糜残留物。

⑥杀菌温度和时间控制不当。

⑦产品储存、运输、销售在炎热高温的季节。

（2）氧化、褪色　火腿肠产品氧化是因肠衣薄膜透氧率过大引起。透氧率应在 15％ 为好。火腿肠褪色的原因有氧化、光照、腌制不足及色素使用不合理等。

①氧化褐色　包括脂肪氧化褪色、肌红蛋白氧化褪色和色素氧化褪色。可通过抽真空、添加抗氧化剂（如添加异维生素 C、维生素 E、茶多酚等）的方法解决。

②光照氧化　光照引起肌红蛋白褪色和色素褪色。主要原因是光分解，所以火腿肠要避光存放或采用不透光包装，选用好的发色剂和色素。

③腌制不足　没有严格执行生产工艺，肉没有腌制成熟，发色不好。腌制成熟的肉块用刀切开，若整个切面色泽一致，呈玫瑰红色，指压弹性均相等，说明已腌好；若中心仍呈青褐色，俗成黑心，说明没有腌好。

④色素使用不合理　对各种色素的特性不了解，如红曲红色素耐酸耐碱但是不耐光。另外，单一的使用一种色素是很难达到理想的色泽的，在复配的时候，一定要考虑到各种色素的性质和特点，合理复配。

（3）出油、出水　火腿肠肠体有油珠流出，或折弯时有油珠流出，肠衣上有渗出的斑点，或整个肠衣渗油，手摸有滑腻感。出油往往也伴随着出水。由于肠体的表面出油、出水也就同时导致了肠体脱皮。时间长的有脂肪氧化味。原因是：原料肉解冻不足，水分含量高；猪脂肪含不饱和脂肪酸多，斩拌或滚揉时间长，温度容易升高，脂肪细胞破坏也多，油脂游离出来也多；加工过程的斩拌工序及加工环境温度控制不好；杀菌工序中，升温时间长、保温时间长也会导致产品的出油、出水等。控制方法：

①原料肉　首先要求原料肉新鲜，解冻质量要求控制得当。

②调整配方和选择合适的辅料。

③控制好生产环境温度、斩拌工艺参数。

④制定合理的杀菌公式。

（4）肠体弹性差，切面不紧密，有蜂窝状　首先是原料肉的质量，由于原料肉经溶化后温度可能超过 10℃，此时加工处理就会影响肉的黏着力，这种肉肉质松软，持水性差，肠体弹性差。其次，添加淀粉的质量和数量也会影响肠体肉质的黏着力，选用优质淀粉并控制适当添加量可有效地提高肠体的弹性。另外一些产气菌在适当条件下繁殖产气，导致肠体出现蜂窝状。四是肠体在 60℃ 以下较低温度干燥时间太长，造成脂肪溶出或灌肠时灌装太松都会造成组织切面不紧密。

第二节　西式火腿

西式火腿（western pork ham）一般由猪肉加工而成，因与我国传统火腿的形状、加工工艺、风味等有很大不同，习惯上称其为西式火腿，包括带骨火腿（regular ham）、去骨火腿（boneless boiled ham）、熏煮火腿（smoked and cooked ham）以及压缩火腿（pressed ham）等。

西式火腿中除带骨火腿为半成品，在食用前需熟制外，其他种类的火腿均为可直接食用的熟制品。由于选料精良，加工工艺科学合理，采用低温巴氏杀菌，故可保持原料肉的鲜香味，其产品色泽鲜艳，肉质细嫩，口味鲜美，出品率高，且适于规模机械化生产，产品标准化程度高。

一、熏煮火腿

熏煮火腿是以大块猪腿肉为主要加工原料，经过整形修割盐水注射腌制、嫩化、滚揉、充填，再经熟制、烟熏(或不烟熏)、冷却等工艺而制成的一种包装熟肉制品。该产品以其鲜美可口，脆嫩清香，营养丰富，食用方便等深受消费者的青睐。

1. 工艺流程

原料肉的选择→修整→盐水配制→注射腌制→嫩化→滚揉→填充、成型→蒸煮→冷却→入库。

2. 操作要点及质量控制

(1) 原料肉的选择　用于生产火腿的原料肉原则上仅选猪的臀腿肉和背腰肉，猪的前腿部位的肉品质稍差。若选用热鲜肉作为原料，需将热鲜肉充分冷却，使肉的中心温度降至 0～4℃。如选用冷冻肉，宜在 0～4℃ 冷库内进行解冻。

在西式火腿生产中，选择原料肉是非常重要和严格的，因为只有最佳的原料才能做出最佳的成品。原料肉的 pH 将起着重要的作用。肉的保水性是与 pH 有关系的。原料肉 pH 太低，结着力不强，使产品表面或断面太湿。如 PSE 肉，pH 低于 5.8，这种肉保水性差，煮制时水分流失严重，做成火腿后切片呈黄色，结构粗糙，故 PSE 肉不宜作火腿的原料。DFD 肉或病畜肉会使产品的发色不均匀，并且会影响出品率。原料肉被细菌污染，尤其是被产气菌污染，在夏季微生物生长繁殖极快，易造成产品表面或切面有大量的空洞。因此，一般选用 pH 为5.8～6.2 的肉最为适宜加工火腿。所以，在生产熟火腿时，原料肉首先要按 pH 进行分类，辨别 PSE 和 DFD 这类非正常肉也是十分重要的。

一般选用有光泽，淡红色，纹理细腻，肉质柔软，脂肪洁白的猪后腿或大排肌肉作为原料肉。同时，还要强调加工火腿的原料肉的肉温，一般要求为 6～7℃。因为超过 7℃，细菌开始大量繁殖，而低于 6℃，肉块较硬，不利于蛋白质的提取及亚硝酸盐的使用，不利于注射盐水的渗透。

(2) 修整　选好的原料肉要进行修整，去除皮、骨、筋、腱、肥膘等部分，使其成为纯精肉。为了更好地使蛋白质游离出来，使火腿中肉块间达到最好的连接，应尽量破坏包裹在外面的结缔组织。将其上的疏松结缔组织、脂肪分选掉；同时也要将肉块上面的淋巴结、软骨和大部分筋、腱去掉，只留精瘦肉。可在肉块上切出一些 2 cm 深的纵向和横向的痕道，可释放出更多的蛋白质，改善结着性。

修割后的原料肉按肌纤维方向切成不小于 300 g 的大块，其目的是确定注射盐水量。加工间的室温要求 8～12℃。修整好的肉放在 2～5℃ 的冷藏库中备用。

(3) 盐水配制　注射用的腌制液主要成分是食盐、亚硝酸盐、糖类、抗坏血酸钠、磷酸盐、香辛料、调味料等。按照配方要求将上述添加料充分溶解，必要时要进行过滤，配制成注射盐水。

配制盐水的各种添加剂都要放在干燥房内，以防潮解。盐水要求在注射前 24 h 配制，以使所配备的成分能充分地溶解，但配好后的盐水不能长时间的放置。

盐水配制的顺序为：将混合粉倒入水中，水温 6℃，搅拌，待完全溶解后加入混合盐搅拌，加入调味料(糖、维生素 C 等)搅拌至完全溶解，若要加入蛋白质，则在注射前 1 h 加入。先溶解混合粉是因为混合粉中含有磷酸盐，它如果与混合盐结合就不能溶解了，故混合盐要在混合粉完全溶解后才加入。

盐水配制时要注意：严格按照配料表(配方)配料，做到准确，无漏加、重加；了解各添加剂基本性能，有相互作用的不要放在一起，而且要便于后面按顺序添加；添加量比较小、对产品影响比较大的要单独盛放，而且它们的添加一般都是先溶解后再添加。

在注射前，将盐水提前 15 min 倒入注射机储液罐，以驱赶盐水中的空气。盐水配制好后放在 7℃ 以下冷却间内,以防温度升高,细菌增长。

（4）注射腌制

①盐水注射

盐水注射的目的:加快腌制速度;使腌制更均匀;提高产品出品率。

盐水的组成和注射量是相互关联的两个因素。在一定量的肉块中注入不同浓度和不同注射量的盐水,所得制品的产率和制品中各种添加剂的浓度是不同的。盐水注射量越大,盐水中各种添加剂的浓度应越低;反之,盐水的注射量越小,盐水中各种添加剂的浓度越大。

产品的成品率是肉品生产管理中一个主要的指标,更是衡量一个产品的生产过程成功与否的重要指标。在产品生产前应当核查几个重要的因素,包括设定的盐水注射量、配方中非肉组分的比例和数量、加工过程中可能的损耗等。

正确注射的概念是最小的偏差范围内尽可能地准确、均匀地使盐水分布在肉中,而不出现局部沉积、膨胀的现象。

原料肉中盐水分布不均匀,则局部范围内盐水中的盐和腌制剂的含量不均,继而出现颜色和组织结构不良,缺乏味道,以及保藏期短等问题;另一部分则含盐较多、积水多、颜色不稳定及其含外来水分太多等一系列问题。在实际操作中盐水的注射量各不相同(一般注射量为肉重的 20%～25%,盐水温度为 8～10℃),为了使产品得到最佳的保水力和优良的风味,成品中食盐的含量应为 1.8%～2.5%。

肉块腌制作用:反应在质量上,使用腌透、腌好的原料制得的火腿,弹性足,黏合性好,切成薄片不松碎。即使切成小肉丁,再与其他食品混合烹煮,仍能保持完整肉粒。另一方面,从经济效益来看,腌透、腌好的原料制得的产品,比腌制不当制得的产品,吸收水分多,成品率高,且风味好。

火腿出现异常情况的原因,一是盐水注射不均匀;二是注射后的盐水在滚揉时不能被充分吸收。注射不均匀是设备本身达不到要求,或是操作时没调节好盐水压力、针头注射的速度以及输送带的每一步前进的距离。至于设备本身,针管的排布是保证盐水分布均匀的关键。盐水的注射量如果提高,出品率也会相应提高,但不能无止境地增加注射量。如果要想注入更多的盐水,就要求采取相应的措施,使盐水得以保留在肉的内部。例如:加强滚揉,添加大豆蛋白、淀粉等。否则多注射的盐水因不能保留,所以肉块在煮制时,由于肉块收缩时会将这部分盐水挤出,留下空洞,使制品结构不致密,影响切片性。总之,注射误差越小,越能达到较好的注射量及较高的出品率。加工间的室温应控制在 7～8℃。

盐水注射时注意以下几点:链式输送注射机一定要将肉均匀地放在输送链上,使注射均匀;注射液在注射前一定要均质均匀;先启动盐水注射机至盐水能从针孔排出后,再注射原料肉;注射前要认真清洗盐水注射机,特别是管道内和针内。注射前要使机器空转 2～5 min。

②腌制　注射后的肉送入腌制间进行腌制。

腌制的温度:以 2～4℃ 为最佳。温度太低,腌制速度慢,时间长,甚至腌不透。若冻结,还可能造成产品脱水;温度太高,容易引起细菌大量生长,部分盐溶性蛋白变性。

腌制时间:要根据肉块的大小、盐水的浓度、温度以及整个工艺所用设备等情况而定。

腌制环境及腌制容器要保证卫生,因在肉制品加工过程中,腌制这个环节停留的时间比较长,如果环境卫生搞不好就很容易污染。

（5）嫩化　如果有条件,注射后的大块原料肉最好再进行一次嫩化,肉的嫩化是通过嫩化机完成的。嫩化的目的是通过机械的作用,将肌肉组织破坏,增大肉块外层表面积,以提取足够的蛋白质来增加肉的黏合性和保水性。嫩化机内有可调节距离的对滚的圆滚筒,其上装有数把齿状旋转刀,对肉块进行切割,切断肉块内部的肌间结缔组织和肌纤维细胞,增大了肉块表面积,使肉的黏着性更佳,较多的盐溶性蛋白质释放,大大提高了肉类的保水性,并使注射盐水分布得更加均匀,整个火腿的颜色一致,无论切片性还是出品率,都有较大提高。刀片切割深度至少要在 1.5 cm 以上。

嫩化操作是先开启嫩化机,将肉块纤维横向投入嫩化机内入口,嫩化的遍数要根据嫩化机的情况和产品工艺的要求进行。

嫩化时会造成一部分盐水损失,可将肉倒入滚揉筒后,直接加入些盐水。

(6)滚揉　最早将滚揉用于肉食品加工的是美国人 Russell Maas(1963.2.5,Patent No.3076713)。滚揉,也叫按摩,是通过翻滚、碰撞、挤压、摩擦来完成的,是火腿生产中最关键的一道工序,是机械作用和化学作用有机结合的典型。为了加速腌制、改善肉制品的质量,原料肉经盐水注射后,就进入滚揉机。滚揉机装入量约为容器的 60%。连续滚揉 4 h,无休息时间,滚揉筒转速为 8~15 r/min,然后在 5℃ 以下冷库腌制 12 h;如采用间歇式滚揉,在每小时中,滚揉 20 min,间歇 40 min。一般盐水注射量在 25% 的情况下,需要一个 16 h 的滚揉程序。在实际生产中,滚揉方式随盐水注射量的增加而适当调整。不论何种方式滚揉,在滚揉时应将环境温度控制在 6~8℃。

滚揉不足,肉块内部肌肉还没有松弛,盐水还没有被充分吸收,蛋白质萃取少,以致肉的颜色不均匀,结构不一致,黏合力、保水性、切片性都差,故可适当延长按摩时间。延长滚揉时间可提高保水性,出品率也自然地增加;但滚揉时间过长,蛋白质渗出太多,形成黄色蛋白脓,此时黏合性及保水性下降。滚揉不足或过度的火腿产品在放置一段时间后,都有渗水现象。因此,在确定滚揉时间时,就要在出品率与质量方面做出适当平衡。

(7)填充、成型　滚揉好的原料肉称重后定量装入尼龙塑料袋中,装好后,在袋的下部及四周扎孔,然后装入不锈钢的模具中,加上盖子压紧。也可直接用灌装机将原料肉灌入天然肠衣或人造肠衣(如聚偏二氯乙烯肠衣、纤维素肠衣)中,两端打上铝卡。一般填充要采用抽真空,其目的是避免肉料内有气泡,造成蒸煮损失或产品切片时出现气孔现象。

(8)蒸煮　可用蒸汽或水浴蒸煮。金属模具火腿多采用水煮加热,填充入人造肠衣的火腿多在全自动烟熏室内完成熟制。

在火腿蒸煮过程中,最关键的工艺参数是温度。为了保持火腿的颜色、风味、组织形态和切片性能,火腿的熟制和热杀菌过程,一般采用低温巴氏杀菌法。温度可选择在 75~80℃,中心温度达到 68~72℃ 时,就完成了蒸煮过程。到达该温度,应及时起锅,否则引起失重。若肉的卫生品质偏低时,湿度可稍高以不超过 80℃ 为宜。

水浴煮制时,先将装肉的模具装入水温约 55℃ 水浴锅中,水位稍高于模具,然后用蒸汽或电加热。蒸汽煮制时可用蒸煮炉,将灌入肠衣的火腿可先在 55℃ 的蒸汽中发色 60 min,随后将温度升高到 75~85℃,使火腿中心温度达至 68~72℃。

生产烟熏火腿时,烟熏温度在 60~70℃,一般烟熏 2 h,要求烟熏到火腿表面呈棕红色,再进行蒸煮。

蒸煮的目的:

①使肌肉蛋白质变性,使之适合人类消化吸收。肌肉蛋白质变性温度在 60~70℃,大部

分肌蛋白在 60℃ 开始变性凝固。如果保持此温度不变,肌肉蛋白质缓慢凝固,肌蛋白从紧缩的立体结构中舒展开来,这样的状态最有利于人消化吸收。

②灭活产品主辅料中的有害生物活性物质。如免疫球蛋白、激素、有毒蛋白和有毒多肽等,这些生物活性物质大部分是热敏感性蛋白质,它们的不可逆性变性温度也为 60~70℃。

③灭活大部分杂菌营养繁殖体和所有致病菌营养繁殖体。大部分细菌繁殖体在 68℃,20 min 的情况下可以被灭活。

火腿腌制剂中含有一定量的亚硝酸盐,它除了具有发色作用外,还具有较强的抑菌作用。腌制剂中含有磷酸盐成分,磷酸盐能够和细菌细胞壁上的金属离子产生络合或螯合反应,开成难解离的活性和繁殖能力。腌制剂中的其他成分,如:食盐、香料等也具有一定的抑菌效果。腌制过程中细菌的相互拮抗作用。腌制温度一般选择 6~8℃。在此温度下一些嗜冷菌仍可繁殖。实验证明,这些细菌以乳酸菌为主,乳酸菌的生长繁殖能抑制一些致病菌,如:沙门氏菌、金黄色葡萄球菌和肉毒梭状芽孢杆菌等的生长繁殖,而乳酸菌本身在 68℃ 20 min 的情况下可以被灭活。从以上分析可以认为,选择 75~80℃ 的蒸煮温度在细菌学上是安全的,75~85℃ 的蒸煮温度是合适的。

(9)冷却　蒸煮结束的火腿应立即进行冷却,采用水浴蒸煮法加热的产品,是将蒸煮篮重新吊起放置于冷却槽中用温度低于 22℃ 的流水冷却至中心温度达 40℃ 以下,再脱模,转移至 0~7℃ 的冷风间。用全自动烟熏室或炉进行煮制后,可用喷淋冷却水冷却,水温要求 10~12℃,冷却至产品中心温度 27℃ 左右,送入 0~7℃ 冷却间内冷却至产品中心温度至 1~7℃。注意要使火腿冷却过程在 35~42℃ 这个温度区间停留时间较短。

(10)成品　优质的熏煮火腿必须具备优良的感官品质,如内部结实无孔洞、有良好的切片性、切面有光泽、呈均匀的粉红色或玫瑰红色、肉香味正常、柔嫩爽口。

3.常见质量问题

熏煮火腿生产工序较复杂,工艺要求严格,在生产、贮运和销售过程中常出现一些质量问题,直接影响企业的经济效益和市场竞争能力。

实际生产中,制作熏煮火腿常出现下列质量问题:汁液流出与脂肪析出、火腿切片弹性差或切不成薄片、组织粗糙、切面有大的孔洞、色泽不均匀不稳定、肉香味不足、有肉腥味或其他异味。

熏煮火腿质量问题出现的原因:

(1)原料肉不新鲜、肉温控制不当、修整不到位。原料肉被细菌污染,尤其是产气菌污染,易造成产品表面或断面有大量空洞。另外,原料肉中盐水分布不均匀,导致颜色和组织结构不良,缺乏味道,以及保存期短,或局部盐过多、积水多、颜色不稳定等问题。

(2)原料肉中盐水分布不均匀,会导致颜色和组织结构不良,缺乏味道,以及保存期短,或局部盐过多、积水多、颜色不稳定等问题。另外,盐水注射量控制不当也会影响产品质量。

(3)滚揉不足,肉的颜色不均匀,结构不一致,黏合力、保水性、切片性都差;另外,滚揉工序应控制肉的中心温度在 7℃ 以下。温度升高,微生物增殖,蛋白质黏度降低,淀粉发酵产酸,导致制品结着力变差,风味也不好。

(4)产品加工过程中各加工间及成品间的温度控制不当。

所以,为了保证产品质量需做到以下几点:

(1)原料肉的质量好坏直接影响到西式火腿的质量,一般选择的原料肉要新鲜、有光泽、淡红色、纹理细腻、肉质柔软、脂肪洁白,pH 在 5.8～6.4 最为适宜,这样的肉蛋白质的持水性、凝胶形成性等均保持最佳状态。原料肉温应控制在 7℃以下。另外,为了使肉块间黏结紧密,要把肉块表层脂肪和筋、腱除去干净,使肉的各部位易结合,便于其他辅料渗透及肉蛋白溶出,从而保证较好的切片性。

(2)盐水注射要求尽可能准确、均匀地使盐水分布在肉中,而不出现局部沉积、膨胀的现象。要想提高产品的出品率,可以提高盐水注射量,但必须加强滚揉、添加卡拉胶等,使盐水在煮制时保留在肉中,以防产生制品结构不致密,切片性差的问题。随着盐水量增加发色剂及护色剂也应相应的提高,或适当补充复合红色素,以达到制品切片后良好的色泽。

(3)滚揉一般采取间歇式滚揉,能更好地使肉块与其他辅料充分作用,起到粘接、发色的最佳效果。另外,在滚揉中期分阶段加入一些蛋白及淀粉等辅料,并同时补充冰水,可使肉蛋白得到充分提取后再与其他辅料相互作用,从而使最终制品切片整齐,弹性好。

(4)通过嫩化肉纤维被切断,使得肌肉纤维充分涨润,嫩化过程大大提高肉的保水性,并使盐水分布更加均匀,成品切片性和出品率都有较大提高。

(5)严格控制各加工间及成品间的温度:分割修整间 8～12℃;注盐间 6～7℃;成品库 0～4℃;滚揉间 5～6℃;压缩成型间 6～8℃;成品包装间 12～15℃。

二、压缩火腿的加工

压缩火腿,又称为成型火腿,是用猪肉或其他畜禽肉的小块肉为原料,经腌制(滚揉)后,充填入肠衣或模具中,再经蒸煮、烟熏(或不烟熏)、冷却等工艺制成的熟肉制品。加工过程中,较小的肉块中添加调味料、香辛料及添加剂后,共同进行滚揉腌制,尽可能促使肌肉组织中的盐溶性蛋白溶出,其他辅料均匀的包裹在肉块表面,经加热变性后则将肉块紧紧粘在一起,并使产品富有弹性、良好的切片性、鲜嫩的口感以及很高的出品率。

1.分类

(1)根据原料肉的种类　猪肉火腿、牛肉火腿、兔肉火腿、鸡肉火腿、混合肉火腿等。

(2)根据对肉切碎程度的不同　肉块火腿、肉粒火腿、肉糜火腿等。

(3)根据成型性状　圆火腿、方火腿等。

(4)根据包装材料　马口铁罐的听装火腿、塑料膜包装的低温火腿。

2.工艺流程(以肉粒火腿为例)

原料肉的选择与处理→绞肉→配料→滚揉腌制→灌制(充填)→打卡或打结→装模后蒸煮或烟熏后蒸煮→冷却→包装→成品。

3.操作要点及质量控制

(1)原料肉的选择与处理　选取检验合格且新鲜的猪精肉,最好选用背肌或腿肉。原料肉处理过程中的环境温度不超过 10℃。去除其中的碎骨、淋巴、污物等杂物,还要去除结缔组织。

(2)绞肉　猪精肉分别用 6 mm 孔板绞肉机绞制。原料肉的肥肉率应小于 5%。

(3)配料　原料肉 100 kg,食盐 1.8 kg,三聚磷酸钠 0.5 kg,味精 0.2 kg,异抗坏血酸 20 g,亚硝酸钠 10 g,红曲米 60 g,淀粉 8 kg,冰水 32 kg。

(4)滚揉　按配料要求,将处理好的原料肉倒入滚揉机内,将除淀粉外的其他配料混合均匀后撒入滚揉机中,然后加入淀粉,再加入冰水,6～8℃条件下,连续滚揉 2.5 h,出料。

　　(5)灌制(充填)　用灌肠机将滚揉好的原料肉定量充入肠衣内。注意灌制时尽量减少气泡的产生,灌制均匀。灌制后两端打卡。需要装模具的装模前要将打卡处多余的肉馅清洗干净,装模要平整,四壁压紧实,均匀。

　　(6)蒸煮　将灌好的火腿挂在肉车上,推入全自动烟熏室(炉)内,温度控制在86℃。蒸煮时间视火腿大小而定,一般1~1.5 h,至中心温度达72~75℃即为成品。装模具的火腿多采用水煮的方法,一般水温92~93℃时放入,维持80~85℃至中心温度为75℃。

　　(7)烟熏　只有用动物肠衣或玻璃纸肠衣灌装的火腿才经烟熏,55~60℃的温度下,熏30~60 min。

　　(8)冷却　装模具的需要先脱模,然后冷水冷却至16℃以下。不装模具的火腿一般推入晾制间冷空气冷却至16℃以下,然后剪结,并将两端进行修整后,送入包装间。

　　(9)包装　将充分冷却的火腿进行真空包装,并在0~7℃条件下贮存、运输和销售。

第三节　培　　根

　　培根(bacon)是英文译音,其原意是烟熏肋条肉(即方肉)或烟熏咸背脊肉,是由西欧传入我国的一种风味肉品,其风味除带有适口的咸味外,还具有浓郁的烟熏香味。是将畜肉或禽肉去骨(或不去骨)、注射(或不注射)、腌制、滚揉(或不滚揉)、成型(或不成型)、干燥、烟熏(或不烟熏)、烘烤等工艺制的肉制品。外皮油润呈金黄色,皮质坚硬,瘦肉呈深棕色,切开后肉色鲜艳,越来越受到消费者的喜爱。

　　培根按原料肉分为猪肉培根、牛肉培根和禽肉培根。按生熟分为生制培根、熟制培根。按生产工艺不同分为大培根(也称丹麦式培根)、排培根和奶培根三种。

一、工艺流程

　　选料→原料整形→腌制→出缸浸泡→清洗→剔骨、修刮、再整形→烟熏→成品。

二、配方

　　猪肋条肉 50 kg;

　　干腌料:食盐 1.75~2 kg,硝酸钠 25 g;

　　湿腌料:水 50 kg,食盐 8.5 kg,白糖 0.75 kg,硝酸钠 35 g;注射用盐卤溶液约 2.5 kg。

三、操作要点及质量控制

　　1.选料

　　选择经兽医卫生部门检验合格的中等肥度猪,经屠宰后吊挂预冷。

　　大培根坯料取自整片带皮猪胴体(白条肉)的中段,即前端从第三肋骨处斩断,后端从腰荐椎之间斩断,再割除奶脯。

　　排培根和奶培根各有带皮和去皮两种。前端从白条肉第五根肋骨斩断,后端从最后两节荐椎处斩断,去掉奶脯,再沿背脊13~14 cm处分斩为两部分,上为排培根,下为奶培根之坯料。

　　大培根最厚处以 3.5~4.0 cm 为宜,排培根最厚处以 2.5~3.0 cm 为宜;奶培根最厚处约

2.5 cm。

2. 原料整形

修整坯料,用小刀把肉胚的边修割整齐,使四边基本各呈直线,割去腰肌和横隔膜,剔除脊椎骨,保留肋骨。

3. 腌制

腌制室温度保持在 0～4℃。

(1)干腌 将食盐、$NaNO_3$ 事先混拌均匀,均匀地撒在肉坯表面和皮面上,用手揉搓,务使均匀,然后堆叠,腌制 20～24 h。

(2)温腌 将湿腌料混拌均匀,至全部溶化,将肉坯浸泡于腌制液中,以超过肉面为准,盐液用量约为肉重的 25%。湿腌时间与肉块厚薄和温度有关,一般为 2 周左右,期间需翻缸 3 或 4 次。其目的是改变肉块受压部位,并松动肉组织,以加快盐硝的渗透和肌肉发色,使咸度均匀。

(3)混合腌制 将干腌配料混合,均匀地涂擦于肉面及皮面上,置于 2～3℃ 的冷库内腌制 12 h,再取四个不同方位注射盐卤溶液(盐卤溶液的配方同湿腌配料,不同处是沸水配制,注射前需经过滤才能使用)。然后将肉块浸入湿腌料液内,以超过肉面为准,湿腌 12 d,每隔 4 d 翻缸一次。

4. 出缸浸泡

将腌好的肉坯放在 25℃ 清水中浸泡 0.5～1 h,目的是使肉坯温度升高,肉质还软,表面油污溶解,便于清洗和修刮;避免熏干后表面产生"盐花",提高产品的美观性;使肉质软化便于剔骨和整形。

5. 清洗

洗去粘在肉面或肉皮上的盐渍和污物,然后捞出沥干水分。

6. 剔骨、修刮、再整形

培根的剔骨要求很高,只允许用刀尖划破骨表的骨膜,将肋骨剔出。刀尖不得刺破肌肉,否则生水侵入而不耐贮藏。修刮是刮尽残毛和皮上的油污,同时再将原料的边缘修割整齐,因腌制、堆压使肉坯形状改变,故要再次整形。整形后在肉坯的一端戳一个小洞穿上麻绳,挂在竹竿上,沥干水分,6～8 h 后即可进行烟熏。

7. 烟熏

用硬质木先预热烟熏室。待室内平均温度升至所需烟熏温度后,加入木屑,将肉坯挂入烟熏室内。烟熏温度控制在 60～70℃,烟熏时间 8～10 h,至表面呈金黄色。烟熏结束后自然冷却即为成品,出品率 80%～85%。

成品宜用白蜡纸或薄尼龙袋包装。也可不包装,吊挂或平摊,一般可保存 1～2 个月,夏天 1 周。

第四节 发酵香肠

西式发酵香肠起源于 260 多年前的意大利,而后传入德国、匈牙利和美国等到。早在 2000 多年以前,罗马人就知道用碎肉加盐、糖和香辛料制作美味可口的香肠,而且这类产品具有较长的保质期。但当时的产品主要是通过自然发酵和成熟干燥制成的干香肠。近几十年来,随着肉品加工技术的不断改进和冷藏工艺的发展,欧美一些国家相继生产出不经干燥的香肠或只经部分干燥的半干香肠。典型产品如德国、丹麦、匈牙利的色拉米香肠(salami)、意大利的 genoa、法国的 saucisson、美国的 summer sausage 等。

发酵香肠(fermented sausage)亦称生香肠,是指将绞碎的肉(猪肉或牛肉)和动物脂肪同糖、盐、发酵剂和香辛料等到混合后灌进肠衣,经过微生物发酵而制成的具有稳定的微生物特性和典型的发酵香味的肉制品。

发酵香肠在常温条件下储存、运输,不经过熟制处理可直接食用。在发酵过程中,乳酸菌发酵碳水化合物形成乳酸,使香肠的最终 pH 降低到 4.5～5.5,这一较低的 pH 使得肉中的盐溶性蛋白质变性,形成具有切片性的凝胶结构。较低的 pH 与由添加的食盐和干燥过程降低的水分活度共同作用,保证了产品的稳定性和安全性。

由于加工条件、产品组成及添加剂的不同,根据发酵香肠加工过程的长短、最终产品的水分活度和水分含量分为涂抹型发酵香肠和切片型发酵香肠,见表 5-3。

表 5-3 发酵香肠的分类

项目	涂抹型	短周期切片型	长周期切片型
加工周期	3～5 d	1～4 周	12～14 周
水分含量	34%～42%	30%～40%	20%～30%
水分活度	0.95～0.96	0.92～0.94	0.82～0.86
典型产品	德国 mettwurst、teewurstfrische	美国 summer sausage	匈牙利、德国、丹麦 salami

据发酵香肠的 pH 和干燥失重,将发酵香肠分为干香肠和半干香肠两大类。

半干制香肠:绞碎的肉在微生物的作用下,pH 达到 5.3 以下,在热处理和烟熏过程中除去 15% 的水分,使产品中水分与蛋白质比例不超过 3.7∶1 的肠制品。

干制香肠:经过细菌的发酵作用,使肉馅 pH 达到 5.3 以下,然后干燥除去 20%～50% 的水分,使产品中水分与蛋白质比例不超过 2.3∶1 的肠制品。

一、工艺流程

原料选择→绞肉→斩拌→灌肠→接种霉菌和酵母菌→发酵→干燥和成熟→包装。

二、操作要点及质量控制

1. 原料选择

(1)原料肉 用于生产发酵香肠的肉糜中瘦肉含量为 50%～70%。各种肉均可以用做发酵香肠的原料,一般常用的是猪肉、牛肉和羊肉。意大利、匈牙利和法国的发酵香肠仅使用猪肉为原料,典型的德国发酵香肠常用 1/3 猪肉、1/3 牛肉和 1/3 猪背脂为原料。一般用于制作发酵香肠的原料猪肉的 pH 应为 5.6～5.8,有助于发酵的进行,并保证发酵过程中有适宜的 pH 的降低速率。另外,原料肉还应当含有最低数量的初始细菌数,以降低发酵开始时微生物的竞争性,否则将会导致不均一的最终产品。

(2)脂肪 脂肪是发酵香肠的一个重要组分,经干燥后脂肪的含量有时会达到 50%。发酵香肠,尤其是干发酵香肠,要求具有较长的保质期(至少 6 个月),因此要求使用不饱和脂肪酸含量低、熔点高的脂肪。牛脂和羊脂不适于作为发酵香肠的原料,色白而结实的猪背脂是生产发酵肠的最好原料。

（3）碳水化合物　生产发酵香肠中常添加碳水化合物,目的是提供足够的微生物发酵底物,有利于乳酸菌的生长和乳酸的产生。添加碳水化合物的数量和种类,应当满足在建立有效的乳酸发酵的同时又避免 pH 的过度降低。添加量一般为 0.3%～0.8%,较常添加的碳水化合物是葡萄糖和寡聚糖的混合物。

（4）腌料　发酵香肠使用的腌料包括食盐、亚硝酸钠或硝酸钠、抗坏血酸钠等。

①食盐　食盐在发酵香肠中的添加量一般为 2.5%～3.0%。

②亚硝酸钠和硝酸钠　干发酵香肠,在腌制时一般使用硝酸钠,添加量为 200～500 mg/kg。其他类型的发酵香肠在腌制时首先选用亚硝酸钠,可直接添加,最大添加量一般为 150 mg/kg。腌制初期亚硝酸钠的浓度过高,会抑制对产生风味化合物或其前体物的有益微生物的活力。因此,用硝酸钠和产的干肠在风味上要优于直接添加亚硝酸钠的香肠。在美国通常将硝酸钠和亚硝酸钠混合使用,而在德国使用硝酸钠和亚硝酸钠的混合物是不允许的,且只有发酵时间超过 4 周的发酵香肠才允许添加硝酸钠。

③酸味剂　发酵香肠生产中,添加酸味剂的目的是确保在发酵开始早期,使肉馅的 pH 快速降低,这对于不添加发酵剂的发酵香肠的安全性尤其重要。在涂抹型发酵香肠生产中,酸味剂亦经常与发酵剂结合使用。其他制品中,由于发酵剂与酸味剂结合使用将会导致产品品质的降低,所以很少添加。常用的酸味剂有葡萄糖尿病酸-δ-内酯,其添加量一般为 0.5% 左右。葡萄糖尿病酸-δ-内酯能够在 24 h 内水解为葡萄糖酸,迅速降低肉的初始 pH。

（5）发酵剂　发酵剂是生产发酵香肠的关键。传统的发酵香肠是依靠原料中天然存在的乳酸菌与杂菌的竞争作用,使乳酸菌成为优势菌群来生产发酵香肠。1940 年,美国人 L. B. Jensen 和 L. S. Paddock 在专利中第一次描述了乳酸菌在发酵香肠中的应用,从而开创了使用纯培养物生产发酵香肠的先河。从此后,陆续从食品中分离发现许多微生物,如微球菌、片球菌、植物乳酸杆菌等。近年来,混合菌种发酵剂的研究与应用获得了快速发展。

目前用于发酵肉制品的微生物主要有:细菌、霉菌和酵母菌。

①酵母菌　适合加工干发酵香肠。汉逊式得巴利酵母是常用的菌种,耐高盐、好气并具有较弱的发酵性,一般生长在香肠的表面。添加后可提高香肠风味,但是该菌没有还原硝酸盐的能力。

②霉菌　通常用于干发酵香肠,使产品具有干香肠特殊的芳香气味和外观。霉菌酶具有蛋白分解和脂肪分解能力,故对产品的风味有利。同时生长在香肠表面,可以隔氧,防止酸败。

③细菌　乳酸菌和球菌是用做发酵香肠常用的发酵剂。乳酸菌能将发酵香肠中的碳水化合物分解为乳酸,降低 pH,抑制腐败菌的生长。同时,由于 pH 的降低,降低了蛋白质的保水能力,有利于正确得干燥过程,因此发酵剂是必需成分,对产品的稳定性起决定作用。微球菌和葡萄球菌具有将硝酸盐还原成亚硝酸盐的能力、分解脂肪和蛋白的能力,以及产生过氧化氢酶的能力,对产品的色泽和风味起决定性作用。所以,发酵剂常采用乳酸菌和微球菌或葡萄球菌混合使用。此外,灰色链球菌可以改善发酵香肠的风味,气单胞菌无任何致病性和产毒能力,对香肠的风味也是有利的。

乳酸菌包括两个亚群:同型发酵乳酸菌和异型发酵乳酸菌。发酵碳水化合物形成乳酸,降低香肠的 pH,影响风味、质构、干燥过程和产品的保藏。发酵香肠中应用的总是同型发酵乳酸菌,在发酵过程中仅产生乳酸。生产中常的乳酸菌有植物乳杆菌、清酒乳杆菌、干酪乳杆菌和弯曲乳杆菌。

片球菌(*Pediococci*):兼性厌氧乳酸菌,能通过 EMP 途径发酵葡萄糖产生乳酸,无过氧化氢酶活性。生产中常用的片球菌有戊糖片球菌和乳酸片球菌。

微球菌(*Micrococci*):需氧 G^+ 菌,能通过氧化途径分解葡萄糖产生产生酸和气体。具有过氧化氢酶活性和脂酶的活性,对食盐的耐受较高,最高达 15%。微球菌的许多菌株能使产品着色,特别是由 α-胡萝卜和 β-胡萝卜素衍生而来的黄色。微球菌能有效地将硝酸钠还原为亚硝酸钠,并改善产品风味。生产上常用的微球菌是 *M. vaarians* 和 *M. kristinate*。

葡萄球菌(*Staphylococci*):兼性菌,可以进行有氧氧化,也可以进行无氧氧化。在无氧条件下,葡萄球菌发酵碳水化合物产生 *D*-乳酸、*L*-乳酸,而且能代谢大量的碳水化合物。该菌具有分解硝酸钠能力,也具有脂酶活性,在 15% 的食盐溶液中也能生长。生产上常用的葡萄球菌有木糖葡萄球菌(*S. xylosus*)、肉糖葡萄球菌(*S. carnosus*)和 *S. simulans*。

(6)其他辅料　发酵香肠中使用的香辛料种类繁多,其中包括胡椒、大蒜、辣椒、肉蔻等,香辛料的种类和数量视产品的类型和消费者的嗜好而定,一般为原料肉质量的 0.2%～0.3%。发酵香肠的生产中可添加大豆分离蛋白,但其添加量应控制在 2% 以内。

2. 绞肉

绞肉时要求原料精肉温度在 0～4℃,脂肪处于 -8℃ 的冷冻状态,以避免水的结合和脂肪的融化。

3. 斩拌

先将精肉和脂肪倒入斩拌机中混匀,然后加入食盐、腌制剂、乳酸菌发酵剂和其他辅料斩拌混匀。斩拌时间因产品类型而定,一般要求脂肪颗粒直径 1～2 mm 或 2～4 mm。乳酸菌发酵剂多为冻干菌,通常先在室温下复活 18～24 h,接种量一般为 10^6～10^7 cfu/g。

4. 灌肠

将斩拌好的肉馅用灌肠机灌入肠衣。灌制时要求充填均匀、松紧适度。整个灌制过程中肠馅的温度维持在 0～1℃。为了避免气泡的混入,最好利用真空灌肠机灌制。生产发酵香肠的肠衣可以是天然肠衣,也可以是人造肠衣(纤维素肠衣、胶原肠衣)。肠衣的类型对霉菌发酵香肠的品质有重要的影响,利用天然肠衣灌制的发酵香肠具有较大的菌落并有助于酵母菌成长,成熟得更为均匀且风味较好。无论选用何种肠衣,其必须具有水分通透的能力,并在干燥过程中随肠馅的收缩而收缩。

5. 接种霉菌或酵母菌

肠衣外表面霉菌或酵母菌的生长不仅对于干香肠的食用品质具有非常重要的作用,而且能抑制其他杂种的生长,预防光和氧对产品的不利影响,并代谢产生过氧化氢酶。

常用的霉菌为纳地青霉和产黄青霉,常用的酵母为汉逊氏德巴利酵母和法马塔假丝酵母。霉菌和酵母发酵剂多为冻干菌种,使用时,将酵母和霉菌的冻干菌用水制成发酵剂菌液,然后将香肠浸入菌液中即可。但必须注意配制接种菌液的容器应当是无菌的,以避免二次污染。

6. 发酵

发酵温度和时间依产品类型而定。通常对于要求 pH 迅速降低的产品,所采用的发酵温度较高。一般发酵温度每升高 5℃,乳酸生成的速率将提高 1 倍。但提高温度也会带来致病菌,特别是金黄色葡萄球菌生长的危险。

发酵温度对发酵终产物的组成也有影响,较高的发酵温度有利于乳酸的形成。发酵温度超高,发酵时间越短。一般涂抹型香肠的发酵温度为 22～30℃,最长发酵时间为 48 h;半干香肠的发酵温度为 30～37℃,发酵时间为 14～72 h;干发酵香肠的发酵温度为 15～27℃,发酵时间为 24～72 h。

在发酵过程中,相对湿度的控制对于干燥过程中避免香肠外层硬壳的形成和预防表面霉菌的过度生长也是非常的。高温短时发酵时,相对湿度应控制在 98%;较低温度发酵时,相对湿度应低于香肠内部湿度 5%～10%。

发酵结束时,半干香肠的 pH 应低于 5.0,干香肠的 pH 在 5.0～5.5 的范围内。

7. 干燥和成熟

干燥的程度是影响产品的物理化学性质、食用品质和储藏稳定性的主要因素。

在香肠的干燥过程中,控制香肠表面水分的蒸发速度,使其平衡于香肠内部的水分向香肠表面扩散是非常重要的。在半干香肠中,干燥损失低于其湿重的 20%,干燥温度在 37～66℃。温度高则干燥时间短,温度低则干燥时间长。高温干燥可以一次完成,也可以逐渐降低湿度分段完成。干香肠的干燥温度较低,一般为 12～15℃,干燥时间取决于香肠的直径。许多半干香肠和干香肠在干燥的同时进行烟熏。烟熏的目的主要是通过干燥和熏烟中酚类、低级酸等物质的沉积和渗透抑制霉菌的生长,同时提高香肠的适口性。干香肠的干燥过程也是成熟过程。干燥过程时间较短,而成熟则一直持续至被消费为止,成熟形成发酵香肠的特有风味。

8. 包装

成熟以后的香肠通常要进行包装。便于运输和贮藏,保持产品的颜色和避免脂肪氧化。真空包装是最常用的包装方法。但是会造成水分向表面扩散,打开包装后,导致表面霉菌和酵母菌快速生长。

复习思考题

1. 试述灌肠制品的概念和种类。
2. 简述中式香肠与西式灌肠加工的主要区别。
3. 试述西式灌肠的加工工艺及质量控制。
4. 用于肉制品加工的肠衣有几种,各有何特点?
5. 试述盐水火腿加工的基本工艺及质量控制。
6. 试述培根的加工工艺及操作要点。
7. 试述发酵香肠加工工艺及操作要点。

第六章

调理肉制品加工

【目标要求】

1. 掌握调理肉制品的概念、特点及分类;
2. 了解国内外调理肉制品的加工概况;
3. 了解并掌握调理肉制品的质量要求;
4. 熟练掌握几种常见调理肉制品的加工工艺及操作要点。

第一节　调理肉制品的发展概况

一、调理肉制品的概念和特点

1. 调理肉制品的概念

调理肉制品一般指以肉为主,经工业化预制的预包装食品。一直以来调理肉制品没有一个准确的范畴。根据《调理肉制品加工技术规范》NY/T 2073—2011,调理肉制品,是以畜禽肉为主要原料,绞制或切碎后添加调味料、蔬菜等辅料,经滚揉、搅拌、成型等预调制加工过程,或经蒸煮、油炸等预加热工艺加工而成,需在冷藏(0~4℃)或冷冻(-18℃以下)条件下贮藏、运输及销售,食用前需二次加工的非即食肉制品,又称为预制肉制品。预制就是指在原料肉中加入调味料、蔬菜等辅料,以及滚揉、搅拌、成型等加工过程;预加热是指原料预制后,经蒸煮或油炸等工艺,使之成型或部分熟化的加工过程;冷藏是指调理肉制品经快速冷却后,在0~4℃下贮存;冷冻是指调理肉制品经速冻后,在-18℃以下贮存。

2. 调理肉制品的特点

调理肉制品其实质是一种方便肉制品,特点是食用方便、附加值高,讲究营养均衡、包装精美和小容量化,深受消费者喜爱。

二、调理肉制品的发展

国外最先出现的调理食品就是罐头食品,而后出现了速冻调理食品,到20世纪70年代末80年代初,开发了真空调理食品,其最大特点是先包装后加热蒸煮,这样防止了二次污染,减少了氧化作用,降低了营养成分的损失,抑制了微生物的生长繁殖,况且非高温杀菌,最大限度地保持了食品的色香味。20世纪90年代,新含气调理食品在日本研制成功,将食品原料预处理后,用高阻断性包装材料包装,并充入惰性气体,然后采用多阶段升温、两阶段冷却的杀菌锅进行温和式灭菌,这样食品的品质和营养成分得到良好的保持,原有的色、香、味、形、口感几乎不发生改变,并可在常温下保存12个月。

近年来,随着人们生活水平和肉食消费观念的提高以及冷链的不断完善,调理肉制品的消费量逐年增加,成为当今世界上发展速度最快的食品类别之一,同时也成为国内城市人群和发达国家的主要消费肉制品之一。近年来,调理肉制品越来越多地渗入到中国的大众家庭消费,市场潜力巨大。目前市场上常见的调理肉制品主要有肉排、肉丸、肉串等,其中以禽肉调理肉制品占的比例最大。

三、调理肉制品的分类

1.按加热工艺的不同

调理肉制品分为预制调理肉制品和预加热调理肉制品两类。

(1)预制调理肉制品　预制调理肉制品是指用人工或机器预处理好的肉块(肉片、肉条、肉馅等),经过浸渍或滚揉入味后,不经熟制即行冷冻的肉制品,食用前必须进行加热熟制。该类产品食用方便,风味独特,品种多样,加工方法简单,消费者可根据自己的喜好进行熟制,特别适合现代人快节奏的生活,而且不同的口感和风味受到广大消费者的喜爱。

(2)预加热调理肉制品　预加热调理肉制品是指调理肉制品在冷冻前,经过加热简单熟制,食用前再经油炸、煎制或蒸制的一类肉制品。该类产品由于经过初步熟制,食用前加工更简单,更方便。

2.按贮藏方式的不同

调理肉制品分为冷藏调理肉制品和冷冻调理肉制品两类。

(1)冷藏调理肉制品　冷藏调理肉制品是采用新鲜原料,经一系列的调理加工后真空封装于塑料或复合材料包装物中,经巴氏杀菌、快速冷却,再低温冷藏的新型方便肉制品。由于杀菌温度低,可最大限度地保持肉制品的色、香、味、营养成分和组织质地,使产品具有良好的鲜嫩度和口感。另外,包装形式为真空封装,可有效地控制肉制品成分的氧化和好氧微生物的生长繁殖;先包装后杀菌,避免了二次污染;而且杀菌后快速冷却,低温保存和流通,能够较好地保证产品的品质和安全性。

(2)冷冻调理肉制品　人工制冷技术的问世催生了冷冻调理肉制品,各种冷冻调理肉制品给人们的生活带来了极大的方便,现多为速冻调理肉制品。该类产品加工后立即速冻,在-18℃的条件下贮运、销售,风味和品质都得到很好地保持;调理方式更灵活,但生产过程中易被微生物污染,存在着卫生安全方面的隐患。

四、调理肉制品的质量控制

调理肉制品加工工艺简单,尤其是预制调理肉制品加工过程中不经加热处理,要保证产品的品质和安全,加工过程中,如绞制或切制、搅拌、腌制等加工操作应符合GB/T 20940—2007《肉类制品企业良好操作规范》,还必须构建配套完善的冷链流通系统,才能保证产品品质和经济效益。

1.环境卫生控制

操作环境的管理是为了减少开始阶段的微生物污染,已清洁的原料要从这一阶段开始保证不再被污染,为此,操作人员必须要有一定的基础知识和经验,要具有能进行感官上的新鲜度判断能力和熟练的操作技术,要认识到选择环境、整理环境的意义。

操作环境管理包括:给排水、换气的检查、室温、水温、原材料的保管状态和保藏室的温度检查;对于操作台、货架、水槽、砧板、炊具和刀具等其他操作使用器具和容器的卫生检查。

2.原辅料的控制

生产调理肉制品的所有原辅料应符合国家标准、行业标准的规定。

3.原料肉的存放与解冻控制

生鲜肉进入加工车间后,若 6 h 内不能进行加工,应冷藏或冻藏。冷藏时间不应超过 3 d。冷冻肉解冻后的中心温度应不高于 5℃。

4.加工工艺控制

预制车间温度应不高于 15℃,预制过程中调理肉制品中心温度应不高于 12℃。蒸煮、油炸等预加热过程中,蒸煮温度应不高于 100℃,油炸温度应不高于烟点温度。

5.冷藏、冻藏的控制

冷却时,应在 0~4℃ 下进行冷却处理,使产品中心温度降到 4℃ 以下。冷冻时,应在 -23℃ 以下进行冻结处理,使产品中心温度降到 -18℃ 以下。

6.贮存、运输和销售的控制

冷藏类调理肉制品应贮存在 0~4℃,冷冻类调理肉制品应贮存在 -18℃ 以下。冷库温度在 ±1℃ 以内。运输冷藏类调理肉制品的车辆厢内温度应控制在 0~4℃,运输冷冻类调理肉制品的车辆厢内温度应控制在 -10℃ 以下。冷藏类调理肉制品应在冷藏柜中销售,冷藏柜温度应控制在 12℃ 以下;冷冻类调理肉制品应在冷冻柜中销售,冷冻柜温度应控制在 -10℃ 以下。

7.调理肉制品的质量安全标准

预制类调理肉制品中细菌总数应不高于 1×10^{6} cfu/g,预加热类调理肉制品中细菌总数应不高于 1×10^{3} cfu/g,致病菌不得检出。

第二节　调理肉制品加工

一、牛排

牛排也称为牛扒,是块状的牛肉,是西餐中最常见的食物之一。牛排的烹调方法以煎和烧烤为主。清末小说中已出现牛排、猪排等西菜菜名,可能是因形似上海大排(猪丁骨),故名"排"。在上海话里,"排"发"ba"音,广东又作牛扒。

(一)分类

1.按来源分类

牛排的种类非常多,常见的有菲力、肉眼牛排、西冷牛排、T骨牛排以及一种特殊顶级牛排品种(干式熟成牛排)。

(1)菲力　菲力又称为嫩牛柳,牛里脊,是牛脊上最嫩的肉,瘦肉较多,高蛋白,几乎不含肥膘,因此很受广大消费者,尤其是肥胖消费者的青睐,由于肉质嫩,煎成三成熟、五成熟和七成熟皆宜。

(2)肉眼牛排　肉眼牛排一般指取自牛身中间的无骨部分,"眼"是指肌肉的圆形横切面,由于这个部分的肌肉不会经常活动,因此肉质十分柔软、多汁,并且均匀地布满雪花纹脂肪。由于含一定量的肥膘,这种肉煎烤味道比较香。肉眼牛排不要煎得过熟,3成熟最好。

(3)西冷牛排　西冷牛排又称为沙朗牛排,是牛外脊上的肉。西冷牛排含一定肥油,在肉的外延带一圈呈白色的肉筋,总体口感韧度强,肉质硬,有嚼头,适合年轻人和牙口好的人吃。制作时连筋带肉一起切,不要煎得过熟。

(4)T骨牛排　T骨牛排又称为丁骨,呈"T"字形或"丁"字形,是牛背上的脊骨肉。T形两侧一边量多一边量少,量多的是西冷,量稍小的便是菲力。吃T骨牛排既可以尝到菲力牛排的鲜嫩,又可以感受到西冷牛排的芳香,一举两得。

(5)干式熟成牛排　干式熟成牛排(dry aged beef,简称DA)制作起源于美国,是一种保持牛肉品质与口感最佳的保存方法。简单地说,是将新鲜牛肉从牛身体切割下来后,立即进行分割去除杂部,甚至在牛肉还有余温的时候放入无尘室。温度必须保持在0～−1℃,湿度保持在75%～80%。干式熟成牛排是为了满足世界各地饕餮客对于牛肉口感品质的要求,才研制出干式熟成的独特制法,可谓是牛排中的饕餮。

2.按成熟度分类

(1)近生牛排　正反两面在高温铁板上各加热30～60 s,以锁住牛排内水分,使外部肉质和内部生肉口产生口感差,外层便于挂汁,内层生肉保持原始肉味,而视觉效果不会像吃生肉那么难接受。

(2)一分熟牛排　牛排内部为血红色,且内部各处保持一定温度,同时有生熟部分。

(3)三分熟牛排　大部分肉接受热量渗透传至中心,但还未产生大变化,切开后上下两侧熟肉呈棕色,向中心处转为粉色,再向中心为鲜肉色,伴随刀切有血渗出。

(4)五分熟牛排　牛排内部为区域粉红,夹杂着熟肉的浅灰和棕褐色,整个牛排温度口感均衡。

(5)七分熟牛排　牛排内部大部分为浅灰棕褐色,夹杂着少量粉红色,质感偏厚重,有咀嚼感。

(6)全熟牛排　牛排通体为熟肉褐色,牛肉整体已经烹熟,口感厚重。

(二)牛排加工

1.工艺流程

原料肉的选择与处理→切片→解冻→滚揉→腌制→摆盘→速冻→真空包装→金属探测→装盒、装箱→入库。

2.操作要点

(1)原、辅料验收　原、辅料质量必须达到原、辅材料采购及验收标准要求。

(2)切片　冻品原料出冻库后无须解冻,折去包装后,用切割锯锯成片,按要求确定切片厚度、重量。

(3)解冻　解冻环境温度控制在12～15℃,解冻时间2～6 h,解冻后原料中心温度控制在0～6℃。

(4)滚揉　根据配料表所示配比称量辅料,再将液体辅料和粉状辅料分别预先混合后依次加入冰水中配制成腌制液。原料入滚揉机按比例加入配制好腌制液,进行真空滚揉,按要求设定滚揉速度、时间、真空度,滚揉间温度 0~5℃,原料肉出机温度≤8℃。

(5)腌制 腌制间温度 0~5℃,静腌 10 h。

(6)摆盘 摆入铺有薄膜的冻盘中。

(7)速冻 入-35℃速冻库,至产品中心温度-18℃以下。

(8)装袋 按照 1 片/袋进行装袋,抽真空封口。

(9)金属检测 装袋后产品通过金属检测仪,排查是否有金属异物。

(10)装盒、装箱 按规格要求二次包装,装盒前将生产日期等信息喷到专用盒子正面,1 袋/盒,并配置酱包和油包,再将包装盒装入箱中,在箱子侧面勾上相应的产品,打印生产日期。

(11)入库 入-18℃以下冷库贮存。入库后产品要标识准确,符合库房管理规定。

二、肉丸

肉丸泛指以切碎了的肉类为主而做成的球形食品,通常由薄皮包裹肉质馅料通过蒸煮烹制而成,通过薄皮包裹,更好锁住肉质营养和美味,让肉质更加鲜嫩可口。

(一)速冻鸡肉丸

我国肉鸡资源丰富,以鸡肉为主要原料生产鸡肉丸子,不仅可以开发鸡肉深加工、精加工产品,占领国际市场,而且可以增加鸡肉的附加值。

1. 工艺流程

原辅料处理→计量→混合→成型→油炸→小煮→冻结→检验→包装→卫检→冷藏。

2. 配方

鸡肉 60 kg,猪肉 40 kg,洋葱 28 kg,大豆蛋白 2 kg,鸡蛋 3 kg,淀粉 6 kg,食盐 1 kg,大蒜 1 kg,生姜 0.5 kg,磷酸盐 0.15 kg,味精 0.1 kg,白胡椒粉 0.15 kg,水适量。

3. 操作要点

(1)原料肉的选择 选择来自非疫区的经兽医卫检合格的新鲜(冻)去骨鸡肉和适量的瘦猪肉作为原料肉。由于鸡肉的含脂率太低,为提高产品口感和嫩度,混合适量的含脂率较高的猪肉是必要的。解冻后的鸡肉需进一步修净鸡皮、去净碎骨,猪肉也需进一步剔除软骨、筋膜等。

(2)原辅材料的处理 品质优良的新鲜洋葱洗净后切成米粒大小;大豆蛋白加水用搅拌机搅拌均匀;鸡蛋打在清洁容器里;解冻后的鸡肉、猪肉切成条块状,低温下绞成肉末。处理后的原辅材料随即加工使用,避免长时间存放。

(3)混合与成形 把准确称量的原料肉的肉末倒在搅拌机里,先添加食盐和适量的水,充分搅拌均匀,再添加磷酸盐、鸡蛋、大豆蛋白和洋葱等辅料继续搅拌混合,最后添加淀粉并搅拌均匀。整个搅拌过程的温度要控制在4℃以下。肉丸的成形由成形机完成,使用旋转桶式、充填量可调的成形机。

(4)油炸与水煮

油炸鸡肉丸:成形机出来的肉丸随即入沸腾的油锅里油炸,形成一层漂亮的浅棕色或黄褐色的外壳以固定形状。肉丸从油锅里捞出,适当冷却后入沸水锅中煮熟。

水煮鸡肉丸:肉丸成形后随即入沸水锅中煮熟。为保证煮熟并达到杀菌效果,要使产品的中心温度达 70℃,并维持 1 min 以上,煮沸时间不宜过长,否则会导致产品出油而影响风味和口感。

(5)预冷和冻结　煮熟后的肉丸进入预冷室预冷,预冷温度 0~4℃,预冷室空气需用清洁的空气机强制冷却。预冷后入速冻库冻结,速冻库温 -23℃ 甚至更低,使产品温度迅速降至 -15℃ 以下。

(6)检验和包装　产品重量、形优、色泽、味道等感官指标必须经检查合格。薄膜小袋包装,再按要求装若干小袋为一箱。

(7)检验冷藏　根据规定的指标进行检验,合格产品在 -18℃ 以下的冷库冷藏,贮存期为 10 个月。

(二)牛肉丸

牛肉丸是一种较高档的速冻食品,主要在福建、广东、香港、浙江、上海等南方地区,如火锅、汤类;北方以火锅涮食为主。

1. 工艺流程

原料处理→绞肉→调味→冷藏→成型→浸水→煮制→浸凉、沥水。

2. 配方

鲜精牛肉 5 000 g,干淀粉 750 g,精盐 120 g,鸡精 50 g,味精 50 g,白糖 200 g,食粉 10 g,胡椒粉 25 g,陈皮末 7 g。

3. 操作要点

(1)原料处理、绞肉　精牛肉洗净后剔净筋膜,用绞肉机绞三遍,纳盆。

(2)调味、冷藏　加入精盐、食粉、味精、鸡精、白糖、胡椒粉,并搅打至起胶。干淀粉用 1 200 g 清水调匀,然后分数次倒入牛肉盆中搅匀,接着搅打至起胶且用手摸到有弹性时,加盖放入冰箱中冷藏一夜。

(3)成型、浸水　将冷藏的牛肉糁取出来,加入陈皮末拌匀,然后用手挤成重约 15 g 的丸子,放入清水盆中浸 15 min。

(4)煮制　炒锅上火并加入清水,下入浸好的牛肉丸,以小火煮至成熟再捞出,放入清水盆中浸凉后,捞出沥水即成。

(5)预冷和冻结　煮熟后的肉丸进入预冷室预冷,预冷温度 0~4℃。预冷入速冻库冻结,使产品温度迅速降至 -15℃ 以下。

(6)检验和包装　产品检查合格后,薄膜小袋包装,再按要求装若干小袋为一箱。

(7)检验冷藏　根据规定的指标进行检验,合格产品在 -18℃ 以下的冷库中冷藏。

三、羊肉串

随着人们对健康的重视和对环保意识的加强,街头吃烧烤的少了,而包装精美羊肉串产品走进千万个家庭,在家里就可以吃上羊肉串,不仅味道鲜美,而且环保卫生。

(一)工艺流程

羊腿肉丁(冻品)→解冻→切丁→(加入香辛料,冰水)真空滚揉→腌渍→穿串→速冻→包装→入库。

(二)配方

羊腿肉丁 70 kg,冰水 20 kg,羊油丁 5 kg,食盐 1.3 kg,白砂糖 0.6 kg,复合磷酸盐

0.25 kg,味精 0.3 kg,I+G 0.03 kg,白胡椒粉 0.16 kg,孜然粉 1 kg,孜然精油 0.2 kg,羊肉香精 S5001,花椒精油 0.2 kg,辣椒粉 0.5 kg 等。

(三)操作要点

1.解冻

将经兽医检验合格的羊腿肉,拆去外包装纸箱及内包装塑料袋,放在解冻室不锈钢案板上自然解冻至肉中心温度−2℃。

2.切丁

将羊肉切成 3 g 大小的肉丁。

3.真空滚揉腌制

将羊腿肉丁、香辛料和冰水放在滚肉机里,盖好盖子,抽真空(压力 0.08 MPa),正转 20 min,反转 20 min,共 40 min。在 0~4℃的冷藏间静止放置 12 h,以利于肌肉对盐水的充分吸收入味。

4.插签

将羊肉丁用竹签依次串联起来,要求规格在 30 g,把羊肥油丁穿在倒数第一个肉丁上,保持形状整齐完美。

5.速冻

羊肉串平铺在不锈钢盘上,注意不要积压和重叠,放进速冻机中速冻。速冻机温度 −35℃,时间 30 min。要求速冻后的中心温度−8℃以下,包装入库。

四、其他调理肉制品

(一)川香鸡柳

川香鸡柳是一种采用鲜鸡胸肉为原料,经过腌渍、穿签速冻的鸡肉调理肉制品。根据消费者的需求,口味多以香辣为主,食用时采用 170℃的油温油炸 3~5 min 即可,食用方便,外表鲜艳辣椒色,口感鲜香有筋道。另外,具有加工方便、设备投资少、保质期长、低温冷藏可达 12 个月、提高鸡肉的附加值 10%~40%等优点。

1.工艺流程

鸡胸肉→解冻→真空滚揉、腌制→插签→速冻→包装→入库。

2.基本配方

鸡胸肉 100 kg,冰水 20 kg,食盐 1.5 kg,白砂糖 0.6 kg,复合磷酸盐 0.2 kg,味精 0.3 kg,I+G 0.03 kg,白胡椒粉 0.16 kg,蒜粉 0.05 kg,其他香辛料 0.8 kg,鸡肉香精 0.2 kg。其他风味可在这个风味的基础上作调整,如香辣风味加辣椒粉 0.5 kg,孜然味加入孜然粉 0.8 kg,咖喱味加入咖喱粉 0.5 kg。

3.操作要点

(1)原辅料　原料采用整片鸡小胸,必须是经检疫、检验合格的产品,要求无血污、无碎骨、无毛等杂质。将鸡小胸边缘修平滑,整片呈现叶子状,并且每片重量在(32±1)g,要求修整完成肉温≤10℃,也可根据市场需求选择规格大小,脂肪含量应 10%以下。辅料有食盐、味精、白砂糖、鸡肉香精、香辛料、小麦粉、复合磷酸盐等。

(2)解冻　将鸡胸肉放置解冻间不锈钢案板上自然解冻至肉中心温度−2~2℃即可,表面温度 8℃以下,解冻时间不得超过 18 h。解冻间温度 18℃,解冻率夏天 50%,冬天 70%。

(3)真空滚揉腌制　将鸡小胸、香辛料和冰水放在滚肉机里,盖好盖子,抽真空(压力0.08 MPa),正转 20 min,反转 20 min,共 40 min。在 0~4℃的冷藏间静止放置 12 h,以利于肌肉对盐水的充分吸收入味。

(4)插签　竹签须先行用沸水煮制 5 min,消毒后方可进行插签。将腌渍好的鸡胸用15 cm 长的方形竹签串起来。注意竹签从鸡小胸长边中心整个穿过,鸡小胸串于竹签的中部位置,将肌肉尽量拉长,覆盖尽可能多的竹签。串好的川香鸡柳分层放置于盘中,每盘不得超过 2 层,每层之间以塑料布隔开,同一层内川香鸡柳串要求统一方向进行放置,并不得相互挤挨。

(5)速冻　将平铺于不锈钢盘中的鸡柳放进速冻机中速冻,注意不要积压和重叠。速冻机温度-35℃,时间 30 min,至川香鸡柳成为硬块,要求速冻后中心温度-18℃以下。

(6)包装入库　速冻好的川香鸡柳入包装间迅速进行包装。采用塑料包装袋,封口机密封后打印生产日期、重量,包装后即时送入-18℃冷库保存,产品自包装至入库时间不得超过30 min,包装间要求环境温度≤18℃。

(7)入库　在-18℃冷库中贮存。

4.川香鸡柳产品标准

产品必须具有该产品应有的色泽,色泽良好,不变色;符合该产品应有的组织要求;烹饪、加热后具有该产品特有的香气,无异味;无毛发、甲壳、碎骨、金属等杂质混入。

(二)骨肉相连

骨肉相连是一款新口味的休闲产品,是将新鲜的鸡腿肉加上鸡胸部的脆嫩软骨用特别的香辣调料腌制,滚揉后串上竹签,一串上有多块软骨、多块鸡肉,再经速冻而成。味道有些辣,还有淡淡的甜味。

1.加工工艺流程

选料→解冻→修整→滚揉、腌制→穿签→速冻→包装→储存。

2.操作要点

(1)选料　原料采用冻或鲜鸡腿肉和鸡胸软骨,原料应来自非疫区,必须是经动检检疫和品控人员检验合格的产品,要求无血污、无碎骨、无毛等杂质。

(2)解冻　18℃解冻间内自然解冻,解冻率夏天 50%,冬天 70%,要求产品中心温度在-2~2℃,表面温度 8℃以下,解冻时间不得超过 18 h。也可采用流水解冻的方式,流水温度应低于 15℃,同时浸出肉体内的瘀血及软骨上的杂质。将解冻好的鸡腿肉和软骨用清水冲洗干净备用。

(3)修整　鸡胸软骨切块,每整块鸡胸软骨视其大小切为 2~3 小块,要求每小块重量大致相同。鸡肉切块,要求肉纤维方向作为肉块的长度方向,且每片厚度≤5 mm、宽度≤15 mm,要求修整完成肉温≤10℃。也可将鸡腿肉和软骨切成 2 cm 左右的小块。

(4)滚揉、腌制　将修整好的鸡肉、鸡胸软骨、水、腌制辅料一同放入滚揉机内,采用真空滚揉,真空度 0.08 MPa,可确保盐水快速向肉块渗透,有助于清除肉块中的气泡。滚揉方式为间歇滚揉,转速为低速,一般为 8~10 r/min,滚揉 10 min 停 10 min,滚揉时间共计 50 min。滚揉完毕后,将鸡腿肉和软骨放入腌制容器内腌制。腌制间内 0~4℃,静腌 1~2 h。使料液在鸡腿肉内逐步渗透均匀,使鸡腿肉和软骨达到入味、嫩化的目的。

(5)穿签　穿串用竹签须先行用沸水煮制 5 min 消毒后方可进行穿串。将腌好的鸡腿肉和软骨全拿出来,将鸡肉块和鸡胸软骨块相间着穿到竹签上,每块鸡胸软骨必须夹在两块鸡肉中间,不可穿于竹签的头尾位置,整个肉串要求前不露签头,如是刀把签则应串至刀把处,如是普通竹签则应保留 50～35 mm 的签尾外露。穿好的骨肉相连分层放置于盘中,每盘不得超过2 层,每层之间以塑料布隔开,同一层内骨肉相连要求统一方向进行放置,并不得相互挤挨。

(6)速冻　将装盘好的骨肉相连放入速冻库进行速冻,－30℃速冻至骨肉相连成为硬块、中心温度≤－18℃时结束速冻。

(7)包装　速冻好的骨肉相连入包装间迅速进行包装,对使用过的塑料布要待其解冻后进行冲洗干净方可再次使用,产品包装袋日期打印规范、清晰准确。产品无须进行抽真空处理。包装间内积压时间不得超过 0.5 h,不能及时包装完毕的产品务必放回速冻库以保持温度,包装间要求环境温度≤18℃。

(8)储存　在－18℃冷库中贮存。

3.产品质量标准

产品外表橙红色,光润鲜亮,表面可见黑胡椒碎粒。骨和肉连得很紧,肌肉切面有光泽。肉质鲜嫩多汁,有软骨的脆、腿肉的香嫩,集香味、甜味、辣味于一体,无异味。

复习思考题

1.什么是调理肉制品?

2.我国调理肉制品有哪些种类? 各有什么特点?

3.简答牛排的加工工艺及操作要点。

4.简答肉丸的加工工艺及操作要点。

5.阐明我国调理肉制品发展现状及存在问题。

第二篇
乳品工艺学

第七章
乳的成分及性质

【目标要求】

1. 掌握乳的组成及化学性质；

2. 掌握乳的物理性质及应用；

3. 了解异常乳的分类、产生原因及处理方法。

第一节　乳的概念及组成

一、乳的概念

乳是哺乳动物为哺育幼儿从乳腺分泌的一种白色或稍带黄色、不透明的具有胶体性质的液体。它含有幼儿生长发育所需要的全部营养成分,是哺乳动物出生后最易消化吸收的全价食物。

二、乳的组成

在众多畜乳中以牛乳的产量最多,是乳品加工业的主要原料,一般不作特殊说明的情况下,均指的是牛乳。但在一些特殊地区,其他动物乳是当地居民重要的动物蛋白和其他营养素的来源。例如,在地中海国家和亚洲的很多地区,绵羊是重要的产乳动物。另外,在一些乳、肉生产缺乏地区,山羊的作用也不容忽视。表 7-1 为不同品种的动物乳及其组成成分。

表 7-1　不同品种的动物乳及其组成成分　　%

动物	蛋白质总量	酪蛋白	乳清蛋白	脂肪	碳水化合物	灰分
人	1.2	0.5	0.7	3.8	7.0	0.2
马	2.2	1.3	0.9	1.7	6.2	0.5
乳牛	3.5	2.8	0.7	3.7	4.8	0.7
水牛	4.0	3.5	0.5	7.5	4.8	0.7
山羊	3.6	2.7	0.9	4.1	4.7	0.8
绵羊	5.8	4.9	0.9	4.9	4.5	0.8

1. 正常牛乳的组成

牛乳的成分十分复杂,其中至少含有上百种化学成分,主要包括水分、脂肪、蛋白质、乳糖、盐类、维生素、酶类及气体等。正常牛乳中各种成分的组成大体上是稳定的,但也受乳牛的品种、个体、地区、泌乳期、畜龄、挤乳方法、饲料、季节、环境、温度及健康状态等因素的影响而有差异,其中变化最大的是乳脂肪,其次是蛋白质,乳糖及灰分的含量则相对比较稳定。

牛乳的成分可概括为图 7-1,牛乳的基本组成如表 7-2 所示,其更详细的成分见表 7-3。

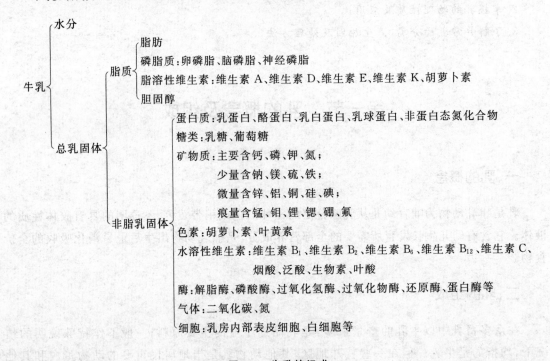

图 7-1　牛乳的组成

表 7-2　牛乳基本组成及含量　　%

项目	水分	总乳固体	脂肪	蛋白质	乳糖	无机盐
变化范围	85.5~89.5	10.5~14.5	2.5~6.0	2.9~5.0	3.6~5.5	0.6~0.9
平均值	87.5	13.0	4.0	3.4	4.8	0.8

表 7-3 牛乳主要化学成分及含量

成分	每升乳中的质量	成分	每升乳中的质量
1.水分	860～880 g	重碳酸盐	0.20 g
2.乳浊相中的脂质		硫酸盐	0.10 g
乳脂肪(三酸甘油酯)	30～50 g	乳酸盐	0.02 g
磷脂质	0.30 g	(3)水溶性维生素	
固醇类	0.1 g	维生素 B_1	0.4 mg
类胡萝卜素	0.10～0.60 mg	维生素 B_2	1.5 mg
维生素 A	0.10～0.50 mg	烟酸	0.2～1.2 mg
维生素 D	0.4 μg	维生素 B_6	0.7 mg
维生素 E	1.0 mg	泛酸	3.0 mg
3.悬浊相中的蛋白质		生物素	50 μg
酪蛋白(α,β,γ)	25 g	叶酸	1.0 μg
β-乳球蛋白	3 g	胆碱	150 mg
α-乳白蛋白	0.7 g	维生素 B_{12}	7.0 μg
乳浆白蛋白	0.3 g	肌醇	180 mg
优球蛋白	0.3 g	维生素 C	20 mg
拟球蛋白	0.3 g	(4)非蛋白维生素态氮(以 N 计)	250 mg
其他球蛋白、白蛋白	1.3 g	氨态氮	2～12 mg
脂肪球膜蛋白质	0.2 g	胺基氮	3.5 mg
酶类	—	尿素态氮	100 mg
4.可溶性物质		肌酸、肌酐态氮	15 mg
(1)碳水化合物		尿酸	7 mg
乳糖	45～50 g	维生素 B_{13}	50～100 mg
葡萄糖	50 mg	马尿酸	30～60 mg
(2)无机、有机离子或盐		尿靛素	0.3～2.0 mg
钙	1.25 g	(5)气体	
镁	0.10 g	二氧化碳	100 mg
钠	0.50 g	氧	7.5 mg
钾	1.50 g	氮	15.0 mg
磷酸盐(以 PO_4^{3-} 计)	2.10 g	(6)其他	0.10 g
柠檬酸盐(以柠檬酸计)	2.00 g	5.微量元素	
氯化钠	1.00 g	Li、Ba、Sr、Mn、Al 等	

2. 影响泌乳量及乳成分的因素

（1）品种　奶牛品种不同，其遗传性也不一样，产奶量自然也就不同。其中荷斯坦牛产奶量最高，平均 305 d 产奶量高达 7 000 kg。

（2）年龄　年龄对产奶量影响很大，初产时乳腺与体躯正在发育，所以产奶量少，到了 6 岁左右，发育成熟，产奶量最高，到了 15～16 岁，机体衰老，机能减退，产奶量又下降了。

（3）日挤奶次数　一般每日 2 次或 3 次挤奶。目前多采用 2 次挤奶。3 次挤奶比 2 次挤奶可多产 10%～25% 奶，有时因个体而有差异。总之，挤一次奶是不合适的，等于在逐渐停奶，使奶牛产奶减少。

（4）营养　奶牛的饲料与营养对产奶量及其成分起着重要作用。奶牛在怀孕中应给予必要的营养，使其储存足够的能量、矿物质等，以备产奶时利用。产奶阶段按其产奶量、乳成分以及体重等科学合理地进行饲养，是提高产奶量的关键。

（5）管理　牛群的产奶量常有忽高忽低的情况，这是管理问题，对于过去的产奶量应有很好的记录，并应经常与目前产奶量进行对比，研究牛群配合饲料有无问题，其他有关的方面又如何。个体奶牛同样有忽上忽下的情况，如生病会使奶牛产奶量下降，例如酸中毒、蹄叶炎或跛行等，再如奶牛受热、受惊、角斗、抢食、挤奶不当等，从干奶到产奶日粮的过渡不合理，饲料突然转换等等都会降低产奶量。所以要从产奶检查管理，以管理促进产奶。

（6）产犊季节　季节和气温也是一个影响因素。奶牛产奶要求有适宜的环境和季节温度，具体到我国大部分地区，冬季和早春比较宜于产奶，荷斯坦牛最适宜的温度是 10～16℃，气温超过 26℃，采食量下降（下降是为了减少体热的产生），采食量下降了产奶量自然也就下降了。对于耐热的娟姗牛和瘤牛，气温超过 29℃ 与 32℃ 时，产奶量才下降。通常情况下，12、1、2、3 月份产奶量高，4、5、6、9、10、11 月份的产奶量稍低，而 7、8 月份最低。我国南方地处亚热带，闷热的气候对产奶影响很大，主要宜选择在 12 至翌年 4 月份产犊。

此外，延长干乳期可增加奶量，产后配种日期的迟早（以 85 d 为标准）也会影响产奶量，少于 85 d 就会减产，多于 85 d 就可增产。但如能严格地控制 365 d 左右的产犊间隔，即产后 85 d 授精。干乳期为 60 d，那么增减产奶量的影响就很小了。前乳区与后乳区的挤奶量有些差异，一般说，前乳区约产 40%，后乳区产 60% 奶。

三、乳的分散体系

牛乳是一种复杂的胶体分散体系，这个分散体系中分散介质是水，分散质有乳糖、无机盐类、蛋白质、脂肪、气体等。各种分散质的分散度差异很大，其中乳糖、水溶性盐类呈分子或离子状态溶于水中，其微粒直径小于或接近 1 nm，形成真溶液；乳白蛋白及乳球蛋白呈大分子态，其微粒直径为 15～50 nm，形成典型的高分子溶液；酪蛋白在乳中形成酪蛋白酸钙-磷酸钙复合体胶粒，胶粒平均直径约 100 nm，从其结构、性质和分散度来看，它处于一种过渡状态，属胶体悬浮液范畴；乳脂肪呈球状，直径 100～10 000 nm，形成乳浊液。乳中含有的少量气体，部分以分子状态溶于牛乳中，部分气体经搅动后在乳中形成泡沫状态。所以，牛乳不是一种简单的分散体系，而是包含着真溶液、高分子溶液、胶体悬浮液、乳浊液及其种种过渡状态的复杂的、具有胶体特性的多级分散体系（图 7-2）。

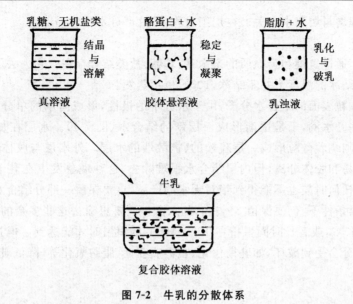

图 7-2 牛乳的分散体系

四、牛乳加工后各组分的名称

没有经过离心分离加工的牛乳称为全脂乳；牛乳经离心分离处理，分离出来的含脂肪部分，称为稀奶油，剩下的称为脱脂乳。

牛乳加酸或凝乳酶后生成以酪蛋白和脂肪为主要成分的凝乳，除去酪蛋白和脂肪后所剩的透明黄色液体称为乳清，其中含有水、乳糖、可溶性乳清蛋白、矿物质、水溶性维生素等。牛乳加工后各组分的名称见图 7-3。

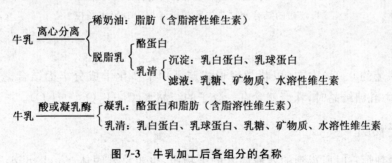

图 7-3 牛乳加工后各组分的名称

第二节 乳的化学性质

一、水分

水分是乳的主要组成部分，占 87%～89%，主要以游离水和结合水的形式存在。

1. 游离水

又叫自由水，占水分总量的 97% 左右。它是乳汁中各种溶解性物质的分散剂，许多理化过程和生物学过程均与游离水有关。在加工过程中,这部分水很容易除去。

2.结合水

占 2%～3%,通过氢键和蛋白质的亲水基、乳糖、盐类结合存在。它失去了溶解其他物质的能力,在通常水结冰的温度下并不结冰,100℃也不蒸发。

存在于胶体颗粒表面的结合水分子,由于水分子的极性,形成向水的单分子层,在单分子层上又吸附着一些微水滴,于是逐渐形成一层新的结合水(图 7-4)。水层在加厚时胶粒越来越不能支持,结果围绕着微粒形成一层疏松的、扩散性的水层。外水层与胶体表面联结很弱,因此温度高时,容易和胶体分离,但内层结合水很难除去,这种现象发生在乳干燥过程中。因此,在乳粉生产中任何时候也不能得到绝对无水的产品,总要保留一部分结合水。即使在良好的喷雾或滚筒干燥条件下,仍要保留 3% 左右的水分。而要想除去这些多余的水分,只有借助于加热到 150～160℃,或者长时间保持在 100～105℃ 的恒温时才能达到。但是乳粉受长时间高温处理后,乳成分会受到破坏,如乳糖焦化、蛋白质变性、脂肪氧化等,降低乳粉的营养价值。

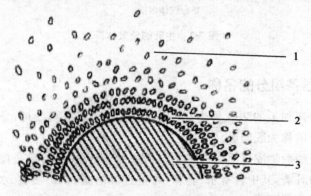

图 7-4 乳蛋白胶体颗粒表面结合水的分布
1.疏松的结合水层 2.水单分子层 3.胶体颗粒

3.结晶水

占水分总量的 0.2% 左右,以化学键形式与乳中某些化学成分牢固结合。例如奶粉、炼乳、乳糖产品中乳糖结晶时,乳糖就含有一分子的结晶水($C_{12}H_{22}O_{11} \cdot H_2O$)。

二、乳干物质

将乳干燥到恒重时所得到的残渣叫乳的干物质,也叫总乳固体(total solid,TS)。牛的常乳中干物质含量为 11%～13%。除干燥时水及随水蒸气挥发的物质外,干物质中含有乳的全部成分。它包括脂肪(fat,F)和非脂乳固体(solid of non-fat,SNF),非脂乳固体指的是除脂肪以外的其他所有乳固体成分,又叫无脂干物质。干物质实际上说明乳的营养价值,在生产中计算产品得率时,都需要干物质(或无脂干物质)这一指标。

(一)乳脂肪

乳脂肪(milk fat or butter fat)是牛乳的主要成分之一,对牛乳风味起重要的作用,在乳中的含量一般为 3%～5%。乳脂肪不溶于水,呈微细球状分散于乳中,形成乳浊液。

1.脂肪球的结构及其存在状态

(1)乳脂肪的结构 乳脂肪球在显微镜下观察为圆球形或椭圆球形,表面被一层 5～

10 nm 厚的膜所覆盖,称为脂肪球膜(图 7-5),脂肪球膜主要由蛋白质、磷脂、甘油三酯、胆甾醇、维生素 A、金属及一些酶类构成,同时还有盐类和少量结合水。其中起主导作用的是卵磷脂-蛋白质的络合物,它们有层次地定向排列在脂肪球与乳浆的界面上,使脂肪球能稳定地存在于乳中。磷脂是极性分子,其疏水基朝向脂肪球的中心,与甘油三酯结合形成膜的内层,磷脂的亲水基向外朝向乳浆,连着具有强大亲水基的蛋白质,构成了膜的外层。脂肪球膜具有保持乳浊液稳定的作用,即使脂肪球上浮分层,仍能保持着脂肪球的分散状态,在机械搅拌或化学物质作用下,脂肪球膜遭到破坏后,脂肪球才会互相聚结在一起。因此,可以利用这一原理生产奶油和测定乳的含脂率。

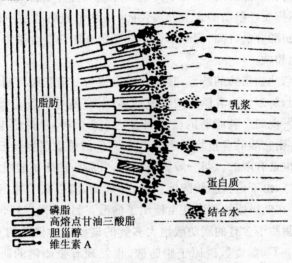

图 7-5　脂肪球膜的结构示意图

　　乳中的磷脂类近 0.1%,一般为 0.072%～0.086%,包括卵磷脂、脑磷脂和神经磷脂三种,其中意义最大为卵磷脂,量为 0.036%～0.049%,它是构成脂肪球膜蛋白质络合物的主要成分。

　　(2)乳脂肪的存在状态　乳脂肪不溶于水,呈微细球状分散于乳浆中,形成乳浊液。乳脂肪球的大小依乳牛的品种、个体、健康状况、泌乳期、饲料及挤乳情况等因素而异,通常直径约为 0.1～10 μm,其中以 3 μm 左右者居多。每毫升的牛乳中有 20 亿～40 亿个脂肪球。乳脂肪的相对密度为 0.93,将牛乳放在一容器中静置一段时间后,乳脂肪球逐渐上浮,形成一脂肪层,称为稀奶油层。脂肪球的上浮速度可近似地用斯托克斯公式表示:

$$脂肪球上浮速度\ v=\frac{2gr^2(\rho_b-\rho_a)}{9\eta}$$

式中:g 为重力加速度,981 cm/s^2;r 为脂肪球的半径,cm;ρ_b 为脱脂乳密度,g/cm^3;ρ_a 为脂肪球密度,g/cm^3;η 为脱脂乳黏度,Pa·s。

　　从上式可知,脂肪球的上浮速度与脂肪球半径的平方成正比。脂肪球的直径越大,上浮的速度就越快,故大脂肪球含量多的牛乳,容易分离出稀奶油;而脂肪球越小,则越不容易被分离。当脂肪球的直径接近 1 μm 时,脂肪球基本不上浮,所以生产中可将牛乳进行均质处理,击碎脂肪球从而得到长时间不分层的稳定产品。所以脂肪球的大小对乳制品加工的意义很大。

2.乳脂肪的组成及理化性质

乳中脂类包括:甘油三酸酯、甘油二酸酯、单酸甘油酯、脂肪酸、甾醇、胡萝卜素(脂肪中的黄色物质)、维生素(A、D、E、K)、磷脂和其余一些痕量物质。其中主要形式是甘油三酸酯。

乳中的脂肪酸可分为3类:第一类为水溶性挥发性脂肪酸,例如丁酸、乙酸、辛酸、己酸和癸酸等,其含量较其他动植物脂肪高出几倍。第二类是非水溶性挥发性脂肪酸,例如十二碳酸(月桂酸)等;第三类是非水溶性不挥发性脂肪酸,例如十四碳酸、十六碳酸、十八碳酸、二十碳酸,十八碳烯酸和十八碳二烯酸等。乳脂肪的脂肪酸组成受饲料、营养、环境、季节等因素的影响。比如当乳牛饲料营养不充分时,则为了产乳而降低了自身脂肪量,结果会使牛乳中挥发性脂肪酸含量降低,而不挥发性脂肪酸含量升高,并且增加了脂肪酸的不饱和度。一般来说,夏季放牧期间不饱和脂肪酸含量升高,而冬季舍饲期则饱和脂肪酸含量增多,所以夏季加工的奶油其熔点比较低,质地较软。

牛乳脂肪具有反刍动物脂肪的特点,其脂肪酸组成与一般脂肪有明显的差别,牛乳脂肪的脂肪酸种类远较一般脂肪多。牛乳脂肪酸组成的多样性,是与反刍动物瘤胃中微生物的生物合成密切相关的。已发现的牛乳脂肪的脂肪酸多达100余种,从理论上讲能构成216 000种甘油酯,但实际上很多脂肪酸的含量均低于0.1%,它们的总量仅相当于全脂肪量的1%,实际检出的甘油酯的种类也是有限的。与一般脂肪相比,乳脂肪的脂肪酸组成中,水溶性挥发性脂肪酸的含量比例特别高,由于这些脂肪酸熔点低,易挥发,所以赋予乳脂肪特有的香味和柔润的质体,且易于消化。在低级脂肪酸中甚至检出了醋酸。另外,发现还含有$C_{20} \sim C_{26}$的高级饱和脂肪酸。一般天然脂肪中含有的脂肪酸绝大多数的碳原子为偶数的直链脂肪酸,而在牛乳脂肪中已证实含有$C_9 \sim C_{23}$的奇数碳原子脂肪酸,也发现有带侧链的脂肪酸。乳脂肪的不饱和脂肪酸主要是油酸,占不饱和脂肪酸总量的70%左右。

乳脂肪的组成与结构决定其理化性质,表7-4是乳脂肪的理化常数。

表7-4 乳脂肪的主要理化常数

项目	指标	项目	指标
相对密度(15℃)	0.935~0.943	水溶性挥发性脂肪酸(赖克特-辽斯尔值)	21~36
熔点/℃	28~38		
凝固点/℃	15~25	非水溶性挥发性脂肪酸(波伦斯克值)	1.3~3.5
折射率(n_D^{25})	1.459~1.462		
皂化值	218~235	丁酸值	16~24
碘值	21~36	不皂化值	0.31~0.42
酸值	0.4~3.5		

3.乳脂肪的特性

(1)乳脂肪易受光、空气中的氧、热、金属铜、铁作用而氧化,从而发生脂肪氧化味。

(2)乳脂肪易在解脂酶及微生物作用下而发生水解,水解结果使酸度升高。由于乳脂肪含低级脂肪酸较多,尤其是含有酪酸(丁酸),故即使轻度水解也能产生特别的刺激性气味,即所谓的脂肪分解味。

（3）乳脂肪易吸收周围环境中的其他气味，如饲料味、牛舍味、柴油味等。

（4）乳脂肪在 5℃ 以下呈固态，11℃ 以下呈半固态，超过 28～38℃ 呈液态。

（二）乳蛋白质

乳蛋白质（milk protein）是乳中最重要的营养成分。牛乳的含氮化合物中 95％ 为乳蛋白质，含量为 3.0％～3.5％，分为酪蛋白（casein，CN）和乳清蛋白（whey protein，WP）两大类，另外还有少量脂肪球膜蛋白质。除了乳蛋白质外，还有约 5％ 非蛋白态含氮化合物，如氨、游离氨基酸、尿素、尿酸、肌酸及嘌呤碱等。这些物质基本上是机体蛋白质代谢的产物，通过乳腺细胞进入乳中。另外还有少量微生物态氮。

牛乳蛋白质中所含氨基酸组成大致如表 7-5 所示。

表 7-5　牛乳蛋白中重要氨基酸组成

氨基酸名称	质量分数/％	氨基酸名称	质量分数/％
缬氨酸（Valine）	7.3	苯丙氨酸（Phenylalanine）	6.0
亮氨酸（Leucine）	10.2	色氨酸（TryptopHan）	1.5
异亮氨酸（Isoleucine）	7.3	酪氨酸（Tyrosine）	6.0
羟丁氨酸（Threonine）	4.6	精氨酸（Arginine）	3.8
甲硫氨酸（Methionine）	3.2	组氨酸（Histidine）	2.6
胱氨酸（Cystine）	0.9	赖氨酸（Lysine）	7.1

1.酪蛋白

在温度 20℃ 时调节脱脂乳的 pH 至 4.6 时沉淀的一类蛋白质称为酪蛋白（casein），占乳蛋白总量的 80％～82％。酪蛋白不是单一的蛋白质，而是由 αs-、k-、β- 和 γ-酪蛋白组成。酪蛋白是典型的含磷蛋白质，这四种酪蛋白的区别就在于它们含磷量的多寡。αs-酪蛋白含磷多，故又称磷蛋白。含磷量对皱胃酶的凝乳作用影响很大。γ-酪蛋白含磷量极少，因此，它几乎不能被皱胃酶凝固。在制造干酪时，有些乳常发生软凝块或不凝固现象，就是由于蛋白质中含磷量过少的缘故。酪蛋白虽是一种两性电解质，但其分子中含有的酸性氨基酸远多于碱性氨基酸，因此具有明显的酸性。

乳中的酪蛋白与钙结合生成酪蛋白酸钙，再与胶体状的磷酸钙结合形成酪蛋白酸钙—磷酸钙复合体（calcium casemate-calcium phosphate complex），以呈球微胶粒的形式存在于牛乳中，其胶粒直径在 10～300 nm 变化，一般 40～160 nm 占大多数。每毫升牛乳中含有 $(5～15) \times 10^{12}$ 个胶粒。此外，酪蛋白微胶粒中还含有镁等物质。

酪蛋白有以下几点化学性质：

①酸沉淀　酪蛋白胶粒对 pH 的变化很敏感。当脱脂乳的 pH 降低时，酪蛋白微胶粒中的钙与磷酸盐就逐渐游离出来。当 pH 达到酪蛋白的等电点 4.6 时，就会形成酪蛋白沉淀。干酪素生产就是依据这个原理。为使酪蛋白沉淀，工业上一般使用盐酸。同理，如果由于乳中的微生物作用，使乳中的乳糖分解为乳酸，从而使 pH 降至酪蛋白的等电点时，同样会发生酪蛋白的酸沉淀，这就是牛乳的自然酸败现象。酪蛋白的酸凝固过程以盐酸为例，可表示为：

$$酪蛋白酸钙[Ca_3(PO_4)_2] + 2HCl \longrightarrow 酪蛋白 \downarrow + 2Ca(H_2PO_4)_2 + CaCl_2$$

由于加酸程度不同,酪蛋白酸钙-磷酸钙复合体中钙被酸取代的情况也有差异,当牛乳中加酸后 pH 达 5.2 时,磷酸钙现行分离,酪蛋白开始沉淀,继续加酸使 pH 达到 4.6 时,钙又从酪蛋白钙中分离,游离的酪蛋白完全沉淀,如图 7-6 所示。在加酸凝固时,酸只和酪蛋白酸钙、磷酸钙作用,所以除了酪蛋白外,白蛋白、球蛋白都不起作用。

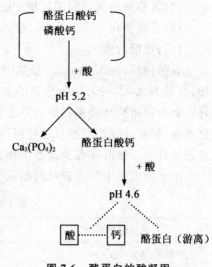

图 7-6　酪蛋白的酸凝固

②凝乳酶凝固　牛乳中的酪蛋白在皱胃酶等凝乳酶的作用下会发生凝固,工业上生产干酪就是利用此原理。酪蛋白在皱胃酶的作用下水解为副酪蛋白后者在钙离子等二价阳离子存在下形成不溶性的凝块,这种凝块叫作副酪蛋白钙,其凝固过程如下:

$$酪蛋白酸钙+皱胃酶 \longrightarrow 副酪蛋白钙 \downarrow +$$
$$乳清蛋白+皱胃酶$$

③盐类及离子对酪蛋白稳定性的影响　乳中的酪蛋白酸钙—磷酸钙胶粒容易在氯化钠或硫酸铵等盐类饱和溶液或半饱和溶液中形成沉淀,这种沉淀是由于电荷的抵消与胶粒脱水而产生。

酪蛋白酸钙-磷酸钙粒子,对于其体系内二价的阳离子含量的变化也很敏感。钙或镁离子能与酪蛋白结合,而使粒子形成凝集作用。故钙离子与镁离子的浓度影响着胶粒的稳定性。由于乳汁中的钙和磷呈平衡状态存在,所以鲜乳中的酪蛋白微粒具有一定的稳定性。当向乳中加入氯化钙时,则能破坏平衡状态,因此在加热时使酪蛋白发生凝固现象。试验证明,在 90℃ 时加入 0.12%～0.15% 的 $CaCl_2$ 即可使乳凝固。

利用氯化钙凝固乳时,乳中蛋白质总含量 97% 可以被利用。这几乎比酸凝固法高 5%,比皱胃酶凝固法约高 10% 以上。乳汁在加热时,氯化钙的作用不仅能够使酪蛋白完全分离,而且也能够使乳清蛋白等分离。在这方面利用氯化钙沉淀乳蛋白质,要比其他沉淀法有较显著的优点。

此外,利用氯化钙沉淀所得到的蛋白质,一般都含有大量的钙和磷。所以钙凝固法,不论在脱脂乳蛋白质的综合利用方面,或是在有价值的矿物质(钙和磷)的利用方面,都比目前生产食用酪蛋白所采用的酸凝固法和皱胃酶凝固法优越得多。

2. 乳清蛋白

乳清蛋白是指 pH 4.6 沉淀酪蛋白后,溶解于乳清中的蛋白质,占乳蛋白质的 18%～20%。乳清蛋白质中有对热不稳定的各种乳白蛋白和乳球蛋白,及对热稳定的脉及陈。

(1)热不稳定的乳清蛋白质　调节乳清 pH 至 4.6～4.7 时,煮沸 20 min,发生沉淀的一类蛋白质为热不稳定的乳清蛋白,约占乳清蛋白的 81%。包括乳白蛋白和乳球蛋白。

乳白蛋白:是指中性乳清中,加饱和硫酸铵或饱和硫酸镁盐析时,呈溶解状态而不析出的蛋白质。乳白蛋白约占乳清蛋白的 68%。乳白蛋白又包括 α-乳白蛋白(约占乳清蛋白的 19.7%)、β-乳球蛋白(约占乳清蛋白的 43.6%)和血清白蛋白(约占乳清蛋白的 4.7%)。乳白蛋白中最主要的是 α-乳白蛋白,它在乳中以 1.5～5.0 μm 直径的微粒分散在乳中,对酪蛋白起保护胶体作用。这类蛋白在常温下不能用酸凝固,但在弱酸性时加温即能凝固。该类蛋白不含磷,但含丰富的硫,且不能被皱胃酶凝固。

乳球蛋白:中性乳清加饱和硫酸铵或饱和硫酸镁盐析时,能析出的乳清蛋白即为乳球蛋白。约占乳清蛋白的 13%。乳球蛋白又包括真球蛋白(约占乳清蛋白的 5.2%)和假球蛋白(约占乳清蛋白的 4.8%)。这两种蛋白质与乳免疫性有关,即具有抗原作用,故又称为免疫球蛋白。初乳中的免疫球蛋白含量比常乳高。

(2)对热稳定的乳清蛋白　这类蛋白包括蛋白脉和蛋白胨,约占乳清蛋白的 19%。

3.脂肪球膜蛋白质

脂肪球膜蛋白质是吸附于脂肪球表面的蛋白质与酶的混合物,其中含有脂蛋白、碱性磷酸酶和黄嘌呤氧化酶等。这些蛋白质可以用洗涤和搅拌稀奶油的方法将其分离出来。在脂肪球膜蛋白中包括有卵磷脂,因此也称磷脂蛋白。在脂肪球膜蛋白中含有大量的硫,当稀奶油进行高温巴氏杀菌时,在风味方面起着很大的作用。在脂肪球膜蛋白质中还含有卵磷脂,卵磷脂在细菌性酶的作用下形成带有鱼腥味的三甲胺而被破坏。

脂肪球膜蛋白由于受细菌性酶的作用而产生的分解现象,是奶油在贮藏时风味变劣的原因之一。在加工奶油时,大部分脂肪球膜物质集中于酪乳中。故酪乳不仅含有蛋白质,而且含有丰富的卵磷脂,因此酪乳最好制成酪乳粉而加以利用。

(三)乳糖

乳糖(lactose)是哺乳动物乳汁中特有的糖类。牛乳中约含有乳糖 4.6%～4.7%,占干物质的 38%～39%。乳糖在乳中全部呈溶解状态,其甜度约为蔗糖的 1/6,乳的甜味主要由乳糖引起。

1.乳糖的结构及种类

乳糖为 D-葡萄糖与 D-半乳糖以 β-1,4 键结合的双糖,又称为 1,4-半乳糖苷葡萄糖。因其分子中有醛基,属还原糖。由于 D-葡萄糖分子中游离苷羟基的位置不同,乳糖有 α-乳糖和 β-乳糖两种异构体,其结构如图 7-7 所示。α-乳糖很易与一分子结晶水结合,变为 α-乳糖水合物,所以乳糖实际上共有三种:α-乳糖水合物、α-乳糖无水物、β-乳糖(全部为无水物)。

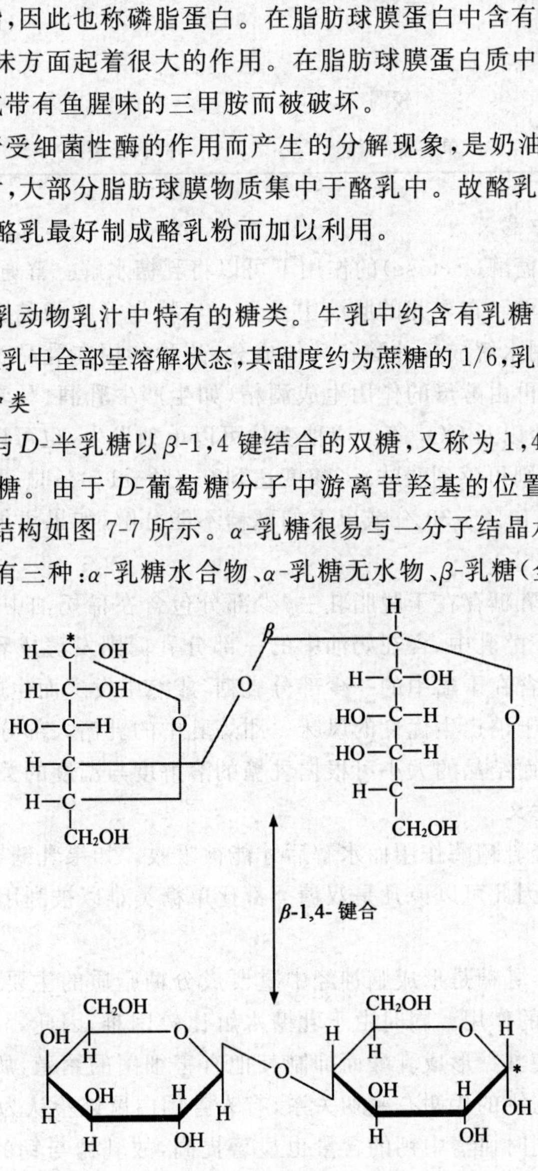

β-1,4- 键合

图 7-7　乳糖的结构式

* 为游离苷羟基

2. 乳糖的性质

乳糖异构体的特性见表7-6。乳糖远较麦芽糖难溶于水,饱和溶液在15℃时为14.5%,25℃时为17.8%。乳糖被酸水解的作用较蔗糖及麦芽糖弱。

表7-6 乳糖异构体的特性

项目	α-乳糖水合物	α-乳糖无水物	β-乳糖无水物
制法	乳糖浓缩液在93.5℃以下结晶	α-乳糖水合物减压加热或无水乙醇处理	乳糖浓缩液在93.5℃以上结晶
熔点/℃	201.6	222.8	252.2
比旋光度$[α]_D^{20}$	+86.0	+86.0	35.5
溶解度/(g/100 mL),20℃	8	—	55
甜味	较弱	—	较强
晶形	单斜晶三棱形	针状三菱形	金刚石形、针状三菱形

3. 乳糖在乳品加工中意义

与酸水解一样,在乳糖酶(lactase)的作用下可以将乳糖水解。普通的酶不能使乳糖水解,乳糖酶能使乳糖水解成单糖(在婴儿的肠液中及兔、羊、犊牛等的肠黏膜中含有乳糖酶),然后再经各种微生物等的作用水解成各种酸和其他成分,这种作用在乳品工业上有很大意义。例如,当乳糖水解成单糖后再由酵母的作用生成酒精(如生产牛乳酒、马乳酒);也可以由细菌的作用生成乳酸、醋酸、丙酸以及CO_2等。这种变化可以单独发生,也可以同时发生。牛乳中乳酸达0.25%~0.30%时则可感到酸味;当酸度达到0.8%~1.0%时,乳酸菌的繁殖停止。通常乳酸发酵时,牛乳中有10%~30%或以上的乳糖不能分解,如果添加中和剂则可以全部发酵成乳酸。

分离奶油时,大部分乳糖存在于脱脂乳中,少部分包含在稀奶油中。稀奶油中的乳糖,在制造奶油时大部分留存在酪乳中,含在奶油中的一部分乳糖则发酵成乳酸。干酪生产时乳糖大部分留存在乳清中,包含在干酪中的一少部分乳糖,成熟中发酵而生成乳酸。由于乳酸的形成抑制了杂菌的繁殖,使干酪产生优良的风味。甜炼乳中的乳糖大部分呈结晶状态,结晶的大小直接影响炼乳的口感,而结晶的大小可根据乳糖的溶解度与温度的关系加以控制。

4. 乳糖在营养上的意义

乳糖在消化器官内经乳糖酶作用而水解后才能被吸收。如果乳糖直接注射于血管或皮下时,则完全从尿中排出。因此可以说凡是双糖类都比单糖类难以被利用,而单糖类中半乳糖最难被利用。

乳糖水解后产生的半乳糖是形成脑神经中重要成分糖脂质的主要来源,所以在婴儿发育旺盛期时,乳糖有很重要的作用。同时由于乳糖水解比较困难,因此一部分被送至大肠中,在肠内由于乳酸菌的作用使乳糖形成乳酸而抑制其他有害细菌的繁殖,所以对于防止婴儿下痢也有很大的作用。乳糖与钙的代谢有密切关系,有人曾用白鼠试验认为:如在钙中加入乳糖,可使钙的吸收率增加。同时血清中钙的含量也显著提高,故乳糖与钙的吸收有密切关系。此外,乳糖对于防止肝脏脂肪的沉积也有重要的作用。

乳糖对于初生婴儿是很适宜的糖类,有利于婴儿的脑及神经组织发育。但一部分人随着年龄增长,消化道内缺乏乳糖酶,不能分解和吸收乳糖,饮用牛乳后会出现呕吐、腹胀、腹泻等不适应症,称其为乳糖不适症(lactose intolerance)。在乳品加工中利用乳糖酶,将乳中的乳糖分解为葡萄糖和半乳糖;或利用乳酸菌将乳糖转化成乳酸,不仅可预防"乳糖不适应症",而且可提高乳糖的消化吸收率,改善制品口味。

5. 乳中其他糖类

乳中除了乳糖外还含有少量其他的碳水化合物。例如在常乳中含有极少量的葡萄糖(100 mL 含 4.08～7.58 mg),而在初乳中可达 15 mg/100 mL,分娩后经过 10 d 左右恢复到常乳中的数值。这种葡萄糖并非由乳糖的水解所生成,而是从血液中直接转移至乳腺内。除了葡萄糖以外,乳中还含有约 2 mg/100 mL 的半乳糖。另外,还含有微量的果糖、低聚糖(oligosaccharide)、己糖胺(hexosamine)。其他糖类的存在尚未被证实。

(四)乳中的无机物

牛乳中的无机物亦成为矿物质,是指除碳、氢、氧、氮以外的各种无机元素,主要有磷、钙、镁、氯、钠、硫、钾等,此外还有其他一些微量元素。通常牛乳中无机物的含量为 0.35%～1.21%,平均为 0.7%左右。牛乳中无机物的含量随泌乳期及个体健康状态等因素而异,主要无机物含量见表 7-7。

表 7-7 乳中的主要无机成分的含量 mg/100 mL 牛乳

项目	钾	钠	钙	镁	磷	硫	氯
乳样 1	158	54	109	14	97	5	99
乳样 2	135	56	108	13	96	—	105

乳中的矿物质大部分以无机盐或有机盐形式存在。其中以磷酸盐、酪酸盐和柠檬酸盐存在的数量最多。钠中的大部分是以氯化物、磷酸盐和柠檬酸盐的离子溶解状态存在。而钙、镁与酪蛋白、磷酸和柠檬酸结合,一部分呈胶态,另一部分呈溶解状态。磷是乳中磷蛋白、磷脂及有机酸酯的成分。

牛乳中的盐类含量虽然很少,但对乳品加工,特别是对热稳定性起着重要作用。牛乳中盐类平衡,特别是钙、镁等阳离子与磷酸、柠檬酸等阴离子之间的平衡,对于牛乳的稳定性具有非常重要的意义。当受季节、饲料、生理或病理等影响,牛乳发生不正常凝固时,往往是由于钙、镁离子过剩,盐类的平衡被打破的缘故。此时,可向乳中添加磷酸及柠檬酸的钠盐,以维持盐类平衡,保持蛋白质的热稳定性。生产酸性含乳饮料与淡炼乳时常常利用这种特性。

乳与乳制品的营养价值,在一定程度上受矿物质的影响。以钙而言,由于牛乳中的钙含量较人乳多 3～4 倍,因此牛乳在婴儿胃内所形成的蛋白凝块相对人乳比较坚硬,不易消化。为了消除可溶性钙盐的不良影响,可采用离子交换的方法,将牛乳中的钙出去 50%,从而使凝块变得柔软,便于消化。牛乳中铁的含量为 10～90 μg/100 mL,较人乳中少,故人工哺育幼儿时应补充铁。

(五)乳中的维生素

牛乳含有几乎所有已知的维生素,包括脂溶性维生素(如维生素 A、维生素 D、维生素 E、维生素 K)和水溶性维生素(如维生素 B_1、维生素 B_2、维生素 B_6、维生素 B_{12}、维生素 C)等两大类。特别是维生素 B_2 含量很丰富,维生素 D 的含量不多,作为婴儿食品时应予以强化。

　　泌乳期对乳的维生素含量有直接影响,如初乳中维生素 A 及胡萝卜素含量多于常乳中的。青饲期与舍饲期产的乳相比,前者维生素含量高。

　　牛乳中的维生素,有的来源于饲料中,如维生素 E;有的要靠乳牛自身合成,如 B 族维生素(瘤胃微生物合成)。牛乳中维生素含量如表 7-8 所示。

表 7-8　牛乳中各种维生素含量比较　　　　　　　　　　　mg/L

维生素	平均值	范围	维生素	平均值	范围
维生素 A	1.560	1.190~1.760	生物素	0.031	0.012~0.060
维生素 D	—	—	叶酸	0.002 8	0.000 4~0.006 2
硫胺素	0.44	0.20~2.80	维生素 B_{12}	0.004 3	0.002 4~0.007 4
核黄素	1.75	0.81~2.58	维生素 C	21.1	16.5~27.5
尼克酸	0.94	0.30~2.00	胆碱	121	43~218
维生素 B_6	0.64	0.22~1.90	肌醇	110	60~180
泛酸	3.46	2.60~4.90			

　　牛乳中维生素的热稳定性各有不同,有的对热很稳定,如维生素 A、维生素 D、维生素 B_2、维生素 B_6、维生素 B_{12} 等;但有的热敏感性很强,如维生素 C 等,但在无氧条件下加热,其损失会减小。

　　乳在加工中维生素往往会遭到一定程度的破坏而损失。但发酵法生产酸乳时,由于微生物的生物合成,能使一些维生素的含量增高,所以酸乳是一种维生素含量丰富的营养食品。在干酪及奶油的加工中,脂溶性维生素可得到充分的利用,而水溶性维生素则主要残留于酪乳、乳清及脱脂乳中。维生素 B_1 及维生素 C 等会在阳光照射下遭受破坏,所以用褐色避光容器包装乳与乳制品,可以减少日光照射引起的损失。

(六)乳中的酶类

　　牛乳中酶类的来源有两个,一是来自于乳腺;二是微生物的代谢产物。牛乳中的酶种类很多,但与乳品生产有密切关系的主要为水解酶类和氧化还原酶类。

　　1.水解酶类

　　(1)脂酶　牛乳中的脂酶(lipase)至少有两种,其一是只附在脂肪球膜间的膜脂酶(membrane lipase),它在常乳中不常见,而在未乳、乳房炎乳及其他一些生理异常乳中常出现。另一种是存在于脱脂乳中与酪蛋白相结合的乳浆脂酶(plasma lipase),它通过均质、搅拌、加温等处理被激活,并吸附于脂肪球上,从而促使脂肪分解。

　　脂酶的相对分子质量一般为 7 000~8 000,最适温度为 37℃,最适 pH 9.0~9.2。钝化温度至少 80℃。钝化温度与脂酶的来源有关。来源于微生物的脂酶耐热性高,已经钝化的酶有恢复活力的可能。乳脂肪在脂酶的作用下水解产生游离脂肪酸,从而使牛乳带上脂肪分解的酸败气味,这是乳制品特别是奶油生产上常见的问题。为抑制脂酶的活性,在奶油生产中,一般采用不低于 80~85℃的高温或超高温处理。另外,加工过程也能使脂酶增加其作用机会,例如均质处理,由于破坏脂肪球膜而增加了脂酶与乳脂肪的接触面,使乳脂肪更易水解,故均质后应及时进行杀菌处理;其次,牛乳多次通过乳泵或在牛乳中通入空气剧烈搅拌,同样也会使脂酶的活力增加,导致牛乳风味变劣。

(2)磷酸酶　牛乳中的磷酸酶(phosphatase)有两种:一种是酸性磷酸酶,存在于乳清中;另一种为碱性磷酸酶,吸附于脂肪球膜处。碱性磷酸酶在牛乳中较重要,其含量因乳牛的个体、泌乳期以及乳牛疾病等状况不同而异。碱性磷酸酶的最适 pH 为 7.6～7.8,经 63℃ 30 min 或 71～75℃ 15～30 s 加热后可钝化,故可以利用这种性质来检验低温巴氏杀菌法处理的消毒牛乳的杀菌程度是否完全。

(3)蛋白酶　牛乳中的蛋白酶存在于 α-乳酪蛋白中,最适 pH 为 9.2,80℃ 10 min 可使其钝化,但灭菌乳在贮藏过程中蛋白酶有恢复活性的可能。蛋白酶能分解蛋白质生成氨基酸。灭菌乳中的蛋白酶,在贮藏中复活,对 β-酪蛋白有特异作用。牛乳中的蛋白酶分别来自乳本身和污染的微生物。乳中蛋白酶多为细菌性酶,细菌性的蛋白酶使蛋白质水解后形成蛋白胨、多肽及氨基酸,是干酪成熟的主要因素。

蛋白酶在高于 75～80℃ 的温度中即被破坏。在 70℃ 以下时。可以稳定地耐受长时间的加热,在 37～42℃ 时,这种酶在弱碱性环境中作用最大,中性及酸性环境中作用减弱。

(4)乳糖酶　乳糖酶可催化乳糖水解为半乳糖和葡萄糖,在乳糖的消化吸收过程中起重要作用。先天性或继发性乳糖酶缺乏者,其乳糖消化吸收不良,在 pH 5.0～7.5 时反应较弱。

2.氧化还原酶

氧化还原酶主要包括过氧化氢酶、过氧化物酶和还原酶。

(1)过氧化氢酶　牛乳中的过氧化氢酶(catalase)主要来自白细胞的细胞成分,特别在初乳和乳房炎乳中含量较多。所以,利用对过氧化氢酶的测定可判定牛乳是否为乳房炎乳或其他异常乳。过氧化氢酶可促使过氧化氢分解为水和氧气,其作用最适 pH 为 7.0,最适温度为 37℃,经 65℃ 30 min 加热,95％的过氧化氢酶会钝化;经 75℃ 20 min 加热,则 100％钝化。

(2)过氧化物酶　过氧化物酶(peroxidase)是最早从乳中发现的酶,它能促使过氧化氢分解产生活泼的新生态氧,从而使乳中的多元酚、芳香胺及某些化合物氧化。过氧化物酶主要来自于白细胞的细胞成分,其数量与细菌无关,是乳中固有的酶,它在乳中的含量受乳牛的品种、饲料、季节、泌乳期等因素影响。过氧化物酶作用的最适温度为 25℃,最适 pH 是 6.8,钝化温度和时间大约为 76℃ 20 min;77～78℃ 5 min;85℃ 10 s。通过测定过氧化物酶的活性可以判断牛乳是否经过热处理或判断热处理的程度。

(3)还原酶　还原酶(reductase)是微生物的代谢产物。最适宜的作用条件是 pH 5.5～5.8,温度 40～50℃。69～70℃ 下加热 30 min 或 75℃ 下加热 5 min 被完全破坏。

乳中的还原酶是细菌活动的产物,乳中细菌污染越严重,则还原酶的数量越多。还原酶实验(reductase test)是用来判断原料乳新鲜程度的一种色素还原实验。新鲜乳加入美蓝(亚甲基蓝)后染为蓝色,如乳中污染有大量微生物,则产生还原酶使颜色逐渐变淡,直至无色。通过颜色变化速度,可以间接地判断出鲜乳中的细菌数。该法除可迅速地间接查明细菌数外,对白细胞及其他细胞的还原作用也敏感。因此,还可检验异常乳(乳房炎乳及初乳或末乳)。具体指标见表 7-9。

表 7-9　还原酶实验

美蓝褪色时间	微生物数量/(cfu/mL)	原料奶质量
大于 5.5 h	≤50 万	良
2～5 h	50～400 万	中
20 min 至 2 h	400～2 000 万	劣
2 min 以内	≥2 000 万	差

(七)乳中的其他成分

1.有机酸

乳中的有机酸主要是柠檬酸等,此外还有微量的乳酸、丙酮酸及马尿酸等。乳中柠檬酸的含量为 0.07%～0.40%,平均含量约为 0.18%。在酸败乳中,乳酸的含量由于乳酸菌的活动而增高。而在发酵乳或干酪中,在乳酸菌的作用下,马尿酸可转化生成苯甲酸。

乳中有机酸以盐类状态存在。除了酪蛋白胶粒成分中的柠檬酸盐外,还存在着离子态及分子态的柠檬酸盐,主要是柠檬酸钙。柠檬酸对乳的盐类平衡及乳在加热、冷冻过程中的稳定性均起重要作用。同时,柠檬酸还是乳制品芳香成分丁二酮的前体。

2.气体

生乳中的主要气体为二氧化碳、氧气和氮气等,细菌繁殖后,其他气体如氢气、甲烷等也都在乳中产生。占鲜牛乳的 7%(V/V)左右。在挤乳及贮存过程中,二氧化碳由于逸出而减少,而氧、氮则因与大气接触而增多。牛乳中氧的存在会导致维生素及脂肪的氧化,所以牛乳在输送、贮存处理过程中应尽量在密闭的容器内进行。

3.体细胞

乳中所含的体细胞成分主要是白细胞和一些乳房分泌组织的上皮细胞,也有少量红细胞。牛乳中细胞的多少是衡量乳房健康状况及牛乳卫生质量的标志之一。正常乳中体细胞数不超过 50 万个/mL,平均为 26 万个/mL。

第三节　乳的物理性质

乳是含有脂肪乳化分散相和水性胶体连续相的复杂的胶体分散系,物理性质与水相似,但由于在连续相中含有多种溶质及分散相,性质又有所不同。乳的物理性质包括乳的色泽、气味、比重、黏度、冰点、沸点、比热、表面张力、折射率、导电率等许多内容。这些性质不仅在辨别乳的质量及掺杂方面(如加水、脱脂、掺混其他物质)方面是一些重要的依据,同时对于选择正确的加工工艺条件也有着与化学性质同样重要的意义。

一、乳的色泽及光学性质

正常的新鲜牛乳一般呈不透明的乳白色或稍呈淡黄色,乳白色是乳的基本色调,这是酪蛋白酸钙——磷酸钙胶粒及脂肪球等微粒对光不规则反射的结果。乳中脂溶性的胡萝卜素和叶黄素使乳略带淡黄色,而水溶性的核黄素使乳清呈荧光性黄绿色。

牛乳对光的不规则反射,据伯吉斯及赫林顿的研究结果,在波长为 578 nm 时,牛乳透射的有效深度为 24 mm,在该深度内受到照射的维生素 B_2、维生素 B_6、维生素 C 等会有损失。

牛乳的折射率由于有溶质的存在而比水的折射率大,但全乳在脂肪球的不规则反射影响下,不易正确测定。由脱脂乳测得的较准确的折射率为 $n_{D_{20}} = 1.344 \sim 1.348$,此值与乳固体的含量有比例关系,以此可判定牛乳是否掺水。

二、乳的滋味和气味

乳中含有挥发性脂肪酸及其他挥发性物质,这些物质是牛乳气味的主要成分。这种香味随温度的升高而加强,所以乳经加热后香味强烈,冷却后减弱。乳中羰基化合物,如乙醛、丙酮、甲醛等均与牛乳风味有关。牛乳除固有的香味之外,还很容易吸收外界的各种气味。例如,挤出的牛乳在牛舍中放置时间太久会带有牛粪味或饲料味,储存容器不良时则产生金属味,消毒温度过高则产生焦糖味。总之,乳的气味易受外界因素的影响,所以每一个处理过程都必须保持周围环境的清洁,以避免各因素的影响。

纯净的新鲜乳滋味稍甜,这是由于乳中含有乳糖。乳中因含有氯离子而稍带咸味。常乳中的咸味因受乳糖、脂肪、蛋白质等所调和而不易觉察,但异常乳如乳房炎乳中氯的含量较高,故有浓厚的咸味。乳中苦味来自 Mg^{2+}、Ca^{2+},而酸味是有柠檬酸及磷酸所产生。

三、乳的相对密度

物质的密度和相对密度是两个不同的物理指标,它们所代表的物理意义不同。按物理学意义,物质的密度是一定温度下单位容积的质量(g/cm^3);物质的相对密度是一定温度下一种物质与同体积的标准物质的重量比,无单位。乳的相对密度是指乳在 20℃时的质量与同容积水在 4℃时的质量之比,正常乳的相对密度 d_4^{20} 平均为 1.030。

乳的密度和相对密度受多种因素的影响,如乳的温度、脂肪含量、无脂干物质含量(SNF)、乳挤出的时间及是否掺假等。乳的相对密度受温度的影响较大,温度升高则测定值下降,温度下降则测定值升高,因此在乳相对密度测定中,必须同时测定乳的温度,并进行必要的校正。乳脂肪的密度较低,所以乳脂率越高则乳的相对密度越低;相反,SNF 的密度较大,故 SNF 含量越高则乳的相对密度越大。乳的相对密度在挤乳后 1 h 内最低,其后逐渐上升,最后可升高 0.001 左右,这是由于气体的逸散、蛋白质的水合作用及脂肪的凝固使容积发生变化的结果。故不宜在挤乳后立即测试相对密度。在乳中掺固形物,往往使乳的相对密度提高,这也是一些掺假者的主要目的之一。而在乳中掺水则乳的相对密度下降,通常每掺入 10% 的水,乳的相对密度下降 0.003。因此在乳的验收过程中通过测定乳的相对密度可以判断原料乳是否掺水。

四、乳的酸度

1.乳中酸度的来源

乳蛋白质的分子中含有较多的酸性氨基酸和自由的羧基,而且受磷酸盐等酸性物质的影响,所以乳是偏酸性的。刚挤出的新鲜乳的酸度称为固有酸度或自然酸度。挤出后的乳在微生物的作用下发生乳酸发酵,导致乳的酸度逐渐升高。由于发酵产酸而升高的这部分酸度称为发酵酸度或发生酸度。固有酸度和发酵酸度之和称为总酸度。一般情况下,乳品工业所测定的酸度就是总酸度。

2. 乳的酸度与热稳定性的关系

乳酸度越高,乳对热的稳定性就越低,这一点在乳品加工中很重要。乳的酸度与凝固温度的关系如表 7-10 所示。所以说酸度是反映牛乳的新鲜度和热稳定性的重要指标。为了防止酸度升高,挤出后的乳必须迅速冷却,并在低温下保存,以保证鲜度和成品的质量。

表 7-10　乳的酸度与乳的凝固温度

乳的酸度/°T	凝固条件	乳的酸度/°T	凝固条件
18	煮沸时不凝固	40	加热至 63℃时凝固
20	煮沸时不凝固	50	加热至 40℃时凝固
26	煮沸时能凝固	60	22℃时自行凝固
28	煮沸时凝固	65	16℃时自行凝固
30	加热至 77℃时凝固		

3. 酸度的测定

乳品生产中经常需要测定乳的酸度。乳的酸度有多种表示形式。

(1)滴定酸度　乳品生产中常用的酸度,是指以标准碱溶液用滴定法测定的"滴定酸度"。滴定酸度亦有多种测定方法及其表示形式。我国滴定酸度用吉尔涅尔度表示,简称°T(thorner degrees)或用乳酸质量分数(乳酸%)来表示。

①吉尔涅尔度(°T)　°T 的含义是以酚酞为指示剂,中和 100 mL 牛乳所消耗的 0.1 mol/L 氢氧化钠标准溶液的毫升数。如:消耗 18 mL 即 18°T。

生产中为了节省原料,通常取 10 mL 牛乳,用 20 mL 蒸馏水稀释,加入酚酞指示剂,以 0.1 mol/L 氢氧化钠标准溶液滴定,到滴定终点时将所消耗的 NaOH 毫升数乘以 10,即为此牛乳的吉尔涅尔度。

正常牛乳的酸度为 16~18°T。这种酸度与贮存过程中因微生物繁殖所产生的乳酸无关,主要由乳中的蛋白质、柠檬酸盐、磷酸盐及 CO_2 等酸性物质所构成。其中 3~4°T 来源于蛋白质,约 2°T 来源于 CO_2,10~12°T 来源于磷酸盐和柠檬酸盐。

②乳酸度(乳酸%)　用乳酸量表示酸度时,滴定后可按下列公式计算:

$$乳酸 = \frac{0.1 \text{ mol/L NaOH 标准溶液毫升数} \times 0.009}{供试乳质量(乳样毫升数 \times 相对密度)} \times 100\%$$

式中:0.009 为 1 mL 0.1 mol/L 氢氧化钠能结合 0.009 g 乳酸。

正常新鲜牛乳的滴定酸度用乳酸质量分数表示时为 0.13%~0.18%,一般为 0.15%~0.16%。

(2)乳的 pH　若从酸的含义出发,酸度可用氢离子浓度的负对数值 pH 来表示。pH 可称为离子酸度或活性酸度。正常新鲜牛乳的 pH 为 6.4~6.8,一般酸败乳或初乳的 pH 在 6.4 以下,乳房炎乳或低酸度乳 pH 在 6.8 以上。

活性酸度(pH)反映了乳中处于电离状态的所谓的活性氢离子的浓度。乳挤出后,在存放过程中由于微生物的作用使乳糖分解为乳酸。乳酸是一种电离度小的弱酸,而且乳是一个缓冲体系。蛋白质、磷酸盐、柠檬酸盐等物质具有缓冲作用,可使乳保持相对稳定的活性氢离子浓度,所以在一定范围内,虽然产生了乳酸,但乳的 pH 并不相应地发生明显的变化。但测定滴定酸度时,氢氧根离子不仅和活性氢离子相作用,同时也和潜在的,也就是在滴定过程中电离出来的氢离子相作用。按照质量作用定律,随着碱液的滴加,乳酸继续电离,由乳酸带来的活性的和潜在的氢离子陆续与氢氧根离子发生中和反应,可见滴定酸度可以反映出乳酸产生的程度,而 pH 则不呈现规律性的对应关系。例如,在 100 mL 的蒸馏水中加入 10 mL 0.1 mol/L 的盐酸,则 pH 可以降至 2;但在鲜乳中则只能降至 pH 6.1。这种情况和加 NaOH 基本相同(图 7-8),这就说明牛乳具有相当强的缓冲作用。因此加工上广泛采用滴定酸度来表示牛乳的酸度,从而间接掌握原料乳的新鲜度。

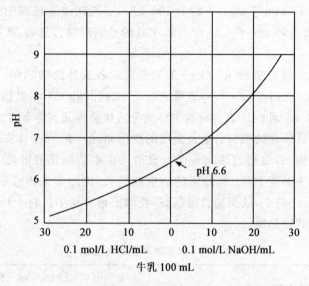

图 7-8 牛乳的缓冲作用

五、乳的热学性质

牛乳的热学性质主要有冰点、沸点及比热容。按照拉乌尔定律,牛乳在溶质的影响下,表现出冰点下降与沸点上升的特征。

1. 冰点

牛乳冰点一般为 $-0.565 \sim -0.525 ℃$,平均为 $-0.540 ℃$。

作为溶质的乳糖与盐类是冰点下降的主要因素。由于它们的含量较稳定,所以正常新鲜牛乳的冰点是物理性质中较稳定的一项。如果在牛乳中掺水,可导致冰点回升。掺水 10%,冰点约上升 0.054℃。可根据冰点变动用下列公式来推算掺水量:

$$W = \frac{t - t'}{t}(100 - w_s)$$

式中:W 为以质量计的掺水量/%;t 为正常乳的冰点,℃;t' 为被检乳的冰点,℃;w_s 为被检乳的乳固体含量,%。

通过测定乳样的冰点值说明是否掺水时需特别慎重,由于动物个体乳样与混合乳样的冰点有很大差异,特别是那些大批混合样的测定要比个体样更严格。掺水对生乳冰点的影响见

表 7-11。

表 7-11　掺水对生乳冰点的影响（假设正常生乳的冰点为 −0.540℃）

掺水比例/%	0	10	20	30	40	50	60	70	80	90
冰点值/℃	−0.540	−0.486	−0.432	−0.378	−0.324	−0.270	−0.216	−0.162	−0.108	−0.054

酸败的牛乳其冰点会降低，所以测定冰点必须要求牛乳的酸度在 20 °T 以内。

2. 沸点

乳的沸点在 101.33 kPa(1 atm)下约为 100.55℃。乳在浓缩过程中沸点继续上升；浓缩到原容积的一半时，沸点约上升到 101.05℃。牛乳的总固形物含量高，沸点也会上升。

3. 比热容

一般牛乳的比热容约为 3.89 kJ/(kg·℃)，是乳中各成分比热之和。乳中主要成分的比热容分别是：乳脂肪 2.09 kJ/(kg·℃)，乳蛋白质 2.42 kJ/(kg·℃)，乳糖 1.25 kJ/(kg·℃)、盐类 2.93 kJ/(kg·℃)。乳的比热容与其主要成分的比热容及其含量有关。

牛乳的比热容随其所含的脂肪含量及温度的变化而异。在 14～16℃ 的范围内，乳脂肪的一部分或全部还处于固态，加热的热能一部分要消耗在脂肪融化的潜热上，故在此温度范围内，其脂肪含量越多，使温度上升 1℃ 所需的热量就越大，比热容也相应增大。在其他温度范围内，因为脂肪本身的比热小，故脂肪含量越高，乳的比热容越小。表 7-12 种列出了乳和乳制品在各个温度范围下的比热容。

表 7-12　乳和乳制品的比热容

种类	脂肪质量分数/%	比热容/[kcal/(kg·℃)]		
		15～18℃	32～35℃	40～35℃
脱脂乳	—	0.946	0.035	0.928
全脂乳	3.5	0.941	0.926	0.917
稀奶油	18	1.032	0.905	0.862
稀奶油	25	1.108	0.894	0.822
稀奶油	33	1.136	0.851	0.773
稀奶油	40	1.147	0.814	0.720

注：1 kcal=4.18 J。

乳和乳制品的比热在乳品生产过程上有很重要的意义，常用于加热量和制冷量计算。

六、乳的黏度与表面张力

1. 乳的黏度

一定条件（中等剪切速率，脂肪含量 40% 以下，温度 40℃ 以上，脂肪呈液态）下，乳、脱脂乳和稀奶油呈牛顿流体特征。25℃ 时，正常乳的黏度为 0.001 5～0.002 Pa·s，牛乳的黏度随温度升高而降低。在乳的成分中，脂肪及蛋白质对黏度的影响最显著，随着含脂率、乳固体的含量增高，黏度也增高。初乳、末乳的黏度都比正常乳高。在加工中，黏度受脱脂、杀菌、均质等操作的影响。

黏度在乳品加工上有重要意义。例如在浓缩乳制品方面，黏度过高或过低都不正常。以甜炼乳而论，黏度过低则可能发生分离或糖沉淀，黏度过高则可能发生浓厚化。贮藏中的淡炼乳，如黏度过高则可能产生矿物质的沉积或形成冻胶体（即形成网状结构）。此外，在生产乳粉时，如黏度过高可能妨碍喷雾，产生雾化不完全及水分蒸发不良等现象，因此掌握适当的黏度是保证雾化充分的必要条件。

2.乳的表面张力

牛乳的表面张力与牛乳的起泡性、乳浊状态、微生物的生长发育、热处理、均质作用及风味等有密切关系。

牛乳表面张力在 20℃ 时为 0.04～0.06 N/cm。牛乳的表面张力随温度上升而降低，随含脂率的减少而增大。乳经均质处理，则脂肪球表面积增大，由于表面活性物质吸附于脂肪球界面处，从而增加了表面张力。但如果不将脂酶先经加热处理而使其钝化，均质处理会使脂肪酶活性增加，使乳脂水解生成游离脂肪酸，使表面张力降低，而表面张力减小有助于溶液起泡性能的增强。加工冰淇淋或搅打发泡稀奶油时希望有浓厚而稳定的泡沫形成，但运送乳、净化乳、稀奶油分离、杀菌时则不希望形成泡沫。

七、乳的电学性质

1.电导率

乳中含有电解质而能传导电流。牛乳的导电率与其成分，特别是氯离子和乳糖的含量有关。正常牛乳在 25℃ 时，电导率为 0.004～0.005 S/cm。乳房炎乳中 Na^+、Cl^- 等增多，导电率上升。一般电导率超过 0.06 S/cm 即可认为是患病牛乳。故可应用导电率的测定进行乳房炎乳的快速鉴定。影响乳电导率的因素有温度、泌乳期、挤乳间隔、牛的健康状况等。乳酸发酵会使电导率升高。通过测定电导率可以控制乳酸菌在乳中的生产繁殖。

脱脂乳中由于妨碍离子运动的脂肪已被除去，因此导电率比全乳增加。将牛乳煮沸时，由于 CO_2 消失，且磷酸钙沉淀，导电率减低。乳在蒸发过程中，干物质浓度在 36%～40% 以内时导电率增高，此后又逐渐降低。因此，在生产中可以利用导电率来检查乳的蒸发程度及调节真空蒸发器的运行。

2.氧化还原电势

乳中含有很多具有氧化还原作用的物质，如维生素 B_2、维生素 C、维生素 E、酶类、溶解态氧、微生物代谢产物等。乳中进行氧化还原反应的方向和强度取决于这类物质的含量。氧化还原电势可反映乳中进行的氧化还原反应的趋势。一般牛乳的氧化还原电势（E_h）为 +0.23～+0.25 V。乳经过加热则产生还原性的产物而使 E_h 降低，Cu^{2+} 存在可使 E_h 增高。乳的氧化还原电势直接影响着其中微生物生长状况和乳成分的稳定性，降低乳的氧化还原电势可有效抑制需氧菌的生长繁殖，显著降低乳品中易氧化成分的氧化分解。因此，在生产实践中，可通过脱除乳品中溶氧的含量、调整乳品中氧化或还原性物质的含量比例、改变这些成分的存在状态达到降低氧化还原电势的目的，从而延长乳品的保质期。如乳粉的真空包装或充氮包装，酸奶的乳酸菌发酵也降低了乳品的氧化还原电势而延长了保质期。

第四节 异 常 乳

通常所说的乳一般是指常乳,是乳品加工业的主要原料。但在有些特殊的情况下,如当乳牛受到饲养管理、疾病、气温以及其他各种因素的影响时,乳的成分往往发生变化,性质也与常乳有所不同,故不适用于加工优质产品的原料,这些乳统称为异常乳。一般有生理异常乳、化学异常乳、病理异常乳、微生物污染乳等几种异常乳。

一、生理异常乳

生理异常乳是由于生理因素的影响,而使乳的成分和性质发生改变。主要有初乳、末乳以及营养不良乳。

1. 初乳

初乳是产犊后 1 周之内所分泌的乳,特别是 3 d 之内。初乳的成分与常乳显著不同,因而其物理性质也与常乳差别很大。初乳呈黄褐色,有异臭,味苦,黏度大。脂肪、蛋白质,特别是乳清蛋白质含量高,乳糖含量低,灰分高,特别是钠和氯含量高,含铁量约为常乳的 3～5 倍,铜含量约为常乳的 6 倍。维生素 A、维生素 D、维生素 E 含量较常乳多,水溶性维生素含一般也较常乳高,例如维生素 B_2 在初乳中有时较常乳中含量高出 3～4 倍。初乳中还含有大量活性蛋白,如免疫球蛋白、乳铁蛋白、多种刺激生长因子等。

但牛初乳中乳清蛋白含量较高,乳清蛋白中的 α-乳白蛋白、β-乳球蛋白、IgG(免疫球蛋白)、乳铁蛋白、BSA(牛血清蛋白)均呈热敏性,其变性温度在 60～72℃。乳清蛋白的变性一方面导致初乳凝聚或形成沉淀,另一方面导致其生物活性丧失,使初乳失去其开发利用价值。所以初乳应单独采用特殊条件加工,不适于与常乳一起进行乳制品的加工生产。

2. 末乳

一个泌乳期结束前 1 周左右所分泌的乳称其为末乳。末乳的化学成分与常乳有显著异常。其成分除脂肪外,均较常乳高,有苦而咸的味道,含酯酶多,常有油脂氧化味。末乳中细菌数及过氧化氢酶含量增加,酸度降低。末乳 pH 达 7.0,细菌数达 250 万/mL,氯根浓度约为 0.16％左右。因此,末乳也不适于作为乳制品的原料乳。

3. 营养不良乳

饲料喂养不足、营养不良的乳牛所产的乳,此种乳在添加皱胃酶时几乎不能凝固,所以这种乳不能制作干酪,当饲料供足即会恢复。

二、化学异常乳

化学异常乳指由于乳的化学性质发生变化而形成的异常乳。包括酒精阳性乳、低成分乳、高酸度乳、风味异常乳和混入杂质乳等。

1. 酒精阳性乳

乳品厂检验原料乳时,一般先用 68％或 72％的中性酒精进行检验,凡产生絮状凝块的乳称为酒精阳性乳。酒精阳性乳有下列几种:

①高酸度酒精阳性乳 高酸度酒精阳性乳是由于鲜乳中微生物繁殖使酸度升高而导致酒精试验呈阳性的。因此要注意挤乳时的卫生并将挤出的鲜乳保存在适当的温度条件下及洁净

的容器中,以免微生物大量繁殖。

②低酸度酒精阳性乳　有的鲜乳虽然酸度低(16 °T 以下),但酒精试验也呈阳性,所以称作低酸度酒精阳性乳。产生凝固的原因是乳中 Ca^{2+}、Mg^{2+} 过剩,并非酸度增高所致。乳中钙、镁与磷酸、柠檬酸之间保持适当的平衡是保持牛乳稳定性的必要条件。当钙和镁过剩时,过多的钙和镁不能被磷酸或柠檬酸所结合而游离,游离的钙和镁离子中和了酪蛋白的负电荷,失去电荷的酪蛋白在酒精的脱水作用下失去水化膜,从而发生凝聚。但低酸度酒精阳性乳的营养成分、杂菌数和对冷热的稳定性均与正常乳相同,仅是对酒精的稳定性较正常乳差。所以,不作严格要求的情况下,确定为低酸度酒精试验阳性乳的原料乳也可供制作杀菌乳,但不宜作淡炼乳的加工原料乳。

③冷冻乳　冬季因受气候和运输的影响,鲜乳产生冻结现象,这时乳中一部分酪蛋白变性。同时,在处理时因温度和时间的影响,酸度相应升高,以致产生酒精阳性乳。但这种酒精阳性乳的耐热性要比因其他原因而产生的酒精阳性乳高。

2.低成分乳

低成分乳由于乳牛品种、饲养管理、营养素配比、高温多湿及病理等因素的影响而产生的乳干物质含量过低的牛乳。

3.混入异物乳

混入异物的乳是指在乳中混入原来不存在的物质的乳。其中,有人为混入的异常乳和因预防治疗、促进发育使用抗生素和激素等而进入乳中的异常乳,还有因饲料和饮水等使农药进入乳中而造成的异常乳。乳中含有抗生素时,不能用作加工的原料乳。

4.风味异常乳

造成牛乳风味异常的因素很多。风味异常主要是指通过机体转移、挤乳后被外界污染或从外界吸收而来的异味及由酶作用而产生的脂肪分解臭等。异常风味主要有生理异常风味、脂肪分解味、氧化味、日光味、蒸煮味和苦味等。此外,由于杂菌污染,有时还会产生麦芽味、不洁味和水果味等;由于对机械设备清洗不严格往往产生石蜡味、肥皂味和消毒剂味等。为解决风味异常问题,主要应改善牛舍与牛体卫生,保持空气新鲜通畅,注意防止微生物等的污染。

三、微生物污染乳

由于挤乳前后的污染、不及时冷却及器具的洗涤杀菌不完全等原因,使鲜乳被大量微生物污染,数量超过国标限制即为微生物污染乳。

原料乳从挤乳开始至运送到工厂,每个过程都容易受到微生物的侵袭而造成污染,主要来自于乳畜体表、环境、容器、加工设备、挤乳工人的手及蝇类等。刚挤下来的鲜乳,如果挤乳时的卫生条件比较好,则乳中的细菌数非常低,为 300～1 000 个/mL。这些细菌主要从乳头管侵入乳房,所以最初挤出的乳细菌数较高,随后逐渐减少。因此,最初挤出的头几把乳应该分别处理。如果卫生控制不当,则细菌污染就会比较严重,可达 1 万～10 万个/mL,甚至更高,这种情况夏季尤为严重。

菌数较低的鲜乳中以微球菌为最多,而菌数多的原料乳中则以长杆菌、微球菌、大肠菌、革兰氏阴性杆菌占优势。通常在 20～30℃长时间保存时,鲜乳容易由乳酸菌产酸凝固,由大肠菌产生气体,由芽孢杆菌产生胨化和碱化,并发生异常风味(腐败味)。低温菌也可能产生胨化和变黏。

四、病理异常乳

病理异常乳是指由于病菌污染而形成的异常乳,主要包括乳房炎乳及其他病牛乳。这种乳不仅不能作为加工原料,而且对人体健康有危害。

1. 乳房炎乳

乳房炎是由于外伤或者细菌感染,使乳房发生炎症,这时乳房所分泌的乳即为乳房炎乳。其理化性质和营养成分都发生了变化,乳中乳糖含量低,氯含量增加及球蛋白含量升高,酪蛋白含量下降,细胞(上皮细胞)数量多,无脂干物质含量较常乳少。并且乳汁中的病原体及其毒素和残留的抗生素均威胁乳制品的安全,损害消费者的身体健康。因此,准确、及时地检测乳房炎乳,对于奶牛健康状况和奶源质量的监控是十分必要的。

乳房炎主要是由乳链球菌引起的慢性乳房炎和葡萄球菌或大肠杆菌等引起的急性乳房炎。造成乳房炎的原因主要是由于畜体和畜舍环境卫生不符合要求,挤乳方法不妥,特别是用挤乳机挤乳时,对挤乳机不严格清洗消毒以及使用方法不当,则更容易引起乳房发病。

2. 其他病理乳

是指主要由口蹄疫、布氏杆菌病等的乳牛所产的乳,乳的质量变化大致与乳房炎乳相类似。另外,乳牛患酮体过剩、肝机能障碍、繁殖障碍等的乳牛,易分泌酒精阳性乳。

复习思考题

1. 牛乳的主要化学成分是什么?影响牛乳成分的因素有哪些?

2. 酪蛋白在什么情况下会产生凝固?分别举例这几种凝固在乳品加工中的应用。

3. 试述牛乳的分散体系。

4. 试用 Stokes 公式解释牛乳均质的原理。

5. 简述乳脂肪在乳中的存在状态,乳脂肪的结构是什么?

6. 还原酶试验的原理是什么?它有什么应有?

7. 牛乳的物理性质对判断牛乳质量有什么意义?

8. 什么是牛乳的酸度?牛乳的酸度在乳制品加工中有什么意义?

9. 什么是异常乳?常见的异常乳有哪些?

10. 什么是初乳和末乳?在乳品加工中应怎样分别对待?

第八章

原料乳的验收与预处理

【目标要求】

1.了解原料乳的质量要求；

2.掌握原料乳各项验收技术的原理及方法；

3.掌握原料乳各项预处理技术的原理及方法。

第一节　原料乳的验收

制造优质的乳制品，必须选用优质的原料。由于乳的营养价值较高，非常适宜于各种微生物的繁殖而导致乳的腐败变质。因此，为了获得优质的原料乳，保证乳制品的质量，对原料乳进行严格的验收是非常重要的。应根据国家标准对原料乳进行感官、理化、微生物等生物指标及药物残留的检验，初乳、末乳、使用抗生素期间和休药期间的乳汁等异常乳也不能作为乳品加工的原料乳。

一、鲜乳的取样

对于任何类型的乳制品，正确的采样都是准确测定样品的第一步，这就要求所采的样品必具有代表性，能代表被检验产品的特性。否则，即使以后的样品处理及检测无论怎样严格、精确，也将毫无价值。正规的乳制品分析实验室，应确定专门的人员采样。采样人员需接受专门培训，学习有关知识并熟练地掌握采样操作技术。有条件时应实行双人平行采样。

用于化学分析的采样器具必须洗净后干燥。用于微生物检验用的器具，必须洗净后灭菌。做感官评定的样品可按上述方法之一处理，但用具不应给样品增加滋、气味。通常要求采样器具为不锈钢制品或玻璃器具。

采样前必须用搅拌器在乳中充分搅拌，使乳的组成均匀一致。因乳脂肪的密度较小，当乳静止时乳的上层较下层富于脂肪。如果乳表面上形成了紧密的一层乳油时，应先将附着于容器上的脂肪刮入乳汁中，然后再搅拌。如果有一部分乳已冻结，必须使其全部溶化后再搅拌。

取样数量决定于检查的内容，采样量应满足各项指标检验的要求。采样时应采取两份平行乳样。具有分隔区域的贮乳装置，应根据每个分隔区域内贮乳量的不同，按比例从中采集一定量经混合均匀的代表性样品，将上述乳样混合均匀缩减采样。

将采得的检样注入带有瓶塞的干燥而清洁的玻璃瓶中，并贴上标签，注明样品名称、编号等。样品采取后必须在 24 h 内送往实验室进行检验。检验细菌的样品采样后应立即于 4℃下冷藏，并于 18 h 内送到实验室进行检验；如果无冷藏设备，必须于采样后 2 h 内进行检验。检验前，样品由冷藏处取出后升温至 40℃，上下剧烈摇荡，使内部脂肪完全融化混合均匀后，再降至室温取样检验。

二、感官检验

鲜乳的感官检验主要是进行滋味、气味、色泽及组织状态的鉴定。检验方法是取适量试样置于 50 mL 烧杯中，在自然光下观察色泽和组织状态，闻其气味，用温开水漱口，品尝滋味。正常的乳应当呈乳白色或微黄色，具有乳特殊的清香气味和令人愉快的甜味，无异味。组织状态均匀一致，无凝块、无沉淀、无正常视力可见异物。

三、新鲜度的检验

鲜乳挤出后若不及时冷却，污染的微生物就会迅速繁殖，使乳中细菌数增多，酸度增高，风味恶化，新鲜度下降，影响乳的品质和加工利用。乳新鲜度的检验方法有很多，目前在生产上应用较多的方法是在感官检验的基础上，再配合采用煮沸实验、酒精实验、还原酶实验和测定酸度等方法。

1.煮沸实验

原理是牛乳的新鲜度越差，酸度越高，热稳定性越差，加热时越易发生凝固。一般此法不常用，仅在生产前乳酸度较高时，作为补充试验用，以确定乳能否使用，以免杀菌时凝固。

取牛乳 10 mL 放入试管中，在酒精灯上加热煮沸 1 min 或置于沸水浴中 5 min，取出观察管壁有无絮片或发生凝固现象。产生絮片或发生凝固的表示牛乳已不新鲜，酸度大于 26 °T。

2.酒精实验

原理是新鲜乳中的酪蛋白微粒，由于其表面带有相同的电荷（负电荷）和具有水合作用，故以稳定的胶粒悬浮状态分散于乳中。两种情况下酪蛋白会从乳中沉淀出来：一是除去胶粒所带的电荷，二是破坏胶粒周围的结合水层。当乳的新鲜度下降、酸度增高时，酪蛋白所带的电荷就要发生变化。当 pH 达 4.6 时（即酪蛋白的等电点），酪蛋白胶粒便形成数量相等的正负电荷，失去排斥力量，胶粒极易聚合成大胶粒而被沉淀出来。此外，加入强亲水物质如酒精、丙酮等，能夺取酪蛋白胶粒表面的结合水层，也使胶粒易被沉淀出来。酒精试验就是借助于不同酸度的乳加入酒精后，酪蛋白凝结情况的不同来判断乳的新鲜程度。新鲜牛乳中的酪蛋白具有相当的稳定性，故能对酒精的脱水作用表现出相对的稳定性。而不新鲜的牛乳，其中蛋白质胶粒已经呈不稳定状态，当受到酒精的脱水作用时，则加速其聚沉。乳的酸度越高，酒精浓度越大，乳的絮凝现象就越易发生。

不同浓度的酒精由于其脱水能力不同，可对应判断出不同酸度的牛乳，如表 8-1 所示。其方法是：以 68％、70％、72％或 75％质量浓度的中性酒精与原料乳等量混合摇匀，无凝块出现为标准，否则则为酒精阳性乳。为合理利用原料乳和保证乳制品质量，在原料乳进行验收时，可根据原料乳的不同用途，采用不同浓度的酒精进行酒精试验。

表 8-1　不同浓度酒精实验所对应牛乳的酸度

酒精度	酸度	适宜产品
68°	20°T	干酪素、乳糖
70°	19°T	奶油
72°	18°T	乳饮料、奶粉、酸奶、甜炼乳
75°	16°T	淡炼乳

但也有例外情况。比如,非脂乳固体较高的水牛乳、牦牛乳和羊乳,有时酒精试验呈阳性反应,但热稳定性不一定差,乳不一定不新鲜。牛乳冰冻也会形成酒精阳性乳,但这种乳热稳定性较高,可作为乳制品原料。乳中钙盐增高时,在酒精试验中,会由于酪蛋白胶粒脱水失去溶剂化层,使钙盐容易和酪蛋白结合,形成酪蛋白酸钙沉淀。这些都属于低酸度酒精阳性乳,生产中应特别注意。

3.酸度滴定

正常牛乳的酸度为 16～18 °T,而不新鲜的牛乳中微生物大量繁殖会导致酸度升高。酸度滴定的具体方法见第一章"乳的物理性质"部分。

4.还原酶试验

还原酶试验可通过牛乳中微生物污染情况来判断牛乳的新鲜度。具体检验方法见第一章"乳的化学性质"部分。

四、密度测定

密度是常作为评定鲜乳成分是否正常的一个指标。但不能只凭这一项来判断牛乳的优劣,必须再结合脂肪、干物质及其他指标的检验,来判断鲜乳是否经过脱脂或是否加水。我国鲜乳密度的测定采用专用"乳稠计"来测量。

五、细菌数、体细胞数、抗生素检验

1.细菌数检验

牛乳中细菌数的含量是牛乳卫生质量的一项重要指标,可通过以下方法检测:

(1)还原酶试验　具体方法见第一章"乳的化学性质"部分。

(2)细菌总数测定　具体方法见国标《食品微生物学检验 菌落总数测定》(GB 4789.2—2010)。但这种方法耗时太长,在原料乳现场验收时不方便采用。

(3)直接镜检法等　利用显微镜直接观察确定鲜乳中微生物数量的一种方法。取一定量的乳样,在载玻片上涂抹一定的面积,经过干燥、染色,镜检观察细菌数,根据显微镜视野面积,推断出鲜乳中的细菌总数,而非活菌数。

(4)快速检测法　近年来,市场上出现一些菌落总数快速检测方法。比如"菌落总数测试片",能简化检测过程,缩短检测时间;还有"菌落总数快速测定仪",可在几分钟内出结果,已被生产企业广泛采用。

2.体细胞数检验

乳中的体细胞(somatic cell count,简称 SCC)主要来自于血液的巨噬细胞、淋巴细胞、白

细胞和少量的乳房组织脱落的上皮细胞。当奶牛的泌乳系统受到不同种类细菌的侵袭而发生感染和损伤时,机体的免疫机制将大量的白细胞分泌进乳房,白细胞在此聚集,该乳区分泌的乳汁中 SCC 随即增多。相应的原料乳中成分变化增大,牛奶质量变差。牛乳中的体细胞数是乳房健康的指示性指标。健康牛乳体细胞数一般为 20 万～30 万个/mL,当体细胞数超过 50 万个/mL 时则表明奶牛被感染了乳房炎。大多数国家生奶体细胞拒收标准是 50 万个/mL（欧盟≤40 万个/mL）

　　牛乳中的 SCC 的检查有加利福尼亚细胞数测定法（California mastitis test,CMT)、直接镜检法、电子粒子计数体细胞仪法及荧光光电计数体细胞仪法等。CMT 法的原理是将乳汁中的细胞破坏后,加入表面活性剂,根据释放出的 DNA 沉淀或凝块的数量间接判断细胞数目的多少。当细胞在遇到表面活性剂时,会收缩凝固。细胞越多,凝集状态越强,出现的凝集片越多。不同厂家生产的体细胞计数仪测定原理不尽相同,由于操作简单,诊断迅速,已被很多生产企业采用。具体检测方法可参照行业标准《生鲜牛乳中体细胞测定方法》（NY/T 800—2004)。

　　3. 抗生素检验

　　奶牛患病时往往会使用抗生素来进行治疗。因此,奶牛在用药期间和停药 3 d 之内挤出的乳汁中都会有抗生素残留。牛乳中残留抗生素,不仅对人们的身体带来危害,还会严重干扰发酵奶制品的生产。试验证明,乳中极微量的抗生素即可抑制乳酸菌的生长繁殖,导致发酵乳制品(酸乳、干酪、酸奶油、乳酒等)发酵失败或影响后期风味的形成。因此,抗生素已经是原奶收购环节中不可缺少的检测项目。

　　乳品中抗生素残留的分析方法主要有以下几种:

　　(1)TTC 试验　TTC(2,3,5-氯化三苯基四氮唑)是一种指示剂。其检测原理是:如果鲜乳中有抗生物质的残留,在被检乳样中,接种细菌进行培养,细菌不能增殖,此时加入的指示剂 TTC(2,3,5-氯化三苯基四氮唑)保持原有的无色状态(未经过还原)。反之,如果没有抗生物质残留,试验菌就会增殖,使 TTC 还原,被检样变成红色。即被检乳保持鲜乳的颜色为阳性;被检乳变成红色为阴性。TTC 法为国标检测方法。

　　(2)SNAP 抗生素残留检测系统　SNAP 法为 AOAC(国际官方分析化学家协会)官方认可的抗生素检测方法。SNAP 抗生素残留检测系统已广泛应用于乳品企业对原料乳中抗生素残留的检测。SNAP 快速检测法是利用当前应用广泛、发展迅速的酶联免疫检测技术。将特异性抗体和固定化酶结合在一起,将待测抗原的溶液和一定量的酶标记抗原共同培育,洗涤后加入酶的底物。溶液中抗原越多,被结合的酶标记抗原就少,与底物反应的有色生成物就越少,从而根据有色物质量的变化,通过对有色底物吸光度值的比较,可以求出抗原的量。此方法精准稳定、快速简便,但完全检测一个样品需要许多不同试剂,成本较高。

　　除 SNAP 法外,还有类似的方法如 Delvo test(戴尔沃)法,也被许多企业采用。

　　(3)纸片法　将指示菌接种到琼脂培养基上,然后将浸过被检乳样的纸片放入培养基上,进行培养。如果被检乳样中有抗生物质残留,会向纸片的四周扩散,阻止指示菌的生长,在纸片的周围形成透明的阻止带,根据阻止带的直径,判断抗生物质的残留量。

　　(4)发酵试验　待测原料乳中加入大约 10% 的酸奶工作发酵剂,43℃左右培养约 2 h,如果原料乳凝固,说明样品中没有抗生素,乳酸菌繁殖较好,产生的乳酸将牛乳凝固;如果原料乳没有任何凝固,说明其中含有抗生素,抑制了乳酸菌的生长繁殖,没有乳酸生产,无法将牛乳凝固。

乳品中抗生素残留检测方法最近几年中发展很快,除上述几种检测方法外,还有高效液相色谱分析方法、Charm 系列检测试剂盒等,均可很好地检测出抗生素残留,但检测时间长或检测成本较高,不能满足企业对大批量原料乳快速检测的要求,所以快速、准确的抗生素检测技术对乳品加工企业来说显得尤为重要。

六、乳成分的测定

乳中的许多成分(比如蛋白质、乳糖等)如果采用化学分析方法来进行检测,过程烦琐、耗时长,不能快速出结果,所以不能应用于原料乳的现场检验,现场检验必须采用快速检测的方法。比如很多乳品厂通过测定冰点来检测牛奶中是否掺水;通过微波水分测定仪来快速检测原料乳中的水分含量,从而间接判断出干物质的量。

近年来随着分析仪器的发展,乳品检测方面出现了很多高效率的检验仪器。例如丹麦Foss 公司生产的乳品成分快速分析仪,利用傅立叶红外全谱扫描技术,可一次性在短时间内测定乳中的脂肪、乳糖、蛋白质、乳固体、非脂乳固体等指标,还可测定其他十余项重要指标。如果再配套使用其他模块,还可快速鉴定外源加入的植脂末、水解蛋白、乳清粉、豆浆、水等物质,快速鉴别牛奶中混入的绵羊奶、山羊奶和水牛奶等其他不同奶类。其原理是红外线通过牛乳后,牛乳中的脂肪、蛋白质、乳糖等物质减弱了红外线的波长,通过红外线波长的减弱率反映出各种成分的含量。该法测定速度快、准确率高,已被很多乳品生产企业采用,但设备造价高。近几年,我国也有自行研制的类似仪器投放市场,产品性能达到较好的水平,售价远远低于国外进口产品。

七、掺伪检验

原料乳中可能出现的掺伪情况有几十种。掺伪原因各不相同,比如有的为增加收入向牛乳中掺水,为掩盖密度的降低又再掺入糊精、淀粉、糖类、食盐等物质以提高密度;为防止牛乳腐败,掺入防腐剂如双氧水、苯甲酸盐、山梨酸盐等;或是原料乳已经变质酸败,通过掺入碱性物质来中和酸度;为提高含氮率,掺入三聚氰胺、尿素、植物蛋白粉、皮革水解蛋白粉、乳清粉等;为提高脂肪含量加入植脂末等;或掺入豆浆来增加收入。

检测时每个样品把几十种可能出现的掺伪都检测一遍是不现实的。所以掺伪检验为非常规必测项目,应该在感官检验的基础上,做有针对性的检测。比如掺淀粉乳,乳汁变青白,有时有微细淀粉颗粒;掺豆浆乳,乳样呈淡黄色,奶香味差,并有豆腥味;掺食盐乳,乳液变稀,呈清白色,有咸味;掺碱乳,乳液变稀,用手搅拌时有润滑感,口感有碱的涩味。这时就应做相应的掺伪检出。

八、原料乳的接收

原料乳经检验合格后,进行正确称量。计量的方法有容积法和重量法。

容积法使用流量计,通过检测乳的容积来进行计量,但流量计在计量乳的同时也能把乳中的空气计量进去,所以应在流量计前装一台脱气装置,以提高计量的精确度,如图 8-1 所示。重量法计量使用特制的乳秤或地磅(图 8-2)。注意奶槽车在称重前先通过车辆清洗间进行冲洗,特别是在恶劣的天气条件下这一步骤显得尤为重要。随后牛乳被泵入大贮乳罐。

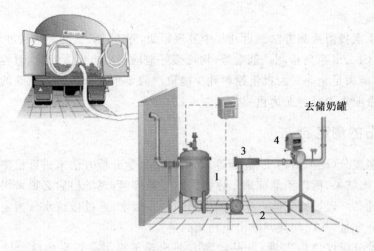

去储奶罐

图 8-1　容积计量
1.脱气装置　2.泵　3.过滤器　4.流量计

图 8-2　地磅上的奶槽车

第二节　原料乳的预处理

　　原料乳的预处理是指对原料乳进行净化、冷却、冷藏等处理,这一过程一般在牧场挤乳结束后立即进行,以减少机械杂质并抑制微生物的生长繁殖,从而保证原料乳的质量。运输到加工厂后,经检验合格后的牛乳还要再次进行这一处理过程,并进行标准化处理。

一、原料乳的净化

　　牛乳中常含有杂质,因此须进行净化。目前采用过滤和离心净化,在去除杂质的同时可减少微生物数量。

(一)原料乳的过滤

　　牧场在没有严格遵守卫生条件下挤乳时,乳容易被粪屑、饲料、垫草、牛毛和蚊蝇所污染,因此挤下的乳必须及时进行过滤。另外,凡是将乳从一个地方送到另一个地方,从一个工序送到另一个工序,或者由一个容器送到另一个容器时,都应进行过滤,以除去在生产过程中可能产生的凝固物。目前,大的牧场都已采用机械挤奶的方式,牛乳经真空挤奶器通过密闭的管道被吸入收奶容器中,所以卫生状况能得到很好保证。但仍有可能存在一些杂质,所以过滤还是非常有必要的。

过滤的方法有常压(自然)过滤、吸滤(减压过滤)和加压过滤等。由于牛乳是一种胶体,因此多用滤孔比较粗的纱布、滤纸、金属绸或人造纤维等作过滤材料,并用吸滤或加压过滤等方法,也可采用膜技术(如微滤)除去杂质。

1. 滤布过滤(常压过滤)

过去在牧场中,最常用常压过滤方法是用纱布过滤。将消毒过的纱布折成 3~4 层即可进行过滤。用纱布过滤时,必须保持纱布的清洁,否则不仅失去过滤的作用,反而会使过滤出来的杂质与微生物重新侵入乳中,成为微生物污染的来源之一。乳品厂简单的过滤装置是在受乳槽上装不锈钢制金属网加多层滤布进行粗滤。一般采用尼龙或其他类化纤滤布过滤,既干净,又容易清洗、耐用,过滤效果比纱布好。

2. 管道过滤(加压过滤)

管道过滤器可设在受乳槽与乳泵之间,与牛乳输送管道连在一起。中型乳品厂也可采用双联过滤器。一般每个筒可在连续过滤 5 000~10 000 L 牛乳后清洗一次滤布,具体情况要视原料乳的含杂质多少而定。正常操作情况下,过滤器进口与出口之间压力差应保持在 6.86×10^4 Pa(0.7 kg/cm^2)以内。如果压力差过大,易使杂质通过滤层。

(二)原料乳的净化

原料乳经过数次过滤后,虽然除去了大部分的杂质,但是,由于乳中污染的很多极为微小的机械杂质、细菌细胞、白细胞和红细胞等,难以用一般的过滤方法除去,需用离心净乳机进一步净化。即利用强大的机械离心力,将牛乳中肉眼不可见的杂质去除,使乳达到进一步净化的目的。

离心净乳机的净化原理为:乳在分离钵内受强大离心力的作用,将杂质留在分离钵内壁上,而乳被净化。离心净乳机的构造基本与乳油分离机相似,如图 8-3 所示。只是净乳机的分离钵具有较大的聚尘空间,杯盘上没有孔,上部没有分配盘。没有专用离心净乳机时,也可以用乳油分离机,但效果较差。目前大型工厂采用自动排渣净乳机或三用分离机(乳油分离、净乳、标准化),对提高乳的质量和产量起到了重要的作用。老式分离机操作时须在运转 2~3 h 后停机、拆卸和排渣,新式分离机多能自动排渣。离心净乳应设在粗滤之后、冷却之前进行。

净乳时应注意以下几点:

(1)原料乳的温度　乳温在脂肪熔点左右为好,即 30~32℃。如果在低温情况下(4~10℃)净化,则会因乳脂肪的黏度增大而影响乳的流动性和降低尘埃的分离效果。根据乳品生产工艺的设置,也可以采用 40℃ 或 60℃ 的温度净化,净化之后应该直接进入加工段,而不应该再冷藏。

(2)进料量　根据离心净乳机的工作原理,乳进入机内的量越少,在分离钵内的乳层则越薄,净化效果则越好。大流量时,分离钵内的乳层加厚,净化不彻底。但考虑到生产效率的问题,一般进料量比额定数减少 10%~15%。

(3)事先过滤　原料乳在进入分离机之前要先进行较好的过滤,去除大的杂质。一些大的杂质进入分离机内可使分离钵之间的缝隙加大,从而使乳层加厚,使乳净化不完全,影响净化效果。

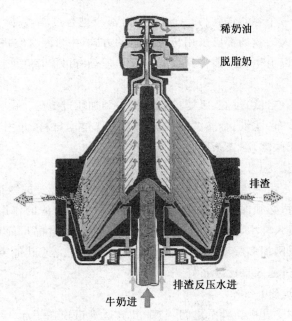

稀奶油

脱脂奶

排渣

排渣反压水进

牛奶进

图 8-3　离心净乳机的结构

二、原料乳的冷却

净化后的乳最好直接加工，如果需要贮存时，则必须及时进行冷却，以保持乳的新鲜度。

1.冷却的意义

刚挤下的乳的温度约为 36℃ 左右，是微生物繁殖最适宜的温度，如不及时冷却，则侵入乳中的微生物就会迅速繁殖，使酸度增高，甚至使乳凝固变质，风味变差。故新挤出后的乳，经净化后应迅速冷却到 4℃ 左右，以抑制乳中微生物的繁殖，保证原料乳的质量。冷却对乳中微生物的抑制作用见表 8-2。

表 8-2　乳的冷却与乳中细菌数的关系　　　　　　　　　　　　细菌数:个/mL

项目	贮存时间				
	刚挤出的乳	3 h	6 h	12 h	24 h
冷却乳	11 500	11 500	8 000	7 800	62 000
未冷却乳	1 1500	18 500	102 000	114 000	1 300 000

由表 8-2 看出，未冷却的乳其微生物增加迅速，而冷却乳则增加缓慢。6～12 h 微生物还有减少的趋势，这是因为乳中自身抗菌物质—乳烃素(拉克特宁，Lactenin)使细菌的繁育受到抑制。这种物质抗菌特性持续时间的长短，与原料乳温度的高低和细菌污染程度有关(表 8-3)。

表 8-3　乳温与抗菌作用的关系

乳温/℃	37	30	25	10	5	0	−10	−25
抗菌物质作用时间/h	2	3	6	24	36	40	240	720

从表 8-3 中可看出,新挤出的乳迅速冷却到低温可以使抗菌特性保持较长的时间。

另外,原料乳污染越严重,抗菌作用时间越短。例如,乳温 10℃时,挤乳时严格执行卫生制度的乳样,其抗菌期是未严格执行卫生制度乳样的 2 倍。因此,挤乳时严格遵守卫生制度,刚挤出的乳迅速冷却,是保证鲜乳较长时间保持新鲜度的必要条件。

2.冷却的方法

目前,大多数乳品厂都用板式热交换器对乳进行冷却(图 8-4)。此设备结构简单,价格低廉,占地面积小,热交换效率高,可使乳温迅速将到 4℃以下。

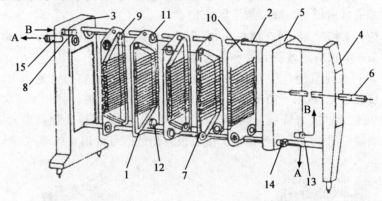

图 8-4　板式热交换器

1.传热板　2.导杆　3.前支架(固定板)　4.后支架　5.压紧板　6.压紧螺杆　7.板框橡胶垫圈
8.连接管　9.上角孔　10.分界板　11.圆橡胶垫圈　12.下角孔　13、14、15.连接孔

三、原料乳的贮存

1.贮存要求

为保证工厂连续生产的需要,必须有一定的原料乳贮存量。一般工厂总的贮乳量应根据各厂每天牛乳总收纳量、收乳时间、运输时间及能力等因素决定。一般贮乳罐的总容量应为日收纳总量的 2/3～1。而且每只贮乳罐的容量应与每班生产能力相适应。每班的处理量一般相当于两个贮乳罐的乳容量,否则用多个贮乳罐会增加调罐、清洗的工作量,并增加牛乳的损耗。

贮乳罐使用前应彻底清洗、杀菌,待冷却后贮入牛乳。每罐须放满,如果装半罐,会加快乳温上升,不利于原料乳的贮存。贮存期间要定时搅拌乳液防止乳脂肪上浮而造成分布不均匀。24 h 内搅拌 20 min,乳脂率的变化在 0.1% 以下。

贮乳罐采用不锈钢材料制成,并配有适当的搅拌机构。10 t 以下的贮罐多装于室内,分为立式或卧式;大罐多装于室外,带保温层和防雨层,均为立式。贮罐要求保温性能良好,贮乳罐外边有绝缘层(保温层)或冷却夹层,以防止罐内冷却后的牛乳温度上升。一般乳经过 24 h 贮存后,乳温上升不得超过 2～3℃。如图 8-5 为一大型贮乳罐,其设施组成如下:

(1)搅拌设施　大型贮乳罐必须带有搅拌设施,以防止稀奶油由于重力的作用从牛乳中分离出来。搅拌必须十分平稳,过于剧烈的搅拌将导致牛乳中混入空气和脂肪球的破裂,从而使游离的脂肪在牛乳解脂酶的作用下分解。图 8-5 所示的贮乳罐中带有一个叶轮搅拌器,这种搅拌器广泛应用于大型贮乳罐中,且效果良好。在非常高的贮乳罐中,有的要在不同的高度安装两个搅拌器以达到所希望的效果。

（2）温度指示　罐内的温度显示在罐的控制盘上,一般可使用一个普遍温度计,但使用电子传感器的越来越多,传感器将信号送至中央控制台,从而显示出温度。

（3）液位指示　有各种方法来测量罐内牛乳液位,气动液位指示器通过测量静压来显示出罐内牛乳的高度,压力越大,罐内的液位越高,指示器把读数传递给表盘显示出来。

（4）低液位保护　所有牛乳的搅拌必须是轻度的,因此,搅拌器必须被牛乳覆盖以后再启动。为此,常在开始搅拌所需液位的罐壁安装一根电极。罐中的液位低于该电极时,搅拌停止,这种电极就是通常所说的低液位指示器(LL)。

（5）溢流保护　为防止溢流,在罐的上部安装一根高液位电极(HL)。当罐装满时,电极关闭进口阀,然后牛乳由管道改流到另一个大罐中。

（6）空罐指示　在排乳操作中,重要的是知道何时罐完全排空。否则当出口阀门关闭以后,在后续的清洗过程中,罐内残留的牛乳就会被冲掉而造成损失。另一个危害是,当罐排空后继续开泵,空气就会被吸入管线,这将影响后续加工。因此在排乳线路中常安装一根电极(LLL),以显示该罐中的牛乳已完全排完。该电极发出的信号可用来启动另一大罐的排乳,或停止该罐排空。

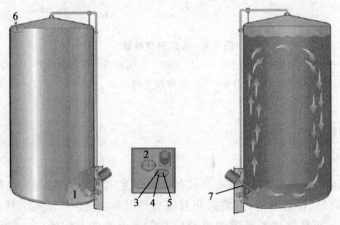

图 8-5　立式贮乳罐

1.搅拌器　2.探孔　3.温度指示　4.低液位电极　5.气动液位指示器

6.高液位电极　7.搅拌器

2.冷却温度与乳的贮存性的关系

冷却后的乳还要继续保存在低温处。根据试验,将乳冷却到18℃以下,对鲜乳的保存已有相当的作用。如果冷却到13℃,则保存12 h以上仍能保持其新鲜度。冷却只能暂时抑制微生物的生长繁殖,当乳温逐渐升高时,微生物又开始繁殖,所以,乳应在冷却后、加工前的整个时间内维持在低温下,温度越低保持时间越长。不同保存温度下乳中细菌数的增长情况如图8-6。

乳在奶罐中微生物变化主要取决于嗜冷菌的生长。预杀菌是一种控制原料乳质量较好的方法,采用一种较为温和的热处理方法(如65℃、15 s),以降低原料乳中嗜冷菌的数量。热处理之后,假如乳没有再次受到微生物污染,这种乳可以在6~7℃保持4或5 d,细菌数量不增加。

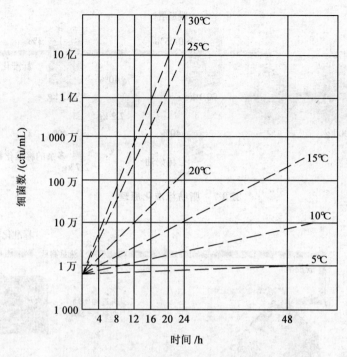

图 8-6　不同保存温度下乳中细菌数的增长情况

四、原料乳的运输

乳的运输是乳品生产上重要的一环,运输不妥,往往造成很大的损失。目前我国乳源分散的地方,多采用乳桶运输;乳源集中的地方,采用奶槽车运输;国外还有的采用地下管道运输。

无论哪种运送方法要求都是一样的,即牛乳必须保持良好的冷却状态并且没有空气混入。为防止乳在途中升温,最好选择在温度较低的夜间或早晨运输。运输过程尽量避免剧烈震荡,比如奶桶和奶槽车要完全装满以防止牛乳在容器中晃动。另外,长途运输最好采用冷藏车。

五、原料乳的标准化

为了使产品符合要求,乳制品中脂肪与无脂干物质含量要求保持一定比例。但是原料乳中脂肪与无脂干物质的含量随乳牛品种、地区、季节和饲养管理等因素不同而有较大的差别。因此,必须调整原料乳中脂肪和无脂干物质之间的比例关系,使其符合制品标准的要求。一般把该过程称为原料乳的标准化。

如果原料乳中脂肪含量不足时,应添加稀奶油或分离一部分脱脂乳;当原料乳中脂肪含量过高时,则可添加脱脂乳或提取一部分稀奶油。小批量的标准化可在贮乳罐内分批进行,其原理如图 8-7 所示;大批量则在标准化机中连续进行,如图 8-8 所示。

标准化的原理及方法如下:

设:原料乳中的含脂率为 $p\%$;

脱脂乳或稀奶油的含脂率为 $q\%$;

标准化后乳中的含脂率 $r\%$;

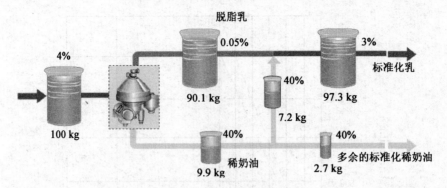

图 8-7　脂肪标准化原理

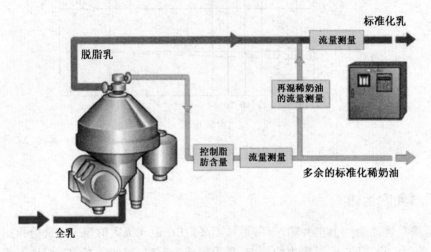

图 8-8　稀奶油和牛乳在线标准化原理

原料乳的数量为 x；

脱脂乳或稀奶油量为 y（$y>0$ 为添加，$y<0$ 为提取）。

则形成如下关系式：$px+qy=r(x+y)$，即：

$$\frac{x}{y}=\frac{r-q}{p-r}$$

式中：若 $p>r$，表示需要添加脱脂乳或提取部分稀奶油；

　　　若 $p<r$，表示需要添加稀奶油或提取部分脱脂乳。

例：试处理 1 000 kg 含脂率 3.6％的原料乳，要求标准化乳中脂肪含量为 3.1％。①若稀奶油脂肪含量为 40％，则应提取稀奶油多少千克？②若脱脂乳脂肪含量为 0.2％，则应添加脱脂乳多少千克？

解：按关系式 $\dfrac{x}{y}=\dfrac{p-q}{p-r}$ 得

① $\dfrac{x}{y}=\dfrac{3.1-4.0}{3.6-3.1}=\dfrac{-36.9}{0.5}=-36.4$

已知 $x=1\ 000$ kg

则 $y=\dfrac{1\ 000}{-36.4}=-13.6$（kg）（负号表示提取）

即需提取脂肪含量为 40% 的稀奶油 13.6 kg。

② $\dfrac{x}{y}=\dfrac{3.1-0.2}{3.6-3.1}=\dfrac{2.9}{0.5}=5.8$

则 $\dfrac{1\ 000}{y}=5.8$，$y=172.4$（kg）

即需添加脂肪含量为 0.2% 的脱脂乳 172.4 kg。

复习思考题

1. 试述原料乳检验的具体方法及注意事项。

2. 试述牛乳新鲜度检验的方法及原理。

3. 原料乳的预处理包括哪些步骤？

4. 用什么方法除去牛乳中的杂质？

5. 为什么要对原料乳进行标准化？标准化的方法是什么？

6. 原料乳运输时的注意事项是什么？

第九章
巴氏杀菌乳与超高温灭菌乳加工

【目标要求】

1. 了解巴氏杀菌乳的概念、种类、生产现状及发展趋势；
2. 了解超高温灭菌乳的概念、种类及生产现状；
3. 掌握巴氏杀菌乳的加工原理、加工技术及质量控制方法；
4. 掌握超高温灭菌乳的加工原理、加工技术及质量控制方法；
5. 了解 ESL 乳的加工原理及技术。

第一节　巴氏杀菌乳与超高温灭菌乳概述

一、巴氏杀菌乳及灭菌乳的概念

巴氏杀菌乳（Pasteurized milk）系指以新鲜牛（羊）乳为原料，经净化、标准化、均质、巴氏杀菌等处理，以液体鲜乳状态直接供消费者饮用的商品乳。生产巴氏杀菌乳的原料只能采用新鲜牛乳或羊乳，不得使用复原乳，一般不添加其他辅料，并采用巴氏杀菌而制成。由于杀菌制度较低，可以较好地保留鲜乳原有的营养及风味，因而巴氏杀菌乳是最大程度接近于鲜乳的一类乳制品。但产品中残留有一定数量的非致病菌，故需在冷藏条件下贮藏以抑制微生物的增殖，且保质期较短。

超高温灭菌乳（UHT，ultra high-temperature milk）是指以生鲜牛（羊）乳为原料，添加或不添加复原乳，在连续流动的状态下，加热到至少 132℃ 并保持很短时间的灭菌，以完全破坏其中可以生长的微生物和芽孢，再经无菌包装等工序制成的液体产品。因产品呈商业无菌状态，无须冷藏，可以在常温下长期保存（1～8 个月）。

二、杀菌、灭菌及商业无菌的概念

1. 杀菌

杀菌就是将乳中的致病菌和造成产品缺陷的有害菌全部杀死，但并非百分之百的杀灭微生物,还会残留部分的乳酸菌、酵母菌和霉菌等非致病菌。杀菌条件应控制到对乳的风味、色泽和营养损失的最低限度。

2. 灭菌

灭菌是指杀灭乳中全部微生物,包括致病和非致病微生物以及芽孢,使之达到绝对无菌状态。

3. 商业无菌

在食品工业中,要使食品达到完全无菌状态,必须提高杀菌温度及延长杀菌时间,这样会给食品带来很多缺陷,特别是对于牛乳一类热敏性物质含量比较多的原料尤为如此。适度降低杀菌制度,使微生物热致死率达到 99.999 9%,残留的极微量微生物在检测上近于零,在食品行业称商业无菌。商业无菌的要求是:不含危害公共健康的致病菌和毒素;不含任何在产品贮存、运输及销售期间能繁殖的微生物;在有效期内产品保持质量稳定和良好的商业价值。

三、生产及消费情况

巴氏杀菌乳和超高温灭菌乳在消费水平已经很高的国家和地区(如欧洲和北美洲)有所停滞,而在消费水平偏低的地区(包括中国在内)市场呈持续增长趋势。近年来,随着人民生活水平的提高,我国巴氏杀菌乳和灭菌乳的产量在政府及行业的大力宣传、新技术新设备以及新产品不断出现的情况下高速增长。目前,国内乳品厂生产的主要以袋装(或瓶装)巴氏杀菌乳和纸盒装的灭菌乳为主。

巴氏杀菌乳需冷链保藏及运输,且保质期较短(2~6℃条件下保质期为 7 d)。我国地域辽阔,在广大农村、中小城镇和欠发达地区冷链还很不完善,因此造成这一类高度依赖冷链系统的产品销售困难,延伸也有一定的问题,产品一般只能在本地区销售。而灭菌乳则较好地解决了这一问题。但由于生产过程中使用了较高的杀菌制度,产品的色泽、风味和营养价值都较巴氏杀菌乳稍弱,但较传统的保持式灭菌乳已经有了很大改善。

随着乳制品加工技术的迅速发展,国外发达国家在长货架期、高品质液态乳加工方面出现了一些新兴技术,如延长货架期技术(ESL 技术)、非热杀菌技术、闪蒸浓缩技术等,极大地提高了乳制品的质量、货架期和安全性。

第二节　巴氏杀菌乳加工

巴氏杀菌乳生产工艺因不同国家的法规、不同的产品而有所差别,即便是相同产品,不同的乳品厂之间也不尽相同。比如,产品因脂肪含量不同可分为全脂乳、高脂乳、低脂乳、脱脂乳等;脂肪标准化可以是预标准化、后标准化或者直接标准化;均质可以是全部均质或者部分均质,也有一些国家不进行均质,因为"乳脂线"被认为是优质乳的标志;脱气是在牛乳中空气含量较高及产品中存在挥发性异常气味(如当乳牛吃了含洋葱属植物的饲料)的情况下使用。现将典型巴氏杀菌乳的加工方法做以介绍。

一、工艺流程

原料乳的验收→净乳→标准化→预热均质→巴氏杀菌→冷却→灌装→封口→装箱→冷藏。

图 9-1 为典型巴氏杀菌乳生产线的示意图。

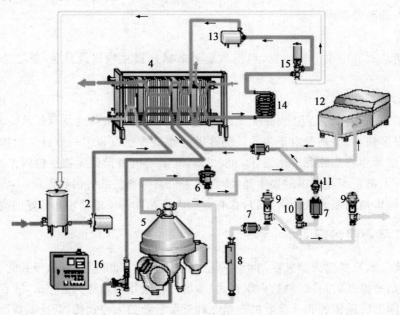

图 9-1 巴氏杀菌乳生产线示意图
1.平衡槽 2.进料泵 3.流量控制器 4.板式换热器 5.分离机 6.稳压阀
7.流量传感器 8.密度传感器 9.调节阀 10.截止阀 11.检查阀
12.均质机 13.增压泵 14.保温管 15.转向阀 16.控制盘

二、加工要点

(一)原料乳验收

我国及世界上的大部分国家对生产巴氏杀菌乳的原料都要求使用新鲜乳,而不能使用复原乳或再制乳。原料乳的质量对产品的质量有很大的影响,乳品厂收购鲜乳时必须选用质量优良的原料乳。检验的内容包括感官指标、理化指标和微生物指标,具体要求及检验方法参照第八章的内容。

(二)原料乳预处理

1.过滤、净乳、冷却

原料乳验收后必须过滤、净化,以去除乳中的机械杂质并减少微生物数量。过滤是在受乳槽上装过滤网并铺上多层纱布,也可在乳的输送管道中连接一个过滤套或在管路的出口一端安放一布袋进行过滤,或使用双联过滤器。进一步净化则需使用离心净乳机,能除去乳中的乳腺体细胞和某些微生物。此方法可以显著提高净化效果,有利于提高产品质量,净化后的乳应迅速冷却到 2~4℃贮存。

2.脱气

牛乳刚挤出时每升含有 50~56 mL 的气体,经过贮存、运输、计量、泵送后,一般气体含量在 10%以上。这些气体绝大多数是非结合分散存在的,对牛乳加工有不利的影响。影响牛乳计量的准确度,影响分离效果,影响标准化的准确度,促使发酵乳中的乳清析出。

在牛乳处理的不同阶段进行脱气是非常必要的,而且带有真空脱气罐的牛乳处理工艺是更合理的。工作时,将牛乳预热至68℃后,泵入真空脱气罐,则牛乳温度立即降到60℃,这时牛乳中的空气和部分水分蒸发到罐顶部,遇到罐冷凝器后,蒸发的水分冷凝回到罐底部,而空气及一些非冷凝气体(异味)由真空泵抽吸排除。脱气后的牛乳在60℃条件下进行分离、标准化、均质,然后进入杀菌工序。

3.标准化

具体参照第八章的内容。

(三)预热均质

1.均质意义

通过均质(homogeneity)处理,可减小乳中脂肪球的半径,具有下列优点:①增加液体乳的稳定性,贮存期间不产生脂肪上浮现象;②风味良好,口感细腻;③改善牛乳的消化、吸收程度,适于喂养婴幼儿。通常原料乳中,75%的脂肪球直径为2.5～5.0 μm,其余为0.1～2.2 μm,平均3.0 μm。均质后的脂肪球大部分在1.0 μm以下。实践证明,当脂肪球的直径接近1.0 μm时,脂肪球基本不上浮,所以脂肪球的大小对乳制品加工的意义很大。均质效果见图9-2。

 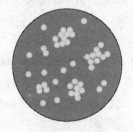 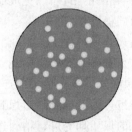

a.均质前脂肪球状态　　　b.一级均质后脂肪球状态　　　c.二级均质后脂肪球状态
1~10 μm,平均3 μm　　　1 μm以下,但相互聚集　　　呈分散状态

图9-2　均质前后脂肪球的变化

2.均质方法及条件

均质效果与温度有关,而高温下的均质效果优于低温。如果采用板式杀菌装置进行高温短时或超高温瞬时杀菌工艺,则均质机应装在预热段后、杀菌段之前。牛乳进行均质时的温度宜控制在50～65℃,在此温度下乳脂肪处于熔融状态,脂肪球膜软化,有利于提高均质效果。现一般采用两段式均质机时,第一段均质压力为17～23 MPa,第二段均质压力2～5 MPa。

均质可以是全部的,也可以是部分的。部分均质指的是仅对标准化时分离出的稀奶油进行均质(因为对脱脂乳进行均质没有太大的意义),是比较经济的方法。

生产中最常用的均质设备是高压均质机,其次是超声波均质机、胶体磨等。

3.均质效果检查

均质后必须有效地防止形成乳脂层,均质效果可以通过显微镜检验或测定均质指数来检查。

显微镜检验:一般采用100倍的显微镜镜检,可直接观察均质后乳脂肪球的大小和均质程度。在显微镜下直接用油镜检查脂肪球的大小是最直接和快速的方法,但缺点是只能定性不能定量检验,而且要有较丰富的实践经验。

均质指数法:乳样置于带刻度玻璃量筒里,在 4~6℃ 温度条件下贮存 48 h,吸管吸走上层(容量 1/10)乳液,余下的(容量 9/10)进行充分混合,然后测定两部分的含脂率。上层与下层含脂率的差,除以上层含脂率的百分数,即为均质指数。牛乳均质指数应在 1~10 的范围之内。

例如,如果上层含脂率为 3.15%,下层含脂率为 2.9%,则均质指数为:

$$\frac{3.15-2.9}{3.15} \times 100 = 7.9$$

(四)巴氏杀菌

1.巴氏杀菌的目的

通过杀死微生物和钝化酶的活性,来保证产品的食用安全性和提高产品的货架期。

(1)杀灭对人体有害的病原菌和大部分非病原菌,以维护消费者的健康。经巴氏杀菌的产品必须完全没有致病菌,如果仍有致病菌存在,其原因是热处理没有达到要求,或者是该产品被二次污染了。

(2)钝化酶的活性,以免成品产生脂肪水解、酶促褐变、苦味等不良现象,保证产品质量在货架期内的稳定性。

2.巴氏杀菌的方法

从杀死微生物和灭酶的观点来看,牛乳的热处理强度越强越好。但是,强烈的热处理对牛乳色泽、风味和营养价值都会产生不良影响,如乳蛋白变性、牛乳味道改变、褐变等。因此,温度和时间组合的选择必须考虑到微生物的杀灭效果和产品质量两个方面,应依照牛乳的质量和所要求的保质期等进行精确选择以达到最佳效果。

通常牛乳中的大多数致病菌都不能形成芽孢,只要通过缓和的热处理就能被全部杀灭,而这种热处理对乳的产品质量影响很小。图 9-3 表示的是耐热球菌、大肠杆菌、斑疹伤寒菌和结核杆菌的致死率曲线。根据这些曲线可知,如果把牛乳加热到 70℃,并在此温度下保持 1s,就可以杀死大肠杆菌;而在 65℃ 下,需要保持 10 s 才能杀死大肠杆菌。即 70℃/1 s 和 60℃/10 s 这两种杀菌工艺具有同样的致死效果。而且伤寒菌、结核杆菌等致病菌比耐热球菌更容易被杀死。

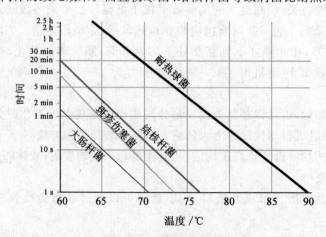

图 9-3 细菌的致死率

由于各国的标准要求不同,巴氏杀菌工艺也不尽相同。但是,无论采用何种杀菌工艺,所有国家的共同要求是热处理必须保证杀死不良微生物和致病菌,并保证产品营养成分及物理性质不会发生太大改变。表9-1列出了几种巴氏杀菌的方法。

表 9-1　生产巴氏杀菌乳的主要热处理分类

工艺名称	温度/℃	时间	方式
预杀菌	63～65	15 s	连续式
低温长时巴氏杀菌(LTLT)	63	30 min	间歇式
高温短时巴氏杀菌(HTST)	72～75	15～20 s	连续式
超巴氏杀菌	125～138	2～4 s	连续式

与低温长时巴氏杀菌法相比,高温短时巴氏杀菌法占地面积小、节省空间、热效率高、加热时间短,牛乳的营养成分破坏小、无蒸煮味,可连续化进行,操作方便、卫生,不必经常拆卸,加之设备可直接用酸、碱液进行自动就地清洗(CIP清洗),因而广泛采用。

(五)冷却

杀菌后的牛乳虽然大部分微生物已被杀灭,但在后续的操作中仍有被污染的可能,因此应尽快冷却至4℃,冷却速度越快越好,从而抑制残存细菌的生长繁殖,延长牛乳的保质期。另外还有一个原因是磷酸酶激活的问题。磷酸酶对热敏感,不耐热,易钝化(63℃,20 min即可钝化),但其活力受抑制因子和活化因子的影响。抑制因子在60℃、30 min或72℃,15 s的杀菌条件下不被破坏,所以能抑制磷酸酶恢复活力,而在82～130℃加热时抑制因子被破坏,而活化因子在82～130℃能保持下来,因而能促进已钝化的磷酸酶再恢复活性。所以巴氏杀菌乳必须立即冷却至4℃以下贮藏。

(六)灌装

灌装的目的主要是便于销售,防止外界杂质混入成品中,防止微生物再污染,保存风味,防止吸收外界气味而产生异味,防止维生素等成分损失。

包装形式主要有玻璃瓶、塑料瓶、塑料袋和涂塑复合纸袋、纸盒等,目前市场上最常见的包装形式有以下几种:

(1)玻璃瓶　玻璃瓶是传统的巴氏杀菌乳包装,具有环保、能重复使用、成本较低的特点。但是不方便携带、分量重、易漏奶、易破碎,只能在乳品生产企业本地区附近使用。

(2)塑料瓶　塑料瓶有多层共挤和单层材质两种结构的高密度聚乙烯瓶以及聚丙烯瓶,易携带、保质期长、易贮存。

(3)塑桶　塑桶是大容量包装,适合家庭消费,具有价格优势,是一种有前景的包装。

(4)复合塑膜袋　此种包装品种多,性能各异,占据了主要的中、低端乳品包装市场。百利包、芬包、万容包等均是此类产品。三层黑白膜包装袋,价格低,保质期短;五层黑白膜包装袋,价格较高,保质期长;PVDC涂布膜(K膜)包装袋,价格适中,保质期长;镀铝复合膜袋,价格较低,保质期长。

(5)纸杯　纸杯(新鲜杯)包装与瓶装、袋装相比,产品更卫生。特点是美观时尚,容量较小,适合一次喝完;材料易降解,撕去盖膜,可微波加热;10℃以下可保存5 d,是一种保鲜包装。

(6)屋顶盒　典型产品为国际纸业生产的新鲜屋,为纸塑结构。屋顶型纸盒包装有其独到的设计、材质及结构,可防止氧气、水分的进出,对外来光线有良好的阻隔性;可保持盒内牛乳的鲜度,有效保存牛乳中丰富的维生素 A 和 B 族维生素。近年来,在国内冷链系统不断完善的基础上,屋顶型保鲜包装系统在我国市场的销售量有了大幅度的提升。屋顶盒保质期 7～10 d,需冷藏,卫生及环保性好,货架展示效果好,便于开启和倒取。

(7)爱克林包装(新鲜壶) 由瑞典爱克林公司(Ecolean)生产,又称为爱壳包。材质为 70% $CaCO_3$＋30% PP、PE 的复合材料,在阳光下能够逐步降解,绿色环保。对于巴氏奶和酸奶的保鲜效果非常好,包装阻隔性能优越,有效隔光、隔热,抵抗微生物的渗透。另外还有独特的充气把手设计,使牛奶携带更加便利;独有的针对巴氏奶直接微波炉加热功能。

在整个灌装和包装的过程中,应注意两个方面的问题:①应注意避免由包装环境、包装材料及包装设备的污染,尤其是使用可回收材料等造成的二次污染;②包装后的产品冷却比较缓慢,因此应尽量避免灌装时料液温度的上升。

(七)冷藏

灌装好的产品应及时分送给消费者,如不能立即发送,应贮存于 2～6℃冷库内。巴氏杀菌乳的贮存和分销过程中,必须保持冷链的连续性,尤其是从乳品厂至商店的运输过程及产品在销售的过程是冷链的两个最薄弱的环节。一般以选用保温密封车或者冷藏车运输,不超过 3 h 为宜,且注意避免剧烈振动。

三、产品质量控制

1. 原料乳的控制

原料乳品质的优劣直接影响产品的质量。因此,原料乳的严格验收是质量控制的首要环节。原料乳的检验主要包括感官检验、理化检验、微生物检验以及掺伪检验等内容。

2. 生产环节的控制

(1)齐全的生产设备 合格的生产车间应具有贮乳罐、净乳设备、均质设备、巴氏杀菌设备、灌装设备、制冷设备、清洗设备、保温运输工具等必备的生产设备。

(2)规范的操作程序 生产过程中,应严格执行操作规程。对温度、时间和量的控制上应合理、规范。

(3)杀菌剂和清洗剂使用规范 生产中杀菌剂和清洗剂的使用要规范、准确,生产设备的清洗、消毒应符合生产标准,否则可能导致产品产生异味。因此,一个合格的乳品生产厂应具备良好的清洗设施,以及高质量的清洗剂、消毒剂和水。

3. 贮藏、运输过程中的质量控制

由于乳成分的特性所致,特别是经均质后脂肪球膜被破坏,牛乳对光线非常敏感。因此,在贮藏和运输过程中必须防止较强光线的直接照射,以避免光线对营养物质的损害和对产品风味的影响。

四、较长保质期乳(ESL 乳)加工

(一)ESL(extend shelf life)乳的概念及特点

由于原料乳质量差、加工和灌装工艺不合理以及冷链的不完善等原因,巴氏杀菌乳的稳定性及货架期在很多地区都存在着很大的问题。传统的巴氏杀菌乳货架期在 2～6℃冷藏条件下只有 1 周左右,使产品的运输及销售区域受到很大限制。为解决这一问题,早在 20 世纪

60 年代,北美就已经开发出了 ELS 乳生产技术。

ESL 乳即较长保质期乳,在加拿大和美国经常用于描述那些在 7℃或 7℃以下具有良好贮存性的新鲜液态乳制品,ESL 乳的保质期有 7～10 d、30 d、40 d,甚至更长,这主要取决于产品从原料到生产、到分销的整个过程的卫生和质量控制。ESL 乳生产采用超巴氏杀菌技术、微滤、CO_2 杀菌等技术,并最大可能地避免产品在加工、包装和分销过程中的再污染,同时配合优良的冷链分销系统。因此,产品在保留原巴氏杀菌乳营养及风味的前提下,货架期大大延长,近年来 ESL 乳生产技术受到全世界乳业越来越广泛的关注。所谓的超巴氏杀菌是指杀菌强度高于传统的巴氏杀菌法,典型的超巴氏杀菌条件为 125～130℃,2～4 s。

"较长保质期"乳本质上仍然是巴氏杀菌乳,与超高温灭菌乳有根本的区别。ESL 乳不是商业无菌产品,不能在常温下贮存和分销。

(二)ESL 乳加工技术

1.Pure-Lac TM 系统生产 ESL 乳

ESL 乳的主要特征是要保持乳新鲜的口感,因此,杀菌方法十分重要。延长货架期要尽量减少细菌数和孢子数,超高温杀菌是达到这一目的的好方法,但超高温影响乳的口感。为解决这一矛盾,蒸汽直接加热技术被应用在生产 ESL 乳上。

蒸汽直接加热系统主要包括一个可保持杀菌温度的蒸汽加压仓,牛乳融入蒸汽后从加压仓的顶部喷入,在下降过程中蒸汽冷凝,产品达到底部时的温度和需要的温度相平衡。经 APV 和 ELOPAK 公司共同研究开发,在蒸汽直接加热杀菌设备上增加了 PTTM 控制单元,命名为 Pure-Lac TM 系统(图 9-4)。Pure-Lac TM 系统控制杀菌温度为 125～145℃,热处理时间少于 1 s,即瞬时加热少于 0.2 s,闪蒸冷却时间少于 0.3 s。此系统主要侧重于减少存活于巴氏杀菌乳的需氧嗜冷菌的孢子数,配合超清洁包装技术,产品在高于 10℃贮存销售时,货架期没有降低很多,达到 2～3 周,同时,新鲜乳口感特性也没有明显降低。

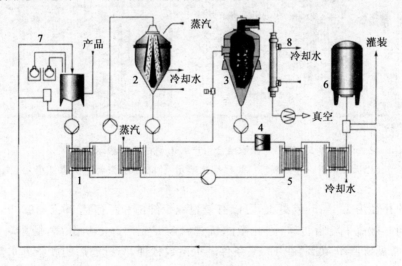

图 9-4　用于 ESL 乳生产的 Pure-Lac TM 系统

1.板式热交换器　2.蒸汽注入仓　3.闪蒸器　4.无菌均质机　5.板式冷却器

6.无菌罐　7.CIP 单元　8.管式冷却器

2.浓缩和杀菌相结合的方法

把牛乳中的微生物浓缩到一小部分,这部分富集微生物的乳再受较高的热处理,杀死可形成内生孢子的微生物如蜡状芽孢杆菌,之后再与其余的乳混匀,一并再进行巴氏杀菌,钝化其余部分的微生物,该工艺包括采用离心分离或微滤,目前已有商业应用。如利乐公司的 Alfa-Laval Bactocatch 设备,将离心与微滤结合,其工艺流程如下:

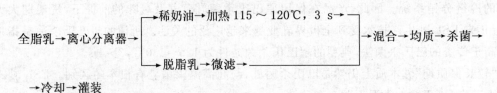

全脂乳→离心分离器→ [稀奶油→加热 115～120℃, 3 s→] [脱脂乳→微滤→] →混合→均质→杀菌→

→冷却→灌装

图 9-5 为离心与微滤结合生产 ESL 乳的生产线示意图。

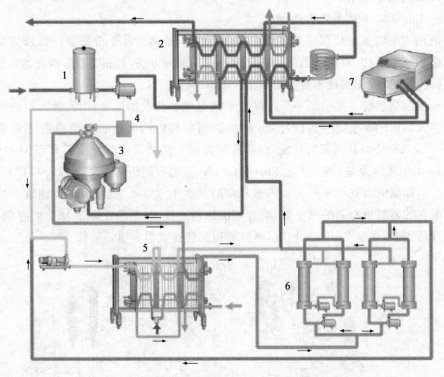

图 9-5 离心与微滤结合生产 ESL 乳的生产线示意图
1.平衡罐 2.巴氏杀菌机 3.分离机 4.标准化单元 5.板式换热器 6.微滤单元 7.均质机

微滤膜的孔径为 1.4 μm 或更小,可以有效地减少细菌和芽孢达 99.5～99.99%。但如此小的孔径也同时截流了乳脂肪球,因此微滤机进料前要先用离心机分离,脱脂乳被送到微滤机。稀奶油(常见含脂率 40%)在 130℃条件下灭菌数秒钟,与过滤后的脱脂乳重新混合,经均质并在 72℃条件下巴氏杀菌 15～20 s,然后冷却到 4℃进行灌装。这种方法只是部分乳经受高温度处理,其余大部分的乳仍维持在巴氏杀菌的水平,这样得到的产品口感、营养都更加完美,保质期又可适当地延长。如果牛乳从乳品厂经零售商到消费者手里,整个过程牛乳的温度不超过 7℃,则未开启包装的产品保质期达到 40～45 d。

3. 充填 CO_2 法

CO_2 可以有效地抑制许多引起食物腐败的微生物的生长,尤其是革兰氏阴性嗜冷菌。通过在包装中填充 CO_2 来延长冷藏产品的货架期在商业上已经有很多应用。据报道,在杀菌牛乳中填充 CO_2 能使货架期延长 25%～200%,CO_2 填充量在 9.1 mmol/L 时,对口感影响不明显,而当填充量 18.6 mmol/L 时,对口感影响明显。并且初始细菌数越低效果越好,这一点与需要控制巴氏杀菌后的污染和原料乳的细菌数是相一致的。

第三节　超高温灭菌乳加工

一、工艺流程

超高温灭菌乳生产中最主要的环节是超高温灭菌处理过程,实际生产中主要有两种处理方法:直接加热法和间接加热法。

1. 直接蒸汽加热法

直接蒸汽加热法是指牛乳在灭菌阶段与蒸汽在一定的压力下直接混合,蒸汽释放出的潜热将牛乳快速加热至灭菌温度,直接加热系统加热料液的速度比其他任何间接加热系统都要快。灭菌后,料液经膨胀蒸发冷凝器除去冷凝水,水分蒸发时吸收相同的潜热使料液瞬间被冷却。在工艺及设备设计时,控制冷凝水量与蒸发量相等,则乳中干物质含量可以保持不变。生产工艺流程如下:

原料乳→预热至 80℃→蒸汽直接加热至 135～150℃→保温 4 s →冷却至 76℃→均质(压力 15～25 MPa)→冷却至 20℃→无菌贮罐→无菌包装。

2. 间接蒸汽加热法

用间接蒸汽加热法灭菌时,牛乳的预热、加热灭菌及冷却在同一个板式或管式热交热器的不同交换段内进行,牛乳不与加热或冷却介质接触,可以保证产品不受外来物质污染。进乳加热和出乳冷却进行换热,回收热量达 85%,可大大节省能源及冷却用水。生产工艺流程如下:

原料乳(5℃)→预热至 66℃→加热至 137℃(保温 4 s)→水冷却至 76℃→进乳冷却至 20℃→无菌贮罐→无菌包装。

二、加工要点

1. 原料

用于生产灭菌乳的原料乳质量要求较高,即牛乳蛋白质能经得起更高条件的热处理而不变性。检验时,牛乳必须在至少 75% 的酒精中保持稳定。以下牛乳由于热稳定性较低,不能用于灭菌乳的生产:①酸度偏高;②盐类平衡不适当;③含有过多的乳清蛋白质,即不得含有初乳。

2. 灭菌

(1)超高温灭菌技术原理　超高温灭菌法是英国于 1956 年首创,在 1957—1965 年通过大量的基础理论研究和细菌学研究后才用于生产超高温灭菌乳。关于超高灭菌乳在灭菌过程中,对于微生物学和物理化学方面的变化及基本加工原理,1965 年英国的 Burton 提出了详细的研究报告,其基本点是:细菌的热致死率随着温度的升高大大超过此间牛乳的化学变化的速率,例如维生素破坏、蛋白质变性及褐变速率等。研究表明在温度有效范围内,热处理温度每升高 10℃,牛乳中所含细菌的破坏速率提高 11~30 倍。而根据 Van′t Hoff 规则,温度每升高 10℃,乳中化学反应速率增大 2~4 倍,如褐变现象仅增大 2.5~3.0 倍。意味着杀菌温度越高,其杀菌效果越好,而引起的化学变化却很小。

从表 9-2 可以看出,100℃、600 min 的灭菌效果,相当于 150℃、0.36 min 的灭菌效果,但褐变程度前者为 100 000,而后者仅为 97,显示出超高温灭菌的优越性。

表 9-2 杀菌温度、时间与褐变程度的关系

加热温度/℃	加热时间	相对的褐变程度	杀菌效果
100	600 min	100 000	同等效果
110	60 min	25 000	同等效果
120	6 min	6 250	同等效果
130	36 s	1 560	同等效果
140	3.6 s	390	同等效果
150	0.36 s	97	同等效果

从理论上讲,温度升高并无限度,但如果温度升高,其时间须相应缩短,实践表明牛乳的良好杀菌条件如图 9-6 所示。从图中可以看出,150℃ 的灭菌温度实际上保持的时间不到 1 s。若按流速计算,其最小的保持时间仅 0.6 s。因此温度超过 150℃ 时,在工艺上要求如此短暂时间内达到准确控制是困难的。因为牛乳流速稍微波动就会产生相应影响,所以目前超高温灭菌工艺是以 150℃ 为最高点,一般采用 135~150℃ 的灭菌温度。

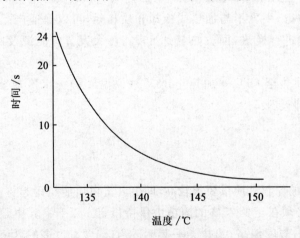

图 9-6 牛乳灭菌过程中时间与温度的关系

(2)加热方法 实际生产中有直接加热法和间接加热法两种处理方法的加热系统,如表 9-3 所示。

表 9-3　各种类型的超高温加热系统

加热介质	加热方式	加热器形式
蒸汽或热水加热	间接加热	板式加热
		管式加热
		刮板式加热
	直接蒸汽加热	直接喷射式
		直接混注式

这些加工系统所用的加热介质为蒸汽或热水。蒸汽或热水通过天然气、油或煤加热获得，只在极少数情况下使用电加热锅炉。因电加热的热效率仅为 30%，而其他形式加热锅炉的热转化率为 70%～80%。

①直接蒸汽加热法　图 9-7 所示是一板式热交换器直接蒸汽加热系统。为了保证蛋白质和脂肪稳定，均质处理一般放在加热灭菌之后。

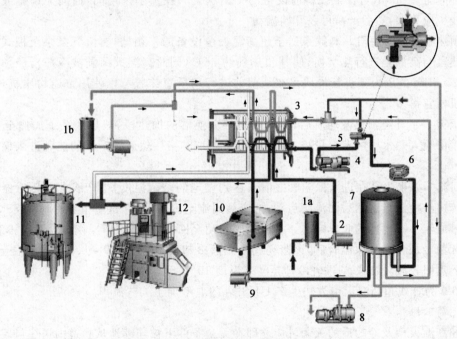

图 9-7　板式热交换器直接蒸汽加热系统
1a.牛奶平衡槽　1b.水平衡槽　2.进料泵　3.板式换热器　4.正位移泵　5.蒸汽喷射头
6.保持管　7.蒸发室　8.真空泵　9.离心泵　10.无菌均质机　11.无菌缸　12.无菌灌装

依据料液与蒸汽的混合方式可将直接超高温加热系统分为两种类型：

a.高于料液压力的蒸汽通过喷嘴喷入到料液中，冷凝放热，将料液加热到所需温度，这种系统称为"喷射式"或"蒸汽喷入料液"类型，如图 9-8(a)所示。

b.加压容器充满达到灭菌温度的蒸汽，料液从顶部喷入，蒸汽随之冷凝，到底部时料液达到灭菌温度，这种系统称之为"混注式"或"料液喷入蒸汽"类型，如图 9-8(b)所示。

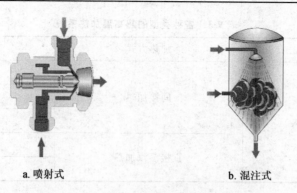

a. 喷射式   b. 混注式

图 9-8　喷射式和混注式加热系统

②间接蒸汽加热法　间接法和直接法一样,工艺条件必须有严密的控制。在投入物料之前,先用水灌入物料系统进行循环加热,达到灭菌温度,将设备灭菌 30 min,操作时间由定时器自动控制。如果灭菌进行过程中,温度达不到灭菌条件,定时器回到零,待达到温度后,再重新开始计时至 30 min,可保证投料前设备的无菌状态。在预杀菌期间,通向无菌罐或包装线的生产线也应灭菌,然后产品可以开始流动。

a. 预热和均质　牛乳从料罐泵送至超高温灭菌设备的平衡槽,再由乳泵泵至板式热交换器的预热段与高温乳进行热交换,使其预热到约 66℃(同时高温灭菌乳被冷却),经预热的乳在 15～25 MPa 的压力下进行均质。在杀菌前进行均质意味着可以使用普通均质机,它比无菌均质机便宜得多。

b. 灭菌　牛乳经预热及均质后,进入板式热交换器的加热段,被热水系统加热至 137℃,热水温度由喷入热水中的蒸汽量控制(热水温度为 139℃)。然后,137℃的热乳进入保温管保温 4 s。

c. 回流　如果牛乳在进入保温管之前未达到设定的杀菌温度,生产线上的传感器便把这个信号传递给控制盘。然后回流阀启动,把产品回流至冷却器,在这里牛乳冷却至 75℃,再返回平衡槽或流入一单独的收集罐。一旦回流阀移动至回流位置,杀菌操作便停下来。

d. 无菌冷却　离开保温管后,灭菌乳进入无菌冷却段,被水冷却。从 137℃ 降温至 76℃,最后进入热回收段,被 5℃的进乳冷却至灌装温度 10～15℃。

图 9-9 为管式超高温灭菌方法生产 UHT 乳的典型加工工艺流程。

3. 无菌贮罐

经超高温灭菌及冷却后的灭菌乳应立即在无菌条件下被连续地从管道内送往包装机。为了平衡灭菌机及包装机生产能力的差异,并保证在灭菌机或包装机中间停车时不致产生相互影响,可在灭菌机和包装机之间装一个无菌贮罐,起缓冲作用。无菌乳进入贮罐,不允许被细菌污染,因此,进出贮罐的管道及阀、罐内同乳接触的任何部位,必须一直处于无菌状态。罐内空气必须是经过滤后的无菌空气。如果灭菌机及无菌包装机的生产能力选择恰当,亦可不装无菌贮罐,因为灭菌机的生产能力有一定伸缩性,且可调节少量灭菌乳从包装机返回灭菌机。

4. 无菌包装

(1)无菌包装的概念及特点　无菌包装系统是生产 UHT 产品所不可缺少的。所谓的无菌包装是指将灭菌后的牛乳,在无菌状态下自动充填到灭菌过的容器内并自动封合,使包装的产品在常温下能长时间保持不变质的包装方式。无菌包装技术的关键是物料的超高温灭菌、

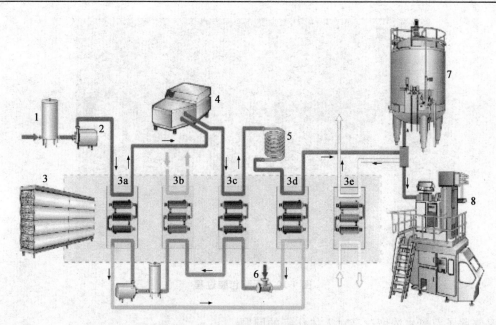

图 9-9　管式间接超高温加热系统

1.平衡槽　2.进料泵　3.管式换热器　3a.预热段　3b.中间冷却段　3c.加热段　3d.热回收冷却段
3e.启动冷却段　4.非无菌均质机　5.保持管　6.蒸汽喷射头　7.无菌缸　8.无菌灌装

高阻隔性包装材料灭菌及充填密封环境的灭菌。无菌包装的优点有：①无须冷藏或添加任何
化学防腐剂就可进行长期保存；②在保证无菌的前提条件下，食品原有的色、香、味及营养能最
大程度的保留；③无菌包装生产的自动化程度高，单位成品能耗低，简化包装工艺，降低了工艺
成本；④无菌包装材料主要为纸、塑料、铝箔等，故具有质轻、低廉、便于运输等优点。

（2）无菌包装的要求　无菌包装必须符合以下要求：①封合必须在无菌区域内进行，灌装
过程中产品不能受到任何来自设备表面或周围环境等的污染；②包装容器和封合方法必须适
合无菌灌装，并且封合后的容器在贮存和分销期间必须能够阻挡微生物透过，同时包装容器应
能阻止产品发生化学变化；③容器和产品接触的表面在灌装前必须经过灭菌；④若采用盖子封
合，封合前必须灭菌。

（3）无菌包装的过程　图 9-10 是无菌包装的整个过程，包括包装材料的灭菌、物料的灭
菌、无菌输送以及在无菌环境下充填并封合。

（4）无菌包装系统分类　无菌包装系统形式多样，但究其本质不外乎包装材料的不同、包
装容器形状的不同和灌装前是否成形。根据包装材料的不同，无菌包装系统主要分为两大类：
复合纸无菌包装系统和复合塑料膜无菌包装系统。

①塑料袋无菌包装系统　塑料袋无菌包装设备以加拿大 Du Potn 公司的百利包和芬兰
Elecster 公司的芬包为代表，两者都为立式制袋充填包装机。

百利包采用线性低浓度聚乙烯为主，芬包采用外层白色、内层黑色的低密度聚乙烯共挤黑
白膜，亦可用铝箔复合膜。芬包的黑白膜厚度 0.09 mm，在常温下无菌乳可保持 45 d 以上，采
用铝塑复合膜其保质期可达 180 d。这种黑白聚乙烯塑料膜的包装成本远低于利乐包装材料，
每只袋成本仅 0.04～0.06 元。缺点是塑料耐热性较差，因此在现实生产中更多的是用双氧水
低浓度溶液与紫外线、无菌热空气相结合的灭菌技术，一方面使灭菌效果更加彻底有效，另一

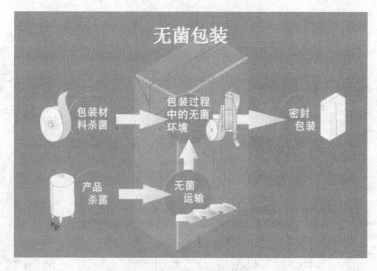

图 9-10　无菌包装过程

方面又克服了双氧水浓度过高对人体伤害的问题。

　　②纸盒无菌包装系统　纸盒无菌包装设备最初是由瑞典 Tetra Pak 公司生产,这种类型的无菌包装设备在世界上广泛使用,国内也已有几十套。

　　纸盒无菌包装的包装材料以板材卷筒形式引入,所有与料液接触的部位及设备的无菌腔均经无菌处理,包装的成型、充填、封口及分离均在一台机器上完成。

　　包装所用的材料通常为内外覆聚乙烯的纸板,它能有效阻挡液体的渗透,并能良好地进行内、外表面的封合。为了延长产品的保质期,包装材料中要增加一层氧气屏障,通常要复合一层很薄的铝箔。图 9-11 为典型的无菌纸包装材料结构。从图中可以看出,每层包装材料具有不同的阻挡功能。

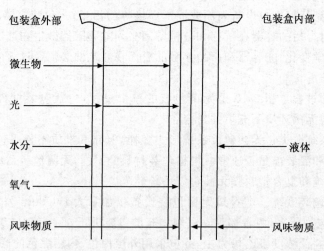

图 9-11　典型的无菌纸包装复合材料

　　(5)无菌包装系统的无菌保证　一条完整的无菌包装生产线包括物料杀菌系统、无菌包装系统、包装材料的杀菌系统、自动清洗系统、无菌环境的保证系统、自动控制系统等。按其所起的作用不同可分为物料杀菌、灌装环境无菌保证、包装材料杀菌三大部分。

无菌包装机的灭菌由以下两个方面保证：

①机器灭菌　在无菌包装开始之前，所有直接或间接与无菌料液相接触的机器部位都要进行无菌处理。在 L-TBA/8 设备中，先采用喷入双氧水溶液，然后用无菌热空气使之干燥。首先是空气加热器预热和纵向纸带加热器预热，在达到 360℃ 的工作温度后，将预定的 35% 双氧水溶液通过喷嘴分布到无菌腔及机器其他待灭菌部件。双氧水的喷雾量和喷雾时间是自动设定的，以确保最佳杀菌效果。喷雾之后，用无菌热空气使之干燥。

②包装材料灭菌　如图 9-12 所示，包装材料引入后即通过一充满 35% 双氧水溶液（温度约 75℃）的深槽，其行程时间根据灭菌要求可预先设定。包装材料经过双氧水深槽灭菌后，再经挤压拮水辊和空气刮刀，除去残留的双氧水，然后进入灭菌腔。

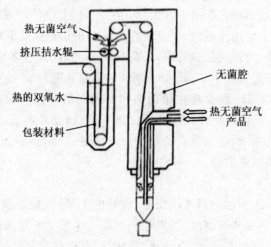

图 9-12　L-TBA/8 包装材料灭菌示意图

三、常见质量问题及控制方法

1. 褐变及焦糖化

正常 UHT 乳应为乳白色或稍带黄色。当乳色泽较深时，则可能发生了不同程度的褐变。褐变主要是由于乳中乳糖和某些氨基酸发生了美拉德反应，正常的 UHT 灭菌条件（135～140℃，3～4 s）一般不会导致明显褐变。新鲜牛乳只有在灭菌温度过高或时间过长时，才会有明显的褐变现象。因此，控制灭菌参数的稳定是预防褐变的主要方法。当无菌灌装设备因任何原因停止灌装时，或牛乳因某种原因在 UHT 灭菌器中反复循环时，会造成牛乳严重褐变，此种情况下应将灭菌器排空后，对换热器及灌装机重新杀菌，待可以灌装后重新进料。

另外，控制生鲜牛乳的新鲜度在一定程度上也会提高牛乳的抗褐变能力。

2. 蛋白质凝固包或苦包

蛋白凝固包：开包后在盒底部有凝固物，但牛乳没有苦味或酸味。

苦包：开包后牛乳喝时有苦味，一般是贮存一段时间（2 个月左右）后才会出现，并且苦味会随着贮藏时间延长而加重（通常为批量问题）。

以上现象是由于蛋白分解酶的作用而导致。原料乳中由于微生物（特别是嗜冷菌）产生的蛋白分解酶较耐热,其耐热性远远高于耐热芽孢,有研究表明,一种蛋白分解酶的耐热性是嗜热脂肪芽孢杆菌耐热性的 4 000 倍。同样有研究表明,经 140℃ 5 s 的热处理,胞外蛋白酶的残留量约为 29%。所以超高温灭菌并不能完全破坏蛋白水解酶,残留的蛋白分解酶在加工后的贮存过程中分解蛋白质,根据蛋白分解程度的不同,会出现凝块或产生苦味。若蛋白分解酶分解蛋白质形成带有苦味的短肽链(苦味来源于某些带苦味的氨基酸残基),则产品就带有苦味。所以,严格执行杀菌制度,最大限度杀灭蛋白分解酶,可以控制凝固包或苦包的出现。

3. H_2O_2 的残留

无菌包装机的灌注头一般使用 H_2O_2 杀菌,刚开始 H_2O_2 分解不彻底,产品中会有残留,所以刚生产出的几袋乳是不能留用的,废弃的袋数应根据生产实践来定。

4. 乳脂肪上浮

成品的脂肪上浮一般出现在生产后几天到几个月内,上浮的严重程度一般与储存及销售的温度有关,温度越高,上浮速度越快,严重时在包装的顶层可达几毫米厚。原因分析:①均质效果不好;②低温下均质;③过度机械处理;④前处理不当,混入过多空气;⑤原料乳中含过多脂肪酶,超高温灭菌并不能完全破坏脂肪水解酶,有研究表明,经 140℃ 5 s 的热处理,胞外脂肪酶残留量约为 40%,残留的脂肪酶在储存期间分解脂肪球膜释放出自由脂肪酸而导致聚合、上浮;⑥饲料喂养不当导致脂肪与蛋白质比例不合适;⑦原料乳中含有过多自由脂肪酸。控制措施:①提高原料乳质量;②均质设备要在生产前进行检查;③人员要严格按照生产要求进行操作;④进行必要的质量监督。

5. 乳风味的改变

除了微生物、酶及加工引起的风味改变外,还有由于环境、包装膜等因素引起的乳风味的变化。乳是一种非常容易吸味的物质,如果包装容器隔味效果不好或其本身或环境有异味,乳一般呈现非正常的风味,如包装膜味、汽油味、菜味等,有效的措施就是采用隔味效果好的包装容器,并对储存环境进行良好的通风及定期的清理。

另外,UHT 乳长时放在阳光下,会加速产生日晒味及脂肪氧化味,因此 UHT 乳不应该放在太阳直接照射的地方。

复习思考题

1. 巴氏杀菌乳与超高温灭菌乳有何区别? 各有何优缺点?

2. 巴氏杀菌乳加工工艺及质量控制要点是什么?

3. UHT 灭菌乳的生产原理是什么?

4. 简述超高温灭菌乳的加工工艺流程,在制作过程中应注意哪些问题?

5. 怎样保证无菌灌装时的卫生性?

6. 均质处理在巴氏杀菌乳与超高温灭菌乳的生产中有什么意义?

7. 乳品工业中常用的杀菌方法有哪些?

8. ESL 乳的生产原理是什么?

第十章

酸 乳 加 工

【目标要求】

1. 了解酸乳的概念、种类、生产现状及发展趋势；
2. 了解发酵剂的种类、特点及制备方法；
3. 掌握凝固型酸乳的加工原理、加工技术及质量控制方法；
4. 掌握搅拌型酸乳的加工原理、加工技术及质量控制方法。

第一节　酸乳生产概述

酸乳（yoghurt）是发酵乳制品的一种。发酵乳制品泛指以乳为主要原料，经过乳酸菌发酵或乳酸菌、酵母菌共同发酵而制成的产品。在保质期内，该产品中的特征菌必须大量存在，并具有活性。包括酸乳、开菲尔、发酵酪乳、酸奶油、奶酒（以马奶为主）等。这类产品在发酵的过程中，乳中部分乳糖转化成乳酸，同时还形成了 CO_2、醋酸、丁二酮、乙醛、乙醇等其他物质，用于制作开菲尔和奶酒的微生物还能产生乙醇，从而使产品具有独特的滋味、香气以及保健功效。

关于发酵乳的起源没有详细的资料记载。现在一般认为发酵乳起源于巴尔干半岛和中东地区，在那里产乳是季节性的，游牧民族迁移性强，加之气候炎热和运输落后，采用人工挤乳又无冷却设备，微生物污染后乳很快变酸和凝固，因此牧民们早在几千年前就发现了通过发酵来保存鲜乳的方法，圣经中也有类似的记载。只不过当时的发酵是利用牛乳或其他动物乳中天然存在的乳酸菌使乳糖转化成乳酸来制作发酵乳，而如今随着食品微生物学的不断发展，已经采用纯种微生物进行特异性发酵。

在这些发酵乳制品当中，酸乳所占的比重最大，已成为国际上广泛流行的产品。特别是近年来，随着人们健康意识的不断提高，在我国酸乳也已成为发展最快的乳制品之一，增长速度保持在 30% 左右。

一、酸乳的定义

联合国粮农组织（FAO）、世界卫生组织（WHO）与据国际乳品联合会（IDF）于 1977 年对酸乳做出如下定义:酸乳就是在保加利亚杆菌和嗜热链球菌等乳酸菌的作用下,使添加(或不添加)乳粉(或脱脂乳粉)的乳(杀菌乳或浓缩乳)进行乳酸发酵而得到的乳制品,最终产品中必须含有大量的、相应的活性微生物。

法国、西班牙、意大利、韩国等国规定,酸乳成品中的活性特征菌数必须大于 10^7 cfu/mL,我国的标准规定活性特征菌数必须大于 10^6 cfu/mL。但市场中也存在后杀菌型的产品,即发酵结束之后进行一次巴氏杀菌,因此产品中不含活菌,这样可以获得较长时间的货架期,储存和销售也不必在冷链下进行。

二、酸乳的分类

通常可根据成品的组织状态、加工工艺、口味等将酸乳进行分类。

1. 按成品的组织状态分类

(1)凝固型酸乳(set yoghurt)　原料乳经均质、杀菌、接种后灌装入小包装容器中,在容器中进行独立发酵,最终成品呈凝乳状态。

(2)搅拌型酸乳(stirred yoghurt)　原料乳经均质、杀菌、接种后在发酵罐中集中发酵,发酵后的凝乳在灌装前搅碎成黏稠状组织,因此而得名。

2. 按产品配料及口味分类

(1)酸乳　以生牛(羊)乳或乳粉为原料,经杀菌、接种嗜热链球菌和保加利亚乳杆菌(德氏乳杆菌保加利亚亚种)发酵制成的产品。

(2)风味酸乳(flavored yoghurt)　以 80% 以上生牛(羊)乳或乳粉为主要原料,再添加其他辅料,经杀菌、发酵后 pH 降低,发酵前或后添加或不添加食品添加剂、营养强化剂、果蔬、谷物等制成的产品。如果粒酸乳、谷物酸乳等。

3. 按成品是否含活菌分类

(1)含活菌型产品　即普通凝固型酸乳或搅拌型酸乳。产品发酵后不再有任何杀菌处理,成品中含有大量活性乳酸菌($>10^6$ cfu/mL)。此类产品的储存和销售必须在 2~6℃冷链下进行,并且保质期一般不超过 21 d。

(2)后杀菌型产品(不含活菌型产品)　这类产品是最近几年市场才出现的新型搅拌型酸乳制品。即酸乳在搅拌后、灌装前再进行一次巴氏杀菌,将其中的乳酸菌及其他微生物杀死。这种产品中不含活性乳酸菌,营养价值会有一定降低。但如后续结合无菌灌装,产品保质期能长达 6 个月之久,储存和销售也可在常温下进行。

三、酸乳发酵过程的变化

在酸乳发酵过程中,乳酸菌大量增殖产生乳酸,同时伴有一系列的生化反应,使乳发生化学、物理和感官变化。

1. 化学变化

(1)乳糖代谢　乳酸菌利用原料乳中的乳糖作为其生长与增殖的能量来源。在乳酸菌增殖过程中,其生成的各种酶将乳糖转化成乳酸(图 10-1),同时生成半乳糖,也产生寡糖、多糖、乙醛、双乙酰、丁酮和丙酮等风味物质。另外,乳清酸和马尿酸减少,苯甲酸、甲酸、琥珀酸、延胡索酸增加。

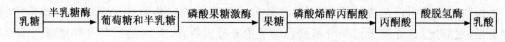

图 10-1　乳糖转化成乳酸的过程

（2）蛋白质代谢　蛋白质轻度水解，使肽、游离氨基酸和氨增加。

（3）脂肪代谢　脂肪微弱水解，产生游离脂肪酸，部分甘油酯类在乳酸菌产生的脂肪分解酶的作用下，逐步转化成脂肪酸和甘油。影响这类反应的主要因素是酸乳中的脂肪含量及均质的作用。酸乳中脂肪含量越高，则脂肪水解越多，而均质过程将脂肪球打破而有利于这类生化反应的进行。尽管这类反应在酸乳生产过程中是副反应，但经其产生的游离脂肪酸和酯类足以影响酸乳成品的风味。

（4）维生素变化　乳酸菌在生长过程中，有的会消耗原料乳中的部分维生素，如微生物 B_{12}、生物素和泛酸。也有的乳酸菌产生维生素，如嗜热链球菌和保加利亚杆菌在生长增殖过程中就产生烟酸、叶酸和维生素 B_6。

（5）矿物质变化　形成不稳定的酪蛋白酸钙复合体，使离子增加。

（6）其他变化　牛乳发酵可使核苷酸含量增加，尿分解产生甲酸和 CO_2，也能产生抗菌剂和抗肿瘤物质。

2. 物理变化

乳酸发酵后乳的 pH 降低，使乳清蛋白和酪蛋白复合体因其中的磷酸钙和柠檬酸钙的逐渐溶解而变得越来越不稳定。当体系内的 pH 达到酪蛋白的等电点时（pH 4.6～4.7），酪蛋白胶粒开始聚集沉降，逐渐形成一种蛋白质网络立体结构，其中包含乳清蛋白、脂肪和水溶液。这种变化使原料乳变成了半固体状态的凝胶体——凝乳。

3. 感官变化

乳酸发酵后使酸乳呈圆润、黏稠、均一的软质凝乳，且具有典型的酸乳风味。这主要是以乙醛产生的风味最为突出。

4. 微生物变化

由于保加利亚杆菌和嗜热链球菌的共生作用，使酸乳中的活菌数大大增加（通常多于 10^7 cfu/mL）；发酵时产生的酸度和某些抗菌剂如乳酸链球菌素（nisin）和乳油链球菌素可防止有害微生物生长。

四、酸乳的营养及保健功效

早在 20 世纪初，俄国科学家梅契尼柯夫（Elie. Metchnikoff）（1845—1916）在研究巴尔干地区居民长寿原因时发现，他们在日常生活中经饮用酸乳，因此提出了"酸乳长寿论"。他的这一发现对酸乳的食用和生产起到了极大的推动作用，他也因此获得了 1908 年的诺贝尔医学与生理学奖。

1. 酸乳的营养价值

酸乳除具备鲜乳的营养成分外，在发酵过程中还产生许多其他营养成分，使酸乳更有营养和更容易消化吸收。

（1）由于在发酵过程中，乳酸菌发酵产生蛋白质水解酶，使原料乳中部分蛋白质水解，从而使酸乳含有比原料乳中更多的肽（约增加 4 倍）和比例更合理的人体所需必需氨基酸；另外，发酵产生的乳酸使乳蛋白形成细微的凝块,使酸乳中的蛋白质比牛乳中的蛋白质在肠道中释放速度更慢、更稳定,这样使蛋白质分解酶在肠道中充分发挥作用,使蛋白质更容易被人体利用,所以酸乳蛋白质具有更高的生理价值。

另外,按酸乳干物质计,其中1%为乳酸菌菌体细胞,这种菌体细胞中的蛋白质含必需氨基酸丰富,提高了酸乳的营养价值。

(2)酸乳在发酵过程中产生大量的B族维生素(维生素B_1、维生素B_2、维生素B_6)和少量脂溶性维生素。其中维生素的含量主要取决于原料乳,但与菌株种类关系也很大,如B族维生素就是乳酸菌生长代谢的产物之一。

(3)发酵后,乳酸还可以与乳中的Ca、P、Fe等矿物质形成易溶于水的乳酸盐,大大提高了Ca、P、Fe的吸收利用率。

2.酸乳的保健功效

(1)缓解"乳糖不适应症"。酸乳生产过程中大部分乳糖在乳酸菌的作用下转换成乳酸,减少了乳糖量,对"乳糖不适应症"患者十分有利。

(2)调节人体肠道中的微生态平衡,抑制肠道有害菌生长。乳酸菌现已被大量的实验研究证实为对人体十分有益的微生物,被誉为"长生不老菌"、"人体健康的卫士"等。某些乳酸菌株可以活着到达大肠,并在肠道中定殖下来,从而使肠道内pH降低,这对一些致病菌和腐败菌的生长有显著的抑制作用。在一健康人的肠道中栖息着大量的细菌,小肠上端细菌较少,下端急剧增多,大肠则是各种细菌理想的存在环境,大肠下端有100多种细菌菌群,其细菌浓度达10^{11}个/g大便,即大便重量的1/3是细菌,它们按一定的菌群比例定殖于肠壁上。在正常情况下,由于有益菌(主要是双歧杆菌)在数量上占明显的优势,使细菌种群之间,细菌与人体之间保持着一种共生关系和动态平衡,如果菌群比例失调,有益菌减少而有害菌就会产生大量的有害物。当有害物过多时,由于来不及解毒,使身体直接吸收,从而引起种种疾病。即使略有超量,也会引肝障碍、下痢、便秘以及代谢障碍。如常饮用酸乳制品,则可增加肠道内有益菌,抑制有害菌的繁殖生长。

(3)促进消化系统功能。乳酸可促进胃液的分泌和胃肠的蠕动,帮助消化,并防止便秘的发生。

(4)降低胆固醇水平。研究表明,乳酸和2-4-羟-10-甲基戊二酸可明显降低血液中胆固醇的含量,所以长期进食酸乳可以降低人体胆固醇水平,从而预防心血管疾病的发生。但少量摄入酸乳的影响结果很难判断,并且乳中其他组成(如钙或乳糖)也可参与影响人体内胆固醇含量的作用。但有一点可以相信:进食酸乳并不增加血液中胆固醇含量。

(5)合成某些抗生素,提高人体抗病能力。在生长繁殖过程中,乳酸链球菌能产生乳酸链球菌素,这些抗生素能抑制和消灭多种病原菌,从而提高人体对疾病的抵抗能力。

(6)预防白内障。研究表明,酸乳可以预防白内障的形成。酸乳中的半乳糖可以激活空肠或肝中的半乳糖激酶,这是减少白内障形成的一个因素。

五、酸乳制品发展动态和趋势

酸乳制品的种类越来越多,新型酸乳不断涌现,如长货架期酸乳、冷冻酸乳和浓缩酸乳等,大大丰富和扩展了传统意义上酸乳概念的内涵,现代酸乳生产技术概括起来呈以下态势:

(1)酸乳的品种已由原味酸乳向调味酸乳(添加各种香精)、果粒酸乳、谷物酸乳和功能性酸乳(添加特殊有益菌、功能性配料如低聚糖类、维生素、矿物元素及营养成分的功能性如低脂低糖高钙高蛋白)转变。

(2)新的菌种的研究及使用日益普遍。保加利亚乳杆菌和嗜热链球菌为生产普通酸乳的最优菌种组合,而双歧杆菌、干酪乳杆菌、嗜酸乳杆菌等益生菌发酵产品亦越来越多。具有良好的产香和滑爽细腻质构的酸乳菌种已备受关注,无后酸化酸乳菌种的研究也引起人们的重视。

(3)通过改变牛乳基料的成分生产低热量的发酵产品。如使用强甜味剂而不是高热量的糖等。

(4)生产方便、口味温和、几乎不用添加剂的长货架期产品。利用后杀菌技术延长酸乳保质期已经成为酸乳发展是新热点,这类酸乳因常温下具有半年以上的保质期更适于运输和消费。

第二节　发酵剂的制备

一、发酵剂的概念和种类

1. 发酵剂的概念

所谓发酵剂(starter)是指生产酸乳制品时所用的特定微生物培养物,它含有高浓度乳酸菌,能够促进乳的酸化过程。

2. 发酵剂的种类

酸乳发酵剂通常按使用方法分为直投式发酵剂和继代式发酵剂。

(1)直投式发酵剂　直投式发酵剂(directed vat set,简称 DVS)是指一系列高度浓缩和标准化的冷冻干燥发酵剂菌种,一次性使用,可直接加入到热处理过的原料乳中进行发酵,无须对其进行活化、扩培等工作。其特点如下:①活菌数高(一般为 $10^{10} \sim 10^{12}$ cfu/g),且保质期长,菌种变异和受污染的概率很低,使得每批发酵产品质量稳定,大大提高了酸乳制品的产品质量;②直投式发酵剂的活力强、类型多,酸乳生产厂家可以根据需要任意选择,从而丰富了酸乳产品的品种;③直投式酸乳发酵剂不需扩大培养,可直接使用,便于管理。同时省去了菌种车间,减少了工作人员、投资和空间,简化了生产工艺。因此,直投式发酵剂的生产和应用使发酵剂生产专业化、社会化、规范化和统一化,从而使酸乳生产标准化,提高了酸乳质量,保障了消费者的利益和健康。目前国外酸乳基本都采用直投式发酵剂来生产,国内大型企业也全部或部分使用直投式发酵剂进行生产。

但直投式发酵剂的制作技术在国内尚不完善,产品质量大多不及国外进口产品。现国内企业大多使用国外进口产品,成本较高。

(2)继代式发酵剂　继代式发酵剂由于自身活性较弱,不能直接用于生产,必须经过活化、扩培的过程。它的特点是菌种活化、制作过程较烦琐,稍有不慎就会产生杂菌污染或菌种变异等现象,发酵剂质量不统一。但由于成本较低,所以继代式发酵剂仍在一些中、小型企业使用。继代式发酵剂通常根据制备过程分为乳酸菌纯培养物、母发酵剂、中间发酵剂和生产发酵剂。

乳酸菌纯培养物:乳酸菌纯培养物(seed starter)即一级菌种,多是从专门发酵剂公司或研究所购得的原始菌种,一般多接种在脱脂乳、乳清、肉汤等培养基中,现多用升华法制成冷冻干燥粉末(能较长时间保存并维持活力)。生产单位取到菌种后,即可将其移植于灭菌脱脂乳或其他培养基中,恢复活力以供生产需要。

母发酵剂:母发酵剂(mother starter)即一级菌种的扩大再培养,其培养基一般为灭菌脱脂乳,它是制备生产发酵剂的基础。

中间发酵剂:是扩大制备生产发酵剂的中间环节。

生产发酵剂:生产发酵剂(bulk starter)又称工作发酵剂,是直接用于生产的发酵剂。应在密闭容器内或发酵罐内进行生产发酵剂的制备。

由此可以看出,各级菌种之间存在绝对的关联性,一级菌种质量的优劣对以后菌种的影响极大,并直接影响酸乳产品质量。

二、发酵剂用菌种类型

1. 传统菌种

传统酸乳发酵剂的菌种主要是由嗜热链球菌与保加利亚杆菌组成,其特性如表 10-1。但由于它们不是人体肠道内的原始寄生菌,在消化道内高酸度环境下难以成活,所以影响了这类微生物的保健效果。

表 10-1 酸乳发酵剂菌种形状及其他特性的比较

特性		嗜热链球菌	保加利亚乳杆菌
形状		细胞呈椭圆状,直径 0.7~0.9 μm,为双链或长链状,在酸性介质和高温下生长呈长链状	细杆状,0.8~0.9 μm 宽,4~6 μm 长,呈单杆状或分节链状,久存时呈颗粒状或长链状
革兰氏反应		+	+
过氧化酶		-	-
发酵		同型乳酸发型	同型乳酸发酵
颗粒		-	+
生长	20℃以下	-	-
	45℃以上	+	+
	2% NaCl	+(2.5)%	+
	4% NaCl	-	+
	脲酶	+	-
	精氨酸	-	-
	在乳中酸度/%	0.7~1.0	1.8
	生存于 60℃ 30 min	+	-
产酸	葡萄糖	+	+
	半乳糖	+	+
	乳糖	+	+
	蔗糖	+	-
	麦芽糖	±	-
	异构糖	+	+
	黏多糖	+	+

2.益生菌

近几年,科学界又提出了"益生菌"的概念。把能够在人体肠道内定植并促进肠道菌群生态平衡,从而有利于宿主健康的微生物统称为益生菌。益生菌酸乳的开发生产已成为发酵乳增长的一个新热点。各个国家对益生菌及其产品的规定不尽相同,用作益生菌的微生物一般均来源于人或动物。中国国家食品药品监督管理局于 2005 年 5 月 20 日颁布了《益生菌类保健食品申报与审评规定(试行)》,该文件规定:益生菌菌种必须是人体正常菌群的成员,可利用其活菌、死菌及其代谢产物。益生菌类保健食品必须安全可靠,即食用安全,无不良反应;生产用菌种的生物学、遗传学、功效学特性明确和稳定。并公布了一批可用于保健食品的益生菌菌种名单:两歧双歧杆菌、婴儿双歧杆菌、长双歧杆菌、短双歧杆菌、青春双歧杆菌、德氏乳杆菌保加利亚种、嗜酸乳杆菌、干酪乳杆菌干酪亚种、嗜热链球菌、罗伊氏乳杆菌。

三、发酵剂用菌种的选择

(一)菌种选择的依据

不同的菌种在产生黏度、酸度、香气等方面不尽相同,因此在生产中应根据酸乳不同的要求来选择合适的菌种。选择发酵剂菌种一般应从以下几方面考虑:

1.产酸能力

不同发酵剂产酸能力有很大不同。判断菌种产酸能力的方法是测定产酸曲线,图 10-2 是发酵剂产酸能力强、中、弱三种情况的产酸曲线。产酸能力强的发酵剂在发酵过程中容易导致产酸过度和后酸化过强,所以生产中一般选择产酸能力中等或较弱的发酵剂。

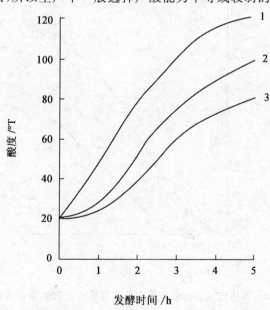

图 10-2　发酵剂菌种的产酸曲线(接种量 2%,培养温度 42℃)
1.产酸能力强　2.产酸能力中等　3.产酸能力弱

2.后酸化能力

后酸化是指酸乳生产中终止发酵后,发酵剂菌种在冷却和冷藏阶段仍继续缓慢产酸的过程。它包括三个阶段:从发酵终点(42℃)冷却到19℃或20℃时酸度的增加;从19℃或20℃冷却到10℃或12℃时酸度的增加;在冷库中冷藏阶段酸度的增加。酸乳生产中应尽可能选择后酸化较弱的发酵剂,以便控制产品的质量。

3. 产香能力

一般酸乳发酵剂产生的芳香物质有乙醛、丁二酮、丙酮和挥发性酸。故应通过感官、挥发性酸的产生量以及乙醛生成能力来进行产香能力的评价。

4. 黏性物质的产生

某些乳酸菌在发酵过程中产生胞外多糖,有助于改善酸乳的组织状态和黏稠度,特别是原料乳干物质含量不太高时显得尤为重要。但一般情况下产黏发酵剂往往对酸乳的发酵风味会有不良影响,因此选择这类菌株时最好和其他菌株混合使用。

5. 蛋白质的水解性

乳酸菌的蛋白质水解活性一般较弱,如嗜热链球菌在乳中只表现很弱的蛋白水解活性,而保加利亚杆菌则有比较高的蛋白水解活性,能将蛋白质水解,产生大量的游离氨基酸和肽类。

(二)合理利用菌种之间的共生作用

发酵剂所用菌种通常不采用单一菌种,而是选用两种或两种以上的菌种混合使用,因为两种或两种以上的菌种之间可产生共生作用,如传统的酸乳发酵剂菌种即为嗜热链球菌和保加利亚乳杆菌配合使用。图10-3所示为嗜热链球菌和保加利亚乳杆菌单一发酵与混合发酵酸生成曲线。由此可以看出,在发酵的初期嗜热链球菌增殖活跃,而后期保加利亚杆菌增殖活跃。使用混合发酵剂可利用菌种之间的共生作用,相得益彰。

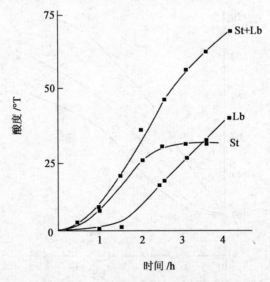

图 10-3 嗜热链球菌和保加利亚杆菌在乳中发酵的酸生成曲线

St:嗜热链球菌 Lb:保加利亚杆菌 St + Lb:两种菌混合发酵剂

这两种菌的共生作用机理为:发酵初期乳杆菌生长缓慢,但它有微弱的蛋白质分解能力,可产生一定量的肽和氨基酸,对球菌的生长有刺激作用。嗜热链球菌的旺盛生长将使乳糖及其他糖类转化为乳酸、乙酸、双乙酰和甲酸等,甲酸对保加利亚杆菌有促进作用,见图10-4。当乳酸混合物的pH(最初在6.3~6.5)下降到5.5时,嗜热链球菌的生长将被抑制,此时有利于保加利亚杆菌的生长。酸乳的特殊风味主要是由乳酸和乙醛形成,其中乙醛被认为是酸乳中风味物质的主要成分,酸乳香味和风味的最佳时刻是乙醛含量为 23.0 mg/kg 及 pH 4.4~4.0 时。

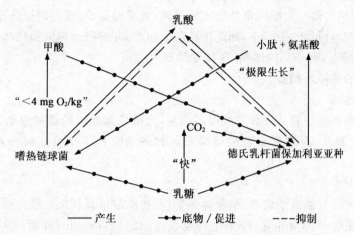

图 10-4 嗜热链球菌和保加利亚杆菌互补代谢图

四、继代式发酵剂的制备方法

发酵剂的制备是酸乳生产中最重要也是最有难度的环节之一。制备过程对卫生条件要求极高,发酵剂的每一次转接都要在无菌操作下进行,稍有不慎就可能造成杂菌污染。菌种活化、母发酵剂制备应该在有正压和配备空气过滤器的单独房间或无菌室内进行。中间发酵剂和生产发酵剂可以在离生产近一点的地方或制备母发酵剂的房间里进行。对设备的清洗、灭菌要严格,以防清洗剂和消毒剂的残留对发酵剂造成污染。发酵剂的制备步骤如图 10-5 所示。

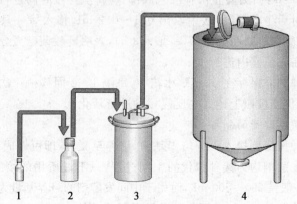

图 10-5 发酵剂的制作步骤

1.种子发酵剂 2.母发酵剂 3.生产发酵剂 4.产品发酵

(一)制备发酵剂必要的用具及材料

(1)干热灭菌器 用于发酵剂容器及吸管的灭菌。

(2)高压灭菌器 培养基等灭菌。

(3)恒温箱　培养发酵剂。

(4)带棉塞试管　供培养乳酸菌纯培养物用。

(5)母发酵剂容器　带棉塞的三角烧瓶(容量300～500 mL)。

(6)工作发酵剂容器　大型三角烧瓶或发酵罐、发酵槽等,可按生产量选择。

(7)灭菌吸管　容量2～10 mL,预先用硫酸纸包严,并进行干热灭菌(160℃/2 h)。

(8)冰箱　能调至0～5℃的冰箱,存放发酵剂用。

(二)培养基的选择及制备

1.培养基的选择

制备发酵剂所用的培养基一般可采用高质量、无抗生素残留的新鲜脱脂乳或脱脂乳粉还原乳(最好不用全脂乳,因游离脂肪酸可抑制菌种的增殖),工作发酵剂培养基也可采用全脂乳。

2.培养基的制备

培养基必须先经过杀菌处理,以消除抑菌物质、排除溶解氧和杀死原有微生物。用作乳酸菌纯培养物和母发酵剂的培养基,应采用高温灭菌(121℃、15 min)或间歇灭菌(100℃、连续3 d),以达到完全无菌状态。用作生产发酵剂的培养基,一般采用90℃、30 min或95℃、30 min的杀菌制度,也有采用高压蒸汽杀菌(115℃、10 min)。因为过高的杀菌制度容易使牛乳产生褐变和蒸煮味,从而影响到成品酸乳的质量。

(三)发酵剂的制备

1.菌种纯培养物的复活及保存

菌种纯培养物受保存条件的影响处休眠状态,活力较弱,因此使用前应进行反复活化,以恢复其活力。现原始菌种多是经冻干制成的粉末状产品。首先将瓶口充分灭菌,而后用灭菌铂耳取出少量,移入预先已灭菌的试管培养基中,振荡均匀,置于培养箱中在所需温度下进行培养。在最初的1～2 h内,为防止菌种沉入底部,应每隔一段时间进行震荡,使菌种与培养基充分混合。待数小时后牛乳凝固,从中取出0.1～0.2 mL移入另一只灭菌试管培养基中。如此反复活化数次,如凝乳时间明显缩短(一般<3 h),表明乳酸菌已充分活化,即可制备母发酵剂。以上操作均需在无菌室内进行。

活化好的商品发酵剂需保存在0～5℃冰箱中,每隔1～2周移植一次,以维持其活力。但在用于正式生产之前,仍需按照上述方法反复接种进行活化。

2.母发酵剂和中间发酵剂的制备

将充分活化的菌种按比例接入灭菌培养基中,培养至凝乳,即可做成母发酵剂和中间发酵剂。母发酵剂和中间发酵剂均为接种传代的中间过程,只不过所用的培养基量逐渐扩大。用于母发酵剂的培养基一般是250～500 mL,而用于中间发酵剂的培养基量为1 000～2 000 mL,每次接种时的接种量按培养基的1%～3%,培养基要经过严格灭菌。

母发酵剂和中间发酵剂的制备需在严格的卫生条件下,制作间最好有经过滤的正压空气,操作前环境要用400～800 mg/L的次氯酸钠溶液喷雾或紫外线灯杀菌30 min,操作过程严格执行无菌操作。每次接种时容器口端最好用200 mg/L的次氯酸钠溶液浸湿的干净纱布擦拭或用酒精灯进行火焰杀菌,以防污染。

调制好的母发酵剂和中间发酵剂可存放于0～5℃的冰箱中,每周活化一次即可。根据细菌的生长繁殖规律,连续的培养会产生变异现象,也可能会有杂菌、酵母、霉菌或噬菌体的污染,故菌种的继代次数不超过 20～25 次。所以很多厂家采用定期更换发酵剂的方法来保证产品的质量,一般可用 1～3 个月。

3. 生产发酵剂的制备

用于加入原料乳中进行酸乳生产的发酵剂被称为生产发酵剂或工作发酵剂。为提高发酵速度,缩短生产周期,生产发酵剂的添加量一般为原料乳的 3%～4%,即生产发酵剂的量应按原料乳的 3%～4%来准备。生产发酵剂的培养基最好与成品的原料相同,以使菌种的生活环境不致急剧改变而影响菌种的活力。培养基按要求进行杀菌处理,冷却后接入 1%～3%的中间发酵剂,充分混匀后培养至凝乳,置于 0～5℃冷藏库中待用,如用种子罐可先冷却至 10～20℃,然后直接用于生产。

(四)影响菌种活力的因素

(1)菌种　当培养液酸度达到 85～90°T 时,球菌产酸停止,而杆菌能在 150 °T 左右产酸。杆菌对产酸及芳香物质的形成至关重要。

(2)培养基浓度　以 11%为基点,高浓度(20%以内)利于杆菌生产,产酸量大;较低浓度利于球菌生产。

(3)培养温度　45～47℃利于杆菌的生产;41～44℃促进球菌生长。

(4)接种量　以 3%为基点,接种量大有利于杆菌生长,接种量小利于球菌生长。

五、发酵剂的质量检验

发酵剂质量的好坏直接影响成品的质量,故在使用前应对发酵剂进行质量检查和评定。

(一)发酵剂的质量要求

(1)凝块需要有适当的硬度,细滑而富有弹性,组织均匀一致,表面无变色、龟裂、产生气泡及乳清分离等现象。

(2)需具有优良的酸味及风味,不得有腐败味、苦味、饲料味和酵母味等异味。

(3)凝块完全粉碎后,细腻滑润,略带黏性,不含块状物。

(4)按要求接种后,在规定时间内产生凝固,无延长现象,活力测定符合规定指标。

(二)发酵剂的质量检验

1. 感官检查

观察发酵剂的质地、组织状态、色泽、风味及乳清淅出等。良好的发酵剂应凝固均匀、细腻,组织致密而富有弹性,乳清析出少,具有一定酸味和芳香味,无异味,无气泡,无变色现象。

2. 镜检

使用革兰氏染色法制作发酵剂涂片,并用高倍光学显微镜(油镜)观察乳酸菌形态正常与否及菌种之间的比例是否发生较大改变等。

3. 活力测定

发酵剂的活力,可根据乳酸菌在规定时间内产酸状况或色素还原来进行判断。

(1)酸度测定法　在高压灭菌后的脱脂乳中加入 3%的待测发酵剂,置于 37.8℃的恒温箱中培养 3.5 h,然后测定其乳酸度。当酸度达 0.8%以上认为活力较好。

(2)刃天青还原试验　脱脂乳 9 mL 中加入发酸剂 1 mL 和 0.005%刃天青溶液 1 mL,在 36.7℃的恒温箱中培养 35 min 以上,如完全褪色则表示活力良好。

4.定期检验

在生产中应对连续繁殖的母发酵剂进行定期检验。

(1)纯度可用催化酶试验;

(2)粪便污染情况可用大肠杆菌试验;

(3)检查是否污染酵母、霉菌;

(4)检查噬菌体污染情况。

第三节　凝固型酸乳加工

一、工艺流程

生产发酵剂(或直投式发酵剂)
↓
原料乳→净乳→标准化→配料→预热→均质→杀菌→冷却→接种→灌装→发酵→冷却→后熟→冷藏。

图 10-6 为一凝固型酸乳的典型生产线。

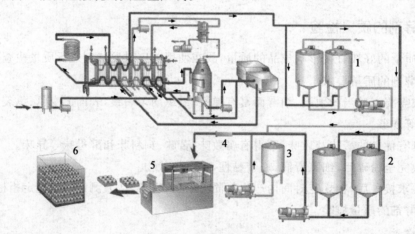

图 10-6　凝固型酸乳生产线
1.生产发酵剂罐　2.缓冲罐　3.香料罐　4.混合器　5.包装　6.发酵

二、加工要点

(一)原料乳的验收及预处理

各种动物乳原则上均可作为生产酸乳的原料,但事实上世界上大多数酸乳多以牛乳为原料制成,我国市场上的酸乳也主要是以牛乳为原料。原料乳可根据成品的要求采用新鲜全脂牛乳或全脂乳粉还原乳、部分脱脂牛乳或脱脂牛乳。为了增加成品的营养或改进其组织状态,还应对原料乳进行标准化。

原料乳除应符合一般验收标准要求外,还应特别注意:①总固形物含量不得低于 11.5%,其中非脂乳固体含量不得低于 8.5%,否则会影响凝乳效果;②原料乳中不得含有抗生素或残留杀菌剂、清洗剂,因为乳酸菌对这些物质极为敏感,乳中微量的抗生素都会使乳酸菌不能生长繁殖,从而给生产带来重大损失;③不得使用乳房炎乳,否则会影响酸乳的风味和蛋白质的凝胶力。具体验收方法参照第八章。

(二)配料

1. 甜味剂

加入甜味剂可改善酸乳的风味,使其口味柔和,酸甜适口。通常使用的甜味剂是蔗糖,加入量一般为 4%～7%。有试验表明适当的蔗糖对菌株产酸是有益的,但浓度过高(>12%),会提高乳渗透压而对乳酸菌产生抑制作用。

如生产低热值保健酸乳,可以不加糖,或选用热量低或不产生热量的甜味剂,如木糖醇、异麦芽低聚糖、低聚果糖、阿斯巴甜、甜叶菊苷等甜味剂。

2. 稳定剂

正常情况下,凝固型酸乳不需要添加稳定剂,因为它会自然形成稳定的胶体。但少量的稳定剂可增加制品的凝固性和防止乳清的析出,酸乳中最常用的稳定剂有:果胶、阿拉伯胶、黄原胶、瓜尔豆胶、CMC、明胶、变性淀粉、琼脂等,用量为 0.1%～0.5%。稳定剂添加时一般先与适量砂糖干态混合,边搅拌边加入原料乳中;或将稳定剂先溶于少量热水或牛乳中,再加入原料乳中。

(三)预热、均质

原料配合好后即进行均质处理。均质的目的是使原料充分混合均匀,防止脂肪球上浮,提高酸乳的稳定性,并使酸乳质地细腻、口感良好。均质前预热至 55～65℃,可提高均质效果,均质压力采用 20.0～25.0 MPa。

(四)杀菌、冷却

经均质的物料回流到热交换器中加热至 90～95℃,保温 5 min 进行杀菌。杀菌的目的在于杀死病原菌及其他微生物,确保乳酸菌的正常生长和繁殖;使乳中酶的活力钝化和抑菌物质失活;使乳清蛋白热变性,改善牛乳作为乳酸菌生长培养基的性能。

杀菌后的物料应迅速冷却到 45℃左右,稍高于发酵温度的原因,是考虑到在后续的接种和灌装过程中温度会略有下降。

(五)接种

如使用继代式发酵剂,接种前应将生产发酵剂充分搅拌,使凝乳完全破坏。一般的液体发酵剂,其产酸活力在 0.7%～1%,接种量应为 2%～4%。接种是造成酸乳受微生物污染的主要环节之一,因此应严格注意操作卫生,防止霉菌、酵母、细菌噬菌体和其他有害微生物的污染,特别是在不采用发酵剂自动接入设备的情况下更应如此。发酵剂加入后,要充分搅拌10 min,使菌体能与牛乳完全混合,还要注意保持乳温,特别是对非连续灌装工艺或采用效率较低的灌注手段时,因灌装时间较长,保温就更为重要。

如使用直投式发酵剂,加入量按产品标注的活力而定,菌粉用少量无菌水或杀菌后的牛乳充分溶解,加入原料乳中,充分搅拌混合均匀。

(六)灌装

接种后的牛乳应立即灌装到零售容器中。可根据市场需要选择包装容器的材质及大小形状,如玻璃瓶、瓷罐、塑杯等保形比较好的容器。当然,如对产品的凝乳状态没有刻意要求时,也可采用塑料袋包装。

(七)发酵

发酵在发酵间进行,发酵间墙壁要有良好的绝缘保温层,热源有电加热和蒸汽管道加热,室内设有温度感应器,可自动进行温度调节。

1. 发酵温度

发酵间温度应调至所用菌种最适宜生长繁殖的温度。如使用嗜热链球菌和保加利亚杆菌的混合菌种,应将温度保持在 42~43℃,这是这两种菌最适生长温度的折中值。整个发酵过程中,温度应恒定,避免忽高忽低。

2. 发酵时间

影响发酵时间的因素较多,如菌种的种类、接种量、活力、培养温度、容器类型、每批进入发酵间数量的多少,都会使发酵时间有很大不同。如使用生产发酵剂,发酵所需时间 3~4 h。直投式发酵剂的发酵时间相应较长,通常需要 6~8 h。

3. 发酵终点判断

发酵终点的判断非常重要,是制作凝固型酸乳的关键技术之一,取出过早或过晚都会对产品产生不良影响。如果发酵终点确定过早,则酸奶组织过软,风味差;过晚则酸度高,乳清析出过多,风味也差。

可采用以下方法判断发酵终点:①发酵到一定时间后,抽样打开瓶盖缓慢倾斜瓶身,观察酸乳的流动性和组织状态,若乳基本凝固,则说明已接近发酵终点;②抽样测定酸乳的酸度,一般酸度达到 65~70 °T 即可终止发酵,再加上后熟期酸度的升高,可使终产品达到比较理想的酸度。当然,近些年一些新型菌种可较好地控制后酸,发酵酸度应适当提高;③记录好酸乳进入发酵间的时间,在同等生产条件下,以上几班发酵时间为准。

另外,整个发酵过程,容器间要留有空隙,使发酵间的热空气及冷却时的冷气能均匀达到每一个容器。发酵时应注意避免震动,否则会影响其组织状态。

(八)冷却

酸乳结束发酵后应强制冷却,冷却的目的是迅速而有效地抑制酸乳中乳酸菌的生长,降低酶的活性,使酸乳的质地、口感、风味、酸度等特征达到所预定的要求。

发酵终点一到应立即切断电源或停止供气。现在凝固型酸乳生产中一般使用一级冷却,即在冷却隧道中,用冷风或冷水将酸乳直接从发酵温度冷却到 10℃以下。最后在冷库内把温度降至 5℃左右,产品贮存至发送。冷却的效果要参照包装个体的大小、包装材料、包装箱堆放的高度、箱子之间的空间等情况来设计。

冷却开始时酸乳处于软嫩状态,对机械振动十分敏感,在这种情况下,酸乳组织状态一旦遭到破坏,最终则很难恢复正常。因此,冷却时注意要轻拿轻放、防止振动。

(九)后熟与冷藏

冷却后的酸乳应立即放入 0~4℃的冷库中,冷藏的作用除了达到冷却一项所列的目的外,还有促进香味的产生、改善酸乳硬度的作用。香味物质产生的高峰期一般是在酸乳终止发酵后的第 4 小时,而有人研究的这一时间更长,12~24 h 完成,通常把该贮藏过程称为后成熟。酸乳的一般贮藏期为 7~14 d。在冷藏期间,酸度仍会有所上升,同时改善酸度的硬度,促进香味物质的产生。酸乳的良好风味是多种风味物质相互平衡的结果,因此,发酵凝固后需在 0~4℃贮存 12~24 h 后再出售。

三、常见质量问题及控制方法

(一)凝固性差

一般牛乳在接种乳酸菌后,在适宜的温度下发酵一定时间便会凝固,表面光滑,质地细腻。但酸乳有时会出现凝固性差或不凝固现象,黏性也很差,出现乳清分离。造成这种现象的原因有以下几方面:

1.原料乳质量

原料乳中含有抗生素、磺胺类药物以及防腐剂时都会抑制乳酸菌的生长。实验证明原料乳中含微量青霉素(0.01 IU/mL)时,对乳酸菌便有明显的抑制作用。使用乳房炎乳由于其白细胞含量较高,对乳酸菌也有不同的噬菌作用。此外,原料乳掺假特别是掺碱,使发酵所产的酸消耗于中和,而不能积累达到凝乳要求的 pH,从而使乳凝固不好。原料乳消毒前,污染有能产生抗生素的细菌,杀菌处理虽除去了细菌,但产生的抗生素不受热处理影响,会在发酵培养中起抑制作用,这一点引起的发酵异常往往会被忽视。牛乳中掺水会使乳的总干物质降低,也会影响酸乳的凝固性。

因此,要排除上述诸因素的影响,必须把好原料验收关,杜绝使用含抗生素、磺胺类药物以及防腐剂的牛乳,必要时先进行凝乳培养试验,样品不凝或凝固不好者不能进行生产。对由于掺水而使干物质降低的牛乳可适当添加脱脂乳粉,使干物质达 11% 以上,以保证产品质量。

2.发酵温度和时间

发酵温度依所采用乳酸菌种类的不同而异。若发酵温度低于最适温度,则乳酸菌活力下降,凝乳能力降低,使酸乳凝固性降低。发酵时间掌握不当,也会造成酸乳凝固性降低。此外,发酵室温度不均匀也是造成酸乳凝固性降低的原因之一。因此,在实际生产中,应尽可能保持发酵室温度恒定一致,并掌握好适宜的发酵温度和时间。

3.菌种

发酵剂受噬体污染也是造成发酵缓慢、凝固不完全的原因之一,可通过发酵活力检查来判断。也可通过定期更换发酵剂的方法加以控制,而直投式发酵剂就很好地解决了这个问题。此外,由于噬菌体对菌的选择作用,两种以上菌种混合使用也可避免使用单一菌种因噬菌体污染而使发酵终止的弊端。发酵剂的用量也应掌握好,太少的接种量也会导致凝固性下降。

4.加糖量

适当的加糖量可使产品产生良好的风味,凝块细腻光滑,提高黏度,并有利于乳酸菌产酸量的提高。若加糖量过大,产生高渗透压,抑制乳酸菌的生长繁殖,引用乳酸菌脱水死亡、活力下降,致使酸乳的凝固性差。生产中一般采取 6.5% 的加糖量,产生产品的口味最佳,也不影响乳酸菌的生长。

(二)乳清析出

乳清析出是生产乳酸时常见的质量问题,其主要原因有以下几种:

1.原料乳热处理不当

热处理温度偏低或时间不够,就不能使 75%～80% 的乳清蛋白变性,而变性乳清蛋白可与酪蛋白形成复合物,能容纳更多的水分,并且具有最小的脱水收缩作用。据研究,要保证酸乳吸收大量水分和不发生脱水收缩作用,至少使 75% 的乳清蛋白变性,这就要求 85℃ 30～

40 min 或 90℃ 5～10 min 的热处理,UHT 加热(135～150℃、2～4 s)处理虽能达到灭菌效果,但不能使 75％的乳清蛋白变性,这是一些厂家生产凝固型酸乳较多发生乳清析出的原因之一。据研究,原料乳的最佳热处理条件是 95℃ 5 min。

2.发酵时间

若发酵时间过长,乳酸菌继续生长繁殖,产酸量不断增加。酸性的增强破坏了原来已形成的胶体结构,使其容纳的水分游离出来形成乳清上浮;若发酵时间过短,乳蛋白质的胶体结构还未充分形成,不能包裹乳中原有的水分,也会形成乳清析出。

3.其他因素

原料乳中总干物质含量低,发酵过程机械振动,乳中钙盐不足,发酵剂添加量过大也会造成乳清析出,在生产时应加以注意。

(三)风味

风味包括口味和气味,正常酸乳应有发酵乳纯正的风味。但在生产过程中常出现以下风味不良现象:

1.无芳香味

主要由于菌种选择及操作工艺不当所引起。正常的酸乳生产应保证两种以上的菌混合使用并选择适宜的比例,任何一方占优势均会导致产香不足,风味变劣,高温短时发酵和固体含量不足也易造成芳香味不足。芳香味主要来自发酵剂酶分解柠檬酸产生的丁二酮物质。所以原料乳中应保证足够的柠檬酸含量。据研究,饲喂精饲料过多,会使牛乳中柠檬酸量大大减少。牛乳中柠檬酸含量也与牛种有关。

2.酸乳的不洁味

主要由发酵剂或发酵过程中污染杂菌引起。污染丁酸菌可使产品带刺鼻怪味,污染酵母菌不仅产生不良风味,还会影响酸乳的组织状态,使酸乳产生气泡。在瓶装酸乳中可明显看见,因此,应注意器具的清洗消毒,严格保证卫生条件。

3.酸乳的糖酸比欠佳

正常的酸乳应具有适当的糖酸比,过酸或过甜均会影响产品质量。发酵过度、冷藏时温度偏高和加糖量较低等会使酸乳偏酸,而发酵不足或加糖过高又会导致酸乳偏甜。因此,应尽量避免发酵过度现象,并应在 0～5℃条件下冷藏,防止温度过高,严格控制加糖量。此外,酸乳的酸度、甜度口感有地域特殊性,如南方对酸度要求低,对甜度要求高。所以,要根据当地消费特点决定最终发酵产酸程度和适宜的加糖量。

4.原料乳的异味

原料乳有饲料臭、牛体臭、氧化臭味,或者过度热处理,或者原料乳中添加了风味不良的炼乳或乳粉等,都是造成酸乳风味不良的可能原因。

(四)表面有霉菌生长

酸乳贮藏时间过长或温度过高时,往往在表面出现霉菌,黑色霉菌斑点易被察觉,而白色霉菌则不易被注意。这种酸乳被误食后,轻者有腹胀感,重者可能会引起腹痛下泻。因此要根据市场情况控制好贮藏温度和贮藏时间。

(五)口感差

优质酸乳应柔嫩、细滑、清香可口,但有些酸乳口感粗糙,有砂状感。这主要是由于生产酸乳时,采用了劣质乳粉,或者由于生产时温度过高,蛋白质变性,或由于贮存时吸湿潮解,有细小的颗粒存在,不能很好地复原等原因所致。因此,生产酸乳时,多用新鲜牛乳或优质乳粉,并采取均质处理,使乳中蛋白质及脂肪颗粒细微化,达到改善口感的目的,均质所采用的压力以25 MPa 为好。

第四节　搅拌型酸乳加工

搅拌型酸乳是在凝固型酸乳的基础上发展起来的一种发酵乳制品,即经过处理的原料乳接种后在发酵罐中进行发酵至凝乳,凝乳再经适度搅拌,而后分装于零售容器中。这种产品的特征是呈半流体状态,有一定的黏度。搅拌过程中还可加入果料、谷物等其他配料,丰富了酸乳的营养成分,同时使产品呈现出果料、谷物与发酵乳相复合的味道,改变了凝固型酸乳单一的口味,所以非常受消费者的喜爱。

一、工艺流程

生产发酵剂(或直投式发酵剂)
↓

鲜乳的验收及预处理→配料→预热→均质→杀菌→冷却→接种→发酵罐中发酵→冷却、搅拌→灌装→后熟→冷藏。
　↑
果粒、谷物等

图 10-7 为一搅拌型酸乳的典型生产线。

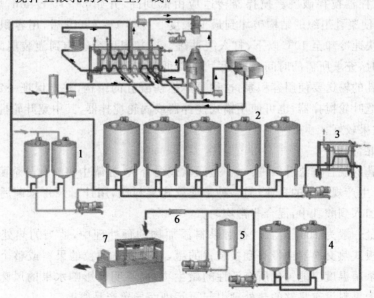

图 10-7　搅拌型酸乳生产线
1.生产发酵剂罐　2.发酵罐　3.片式热交换器　4.缓冲罐　5.果料/香料罐　6.混合器　7.包装

二、加工要点

搅拌型酸乳与凝固型酸乳加工的前处理过程是完全一样的,只是在接种后按不同的工艺来进行。两者最大的区别在于凝固型酸乳是先灌装后发酵,而搅拌型酸乳是先大罐发酵再灌装。本书仅对搅拌型酸乳与凝固型酸乳生产的不同点加以说明。

(一)发酵

搅拌型酸乳生产中的发酵通常是在专门的发酵罐中进行的。发酵罐是利用罐周围夹层的热媒来维持恒温,热媒的温度可随发酵参数而变化,罐内上下温差不超过 1.5℃。发酵罐带有保温层,并设有温度计和 pH 计。pH 计可直接检测到罐中物料的酸度,当酸度达到设定值后,pH 计就会传出信号。

生产中应避免夹层里的热媒温度有较大波动,否则接近罐壁的物料温度就会上升或下降,罐内产生温度梯度,不利于酸乳的正常发酵。发酵终点的判断同凝固型酸乳。

(二)冷却及搅拌

发酵结束后,应立即对凝乳降温冷却,同时进行搅拌,将凝乳搅拌成均匀光滑的黏稠状流体。

1.冷却及搅拌的作用

搅拌的作用是通过机械力破碎凝胶体,使凝胶体的粒子直径达到 0.01～0.04 mm。但如果搅拌过于激烈混入空气,会造成产品出现缺陷,如黏度降低或分层现象。如果凝乳搅拌适当,不仅不出现乳清分离和分层现象,而且凝乳变得很稳定,保水性大大增强。

2.冷却及搅拌的方法

到达发酵终点时,乳完全凝固,pH 4.2～4.5,应立即放出夹层中的热水,通入冰水进行降温,同时开动搅拌器搅拌破乳。搅拌器转速应由低到高,开始 8～10 r/min,后增加至 30～40 r/min,从而使凝乳组织的结构破坏到最低限度。搅拌 1～2 min 后,用容积泵将酸乳输送至板式交换器快速冷却至 10℃以下,打入缓冲罐。冷却温度会影响到灌装期间酸度的变化,当生产批量大时,充填所需的时间长,应尽可能降低冷却温度。

搅拌型酸乳的输送要使用容积泵,这种泵不损伤凝乳的结构,并能保证一定的凝乳流量。机械搅拌使用宽叶轮搅拌器,也可使用锚式搅拌器或涡轮搅拌器,其中宽叶轮搅拌器具有大的表面积,搅拌效果较好。

(三)果料混合

果料与酸乳的混合方法有两种:一种是间歇式混合法,在罐中将酸乳与杀菌处理后的果料混匀,此法用于生产规模小的企业;另一种是连续式混料法,用计量泵将杀菌后的果料泵入在线混合器连续加入到酸乳中,混合非常均匀。

果料添加量一般为 10% 左右。在对果料添加物的预处理中,适当的热处理是非常重要的。可使用刮板式热交换器或带有刮板装置的罐,对带固体颗粒的果料或整个浆果进行充分的巴氏杀菌。杀菌温度应能钝化所有活性的微生物,而不明显影响水果的风味及结构。发酵乳制品经常由于果料没有足够的热处理引起再污染而导致产品腐败。

(四)包装

混合均匀的酸乳和果料,直接流到包装机进行包装。可用于搅拌型酸乳包装的机器类型很多,通常采用塑杯包装或屋顶纸盒包装,包装体积也各不相同。

三、常见质量问题及控制方法

(一)砂状组织

酸乳从外观组织上看有许多砂状颗粒存在,不细腻。砂状结构的产生有多种原因,普遍认为和发酵温度过高、发酵剂活力过低、接种量过多、发酵期间的振动有关。一些厂家,为防止降温缓慢造成过酸现象,在较高温度下就开始搅拌,这也是造成砂状组织的原因之一。此外,牛乳受热过度也是出现砂状组织的主要原因。

(二)乳清分离

其原因是凝乳搅拌速度过快,搅拌温度不适宜。此外,酸乳发酵过度,冷却温度不合适及干物质含量不足等因素也可造成乳清分离现象。搅拌速度的快慢对成品的质量影响较大,若搅拌速度过慢,不能使凝块破损,产品不能均匀一致;但搅拌速度过快又使酸乳的凝胶状态破坏,黏稠度下降,在贮藏过程中产生大量的乳清。因此,应选择合适的搅拌器并注意降低搅拌速度。同时,可选用适当的稳定剂,以提高酸乳的黏度,防止乳清的析出,常使用的稳定剂有CMC、变性淀粉等。

(三)质地稀薄

提高原料乳固体尤其是蛋白质的含量;热处理应确保乳白蛋白和乳清蛋白充分变性;控制均质工艺,保证脂肪充分均质化处理;加大接种量,延长发酵时间;控制适当的冷却温度;发货时间在进入冷藏库 24 h 以后;适当增加或调整稳定剂。

(四)结构呈黏丝状

减少蛋白含量;增强机械强度;改用低黏度菌种;调整发酵温度。

复习思考题

1. 酸乳对人体有哪些营养保健作用?
2. 什么是益生菌?
3. 试述发酵剂的种类及继代式发酵剂的制备过程。
4. 发酵剂菌种选择的依据是什么?
5. 直投式发酵剂有什么特点?
6. 凝固型酸乳的加工工艺及操作要点是什么?
7. 搅拌型酸乳的加工工艺及操作要点是什么?
8. 凝固型酸乳与搅拌型酸乳生产工艺的主要区别是什么?
9. 凝固型酸乳与搅拌型酸乳生产中常见的质量问题是什么? 怎样解决?

第十一章

含乳饮料加工

【目标要求】
1. 了解含乳饮料的定义、分类、生产现状及发展趋势;
2. 掌握中性含乳饮料的加工技术及质量控制方法;
3. 掌握配制型酸性含乳饮料的加工技术及质量控制方法;
4. 掌握乳酸菌饮料的加工技术及质量控制方法。

第一节 含乳饮料生产概述

一、含乳饮料的定义

在国家标准《含乳饮料》(GB/T 21732—2008)中,将含乳饮料(milk beverage)定义为:以乳或乳制品为原料,加入水及适量辅料经配制或发酵而成的饮料制品。含乳饮料还可称为乳(奶)饮料、乳(奶)饮品。

二、含乳饮料的分类

(一)按国标分类

1. 配制型含乳饮料(formulated milk beverage)

以乳或乳制品为原料,加入水,以及白砂糖和(或)甜味剂、酸味剂、果汁、茶、咖啡、植物提取液等的一种或几种调制而成的饮料。配制型含乳饮料要求蛋白质含量(质量分数)≥1.0%。例如咖啡乳饮料、可可乳饮料属于此类型。

2. 发酵型含乳饮料(fermented milk beverage)

以乳或乳制品为原料,经乳酸菌等有益菌培养发酵制得的乳液中加入水,以及白砂糖和(或)甜味剂、酸味剂、果汁、茶、咖啡、植物提取液等的一种或几种调制而成的饮料。根据其是否经过杀菌处理而区分为杀菌(非活菌)型和未杀菌(活菌)型。发酵型含乳饮料要求蛋白质含量(质量分数)≥1.0%。

发酵型含乳饮料还可称为酸乳(奶)饮料、酸乳(奶)饮品。

3.乳酸菌饮料(lactic acid bacteria beverage)

以乳或乳制品为原料,经乳酸菌发酵制得的乳液中加入水,以及白砂糖和(或)甜味剂、酸味剂、果汁、茶、咖啡、植物提取液等的一种或几种调制而成的饮料。根据其是否经过杀菌处理而区分为杀菌(非活菌)型和未杀菌(活菌)型。乳酸菌饮料要求蛋白质含量(质量分数)≥0.7%。

(二)按产品酸度分类

1.中性含乳饮料(neutral milk beverage)

中性含乳饮料又称风味含乳饮料,是以乳或乳制品为原料,加入水,以及白砂糖和(或)甜味剂、酸味剂、果汁、茶、咖啡、植物提取液等的一种或几种调制而成的乳饮料。配料中不加酸味剂,不改变牛乳原有的酸度。

2.酸性含乳饮料(acidic milk beverage)

酸性含乳饮料根据其加工工艺又可分为配制型酸性含乳饮料和发酵型酸性含乳饮料。

三、含乳饮料的生产现状及发展

从20世纪80年代开始,我国含乳饮料开始起步,含乳饮料以其独特的风味、丰富的品种从软饮料行业中脱颖而出,并经过各大食品企业二三十年的精心培育,现已发展成我国饮料行业中一个重要的细分品类。但目前就市场份额来说,含乳饮料尚未形成与茶饮料、果汁饮料、碳酸饮料等几大饮料品种平分市场的局面。然而含乳饮料的成本较低,利润可观,因此有越来越多的乳品企业推出各自的含乳饮料产品,其市场潜力巨大。资料显示,含乳饮料(特别是酸性含乳饮料)是乳制品企业的重要产品种类,有的企业占其营销额的30%,甚至更高,已成为乳制品企业主要的利润增长点。

含乳饮料的营养价值相对较低,所以其主攻的是休闲食品市场。如何提高含乳饮料的营养价值成为各个企业主要考虑的问题。目前食品配料种类丰富,且层出不穷,为乳品企业开发新产品提供了很好的选择。例如在含乳饮料中添加各种维生素、氨基酸、矿物元素、功能性低聚糖、活性益生菌、膳食纤维、核苷酸、AA、DHA、CPP、牛磺酸、卵磷脂等功能性配料,提高产品的营养及保健功效。另外,原料的混搭也非常流行,现在已经不再局限于最初的"果汁+牛奶","果汁+果粒+牛奶",已经延伸到蔬菜、谷物、酒、茶、汽水,双混、三混、多混也会成为必然趋势。所以,乳品企业应在保留自身特色和优势的基础上,根据市场及自身需要进行科学合理的选择,开发出差异化产品。

第二节　中性含乳饮料加工

一、工艺流程

常见的中性含乳饮料有咖啡乳饮料、可可乳饮料、巧克力乳饮料、红茶乳饮料等等,采用的包装形式主要有无菌包装和塑料瓶(PET瓶)包装。各种中性含乳饮料的生产工艺相似,以咖啡乳饮料为例,其生产工艺流程如下:

```
咖啡豆→抽提→咖啡浆
牛乳（脱脂乳、全脂乳）      →混合→过滤→均质→杀菌→冷却→充填包装。
白糖、焦糖色素、糖浆等
```

二、加工要点

(一)原料选择及处理

1.原料乳

原料乳一般可使用生乳、炼乳、全脂或脱脂乳粉等，单独或合并使用均可。原料乳的质量好坏对中性含乳饮料质量影响非常大，使用生乳要求符合国标各项要求，不得使用和添加含有任何异物的异常乳以及初乳、末乳等。其他乳原料均应符合相关国家标准。原料乳的验收及预处理详见第八章。

2.咖啡

咖啡风味主要表现为香气和滋味，在实际生产过程中，考虑到咖啡的各种不同风味特征，常使用几种咖啡豆的混合物。咖啡豆经过焙炒才能产生风味，而焙炒程度直接影响咖啡的风味，咖啡豆焙炒温度一般为180~250℃。焙炒过度时酸味减少，苦味增强，风味变差，这种焙炒咖啡浸出液的兴奋性就会减弱。由于咖啡中的咖啡酸会使牛乳中的酪蛋白不稳定，所以制作咖啡乳饮料所用的咖啡豆要比通常饮用咖啡的焙炒程度重一些，以减少咖啡酸的量。选择咖啡品种时，一般选择苦味咖啡，而非酸味咖啡。通常情况下，生产中将2~3种具有特色风味的咖啡混合使用。

焙炒咖啡豆粉碎后进行浸提，浸提液可以直接用于咖啡乳饮料的制造。由于咖啡液浸提操作比较麻烦，且有咖啡渣的处理等问题，因此生产厂家多是外购咖啡提取液或速溶咖啡来进行咖啡乳饮料的制作。

3.可可粉或巧克力粉

可可豆的粉末制品是可可乳饮料的主要原料之一，不脱脂为巧克力粉，稍脱脂后便是可可粉。可可粉按其脂肪含量可分为三个等级：高脂可可粉脂肪含量在22%~28%；中脂可可粉脂肪含量在10%~18%；低脂可可粉脂肪含量在5%~10%。含脂肪50%以上的可可粉难分散于水，因此含乳饮料生产中常使用脂肪含量为10%~28%的可可粉。

4.甜味剂

通常使用白砂糖为甜味剂，一般用量为4%~8%。也可使用葡萄糖、果糖以及果葡糖浆等。

5.香精香料

由于此类产品中咖啡、可可及乳的添加量较少，为使产品具有足够的风味，就需要添加相应的咖啡香精(料)、乳香精(料)等来补充。

6.稳定剂

当饮料的稳定状态被破坏时，液体中的细小粒子聚合成为大的粒子，造成分离下沉，使制品失去其应有的品质。稳定剂可提高产品的组织稳定性，使产品口感爽滑。在乳饮料的生产上多使用黄原胶、海藻酸钠、羧甲基纤维素钠、藻酸丙二醇酯(PGA)、明胶等。由于明胶易溶、方便，故使用较多，其用量为0.05%~0.20%。黄原胶0.05%~0.10%，藻酸丙二醇酯(PGA)0.01%~0.03%，羧甲基纤维素钠0.05%~0.10%。

7.其他原料及作用

在乳饮料中,使用碳酸氢钠、磷酸氢二钠用做调整 pH;焦糖作着色剂;食盐、植物油用做改善风味;蔗糖酯用做调整和保持饮料的乳化程度;食品用硅酮树脂制剂用来消除乳饮料泡沫等。

(二)中性含乳饮料的配方

以咖啡乳饮料为例,列举几种配方,见表 11-1。

表 11-1　咖啡乳饮料的几种配方　　　　　　%

配方	全脂乳	脱脂乳	白砂糖	咖啡提取液	焦糖	香精	水
配方一	40	20	8	30	0.3	0.04	加水至100
配方二	41.5	41.5	5	11	0.4	—	加水至100
配方三	48	30	7	14	0.4	—	加水至100

(三)工艺要点

1.原料的配合

在咖啡乳饮料的生产中常常将砂糖和乳原料预先溶解,并将咖啡原料制成咖啡提取液。为防止咖啡提取液和乳液在混合罐直接混合后产生蛋白质凝固现象,应按下列顺序进行调和:首先将糖浆倒入调配罐,碳酸氢钠和食盐溶于水后加入;蔗糖酯溶于水后加入到乳中并进行均质处理,然后再加到调配罐内与糖浆混合,必要时可添加消泡剂硅酮树脂。再加入咖啡抽提液和焦糖色素,并加入香料,充分搅拌混合均匀。

在生产可可乳饮料时,由于可可粉中含有大量的芽孢,同时含有许多颗粒,因此为保证灭菌效果和改进产品的口感,在加入到牛乳中前可可粉必须经过预处理。一般先将可可粉溶于热水中,然后将可可浆加热到 85～95℃,并在此温度下保持 20～30 min,冷却后再加入到牛乳中。因为当可可浆受热后,其中的芽孢菌因生长条件不利而变成芽孢;可可浆再冷却后,这些芽孢又因生长条件有利转变为营养细胞,这样在以后的灭菌工序中就很容易被杀死。这样处理后产品的状态也更为稳定,因为经加热后可可粉会在乳中形成稳定的溶胶体,使产品中的脂肪在震荡中不会形成游离脂肪球上浮,可可粉粒子不会下沉,并且产品经高温杀菌后能保持产品的原有组织状态和风味。所有原辅材料都加入到配料罐中后,低速搅拌 15～25 min,以保证所有的物料混合均匀,尤其是稳定剂与香精、色素能均匀分散于乳中。

2.过滤

通过过滤装置除去混合物中较大颗粒的不溶性物质。

3.均质

均质的目的在于将混合物料中较大的颗粒破碎细化,提高料液的均匀度,防止或延缓物料分层或沉淀。均质后的食品在口感、外观及消化吸收率等方面均有提高。目前企业多采用高压均质机进行均质处理,其均质压力为 18～20 MPa,温度 60～70℃。

4.灭菌及灌装

中性含乳饮料的 pH 一般在 6.5 左右,接近于中性,微生物易于滋生,同时含有耐热性很强的芽孢菌,所以要对物料进行严格的超高温灭菌处理(UHT)。超高温灭菌条件为 137℃、

4 s,然后进行无菌灌装,产品品质及保质期都可得到较好的保证。常用的无菌灌装设备有:无菌纸盒灌装机、无菌 PET 瓶冷灌装设备。灌装后的产品应迅速冷却至 25℃ 以下,这样可以降低黏度,保证稳定剂如卡拉胶等起到应有的作用。

三、常见质量问题及控制方法

1. 沉淀及分层

(1)原材料问题　在咖啡乳饮料中选用咖啡品种不合适,pH 偏低,使产品在加工过程中破坏体系的 pH,引发沉淀;在可可乳饮料中,由于可可粉中水溶性物质少,大部分为非水溶性的蛋白质、脂肪、纤维素等,生产中常常出现产品分成三层的现象,即上浮的脂肪层、乳溶液层和可可粉沉淀层。

控制方法:在咖啡乳饮料中选用偏苦味的咖啡品种,控制好乳饮料的 pH;在可可乳饮料中,使用高质量的、低脂可可粉,其中大于 75 μm 的颗粒总量应小于 0.5%,一般添加量不超过 2%。

(2)稳定剂问题　选用的稳定剂不合适或溶解不均匀,或用量过少,没有起到稳定剂应有的效果,则会产生沉淀分层现象。

控制方法:选用合适的稳定剂,并增加稳定剂用量,同时注意溶解彻底;也可添加一些盐类如柠檬酸三钠、磷酸氢二钠等来增强体系稳定性,从而使产品性质更加稳定。

(3)香精香料问题　香精的种类和用量不合适,引起沉淀和分层。所以在产品配方研究中,应选择合适的香精香料。

(4)工艺问题　配料工序处理不当,如咖啡乳饮料生产时要按照各个操作技术要点中的顺序进行,投料不当,易发生沉淀;均质的温度和压力控制不当,也可发生沉淀分层;杀菌的温度和时间不合适,也会发生沉淀。

导致中性含乳饮料沉淀分层的原因还有很多,例如生产所用水质的问题,包装储藏环境问题等等,在生产中要根据具体情况进行预防和处理。

2. 产生凝块

(1)原料乳质量　若原料乳质量差,则蛋白质的稳定性就差,那么产品就可能产生沉淀或凝块等缺陷。所以原料乳的质量必须严格把关。

(2)稳定剂用量　若卡拉胶或稳定剂用量过多,那么卡拉胶将形成真正的凝胶,而不是触变性的凝胶,就会产生凝块。稳定剂应根据不同产品选择合适的种类及用量。

(3)热处理强度　若热处理过度,蛋白质稳定性就会降低,乳饮料会产生蛋白质的凝块。

3. 产品口感过于稀薄

(1)乳原料预处理不当　在中性含乳饮料中若用乳粉,对其热处理强度不宜过高。有研究表明,乳粉在生产过程中热处理的强度越大,稳定体系需要果胶的量也相应有所增加,否则产品就会过于稀薄。

(2)产品的总固形物含量过低　对于有些中性含乳饮料,不仅要满足国标相关要求,而且也要保证产品口感,配方设计中要达到一定的总固形物含量,可避免此类缺陷的产生。

(3)配料计量不准确　在生产过程中,计量秤出现问题或工作操作不认真。

第三节　配制型酸性含乳饮料加工

配制型酸性含乳饮料是指在牛乳或脱脂乳中添加果汁、白砂糖、有机酸和稳定剂等,混合调制而成的酸性含乳饮料。一般原果汁含量不少于 5％,pH 调整到酪蛋白的等电点以下(3.8～4.2),非脂乳固体含量不低于 3％。配制型酸性含乳饮料色泽鲜艳、味道芳香、酸甜适口,是一种深受人们喜爱的饮料。

一、工艺流程

工艺流程如图 11-1 所示。

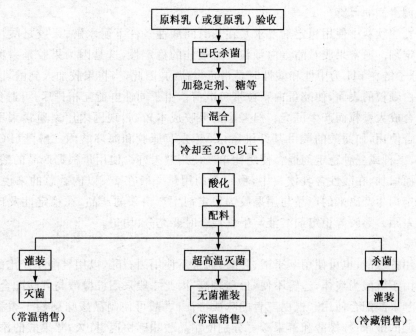

图 11-1　配制型酸性含乳饮料生产工艺流程

二、加工要点

(一)原料的选择

1. 原料乳及乳粉

乳原料与中性乳饮料一样,可选用鲜乳、炼乳、全脂或脱脂乳粉等,单独或配合使用均可。生产中常用脱脂乳或脱脂乳粉,以防止产品出现脂肪圈。乳粉的质量要求还原后有好的蛋白质稳定性,乳粉的细菌总数应控制在 10 000 cfu/g。

2. 果汁

为了强化饮料的风味与营养,常常加入一些水果原料。常用的果汁有橙汁、菠萝汁、苹果汁、草莓汁、沙棘汁等。通常使用浓缩果汁,也有使用混合果汁的,用量一般为 8％～15％。为防止果肉沉淀,常使用经离心分离及过滤的透明果汁。但对有些品种来说,为保持香味,多使用原榨汁。还应注意制品的 pH 与风味的关系,必须使制品的 pH 与果汁乳饮料的风味相对应。

如果这些物料本身的质量不好或配制饮料时处理不当,会使饮料在保存过程中出现变色、褪色、沉淀、污染杂菌等现象。因此,在选择及加入这些物料时应注意杀菌处理。另外,在生产中可适当加入一些抗氧化剂,如维生素 C、维生素 E、儿茶酚、EDTA 等,以增加色素的抗氧化能力。

3. 稳定剂

乳酪蛋白的等电点为 pH 4.6,这时酪蛋白会凝聚沉淀,而配制型酸性含乳饮料酸味和风味感最好的 pH 范围是 3.8~4.2。因此,稳定剂是酸性乳饮料的重要添加剂,它可以使酸性乳饮料长期保持稳定状态。稳定剂除能够增加产品稳定性以外,还可以改善饮料的性质,如增强乳饮料黏稠滑润的口感。

在酸性乳酸饮料中使用稳定剂要求其在长时间酸性条件下耐水解,果胶是酸性蛋白饮料最适宜的稳定剂。通常果胶对酪蛋白颗粒具有最佳的稳定性,这是因为果胶是一种聚半乳糖醛酸,它的分子链在 pH 为中性和酸性时是带负电荷的,因此,当将果胶加入到酸乳中时,它会附着于酪蛋白颗粒的表面,使酪蛋白颗粒带负电荷。由于同性电荷互相排斥,可避免酪蛋白颗粒间相互聚合成大颗粒而产生沉淀。但考虑到果胶成本较高,现国内厂家通常采用果胶与其他稳定剂混合使用,如耐酸的羧甲基纤维素(CMC)、黄原胶和海藻酸丙二醇酯(PGA)等。在实际生产中,二种或三种稳定剂混合使用比单一使用效果好。使用量根据产品的酸度、蛋白质含量的增加而增加,在酸性含乳饮料中,稳定剂的用量一般在 1% 以内。总的来说,用不含果胶的复合稳定剂生产出来的产品与用果胶为稳定剂生产出来的产品,在稳定性及口感方面均存在明显的差距。果胶等稳定剂溶液与牛乳混合时要充分、均匀。

4. 有机酸

一般使用柠檬酸,也可使用苹果酸、乳酸,通常不使用酒石酸,以用乳酸生产出的产品的质量最佳。但由于乳酸为液体,运输不便,价格较高,因此一般采用柠檬酸与乳酸配合使用,或柠檬酸、乳酸、苹果酸配合使用。根据三者的味质特征,乳酸可使制品酸味感趋于柔和并提供和奶香味相协调的酸味;柠檬酸和苹果酸可分别使制品酸味感快速、持久;苹果酸的添加,还可使制品的酸味清新爽口。生产中可根据实际产品特点进行调配,以期达到最佳口感。

5. 白砂糖

白砂糖是酸性乳饮料的一种重要辅料,白砂糖不仅可以调节风味、缓冲酸味、增加营养价值,而且还可协助稳定剂增强其稳定效果。蔗糖还有提高饮料密度、增加黏度的作用,使得酪蛋白粒子能均匀而稳定地分布在饮料中形成悬浊液而不易沉淀。

除白砂糖,也可使用葡萄糖或果葡糖浆等代替部分白砂糖,为降低生产成本,也可酌情使用蛋白糖、甜蜜素、阿斯巴甜等甜味剂代替部分糖类。

6. 水

水质状况对产品稳定性至关重要。水质要求除应符合软饮料用水标准外,还要进行软化处理,否则水硬度过高,会引起蛋白质沉淀、分层,影响产品的稳定性。

7. 着色剂

在乳成分中添加果汁时容易形成中间色调,由于色调不鲜明,多数情况下需要添加着色剂。近年来,天然色素发展较快,但多数天然色素的耐热性和保存性较差,选用色素时应加以比较选用。常用的天然色素有黄色的 β-胡萝卜素、红色的栀子红和红紫色的葡萄皮色素等，色泽鲜艳且稳定。添加抗坏血酸也可提高色素稳定性。

(二)配制型酸性含乳饮料的配方

配制型酸性含乳饮料一般以鲜乳或乳粉为主要原料，添加乳酸或柠檬酸、糖、稳定剂、香精、色素等辅料，有时根据产品需要加入一些维生素和矿物质，如维生素 A、维生素 D 和钙盐等。成品标准是：脂肪≥1.0％，蛋白质≥1.0％，总固形物 15％ 左右。调配型酸性含乳饮料的基本配料如表 11-2 所示。

表 11-2　配制型酸性含乳饮料基本配方

原材料名称	用量	原材料名称	用量
鲜乳(或乳粉)	30％(4.2％)	果汁	6％～15％
蔗糖	8％～10％	果味香精	0.03％
稳定剂	0.35％～0.6％	色素	适量
柠檬酸钠	0.05％	乳酸与柠檬酸	调至 pH 3.8～4.2

(三)工艺要点

1.乳粉的还原

用大约一半软化水来溶解乳粉。首先将水加热到 45～50℃，然后通过乳粉还原设备进行还原。待乳粉完全溶解后，停止罐内的搅拌器，让乳粉在 45～50℃ 的温度下水合 20～30 min，确保乳粉的彻底溶解。

2.稳定剂的溶解方法

由于稳定剂的分散性差，在生产中，一般先用不少于稳定剂质量 5 倍的白砂糖和稳定剂粉末干态混合，然后在高速(2 500～3 000 r/min)搅拌下，将稳定剂和糖的混合物加入到 80℃ 左右的热水中打浆溶解，或经胶体磨分散溶解。

3.混合及冷却

将稳定剂溶液、糖溶液等加入到原料乳或还原乳中，混合均匀后，再进行冷却。稳定剂的添加一定要先于酸化，这样的添加顺序对产品的稳定性很重要。如果在牛乳中先加酸或果汁，没有了稳定剂的保护作用，则乳蛋白会形成大小不均匀的粒子。即使后面采取搅拌、均质等措施也难以制成稳定的产品。

4.酸化

酸化过程是配制型酸性含乳饮料加工中最重要的步骤，成品的品质取决于调酸过程。

(1)为避免高温下蛋白的变性，得到最佳的酸化效果，酸化前应尽量降低牛乳的温度(最好 20℃ 以下)。

(2)为易于控制酸化过程，通常在使用前应先将酸液配制成 10％～15％ 的溶液。同时可在酸化前在配料中加入一些缓冲盐类如柠檬酸钠等，来提高溶液体系的稳定性。

(3)为保证酸溶液与牛乳充分混合均匀，混料罐应配备一只高速搅拌器(2 500～3 000 r/min)。同时，酸液应缓慢地加入到配料罐内的湍流区域，以保证酸液能迅速、均匀地分散于牛乳中。加酸过快会使酪蛋白形成粗大颗粒，产品易产生沉淀。若有条件，可将酸液薄薄地喷洒到牛乳的表面，同时进行足够的搅拌，以保证牛乳的界面能不断更新，从而得到较为缓和的酸化效果。

（4）为提高颗粒的稳定性，物料的酸度应调至 pH 4.6 以下。pH4.6 时酪蛋白的稳定性最差，越过等电点，酪蛋白稳定性就又会提高。

5.配料

酸化过程结束后，将香精、复合微量元素及维生素等加入到酸化的牛乳中，同时对产品进行标准化定容。

6.均质

均质也是防止蛋白沉淀的一个重要因素，可将调酸过程中可能出现的细小凝块重新打碎，以提高产品的稳定性。均质温度为 65～70℃，均质压力为 20 MPa。

7.杀菌及灌装

由于调配型酸性含乳饮料的 pH 一般在 3.8～4.2，因此它属于高酸食品，其杀灭的对象菌为霉菌和酵母菌。故采用高温短时的巴氏杀菌即可得到商业无菌。理论上说，采用 95℃、30 s 的杀菌条件即可实现商业无菌。但考虑到各个工厂的卫生情况及操作情况，通常大多数工厂对无菌包装的产品，均采用 105～115℃ 15～30 s 的杀菌公式。也有一些厂家采用 110℃ 6 s 或 137℃ 4 s 的杀菌公式。

对包装于塑料瓶中的产品来说，通常在灌装后，再采用 95～98℃ 20～30 min 的水浴杀菌，也可达到商业无菌效果。如灌装后不再进行二次杀菌，则产品只能冷藏保存，且保质期较短。

三、成品稳定性检验方法

1.观察法

在干净玻璃杯的内壁上倒少量饮料成品，直接用肉眼观察乳饮料在玻璃杯壁上的状态，若形成了像牛乳似的、均匀细腻的薄膜，则证明产品质量是稳定的。此方法简便、直接和快速。但只能定性不能定量，且需要较丰富的实践经验。

2.显微镜镜检

取少量产品放在载玻片上，放大倍数为 100～400，用显微镜观察。若视野中观察到的颗粒很小而且分布均匀，表明产品是稳定的；若观察到有大的颗粒，表明产品在储藏过程中是不稳定的。此方法也只能定性不能定量，也需要较丰富的实践经验。

3.离心沉淀量

取 10 ml 的成品放入带刻度的离心管内，经 2 800 r/min 转速离心 10 min。离心结束后，观察离心管底部的沉淀量。若沉淀量低于 1%，证明该产品稳定；否则产品不稳定。

四、常见质量问题及控制方法

1.沉淀及分层

沉淀及分层是配制型酸性含乳饮料生产中最为常见的质量问题，产生的主要原因有：

（1）选用的稳定剂不合适　即所选取稳定剂在产品保质期内达不到应有的效果。为解决此问题，可考虑采用果胶或其他稳定剂复配使用。一般采用纯果胶时，用量为 0.35%～0.60%，但具体的用量和配比必须通过实验来确定。

（2）酸液浓度过高　调酸时，若酸液浓度过高，就很难保证在局部牛乳与酸液能良好地混合,从而使局部酸度偏大,导致蛋白质沉淀。

（3）配料罐内搅拌器的搅拌速度过低　搅拌速度过低,就很难保证整个酸化过程中酸液与牛乳能均匀地混合,从而导致局部 pH 过低,产生蛋白质沉淀。因此,为生产出高品质的调配型酸性含乳饮料,必须配备一台带高速搅拌器的配料罐。

（4）调酸过程中加酸过快　加酸速度过快,可能导致局部牛乳与酸液混合不均匀,从而形成酪蛋白较大颗粒。在采用正常稳定剂用量的情况下,就很难保持酪蛋白颗粒的悬浮,因此整个调酸过程加酸速度不易过快。

沉淀和分层现象其他因素诸如水质问题,均质、杀菌问题等等,亦可参考中性含乳饮料。

2.产品口感过于稀薄

有时生产出来的酸性含乳饮料喝起来像淡水一样,给消费者的感觉是厂家偷工减料了。造成此类问题的原因是:乳粉的热处理不当或最终产品的总固形物含量过低。因此,生产前应确认是否采用了品质合适的乳粉及检测产品的固形物含量是否符合标准。

3.产品坏包（杯）

产品杀菌不彻底或储藏环境不卫生造成在销售期间微生物滋生所致。

第四节　乳酸菌饮料加工

乳酸菌饮料是指以乳或乳粉还原乳为原料,经乳酸菌发酵制得的乳液中加入水,以及白砂糖、酸味剂、稳定剂、果蔬汁等调制而成的乳饮料,根据其后续是否经过杀菌处理分为杀菌（非活菌）型和未杀菌（活菌）型产品,属发酵型酸性含乳饮料,又叫“酸乳饮料”。

乳酸菌饮料具有独特的风味和口感,还有很高的营养保健功能,备受消费者的青睐,销量不断上升。但在国内,由于乳酸菌饮料本身成本高、宣传力度不够等原因,使得乳酸菌饮料无法与配制型酸性含乳饮料竞争。

一、工艺流程

乳酸菌饮料的生产工艺流程如图 11-2 所示。

二、基本配方

乳酸菌饮料成品标准是:脂肪≥1.0%,蛋白质≥0.7%,总固形物 15%～16%。其基本配料如表 11-3 所示。

表 11-3　乳酸菌饮料基本配方

原材料名称	用量	原材料名称	用量
酸乳基料	30%～36%	果汁	6%～15%
蔗糖	8%～10%	果味香精	0.03%
稳定剂	0.4%～0.6%	色素	适量
柠檬酸钠	0.05%	乳酸与柠檬酸	调至 pH 3.8～4.2

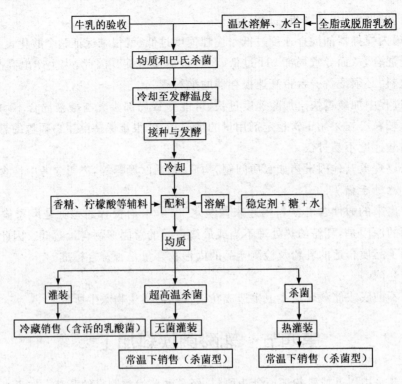

图 11-2　乳酸菌饮料生产工艺流程

三、加工要点

1. 原料乳的选择及乳粉还原

同第三节"配制型酸性含乳饮料"。

2. 原料脱气

如果原料乳中空气含量高或是使用乳粉还原乳作原料,建议均质前先对产品进行脱气。否则产品内空气过多,容易在均质机中产生空穴作用损坏均质头。气体较多还容易形成泡沫,导致装瓶后泡沫上浮,而泡沫对蛋白质、色素、果胶等物质产生吸附作用,易于引起分离现象。特别是当含有果浆时,易造成果浆上浮。另外,经过脱气处理,降低了氧的含量,可以防止氧化及风味劣化。混合后的物料经热交换器预热到 40~50℃进入真空脱气机进行脱气。

3. 原料乳的均质及杀菌

均质的主要目的是防止脂肪上浮,改进酸乳的黏度、稳定性以及防止乳清分离。均质的条件为温度 50~60℃,压力 10~25 MPa。杀菌温度控制在 90~95℃,时间为 10~30 min。

4. 原料乳发酵

菌种的选择、制备及发酵过程的控制详见第十章酸乳的加工。发酵过程结束后,厂家可根据自己对最终产品的黏度要求,选用合适的泵来输送酸乳。若厂家欲生产高黏度的酸乳饮料,那么发酵过程以后所有的离心泵应换为螺杆泵,同时混料时应避免搅拌过度。

5. 凝乳破碎和配料

发酵完成后,将凝乳冷却至 20℃后进行破乳,最终将凝乳搅拌成光滑均匀的半流体。冷却及搅拌时的注意事项见第十章中搅拌型酸乳的加工。

生产厂家可根据自己的配方进行配料。一般乳酸菌饮料的配料中包括酸乳、糖、果汁、稳定剂、酸味剂、色素等。应先将稳定剂与白砂糖一起混合均匀,用 70~80℃ 的热水充分溶解,然后过滤、杀菌。酸乳的发酵酸度通常达不到乳酸菌饮料的酸度要求,必须另外添加一定量的柠檬酸,柠檬酸需配制成 10% 的酸液。然后将搅拌后的发酵乳、溶解的稳定剂、和酸液一起混合,最后加入香精。加酸时凝乳的温度应低于 35℃,并在不断搅拌的情况下,用喷雾器将酸液喷洒在凝乳表面,以避免酪蛋白在高温和酸性条件下形成粗大、坚实的颗粒。

6.混合料的均质

混合后的物料还要再进行一次均质处理,以使混合料中的颗粒微细化,提高料液黏度,抑制粒子的沉淀,并增强稳定剂的稳定效果。乳酸菌饮料较适宜的均质压力为 20~25 MPa,温度 50℃ 左右。活性乳酸菌饮料由于后续不再进行杀菌处理,所以应使用无菌均质机,并且均质温度不宜过高,以免杀死乳酸菌。

7.后杀菌及灌装

均质后不进行后杀菌直接灌装的产品,属于活菌乳酸菌饮料,进行后杀菌的产品属于非活菌乳酸菌饮料。这两种类型的产品各有其优缺点。活菌乳酸菌饮料的优点是还保留大量乳酸菌活菌,所以营养价值高;缺点是产品必须置于冷藏条件下贮存及运输,用低温来抑制乳酸菌的继续繁殖,从而使产品的口感、风味、酸度等特征保持所预定的要求,且保质期短。而后杀菌型产品由于后续又经过一次杀菌处理,所以产品中不再含有大量乳酸菌,相比来说营养价值就不及活性乳酸菌饮料;但杀菌后产品呈商业无菌状态,不需冷藏,常温贮存即可,且保质期大大延长。

由于乳酸菌饮料属于高酸食品,故采用高温短时的巴氏杀菌即可得到商业无菌产品,常用的杀菌公式为 95~105℃、30 s 和 110℃、4 s,生产厂家可根据自己的实际情况作相应的调整。后续配合无菌纸盒或 PET 瓶包装。对于小容量塑料瓶包装的产品来说,一般灌装后采用 95~98℃ 20~30 min 的水浴杀菌,然后进行冷却。

四、成品稳定性的检查方法

乳酸菌饮料成品稳定性检查方法同第三节"配制型酸性含乳饮料"。

五、常见质量问题及控制方法

1.沉淀及分层

沉淀及分层是乳酸菌饮料生产中最为常见的质量问题。乳酸菌饮料中的分散粒子乳蛋白很不稳定,容易凝集沉淀。严重时,乳蛋白沉淀,上层成为透明液。造成这一质量问题的原因及控制方法是:

(1)所用稳定剂不合适或稳定剂用量过少。一般乳酸菌饮料主要用果胶为稳定剂,并复配少量其他胶类,以加大分散媒的黏度系数。

(2)稳定剂溶解不好,没有完全均匀地分散于乳酸菌饮料中。

(3)发酵过程控制不好,所产生的酪蛋白颗粒过大或大小不均。

(4)均质效果不好。应检查均质效果,并根据结果来确定最佳的均质温度和均质压力。

(5)发酵乳凝块的破碎温度过高。为了防止产生沉淀,还应特别注意控制好破碎发酵乳凝块时的温度,应先降温再进行搅拌。高温时破碎,凝块将收缩硬化,这时再采取什么补救措施也无法防止蛋白凝胶粒的沉淀。

2. 产品口感过于稀薄

有时加工出来的产品喝起来像淡水一样,造成此类问题的原因可能是:

(1)所用原料组成有波动,从而造成最终产品成分有变化。

(2)产品的总固形物含量过低。

(3)发酵过程使用了不正确的发酵剂导致发酵不良。

(4)配料计量不准确。

3. 活菌数过少或检测不到活菌

活性乳酸菌饮料要求每毫升饮料中含活性乳酸菌 100 万个以上,销售过程中须能检测出活菌。欲保持较高的活菌数,发酵剂应选择耐酸性强的乳酸菌种,如嗜酸乳杆菌、干酪乳杆菌。为弥补发酵本身酸度不足,可补充柠檬酸,但柠檬酸的添加本身会导致活菌数下降,所以必须控制柠檬酸的使用量。苹果酸对乳酸菌的抑制作用较小,与柠檬酸并用可减少活菌数的下降,同时又可改善柠檬酸的涩味。

4. 脂肪上浮

当采用全脂乳或脱脂不充分的脱脂乳为原料时,由于均质处理不当等原因易引起脂肪上浮。可通过改进均质条件,同时添加酯化度高的稳定剂和乳化剂如卵磷脂、单硬脂酸甘油酯、脂肪酸蔗糖酯等,采用含脂率较低的脱脂乳或脱脂乳粉作为乳酸菌饮料的原料等措施加以防止。

5. 坏包(杯)或杂菌污染

在乳酸菌饮料的贮藏中,最大问题是酵母菌的污染。由于添加有蔗糖、果汁,当制品混入酵母菌时,在保存过程中,酵母菌迅速繁殖产生二氧化碳气体,并形成酯臭味等不愉快风味。另外,因霉菌耐酸性很强,其繁殖也会损害制品的风味。

酵母菌、霉菌的耐热性弱,通常在 60℃、5～10 min 加热处理即被杀死。所以在制品中出现的污染,主要是二次污染所致。使用蔗糖、果汁的乳酸菌饮料其加工车间的卫生要求更高,以避免二次污染。

6. 褐变

乳酸菌饮料中,因乳酸发酵使蛋白质分解,有大量的游离氨基酸存在。同样,蔗糖在酸性溶液中加热或在贮存中水解,成为有还原性的葡萄糖和果糖。这些单糖带有还原性的羰基,容易与游离的氨基酸起反应,生成褐色色素。影响褐变的因素有温度、pH、糖及氨基酸的种类、金属离子、酶及光线等,其中以温度影响最大。

复习思考题

1. 试述含乳饮料的定义、分类及特点。

2. 简述咖啡乳饮料的生产工艺及操作要点。

3. 简述酸性果汁乳饮料的生产工艺及操作要点。

4. 简述发酵型含乳饮料的种类及其特点。

5. 配制型酸性乳饮料的加工要点是什么?怎样控制蛋白沉淀?

6. 简述乳酸菌饮料的生产工艺及操作要点。

7. 怎样检查酸性乳饮料的稳定性?

8. 酸性含乳饮料常见的质量问题及控制方法是什么?

第十二章

冰淇淋加工

【目标要求】
1. 了解冰淇淋的概念、种类、生产现状及发展趋势;
2. 掌握冰淇淋生产原料特性及配方设计方法;
3. 掌握冰淇淋的加工原理、加工技术及质量控制方法;
4. 掌握冰淇淋膨胀率的概念及影响因素。

第一节　冰淇淋生产概述

被誉为"冷饮之王"的冰淇淋(ice cream)组织细腻、香味浓郁、滋味可口,并含有一定量的乳脂肪和无脂干物质,具有很高的营养价值,是夏季也是在其他季节都广受消费者欢迎的冷冻饮品。

早在我国唐朝时期,就有了冰淇淋的雏形物,当时人们就将雪和水果、果汁混合在一起食用。到了 13 世纪,这种技术由马可波罗传到了西方,并在西方盛行。此后的 500 年,冰淇淋技术没有得到任何大的发展,直到 19 世纪,随着手动冰淇淋机的发明,冰淇淋才逐渐开始生产和销售,在发明了机械冷冻机和动力冰淇淋制造设备后,冰淇淋产品才有了大规模的生产和销售。随着科学的逐渐发展和新技术的应用,现已广泛使用连续式凝冻机生产冰淇淋。

目前,冰淇淋品种、口味繁多,产品向天然、保健、功能化发展,外形与包装向新奇、美观方向发展。例如,近年来提出"三高一低"即低脂肪、低糖、低盐、高蛋白,这也是冰淇淋产品的发展趋势。无脂肪、低热量、不含糖的冰淇淋正成为市场的新宠。如不含乳的莎贝特(Sorbet)和含少量乳制品的雪贝特(Sherbet)是当今国外流行的冷冻饮品。大豆蛋白冰淇淋、蔬菜冰淇淋、含乳酸菌(包括双歧杆菌)冰淇淋、强化微量元素和维生素冰淇淋、螺旋藻冰淇淋、海带冰淇淋以及加有中药提取液等保健效果的产品也将会流行。

一、冰淇淋的概念

冰淇淋在不同的国家有不同的定义与要求。在美国,要求冰淇淋产品中的脂肪必须全部为乳脂肪,对其脂肪含量也作了详细的要求。而在欧盟国家标准里,冰淇淋的脂肪含量要求不尽相同,其含量为5%～10%。大多数情况下,冰淇淋要求脂肪的来源是乳脂肪。

在我国行业标准《冷冻饮品 冰淇淋》(SB/T 10013—2008)中对冰淇淋作如下定义:以饮用水、乳和(或)乳制品、食糖等为主要原料,添加或不添加食用油脂、食品添加剂,经混合、灭菌、均质、老化、凝冻、硬化等工艺制成的体积膨胀的冷冻饮品。

二、冰淇淋的分类

冰淇淋的种类很多,分类方法也很多,常见的分类方法如下:

1.按含脂率分类

(1)高级奶油冰淇淋　一般脂肪含量为14%～16%,是高脂冰淇淋,总固形物含量为38%～42%。按其所含成分不同又分为香草、巧克力、草莓、核桃、鸡蛋、夹心等品种。

(2)奶油冰淇淋　一般脂肪含量为10%～12%,是中脂冰淇淋,总固形物含量为34%～38%。按其所含成分的不同又分为香草、巧克力、咖啡、果味、糖渍果皮、草莓、夹心等品种。

(3)牛奶冰淇淋　一般脂肪含量为6% ～8%,是低脂冰淇淋,总固形物含量为32%～34%。按其所含成分的不同又可分为香草、可可、鸡蛋、果味、夹心等品种。

2.按脂肪的来源分类

(1)全乳脂冰淇淋　是全部用乳脂肪作为产品脂肪来源制造的冰淇淋,主体部分乳脂含量大于8%。

(2)半乳脂冰淇淋　产品中的脂肪由乳脂肪和其他油脂(如人造奶油、植物油)构成,主体部分乳脂含量大于等于2.2%。

(3)植脂冰淇淋　产品中含有植物油脂、人造奶油,主体部分乳脂含量低于2.2%。

3.按加入的辅料分类

(1)清型冰淇淋　其产品不含颗粒和块状辅料,如奶油冰淇淋、香草冰淇淋、可可冰淇淋等。

(2)组合型冰淇淋　其主体冰淇淋所占质量比例不低于50%,再和其他种类冷冻饮品和/或其他食品组成的冰淇淋,如巧克力脆皮冰淇淋、蛋卷冰淇淋等。

4.按冰淇淋的形态分类

(1)砖状冰淇淋　其形状如砖头状,为六面体,是将冰淇淋分装在不同大小的纸盒或塑料盒中硬化而成,有单色、双色和三色,一般呈三色,以草莓、香草和巧克力冰淇淋最为常见。

(2)杯状冰淇淋　将冰淇淋分装在不同大小的纸杯或塑料杯中硬化而成。

(3)锥状冰淇淋　将冰淇淋分装在不同大小的锥形容器(如蛋筒)中硬化而成。

(4)异形冰淇淋　将冰淇淋灌注于异形模具中硬化而成,或是通过异形模具挤压、切割成型、硬化而成。

(5)装饰冰淇淋　是以冰淇淋为基料,在其上面标注各种奶油图案或文字,呈现出装饰的美感,如冰淇淋蛋糕。

5.按照冰淇淋的硬度分类

(1)软质冰淇淋　现制现售,供鲜食。在凝冻机中于-5～-3℃下制成,其中含有大量未冻结的水,其脂肪含量和膨胀率比较低。一般膨胀率为30% ～60%,凝冻后不再进行速冻硬化。

(2)硬质冰淇淋　通常使用小包装,有时包裹巧克力外衣。经搅拌凝冻后低温(-25℃或更低)下速冻而成,未冻结水的量较低,所以它的质地较硬。硬质冰淇淋有较长的货架期,一般可达数月之久,膨胀率在100%左右。

6.按添加物的位置分类

(1)夹心冰淇淋　是将添加物置于中心位置,如夹心冰砖是把水果等添加物加在冰砖的中心而制得的产品。

(2)涂层冰淇淋　是把添加物如巧克力涂布于冰淇淋外面而制成的产品。

三、冰淇淋的生产原料

生产冰淇淋所用的原料主要有乳与乳制品、蛋与蛋制品、甜味剂、食用油脂、乳化稳定剂、香精和色素等。

1.水和空气

水和空气作为冰淇淋的重要组成部分有时会被人们所忽视,但这两者在冰淇淋复杂的物理化学系统中有着重要作用。

冰淇淋中的水可以从液态的乳制品中获得(如鲜牛乳等),也可从食品工业用水中得到。水要求纯净度高,符合饮用水的各项指标要求。

在冰淇淋生产过程中,物料中会混入大量空气。如混入空气的质量不佳,如有异味或微生物含量超标均会对最终产品质量带来很大影响。现在有的工厂采用空气过滤器以保证混入空气的质量,也有一些研究在混合料中混合氮气(N_2)或CO_2来替代空气,它不仅可以保证气体的质量,还能够在保藏过程中防止氧化。

2.甜味剂

蔗糖是冰淇淋生产中最常用的甜味剂,蔗糖具有提高甜度、充当固形物、适度降低冰点、控制冰晶增大等作用,对产品的色泽、香气、滋味、形态、质构和保藏起着极其重要的影响。一般用量为12%~16%,过少会使制品甜味不足,过多则缺乏清凉爽口的感觉,并使料液冰点过度降低(一般每增加2%的蔗糖则其冰点相对降低0.22℃),凝冻时膨胀率不易提高,易收缩,成品易融化。冰淇淋混合料中蔗糖含量与冰点的关系如表12-1所示。

表 12-1　冰淇淋中蔗糖含量与冰点的关系

冰点/℃	蔗糖	总干物质	非脂乳固体	脂肪
−2.0	12	33.4	12.2	8.3
−2.4	14.3	35.1	11.8	8.0
−2.7	16.8	36.3	11.6	7.9
−3.0	17.5	36.4	11.3	7.7
−3.6	19.2	39.2	11.1	7.5

蔗糖还能增加料液的黏度,从而控制冰晶的增大。由于较低 DE 值的淀粉糖浆能使乳品玻璃化转变温度提高,从而降低制品中冰晶的生长速率,这在冰淇淋加工、贮存和销售过程中,延缓冰淇淋中冰晶的增大速度、保持组织滑爽细腻具有十分重要的意义。鉴于淀粉糖浆的抗结晶作用、甜味柔和等特点,乳品冷饮生产厂家常以淀粉糖浆部分代替蔗糖,一般代替蔗糖的1/4 为好。

随着现代人们对低糖、无糖乳品冷饮的需求以及改进风味、增加品种或降低成本的需要，很多甜味剂如蜂蜜、转化糖浆、葡萄糖、阿斯巴甜、阿力甜、安赛蜜、甜叶菊苷、罗汉果甜苷、山梨糖醇、麦芽糖醇等普遍被配合使用，这些甜味剂各具有不同的甜味和功能特性。用量一般不能超过蔗糖的 1/2，否则产品风味将受到影响。

3. 乳与乳制品

生产冰淇淋的乳制品包括鲜牛乳、脱脂乳、奶油、稀奶油、甜炼乳、全脂乳粉、全脂甜乳粉等，此类原料主要是给冰淇淋提供脂肪或非脂乳固体物。

冰淇淋所用的脂肪最好是鲜乳脂。乳脂肪在冰淇淋中，一般用量为 6%～12%，最高可达 16%左右。脂肪除能提供丰富的营养及热能外，还是冰淇淋风味的主要来源，并使成品具有柔润细腻的感觉，增加冰淇淋的抗融性。脂肪球经均质处理后，较大的脂肪球被破碎成许多细小的颗粒。由于这一作用，可使冰淇淋混合料的黏度增加，在凝冻搅拌时增加其膨胀率。但有一点要注意，随着脂肪含量增加，非脂乳固体的含量应相应降低，否则冰淇淋产品会出现砂粒感等感官缺陷。原因是随着非脂乳固体的增加，乳糖含量也会增加，这时就会出现乳糖的结晶，从而使冰淇淋产品出现砂粒感。

冰淇淋中的非脂乳固体，可以从鲜牛乳、全脂甜乳粉、全脂淡乳粉、脱脂乳粉、乳清粉、炼乳或浓缩乳等中获得，蛋白质的保水效果可以增加稠度、提高膨胀率、改进形体及保形性、防止冰晶粗大化。这些原料一般在冰淇淋中的用量为 8%～10%。

4. 植物油脂

在冰淇淋生产中，尽管常使用乳脂肪，但是随着对油脂营养价值新的认识，植物脂肪越来越广泛地取代部分乳脂肪应用于冰淇淋生产。所有脂肪都是由甘油三酸酯组成的，不同的是脂肪酸组成不同，因此性质也会不同。脂肪酸的碳链越长，饱和度越高，脂肪的熔点就越高。实践表明：在冰淇淋老化时，脂肪的种类决定了脂肪的结晶凝固点以及达到最大固化脂肪量所需的时间，例如，乳脂肪的最少结晶时间需要 3～5 h，而椰子油或棕榈油只需 90 min。

近年来，除植物油脂以外，还有其他的脂肪替代品开始用于生产保健冰淇淋，有碳水化合物类、蛋白质类及油性类脂肪替代品。这些脂肪替代品的口感与性质和脂肪相似，能用于生产低脂肪冰淇淋等冷冻制品，而不影响其产品质量。

5. 蛋与蛋制品

蛋与蛋制品能改善冰淇淋的结构、组织状态及风味。由于其富含卵磷脂，能使冰淇淋形成永久性乳化的能力，同时蛋黄亦可起稳定剂的作用。近年来，由于新型稳定剂、乳化剂的出现，可以不使用蛋及蛋制品。但使用蛋制品（特别是鲜蛋）的冷饮可以产生一种特殊的清香味，而且膨胀率较高。

冰淇淋生产中常用的蛋与蛋制品包括：鲜鸡蛋、冰蛋黄、蛋黄粉和全蛋粉。鲜鸡蛋常用量为 1%～2%，蛋黄粉常用量为 0.1%～0.5%。若用量过多，会有蛋腥味产生。若采用储存期过长的冰蛋或储存温度过高、包装不妥的蛋黄粉，均能产生哈喇味。

6. 稳定剂与乳化剂

（1）稳定剂　稳定剂具有亲水性，其作用是与冰淇淋中的自由水结合成结合水，从而减少混合料中自由水的数量。加入稳定剂可以提高混合料黏度及冰淇淋的膨胀率；防止或抑制冰晶的生长；提高冰淇淋抗融化性和保藏稳定性；改善冰淇淋的形体和组织结构。

冰淇淋生产中常用的稳定剂包括：明胶、海藻酸钠、琼脂、CMC（羧甲基纤维素纳）、果胶、黄原胶、卡拉胶、刺槐豆胶等。海藻酸钠和CMC作为基本的稳定剂在冰淇淋生产中占有重要地位。无论哪一种稳定剂都有各自的优缺点，因此将两种以上稳定剂复配使用的效果，往往比单独使用的效果更好。

冰淇淋所需的稳定剂用量视生产条件而不同，取决于配料的成分或种类，尤其是依总固形物含量而异。一般来说，总固形物含量越高，稳定剂的用量越少。稳定剂的用量通常在 $0.2\%\sim0.4\%$。

（2）乳化剂　乳化剂分子中具有亲水基和亲油基，它可介于油和水之间，使一方很好地分散于另一方而形成稳定的乳化液。它在冰淇淋中的作用主要在于：①使均质后的脂肪球呈微细乳浊状态，并使之稳定化；②提高混合料的起泡性和膨胀率；③乳化剂富集于冰淇淋的气泡中，具有稳定和阻止热传导的作用，可增加在室温下的耐热性，使产品更好地保持稳定固有的形状。

冰淇淋中常用的乳化剂包括：卵磷脂、蔗糖脂肪酸酯、甘油脂肪酸酯（单甘酯）、山梨糖醇酐脂肪酸酯（Span）、丙二醇脂肪酸酯（PG 酯）等。其添加量与混合料中脂肪含量有关，一般随脂肪含量的增加而增加。乳化剂的用量为 $0.3\%\sim0.5\%$。

（3）复合乳化稳定剂　复合冰淇淋乳化稳定剂替代单体稳定剂和乳化剂是当今冰淇淋生产发展的趋势，目前，工业生产中使用复合乳化稳定剂已非常普遍。添加量一般为 $0.2\%\sim0.5\%$。

使用复合乳化稳定剂具有以下优点：①使用方便；②复合稳定剂经过高温处理，确保了该产品具有良好的卫生指标；③效果好。因为复合乳化稳定剂避免了每个单体稳定剂、乳化剂的缺陷，得到整体的协同效应。可使产品获得良好膨胀率、抗融性能、组织结构及口感。

国内的复合乳化稳定剂多是干拌型的，其加工方法简单、成本较低。而国外复合乳化稳定剂一般采用单体乳化剂和稳定剂按一定比例配合，经过混合、杀菌、均质、喷雾干燥而成。其细小颗粒的外层是复合乳化剂，内层为复合稳定剂，其内在结构不同于干拌型的复合乳化稳定剂，因此这种复合型的添加剂均匀一致，性能效果更好。

常见的复配类型有：CMC＋明胶＋卡拉胶＋单甘酯，CMC＋卡拉胶＋刺槐豆胶＋单甘酯，海藻酸钠＋明胶＋单甘酯等。

7. 香料

冷冻饮品中所用的香料有天然香料和合成香料两大类。天然香料包括动物性香料和植物性香料，而在冷饮中使用的主要是植物性香料，例如可可、咖啡、草莓、胡桃、桂花等。而一般的果实香精则不易从天然品中制取，只能采用合成香精来代替。

香精可以单独或搭配使用，香气类型接近的较易搭配，反之较难。例如在奶油或牛奶冰淇淋中添加香草香精或香兰素后，产品具有柔和及芳香的香草奶油风味；水果与奶类、干果与奶类易搭配，而干果类与水果类则较难搭配。一般食用香精的使用量在冷饮品中为 $0.075\%\sim0.15\%$，但实际用量还需根据食用香精的品质及工艺条件而定。

香精和香料都有一定的挥发性，所以对于必须加热的食品，应该尽可能在加热冷却后或在加工处理的后期添加，以减少挥发损失。

8.着色剂

冷饮品一般需要配合其品种和香气口味进行着色,常用的色素有以下几种:

①食用天然色素　焦糖色(砂糖或麦芽糖经加热焦化而制成);植物色素有胡萝卜素、叶绿素、姜黄素;动物色素有虫胶色素;微生物色素有核黄素、红曲色素。

②食用合成色素　红曲色素、姜黄色素、红花黄、叶绿素铜钠类、焦糖色素、β-胡萝卜素、辣椒红、胭脂红、柠檬黄、日落黄、亮蓝等。

③其他类型的着色剂　如熟化红豆、熟化绿豆、可可粉、速溶咖啡、血糯米等。

色素在使用前,尤其是在试制新产品时,应先配制成 10%～15% 的溶液后再进行使用。对色素的称量必须要正确,通常用微量天平进行。另外,标准色液应按每次用量配制,因为配制好的色素容易析出和变质。配制色素溶液要用加温的纯净水,色素的添加量一定要严格按照国标的规定进行添加。

第二节　冰淇淋加工

一、工艺流程

冰淇淋加工的一般工艺流程如图 12-1 所示。

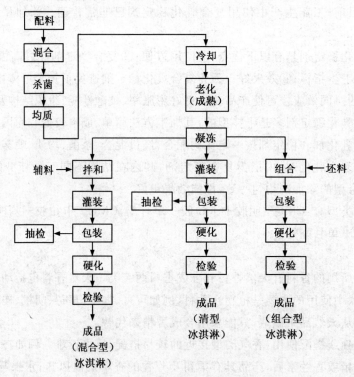

图 12-1　冰淇淋加工工艺流程图

图 12-2 为一每小时生产 500 L 冰淇淋的生产线。图 12-3 为一大的生产线,每小时可生产不同类型的冰淇淋 5 000～10 000 L。

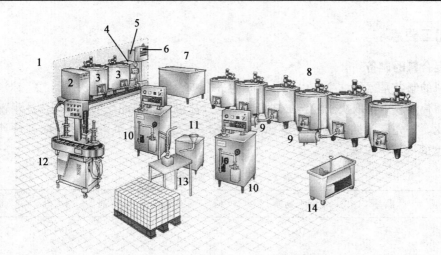

图 12-2　每小时生产 500L 冰淇淋的工厂

1.混合料预处理　2.水加热器　3.混合罐和生产罐　4.均质机　5.板式换热器　6.控制盘　7.冷却水
8.老化缸　9.排料泵　10.连续式凝冻机　11.脉动泵　12.回转注料　13.灌注、手动　14.CIP 系统

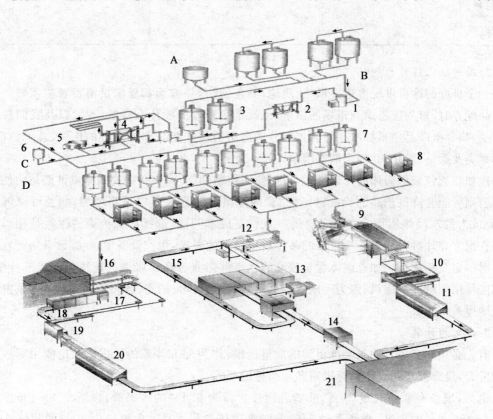

图 12-3　可生产不同类型冰淇淋生产线

A.原料贮罐工段　B.配料混合工段　C.巴氏杀菌、均质、标准化　D.凝冻工段

1.混合机　2.板式换热器　3.配料罐　4.板式换热器　5.均质机　6.奶油、植物油贮罐　7.老化缸
8.连续式凝冻机　9.自动雪糕冻结机　10.包装机　11.装箱　12.灌装机　13.速冻隧道
14.装箱　15.空杯回送输送带　16.连续挤出冰淇淋机　17.涂巧克力
18.冷冻隧道　19.包装机　20.装箱机　21.冷库

二、加工要点

(一)混合料的制备

混合料的制备是冰淇淋生产中十分重要的一个步骤,与成品的品质直接相关,冰淇淋的口味、硬度、质地和成本都取决于配料的选择及比例。冰淇淋原料配比的计算即为冰淇淋混合原料的标准化。首先应掌握配制冰淇淋原料的成分,然后按照冰淇淋质量标准进行计算。表12-2为典型的冰淇淋组成。

表 12-2　典型冰淇淋组成 %

冰淇淋类型	脂率	非脂干物质	糖	乳化剂、稳定剂	水分	膨胀率
甜点冰淇淋	15	10	15	0.3	59.7	110
冰淇淋	10	11	14	0.4	64.4	100
冰奶	4	12	13	0.6	70.4	85
莎贝特	2	4	22	0.4	71.6	50
冰果	0	0	22	0.2	77.8	0

1.原料配比设计原则

一个良好的冰淇淋配方应在风味、质地、颜色、营养等方面都要满足消费者的需要。在设计产品配方时,首先应考虑到市场的需求,也就是消费者需要什么样的产品,以及我们想做什么产品,确定出产品质量标准。然后再充分考虑脂肪与非脂乳固体成分的比例、总干物质量、糖的种类及数量、乳化剂、稳定剂等因素。

比如在大包装低固体的冰淇淋中,可以使用植物油脂,而在一些高级冰淇淋产品中使用植物脂肪则可能会降低产品的档次;针对儿童的冰淇淋其甜度可以适当增加,颜色可以鲜艳一点,而成人的产品则不可。还有重要的一点就是成本问题,选择质优价廉的配料是相当重要的。在配方设计过程中另一个重要的条件就是设备的要求,生产设备中,凝冻设备情况在设计配方时一定要考虑到。如总固体含量较高的冰淇淋需要有高膨胀率的连续凝冻机进行生产,而不能使用间歇式凝冻机,因为间歇式凝冻机只能混入少量的空气,将给高固体的冰淇淋一种过于浓厚的口感。

2.配方的计算

首先必须知道各种原料和冰淇淋的质量标准,作为配方计算的依据。无论使用哪些原料进行配合,最终都要达到产品标准对各项指标的要求。

例如,现备有脂肪含量30%、非脂乳固体含量为6.4%的稀奶油,含脂率4%、非脂乳固体含量为8.8%的牛乳,脂肪含量8%、非脂乳固体含量20%、含糖量为40%的甜炼乳及蔗糖等原料,具体含量见表12-3。拟配制成100 kg脂肪含量12%、非脂乳固体含量11%、蔗糖含量14%、明胶稳定剂0.5%、乳化剂0.4%、香料0.1%的混合料。试计算各种原料的用量。

表 12-3 主要原料成分表 %

原料名称	原料成分			
	脂肪	非脂乳固体	糖	总固形物
稀奶油	30	6.4	—	36.4
牛乳	4	8.8	—	12.8
甜炼乳	8	20	40	68
蔗糖	—	—	100	100

(1)先计算稳定剂、乳化剂和香精的需要量。

稳定剂(明胶):$0.5\% \times 100 = 0.5$(kg)

乳化剂:$0.4\% \times 100 = 0.4$(kg)

香料:$0.1\% \times 100 = 0.1$(kg)

(2)求出乳与乳制品和糖的需要量。由于冰淇淋的乳固体含量和糖类分别由稀奶油、原料牛乳、甜炼乳组成,而糖类则由甜炼乳和蔗糖组成,因此可设:

稀奶油的需要量为 A,原料牛奶的需要量为 B,甜炼乳需要量为 C,蔗糖的需要量为 D。

则:$A + B + C + D + 0.5 + 0.4 + 0.1 = 100$(kg)

各种原料采用的物料量:

脂肪:$30\%A + 4\%B + 8\%C = 12$

非脂乳固体:$6.4\%A + 8.8\%B + 20\%C = 11$

糖:$40\%C + D = 14$

解以上方程式,得到:$A = 26.98$ kg(稀奶油),$B = 41.03$(原料乳),$C = 28.31$(甜炼乳),$D = 2.68$ kg(蔗糖)。

(3)核算。

①100 kg 的混合原料中要求含有:

脂肪:$100 \times 0.12 = 12$ (kg),非脂乳固体:$100 \times 0.11 = 11$ (kg),蔗糖:$100 \times 0.14 = 14$ (kg)。

②所配制的 100 kg 混合原料中现含有:

脂肪量:共 11.99 kg。由稀奶油引入:$26.98 \times 0.3 = 8.09$ (kg),由原料乳引入:$41.03 \times 0.04 = 1.64$ (kg),由甜炼乳引入:$28.31 \times 0.08 = 2.26$ (kg)。

非脂乳固体含量:共 11.0 kg。由稀奶油引入:$26.98 \times 0.064 = 1.73$ (kg),由原料乳引入:$41.03 \times 0.088 = 3.61$ (kg),由甜炼乳引入:$28.31 \times 0.2 = 5.66$ (kg)。

蔗糖含量:共 14.0 kg。由甜炼乳引入:$28.31 \times 0.4 = 11.32$ (kg)。由砂糖引入:2.68 kg。

(4)制表。将上述计算得到的冰淇淋原料的配合比例汇总见表 12-4。

表 12-4　冰淇淋混合原料的配合比例　　　　　　　　　　　kg

原料名称	配合比	脂肪	非脂乳固体	糖	总干物质
稀奶油	26.98	8.09	1.73	—	9.82
原料乳	41.03	1.64	3.61	—	5.25
甜炼乳	28.31	2.26	5.66	11.32	19.24
蔗糖	2.68	—	—	2.68	2.68
稳定剂(明胶)	0.5	—	—	—	0.5
乳化剂	0.4	—	—	—	0.4
香料	0.1	—	—	—	0.1
合计	100	11.99	11	14	37.99

3. 混合料的配制

冰淇淋混合原料的配制一般在杀菌缸内进行,杀菌缸应具有杀菌、搅拌和冷却功能。为便于原料溶解彻底,混合前需作特殊处理:

(1)鲜乳要经 100 目筛进行过滤,除去杂质后再泵入缸内。

(2)乳粉应先加温水溶解,有条件的可过一遍胶体磨或用均质机先均质一次。

(3)奶油、人造奶油和硬化油等使用前应加热融化或切成小块后加入杀菌缸。

(4)砂糖先用适量的水,加热溶解配成糖浆,并经 160 目筛过滤。

(5)鲜蛋应与水或牛乳以 1:4 的比例混合,以免蛋白质变性凝成絮状。

(6)蛋黄粉先与加热至 50℃的奶油混合,并搅拌使之均匀分散在油脂中。

(7)乳化稳定剂可先与适量蔗糖干态混匀后再慢慢撒入 80℃以上的物料中,并尽量使用乳化罐溶胶。因为稳定剂多是胶类物质,在低于 35℃以下时很难润湿、分散。稳定剂同蔗糖混合后会黏附在糖粒上,借助于蔗糖的分散性,可以得到比较好的分散效果。如果再加上乳化罐搅拌器高速剪切的力量,会得到更好的溶胶效果。

(8)淀粉原料使用前要加入其量 8~10 倍的水并搅拌制成淀粉浆,通过 100 目筛过滤,在搅拌的前提下缓慢加入到配料缸内,再加热糊化。

(9)香精、色素则在凝冻前添加为宜。

原料混合时的顺序一般是先加入牛乳、脱脂乳等黏度小的原料及半量的水,再加入黏度稍高的原料,如糖浆、乳粉溶解液、乳化稳定剂溶液等,并进行搅拌和加热,再加入稀奶油、炼乳、果葡糖浆等黏度高的原料,最后以水或牛乳定容,使混合料的总固体控制在规定的范围内。混合溶解时的温度通常为 40~50℃。

4. 混合料的酸度控制

混合料的酸度与冰淇淋的风味、组织状态和膨胀率有很大的关系,正常酸度以 0.18%~0.2%为宜。若配制的混合料酸度过高,则在杀菌和加工过程中易产生凝固现象,因此杀菌前应测定酸度。若过高,可用碳酸氢钠进行中和。但应注意不能中和过度,否则会产生涩味,使产品质量劣化。

(二)杀菌

通过杀菌可以杀灭料液中的一切病原菌和绝大部分的非病原菌,以保证产品的安全性,延长冰淇淋的保质期。杀菌温度和时间的确定,主要看杀菌的效果,过高的温度与过长的时间不但会浪费能源,而且还会使料液中的蛋白质凝固、产生蒸煮味和焦味、维生素等受到破坏而影响产品的风味及营养价值。通常间歇式杀菌在杀菌缸内进行,杀菌温度和时间分别为75~77℃ 20~30 min;连续式杀菌通常采用板式热交换器或套管式热交换器,杀菌温度和时间为83~85℃ 15 s,此条件可以保证混合料中杂菌数低于 50 个/g。

(三)均质

欲使冰淇淋组织细腻、形体润滑柔软、增加稳定性和持久性、提高膨胀率、减少冰结晶,均质十分必要。

冰淇淋的混合料本质上为一种乳浊液,里面含有大量粒径为 4~8 μm 的脂肪球,这些脂肪粒与其他成分的密度相差较大,且易于上浮,对冰淇淋的质量十分不利,所以必须加以均质使混合原料中的乳脂肪球变小,一般可达 1~2 μm。由于细小的脂肪球互相吸引使得混合料的黏度增加,可以防止凝冻时乳脂肪被搅成奶油粒,以保证冰淇淋产品组织细腻。

均质时最适宜的温度为 65~70℃,均质压力第一级 15~20 MPa,第二级 2~5 MPa。均质压力随混合料中的固形物和脂肪含量的增加而降低。

(四)冷却与老化

均质后的混合料温度一般在 60℃以上。在此温度下,混合料中的脂肪容易分离,需要将其用换热器迅速冷却至 0~5℃后输入到老化缸(冷热缸)进行老化。

1. 冷却

迅速降低料温,可增加料液黏度,从而防止脂肪上浮;低温防止高温下料液酸味的增加。

2. 老化

是将冷却后的混合料置于老化缸中,在 2~4℃的低温下冷藏一定时间,称之为“成熟”或“熟化”。其实质是脂肪、蛋白质和稳定剂的水合作用,稳定剂充分吸收水分使料液的黏度增加,有利于凝冻时提高膨胀率,防止脂肪上浮,减少游离水从而防止凝冻时形成较大的冰晶,缩短凝冻时间,改善冰淇淋的组织,增加冰淇淋的融化阻力,提高冰淇淋贮藏的稳定性。

一般老化时间为 2~24 h。随着温度的降低,老化的时间也会缩短。如在 2~4℃时,老化时间需 4 h;而在 0~1℃时,只需 2 h。如果温度过高,若高于 6℃,则时间再长也不会有良好的效果。混合料的组成成分与老化时间有一定关系,干物质越多,则黏度越高,老化时间越短。一般来说,老化温度控制在 2~4℃,时间为 6~12 h 较佳。有时,老化可以分为两步进行。首先,将混合料冷却至 15~18℃,保温 2~3 h,此时混合料中的稳定剂得以充分与水化合,提高水化程度;然后,再将其冷却到 2~4℃,保温 3~4 h,这可大大提高老化速度,缩短老化时间。

(五)凝冻

凝冻是冰淇淋制造中的一个重要工序,是冰淇淋的质量、可口性及出品率的决定性因素。凝冻是将流体状的混合料在强制搅拌下进行冷冻,使空气呈极微小的气泡状态均匀地分布于混合料中,同时混合料温度降低,使得一部分水分(30%~50%)冻结成微细的冰结晶。最终在体积逐渐膨胀的同时,物料成为半固体状即凝冻状态。

1. 冰淇淋的微观结构

凝冻后的冰淇淋内部微观结构主要是由固体、气体和液体组成的一个三相系统,如图12-4 所示。

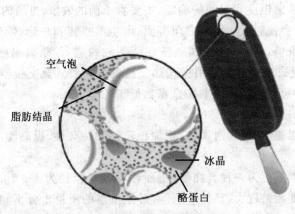

空气泡

脂肪结晶

冰晶

酪蛋白

图 12-4　冰淇淋的剖面图

（1）冰晶　由水凝结而成，平均直径为 $4.5 \sim 5.0 \ \mu m$，冰晶之间的平均距离为 $0.6 \sim 0.8 \ \mu m$。

（2）气泡　由空气经搅刮器搅打而形成大量的微小气泡，平均直径为 $11.0 \sim 18.0 \ \mu m$。气泡之间的平均距离为 $10.0 \sim 15.0 \ \mu m$。

（3）未冷冻物质　它们呈液态存在。该液体内还含有很多凝固的脂肪粒子、乳蛋白质、乳糖结晶粒子、不溶性盐类、蔗糖和其他糖类以及在真溶液内的可溶性盐类。

2.凝冻的作用

（1）使混合料更加均匀。因为经均质后的混合料，还需添加香精、色素等物质，在凝冻时由于搅拌器的不断搅拌，使混合料中各组分进一步混合均匀。

（2）使冰淇淋组织更加细腻。凝冻是在 $-6 \sim -2 \ ^\circ C$ 的低温下进行的，此时料液中的水分会结冰，但由于搅拌的作用，水分只能形成 $4 \sim 10 \ \mu m$ 的均匀小结晶，从而使冰淇淋的组织细腻、形体优良、口感润滑。

（3）使冰淇淋得到较佳的膨胀率（overrun）。在凝冻时，由于不断地搅拌及空气的逐渐混入，使得冰淇淋体积膨胀而获得优良的组织和形体，使产品更加适口、柔润和松软。

（4）使冰淇淋的稳定性提高。在凝冻以后，空气气泡会均匀地分布于冰淇淋组织之中，能阻止热传导，使产品抗融化作用增强。

（5）加速硬化成型的进程。由于搅拌凝冻是在低温下进行的，所以能使冰淇淋料液冻结成为具有一定硬度的凝结体，即凝冻状态，经包装后可较快硬化成型。

3.冰淇淋料液在凝冻过程中的变化

（1）空气混入并均匀分布于料液中。冰淇淋实体一般含有 50% 体积的空气，空气在冰淇淋内的分布状态对成品的质量最为重要，空气分布均匀就会形成光滑的质构、奶油的口感和温和的食用特性。同时，抗融性和贮藏稳定性在很大程度上取决于空气泡分布是否均匀、适当。

（2）水冻结成极细小的冰晶。混合物料中 30%～50% 的水冻结成冰晶，这取决于产品的类型。由于冰晶只在热量快速移走时才能形成，在随后的冻结（硬化）过程中，水分仅仅凝结在产品中的冰晶表面上。因此，在凝冻机中形成的冰晶越多，最终产品中形成粗大的冰晶就会少些，质构也会光滑些，贮藏中形成冰屑的趋势就会大大减小。搅拌器的搅动可以防止冰淇淋混合料因为凝冻而结成大的冰屑，特别是在冰淇淋凝冻机筒壁部分。

4.凝冻的进行

凝冻过程是由凝冻机来完成的,凝冻机有间歇式和连续式之分。间歇式凝冻机类型中无论是垂直式、还是水平式都只适合小批量的生产,而水平连续式凝冻机则适合大批量的生产。凝冻过程在连续式水平式凝冻机中非常便捷、快速,几秒钟内就可使50％的水分冻结,这样就可以得到较小的冰晶和较均匀的质地。不同的凝冻机制成的冰淇淋特性也不一样,连续式凝冻机比间歇式凝冻机可以获得更高的膨胀率。间歇式凝冻机按设计可调膨胀率为50％～100％,连续式凝冻机可调膨胀率比较高,最高可达130％以上。

连续式凝冻机主要由冷凝筒、空气混合泵、进料泵、制冷系统、驱动装置和电气控制系统等装置组成,如图12-5所示。

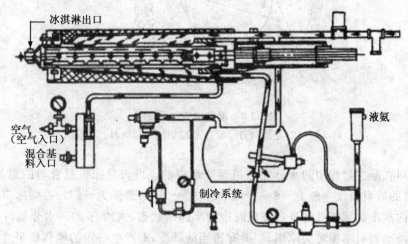

图 12-5　冰淇淋机的图解

图 12-6 和图 12-7 分别表示一连续式水平凝冻机的外观和凝冻筒构造。

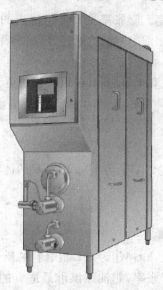

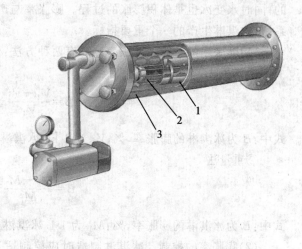

图 12-6　连续凝冻机的外观图

图 12-7　连续式凝冻机凝冻筒结构示意图
1.刮刀　2.搅拌器　3.冷却夹套

混合料从老化缸不断地被泵入连续式凝冻机带夹套的冷冻桶内,冷冻过程非常迅速。混合料在冷冻桶的内表面冻结,并被冷冻桶内紧贴内壁的旋转刮刀不断连续刮削下来(刮刀与桶壁的间距不超过0.3 mm),与其他料液混合,同时空气被搅入,使得体积膨胀。冷冻温度一般在-6~-2℃范围内。凝冻机的工作原理如图12-8所示。

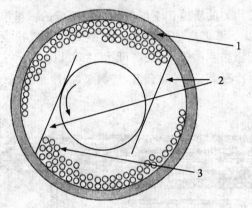

图 12-8　凝冻机工作原理图
1.制冷剂　2.凝冻刮刀　3.冰晶被切削并与物料、空气混合

混合原料在凝冻过程中的水分冻结是逐渐形成的。进入凝冻机混合料的温度以0~1℃为宜,冰淇淋的放料温度一般为-6~-4℃,最佳为-5℃,最低为-6℃,否则冰淇淋太硬将难以从凝冻机内放出。冰淇淋离开凝冻机时应为半冻结状态,大约有50%水分被冷冻成冰。其硬度以冰淇淋出料时不困难为原则,但要有适当的硬度,能产生一定的堆积和竖立能力。

果料波纹和干物料如果料、坚果或巧克力的碎片在凝冻之后可以立即加入到冰淇淋中去。这一过程可通过在冰淇淋生产上连接波纹泵或一个干物料填充器来完成。

5.膨胀率的控制

膨胀率是指冰淇淋在凝冻过程中体积增加的百分率。膨胀率主要是由混入的气泡带来的,同时水变冰也是体积膨胀的过程。膨胀率与产品的组织、口感、抗融性、出品率都有很大关系,是冰淇淋生产的一个重要指标。

(1)膨胀率的计算　膨胀率计算有两种方法:体积法和重量法,其中以体积法更为常用。

①体积法

$$B=\frac{V_2-V_1}{V_1}\times100\%$$

式中:B 为冰淇淋的膨胀率,%;V_1 为1 kg 冰淇淋的体积,L;V_2 为1 kg 混合料的体积,L。

②重量法

$$B=\frac{M_2-M_1}{M_1}\times100\%$$

式中:B 为冰淇淋的膨胀率,%;M_1 为1 L 冰淇淋的质量,kg;M_2 为1 L 混合料的质量,kg。

(2)膨胀率的控制　冰淇淋制造时应控制适当的膨胀率,奶油冰淇淋最适宜的膨胀率为90%~100%,果味冰淇淋则为60%~70%。若膨胀率过高,组织松软,缺乏持久性;而膨胀率过低,则组织坚硬,口感差。因此,须对影响冰淇淋膨胀率各种因素加以控制,影响膨胀率的因素有：

①原料

乳脂肪：乳脂肪含量越高，混合料黏度会越高，但只有适当的黏度才利于空气的混入。

非脂乳固体：增加混合料中非脂乳固体含量，可提高膨胀率。但乳糖结晶、乳酸产生及部分蛋白凝固，都会影响膨胀率。

含糖量：含糖量高，冰点下降，凝冻搅拌时间增长。若含糖量过多，则会有碍膨胀率。

稳定剂：适量的稳定剂，能够提高膨胀率，但用量过多，混合料的黏度过高，反而会使膨胀率下降。

②均质 均质要适度。若均质过度，会造成混合料黏度过高，空气难以进入；若均质不够，黏度过低，空气也难以进入，都会降低膨胀率。

③老化 保证一定时间的老化，促使脂肪与水"互溶"，可增加混合料的内聚力，提高其黏度，从而获得较高的膨胀率和良好的组织。

④凝冻 凝冻操作是否适当，凝冻搅拌器的结构及转速和冰淇淋的膨胀率有密切关系。

(六)成型与硬化

凝冻后的冰淇淋为半冻结状态，非常容易融化，必须立即成型和硬化，以便于贮藏、运输以及销售。

1.成型

冰淇淋的成型有冰砖、纸杯、蛋筒浇模成型，巧克力涂层冰淇淋、异形冰淇淋等多种成型灌装机。要根据工厂的生产规模、品种类型、班产量等因素来确定灌装成型设备的型号。

2.硬化

为了保证冰淇淋的质量以及便于销售和贮藏运输，已凝冻的冰淇淋在分装和包装后，必须进行一定时间的低温冷冻，使产品达到完全冻结的状态，这一过程称为硬化。

(1)硬化的目的

①保持预定的形态 经过成型，冰淇淋成为锥形、方形等状态，为使其状态固定不变，可以通过硬化来达到此要求。

②提高产品质量 若不及时进行硬化，则冰淇淋表面易受热融化，如再经低温冷冻，则形成粗大的冰结晶，降低产品的品质。由于硬化时温度很低，冰淇淋中的大多数剩余水分在很短的时间内迅速完成结晶过程，这时所产生的冰晶极其细小，使得产品细腻润滑。

③便于运输和销售 软质冰淇淋质地柔软，运输是很困难的。但是经过低温硬化，温度可低至 $-40 \sim -25$℃，此时的冰淇淋，有较好的硬度和强度，在运输时能抵抗一般外力而保持原来形状，也利于销售。

④为进入冷库做准备 如果冰淇淋不经过硬化直接进入冷藏库，在冷藏库 -25℃ 的低温下最终也能冻结。但产品从 -5℃ 降至 -25℃ 所需时间较长(根据产品大小的不同，需要 $8 \sim 16$ h)，慢冻产生的冰结晶较大，有冰碴儿感。另一方面，把 -5℃ 的产品放入冷库中，冷库温度将上升 $1 \sim 2$℃，过一段时间温度又降至正常的温度 -25℃。每一次温度波动，冰淇淋中就会有少量的冰溶化，然后又重新冻结，这样冰淇淋也会产生粗大的冰晶。为了避免上述缺点，冰淇淋在进入冷库之前必须先行冻结(硬化)。

(2)影响硬化的因素 硬化与包装容器大小及形状、冷空气的温度及循环速度、产品所放的位置、混合料的成分及产品膨胀率等因素有关。

(3)硬化设备 小批量生产常采用硬化室,大批量生产则采用速冻隧道,并与上道灌装工序或成型工序连接形成连续的自动化生产线,这样能获得更好的硬化效果。如果在硬化室进行硬化,一般温度保持在−25～−23℃,需12～24 h,速冻隧道温度保持在−40～−35℃,需30～50 min。

(七)贮存

硬化后的冰淇淋,在销售前应贮存在低温冷库中。冷库的温度应保持在−30～−25℃,相对湿度为85%～90%。在这一温度下,冰淇淋中近90%的水被冻结成冰晶,并使产品具有良好的稳定性。贮藏期间要防止温度波动,否则熔化后冰淇淋再次冻结会使产品组织明显粗糙化。在保证低温的情况下,冰淇淋的保质期可达12个月。

三、常见质量问题及控制方法

1.冰淇淋风味的缺陷

(1)香味不正、有异味 主要是由于所使用的原料不新鲜,或加入香精或香料过少或过多,或香精香料质量不合格所引起。因此,需设专人负责检查所用原料的质量,严格检查香精香料的质量,并按照配方加入香精或香料。

(2)氧化味(哈味) 所用的原料如乳粉、奶油、蛋粉、甜炼乳有哈味,或油脂融化时间过长或储藏时间较长变质引起。应抽样对乳制品与蛋制品进行感官鉴定,若有问题应禁止使用,并做到先来的原料先使用之原则。

(3)酸败味 主要由细菌繁殖引起。冰淇淋混合料的杀菌条件和方法有误,或者是混合料在杀菌后放置时间过长,都会使微生物生长繁殖产酸而产生酸败味;另外,采用高酸度的乳制品,如酪乳、炼乳等,也可造成酸败味。应抽样化验,若发现有酸败的原料不能使用,注意原料的保管条件。

(4)蒸煮味 在冰淇淋中,加入经高温处理的含有较高非脂乳固体量的乳制品,或者混合原料经过长时间的热处理,均会产生蒸煮味。

(5)咸味 冰淇淋含有过多的非脂乳固体或者被中和过度,能产生咸味。在冰淇淋混合原料中采用含盐分较高的乳清粉或奶油,及冻结硬化时漏入盐水,均会产生咸味或苦味。

2.理化缺陷

(1)组织粗糙 混合料中总固体含量不足,砂糖与非脂乳固体量配合不当,稳定剂品质较差或用量不足,所用乳制品溶解度差,不适当的均质压力,凝冻时混合原料进入凝冻机时温度过高,凝冻机刀口与壁筒距离太大或刀口太钝,空气循环不好,硬化时间太长,冷藏温度不正常,使冰淇淋融化后再冻结等因素,均会造成冰淇淋组织中产生较大的冰结晶而使组织粗糙。

(2)组织过于坚实 配方不当,总干物质含量过高,膨胀率低导致。所以应提高脂肪含量,脂肪含量要达到10%左右,最低不能低于6%;混合料中干物质含量应控制在30%～34%;蔗糖含量一般控制15%～18%;延长搅拌时间;生产稳定剂的用量控制在0.2%～0.5%。

(3)组织松软 这种现象多是因为混合料干物质含量不足,或是膨胀率控制不良而造成的。控制方法是在配料中选择合适的总固形物含量,并控制冰淇淋有一个适当的膨胀率。若膨胀率过高,会使冰淇淋中含有过多的气泡,造成组织松软。

(4)有较大奶油粒出现 这种现象主要是由于脂肪球的乳化分散不完全形成的。含脂量过高,老化冷却不及时,或搅拌方法不当而均能引起。所以应适当降低含脂量,乳化剂使用适当,冷却和老化要快并控制适当温度,改进搅拌方法。

(5)冰砾　冰砾实际上为乳糖结晶体,因为乳糖在冰淇淋中较其他糖类难于溶解而结晶析出。如果冰淇淋长期贮藏在冷库中,在其混合原料中存在晶核、黏度适宜以及有适当的乳糖浓度与结晶温度时,乳糖会在冰淇淋中形成晶体。正常的冰淇淋中乳糖结晶直径在 5 μm 以下,但是砂化的冰淇淋却在 15 μm 以上。为了防止粗大乳糖结晶的形成,混合料中的非脂乳固体要在 18% 以下。冰淇淋贮藏温度不稳定,也容易产生冰砾现象。

(6)质地过黏　由于使用稳定剂过多,总干物质含量过高引起。

(7)融化较快　稳定剂与总干物质含量低,或使用奶油量过多引起。

(8)冰淇淋的收缩　冰淇淋的收缩现象是冰淇淋生产中重要的缺陷之一。冰淇淋收缩的主要原因是由于冰淇淋硬化或贮藏温度变化,黏度降低和组织内的部分分子移动,从而引起空气泡的破坏,使空气从冰淇淋组织内溢出,导致冰淇淋组织陷落而形成收缩。所以应严格控制硬化室和冷藏库内的温度,防止温度升高或降低,尤其是当冰淇淋膨胀率较高时更需注意。

3. 微生物指标超标

主要是细菌和大肠杆菌超标。造成这一缺陷的原因是:原料品质差,杀菌强度不够,均质、老化、凝冻、包装、贮藏操作不当或环境不良,或个人的卫生不良所造成。应禁止使用微生物含量超标的原料,严格执行杀菌温度及保温时间,经常检查温度计是否失灵,并做好设备与个人的卫生等工作。

复习思考题

1. 冰淇淋的定义是什么? 如何进行分类?

2. 冰淇淋在生产过程中,原辅料的选择有哪些要求?

3. 试述冰淇淋基本生产工艺流程及操作要点。

4. 冰淇淋料液为何要进行老化,如何进行?

5. 冰淇淋生产中凝冻的作用是什么?

6. 如何计算冰淇淋的膨胀率? 膨胀率对冰淇淋质量有何影响? 如何控制膨胀率?

7. 冰淇淋硬化的目的是什么?

8. 冰淇淋制品常发生的一些质量缺陷有哪些,如何避免?

第十三章

乳 粉 加 工

【目标要求】
1.了解乳粉的概念、种类及营养价值；
2.掌握全脂乳粉的加工原理、加工技术及质量控制方法；
3.了解脱脂乳粉的加工原理及加工技术；
4.掌握乳粉速溶的理论及速溶化技术；
5.掌握婴幼儿配方乳粉的配方设计原理及加工技术。

第一节　乳粉的概念、种类及营养价值

一、乳粉的概念及特点

乳粉(milk powder)是以鲜乳为原料,采用冷冻法或加热法除去乳中几乎全部水分加工而成的干燥粉末状乳制品。广义上乳粉还包括添加或不添加食品添加剂和(或)食品营养强化剂等辅料、经脱脂或不脱脂、浓缩干燥或干混合的粉末状乳制品,其中乳干物质应不低于70%。更广义的乳粉还包括乳清粉、酪乳粉、奶油粉等产品。

乳粉有以下几个特点:①乳粉几乎保留了鲜乳中的全部营养成分,营养价值高。在现代乳粉生产中,从净乳到干燥过程的每一个工序都严格控制温度和时间,力求在最短时间内、最低温度下达到杀菌和干燥的目的,因而最大限度地保留了鲜乳中的营养成分。②乳粉贮藏期长,并能保持乳中的营养成分。主要是由于乳粉中水分含量很低,产生了"生理干燥现象"。这种现象使乳粉中的微生物细胞和周围环境的渗透压压差增大。但是,如果乳粉中存在有抗低水分活度的芽孢菌,当乳粉吸潮后又会重新繁殖。③乳粉中除去了几乎全部的水分,大大减轻了重量、减小了体积,为贮藏和运输带来了方便,这也是乳粉加工的重要目的。④食用或使用方便。乳粉只需加水溶解,即可使用或饮用。

乳粉加工研究始于19世纪,法国人阿波特(N. Apert)于1810年将牛乳用干燥空气流浓缩并干燥成块,1855年英国人格里维特(Grimwade)发明了饼状乳粉干燥法。1872年坡希(Percy)和伊肯博(Ekenberg)分别获得喷雾干燥法和滚筒干燥法的第一专利。到20世纪随着

机械工业的发展,乳粉生产技术也有了快速发展,出现了多种干燥方法,使乳粉的质量得到进一步提升。

二、乳粉的种类

乳粉的种类很多,根据所用原料(如全脂乳、脱脂乳等)、加工方法(喷雾干燥、冷冻干燥)和辅料及添加剂的种类(如蔗糖、乳化剂、植物性油脂、无机盐等)不同而异。主要种类有:

1. 全脂乳粉(whole milk powder)

仅以鲜乳为原料,添加或不添加食品营养强化剂,经标准化、杀菌、浓缩、干燥制成的,蛋白质不低于非脂乳固体的34%、脂肪不低于25%的粉末状制品。

2. 脱脂乳粉(skim milk powder)

以鲜乳为原料,添加或不添加食品营养强化剂,经脱脂、浓缩、干燥制成的,脂肪不高于1.75%的粉末状制品。脱脂乳粉一般不加糖。

3. 全脂加糖乳粉(sweet milk powder)

在原料乳中加入一定量的白砂糖,经干燥而成的产品。蛋白质不低于15.8%,脂肪不低于20.0%,蔗糖不超过20.0%。

4. 配方乳粉(modified milk powder)

指针对不同人群的营养需求,在鲜乳中或乳粉中配以各种人体需要的营养素,经加工干燥而成的乳制品。品种有婴幼儿配方乳粉、中老年配方乳粉、孕产妇配方乳粉、降糖乳粉等。

5. 速溶乳粉(instant milk powder)

在乳粉干燥程序上调整工艺参数或用特殊干燥法加工而成。乳粉即使在冷水中也能迅速溶解,不结块。

三、乳粉的组成及营养价值

乳粉的化学组成依原料乳的种类和添加料不同而有差别,现将几种主要乳粉的成分平均值列入表13-1。

表 13-1　各种乳粉的化学分析平均值　　　　　　　　　　　　　%

品种	水分	脂肪	蛋白质	乳糖	灰分	乳酸
全脂乳粉	2.00	27.00	26.50	38.00	6.05	0.16
脱脂乳粉	3.23	0.88	36.89	47.84	7.80	1.55
婴儿配方乳粉	2.60	20.00	19.00	54.00	4.40	0.17
乳油粉	0.66	65.15	13.42	17.86	2.91	—
麦精乳粉	3.29	7.55	13.19	72.40	3.66	—

第二节　全脂乳粉加工

一、工艺流程

全脂乳粉可根据原料乳中加糖与否分为全脂甜乳粉和全脂淡乳粉两种,两种乳粉的加工工艺基本一致。

以全脂加糖乳粉为例,其加工工艺流程如下:

蔗糖溶解→过滤→杀菌→糖液
↓

原料乳的验收及预处理→标准化→预热→均质→杀菌→浓缩→加糖→喷雾干燥→出粉筛粉→冷却→检验→包装→成品。

二、加工要点

(一)原料乳验收及预处理

原料乳必须符合食品安全国家标准生乳 GB 19301 中规定的各项要求,严格进行感官检验、理化检验和微生物检验。

原料乳如不能立即加工,必须净化后冷却至 0～4℃,再打入贮奶罐中贮存。牛乳在贮存期间要定期搅拌和检查温度及酸度。

(二)原料乳的标准化

标准化是指对原料乳的脂肪含量进行调整,使之达到成品标准的要求,即原料乳中的脂肪含量与无脂干物质含量的比值达到乳粉的标准比值。一般乳脂肪的标准化在离心净乳机净乳时同时进行。目前,我国乳粉标准对脂肪含量要求范围较大,所以生产全脂乳粉时厂家一般不对脂肪含量进行调整或只在冬季进行(因为冬季乳中的含脂率通常较高)。严格来讲,这是不符合要求的。要经常检查原料乳的含脂率,掌握其变化规律,便于适当调整。具体方法见第八章。

(三)均质

在乳粉加工过程中,原料乳在离心净乳和压力喷雾干燥时,不同程度地受到离心机和高压泵的机械挤压和冲击,有一定的均质效果。所以加工全脂乳粉的原料一般不经均质。但如果进行了标准化,添加了稀奶油或脱脂乳,则应进行均质,使混合原料乳形成一个均匀的分散体系。即使未进行标准化,经过均质的全脂乳粉质量也优于未经均质的乳粉,因为原料乳经过均质后,较大的脂肪球被破碎成了细小的脂肪球,能均匀分散,形成稳定的乳浊液,制成的乳粉冲调复原性更好。

均质方法是将原料乳预热至 60℃左右,采用 20 MPa 的压力进行均质处理。

(四)杀菌

大规模生产乳粉的加工厂,为了便于加工,经均质后的原料乳用板式热交换器进行杀菌后、冷却至 4～6℃,返回贮奶罐贮藏,随时取用。小规模乳粉加工厂,将净化、冷却的原料乳直接预热、均质、杀菌后用于乳粉生产。

原料乳的杀菌方法须根据成品的特性进行选择。生产全脂乳粉时,杀菌温度和保持时间对乳粉的品质,特别是溶解度和保藏性有很大影响。一般认为,高温杀菌可以防止或推迟乳脂肪的氧化,但高温长时加热会严重影响乳粉的溶解度,最好是采用高温短时杀菌或超高温瞬时杀菌。高温短时杀菌或超高温瞬时杀菌对乳的营养成分破坏程度小,乳粉的溶解度及保藏性良好,因此得到广泛应用。尤其是超高温瞬时杀菌,不仅能使乳中微生物几乎被全部杀灭,还可以使乳中蛋白质达到软凝块化,食用后更容易消化吸收,近年来被普遍重视和采用。

(五)加糖

1.加糖的方法

常用的加糖方法有：①净乳之前加糖；②将杀菌过滤的糖浆加入浓乳中；③包装前加蔗糖细粉于干粉中；④预处理前加一部分，包装前再加一部分。

加糖方法的选择取决于产品配方和设备条件。当产品含糖量在20%以下时，最好是在15%左右，采用①、②法为宜。①法加糖主要是为了减少杂质，同时也可以和原料乳一起杀菌，减少了糖浆单独杀菌的工序。因为蔗糖具有热溶性，在真空浓缩时流动性较差，容易黏壁，当产品中含糖在20%以上时，应采用③、④法为宜(现在加工的乳粉没有超过20%蔗糖含量的，后两种方法只适用于速溶豆粉类的加工)。带有二次干燥的设备，以采用加干糖方法为宜。溶解加糖法所制成的乳粉冲调性好于加干糖的乳粉，但是密度小，体积较大。无论哪种加糖方法，均应做到不影响乳粉的微生物指标和杂质度指标。

2.加糖量计算

全脂甜乳粉中的蔗糖含量一般在20%以下。生产厂家一般控制在19.5%~19.9%，根据"比值"不变的原则，即原料乳中蔗糖与干物质之比等于乳粉成品中蔗糖与干物质之比，按下式计算：

$$Q/E=F$$

式中：Q 为蔗糖加入量，%；E 为原料乳中干物质含量，%；F 为甜乳粉中蔗糖与干物质之比。

例：今有原料乳 10 t，其干物质含量为 11.5%，用其制备甜乳粉，要求成品中蔗糖量为19.8%，水分含量为3%。求原料乳中应添加多少蔗糖？

解： $F=19.8\%/(1-19.8\%-3\%)=0.256$ (kg)

      $E=11.5\%$

      则 $Q=E\times F=11.5\%\times0.256=2.95\%$

原料乳总量为 10 000 kg，则蔗糖加入量为：10 000×2.95%=295 (kg)。

(六)真空浓缩

所谓浓缩，就是用加热的方法，使牛乳中的部分水分汽化，并不断地除去，从而使牛乳中的干物质含量提高。乳中的很多成分具有热敏性，为减少浓缩时营养成分的损失，现均采用真空浓缩的方式。即在 21 k ~8 kPa 减压条件下，采用蒸汽直接或间接法对牛乳进行加热，使其在低温条件下沸腾，乳中一部分水分汽化并不断排除。

1.真空浓缩的优点

(1)在真空条件下，牛乳的沸点降低。例如，当压力为 625 mmHg 时，牛乳沸点为 56.7℃。这样牛乳可以避免受到高温作用，对产品色泽、风味、复水性等都大有好处。

(2)由于牛乳的沸点低，提高了加热蒸汽和牛乳的温差。从而增加了单位面积、单位时间内的换热量，提高了浓缩效率。

原料乳在干燥前先经过真空浓缩，除去 70%~80% 的水分，可以节约加热蒸汽和动力消耗，相应地提高了干燥设备的生产能力，降低成本。因喷雾干燥是利用加热空气(热风)对物料进行干燥，一般真空浓缩每蒸发 1 kg 水分需消耗约 1.1 kg 加热蒸汽。若采用带热压泵的双效降膜蒸发器，只需消耗 0.39 kg 加热蒸汽。而在喷雾干燥室内每蒸发 1 kg 水分却需消耗2.5~3.0 kg 蒸汽。因此，喷雾干燥前预先真空浓缩在经济上是合理的。

（3）由于沸点低，在加热器壁上的结焦现象大为减少，便于清洗，利于提高传热效率。

（4）真空浓缩在密闭容器内进行，避免了外界污染，从而保证了产品质量。

2．真空浓缩对乳粉质量的影响

（1）真空浓缩对乳粉颗粒的物理性状有显著影响　经真空浓缩后，喷雾干燥时粉粒较粗大，具有良好的分散性和冲调性，能迅速复水溶解。反之，如原料乳不经浓缩直接喷雾干燥，则粉粒轻细，降低了冲调性，而且粉粒色泽灰白，感官质量差。

（2）真空浓缩可以改善乳粉的保藏性　由于真空浓缩排除了乳中的空气及氧气，使粉粒内的气泡大为减少，从而降低了乳粉中脂肪氧化作用，增加了乳粉的保藏性。浓奶的浓度越高，则乳粉中的气体含量就越低。

（3）经浓缩后喷雾干燥的乳粉，其颗粒致密、坚实、密度较大，有利于包装。

3．真空浓缩的条件

（1）不断供给热量　在进入真空蒸发器前牛乳温度须保持在 65℃左右，要维持牛乳的沸腾使水分汽化，还必须不断地供给热量，这部分热量一般由锅炉产生的饱和蒸汽供给。

（2）迅速排除二次蒸汽　牛乳水分汽化形成的二次蒸汽如果不及时排除，又会凝结成水分，蒸发就无法进行下去。一般采用冷凝法使二次蒸汽冷却成水排掉。这种不再利用二次蒸汽的方法叫单效蒸发。如果二次蒸汽引入另一蒸发器作为热源利用称之为双效蒸发，以此类推。在现代化乳品工业中，蒸发器效数可达七效。

4．真空浓缩的设备

乳粉的浓缩设备要选用蒸发速度快、连续出料、节能降耗的蒸发器，须根据生产规模、产品品质、经济条件等决定。

（1）设备种类　真空浓缩设备种类繁多，按加热部分的结构可分为盘管式、直管式和板式三种；按其二次蒸汽利用与否，可分为单效和多效浓缩设备。现常用的蒸发器为直管式双效降膜、多效降膜（三效、四效、五效、六效）蒸发器。

（2）设备特点　一般加工量小的乳粉厂，可选用单效蒸发器。加工量大的连续化生产线可选用双效或多效蒸发器。

直管外加热式单效真空蒸发器是近几年我国乳品厂所采用的比较新型的浓缩设备。与盘管式浓缩罐比较，具有结构简单、加工方便、重量轻、省钢材、洗刷方便、能连续出料等优点，蒸发 1 kg 水需 1.1 kg 蒸汽（同盘管式浓缩罐一样）。因此，热利用效率较低，耗汽耗水量较大。

双效降膜真空蒸发器，物料受热时间短，可以连续操作，设备的有效时间利用率高（每班不低于 87％）；热能消耗少，每蒸发 1 kg 水仅耗 0.41 kg 蒸汽（包括杀菌用汽）；冷却水耗量低，仅是盘管浓缩罐的 1/4；占地面积小，洗刷方便，大大降低了操作工人的劳动强度，容易自动控制，便于生产连续化。

板式蒸发器是一种新型蒸发设备，其特点是循环液体量少；热接触时间短（≤1 s）；传热系数高（比上述设备高 2～3 倍）；结构紧凑，占地面积小；可用增减加热片的办法来调节生产能力；易于清洗和维修，装卸方便。其缺点是制造工艺难度较大。

5．影响浓缩的因素

（1）加热器总加热面积　加热器总加热面积，也就是乳受热面积。加热面积越大，在相同时间内乳所接受的热量亦越大，浓缩速度就越快。

(2)加热蒸汽的温度与物料间的温差　温差越大,蒸发速度越快;加大浓缩设备的真空度,可以降低乳的沸点;加大蒸汽压力,可以提高加热蒸汽的温度。但是压力加大容易"焦管",影响质量。所以,加热蒸汽的压力一般控制在 $4.9×10^4 \sim 19.6×10^4$ Pa 之间为宜。

(3)乳的翻动速度　乳翻动速度越大,乳的对流越好,加热器传给乳的热量也越多,乳既受热均匀又不易发生"焦管"现象。另外,由于乳翻动速度大,在加热器表面不易形成液膜,而液膜能阻碍乳的热交换。乳的翻动速度还受乳与加热器之间的温差、乳的黏度等因素的影响。

在浓缩开始时,由于乳浓度低、黏度小,对翻动速度影响不大。随着浓缩的进行,浓度提高,密度增加,乳逐渐变得黏稠,沸腾逐渐减弱,流动性变差。提高温度可以降低黏度,但易导致"焦管"。

6.浓缩终点的确定

连续式蒸发器在稳定的操作条件下,可以正常连续出料,其浓度可通过检测来加以控制;间歇式浓缩锅需要逐锅测定浓缩终点。在浓缩到接近要求浓度时,浓缩乳黏度升高,沸腾状态滞缓,微细的气泡集中在中心,表面稍呈光泽。根据经验观察即可判定浓缩的终点。但为准确起见,可迅速取样,测定其相对密度、黏度或折射率来确定浓缩终点。一般要求原料乳浓缩至原体积的 1/4,乳干物质达到 45% 左右。浓缩后的乳温一般为 $47 \sim 50℃$,这时的浓乳浓度应为 $14 \sim 16$ 波美度,相对密度为 $1.089 \sim 1.100$;若生产大颗粒甜乳粉,浓乳浓度可提高至 $18 \sim 19$ 波美度。

(七)喷雾干燥

浓缩后的乳打入保温罐内,立即进行干燥。干燥直接影响乳粉的溶解度、水分、杂质度、色泽和风味等,是乳粉生产中最重要的工序之一。乳粉生产之初有采用平锅法和滚筒法进行干燥,现在国内外广泛采用的干燥法是喷雾干燥法(spray drying method),喷雾方法又有离心喷雾法和压力喷雾法两种。

1.喷雾干燥的原理

浓乳在高压或离心力的作用下,经过雾化器(atomizer)在干燥室内喷出,形成雾状。此刻的浓乳变成了无数微细的乳滴(直径为 $10 \sim 200$ μm),大大增加了浓乳表面积。微细乳滴一经与鼓入的热风接触,其水分便在 $0.01 \sim 0.04$ s 的瞬间内蒸发完毕,雾滴被干燥成细小的球形颗粒,单个或数个粘连漂落到干燥室底部,而水蒸气被热风带走,从干燥室的排风口抽出。整个干燥过程仅需 $15 \sim 30$ s。

2.喷雾干燥的特点

与其他几种干燥方法比较,喷雾干燥方法具有许多优点,因而获得广泛采用与迅速发展。

(1)干燥速度快,物料受热时间短。由于浓乳被雾化成微细乳滴,具有很大的表面积。若按雾滴平均直径为 50 μm 计算,则每升乳喷雾时,可分散成 146 亿个微小雾滴,其总表面积约为 54 000 m^2。这些雾滴中的水分在 $150 \sim 200℃$ 的热风中强烈而迅速地汽化,所以干燥速度快。

(2)干燥温度低,乳粉质量好。在喷雾干燥过程中,雾滴从周围热空气中吸收大量热,而使周围空气温度迅速下降,同时也就保证了被干燥的雾滴本身温度大大低于周围热空气温度。干燥的粉末,即使其表面,一般也不超过干燥室气流的湿球温度($50 \sim 60℃$)。这是由于雾滴在干燥时的温度接近于液体的绝热蒸发温度,这就是干燥的第一阶段(恒速干燥阶段)不会超过空气的湿球温度的缘故。所以,尽管干燥室内的热空气温度很高,但物料受热时间短、温度低、营养成分损失少。

(3)工艺参数可调,容易控制质量。选择适当的雾化器,调节工艺条件,可以控制乳粉颗粒状态、大小、容重,并使含水量均匀,成品冲调后具有良好的流动性、分散性和溶解性。

(4)产品不易污染,卫生质量好。喷雾干燥过程是在密闭状态下进行,干燥室中保持约 $100 \sim 400$ Pa 的负压,所以避免了粉尘的外溢,减少了浪费,保证了产品卫生。

(5)产品呈松散状态,不必再粉碎。喷雾干燥后,乳粉呈粉末状,只要过筛,团块粉即可分散。

(6)操作调节方便,机械化、自动化程度高,有利于连续化和自动化生产。操作人员少,劳动强度低,具有较高的生产效率。

同时,喷雾干燥亦有不足之处:

(1)干燥箱(塔)体庞大,占用面积、空间大,而且造价高、投资大。

(2)耗能、耗电多。为了保证乳粉中含水量的标准,一般将排风湿度控制到 $10\% \sim 13\%$,即排风的干球温度达到 $75 \sim 85℃$。故需耗用较多的热风,热效率低。热风温度在 $150 \sim 170℃$ 时,热效率仅为 $30\% \sim 50\%$;热风温度在 $200℃$ 时,热效率可达 55%。因此,每蒸发 1 kg 水分需要加热蒸汽 $3.0 \sim 3.3$ kg,能耗大大高于浓缩。

(3)粉尘粘壁现象严重,清扫、收粉的工作量大。如果采用机械回收装置,又比较复杂,甚至又会造成二次污染,且要增加很大的设备投资。

3.喷雾干燥工艺及设备

(1)工艺流程 喷雾干燥工艺流程如图 13-1 所示。

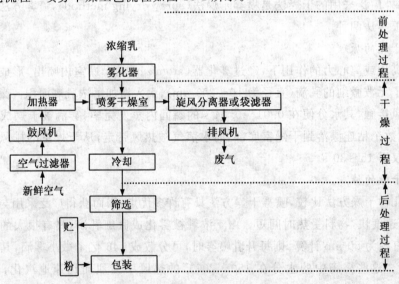

图 13-1 喷雾干燥工艺流程图

(2)喷雾干燥设备类型 乳粉喷雾干燥设备类型很多,按喷雾形式有压力喷雾与离心喷雾两大类。这两类设备按热风与物料的流向,又可以分为顺流、逆流、混合流等各种类型(图 13-2);按干燥室的形状可分为立式和卧式。

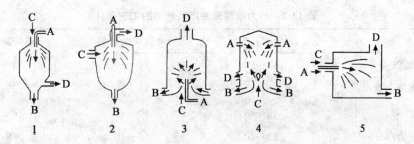

图 13-2 各种喷雾干燥器示意图

1.垂直顺流型 2.垂直混流型 3.垂直上升顺流型 4.垂直上升对流型 5.水平顺流型

A.浓缩乳入口 B.成品出口 C.热风入口 D.排风口

①压力喷雾干燥设备 压力式喷雾法是利用高压泵使物料获得较高的压力(8 M～20 MPa),从特制的喷嘴(直径 0.5～2 mm)喷出,将浓缩后的物料通过喷嘴使之克服料液的表面张力而雾化成直径在 10～200 μm 的雾状微粒喷入干燥室。一般喷雾压力越高、喷孔孔径越小,则喷出的雾滴越小,反之则雾滴越大。雾滴的分散度与料液的性质(如表面张力、黏度等)及喷孔直径成正比,与流量成反比,并与喷嘴的内部结构有关。

压力喷雾干燥机被国内外广泛采用,这种喷雾干燥机分为立式和卧式两种。早些时候建造的一般为卧式,这种设备不需要高层建筑,投资少,结构简单,适合小规模生产,但连续出粉困难。立式顺流压力喷雾干燥设备的采用越来越普遍,这种设备热风分别均匀,干燥强度大,容易做到连续出粉,机组及喷雾运行过程见图 13-3。压力喷雾法生产乳粉时的工艺条件见表 13-2。

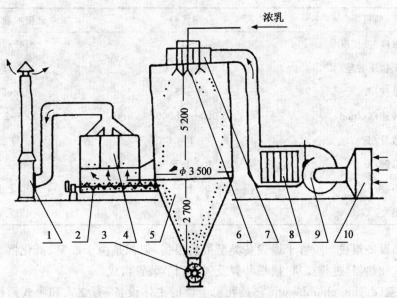

图 13-3 压力喷雾干燥设备(单位:mm)

1.排风机 2.搅龙 3.鼓型阀 4.袋滤器 5.干燥室 6.喷头

7.分风箱 8.加热器 9.进风机 10.滤尘器

表 13-2　压力喷雾法生产乳粉时的工艺条件

项目	全脂乳粉	全脂加糖乳粉	速溶加糖乳粉
浓乳浓度/波美度	12～13	14～16	18～18.5
浓乳干物质含量/%	45～55	45～55	55～60
浓乳温度/℃	40～45	40～45	45～47
高压泵压力/MPa	13～20	13～20	8～10
喷嘴孔径/mm	1.2～1.8	1.2～1.8	1.5～3.0
芯子流乳沟槽/mm	0.5×0.3	0.5×0.3	0.7×0.5
喷雾角度/°	70～80	70～80	60～70
进风温度/℃	130～170	140～170	150～170
排风温度/℃	70～80	75～80	80～85
排风相对湿度/%	10～13	10～13	10～13
干燥室负压/Pa	98～196	98～196	98～196

②离心喷雾干燥设备　离心喷雾法是利用高速旋转的转盘或喷枪,使物料产生离心力,以高速甩出,形成薄膜、细丝或液滴,同时与干燥塔内的干燥介质(热气流)相互接触、摩擦与撕裂等作用形成雾滴。干燥室呈圆柱形,为立式干燥机。离心喷雾法生产乳粉时的工艺条件表 13-3。

表 13-3　离心喷雾法生产乳粉时的工艺条件

项目	全脂乳粉	全脂加糖乳粉
浓乳浓度/波美度	13～15	14～16
浓乳干物质含量/%	45～50	45～50
浓乳温度/℃	45～55	45～55
转盘转速/(r/min)	5 000～20 000	5 000～20 000
转盘数量/只	1	1
进风温度/℃	200 上下	200 上下
干燥温度/℃	90 上下	90 上下
排风温度/℃	85 上下	85 上下

(3)干燥设备组成　喷雾干燥设备类型虽然很多,但都是由干燥室、雾化器、高压泵、空气过滤器、空气加热器、进排风机、捕粉装置及气流调节装置组成。

①干燥室(drying chamber)　它是乳粉干燥的主体设备,有立式和卧式两种。立式一般为圆柱体锥形底或平底。干燥室体积庞大,是浓乳干燥成乳粉的场所。

②雾化器(atomiser)　雾化器是区别压力式喷雾干燥机和离心喷雾干燥机的关键所在。压力式雾化器是由带斜槽的芯子同板眼搭配,称为 S 型(spraying),或由带斜槽的孔板同板眼搭配,称为 M 型(monarch),紧固在喷头内组成(图 13-4)。两种雾化器具有同样的效果。喷

雾时的状态见图 13-5。理想的雾化器应能将浓乳稳定地雾化成均匀的乳滴,且散布于干燥室的有效部分而不喷到壁上。还能与其他喷雾条件配合,喷出符合质量要求的成品。离心式雾化器种类很多,需根据物料及产品的特性选用。乳粉生产中应用最多的是沟槽式、喷枪式、曲叶板式等(图 13-6)。雾化效果见图 13-7。良好的离心式雾化器在运转时应使雾滴大小均匀,湿润周边长,能使料液达到高转速,离心盘结构简单坚固,质轻,易拆洗,无死角,生产效率高。

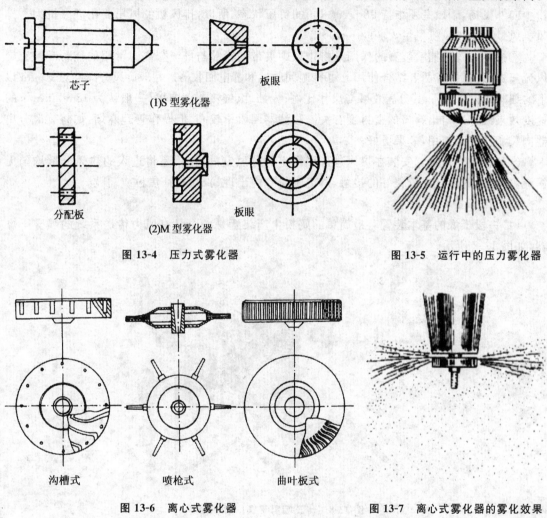

芯子　　　　　　　板眼

(1)S 型雾化器

分配板　　　　　　板眼

(2)M 型雾化器

图 13-4　压力式雾化器　　　　　　图 13-5　运行中的压力雾化器

沟槽式　　　　喷枪式　　　　曲叶板式

图 13-6　离心式雾化器　　　　　图 13-7　离心式雾化器的雾化效果

③高压泵(high pressure pump)　凡是压力式喷雾都需使用高压泵。高压泵一般为三柱塞式往复泵,可供产生高压和均质,使浓乳在高压力作用下由雾化器喷出,形成雾状。离心式喷雾不需要高压泵,使用一般乳泵即可。

④空气过滤器　浓乳在喷雾干燥过程中吹入干燥室内的热风是吸收周围环境中的空气经加热而成的,吸入的空气必须经过滤除尘。过滤器的滤层一般使用钢丝、尼龙丝、海绵、泡沫、塑料等物充填,约 10 cm 厚。空气过滤器性能约为 $100\ m^3/(m^2\cdot min)$。通过的风压控制在 147 Pa,风速 2 m/s。过滤器应经常洗刷,保持其工作效率。

⑤空气加热器　空气加热器是用于加热吸入的冷空气,使之成为热风,供干燥雾化的浓乳

用。有蒸汽加热和燃油炉加热两种,前者可加热到 150～170℃,后者可加热到 180～200℃。空气加热器多用紫铜管和钢管制造,加热面积因管径、散热片及排列状态等因素而异。一般总传热膜系数为 29.08 $W/(m^2 \cdot K)$。

⑥进、排风机　进风机的作用是吸入空气并将加热的空气送入干燥室内,使雾化的浓乳干燥。同时排风机将蒸发出去的水蒸气及时排掉,以保持干燥室的干燥作用正常进行。为防止粉尘向外飞扬,干燥室须维持 98～196 Pa 的负压状态,所以,排风机的风压要比进风机大。排风机风量要比进风机风量大 20%～40%。

⑦捕粉装置　捕粉装置的作用是将排风中夹带的粉粒与气流分离。常用的捕粉装置有旋风分离器、袋滤器或两者结合使用。也有湿回收器和静电回收器。一般旋风分离器对 10 μm 以下的细粉回收率不高,其分离效果与尺寸比例、光洁度、气流速度有关(一般认为 18～20 m/s 的速度效果最好),与出料口的密封度有关。袋滤器回收率较高,但操作管理麻烦,如将旋风分离器同袋滤器串联使用,效果更好。

⑧分风箱　该装置安装在热风进入干燥室的分风室处,作用是将进入的热风分散均匀无涡流,与雾化的浓乳进行很好的接触,避免干燥室内出现局部积粉、焦粒或潮粒。

4.干燥装置类型

(1)一段干燥的基本装置　最简单的奶粉生产装置是一个具有风力传送系统的喷雾干燥器,如图 13-8 所示。

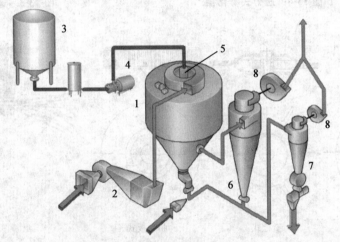

图 13-8　传统喷雾干燥(一段干燥)
1.干燥塔室　2.空气加热器　3.牛乳浓缩缸　4.高压泵　5.雾化器
6.主旋风分离器　7.旋风分离输送系统　8.抽气扇和过滤器

这一系统建立在一级干燥原理上,即从浓缩乳中的水分开始脱除至到达最终要求湿度的过程全部在喷雾干燥塔室内(1)完成。相应风力传送系统收集奶粉和奶粉末,一起离开喷雾塔室进入到主旋风分离器(6)与废空气分离,通过最后一个分离器(7)冷却奶粉,并送入袋装漏斗。

(2)两段干燥　传统的喷雾干燥法生产乳粉相对成本较高,如能量消耗大、干燥(塔)室造价高。理论上提高雾化前乳的浓缩程度,并采用更高的进风温度,可取得更好的效率,但是这些措施很容易导致制品的热损伤。若粉末在完全干燥之前(水分含量 5%～6% 的乳粉)就被从空气中分离出来,而在干燥室外继续干燥,则形成两段干燥加工工艺,如图13-9所示。两段干燥方法生产奶粉包括了喷雾干燥第一段和流化床干燥第二段。奶粉离开干燥室的湿度比最终要求高2‰～3‰,流化床干燥器的作用就是除去这部分超量湿度并最后将奶粉冷却下来。在这种情况下,即使进风温度增加,出风温度比较低,也不会导致热损害的增加。而且每单位时间内可以干燥更大量的浓缩乳。

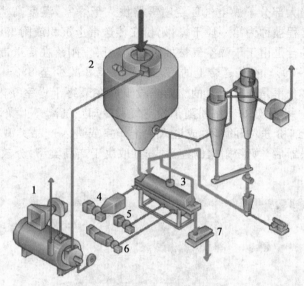

图 13-9　带有流化床辅助时装置的喷雾干燥室
1.空气加热器　2.喷雾干燥室　3.流化床　4.空气加热室
5.冷空气室　6.冷却干空气室　7.振动筛

乳粉在流化床干燥机中继续干燥,可生产优质的乳粉。因为在喷雾干燥机中空气进风温度高,粉末停顿的时间短,仅几秒钟;而在流化床干燥机中空气进风温度相对低(130℃),消耗很少空气,粉末停留时间长(几分钟),因此流化床干燥机更适合最好阶段的干燥。传统干燥和两段式干燥所需条件见表13-4。

表 13-4　传统干燥和两段干燥条件

方法	传统干燥	两段干燥
进风温度/℃	200	250
出风温度/℃	94	87
空气室出口 a_w	0.09	0.17
总消耗热/(kJ/kg 水)	4 330	3 610
能力/(kg 粉末/h)	1 300	2 040

由此可见,两段干燥能耗低(节能20％),生产能力更大(提高57％),附加干燥仅消耗5％热能,乳粉质量通常更好,但需要增加流化床。流化床除干燥外还有其他功能,如用于粉粒附聚,生产大颗粒乳粉,以提高乳粉分散性,其原理是在流化床中粉末之间相互碰撞强烈,如果它们足够黏,则会发生附聚。

（3）三段干燥　三段干燥中第二段干燥在喷雾干燥室的底部进行，而第三段干燥位于干燥塔外进行最终干燥和冷却。主要有两种三段式干燥器：具有固定流化床的干燥器和具有固定传送带的干燥器。

图 13-10 为一具有固定传送带的过滤器型干燥器，它包括一个主干燥器 3 和三个小干燥室 8、9、10，用于最后干燥和冷却。浓缩乳由高压泵 1 送至主干燥室顶部的喷头 2 雾化，雾化压力高达 20 MPa，绝大部分干燥空气环绕喷雾器供入干燥室，温度高达 280℃。液滴自喷头落向干燥室底部的过程被称为第一段干燥，奶粉在传送带上沉积或附聚成多孔层。

第二段干燥的进行是由于干燥空气被抽吸过奶粉层。刚落在传送带 7 上的奶粉水分含量随产品不同为 12%～20%，在传送带上的第二段干燥室 8 减少至 8%～10%。水分含量对于奶粉的附聚程度和多孔率是非常重要的。第三段干燥在最终干燥室 9 内进行，奶粉在最后干燥室 10 中冷却。有一小部分奶粉细粉随干燥空气和冷却空气离开干燥设备，在旋风分离器组 12 与空气分离，这些细粉进入再循环，或进入主干燥室或进入产品类型需要或附聚需要的加工工艺点。离开干燥器后，奶粉附聚物经筛或磨（取决于产品类型）分散达到要求的大小。

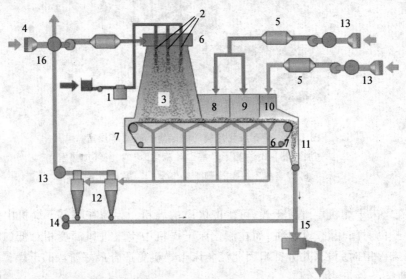

图 13-10　具有完整运输、过滤器（三段干燥）的喷雾干燥器
1.高压泵　2.喷头装置　3.主干燥室　4.空气过滤器　5.加热器/冷却器　6.空气分配器
7.传送带系统　8.保持干燥室　9.最终干燥室　10.冷却干燥室　11.乳粉排卸
12.旋风分离器　13.鼓风机　14.细粉回收系统　15.过滤系统　16.热回收系统

（八）出粉、冷却、包装

喷雾干燥结束后，应尽快出粉、冷却、送粉、筛粉、贮粉，此过程可连续化、自动化进行。

1. 出粉与冷却

干燥的乳粉落入干燥室的底部，粉温可达 60℃，应立即将乳粉送至干燥室外并及时冷却，避免乳粉受热时间过长。特别是对全脂乳粉，受热时间过长会使乳粉的游离脂肪增加，严重影响乳粉的质量，使之在保存中容易引起脂肪氧化变质，乳粉的色泽、滋气味、溶解度也会受到影响。出粉、冷却的方式一般有以下几种：

（1）气流输粉、冷却　气流输粉装置可以连续出粉、冷却、筛粉、贮粉、计量包装。其优点是出粉速度快。在大约 5 s 内就可以将喷雾室内的乳粉送走，同时，在输粉管内进行冷却。其缺点是易产生过多的微细粉尘。因气流以 20 m/s 的速度流动,所以乳粉在导管内易受摩擦而产生大量的微细粉尘,致使乳粉颗粒不均匀。再经过筛粉机过筛时,则筛出的微粉量过多。另外,这种方式冷却效率不高,一般只能冷却到高于气温 9℃左右,特别是在夏天,冷却后的温度仍高于乳脂肪熔点以上。如果气流输粉所用的空气预先经过冷却,则会增加成本。

(2)流化床输粉、冷却　流化床出粉和冷却装置的优点为:①乳粉不受高速气流的摩擦,可大大减少微细粉;②乳粉在输粉导管和旋风分离器内所占比例少,故可减轻旋风分离器的负担,同时可节省输粉中消耗的动力;③冷却床所需冷风量较少,故可使用经冷却的风来冷却乳粉,因而冷却效率高,一般乳粉可冷却到 18℃左右;④乳粉因经过振动的流化床筛网板,故可获得颗粒较大而均匀的乳粉;⑤从流化床吹出的微粉还可通过导管返回到喷雾室与浓乳汇合,重新喷雾成乳粉。

(3)其他输粉方式　可以连续出粉的几种装置还有搅龙输粉器、电磁振荡器、转鼓型阀、漩涡气封法等。这些装置既保持干燥室的连续工作状态,又使乳粉及时送出干燥室外。但是这些出粉设备的清洗干燥很麻烦,而且要立即进行筛粉、凉粉,使乳粉尽快冷却,即便如此,乳粉的冷却速度还是很慢。

2.筛粉与晾粉

乳粉过筛的目的是将粗粉和细粉(布袋滤粉器或旋风分离器内的粉)混合均匀,并除去乳粉团块、粉渣,并使乳粉均匀、松散,便于包装。

(1)筛粉　一般采用机械振动筛,筛底网眼为 40～60 目。在连续化生产线上,乳粉通过振动筛后即进入锥形积粉斗中存放。

(2)晾粉　晾粉不但使乳粉的温度降低,还可使乳粉表观密度提高 15%,有利于包装。无论使用大型粉仓还是小粉箱,在贮存时严防受潮。包装前的乳粉存放场所必须保持干燥和清洁。

3.包装

当乳粉贮放时间达到要求后,开始包装。包装规格、容器及材质依乳粉的用途不同而异。小包装容器常用的有马口铁罐、塑料袋、塑料复合纸袋、塑料铝箔复合袋。规格以 900 g、454 g、400 g 最多。大包装容器有马口铁箱或圆筒 12.5 kg 装;有塑料袋套牛皮纸袋 25 kg 装;或根据购货合同要求决定包装的大小。大包装主要供应特别需要者,如出口或作为食品工业原料。一般铝箔复合袋的保质期有 1 年,而真空包装和充氮包装技术可使乳粉质量保持 3～5 年。

包装要求称量准确、排气彻底、封口严密、装箱整齐、打包牢固。

每天在工作之前,包装室必须经紫外线照射 30 min 灭菌后方可使用。包装室最好配置空调设施,使室温保持在 20～25℃,相对湿度 75%。凡是直接接触乳粉的器具要彻底清洗、烘干灭菌。操作者的工作服、鞋、帽要求清洁,穿戴整齐,消毒后方可进入包装车间。

三、常见质量问题及控制方法

(一)乳粉水分含量过高

1.水分含量对乳粉质量的影响

乳粉应具有一定的水分含量,大多数乳粉的水分含量都在 2%～5%之间。水分过高,将会促进乳粉中残留微生物的生长繁殖,产生乳酸,从而使乳粉中酪蛋白发生变性而变得不可溶,这样就降低了乳粉的溶解度。当乳粉水分含量提高至 3%～5%时,贮存一年后乳粉的溶解度仅略有下降;当乳粉水分含量提高至 6.5%～7.0%时,贮存一小段时间后,其中的蛋白质就有可能完全不溶解,产生陈腐味,同时产生褐变,但乳粉的水分含量也不宜过低,否则易引起乳粉变质而产生氧化臭味,一般喷雾干燥生产的乳粉水分含量低于 1.88%时就易引起这种缺陷。

2.乳粉水分含量过高的原因

喷雾干燥过程中,进料量、进风温度、进风量、排风温度、排风量控制不当;雾化器因阻塞等原因使雾化效果不好,导致雾化后的乳滴太大而不易干燥;乳粉包装间的空气相对湿度偏高,使乳粉吸湿而水分含量上升;乳粉冷却过程中,冷风湿度太大,从而引起乳粉水分含量升高;乳粉包装封口不严或包装材料本身不密封而吸潮。

(二)乳粉的溶解度偏低

乳粉的溶解度是指乳粉与一定量的水混合后,能够复原成均一的新鲜牛乳状态的性能。因为牛乳是由真溶液、悬浮液、乳浊液三种体系构成的一种均匀稳定的胶体性液体,而不是纯粹的溶液,所以乳粉的溶解度也只是一个习惯称呼而已。乳粉溶解度的高低反映了乳粉中蛋白质的变性程度。溶解度低说明乳粉中蛋白质变性的量大,冲调时变性的蛋白质不能溶解,或黏附于容器的内壁,或沉淀于容器的底部。

导致乳粉溶解度下降的原因:

(1)原料乳的质量差,混入了异常乳和酸度高的牛乳;蛋白质热稳定性差,受热容易变性。

(2)牛乳在杀菌、浓缩或喷雾干燥的过程中温度偏高,或受热时间过长,引起牛乳蛋白质受热过度而变性。

(3)喷雾干燥时雾化效果不好,使乳滴过大,干燥困难。

(4)牛乳和浓缩乳在较高的温度下长时间放置会导致蛋白质变性。

(5)乳粉的贮存条件及时间对其溶解度也会产生影响,当乳粉贮存于温度高、湿度大的环境中,其溶解度会有所下降。

(6)不同的干燥方法生产的乳粉溶解度亦有所不同。一般来讲,滚筒干燥法生产的乳粉溶解度较差,仅为 70.0%～85%,而喷雾干燥法生产的乳粉溶解度可达 99.0%以上。

(三)乳粉结块

乳粉极易吸潮而结块,这主要与乳粉中含有的乳糖及其结构有关。采用一般工艺生产出来的乳粉,其乳糖呈非结晶的玻璃态,而非结晶状态的乳糖具有很强的吸湿性,吸湿后则生成含有 1 分子结晶水的结晶乳糖。

造成乳粉结块的其他原因:在乳粉的整个干燥过程中,由于操作不当而造成乳粉水分含量普遍偏高或部分产品水分含量过高;在包装和贮存过程中,乳粉吸收空气中的水分。

(四)乳粉颗粒的形状和大小异常

1.乳粉颗粒大小对产品质量的影响

压力喷雾干燥法生产的乳粉颗粒直径约为 10～100 μm,平均 45 μm;离心喷雾干燥法生产的乳粉颗粒直径为 30～200 μm,平均 100 μm。乳粉颗粒直径大,色泽好,则冲调性能及润湿性能好,便于饮用。如果乳粉颗粒大小不一,而且有少量黄色焦粒,则乳粉溶解度就会较差,且杂质度较高。

2.影响乳粉颗粒形状及大小的因素

(1)雾化器出现故障,将有可能影响到乳粉颗粒的形状。

(2)干燥方法不同,乳粉颗粒的平均直径及直径的分布状态亦有所不同。

（3）同一干燥方法，不同类型的干燥设备，所生产的乳粉颗粒直径亦不同。例如压力喷雾干燥法中，立式干燥塔较卧式生产的乳粉颗粒直径大。目前立式压力喷雾干燥法正在尝试高塔和大孔径喷头干燥法以及二次干燥技术，以增大乳粉颗粒的直径。

（4）浓缩乳的干物质含量对乳粉颗粒直径有很大的影响。在一定范围内，干物质含量越高，则乳粉颗粒直径就越大，所以在不影响产品溶解度的前提下，应尽量提高浓缩乳的干物质含量。

（5）压力喷雾干燥中，高压泵压力的大小是影响乳粉颗粒直径大小因素之一。使用压力低，则乳粉颗粒直径大，但不影响干燥效果。

（6）离心喷雾干燥中，转盘的转速也会影响乳粉颗粒直径的大小。转速越低，乳粉颗粒的直径就越大。

（7）喷头的孔径大小及内孔表面的粗糙度状况也会影响乳粉颗粒直径的大小及分布状况。喷头孔径大，内孔粗糙度高，则得到的乳粉颗粒直径就大气，且颗粒大小均一。

（五）乳粉的脂肪氧化味

1. 产生的原因

乳粉脂肪氧化味产生的原因是乳粉的游离脂肪酸含量高，引起乳粉的氧化变质而产生氧化味；乳粉中脂肪在解酯酶及过氧化物酶的作用下，产生游离的挥发性脂肪酸，使乳粉产生刺激性的臭味；乳粉贮存环境高、湿度大或暴露于阳光下，易产生氧化味。

2. 防治措施

严格控制乳粉生产的各种参数，尤其是牛乳的杀菌温度和保温时间，必须使解酯酶和过氧化物酶的活性丧失；严格控制产品的水分含量在 2.0% 左右；保证产品包装的密封性；产品贮存于阴凉、干燥的环境中。

第三节　速溶乳粉加工

一、速溶乳粉的特点

速溶乳粉是指采用特殊工艺及特殊设备制造，在冷水中就能迅速溶解而不结块的乳粉。速溶乳粉有以下特点：

①速溶乳粉的溶解性、可湿性、分散性等都获得了极大的改善。当用水冲调复原时能迅速溶解，不结团，即使在冷水中也能速溶，无须先调浆再冲调，使用方便。

②速溶乳粉的颗粒粗大，一般为 $100\sim800~\mu m$。

③速溶乳粉的颗粒大且均匀，在制造、包装及使用过程中干粉飞扬程度降低，改善了工作环境，避免了不应有的损失。

④速溶乳粉中所含的乳糖呈水合结晶态，在包装及保藏期间不易吸湿结块。

但是，速溶乳粉的比容大，表观密度低，则包装容器的容积相应增大，一定程度上增加了包装费用。另外，速溶乳粉的水分含量较高，不利于保藏；速溶乳粉易于褐变，并具有一种粮谷的气味。

二、速溶乳粉的加工技术

速溶乳粉之所以能够速溶，主要是因为在制造的过程中经过一附聚的过程，即喷湿再干燥过程。附聚能达到以下效果：①其中的乳糖由非结晶状态变成了结晶状态，失去了吸附水分的能力;②乳粉颗粒附聚成大小为 2~3 mm 的多孔附聚物,由于毛细管作用从而使乳粉对水具有很好的分散性;③通过附聚也加大了粒子直径,使粒子本身具有可湿性和多孔性,加速了乳粉的溶解。

(一)脱脂乳粉的生产技术

目前脱脂速溶乳粉的生产主要有两种方法,即一段法和二段法。

1. 一段法

所谓一段法,又称直通法,即不需要基粉,而是在喷雾干燥室下部连接一个直通式速溶乳粉瞬间形成机,连续地进行吸潮并用流化床使其附聚造粒,再干燥而成速溶乳粉。目前采用的方法有干燥室内直接附聚法和流化床附聚法两种。

(1)干燥室内直接附聚法　直接附聚法是指在同一干燥室内完成雾化、干燥、附聚、再干燥等操作,使产品达到标准的要求。

直接附聚法的工作原理:浓缩乳通过上层雾化器分散成微细的乳滴,与高温干燥介质接触,瞬间进行强烈的热交换和质交换,则雾化的乳滴形成比较干燥的乳粉颗粒。另一部分浓缩乳通过下层雾化器形成相当湿的乳粉颗粒,使湿的乳粉颗粒与上述比较干燥的乳粉颗粒保持良好的接触,并使湿颗粒包裹在干颗粒上。这样湿颗粒失去水分,而干颗粒获得水分而吸潮,以达到使乳粉附聚及乳糖结晶的目的。然后附聚颗粒在热介质的推动及本身的重力作用下,在干燥室内继续干燥并持续地沉降于底部卸出,最终得到水分含量为 2%~5% 的大颗粒多孔状产品。

一般采用增高干燥室高度或增大其直径、延长物料的干燥时间、使物料在较低的干燥温度下等方法到达预期的干燥目的。从工艺角度考虑,一般采用提高浓缩乳的浓度,大孔径喷头压力喷雾,并降低高压泵使用压力,以得到颗粒较大的脱脂速溶乳粉。

这种方法简单、经济,但干燥设备必须保证产品有足够的干燥时间,而且两层雾化器的相对位置要求很严,干乳粉颗粒流与湿乳粉颗粒流两者的水分含量应有一定要求,否则不利于附聚及乳糖结晶,将直接影响产品质量。

(2)流化床附聚法　浓缩乳在常规干燥室内经喷雾干燥,最终获得水分含量高达 10%~12% 的乳粉。乳粉在沉降过程中产生附聚,沉降于干燥室底部时仍在继续附聚,然后将潮湿且已部分附聚的乳粉自干燥室卸出,进入第一振动流化床继续附聚成为稳定的团粒,然后进入第二段干燥区的流化床及冷却床,最后经筛板成为均匀的附聚颗粒(图 13-11)。

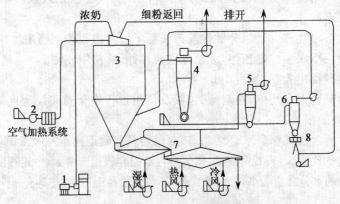

图 13-11　流化床一段法生产速溶乳粉流程图

1. 空气加热系统　2. 浓奶　3. 干燥室　4. 主旋风分离器　5. 流化床旋风分离器
6. 旋风分离器　7. 震动流化床　8. 集粉器

2.二段法

所谓二段法,又称再润湿法,是指以一般喷雾干燥法生产的脱脂乳粉作为基粉,然后再送入再润湿干燥器,喷入湿空气或乳液雾滴与乳粉附聚成团粒(这时乳糖开始结晶),再行干燥、冷却,形成速溶产品(干燥—吸湿—再干燥工艺)。

二段法生产脱脂速溶乳粉的流程如图 13-12 所示。先以喷雾干燥法制得的普通脱脂乳粉作为基粉,再经下列工序的处理便可制造成脱脂速溶乳粉。

(1)基粉定量注入加料斗,经振动筛板后均匀地撒布于附聚室内,与潮湿空气或低压蒸汽接触,使基粉的水分含量增高至 10％～12％,并使乳粉颗粒相互附聚而颗粒直径增大,随之乳糖产生结晶。

(2)已结晶及附聚的脱脂乳粉在流化床,或在与附聚室一体的干燥室内,与温度 100～120℃的热空气接触,再进行干燥,使脱脂乳粉的水分含量达到应有的要求(3.5％左右)。

(3)在振动冷却床上以冷风冷却至一定的温度。

(4)用粉碎机、筛选机进行微粉碎并过筛,使颗粒大小均匀一致。然后进行包装。

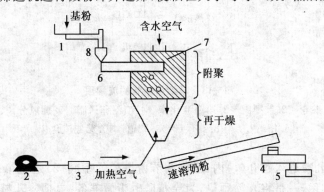

图 13-12　二段法生产速溶乳粉流程图
1.螺旋输送器　2.鼓风机　3.加热器　4.粉碎和筛选机
5.包装机　6.振动筛板　7.干燥室　8.加料斗

二段法生产脱脂速溶乳粉的工艺过程复杂,生产环节多,能源利用不经济,对设备的要求高,生产成本高,工艺参数要求严格,但产品质量较好。

(二)全脂速溶乳粉的加工技术

1.全脂速溶乳粉加工原理

全脂速溶乳粉由于含有 26％左右的乳脂肪,乳粉颗粒或附聚团粒的外表面有许多脂肪球,由于表面张力的影响在水中不易润湿和下沉,因而也就不容易溶解,乳粉的可湿性较差,不易达到速溶的要求。所以,全脂速溶乳粉的制造较为复杂,除了考虑脱脂速溶乳粉的因素外,还要考虑解决脂肪对乳粉速溶性的影响因素。

卵磷脂是一种既亲水又亲油的表面活性物质,喷涂于乳粉颗粒的表面,可以增强乳粉颗粒的亲水性,改善乳粉颗粒的润湿性、分散性,使乳粉的速溶性大为提高。因此,全脂速溶乳粉一般采用附聚——喷涂卵磷脂的工艺,而且多采用一段法速溶装置的喷雾干燥设备。

2.卵磷脂喷涂方法

喷涂卵磷脂时主要采用卵磷脂-无水乳脂肪溶液,其组成为 60％卵磷脂和 40％无水乳脂肪。卵磷脂用量一般占乳粉总干物质的 $0.2\%\sim0.3\%$,卵磷脂的喷涂厚度为 $0.1\sim0.15~\mu m$。若乳粉的脂肪比较多时,可以相应增加卵磷脂用量,但一般不超过 0.5%,否则制造出的乳粉就会有卵磷脂的味道。为了达到产品既速溶又没有卵磷脂的味道,应尽量控制乳粉中的脂肪含量,以减少卵磷脂的使用量。喷涂装置如图 13-13 所示。

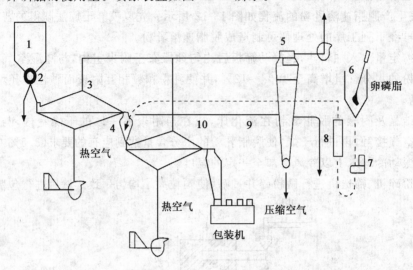

图 13-13　喷涂卵磷脂的流程图

1.贮仓　2.鼓型阀　3.第一流化床　4.喷涂卵磷脂　5.旋风分离器
6.槽　7.泵　8.流量计　9.管道　10.第二流化床

　　附聚好的全脂乳粉进入贮仓(1)内,经可调节粉量的鼓型阀(2)送至第一流化床(3),并由此鼓入热空气,其作用,一是将乳粉预热,为涂布卵磷脂做准备;二是将乳粉在贮存和输送过程中从附聚团粒上脱落下来的细粉吹掉。然后进入喷涂装置(4),喷涂卵磷脂。熔化好的卵磷脂溶液,由槽(6)经泵(7)通过流量计(8),被管道(9)内的压缩空气以气流喷雾方式喷入喷涂装置(4)内,完成卵磷脂的喷涂过程。然后进入第二流化床(10),使卵磷脂涂布均匀一些,并再一次去除细粉。由附聚颗粒掉下来的细粉经旋风分离器(5)排出。喷涂过卵磷脂的成品直接送入包装机。产品应采用充氮包装,罐内含氧量不超过 2%。

第四节　配方乳粉加工

　　配方乳粉是 20 世纪 50 年代发展起来的一种乳制品。早期的配方乳粉是针对婴儿的营养需要,在乳或乳制品中添加某些必要的营养素,经干燥而制成。目前配方乳粉的概念已不仅仅局限于婴儿乳粉上,而是指针对不同人群的营养需求和功能需求,在鲜乳原料中或乳粉中调以各种营养元素、功能性成分或因子,经加工而制成的乳制品。种类除婴幼儿配方乳粉外,还有儿童学生配方乳粉、中老年配方乳粉、特殊配方乳粉(高钙乳粉、降糖乳粉、孕妇乳粉、产妇乳粉)等。总之,配方乳粉的概念很广,已成为一些国家乳粉生产中的主要品种。

一、婴幼儿配方乳粉

　　婴幼儿配方乳粉是指以新鲜牛乳为原料,以母乳中的各种营养元素的种类和比例为基准,通过添加或提取牛乳中的某些成分使其不但在数量上、质量上,而且在生物功能上都无限接近于母乳,经配制和乳粉干燥技术制成的调制乳粉。通过添加适量的乳清蛋白、多不饱和植物脂肪酸、乳糖、复合维生素和复合矿物质等,实现乳粉的蛋白质母乳化、脂肪酸母乳化、碳水化合物及矿物质母乳化。婴幼儿配方乳粉已成为儿童食品工业中最重要的食品之一。在母乳不足或缺乏时,婴幼儿配方乳粉可以作为母乳的替代品。

根据婴幼儿出生时间的不同可以将婴幼儿配方乳粉分为:Ⅰ段乳粉(0~6个月婴儿)、Ⅱ段乳粉(6~12个月较大婴儿)和Ⅲ段乳粉(12~36个月幼儿)。

(一)婴幼儿配方乳粉设计理论依据

1. 母乳与牛乳主要成分的区别

母乳是婴幼儿的最佳食品,含有婴幼儿生长发育所需要的全部营养物质,其他食物无法替代。当母乳不足时,才不得不依靠人工喂养。牛乳被认为是最好的代乳品,但牛乳和母乳有很大区别。因此必须在了解牛乳与母乳区别的基础上,进行合理的调整,才能使配方乳粉适合婴幼儿的营养需要。

母乳和牛乳无论是感官上还是组成上都有区别,组成区别见表13-5。

表13-5　母乳与牛乳的一般成分比较

| 成分 | 总固体/g | 全蛋白质/g | 含氮化合物/% | | | | | 脂质/g | 糖质/g | 灰分/g | 热量/kJ |
			酪蛋白氮	白蛋白、球蛋白氮	陈氮	氨基氮	非氮基氮				
母乳	12.00	1.1	43.9	32.7	4.3	3.5	15.6	3.3	7.4	0.20	62
牛乳	11.65	2.98	78.5	12.5	4.0	5.0	5.0	3.32	4.38	0.71	59

婴幼儿配方乳粉的品种很多,总体上是根据婴幼儿成长所需的营养成分和母乳中独特的营养成分共同决定其配方设计。同时也要充分考虑医学、营养学特别是婴幼儿营养学等方面的研究成果,国外发达国家许多著名的婴幼儿配方乳粉品牌都具有医学和营养学背景,许多还是制药公司的子公司。

2. 主要成分的调整方法

(1)蛋白质　母乳与牛乳的蛋白质含量与组成有很大差别。牛乳蛋白质中的酪蛋白占78%以上,酪蛋白与乳清蛋白(白蛋白、球蛋白)的比约为5:1;而母乳中酪蛋白相对较少,酪蛋白与乳清蛋白的比约为1.3:1。而牛乳酪蛋白在胃中由于胃酸的作用而形成较硬的凝固物,不易消化吸收。

婴幼儿正处于发育阶段,肾脏机能还不完善。因此最重要的是使配方乳粉中蛋白质变为容易消化的蛋白质,且蛋白质含量适当,这样可以避免婴幼儿因为蛋白质含量不足而导致生长发育迟缓或者因为蛋白质含量过多而增加肾脏负担。根据母乳中蛋白质含量和婴儿营养学研究结果表明,一般蛋白质含量为12.8%~13.3%为宜。

将酪蛋白与乳清蛋白的比例调为1:1时,因白蛋白的保护胶质作用,酪蛋白呈微细的凝固,更加容易消化吸收。同时,乳清蛋白与酪蛋白相比有较高的生理价值,这主要是由于乳清蛋白具有较多的胱氨酸。所以,在牛乳中添加胱氨酸后,其蛋白质效价可与母乳蛋白质相比。因此,婴儿配方乳粉中利用含有乳白蛋白的乳清是有意义的。

根据上述情况,对牛乳蛋白质的调整方法为:

①加脱盐乳清粉或脱盐乳清浓缩蛋白,也可以采用大豆分离蛋白,最终使乳粉中各种蛋白质的比例与母乳接近。

②采用特殊加工工艺,使原料乳中的酪蛋白呈软凝化,有利于婴幼儿的消化和吸收。

(2)脂肪 母乳与牛乳的脂肪含量大致相同,但脂肪酸组成有很大差别。牛乳中饱和脂肪酸,特别是挥发酸多,而母乳中不饱和脂肪酸,特别是亚油酸、亚麻酸多。

脂肪的消化和吸收是婴幼儿营养的重要方面。脂肪的消化性和营养价值因构成脂肪的脂肪酸不同而不同,低级脂肪酸或不饱和脂肪酸比高级脂肪酸或饱和脂肪酸更容易消化和吸收,同时还具有预防和抗病等生理学意义。婴幼儿对母乳脂肪酸的消化率比牛乳中脂肪酸消化吸收率高 20%～25%。

现一般倾向于用富含各种多不饱和脂肪酸的植物油代替部分乳脂肪,如富含油酸、亚油酸的橄榄油、玉米油、大豆油、棉籽油、红花油等,调整脂肪时须考虑这些脂肪的稳定性、风味等,以确定混合油脂的比例。调整后脂肪酸的构成接近母乳,可使乳脂肪的吸收率提高 5%～10%,接近母乳脂肪的吸收率。

(3)糖类 牛乳中的乳糖约为 4.3%,比母乳的少,因此婴幼儿乳粉中需添加乳糖。人的初乳含乳糖约 5.8%,常乳含约 6.86%。糖质不但能补充婴儿热量,而且能保持水分平衡,为构成脑和重要脏器提供半乳糖。肝糖的贮藏也需要有充足的糖质供应。较高含量的乳糖能促进钙、锌和其他一些营养素的吸收。

牛乳中的乳糖主要是 α 型,而母乳中的乳糖主要是 β-型,β-乳糖有促双歧乳杆菌增殖的作用,且母乳中蛋白质与乳糖的比率大约为 1:6,牛乳大约为 1:1.5。当乳糖与蛋白质的比例接近母乳时,婴儿肠内的消化状况与母乳营养相同。肠内菌相是双歧乳杆菌占优势,肠道内 pH 下降,通便性也接近母乳营养儿,特别是防止了大肠菌在肠内的定殖,有预防感染的效果。

因此,近年来的调制婴儿乳粉,为了使乳糖与蛋白质的比率尽可能接近母乳,添加蔗糖的逐渐减少,而只添加乳糖和可溶性多糖类,如麦芽糊精、葡萄糖等。或者添加具有双歧杆菌增殖效果的功能性低聚糖类,如异麦芽低聚糖、低聚果糖、低聚半乳糖等,促进肠道内有益菌群增殖,抑制有害菌生长,增强肠动力,清除肠内有害物质,防御感染、改善便秘等。

(4)无机盐 牛乳与母乳无机盐成分比较见表 13-6。由表可以看出,牛乳中的无机盐比母乳中高 3 倍。而婴幼儿肾脏功能尚未健全,如果过多摄取盐类,会增加肾脏负担,易患高电解质病。

因此,母乳化时应除掉部分盐类,主要是钠盐及钾盐,一般是采用连续式脱盐机使无机盐类调整到 K/Na=2.88、Ca/P=1.22 的理想平衡状态。也可以添加一定比例脱盐乳清粉或脱盐乳清浓缩蛋白。

虽然母乳和牛乳中铁含量都不高,但母乳中的铁比牛乳多,且母乳中铁的生物利用率远比牛乳高。因此,牛乳喂养儿易患缺铁性贫血,整体脱盐的同时还应补充一部分铁。母乳中铜和锌的含量也比牛乳高,且锌的生物利用率也优于牛乳。这些成分都应强化,使其达到适当的含量和比例。

表 13-6　牛乳与母乳无机盐成分比较(每 100 mL 乳中)

种类	总量/g	钙/mg	磷/mg	铁/mg	钠/mg	锌/μg
牛乳	0.71	100	90	0.1	55	30
母乳	0.20	35	25	0.2	15	400

(5)维生素　牛乳与母乳维生素成分比较见表 13-7。由表可以看出,母乳中维生素的含量与牛乳中大致相同。牛乳是维生素 B_2 的良好来源,但牛乳中维生素 C、维生素 D 和叶酸不足,维生素 A 和维生素 B_1 也不十分充足,且在加工成乳粉时还有一部分损失。

所以,婴儿配方乳粉应充分强化维生素,以满足婴幼儿生长发育所需要的日常维生素,特别要强化叶酸和维生素 C,它们在芳香族氨基酸的代谢过程中起着重要的辅酶作用。母乳中维生素 E 较牛乳中多,对婴儿脂质代谢及阻止红细胞溶血有深刻意义。在婴幼儿饮食中必需的维生素还有维生素 A、维生素 B_1、维生素 B_2、维生素 B_6、维生素 B_{12}、维生素 D、生物素、泛酸、烟酸、维生素 K 等。为了使钙、磷有最大的蓄积量,维生素 D 必须达到 $300\sim400$ IU/d。但是如果过多,钙磷的蓄积反而减少,影响体重的增加。具体的强化标准可以参照国标。

表 13-7　牛乳与母乳维生素成分比较(每 100 mL 乳中)

种类	维生素 D/IU	维生素 A/IU	维生素 B_1/mg	维生素 B_2/mg	叶酸/μg	维生素 C/mg
牛乳	2	120	0.04	0.15	5.2	8
母乳	32	200	0.02	0.03	5.2	5

(6)其他营养素

①牛磺酸　牛磺酸对婴幼儿大脑发育、神经传导、视觉机能的完善、钙的吸收有良好作用,是一种对婴幼儿生长发育至关重要的营养素。

与成年人不同,婴幼儿体内半胱氨酸亚磺酸脱羧酶尚未成熟,体内不能自身合成牛磺酸,必须靠外源补充才能满足正常生长发育的需要。而牛乳中恰恰牛磺酸的含量极微,母乳中含量是牛乳的 25 倍。可见,用缺乏牛磺酸的牛乳喂养婴儿势必对婴儿的生长发育,特别是智力发育造成影响。一般牛磺酸母乳化的最少添加量为 30 mg/100 g。

②β-胡萝卜素　具有抗氧化清除自由基和增强免疫功能的作用,是维持正常生理功能不可缺少的营养素。当其在食物中长期缺乏或不足时,即可引起代谢紊乱,抵抗力下降,易被细菌侵袭,特别是婴幼儿可因此引起感冒、支气管肺炎。β-胡萝卜素能增强机体的防御能力,促进机体免疫功能。将 β-胡萝卜素用于肿瘤的预防和辅助治疗,可有较好的协同作用。一般 β-胡萝卜素母乳化的最小添加量为 $207\sim235$ μg/100 g。

③生物活性物质　在哺乳动物的乳汁中比较常见的生物活性物质包括:免疫球蛋白(Ig)、乳铁蛋白(Lf)、溶菌酶和乳过氧化物酶、转铁蛋白(Tf)、维生素 B_{12} 结合蛋白、叶酸结合蛋白、胰蛋白酶抑制剂和各种生长刺激因子,还有核苷酸等其他生物活性物质。

比较牛乳和母乳,以及不同时间段的乳汁中各种生物活性物质含量可知,母乳中的某些生物活性物质含量均高于牛乳。

免疫球蛋白:牛乳中的免疫球蛋白主要分为 IgG、IgA、IgM、IgE 和 IgD 等 5 类,其中只有 IgD 尚未发现具有作为功能性食品的潜力。母乳与牛乳之间、初乳和常乳之间各类 Ig 的含量差别很大。

乳铁蛋白和转铁蛋白:是牛初乳形成阶段、泌乳期、干乳期和乳房炎乳的主要糖蛋白,也是母乳中的一种主要乳清蛋白。其生物活性包括抗菌和调整瘤胃微生物、抗氧化、在肠道中刺激和强化铁吸收、参与机体免疫系统功能(特别是防止发炎反应,刺激肠局部免疫反应,刺激溶菌酶活性再生,抗病毒,刺激肠绒膜细胞增殖,促进肠道免疫系统成熟)。

过氧化氢酶:过氧化氢酶是存在于乳汁中的血红素蛋白。过氧化氢酶的应用主要基于它的抗菌、抑菌特性。

溶菌酶:溶菌酶是一种不耐热的碱性蛋白,广泛存在于蛋清、血清、乳汁和泪液中。在牛乳中的酶活力 0.124 u/mL,具有免疫刺激功能。母乳中含有大量的溶菌酶(0.4 mg/L),而牛乳中含量较少(一般为 0.15 mg/L)。从母乳化的意义上来讲加入适量溶解酶的配方粉更加适合婴儿食用,有利于婴幼儿肠胃道系统的微生物菌群平衡,在国内外已经有强化溶菌酶的母乳化配方乳粉。溶菌酶主要来源于禽蛋。

核苷酸:核苷酸是生物体内重要的低分子化合物,具有许多生理功能,除作为 DNA、RNA 的前体,也作为生理、生化过程的调节物质参与体内代谢。近年来的许多研究表明,当机体迅速成长或受到免疫挑战时,一些器官和组织如肠、淋巴、骨骼细胞合成的核苷酸不能满足动物组织和细胞代谢的需求,需补充外援核苷酸以保证其组织生长和正常功能。由于核苷酸对胃肠道发育、免疫等机能有着重要作用,一些国家在婴幼儿代乳品中已开始强化核苷酸。幼龄动物补充核苷酸能减少体内耗能较高的内源物质合成,有益于其健康和生长。

(二)婴儿配方乳粉的加工技术

婴儿乳粉生产工艺与全脂乳粉大致相同。各国不同品种的婴儿配制乳粉的生产工艺也不尽相同,基本工艺过程如图 13-14 所示。

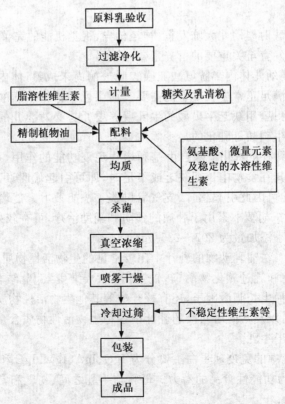

图 13-14　婴儿配方乳粉生产工艺

水溶性热稳定性维生素(如烟酸、维生素 B_{12})可在预热时加入;维生素 A 和维生素 D 可以溶入植物油中在均质前加入;热敏性维生素如维生素 B_1 和维生素 C 等,最好混入干糖粉中,在喷雾干燥后加入。其余工艺同普通全脂乳粉的加工。

二、其他配方乳粉

研究以成年人为消费对象的配方乳粉已经成为乳粉行业中除婴儿配方乳粉之外的另一研究热点。特别是国外的一些药厂,除了研究各种维生素补充剂、高纯度蛋白质粉之外,还研究添加各种营养强化剂和特殊营养成分的成人营养配方乳粉,并受到广泛重视。

1.基础配方设计

成人营养配方乳粉是根据成人的生理和生活特点,以及营养需要和摄入特点,按照《中国居民膳食营养参考摄入量》的规定,以牛乳或乳粉为主要原料,添加和强化各种日常所需的营养元素,满足成年人群的身体健康要求的一种配方食品。

比如中老年配方乳粉主要针对中老年人的生理机能减退的情况,营养要求特殊,饮食要求"三高三低",即高蛋白、高纤维、高钙和低脂肪、低糖、低钠。不饱和脂肪酸可以有效地降低中老年人高血脂、肥胖症等的发病率,维生素 C、维生素 E 等具有抗衰老的功能。在考虑上述情况的基础上,确定中老年乳粉的基础配方如表 13-8 所示。

表 13-8 中老年乳粉基础配方 kg

原料	用量	原料	用量
鲜牛乳	3 000	牛磺酸	0.3
脱脂乳粉	650	钙强化剂(以 Ca^{2+} 计)	6
精炼植物油	70	铁强化剂(以 Fe^{2+} 计)	0.05
卵磷脂	3	复合维生素	适量
膳食纤维	10		

孕期是女性特殊的生理时期,孕期女性需要大量的营养物质,许多营养物质的需求量大于一般人,比如钙、叶酸等。另外孕妇也大量的需要许多其他的营养物质,比如蛋白质、各种维生素、矿物质等。孕妇乳粉的基础配方如表 13-9 所示。

表 13-9 孕妇乳粉基础配方 kg

原料	用量	原料	用量
鲜牛乳	5 000	铁强化剂(以 Fe^{2+} 计)	0.05
脱脂乳粉	380	叶酸	0.004
精炼植物油	80	其他复合维生素	适量
钙强化剂(以 Ca^{2+} 计)	6		

2.生产工艺

一般成人特殊配方乳粉的生产工艺如图 13-15 所示。

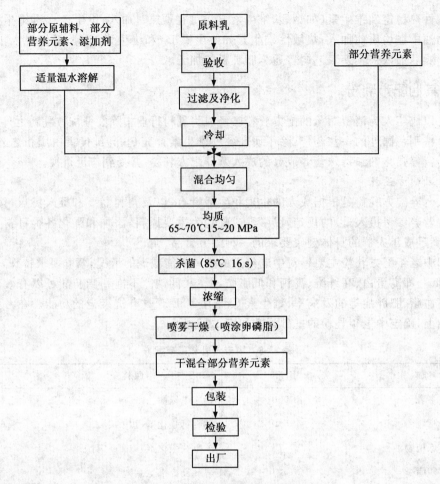

图 13-15 成人特殊配方乳粉一般生产工艺

复习思考题

1. 试述乳粉的种类及其质量特征。
2. 详述全脂加糖乳粉的加工工艺流程及加工要点。
3. 真空浓缩的特点及浓缩条件是什么?
4. 真空浓缩对乳粉质量有什么影响?
5. 试述喷雾干燥的原理及工艺要求。
6. 二段式干燥和三段式干燥相比一段式干燥对乳粉质量有什么影响?
7. 试述乳粉常见的质量缺陷及控制方法。
8. 速溶乳粉的加工原理是什么?
9. 什么是配方乳粉? 婴幼儿配方乳粉的配方理论依据是什么?

第十四章
其他乳制品加工

【目标要求】

1. 了解干酪、奶油、炼乳的概念、种类及特点；

2. 掌握皱胃酶活力测定方法及影响凝乳的因素；

3. 掌握天然干酪、再制奶酪的加工原理及加工技术；

4. 掌握天然奶油的加工原理及加工技术；

5. 掌握甜炼乳、淡炼乳的加工原理及加工技术；

6. 了解干酪、奶油、炼乳生产常见的质量问题及控制方法。

第一节　干　酪　加　工

一、干酪生产概况

干酪(cheese)生产历史悠久，是人类最早生产的乳制品之一，据考证干酪在公元前 6 000—7 000 年发源于人类文明发祥地之一的底格里斯和幼发拉底两河流域。随着人类文明的迅速传播，干酪生产很快传入中东、埃及、希腊和罗马，以后发生的罗马军队大举入侵欧洲，对干酪生产传遍整个欧洲起了决定性的作用。

干酪在西方国家是一种非常普遍的乳制品，消费量很大。目前，乳业发达国家六成以上的鲜奶用于干酪的加工，在世界范围内干酪也是耗乳量最大的乳制品。世界主要干酪生产国包括美国、加拿大、澳大利亚和新西兰等，近年来干酪的产量和消费量一直保持着增长势头。

(一)干酪的概念

联合国粮农组织(FAO)和世界卫生组织(WHO)制定了国际上通用干酪定义:干酪是以牛乳、稀奶油、部分脱脂乳、酪乳或这些产品的混合物为原料,经凝乳酶(rennin)或其他凝乳剂凝乳,并排除乳清而制得的新鲜或发酵成熟的乳制品。制成后未经发酵成熟的产品称为新鲜干酪(fresh cheese),经长时间发酵成熟而制成的产品称为成熟干酪(ripped cheese)。国际上将这两种干酪统称为天然干酪(natural cheese)。

(二)干酪的种类

干酪种类繁多,目前尚未有统一且被普遍接受的分类方法,一般可依据干酪的原产地、制造方法、外观、理化性质或微生物学特性来进行划分。根据美国农业部介绍,世界上干酪的种类达1 200种以上,其中比较著名的有20种左右。有些干酪,在原料和制造方法上基本相同,由于制造国家或地区不同,其名称也不同。如著名的法国羊乳干酪(roquefort cheese),在丹麦生产的这种干酪被称作达纳布路干酪(danablu cheese);丹麦生产的瑞士干酪(swiss cheese)称作萨姆索干酪(samsoe cheese);荷兰圆形干酪(edam cheese)又被称为太布干酪(tyb cheese)。

国际上通常把干酪划分为三大类:天然干酪、再制干酪(processed cheese)和干酪食品(cheese food),这三类干酪的主要规格及要求见表14-1。

表 14-1 天然干酪、再制干酪和干酪食品的主要规格

名称	规 格
天然干酪	以乳、稀奶油、部分脱脂乳、酪乳或混合乳为原料,经凝固后,排出乳清而获得的新鲜或成熟的产品,允许添加天然香辛料以增加香味和滋味
再制干酪	用一种或一种以上的天然干酪,添加食品卫生标准所允许的添加剂(或不加添加剂),经粉碎、混合、加热融化、乳化后而制成的产品,含乳固体40%以上。此外,还有下列两条规定:①允许添加稀奶油、奶油或乳脂以调整脂肪含量;②为了增加香味和滋味,添加香料、调味料及其他食品时,必须控制在乳固体的1/6以内,但不得添加脱脂奶粉、全脂奶粉、乳糖、干酪素以及不是来自乳中的脂肪、蛋白质及碳水化合物
干酪食品	用一种或一种以上的天然干酪或再制干酪,添加食品卫生标准所规定的添加剂(或不加添加剂),经粉碎、混合、加热融化而成的产品。产品中干酪数量需占50%以上。此外,还规定:①添加香料、调味料或其他食品时,须控制在产品干物质的1/6以内;②添加不是来自乳中的脂肪、蛋白质、碳水化合物时,不得超过产品的10%

国际乳品联合会(IDF)还曾提出以含水量为标准,将干酪分为硬质、半硬质、软质3大类,并根据成熟的特征或固形物中的脂肪含量来分类的方案。现习惯以干酪的软硬度及与成熟有关的微生物来进行分类和区别。依此标准,世界上主要干酪的分类如表14-2所示。

表 14-2　干酪的分类

种类		与成熟有关的微生物	水分含量/%	主要产品	原产地
软质干酪	新鲜	—	40~60	农家干酪(cottage cheese) 稀奶油干酪(cream cheese) 里科塔干酪（ricotta cheese）	美国
	成熟	细菌		比利时干酪(limburger cheese) 手工干酪（hand cheese）	比利时、意大利
		霉菌		法国浓味干酪(camembert cheese) 布里干酪(brie cheese)	法国
半硬质干酪		细菌	36~40	砖状干酪(brick cheese) 修道院干酪(trappist cheese)	德国
		霉菌		法国羊乳干酪(roquefort cheese) 青纹干酪(blue cheese)	丹麦、法国
硬质干酪	实心	细菌	25~36	高达干酪(gouda cheese) 荷兰圆形干酪(edam cheese)	荷兰
	有气孔	细菌(丙酮酸)		埃门塔尔干酪(emmentaler cheese) 瑞士干酪(Swiss cheese)	瑞士、丹麦
特硬干酪		细菌	<25	帕尔门逊干酪(parmesan cheese) 罗马诺干酪(romano cheese)	意大利

(三)干酪的组成及营养价值

干酪中含有丰富的营养成分,主要为乳蛋白和脂肪,另外还含有丰富的钙、磷等无机盐类,并有多种维生素和微量元素。就蛋白质和脂肪而言,等于将原料乳中的蛋白质和脂肪浓缩10倍。所含的钙、磷等无机成分,除能满足人体的营养外,还具有重要的生理功能。干酪中的维生素主要是维生素 A,其次是胡萝卜素、B 族维生素和尼克酸等。干酪中的蛋白质经成熟发酵后,由于微生物产生的蛋白分解酶的作用而生成胨、肽、氨基酸等可溶性物质,极易被人体消化吸收,消化率为 96%~98%。几种主要干酪的化学组成见表 14-3。

表 14-3　不同干酪的组成(每 100 g)

干酪名称	类型	水分/%	热量/cal	蛋白质/g	脂肪/g	钙/mg	磷/mg	维生素			
								A/IU	B$_1$/mg	B$_2$/mg	尼克酸/mg
契达干酪	硬质 (细菌发酵)	37.0	398	25.0	32.0	750	478	1 310	0.03	0.46	0.1
法国羊奶干酪	半硬 (霉菌发酵)	40.0	368	21.5	30.5	315	184	1 240	0.03	0.61	0.2
法国浓味干酪	软质 (霉菌成熟)	52.2	299	17.5	24.7	105	339	1 010	0.04	0.75	0.8
农家干酪	软质 (新鲜)	79.0	86	17.0	0.3	250	175	10	0.03	0.28	0.1

近年来,除传统干酪的生产外,新的功能性干酪产品的研制与开发已经引起了许多国家的重视。如钙强化型、低脂肪型、低盐型等干酪;还有向干酪中添加膳食纤维、N-乙酰基葡萄糖胺、低聚糖、酪蛋白磷酸肽(CPP)等保健成分的干酪;添加植物蛋白制作的复合蛋白干酪等。这些成分的添加,增加了干酪的种类和营养价值,给干酪制品增添了新的魅力。

(四)干酪用发酵剂

干酪发酵剂是指用来使干酪发酵与成熟的特定微生物培养物。干酪发酵剂可分为细菌发酵剂与霉菌发酵剂两大类。

(1)细菌发酵剂　以乳酸菌为主,应用的主要目的在于产酸和产生相应的风味物质。其中主要有乳酸链球菌、乳油链球菌、干酪乳杆菌、丁二酮链球菌、嗜酸乳杆菌、保加利亚乳杆菌以及嗜柠檬酸明串珠菌等。有时为了使干酪形成特有的组织状态,还要使用丙酸菌。

(2)霉菌发酵剂　主要是对脂肪分解强的卡门培尔干酪青霉、干酪青霉、娄地青霉等。某些酵母,如解脂假丝酵母等也在一些品种的干酪中得到应用。

(五)干酪用凝乳酶

凝乳酶(chymosin)的主要作用是促进乳的凝结,并为乳清的排除创造条件。除了几种类型的新鲜干酪,如 cottage 干酪、quarg 干酪等主要通过乳酸来凝固外,其他所有干酪的生产都是依靠凝乳酶来进行凝乳。

干酪生产中常用的凝乳酶为皱胃酶(rennet)。皱胃酶来源于犊牛的第四胃(皱胃),商品凝乳酶中含有皱胃酶和胃蛋白酶(pepsin),两者的比例约为 4∶1,常见的形式是粉状或液状制剂。由于干酪产量的不断上升和小牛犊供应的下降,使得小牛犊皱胃酶供应不足,价格上涨,所以开发、研制皱胃酶的代用酶越来越受到普遍的重视。目前已有很多皱胃酶代用凝乳酶被开发出来,并逐渐应用到干酪的生产中。

1. 皱胃酶

(1)皱胃酶的性质　皱胃酶的等电点为 pH 4.45～4.65,作用的最适 pH 为 4.8 左右,凝固的最适温度为 40～41℃。皱胃酶在弱碱、强酸、热、超声波的作用下而失活。制作干酪时的凝固温度通常为 30～35℃,时间为 20～40 min。

(2)皱胃酶的活力及活力测定　皱胃酶的活力单位(rennin unit,RU)指 1 mL 皱胃酶溶液(或 1 g 干粉)在一定温度下(35℃)一定时间内(通常为 40 min)能凝固原料乳的毫升数。

活力测定方法很多,兹举一简单方法如下:

取 100 mL 原料乳置于烧杯中,加热至 35℃,然后加入 10 mL 1%的皱胃酶食盐水溶液,迅速搅拌均匀,并加入少许碳粒或纸屑为标记,准确记录开始加入酶溶液到乳凝固时所需的时间(s),此时间也称凝乳酶的绝对强度。为操作简便和节约原料,也可以取 10 mL 原料乳置于试管中,加入 1 mL 1%的皱胃酶食盐水溶液来测定。然后按下式计算活力:

$$活力 = \frac{供试乳量(mL)}{皱胃酶量(g)} \times \frac{2\,400(s)}{凝乳时间(s)}$$

式中:2 400 s 为测定皱胃酶活力时所规定的时间(40 min),活力确定以后可根据活力计算皱胃酶的用量。

例:有原料乳 80 kg,用 100 000 活力单位的皱胃酶进行凝固,需加皱胃酶多少?

解:设皱胃酶的添加量为 x,

则 1∶100 000 = x∶80 000

x = 0.8(g),即 80 kg 原料乳需加皱胃酶 0.8 g。

2.皱胃酶代用酶

(1)动物性凝乳酶　动物性凝乳酶主要是胃蛋白酶,其性质在很多方面与皱胃酶相似。如在凝乳张力及非蛋白氮的生成、酪蛋白的电泳变化等方面均与皱胃酶相似。但由于胃蛋白酶的蛋白分解能力强,导致蛋白质水解速度过快及过度水解,致使干酪得率下降,并导致苦味和质构缺陷,故一般不单独使用。实验表明猪的胃蛋白酶比牛的胃蛋白酶更接近皱胃酶,用它来制作契达干酪,其成品与皱胃酶制作的基本相同。如果将胃蛋白酶与皱胃酶等量混合添加,可以减少胃蛋白酶单独使用的缺陷。另外,某些主要蛋白分解酶,如胰蛋白酶和胰凝乳蛋白酶,其蛋白分解力强,凝乳硬度差,产品略带苦味。

(2)植物性凝乳酶　有无花果蛋白分解酶(ficin)、木瓜蛋白分解酶(papain)、凤梨酶(bromelern)等,从相应的果实或叶中提取,具有凝乳作用。

(3)微生物来源的凝乳酶　微生物凝乳酶可分为霉菌、细菌、担子菌三种来源。在生产中得到应用的主要是霉菌性凝乳酶。其主要代表是从微小毛霉菌(mucorpusillus)中分离出的凝乳酶,现在日本、美国等国将其制成粉末凝乳酶制剂而应用到干酪的生产中。另外,还有其他一些霉菌性凝乳酶在美国等国被广泛开发和利用,在干酪生产中收到良好的效果。

(4)利用遗传工程技术生产皱胃酶　美国和日本等国利用遗传工程技术,将控制犊牛皱胃酶合成的 DNA 分离出来,导入微生物细胞内,利用微生物来合成皱胃酶获得成功,并得到美国食品药品监督管理局(FDA)的认定和批准(1990 年 3 月)。一些公司生产的生物合成皱胃酶制剂在美国、瑞士、英国、澳大利亚等国家已经得到较为广泛推广应用,效果良好。

二、天然干酪加工

各种天然干酪的生产工艺基本相同,只是在个别工艺环节上有所差异。天然干酪生产的基本过程是通过酸化、凝乳、排乳清、加盐、压榨、成熟等一系列的工艺过程将乳中的蛋白质和脂肪进行"浓缩"。最终干酪的得率和组成取决于原料的组成和特性以及所采用的加工工艺。

(一)工艺流程

原料乳验收及标准化→杀菌→冷却及添加发酵剂→调整酸度→加氯化钙→加色素→加凝乳酶→凝块切割→搅拌→加温→排除乳清→成型、压榨→加盐→发酵成熟→包装→成品。

(二)加工要点

1.原料乳的检验及预处理

(1)检验　用于干酪生产的原料乳主要是牛乳,也可以用山羊乳、绵羊乳、水牛乳,许多世界著名的干酪是用绵羊乳制作的(如 roquefort、feta、romano 和 manchego),传统的 Mozzarella 干酪是用水牛乳制作的。不同原料乳的成分之间有显著的品质差异,因此会影响干酪的特征。

制造干酪的原料乳,必须经感官检查、酸度测定或酒精试验(牛奶 18°T,羊奶 10～14°T),必要时进行青霉素及其他抗生素检验。同时,由于许多微生物会产生不良的风味物质或酶类,且有些微生物耐巴氏杀菌,会引起干酪的品质问题。所以原料乳中的微生物数量应尽可能低,每毫升鲜乳中不宜超过 50 万个,体细胞数也是检测鲜乳质量的重要指标。

(2)预处理

净乳:净乳过程对干酪加工尤为重要,因为某些形成芽孢的细菌在巴氏杀菌时不能杀灭,在干酪成熟过程中可能会造成很大的危害。用离心除菌机进行净乳处理,不仅可以除去乳中大量杂质,而且可以将乳中 90% 的细菌除去,尤其对相对密度较大的芽孢菌特别有效。

标准化：生产干酪时除了对原料乳脂肪标准化外，还要对酪蛋白以及酪蛋白/脂肪的比例（C/F）进行标准化，一般要求 $C/F=0.7$。所以，标准化时首先要准确测定原料乳的乳脂率和酪蛋白的含量，然后通过计算确定用于进行标准化的物质的添加量，最后调整原料乳中的脂肪和非脂乳固体之间的比例，使其比值符合产品要求。

用于生产干酪的牛乳通常不进行均质处理。原因是均质导致结合水的能力大大上升，由于游离水减少导致乳清的减少，以至于很难生产硬质和半硬质型的干酪。

2.杀菌

杀菌除杀灭微生物和灭酶外，还可以在加热时使部分蛋白质凝固，留存于干酪中，增加干酪的产量。杀菌温度的高低直接影响干酪的质量。如果温度过高，时间过长，则受热变性的蛋白质增多，破坏乳中盐类离子的平衡，进而影响皱胃酶的凝乳效果，使凝块松软，收缩作用变弱，易形成水分含量过高的干酪。因此，在实际生产中多采用 63℃ 30 min 的保温杀菌（LTLT）或 72～75℃ 15 s 的高温短时杀菌（HTST）。常采用的杀菌设备为保温杀菌罐或板式热交换杀菌机。

3.添加发酵剂和预酸化

经杀菌后的原料乳直接打入干酪槽中，常见干酪槽为水平卧式长椭圆形或方形不锈钢槽，且有保温（加热或冷却）夹层及搅拌器（手工操作时为干酪铲和干酪耙），见图 14-1。将干酪槽中的牛乳冷却至 30～32℃，添加 1%～2%的工作发酵剂（也可加入直投式发酵剂），充分搅拌 3～5 min。为使干酪在成熟期间能获得预期的效果，达到正常的成熟，加发酵剂后进行 30～60 min 的短期发酵，此过程即预酸化。预酸化后取样测定酸度，一般要求达到 20～24 °T。

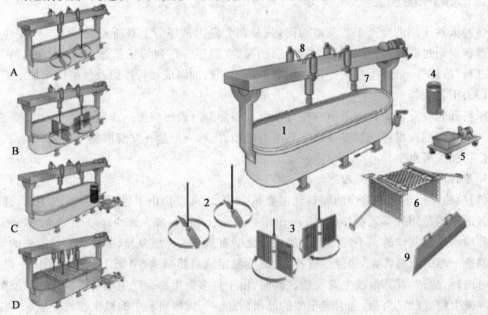

图 14-1　带有干酪生产用具的干酪槽
A.槽中搅拌　B.槽中切割　C.乳清排放　D.槽中压榨
1.带有横梁和驱动电机的夹层干酪槽　2.搅拌工具　3.切割工具　4.置于出口处过滤器干酪槽内侧的过滤器　5.带有浅容器小车上的乳清泵　6.用于圆孔干酪生产的预压板
7.工具支撑架　8.用于预压设备的液压筒　9.干酪切刀

4. 调整酸度及加入添加剂

(1)调整酸度　经预酸化后牛乳的酸度很难控制到绝对统一。为使干酪成品质量一致,可用 1 mol/L 的盐酸调整至一般要求的 20~24°T 酸度。具体的酸度值应根据干酪的品种而定。

(2)加入氯化钙($CaCl_2$)　为了改善原料乳凝固性能,提高干酪质量,可在 100 kg 原料乳中添加 5~20 g 的 $CaCl_2$(预先配成 10% 的溶液),以调节盐类平衡,促进凝块的形成。

(3)添加色素　干酪的颜色取决于原料乳中脂肪的色泽,但脂肪的色泽受季节及饲料的影响而变化。故为了使产品的色泽一致,需在原料乳中加胡萝卜素等色素物质,现多使用胭脂树橙(又名安那妥,annatto,一种天然植物色素)的碳酸钠抽出液,通常每 1 000 kg 原料乳中加 30~60 g。

5. 添加凝乳酶与凝乳的形成

干酪生产中,添加凝乳酶形成凝乳是一个重要工艺环节。通常按凝乳酶效价和原料乳的量计算凝乳酶的用量。

酶的加入方法是:先用 1% 的食盐水(或灭菌水)将酶配制成 2% 的溶液,并在 28~32℃下保温 30 min,然后加到原料乳中,均匀搅拌 1~2 min,然后在 32℃条件下静置 30 min 左右,即可使乳凝固形成凝块。凝块无气孔,摸触时有软的感觉,乳清透明表明凝固状况良好。

在大型(10 000~20 000 L)密封的干酪槽或干酪罐中,为了使凝乳酶均匀分散,可采用自动计量系统,通过分散喷嘴将稀释后的乳凝酶液喷洒在牛乳表面。

6. 凝块的切割

乳凝固后,凝块达到适当硬度时,要鉴定凝块的质量以确定凝块是否适宜切割。做法是用食指斜向插入凝块中约 3 cm,当手指向上挑起时,如果切面整齐平滑,指上无小片凝块残留,且渗出的乳清透明时,即认为凝块已适宜切割。切割时需使用干酪专用刀。干酪刀分为水平式和垂直式两种,钢丝刃间距一般为 0.79~1.27 cm,见图 14-2。先沿着干酪槽长轴用水平式刀平行切割,再用垂直式刀沿长轴垂直切后,沿短轴垂直切,将凝乳切成小立方体,其大小决定于干酪的类型。切块越小,最终干酪中的水分含量越低。应注意动作要轻、稳,防止将凝块切得过碎和不均匀,影响干酪的质量。

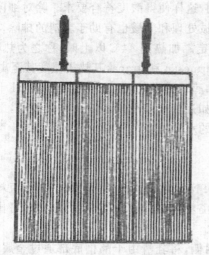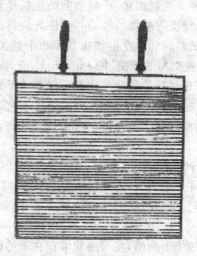

图 14-2　干酪手工切割工具

普通开口干酪槽装有可更换的搅拌器和切割工具,可在干酪槽中进行搅拌、切割、乳清排放、槽中压榨的工艺。图 14-3 为一现代化的密封水平干酪罐,搅拌和切割由焊在一个水平轴上的工具来完成,它可通过转动不同的方向来进行搅拌或切割。另外,干酪槽可安装一个自动操作的乳清过滤网,一个能分散凝固剂(凝乳酶)及与 CIP(就地清洗)系统连接的喷嘴。

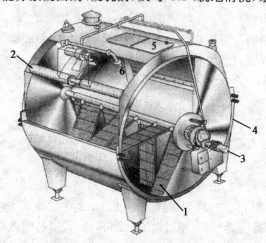

图 14-3 带有搅拌和切割工具以及升降乳清排放系统的水密闭式干酪缸
1.切割与搅拌相结合的工具 2.乳清排放的滤网 3.频控驱动电机 4.加热夹套 5.人孔 6.CIP 喷嘴

7.凝块的搅拌及加温

凝块切割后,用干酪耙或干酪搅拌器轻轻搅拌,以便加速乳清的排除。

刚刚切割后的凝块颗粒非常柔软,对机械处理很敏感,因此搅拌必须缓和并且足够慢,防止凝块碰碎,以确保凝块能悬浮于乳清中。经过 15 min 后,搅拌速度可稍微加快。与此同时,在干酪槽的夹层中通入热水,使温度逐渐升高。升温的速度应严格控制,初始时每 3~5 min 升高 1℃,当温度升至 35℃ 时,则每隔 3 min 升高 1℃。当温度达到最终要求(高脂干酪为 17~48℃,半脂干酪为 34~38℃,脱脂干酪为 30~35℃)时,停止加热并维持此温度一段时间,并继续搅拌。通过加热,产酸细菌的生长受到抑制,这样使得酸度符合要求。除对细菌的影响外,加热也能促进凝块的收缩并促使乳清析出,机械处理和乳酸也有助于乳清的排除。

加热的时间和温度由加热方法和干酪类型决定。加热到 44℃ 以上时,称之为热烫(scalding)。某些类型的干酪,如 emmental、gruyere、parmesan 和 grana,其热烫温度甚至高达 50~56℃,只有极耐热的乳酸菌才有可能存活下来。如薛氏丙酸杆菌,该菌对 emmental 干酪特性的形成至关重要。但要注意,升温速度不宜过快,如过快会使干酪粒表面结成硬膜,影响乳清排除,最后使成品水分过高。通常加温越高,排出的水分越多,干酪越硬,这是特硬干酪的一种加工方法。

8.排除乳清

在搅拌升温后期,当乳清酸度达到 0.17%~0.18% 时,凝块收缩至原来一半(豆粒大小),用手握一把干酪粒,用力挤出水分后放开,如果干酪粒富有弹性且能分散开时,即可排除全部乳清。

对于传统干酪槽,将干酪粒堆积在干酪槽的两侧,将乳清由干酪槽底部通过金属网排出。排除的乳清脂肪含量一般约为 0.3%,蛋白质 0.9%。若脂肪含量在 0.4% 以上,证明操作不理想,应将乳清回收,作为副产物进行综合加工利用。

图 14-3 所示的全机械化干酪罐的乳清排放系统可自动完成乳清的排放。

9. 成型压榨

乳清排出后,将干酪颗粒堆积在干酪槽的一端,用带孔的木板或不锈钢板压 5～10 min,继续排除乳清并使其成块,这一过程即为堆叠。有的干酪品种,在此过程还要保温,调整排出乳清的酸度,进一步使乳酸菌达到一定的活力,以保证成熟过程对乳酸菌的需要。

将堆积后的干酪块切成方砖形或小立方体,装入成型器中进行定型压榨。压榨是指对装在模具中的凝乳颗粒施加一定的压力,压榨可进一步排出乳清,使凝乳颗粒成块,并形成一定的形状,在以后的长时间成熟阶段提供干酪表面一层坚硬外壳。为保证干酪质量的一致性,压力、时间、温度和酸度等指标在生产每一批干酪过程中都必须保持恒定。

干酪成型器依干酪的品种不同,其形状和大小也不同。成型器周围设有乳清渗出小孔,内部有衬网。在成型器内装满干酪块后,放入压榨机上进行压榨定型。压榨的压力与时间依干酪的品种各异。先进行预压榨,一般压力为 0.2 M～0.3 MPa,时间为 20～30 min。预压榨后取下进行调整,视其情况可再进行一次预压榨或直接正式压榨。将干酪反转后装入成型器内,以 0.4 M～0.5 MPa 的压力在 15～20℃(有的品种要求在 30℃左右)条件下再压榨 12～24 h。压榨结束后,从成型器中取出的干酪称为生干酪。

10. 加盐

加盐的目的在于抑制部分微生物的繁殖,使之具有防腐作用,同时使干酪具有良好的风味。

除少数干酪外,大部分干酪中盐含量为 0.5%～2%,而蓝霉干酪或白霉干酪的一些类型(如 feta、domiati 等)通常盐含量在 3%～7%。加盐引起的副酪蛋白上的钠和钙交换也给干酪的组织状态带来良好影响,使其变得更加光滑。

经排放乳清后的干酪粒或压榨出生干酪后加盐。加盐方法通常有下列四种:

①将食盐撒布在干酪粒中,并在干酪槽中混合均匀。

②将食盐涂布在压榨成型后的干酪表面。

③将压榨成型后的干酪置于盐水池中盐渍,盐水的浓度:第一天到第二天保持在 17%～18%,以后保持在 20%～23%。为了防止干酪内部产生气体,盐水的温度保持在 8℃左右,盐渍时间一般为 4 d。

④采用上述几种方法的混合。

11. 发酵成熟

发酵成熟是指将生鲜干酪在一定温度和湿度条件下放置一段时间,干酪中的脂肪、蛋白质及碳水化合物在微生物和酶的作用下分解并发生一系列的物理、化学及生化反应,形成干酪特有的风味、质地和组织状态的过程。成熟的主要目的是改善干酪的组织状态和营养价值,赋予干酪的特有风味。

干酪的成熟通常在成熟库(室)内进行,见图 14-4。不同类型的干酪要求不同的温度和相对湿度,成熟所持续的时间差别也很大。环境条件对干酪成熟的速率、重量损失、硬皮形成和表面菌丛的形成至关重要。成熟时低温比高温效果好,一般为 5～15℃。对于细菌成熟的硬质和半硬质干酪,相对湿度一般掌握在 85%～90%,而软质干酪及霉菌成熟干酪为 95%。相

图 14-4 机械化干酪成熟室

对湿度一定时,硬质干酪在 7℃条件下成熟需 8 个月以上,在 10℃时需 6 个月以上,而在 15℃时则需要 4 个月左右。软质干酪或霉菌成熟干酪需 20～30 d。而新鲜干酪如农家干酪和稀奶油干酪则不需要成熟。

干酪的成熟是个复杂的过程,其中以生物化学与微生物学为主。成熟期间发生的主要变化有:

①水分的减少　成熟期间干酪的水分有不同程度的蒸发而使质量减轻。

②乳糖的变化　生干酪中含 1%～2% 的乳糖,其大部分在 48 h 内被分解,在成熟后两周内消失。所形成的乳酸则变成丙酸或乙酸等挥发酸。乳糖的发酵是由出现于乳酸菌中的乳糖酶引发的。

乳糖的绝大部分降解发生在干酪的压榨过程中和贮存的第一周或前 2 周。在干酪中生成的乳酸有相当一部分被乳中缓冲物质所中和,绝大部分被包裹在胶体中。这样,乳酸以乳酸盐的形式存于干酪中。在最后阶段,乳酸盐类为丙酸菌提供了适宜的营养,而丙酸菌又是埃门塔尔、Gruyere 和类似类型干酪的微生物菌丛重要的组成部分。在上述干酪中,除了生成丙酸、醋酸,还生成了大量的二氧化碳气体,导致干酪形成大的圆孔。丁酸菌也可以分解乳酸盐类,如果条件适宜,此类的发酵就会生成氢气、挥发性脂肪酸及二氧化碳。这一发酵往往出现于干酪成熟的后期,氢气会导致干酪的胀裂。

③蛋白质的分解　蛋白质分解在干酪的成熟中是最重要的变化过程,降解的程度在很大程度上影响着干酪的质量,尤其是组织状态和风味。蛋白质分解过程十分复杂。凝乳时形成的不溶性副酪蛋白在凝乳酶和乳酸菌的蛋白水解酶作用下形成胨、多肽、氨基酸等可溶性的含氮物。成熟期间蛋白质的变化程度常以总蛋白质中所含水溶性蛋白质和氨基酸的量来衡量。水溶性氮与总氮的百分比被称为干酪的成熟度。一般硬质干酪的成熟度约为 30%,软质干酪则为 60%。

④脂肪的分解　在成熟过程中,部分乳脂肪被解脂酶分解产生多种水溶性挥发脂肪酸及其他高级挥发性酸等,这与干酪风味的形成有密切关系。

⑤气体的产生　在微生物的作用下,使干酪中产生各种气体。尤为重要的是有的干酪品种在丙酸菌作用下所生成 CO_2,使干酪形成带孔眼的特殊组织结构。

⑥风味物质的形成　成熟中所形成的各种氨基酸及多种水溶性挥发脂肪酸是干酪风味物质的主体。

此间,应有效地防止水分的蒸发以及微生物的污染造成的变质。为了防止霉菌生长,须定期洗刷制品的表面或采取其他防霉措施。

12.包装

为了延缓水分的蒸发、防止霉菌生长和增加美观,需将成熟后的干酪进行包装。对于包装的选择,应考虑的因素有:干酪种类,对机械损伤的抵抗,干酪表面是否具有特定的菌群,是大包装还是零售,对水蒸气、氧气、CO_2、NN_3 及光线的通透性,是否容易贴标,是否会有气味从包装材料迁移到产品中,干酪贮存、运输及销售系统等。

硬质干酪一般涂红色石蜡包装,半硬质干酪采用塑料薄膜、玻璃纸或铝箔复合包装。切块干酪宜用氮气充填或抽真空,以抑制霉菌生长和脂肪氧化。涂蜡时,干酪表面必须洁净干燥,否则干酪皮与石蜡间的微生物会导致干酪变质,特别是产气菌和产异味菌的生长。在 160℃的石蜡中持续 3～5 s 挂蜡。也有一些干酪用收缩膜进行包装,如莎纶(saran)包装后进行成熟。

13.贮藏

成品要求于 5℃的低温和 88%～90%的相对湿度条件下贮藏。如图 14-5 所示。

图 14-5　使用排架的干酪贮存库

三、再制干酪加工

再制干酪(processed cheese)是以同一种类或不同种类的天然干酪为原料,添加乳化剂、稳定剂、色素等辅料,经粉碎、混合、加热融化、乳化、杀菌、浇注包装而制成的一种干酪制品,又被称为融化干酪。这类产品形状一般为三角形、香肠形、薄片、瓶装等,多以薄膜或铝箔包装。在 20 世纪初由瑞士首先生产,为干酪包装时产生的边角料提供了出路。在一些国家(如美国和德国),再制干酪是弥补干酪市场的一个重要部分。目前,这种干酪占全世界干酪产量的60%～70%。

与天然干酪相比,再制干酪具有以下特点:①气味温和,没有天然干酪的强烈气味,更容易被消费者接受;②由于在加工过程中进行加热杀菌,食用安全、卫生,并且具有良好的保存特性;③通过加热融化、乳化等过程,再制干酪的口感柔和均一;④再制干酪产品自由度大,产品大小、质量、包装能随意选择,并且可以添加各种风味物质和营养强化成分,较好地满足了消费者的需求和嗜好。

从质地上再制干酪可分为块状和涂布型两类。前者质地较硬、酸度高、水分含量低,后者则质地较软、酸度低、水分含量高。块状干酪(含水分 46%)包括可用于切片冷食的干酪、切片烘烤的干酪或搓碎烘烤的干酪;而涂抹干酪(含水分 58%)中包括许多不同稠度的干酪。再制干酪含乳固体 40%以上,脂肪含量通常占总固体的 30%～40%,其他成分完全决定于水分含量和用于生产的原材料。

(一)工艺流程

原料选择与配合→原料的预处理→切割→粉碎→加水、乳化剂、色素→加热融化→乳化→浇注包装→静置冷却→成品→冷藏。

(二)加工要点

1.原料干酪的选择与配合

一般选择细菌成熟的硬质干酪如荷兰干酪、契达干酪和荷兰圆形干酪等。为满足制品的风味及组织,成熟 7~8 个月风味浓烈的干酪占 20%~30%。为了保持组织滑润,成熟 2~3 个月的干酪占 20%~30%,搭配中间成熟度的干酪 50%,使平均成熟度在 4~5 个月,含水分 35%~38%,可溶性氮 0.6% 左右。过熟的干酪由于有的析出氨基酸或乳酸钙结晶,不宜作原料。有霉菌污染、气体膨胀、异味等缺陷者不能使用。

2. 原料干酪的预处理

原料干酪的预处理室要与正式生产车间分开。预处理包括除掉干酪的包装材料,削去表皮,清拭表面等。

3. 切碎与粉碎

用切碎机将原料干酪切成块状,用混合机混合。然后用粉碎机粉碎成 4~5 cm 的面条状,最后用磨碎机处理。

4. 加热融化

在再制干酪蒸煮锅(也叫熔融釜)(图 14-6)中加入适量的水,通常为原料干酪重的 5%~10%。成品的含水量为 40%~55%,但还应防止加水过多造成脂肪含量的下降。按配料要求加入适量的调味料、色素等添加物,然后加入预处理粉碎后的原料干酪,开始向熔融釜的夹层中通入蒸汽进行加热。当温度达到 50℃ 左右,加入 1%~3% 的乳化剂,如磷酸钠、柠檬酸钠、偏磷酸钠和酒石酸钠等。这些乳化剂可以单用,也可以混用。最后将温度升至 60~70℃,保温 20~30 min,使原料干酪完全融化。加乳化剂后,如果需要调整酸度时,可以用乳酸、柠檬酸、酪酸等,也可以混合使用。成品的 pH 为 5.6~5.8,不得低于 5.3。乳化剂中磷酸盐能提高干酪的保水性,可以形成光滑的组织状态;柠檬酸钠有保持颜色和风味的作用。在进行乳化操作时,应加快釜内的搅拌器的转数,使乳化更完全。在此过程中应保证杀菌的温度。一般为 60~70℃、20~30 min,或 80~120℃、30 s 等。乳化终了时,应检测水分、pH、风味等,然后抽真空进行脱气。

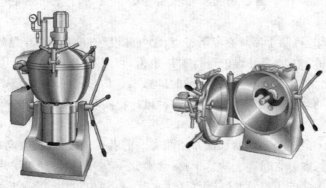

图 14-6　再制干酪蒸煮锅的外形及内部结构

5. 充填、包装

经过乳化的干酪应趁热进行充填包装。必须选择与乳化机能力相适应的包装机。包装材料多使用玻璃纸或涂塑性蜡玻璃纸、铝箔、偏氯乙烯薄膜等。包装的量、形状和包装材料的选择,应考虑到食用、携带、运输方便。包装材料既要满足制品本身的保存需要,还要保证卫生安全。

6. 储藏

包装后的成品融化干酪,应静置于 10℃ 以下的冷藏库中定型和储藏。

第二节　奶油加工

一、奶油生产概述

(一)奶油的概念与分类

1. 奶油的概念

乳经离心分离后得到稀奶油(cream),将稀奶油经成熟、搅拌、压炼而制成的乳制品称为奶油(butter)。奶油的主要成分是乳脂肪,可供直接食用或作为其他食品加工的原料。

2. 奶油的分类

奶油根据脂肪含量的高低分为稀奶油、奶油与无水奶油,组成大致如表 14-4 所示。

表 14-4　奶油的组成

项　目		指　标		
		稀奶油	奶油	无水奶油
水分/%	≤	—	16.0	0.1
脂肪/%	≥	10.0	80.0	99.8
酸ᵃ/°T	≤	30.0	20.0	—
非脂乳固体ᵇ/%	≤		2.0	—

a. 不适用于以发酵稀奶油为原料的产品。b. 非脂乳固体(%)=100%−脂肪(%)−水分(%)(含盐奶油还应减去食盐含量)。

根据制造方法的不同,奶油还可分为甜性奶油、酸性奶油、重制奶油、连续式机制奶油等。这几种奶油的特征见表 14-5。

表 14-5　奶油的特性

种　类	特　征
甜性奶油	以杀菌的甜性稀奶油制成,分为加盐的和不加盐的,具有特有的乳香味,含乳脂肪 80%～85%
酸性奶油	以杀菌的稀奶油,用纯乳酸菌发酵剂发酵后加工制成。有加盐的和不加盐的,具有微酸和较浓的乳香味,含乳脂肪 80%～85%
重制奶油	用稀奶油或甜性、酸性奶油,经过熔融、除去蛋白质和水分加工制成。具有特有的脂香味,含乳脂肪 98%
连续式机制奶油	用杀菌的甜性或酸性稀奶油,在连续式操作制造机内加工制成,其水分及蛋白质含量有的比甜性奶油高,乳香味较好

(二)奶油的性质

1. 奶油的硬度

乳脂肪的硬度与乳牛品种、泌乳期及季节有关。有些乳牛(如荷兰牛、爱尔夏牛)的乳脂肪中,由于油酸含量高,则制成的奶油比较软。反之,如果乳脂肪中油酸含量低、熔点高的脂肪酸含量高,则制成的奶油比较硬。在泌乳初期,挥发性脂肪酸多,而油酸比较少,随着泌乳时间的延长,则挥发性脂肪酸少,而油酸相对比较多。至于季节的影响,由于春夏季青饲料多,因此油酸的含量高,奶油也比较软,熔点也比较低。因此,夏季为了要得到较硬的奶油,在稀奶油成熟、搅拌、水洗及压炼过程中,应尽可能降低温度。

2. 奶油的色泽

奶油的颜色从白色到淡黄色不等。奶油的颜色来源于乳中的胡萝卜素,随着季节不同色泽也会发生变化。如夏季奶油颜色较重,而冬季奶油颜色较浅甚至是白色。由于羊乳中缺乏胡萝卜素,所以用羊乳制成的奶油颜色呈白色,同时奶油如果受日光长时间暴晒会褪色。生产时为了使奶油色泽一致,通常加色素进行调整。

3. 奶油的风味

奶油应具有良好的芳香风味,这些风味主要来源于挥发性游离脂肪酸、丁二酮、甘油、二甲硫醚等。其中丁二酮主要来自于发酵时细菌的作用。因此,经过发酵后的酸性奶油比新鲜奶油芳香味更浓。

4. 奶油的物理结构

奶油为油包水型(W/O)的乳化固体体系,其连续相为半固体状的游离脂肪。连续相中分散有未被破坏的脂肪球和小水滴,此外还有小气泡,水滴中溶有有机物和盐。

5. 奶油的营养价值

质量优良的奶油为高级食品,消化吸收率极高,为一切食用油之首。另外含有丰富的脂溶性维生素,特别是维生素 A,且含有一定量的维生素 D。

二、奶油加工

(一)工艺流程

脱脂乳

原料乳验收及预处理→分离→稀奶油→杀菌→发酵*→成熟→加色素*→搅拌→排除酪乳→奶油粒→洗涤→加盐*→压炼→包装。

* 为生产酸性奶油、加色素奶油及加盐奶油需增加的工艺部分。

图 14-7 为一间歇和连续生产发酵奶油的生产线示意图。

(二)加工要点

1. 原料乳

生产稀奶油用的原料乳虽然没有像炼乳、奶粉那样要求严格,但必须是符合要求的正常乳。当乳质稍差不适于加工奶粉、炼乳等产品时,可用作加工奶油的原料乳。供奶油生产的牛乳,其酸度应低于 22°T,不得含有抗生素。初乳由于乳清蛋白较多,末乳脂肪球过小都不宜采用。

2. 稀奶油的分离、标准化

(1)分离　牛乳的含脂率在 3%~5%范围内变化,要使乳中脂肪从牛乳中分离出来,根据物质相对密度的不同可采用静置法和离心分离法。现在工厂通常采用离心法进行稀奶油的分离,即采用离心分离机将牛乳中的稀奶油与脱脂乳迅速而彻底地分开。

将经验收合格的牛乳加热到 50~55℃,然后送入分离机。现多采用连续的全封闭式奶油分离机,这种分离机分离效果好、效率高,并保证了卫生条件。

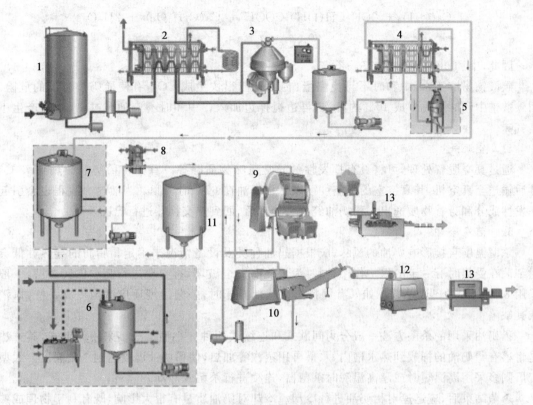

图 14-7　间歇和连续化生产发酵奶油的生产线

1.贮乳罐　2.板式热交换器　3.奶油分离机　4.巴氏杀菌机　5.真空脱气机　6.发酵剂制备系统
7.稀奶油的成熟和发酵　8.板式热交换器　9.间歇式奶油制造机　10.连续式奶油制造机
11.酪乳回收罐　12.带有螺杆输送器的奶油仓　13.包装机

（2）标准化　稀奶油的含脂率直接影响奶油的质量及产量。当含脂率低时,可以获得香气较浓的奶油,因为这种奶油较适宜于乳酸菌的发育;当含脂率高时,则容易堵塞分离机,乳脂的损失较多。为减少分离中脂肪的损失和保证产品质量,在奶油加工前必须将稀奶油进行标准化。例如,用间歇法生产新鲜奶油及酸性奶油时,稀奶油的含脂率以 30%～35%为宜;以连续法生产时,规定稀奶油的含脂率为 40%～45%。夏季由于容易酸败,应使用比较浓的稀奶油进行加工。

3.稀奶油的中和

稀奶油的酸度直接影响奶油的保藏性和质量。生产甜性奶油时,稀奶油水分中的 pH 值应保持在接近中性,以 pH 6.4～6.8 或稀奶油酸度16°T 左右为宜;生产酸性奶油时稀奶油酸度可略高(20～22°T)。如果稀奶油酸度过高,杀菌时会导致稀奶油中酪蛋白凝固,部分脂肪被包裹在凝块中,搅拌时则流失在酪乳中而影响奶油产量。同时制成的奶油酸度过高,贮藏中易引起水解,促进氧化,影响质量。此外,稀奶油中和后还可改进奶油的香味。

一般使用的中和剂为石灰和碳酸钠,石灰不仅价格低廉,同时可以增加奶油中钙的含量,提高营养价值。但石灰难溶于水,添加时必须调制成乳剂。一般调成 20%的乳剂,经计算后加入。稀奶油中的酸主要为乳酸,乳酸与石灰反应如下:

$$Ca(OH)_2 + 2CH_2CH(OH)COOH = Ca(C_3H_5O_3)_2 + 2H_2O$$

$$74 \qquad\qquad 2 \times 90$$

因此,中和 90 份乳酸需 37 份石灰。

碳酸钠易溶于水,中和时不易使酪蛋白凝固,但很快生成 CO_2,有使稀奶油溢出的危险。用碳酸钠中和时应先配成 10% 的溶液,再边搅拌边加入。中和时不应加碱过多,否则产生不良气味。

4. 真空脱气

通过真空脱气处理,可将具有挥发性的异常风味物质除掉。首先将稀奶油加热到 78℃,然后输送至真空机,其真空室的真空度可以使稀奶油在 62℃时沸腾。当然这一过程也会引起挥发性成分和芳香物质逸出。稀奶油经这一处理后,回到热交换器进行巴氏杀菌。

5. 杀菌及冷却

杀菌温度直接影响奶油的风味,应根据奶油种类及设备情况来确定。脂肪的导热性低会对细菌在受热时有一定的保护作用;同时为了使酶完全破坏,有必要进行高温巴氏杀菌,一般采用 85～90℃的巴氏杀菌。如果有饲料味或其他异味时,杀菌温度还应适当提高一些,以消减其缺陷。

稀奶油采用的杀菌方法一般分为间歇式和连续式两种。小型工厂多采用间歇式,其方法是将盛有稀奶油的桶放到热水槽内,水槽再用蒸汽等加热,使稀奶油温度达到杀菌温度。大型工厂则多采用高温短时或超高温瞬时杀菌器,连续进行杀菌及冷却。

杀菌结束后,应迅速对稀奶油进行冷却。冷却对奶油质量有很大影响,既有利于物理成熟又能抑制残留微生物的繁殖,还能减少芳香物质的挥发。生产甜性奶油时,由于稀奶油杀菌后直接进行低温成熟,所以应冷却到 5℃以下;生产酸性奶油时,应将其冷却至发酵温度。

6. 稀奶油的发酵

这个工艺是生产酸性奶油时必需的。一般是先进行发酵,然后进行物理成熟。也有的生产企业则是先进行物理成熟,然后再进行发酵。发酵与物理成熟都在成熟罐内完成,生产甜性奶油时则不经过发酵过程。

(1)发酵的目的　稀奶油在发酵过程中产生乳酸,抑制腐败细菌的繁殖,因而可提高奶油的保藏性;稀奶油发酵后有爽快、独特的芳香风味,故发酵法生产的酸性奶油比甜性奶油具有更浓烈的风味。

(2)发酵用菌种　生产酸性奶油用的纯发酵剂是产生乳酸的菌类和产生芳香风味的菌类之混合菌种。一般选用的菌种有下列几种:①乳酸链球菌;②乳脂链球菌;③嗜柠檬酸链球菌;④副嗜柠檬酸链球菌;⑤丁二酮乳链球菌(弱还原型);⑥丁二酮乳链球菌(强还原型)。这六种菌种中,①②菌产酸能力强,能使乳糖转变为乳酸,但缺乏生香作用,不能产生浓厚的芳香味。③④菌能使柠檬酸分解生成挥发酸、羟丁酮和丁二酮而使奶油具有纯熟的芳香味。因此,通常称这一类菌为芳香菌,又称异型乳酸链球菌。⑤菌或者再加上乳酸链球菌制成混合菌种的发酵剂,就能产生更多的挥发性酸、羟丁酮和丁二酮。

(3)发酵的方法　经杀菌、冷却的稀奶油泵入发酵成熟槽内,温度调至 18～20℃后添加相当于稀奶油 5%的工作发酵剂。添加时要搅拌,徐徐添加,使其混合均匀。发酵温度保持在 18～20℃,每隔 1 h 搅拌 5 min,控制稀奶油酸度最后达到表 14-6 中规定程度,停止发酵。发酵一般约 12 h 完成,然后转入物理成熟。

表 14-6 稀奶油发酵最后达到的酸度控制表

稀奶油中脂肪含量/%	要求稀奶油最后达到的酸度/°T	
	不加盐奶油	加盐奶油
24	38.0	30.0
26	37.0	29.0
28	36.0	28.0
30	35.0	28.0
32	34.0	27.0
34	33.0	26.0
36	32.0	25.0
38	31.0	25.2
40	30.1	24.0

7. 稀奶油的物理成熟

经杀菌后的稀奶油和发酵结束后的稀奶油呈融化状态,为了使后续搅拌操作能顺利进行,需将稀奶油冷却至乳脂的凝固点以下,以使部分脂肪变为固体结晶状态,这一过程称为物理成熟。通常制造新鲜奶油时,在稀奶油冷却后立即进行成熟;制造酸性奶油时,在发酵前或发酵后进行。

(1)物理成熟的目的 物理成熟的目的是使乳脂肪中的大部分甘油酯由乳浊液状态转变为结晶固体状态。结晶成固体相越多,在搅拌和压炼过程中乳脂肪损失就越少。另外,物理成熟还可调整脂肪的硬度,使奶油不致含水过多、过软。

(2)物理成熟的方法 稀奶油的成熟条件对以后的工艺及质量有很大影响,如成熟不足,就会缩短稀奶油的搅拌时间,获得的奶油团粒松软,流失于酪乳中的乳脂肪增加,并在奶油压炼时水滴分散困难;如成熟过度,则会使稀奶油的搅拌时间延长,获得的奶油团粒过硬,且保水性差,组织状态不良。物理成熟的温度与时间的关系见表 14-7。

脂肪变硬的程度取决于物理成熟的温度和时间,随着成熟温度的降低和保持时间的延长,大量脂肪变为结晶状态(固化)。成熟温度应与脂肪最大可能变成固态的程度相适应。3℃时脂肪最大可能的硬化程度为 60%～70%;而 6℃ 时为 45%～55%。在某种温度下脂肪组织的硬化程度达到最大可能时称为平衡状态。通过观察证实,在低温下成熟时发

表 14-7 物理成熟的温度与时间的关系

温度/℃	成熟应保持的时间/h
2	2～4
4	4～6
6	6～8
8	8～12

生的平衡状态要早于高温下的。例如:在 3℃时经过 3～4 h 即可达到平衡状态;6℃时要经过 6～8 h;而在 8℃时要经过 8～12 h。实践证明,在 13～16℃时,即使保持很长时间也不会使脂肪发生明显变硬现象,这个温度称为临界温度。在夏季,当乳脂肪中易于溶解的甘油酯含量增加时,要求稀奶油的物理成熟更为彻底。

8. 添加色素

一般消费者都喜欢均匀柔和的淡黄色的奶油,但奶油的颜色随多种因素而变化。奶油在夏季放牧期间呈黄色,冬季则呈淡黄甚至白色。为了使奶油的颜色全年一致,当颜色太淡时可

以添加色素进行调整。夏季的奶油无需加色素,入冬以后色素的用量逐渐增加。使用的色素必须符合国家标准,常用的色素有胭脂树橙、胡萝卜素。

色素的添加通常是在稀奶油杀菌后搅拌前直接加入搅拌器中。将安那妥溶于食用植物油中配制成 3% 的溶液称为奶油黄,一般用量为稀奶油的 0.01%～0.05%。可对照"标准奶油色板"进行调整。

9. 稀奶油的搅拌

将成熟后的稀奶油置于搅拌器中,利用机械的冲击力使脂肪球膜被破坏而形成脂肪团粒,这一过程称为搅拌,搅拌分离出的液体称为酪乳。

搅拌结束时奶油粒的大小随含脂率而异。一般含脂率的稀奶油为 2～3 mm,中等含脂率的稀奶油为 3～4 mm,含脂率高的稀奶油为 5 mm。

图 14-8 为一间歇式奶油搅拌机,图 14-9 为一连续奶油制造机。将冷却成熟好的稀奶油的温度调整到所要求的范围后装入搅拌机,开始搅拌,搅拌机先转 3～5 圈,停止旋转排除空气,再按规定的转速进行搅拌直到奶油粒形成为止。在遵守搅拌要求的条件下,一般完成搅拌所需的时间为 30～60 min。搅拌结束之后,经开关排出酪乳,并通过纱布或过滤器将酪乳放入接受槽内,以便挡住被酪乳带走的奶油小颗粒。

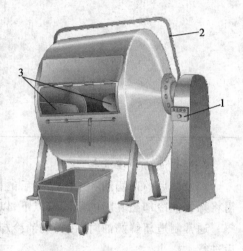

图 14-8　间歇式奶油搅拌机
1. 控制板　2. 紧急停止　3. 角开挡板

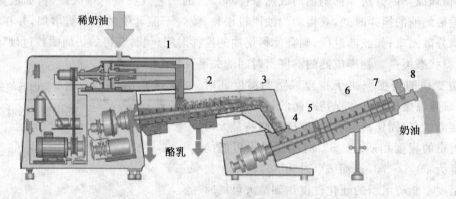

图 14-9　连续式奶油制造机
1. 搅拌筒　2. 压炼区　3. 榨干区　4. 第二压炼区　5. 喷射区　6. 真空压炼区
7. 最后压炼区　8. 传感器

10. 奶油粒的洗涤

奶油粒洗涤的目的是为了除去残余的酪乳,提高奶油的保存性。因为酪乳中含有蛋白质及乳糖,利于微生物的生长,所以应尽量减少这些成分的含量。

洗涤的方法是将酪乳放出后,奶油粒用杀菌冷却后的清水在搅拌机中进行清洗。注水后以慢速转动搅拌器 3～5 圈进行洗涤,然后停止,将水放出。必要时可洗 2～3 次,直到排出水清不带乳白色为止。水温应在 3～10℃,可按奶油粒的软硬、气候及室温等选择适当的温度。一般夏季水温宜低,冬季水温稍高。如奶油粒软需要增加硬度时,第一次的水温应较奶油粒的温度低 1～2℃,第二次、第三次各降低 2～3℃。

11.加盐

加盐是为了改善风味并抑制微生物繁殖,提高其保存性。通常食盐的浓度在 10% 以上时,大部分的微生物(尤其是细菌类)就不容易繁殖。但酸性奶油一般不加盐。奶油中约含 16% 的水分,成品奶油中含盐量以 2% 为标准,此时奶油水中含盐量为 12.5%。由于在压炼时有部分食盐流失,因此在添加时按 2.5%～3.0% 加入。所用食盐必须符合国家特级或一级标准。

加盐时,先将食盐在 120～130℃ 温度下烘烤 3～5 min,然后通过 30 目的筛。待奶油搅拌机内洗涤水排出后,在奶油表面均匀加上烘烤过筛的盐,加入后静置 10 min 左右,使盐溶解,再旋转搅拌机 3～5 圈,再静置 10 min 左右,然后进行压炼。

加入的盐粒较大时,则在奶油中溶解不彻底,会使产品产生粗糙感。用连续式奶油制造机生产奶油时则需加盐水。盐粒的大小不宜超过 50 μm,若盐粒较大则在奶油中溶解不彻底,会使产品产生粗糙感。

12.压炼

将奶油粒压成奶油层的过程称为压炼。此时,脂肪形成连续相而水分呈细微分散的状态。小规模加工奶油时,可在压炼台上用手工压炼。一般工厂均在奶油制造器中进行压炼。

压炼可使奶油粒变为组织致密的奶油层,使水滴分布均匀,使食盐全部溶解,并均匀分布于奶油中。同时调节水分含量,即在水分过多时排除多余的水分,水分不足时加入适量的水分并使其均匀吸收。

压炼完成后奶油中的水分应为微小的水滴均匀分散,当用铲子挤压奶油块时,没有水滴渗出,肉眼应看不到水滴。正确压炼的新鲜奶油、加盐奶油和无盐奶油,含水量要在 16% 以下。

图 14-10 表示了奶油制造过程中脂肪结构所发生的变化。

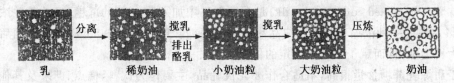

图 14-10 奶油形成的各个阶段
黑色部分为水相,白色部分为脂肪相

13.包装

奶油根据其用途可分为餐桌用奶油、烹调用奶油和食品工业用奶油等。餐桌用奶油是直接食用,故必须是优质的,需小包装。一般用硫酸纸、塑料夹层纸、铝箔复合薄膜等包装材料包装,也有用马口铁罐进行包装的。烹调或食品加工用奶油一般都用马口铁罐、木桶或纸箱包装。由于用量大,所以常用大包装。

小包装用的包装材料应具有下列条件:①韧性好并柔软;②不透气、不透水,具有良好的防潮性;③不透油;④无味、无臭、无毒;⑤能遮蔽光线;⑥不易受细菌的污染。

无论什么规格,包装都应特别注意:①保持卫生,切勿以手接触奶油,要使用消毒的专业工具;②包装时切勿留有间隙,以防止发生霉斑或氧化等变质。

14. 贮藏和运输

为保持奶油的硬度和外观,奶油包装后应送入冷库中贮藏,4～6℃的冷库中贮藏期一般不超过 7 d;0℃冷库中贮藏期 2～3 个月;当贮藏期超过 6 个月时,应放入－15℃的冷库中;当贮藏期超过一年时,应放入－20～－25℃的冷库中。奶油贮藏期间由于氧化作用,如热、光(尤其是紫外线),某些金属离子如铜、铁、镍等都能促进脂肪酸的氧化,脂肪酸分解为低分子的醛、酸、羧酸、酮及酮酸等成分,形成各种特殊的臭味。当这些化合物积累到一定程度时,奶油则失去了食用价值。为了提高奶油的抗氧化能力和防霉能力,可以在奶油压炼时添加或在包装材料上喷涂抗氧化剂和防霉剂等。奶油的另一个特点是较容易吸收外界气味,所以贮藏时应注意不得与有异味的物质贮放在一起。

奶油运输时应注意保持低温,最好采用冷藏车运输,如在常温运输,成品奶油到达用货部门时的温度不得超过 12℃。

第三节　炼　乳　加　工

炼乳(condensed milk)是将牛乳浓缩至原体积的 40％左右而制成的一种浓缩乳制品。炼乳的种类很多,按成品加糖与否,可以分为加糖炼乳和不加糖炼乳(淡炼乳);按成品是否脱脂,可以分为脱脂炼乳、半脱脂炼乳和全脂炼乳;按添加的辅料不同,又可以分为调制炼乳和强化炼乳等。

相对于其他乳制品而言,炼乳在国内乃至世界范围内市场很小。但是,炼乳作为一种优良的乳品工业原料,已广泛应用到糖果、糕点、餐饮和乳饮料行业中,为终端产品质量的改良、风味的提升和口感的改善起着至关重要的作用。我国目前炼乳的主要品种是甜炼乳和淡炼乳。

一、甜炼乳加工

甜炼乳(sweetened condensed milk)是在原料乳中加入约 16％的蔗糖,经杀菌并浓缩至原体积 40％左右的一种浓缩乳制品。成品甜炼乳中蔗糖含量为 40％～50％,由于加糖后炼乳的渗透压大大增加,从而赋予了制品一定的保存性。

由于甜炼乳蔗糖含量很高,不适合作婴儿代乳品,主要作为饮料、糕点、糖果及其他食品加工原料使用。

(一)工艺流程

$$蔗糖 \rightarrow 配糖液 \rightarrow 杀菌 \rightarrow 过滤 \qquad 晶种$$
$$\downarrow \qquad \downarrow$$
原料乳验收→预处理→标准化→预热杀菌→真空浓缩→加糖→冷却结晶→装罐→封罐→包装→检验→成品。
$$空罐 \rightarrow 洗罐 \rightarrow 灭菌 \rightarrow 干燥$$

图 14-11 为一甜炼乳的生产线示意图。

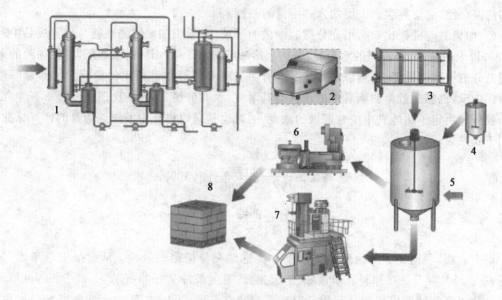

图 14-11　甜炼乳生产线示意图

1.蒸发　2.均质　3.冷却　4.糖浆　5.冷却结晶罐　6.灌装　7.贴标签、装箱　8.贮存

(二)工艺要点

1.原料乳验收

用于甜炼乳生产的原料乳除要符合乳制品生产的一般质量要求外,还有两方面更严格的要求:①控制芽孢和耐热细菌的数量。因为在炼乳生产时真空浓缩过程中乳的实际受热温度仅为 65～70℃,而对于芽孢菌和耐热细菌来说是比较适合的生长条件,有可能导致乳的腐败,所以严格控制原料乳中的微生物数量,特别是芽孢菌和耐热菌是非常重要的。②乳蛋白热稳定性要好。要求乳的酸度不能高于 18°T,72°中性酒精试验呈阴性,盐离子平衡。

2.预处理及标准化

预处理及标准化按常规方法进行。

3.预热杀菌

原料乳在标准化之后,浓缩之前,必须进行加热杀菌处理。加热杀菌还有利于下一步浓缩的进行,故称为预热,亦可统称为预热杀菌。

预热的温度及保持时间应根据原料乳的质量、制品组成、预热设备等的不同而异。预热条件从 63℃、30 min 的低温长时杀菌法到150℃的超高温瞬间杀菌法这样广泛的范围。一般是75℃以上保持 10～20 min 及 80℃左右保持 5～10 min。近年开始有采用 110～150℃的超高温瞬间杀菌法。由于超高温瞬时杀菌可在瞬间达到杀菌目的,不仅处理能力高,节约能源,还能缩小设备体积,且对产品质量的提高有很大帮助,现在已普遍使用。

由于预热杀菌还关系到成品的保藏性、黏度和变稠等现象,所以确定预热条件时,必须对乳质的季节性变化和浓缩、冷却等工序的处理条件加以综合考虑。一般应根据各厂所用原料乳的乳质情况,通过多次试验,试制品保存 2～3 年不变时,才可确定适当的预热条件,确定以后仍应随季节不同稍加变动以保证产品质量。

4.加糖

(1)加糖的目的　为赋予制品甜味,同时利用蔗糖溶液的渗透压抑制微生物的繁殖,增加制品的保存性,甜炼乳生产中要加入一定量的蔗糖。

(2)加糖量与蔗糖比 为了充分抑制细菌的繁殖,必须添加足够的蔗糖。炼乳成品中若含有 43%以上的蔗糖、25.5%的水分时,蔗糖水溶液将具有 5.7 MPa 的渗透压,可使细菌的繁殖受到充分的抑制。然而,蔗糖添加量过多会有使乳糖和蔗糖结晶析出的危险。加糖量一般用蔗糖比表示,蔗糖比就是甜炼乳中的蔗糖与其溶液(水和蔗糖之和)的比值。

蔗糖比决定了甜炼乳中应含蔗糖的浓度,同时也是向原料乳中添加蔗糖量的计算标准,一般用下式来表示:

$$蔗糖比 = \frac{蔗糖}{100 - 总乳固体} \times 100\%$$

或

$$蔗糖比 = \frac{蔗糖}{蔗糖 + 水分} \times 100\%$$

研究表明,蔗糖比必须达到 60%以上才能达到充分抑菌的效果。从食品安全考虑,最好掌握在 62.5%以上。在原料乳质量好、杀菌充分、卫生条件又好的情况下,62.5%的蔗糖比即可有效防止由细菌造成的产品变质。但若蔗糖比在 65%以上时,又会出现蔗糖结晶的危险,所以通常把蔗糖比规定在 62.5%~64.5%。

由上述蔗糖比的计算公式,可计算出甜炼乳中的蔗糖百分含量。而后可以根据浓缩比计算出原料乳中应加入的蔗糖量。

$$炼乳中的蔗糖含量 = \frac{(100 - 总乳固体) \times 蔗糖比}{100}$$

$$浓缩比 = \frac{甜炼乳中的总乳固体(\%)}{原料乳中的总乳固体(\%)}$$

$$应添加的蔗糖量 = \frac{甜炼乳中的蔗糖(\%)}{浓缩比}$$

例 1:总乳固体为 30%,蔗糖含量为 45%的甜炼乳,其蔗糖比为多少?

解:根据蔗糖比的计算公式:

$$蔗糖比 = \frac{45}{100 - 30} \times 100\% = 64.3\%$$

例 2:总乳固体为 30%的甜炼乳,当其蔗糖比为 64.3%时,其中蔗糖的含量为多少?

解:根据蔗糖含量的计算公式:

$$炼乳中的蔗糖含量 = \frac{(100 - 30) \times 64.3\%}{100} = 45\%$$

例 3:用总乳固体含量为 11.5%的标准化后的原料乳,生产总乳固体含量为 30%及蔗糖含量为 45%的甜炼乳,在 100 kg 原料乳中应添加多少蔗糖?

解: $$浓缩比 = \frac{30}{11.5} = 2.609$$

$$应添加的蔗糖量 = \frac{45}{2.609} = 17.25(kg)$$

即每 100 kg 标准化后的原料乳中应加蔗糖 17.25 kg。

此时成品中的蔗糖比为：

$$蔗糖比 = \frac{甜炼乳中蔗糖含量}{100 - 总乳固体含量} \times 100\%$$

$$= \frac{45}{100 - 30} \times 100\%$$

$$= 64.3\%$$

（3）加糖方法　加糖方法一般有三种：①将糖直接加入到原料乳中进行预热溶解。此法操作简便,但在预热时因蔗糖的存在而影响了杀菌和灭酶的效果,同时会使产品在贮藏时易于变稠和褐变；②把经过杀菌的浓糖浆与进行预热的原料乳混合；③在浓缩即将结束时,把杀菌后的浓糖浆吸入真空浓缩锅内,混合均匀。

加糖方法对成品稳定性影响很大。现在为了杀菌彻底和防止变稠,一般多用第三种方法。由于原料乳和糖浆分别进行杀菌,效果较好,且不会引起变稠,但有时也会造成黏度降低,这就要通过调节糖浆浓度、预热温度和浓缩条件来加以控制。操作步骤是：将蔗糖溶于 85℃ 以上的热水中,配成约 65% 浓度的糖浆,经杀菌、过滤后,冷却至 65℃ 左右,在真空浓缩即将完成之前吸入浓缩乳中进行混合。

5. 真空浓缩

浓缩就是用加热的方法,使牛乳中水分蒸发以提高乳固体含量使其达到要求浓度的过程。为了减少牛乳中营养成分的损失,一般都在减压下进行,即真空浓缩的方式。真空浓缩除了有保持牛乳原有性质,避免牛乳受高温的优点外,还具有节约能源,提高蒸发效能的作用,同时还避免了外界污染的可能,从而保证了产品的质量。

6. 冷却结晶

（1）冷却结晶的目的　真空浓缩锅里放出的浓缩乳,温度为 50℃ 左右,如果不及时冷却,会加剧成品在贮藏期变稠与褐变的倾向,所以需迅速冷却至常温。另一方面,甜炼乳中乳糖处于过饱和状态,冷却时过饱和部分的乳糖结晶析出是必然的。50℃ 时乳糖的溶解度为 30.4%,而一般炼乳水分中的乳糖浓度低于这个值,所以它能全部溶解于炼乳所含的水分中。但在冷却阶段,温度不断降低,乳糖的溶解度也随着相应下降,到 30℃ 时为 19.9%,20℃ 仅为 16.1%。在蔗糖大量存在的情况下,乳糖的溶解度更低,要结晶析出。如任其缓慢地自然结晶,则晶体颗粒少而晶粒大,会影响成品的感官质量。所以,通过选择合适的冷却条件可使处于过饱和状态的乳糖形成细微的结晶,保证炼乳具有细腻的感官品质。

乳糖结晶大小在 10 μm 以下者舌感细腻；15 μm 以上则舌感呈粉状；超过 30 μm 者呈显著的砂状,感觉粗糙。而且大的结晶体在保存中会形成沉淀,成为不良成品。

（2）乳糖结晶的原理　控制温度可控制乳糖的溶解度,进而达到促进乳糖结晶的目的。此外,加入晶种也可以促进乳糖的结晶。

①温度控制　若以乳糖溶液的浓度为横坐标,溶液温度为纵坐标,可测出乳糖的溶解度及强制结晶曲线,见图 14-12。通过这个图可以了解在甜炼乳生产中,乳糖应在哪个区域进行结晶,而且还可以找到最适宜的强制结晶温度。

最终溶解度曲线 2 表示在最终平衡状态时乳糖的溶解度,过饱和溶解度曲线 4 是乳糖可能呈现的最大溶解度。最终溶解度曲线左侧是溶解区,过饱和溶解度曲线右侧是不稳定区,在曲线 2 与曲线 4 之间是亚稳定区。

在溶解区,乳糖全部溶解,不会有结晶析出;在不稳区,溶液高度饱和,结晶自然析出,但时间慢且得到的晶体少而大,不适合甜炼乳生产的要求,所以强制结晶也不应该在这个区域发生。唯有在亚稳区,处于饱和状态的乳糖,将要结晶而尚未结晶,在此状态下只要创造必要条件,就能促使其迅速地生成大小均匀的细微结晶,这一过程称为乳糖的强制结晶。强制结晶过程中,使浓缩乳控制在亚稳定区,保持结晶的最适温度,及时投入晶种,迅速搅拌并随之冷却,可形成大量细微的结晶。实验表明,在亚稳定区内,大约高于过饱和溶解度曲线 410℃左右位置有一条强制结晶曲线 3,通过这条曲线可找到强制结晶的最适温度。

结晶温度是个关键条件,温度过高固然不利于迅速结晶;温度过低,黏度增大,也不利于迅速结晶。结晶的最适温度可根据炼乳中乳糖水溶液的浓度来选择。例如,以含乳糖 4.8%,非脂乳固体 8.6% 的原料乳生产甜炼乳,其蔗糖比为 62.5%。蔗糖含量为 45.0%,非脂乳固体为 19.5%,总乳固体为 28.0%,其强制结晶的最适温度可计算如下:

$$水分 = 100 - (28 + 45) = 27.0(\%)$$

$$浓缩比 = 19.5/8.6 = 2.267$$

$$炼乳中的乳糖 = 4.8 \times 2.267 = 10.88(\%)$$

$$炼乳水分中的乳糖浓度 = \frac{10.88}{10.88 + 27} \times 100\% = 28.7\%$$

按照所得水分中的乳糖浓度,从图 14-12 结晶曲线 3 上可以查出炼乳在理论上添加晶种的最适温度为 28℃左右。

②添加晶种　投入晶种也是强制结晶的条件之一。晶体的产生是先形成晶核,晶核再进一步长为晶体。对于相同的结晶量来讲,若晶核形成的速度远远大于晶体成长的速度,则晶体多而颗粒细;反之,则晶体少且颗粒粗。添加晶种就是要给过饱和的乳糖一个结晶诱导力,为晶核的形成创造条件,以便保证晶核形成速度大大超过晶体的成长速度,进而得到"多而细"的结晶。

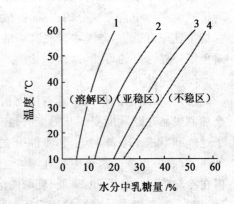

图 14-12　乳糖溶解度曲线及强制结晶曲线
1.最初溶解度曲线　2.最终溶解度曲线
3.强制结晶曲线　4.过饱和溶解度曲线

(3)冷却结晶的方法　精制乳糖(多为 α-乳糖)在 100~105℃的烘箱内烘 2~3 h,用超微粉碎机粉碎后,再烘 1 h,最后再进行一次粉碎。一般进行 2~3 次粉碎就可达到 5 μm 以下的细度,然后装瓶并封蜡贮藏。如需长时间贮存,需装罐并进行抽空充氮。

晶种添加量一般为甜炼乳成品量的 0.02%~0.03%,如结晶不理想时,可适当增加晶种的投入量。在冷却过程中,当温度达到强制结晶的最适温度时,将预先制备的乳糖晶种用 120 目筛均匀筛入,要求在 10 min 内完成,整个过程都要在强烈搅拌中进行。

7.装罐、封罐与包装

炼乳多采用马口铁罐包装。空罐需用蒸汽杀菌(90℃以上保持 10 min),沥干水分或烘干后方可使用。现大型工厂多采用自动装罐机,罐内尽量装满炼乳,移入旋转盘中用离心力除去其中的气体,或采用真空封罐机进行封罐。封罐后及时擦罐,再贴标签。

由于甜炼乳装罐后不再杀菌,所以对机器设备和包装间的卫生要求很高,要防止炼乳装罐时的二次污染。

8. 贮藏

甜炼乳贮藏于仓库内时,应离开墙壁及保暖设备 30 cm 以上。仓库内的温度应恒定,不得高于 15℃,空气相对湿度不应高于 85%。如果贮藏温度经常发生变化,则可能会引起乳糖形成大的结晶。如果贮藏温度过高,则容易出现变稠的现象。贮藏中每月应进行 1～2 次翻罐,以防止乳糖沉淀。

二、淡炼乳加工

淡炼乳(evaporated milk)亦称无糖炼乳,是将鲜牛乳先浓缩至原体积的 40%,装罐后再进行灭菌处理而制成的浓缩灭菌乳。淡炼乳分为全脂和脱脂两种,一般淡炼乳指前者,后者称为脱脂淡炼乳。此外,还有添加维生素 D 的强化炼乳,以及调整化学组成使之近似于母乳、并添加各种营养素的专门喂养婴儿的调制淡炼乳。

淡炼乳的加工与甜炼乳相比主要有以下 4 个方面不同:

①不加糖,所以水分含量高(70%左右),黏度低于甜炼乳,且乳糖不呈结晶状态。

②采取了超高温灭菌处理。由于淡炼乳不加糖,不能利用蔗糖的高渗透压作用来抑菌,只能通过完全灭菌来达到长期保存的目的。

③需添加盐类稳定剂(柠檬酸盐,磷酸钠盐)。浓缩和高温灭菌使盐类浓度增大(主要是活性钙离子),使蛋白质易变性发生凝聚,添加稳定剂后可增加淡炼乳体系的稳定性。

④增加了均质工艺。即为防止脂肪上浮而使用适当的压力和温度,使脂肪球变小,表面积变大,增加脂肪球表面酪蛋白的吸附,脂肪球密度增大,上浮能力变小。

由于经过高温灭菌,淡炼乳在室温下可长期保存,凡是不易获得新鲜牛乳的地方都可以用淡炼乳来代替。但高温灭菌会导致牛乳中维生素 B_1 和维生素 C 有一定量的损失,若加以补充,其营养价值几乎与新鲜牛乳相同;且经过高温处理后,产品呈现软凝块状,易于消化;淡炼乳中脂肪球经均质处理后变小,易于被人体消化吸收,是很好的育儿乳品。淡炼乳除日常食用外,还大量用作制造冰淇淋和糕点的原料。

(一)工艺流程

原料乳验收和预处理→标准化→预热杀菌→真空浓缩→再标准化→均质→冷却→小样试验→装罐→封罐→灭菌→振荡→保存试验→包装。

干燥←灭菌←洗罐←空罐

图 14-13 为一淡炼乳的实际生产线示意图。

(二)加工要点

1. 原料乳的验收

生产淡炼乳时对原料乳的要求比生产甜炼乳时对原料乳的要求严格。因为生产过程中要进行高温灭菌,对原料乳的热稳定性要更高。所以必须选择新鲜优质乳,酸度不能超过 16°T。

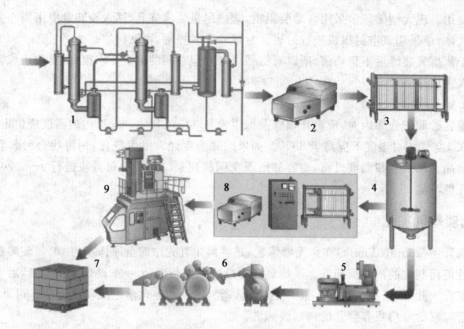

图 14-13　淡炼乳生产线示意图

1.真空浓缩　2.均质　3.冷却　4.中间罐　5.灌装　6.杀菌　7.贮存　8.UHT 杀菌　9.无菌灌装

原料乳检验时,要用 75°的酒精做酒精试验,必要时还要进行磷酸酶试验,磷酸盐试验是确定原料乳热稳定性的一项检验方法。

磷酸盐试验的方法:取 10 mL 牛乳注入试管中,加磷酸二氢钾溶液 1 mL(K_2HPO_3 68.1 g 溶于蒸馏水中,定容至 1 000 mL),充分混合后,将试管浸于沸腾水浴中 5 min,取出冷却,观察有无凝固物出现,如有凝固物表示其热稳定性不好,不能作为淡炼乳的原料。

2.预处理及标准化

原料乳的预处理及标准化按常规方法进行。

3.预热杀菌

在淡炼乳生产中,预热杀菌的目的不仅是为了杀菌和破坏酶的活性,而且由于适当的加热可以调节盐类平衡,提高酪蛋白的稳定性,防止灭菌时凝固并赋予制品适当的黏度。

生产淡炼乳一般采用 95～100℃、10～15 min 的杀菌条件,这样的条件有利于提高热稳定性,同时使成品保持适当的黏度。近年来多采用的超高温瞬时杀菌,可进一步提高热稳定性。如采用 120～140℃、2～5 s 的杀菌条件,乳固体含量为 26% 的成品的热稳定性比采用 95℃、10 min 的杀菌条件所得的成品热稳定性要高 6 倍,是 95℃、10 min 加稳定剂产品的 2 倍。因此,超高温处理可以降低稳定剂的使用量,甚至可以不使用稳定剂仍能获得稳定性高、褐变程度低的产品。

4.浓缩

淡炼乳和甜炼乳的真空浓缩过程基本相同,但淡炼乳因不加糖其总干物质含量较低,可使用 0.12 MPa 的蒸汽压力进行蒸发,浓缩时牛乳温度一般保持在 54～60℃。若预热温度高,浓缩时沸腾剧烈,易起泡和焦管,所以应注意加热蒸汽的控制。

淡炼乳的浓缩比在 2.3～2.5,可用波美度计来测定浓缩终点。一般 2.1 kg 的原料乳(乳脂率 3.8%、非脂乳固体 8.55%)可生产 1 kg 淡炼乳(脂肪含量 8%、非脂乳固体 18%)。通常情况下,在 48℃左右,取样测得的波美度在 7.10～8.37 之间时,可以认为浓缩已达到终点。需要注意由于淡炼乳生产蒸发速度比较快,测定过程应迅速。

5.再标准化

再标准化的目的是调整乳干物质浓度使其合乎要求,因此也称浓度标准化。一般炼乳生产中浓度难于准确掌握,往往都是浓缩到比标准略高的浓度,然后加蒸馏水进行调整,所以再标准化习惯上就称为加水。因原料乳已进行过标准化,所以浓缩后的标准化称为再标准化。

加水量可按下式计算:

$$加水量 = \frac{A}{F_1} - \frac{A}{F_2}$$

式中:A 为标准化乳的脂肪含量,%;F_1 为成品的脂肪,%;F_2 为浓缩乳的脂肪,%,可用脂肪测定仪或盖勃氏法测定。

6.均质

均质的目的就是为了防止成品发生脂肪上浮,同时还可适当增加黏度。

均质多采用二段均质法,第一段压力为 15 M～17 MPa,第二段 3 M～5 MPa。均质压力过高或过低都不行,压力过高会使酪蛋白的热稳定性降低,过低又达不到破坏脂肪球的目的。均质温度一般以 50～60℃为宜。均质效果可通过显微镜检查。

7.冷却

均质后的浓缩乳要尽快冷却至 10℃以下。若当日不能灌装,则要冷却到 4℃。冷却温度对浓缩乳的稳定性有影响,冷却不足,则稳定性降低。

冷却时所用的冷却介质一般为冰水或冷盐水,冷盐水对管道有腐蚀作用,严重时会引起泄露,乳中即使混入极少量的盐水也能使其热稳定性显著降低,故应加以注意。为了安全起见,用冷水冷却为妥。

8.小样试验及添加稳定剂

(1)小样试验

①小样试验的目的　在淡炼乳生产中,为了延长保存期,罐装后还有一个二次灭菌过程。为提高乳蛋白质在高温灭菌时的稳定性,往往添加少量的稳定剂(磷酸盐),防止它在灭菌时凝固变性。为防止不能预计的变化而造成大量的损失,灭菌前先按不同剂量添加稳定剂,试封几罐进行灭菌,然后开罐检查,以确定批量生产时稳定剂的添加量、灭菌温度和时间。此过程即为小样试验。

通常添加的稳定剂为稳定性盐,一般是磷酸盐类。添加磷酸盐可使浓缩乳的盐类达到平衡。因为正常情况下,乳中的钙、镁离子过剩,从而降低了酪蛋白的热稳定性。添加柠檬酸钠、磷酸氢二钠或磷酸二氢钠,则生成钙、镁的磷酸盐与柠檬酸盐,使可溶性钙、镁减少,因而增加了酪蛋白的热稳定性。稳定剂的添加量,按 100 kg 原料乳计,加磷酸氢二钠或柠檬酸钠 15～25 g;按 100 kg 淡炼乳计,加 12～60 g 为宜。若添加过量,产品风味不好且褐变显著。准确添加量根据小样试验确定。

②小样试验的方法　由贮乳罐或槽中采取浓缩乳小样,添加 0.005%～0.05%稳定剂(先配成饱和溶液),调制成含有各种计量稳定剂的样品,分别装罐、封罐。把样品放入小试用的灭

菌机中,按照灭菌公式 15 min—20 min—15 min/116℃进行灭菌。灭菌结束冷却后取出小样检查。检查顺序是先检查有无凝固物,然后检查黏度、风味、色泽。如不合乎要求时,可降低灭菌温度或缩短保温时间,减慢灭菌机转速等加以调整,直至合乎要求为止。

(2)添加稳定剂　根据小样试验的结果,算出浓缩乳中稳定剂的添加量,称量好并溶解待用。稳定剂加入方法有 2 种,一种是小样试验后一次性加入;另一种是根据经验先加入一部分稳定剂,在灭菌试验后再补加剩余部分的稳定剂。具体哪一种方法可根据设备状况及产品稳定性加以选择。在浓缩乳中加入稳定剂的速度不能过快,应在搅拌的同时缓缓加到炼乳中,这样才能使稳定剂和浓缩乳充分混合,并发挥其稳定作用。

9.装罐与封罐

浓缩乳中加入稳定剂后即可装罐、封罐。装罐时不要装满,罐顶要留有一定的空隙,一般控制在 5 mm 左右。因为灭菌时,罐内炼乳会因为温度升高而膨胀,容易造成胀罐现象。淡炼乳装罐、封罐后要及时灭菌,否则要放在冷库中冷藏保存。

10.灭菌

(1)灭菌的目的　通过灭菌彻底杀灭微生物、钝化酶的活性,造成无菌条件,延长产品的保藏期。另外适当的高温处理可以提高淡炼乳的黏度,防止脂肪上浮,并且还可赋予淡炼乳特殊的芳香气味。不过淡炼乳的二次杀菌会引起美拉德反应造成产品轻微的棕色化。

(2)灭菌的方法　间歇式灭菌:是先将装罐后的炼乳放入杀菌笼中,再放入回转式灭菌机中进行灭菌。一般按小样试验的方法进行灭菌,要求在 15 min 内升温至 116℃,灭菌公式为 15 min—20 min—15 min/116℃。这种杀菌方式操作比较麻烦,生产能力小,只适用于小批量生产。

连续式灭菌:大规模生产多采用连续式灭菌机。灭菌机由预热区、灭菌区和冷却区三部分组成。封罐后的炼乳先进入预热区被加热到 93～99℃,然后进入灭菌区,升温至 114～119℃,经约 20 min 运输后进入冷却区,冷却至室温。

使用乳酸链球菌素改进灭菌法:乳酸链球菌素是一种安全性高的国际上允许使用的食品添加剂,人体每日允许摄入量为 0～33 000 IU/kg 体重。由于淡炼乳生产必须采用强烈的杀菌制度,但长时间的高温处理,使得成品质量不够理想,且必须使用热稳定性高的原料乳。若生产中添加乳酸链球菌素,可减轻灭菌负担,进而就能较好的保持乳品质量,减少蛋白凝固,且为利用热稳定性稍差的原料乳提供了可能性。如在 1 g 淡炼乳中加 100 单位乳酸链球菌素,以 115℃ 10 min 的杀菌条件,与对照组 118℃ 20 min 的杀菌条件相比较,效果更好一些。

11.振荡

若灭菌操作不当,或使用了热稳定性较差的原料乳,则淡炼乳通常会出现软的凝块。经振荡可使凝块分散复原成均匀的流体。

振荡应在灭菌后 2～3 d 进行,使用水平振荡机进行振荡。每次振荡 1～2 min。通常是 1 min 以内,若延长振荡时间,会降低炼乳的黏度。生产中,若原料乳的热稳定性很好,灭菌操作及稳定剂添加量又符合要求,没有造成凝块出现的现象,就不必再进行振荡了。

12.保温试验

淡炼乳在出厂之前,一般还要经过保温试验。即将成品在 25～30℃条件下保温贮藏 3～4 周,观察有无膨罐,并开罐检查有无其他缺陷。必要时可抽取一定量的样品于 37℃条件下保藏 7～10 d,并加以观察检验。保温检查合格的产品方可装箱出厂。

复习思考题

1. 什么是凝乳酶？干酪生产用凝乳酶有哪些来源？各有什么特点？

2. 什么是凝乳酶的活力？怎样测定凝乳酶的活力？

3. 试述天然干酪的一般加工技术。

4. 干酪成熟过程中会发生哪些变化？这对产品会产生什么意义？

5. 再制干酪的加工有什么意义？怎样制作再制干酪？

6. 试述奶油的种类及特点。

7. 试述稀奶油生产的工艺流程及操作要点。

8. 试述甜性及酸性奶油生产的工艺流程及操作要点。

9. 何为炼乳？炼乳的种类有哪些？

10. 试述甜炼乳生产工艺流程及操作要点。

11. 试述淡炼乳生产工艺流程及操作要点。

12. 甜炼乳生产中冷却结晶的目的是什么？

13. 甜炼乳中加糖有什么作用？怎样控制加糖量？

14. 淡炼乳与甜炼乳的加工技术的主要区别是什么？

第三篇
蛋品工艺学

第十五章

禽蛋加工基础知识

【目标要求】

1. 掌握禽蛋的基本构造特点；
2. 掌握禽蛋的基本化学组成；
3. 掌握禽蛋的物理化学性质；
4. 掌握禽蛋的营养价值；
5. 掌握禽蛋的物理化学性质及其在食品贮藏和加工中的应用；
6. 掌握禽蛋的功能特性及其在食品贮藏和加工中的应用。

第一节　禽蛋的构造

一、禽蛋的结构

禽蛋由蛋壳(eggshell)、蛋清(albumen)和蛋黄(yolk)三大部分组成，各部有其不同的形态结构和生理功能。蛋的结构如图 15-1 所示。

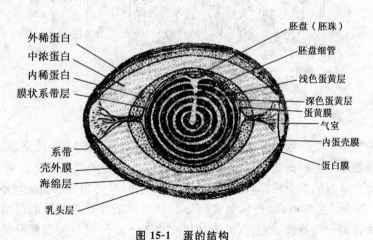

图 15-1　蛋的结构

二、禽蛋各组成部分的结构

(一)蛋壳的结构

1. 蛋壳外膜(outer shell membrane)

蛋壳表面涂布着一层胶质性的物质,叫蛋壳外膜,也称壳外膜,其厚度 0.005～0.01 mm,是一种无定形结构,无色、透明、具有光泽的可溶性蛋白质,是黏液态角质蛋白质。蛋在母禽的阴道部或蛋刚产下时,蛋壳外膜呈黏稠状;蛋排出体外后,受到外界冷空气的影响,在几分钟内黏稠的黏液迅速变干,紧贴在蛋壳上,赋予蛋表面一层肉眼不易见到的有光泽的薄膜。蛋壳外膜的作用主要是保护蛋不受细菌和霉菌等微生物的侵入,防止蛋内水分蒸发和 CO_2 逸出,对保证蛋的内在质量起有益的作用。鸡蛋涂膜保鲜方法就是人工仿造蛋壳外膜的一种保持蛋新鲜度的方法。

2. 蛋壳(eggshell)

蛋壳又称石灰质硬蛋壳,是包裹在蛋内容物外面的一层硬壳,它使蛋具有固定形状并起着保护蛋清、蛋黄的作用,但质脆,不耐碰撞或挤压。

(1)蛋壳实质部的结构 蛋壳实质部主要由两部分组成,即基质和间质方解石晶体,二者的比例为 1∶50。基质由交错的蛋白质纤维和蛋白质团块构成,分为乳头层和海绵层。乳头层嵌在内蛋壳膜纤维网内,内蛋壳膜纤维与乳头核心(蛋白质团)连接,方解石晶体随机地坌集在乳头层内形成锥体;海绵层纤维(直径 0.04 μm)与蛋壳表面平行,并与小囊连接方解石晶体在里面堆积形成长轴,轴与轴之间形成孔洞,即气孔。蛋壳的显微结构见图 15-2。

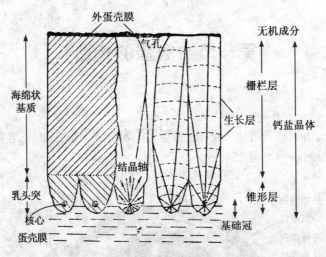

图 15-2 蛋壳的显微结构

(2)蛋壳的厚度 蛋壳的厚度因禽蛋种类的不同有所差异。一般说来,鸡蛋壳最薄,鸭蛋壳较厚,鹅蛋壳最厚。各种禽蛋,由于品种、饲料等不同,蛋壳的厚度也有差别。例如来航鸡蛋的蛋壳较薄,浦东鸡蛋的蛋壳较厚,白壳鸡蛋的蛋壳较薄,褐壳鸡蛋的蛋壳较厚。饲料充足,饲料中的钙质成分含量适宜时,所产的蛋壳较厚。饲料不足并缺乏钙质的母禽,所产的蛋壳较薄,甚至形成软壳蛋。就每枚蛋而言,其壳的厚度也不一样。蛋的尖端部分的壳厚,钝端部的壳要薄一些,蛋壳厚度与蛋壳强度呈正相关。不同种类、不同品种、不同部位蛋壳厚度见表

15-1 至表 15-3。

表 15-1　不同种类禽蛋蛋壳厚度

禽量种类	测定枚数	厚度/mm		
		最低	最高	平均
鸡蛋	1 070	0.22	0.42	0.36
鸭蛋	561	0.35	1.57	0.47
鹅蛋	204	0.49	1.6	0.81

表 15-2　不同品种鸡蛋壳厚度

品　种	厚度/mm	品　种	厚度/mm
吐鲁番鸡蛋	0.347 7	芦花鸡蛋	0.318 5
固始鸡蛋	0.338 1	新狼山鸡蛋	0.315 7
油鸡蛋	0.332 3	仙居鸡蛋	0.302 1
肖山鸡蛋	0.325 7	泰和鸡蛋	0.287 0
白来航鸡蛋	0.320 0		

表 15-3　禽蛋不同部位蛋壳厚度的比较

种类	品种	枚数	蛋壳厚度/mm			
			钝端	中央部	尖端	平均
鸭蛋	北京鸭	10	0.35±0.00	0.37±0.01	0.36±0.01	0.36±0.01
	Rkaki Campbell	10	0.34±0.01	0.32±0.01	0.35±0.00	0.34±0.00
	Naki	9	0.38±0.01	0.38±0.07	0.36±0.00	0.37±0.01
	Musovy duck	7	0.39±0.00	0.43±0.00	0.40±0.01	0.40±0.01
鸡蛋	洛岛红	10	0.30±0.06	0.33±0.01	0.34±0.01	0.33±0.01
	Tctonko	3	0.29±0.01	0.33±0.00	0.37±0.01	0.33±0.01
雉蛋	金雉	5	0.29±0.01	0.28±0.01	0.34±0.01	0.30±0.01
	银雉	2	0.42±0.00	0.40±0.00	0.43±0.00	0.42±0.00

（3）蛋壳气孔（eggshell stomata）　蛋壳上有许多肉眼看不见的、呈不规则弯曲形状的细孔称之为气孔。其数量为 7 000～17 000 个/枚,平均 130 个/cm² 左右。蛋壳上气孔分布是不均匀的,钝端较多,尖端较少,其作用是沟通蛋的内外环境。空气可由气孔进入蛋内,蛋内水分和 CO_2 可由气孔排出。因此,蛋在贮藏过程中质量会持续地减轻。

气孔的大小也不一致,直径为 4～40 μm。鸡蛋的气孔小,鸭蛋和鹅蛋的气孔大。气孔使蛋壳具有透视性,故在灯光下可观察蛋内容物。

3. 蛋壳内膜（inner shell membrane）

在蛋壳内面、蛋清的外面有一层白色薄膜叫蛋壳内膜,又称壳下膜,其厚度为 73～114 μm。蛋壳膜分内、外两层,内层叫蛋白膜,外层叫内蛋壳膜,或简称内壳膜。内蛋壳膜紧贴着蛋壳,蛋白膜则附着在内蛋壳膜上,两层膜的结构大致相同,都是由长度和直径不同的角质蛋白纤维交织成网状结构。每根纤维由一个纤维核心和一层多糖保护层包裹,其保护层厚为 0.1～0.17 μm,所不同的是内蛋壳膜厚 4.41～60 μm,共有 6 层纤维,纤维之间以任何方向随机相交,其纤维较粗,纤维核心直径为 $0.681\sim0.871\ \mu m$,网状结构粗糙,网孔较大;微生物可以直接穿过内蛋壳膜进入蛋内。蛋白膜厚度 $12.9\sim17.3\ \mu m$,有 3 层纤维,纤维之间垂直相交,纤维纹理较紧密细致,透明并且有一定的弹性,网孔较小,微生物不能直接通过蛋白膜上的细孔进入蛋内,只有其所分泌的酶将蛋白膜破坏后,微生物才能进入蛋内。所有霉菌的孢子均不能透过这两层膜进入蛋内,但其菌丝体可以自由穿过,并能引起蛋内发霉。总之,这两层膜的透过性比蛋壳小,对微生物均有阻止通过的作用,具有一定的保护蛋内容物不受微生物侵蚀的作用,并保护蛋白不流散。蛋壳内膜不溶于水、酸和盐类溶液中,能透水、透气。

4. 气室(air cell)

在蛋的钝端,内蛋壳膜和蛋白膜分离形成一空洞,称气室。蛋在家禽体内没有气室。蛋产出后,蛋内容物遇冷发生收缩,使蛋的内部暂时形成一部分真空,外界空气便由蛋壳气孔和蛋壳膜网孔进入蛋内,形成气室。气室内贮存着一定量的气体。

蛋的气室只在钝端形成,而不在尖端形成。主要是由于钝端比尖端气孔大,数量多,与空气接触面广,外界空气进入蛋内的机会多而快的原因。

禽蛋排出体外后,早则 2 min,迟则 10 min,一般 $6\sim10$ min 便形成气室,24 h 后气室的直径可以达 $1.3\sim1.5$ cm。新鲜蛋气室小,随着存放时间的延长,内容物的水分不断消失,气室会不断增大。所以,气室的大小与蛋的新鲜度有关,是评价和鉴别蛋的新鲜度的主要标志之一。

(二)蛋清的结构

蛋清(albumen)也称为蛋白,位于蛋白膜的内层,是一种典型的胶体物质,约占蛋质量的60%。蛋清是白色透明的半流动体,并以不同浓度分层分布于蛋内。蛋清的导热能力很弱,能防止外界气温对蛋的影响,起着保护蛋黄及胚胎的作用。

1. 蛋清的分层

蛋清的结构由外向内分为四层:第一层为外层稀薄蛋白(outer liquid layer albumen),紧贴在蛋白膜上,占蛋白总体积的 23.2%;第二层为外层浓厚蛋白(dense layer albumen),占蛋白总体积的 57.3%;第三层为内层稀薄蛋白(liquid inner layer albumen),占蛋白总体积的16.8%;第四层为系带层浓蛋白(chalazae and the chalaziferous layer albumen),占蛋白总体积的 2.7%。可见,蛋白按其形态分为两种,即稀薄蛋白(liquid albumen)与浓厚蛋白(dense albumen)。新鲜的禽蛋,浓厚蛋白含量占全部蛋白的 47%～60%。浓厚蛋白的含量与家禽的品种、年龄、产蛋季节、饲料和蛋贮存的时间、温度有密切关系,见表 15-4。

表 15-4 不同季节和鸡体大小对鸡蛋浓厚蛋白含量的影响

类别	鸡蛋浓厚蛋白含量/%											
	1 月	2 月	3 月	4 月	5 月	6 月	7 月	8 月	9 月	10 月	11 月	12 月
大母鸡	56.5	56.0	55.5	54.5	53.5	52.3	52.5	55.0	58.0	60.0	57.0	56.7
小母鸡	52.4	51.3	50.0	48.5	47.4	47.3	47.6	48.3	49.1	50.0	53.7	53.2

2. 浓厚蛋白(dense albumen)

浓厚蛋白与蛋的质量、贮藏、加工关系密切。它是一种纤维状结构,含有溶菌酶。溶菌酶有溶解微生物细胞膜的特性,具有杀菌和抑菌的作用。但是,随着存放时间的推延或受外界气温等条件的影响,浓厚蛋白逐渐变稀,溶菌酶也随着逐步失去活性,失去了杀菌和抑菌的能力。因此,陈旧的蛋,浓厚蛋白含量低,稀薄蛋白含量高,容易被细菌感染。浓厚蛋白的比例大小也是衡量蛋新鲜程度的主要指标。浓厚蛋白变稀的过程从蛋产出就开始了,是鲜蛋失去自身抵抗力和开始陈化与变质的过程,是禽蛋自身新陈代谢的必然结果。浓厚蛋白变稀的过程受外界高温影响和微生物的侵入而加速;只有在 0 ℃左右的情况下,这种变化才被降到最小限度。

3. 稀薄蛋白(liquid albumen)

呈水样液体状,新鲜禽蛋稀薄蛋白占蛋清总量的 40%～50%,不含有溶菌酶,因此对细菌抵抗力较小。当蛋的贮藏时间过久或温度过高时,蛋内稀薄蛋白就会逐渐增加,导致陈蛋变成响水蛋,不能用于加工。

4. 系带(chalazae)

在蛋清中,位于蛋黄的两端各有一条浓厚的白色的带状物,叫作系带。系带一端和钝端的浓厚蛋白相连接,另一端和尖端的浓厚蛋白相连接,作用是将蛋黄固定在蛋的中心。系带呈螺旋形,尖端的呈右旋,平均螺旋回数是 21.81 回;钝端的呈左旋,平均螺旋回数是 25.45 回。系带在钝端的质量约 0.26 g,在尖端的质量约 0.49 g。

系带是由浓厚蛋白构成的,新鲜蛋的系带很粗、有弹性,含有丰富的溶菌酶。随着鲜蛋存放时间的延长和温度的升高,系带受酶的作用会发生水解,逐渐变细,甚至完全消失,造成蛋黄移位上浮出现靠黄蛋和贴壳蛋。因此,系带存在的状况也是鉴别蛋的新鲜程度的重要标志之一。系带可以食用,但在加工蛋制品时必须去除。

(三)蛋黄的结构

蛋黄(yolk)由蛋黄膜、蛋黄内容物和胚盘三个部分组成。

1. 蛋黄膜(vitelline membrane)

包在蛋黄内容物外边,是一个透明的薄膜,共有三层:内层与外层由黏蛋白组成,中层由胡萝卜素组成。蛋黄膜的平均厚度为 16 μm,质量占蛋黄的 2%～3%,富有弹性,起着保护蛋黄和胚盘的作用,防止蛋黄和蛋白混合。随着贮存时间的延长,蛋黄的体积会因蛋白中水分的渗入而逐渐增大,当超过原来体积的 19%时,会导致蛋黄膜破裂,使蛋黄内容物外溢,形成散黄蛋。新鲜蛋的蛋黄膜有韧性和弹性,当蛋壳破碎时,内容物流出,蛋黄仍然完整不散。而陈旧蛋的蛋黄膜韧性和弹性都很差,稍有震动,就会发生破裂,所以,从蛋黄膜的紧张度可以推知蛋的新鲜程度。

2. 蛋黄内容物(yolk contents)

是一种浓稠不透明的半流动黄色乳状液,由深浅两种不同黄色的蛋黄所组成,可分数层。在蛋黄膜之下为一层较薄的浅黄色蛋黄(pale yellow yolk),接着为一层较厚的黄色蛋黄(yellow yolk),再里面又是一层较薄的淡黄色蛋黄。蛋黄之所以呈现颜色深浅不同的轮状,是由于在形成蛋黄时,家禽昼夜新陈代谢的节奏性不同。蛋黄色泽由三种色素组成,即叶黄素-二羟-α-胡萝卜素、β-胡萝卜素以及黄体素。前两者存在于蛋黄中的比例为 2:1。

由于家禽饲料中的色素物质含量不同,蛋黄颜色分别呈浅黄、黄色、橘黄、橘红或淡绿,青绿饲料和黄色玉米均能增深蛋黄的色泽。干燥的粉料是有效的着色饲料。而煮过的饲料便失去着色力。饲料中过量的亚麻油粕粉使蛋黄呈绿色。

冬季所产蛋的蛋黄通常较淡,而夏季由于母禽大量食用杂草,所产蛋的蛋黄色泽较深,有时甚至呈淡绿色,俗称"紫黄蛋"。

3.胚盘(germinal disk)

在蛋黄表面有一乳白色的点状结构,直径 2～3 mm。未受精的呈圆形,叫胚珠;受精的呈多角形,叫胚盘(或胚胎)。胚盘相对密度比蛋黄轻,浮在蛋黄的表面,是家禽幼雏的发源点,当外界温度升至 25℃时,受精的胚盘就会发育,最初形成血环,随着温度的逐步升高而产生树枝形的血丝,"热伤蛋"由此而产生。未受精的蛋耐贮藏。在胚盘的下部至蛋黄的中心有一细长近似白色的结构,称为蛋黄心。

三、禽蛋各组成部分的比例

禽蛋中,蛋壳、蛋黄和蛋清三个主要部分之间,具有一定的比例关系,见表 15-5。

表 15-5 禽蛋各部分的比例

种类	蛋重/g	各部分比例/%		
		蛋壳量	蛋清量	蛋黄量
鸡蛋	40～60	10～12	45～60	26～33
鸭蛋	60～90	11～13	45～58	28～35
鹅蛋	160～180	11～13	45～58	32～35

禽蛋的各部分比例除与家禽种类有关外,还与家禽的年龄、品种、产蛋季节、蛋的大小有关系。产蛋季节不同,其各部分比例亦不相同,如初春的蛋蛋黄比例高,占蛋内容物的 48%,蛋清占 52%;晚春产的蛋,蛋清占 62%,蛋黄只占 38%。

第二节 禽蛋的化学组成

一、蛋的一般化学组成

禽蛋的化学组成受家禽的种类、品种、饲料、产蛋期等因素的影响变化较大。几种主要禽蛋的化学成分见表 15-6、表 15-7、表 15-8。

表 15-6 不同禽蛋的化学成分

禽蛋类别	可食部分/%	能量/kJ	水分/%	蛋白质/%	脂肪/%	碳水化合物/%	灰分/%
红皮鸡蛋	88	653	73.8	12.8	11.1	1.3	1.0
白皮鸡蛋	87	577	75.8	12.7	9.0	1.5	1.0
鸭蛋	87	753	70.3	12.6	13.0	3.1	1.0
鹅蛋	87	820	69.3	11.1	15.6	2.8	1.2
鹌鹑蛋	86	669	73.0	12.8	11.1	2.1	1.0

表 15-7　无机盐含量(可食部分 100 g 中的含量)

禽蛋类别	钾/mg	钠/mg	钙/mg	镁/mg	铁/mg	锰/mg	锌/mg	铜/mg	磷/mg	硒/μg
红皮鸡蛋	98	94.7	48	14	2.0	0.03	1.00	0.06	176	16.55
白皮鸡蛋	121	125.7	44	11	2.3	0.04	1.01	0.07	182	14.98
鸭蛋	135	106.0	62	13	2.9	0.04	1.67	0.11	226	15.68
鹅蛋	74	90.6	34	12	4.1	0.04	1.43	0.09	130	27.24
鹌鹑蛋	138	106.6	47	11	3.2	0.04	1.61	0.09	180	25.48

表 15-8　禽蛋中的维生素含量(可食部分 100 g 中的含量)

禽蛋类别	维生素 A/μg	硫胺素/mg	核黄素/mg	烟酸/mg	维生素 E/mg
白皮鸡蛋	310	0.09	0.31	0.2	1.23
红皮鸡蛋	194	0.13	0.30	0.2	2.29
鸭蛋	261	0.17	0.35	0.2	4.98
鹅蛋	193	0.08	0.30	0.4	4.50
鹌鹑蛋	337	0.11	0.49	0.1	3.08

注:表 15-6 至表 15-8 资料来源于《食物成分表》,人民卫生出版社,1991 年 8 月。

　　从表 15-6 可以看到,鸡蛋中的水分含量高于水禽蛋的水分含量,而鸡蛋中的脂类量则低于水禽蛋中的脂类含量。

　　除蛋壳部分外的可食部分(分全蛋、蛋清和蛋黄),每 100 g 的一般化学组成列于表 15-9 中。

表 15-9　100 g 禽蛋中可食部分的各成分含量

成分	全蛋	蛋清	蛋黄
废弃率/%	13	0	0
热量/kJ	661	205	1 469
水分/g	74.7	88	51
蛋白质/g	12.3	10.4	15.3
脂质/g	11.2	微量	31.2
糖质/g	0.9	0.9	0.8
纤维/g	0	0	0
灰分/g	0.9	0.7	1.7
Ca/mg	55	9	140
P/mg	200	11	520
Fe/mg	1.8	0.1	4.6
Na/mg	130	180	40
视黄醇/μg	190	0	540
胡萝卜素/μg	15	0	42
维生素 B_1/mg	0.08	0.01	0.23
维生素 B_2/mg	0.48	0.48	0.47
烟酸/mg	0.1	0.1	微量
维生素 C/mg	0	0	0
维生素 D/IU	10	0	30

可食部分中的蛋清部分,除系带膜状层外的各层,其化学组成不同。各层间的化学组成依赖于家禽的品种、年龄、蛋的大小和产蛋率而变动。家禽的年龄也影响蛋的蛋白质含量,有随着年龄的增长蛋白质含量减少的倾向。蛋清中蛋白质含量有随着蛋重增加 1 g,而相应增加0.09 g 的变化趋势。

可食部分中鸡蛋黄的一般化学组成见表 15-10,约占 50% 的固形组分主要由脂质和蛋白质组成,而且这种脂质的大部分具有与蛋白质结合形成磷脂蛋白质的特点。蛋黄由绝大部分的黄色蛋黄和约 1% 的白色蛋黄所组成。白色蛋黄存在于蛋黄的中心部,主要形成称为胚盘细管的组织。黄色蛋黄和白色蛋黄不单是色调不同,其一般化学组成也有较大差异(表 15-11)。Bellairs 将黄色蛋黄中的淡色部分不称为白色蛋黄,而认为是浓色部分和淡色部分互相交错成层状重叠。白色蛋黄、黄色蛋黄有不均一的结构,包含有小颗粒、颗粒和低密度磷脂蛋白质的集合体等许多微细粒子。将蛋黄在超速离心机上离心,则颗粒沉淀。小颗粒和大部分低密度磷脂蛋白质残留于上清液中,所得的上清液称为浆,约占蛋黄全部的 78%。颗粒和浆的化学组成也很不同,如表 15-12 所示。

表 15-10　鸡蛋黄的一般化学组成　　　　%

鸡的品种	水分	蛋白质含量	脂肪含量	灰分
白色来航	47.74±0.36	16.28±0.29	33.29±0.32	1.76±0.07
帝王岛红	47.8	17.8	31.0	1.75
交趾支那	48.4	17.4	31.1	1.65
淡红矮脚	49.3	17.7	29.8	1.74
白矮脚	48.8	16.4	31.8	1.70

表 15-11　白色蛋黄与黄色蛋黄的组成　　　　%

种类	水分	蛋白质	脂肪	磷脂	浸出物	灰分
白色蛋黄	89.70	4.60	2.39	1.13	0.40	0.62
黄色蛋黄	45.50	15.04	25.20	11.15	0.36	0.44

表 15-12　颗粒和浆的一般组成　　　　%

种类	水分	脂质含量	蛋白质含量	灰分
颗粒	44	19	34	3
浆	49	41	9	1

蛋中的水分占蛋重的 60%~75%。在蛋壳中含水分为 0.2%,蛋清中含 75.9%,蛋黄中含 23.9%。蛋中的水分具有重要的生物学意义。蛋中的水分中溶有盐类、蛋白质、糖类,脂肪在水中呈乳浊液状态存在。水分不仅是主要的溶剂,蛋内的水分是调节蛋内氢离子浓度的重要物理化学因素之一,而 pH 对蛋的生化过程有很大的影响。

蛋中约含干物质 34%,在蛋壳(包括蛋壳膜在内)中含有 31.7%,蛋清中含 20.1%,蛋黄中含 48.2%。

蛋内有机物的含量在蛋壳中为 2.2%,蛋壳膜中为 0.8%,蛋清中为 27.9%,蛋黄中为

69.1%。

有机物中的蛋白质分布在蛋的各个构成部分,特别是在蛋清和蛋黄中含量为多,蛋清中含量为50%,蛋黄中的含量为44%,蛋壳中含2.1%,蛋壳膜中含3.5%。蛋黄中的蛋白质与脂肪呈复杂的化合物状态存在。蛋中含有的蛋白质分为简单蛋白质和结合蛋白质,在蛋清中简单蛋白质的含量较多,在蛋黄中卵黄磷蛋白质含量最多,其次为卵黄球蛋白,蛋白质中含有极丰富的必需氨基酸。蛋壳膜所含的蛋白质主要是角蛋白。它所含的氨基酸主要是精氨酸、胱氨酸、谷氨酸、亮氨酸。蛋白中的卵白蛋白所含的氨基酸主要是谷氨酸、亮氨酸、天冬氨酸、苯丙氨酸。蛋黄中所含的蛋白质主要是卵黄磷蛋白,它所含氨基酸主要是谷氨酸、亮氨酸、精氨酸。可见蛋中蛋白质中含有丰富的必需氨基酸。

蛋中含有的脂类除纯脂肪外还含有磷、氯及硫的化合物。蛋中的脂类99%都在蛋黄中。脂类是很多生理活性物质,如脂溶性维生素等的溶剂。蛋中所含的主要脂肪酸为棕榈酸、油酸和亚麻酸。在蛋黄内含34%的饱和脂肪酸和约66%的不饱和脂肪酸。蛋内的脂肪含量与蛋的质量之间存在着反比关系,即蛋愈重脂肪含量愈低。

蛋中含有少量的糖类,平均有0.5%,其中75%在蛋清部分。糖类有游离状态和与蛋白质及脂肪结合的两种。

蛋内含有许多种矿物质,其中多数结合在有机化合物中,只有少量是以无机盐状态存在的。蛋内含有大量的钙,但由于大部分存在于蛋壳中,所以对有机体的作用不大。蛋内含有较多的磷,其中以蛋黄中含量最多。蛋中还有K、Cl、Na、Mg、S和Fe,此外还含有很多种微量元素。全蛋中的矿物质约94%存在于蛋壳中,蛋清和蛋黄中各约为3%。

二、蛋壳的化学成分

蛋壳主要由无机物构成,占整个蛋壳的94%～97%。有机物占蛋的3%～6%。无机物中主要是碳酸钙(约占93%),其次有少量的碳酸镁(约占1.0%)及磷酸钙、磷酸镁。有机物中主要为蛋白质,属于胶原蛋白,其中约有16%的氮、3.5%的硫,禽蛋的种类不同,蛋壳的化学组成亦有差异,见表15-13。

表 15-13　蛋壳的化学组成　　　　　　　　　　　　%

种类	有机成分	碳酸钙含量	碳酸镁含量	磷酸钙及磷酸镁含量
鸡	3.2	93.0	1.0	2.8
鸭	4.3	94.4	0.5	0.8
鹅	3.5	95.3	0.7	0.5

1. 蛋壳外膜

蛋壳外膜又称角质层,是覆盖于蛋壳最外部的一层极薄的无定形被膜有机物质,其厚度不等,约有10 μm厚,其组成大部分是蛋白质,并附有一些糖类,将新鲜蛋壳于5%EDTA(pH 7.5～8.0)溶液中浸约90 min用水洗时,角质层由蛋壳上剥离。蛋壳外膜蛋白质的氨基酸种类多、组成复杂,己糖的组成为半乳糖、葡萄糖、甘露糖、果糖、未定戊糖,它们以6:2:1:1:2的比例存在。还有的研究报道角质层含有0.045%的脂质(中性脂肪:复合脂质＝83:17)和3.5%的灰分。此外,蛋壳外膜中还存在有微量的原卟啉色素。

刚产下的禽蛋蛋壳外膜起闭塞气孔的作用,但不耐摩擦,易于脱落,用40℃以上的水和表面活性剂可溶解它,用10%的KOH溶液煮沸30 min则完全溶解。因此,若保存不好,蛋壳外膜对蛋的质量仅能起短时间的保护作用。

2.蛋壳

蛋壳中的无机物以$CaCO_3$为主。这些无机物的结晶以乳头核为中心呈放射状生长,主要由方解石结晶(主要成分是$CaCO_3$)和含有Mg及Ca的白云石结晶所组成。Mg^{2+}在蛋壳中分布不均匀,Mg/Ca由蛋壳的外侧向内侧逐渐减小。比较不同强度的蛋壳中Ca、Mg、P、Na的含量,强度大的含Mg稍多,这是因为白云石比方解石更硬,因此,Mg^{2+}对于蛋壳强度的增大有直接关系。

3.蛋壳内膜

蛋壳内膜总含水量约20%,其组成大部分为蛋白质并有一些多糖,糖的含量比蛋壳和角质层少。多糖类的糖组成中己糖含量较多,而己糖胺和唾液酸含量较少,几乎没有糖醛酸。结合于蛋壳内膜中的β-N-乙酰葡萄糖胺酶的活性很高(约为蛋黄膜的4倍),甚至在经过贮藏后其活性也不降低。在蛋壳内膜中存在1.35%的脂质(中性脂肪∶复合脂质=86∶14),而在复合脂质中约有63%是神经鞘磷脂。

三、蛋清的化学成分

禽蛋的蛋清部分是一种以水作为分散介质,以蛋白质作为分散相的胶体物质。蛋清的结构不同,所含的蛋白质种类不同,蛋清的胶体状态亦有所改变。禽蛋蛋清的化学成分见表15-14。

表 15-14 禽蛋蛋清的化学成分

种类	能量/kJ	水分/g	蛋白质/g	脂肪/g	糖类/g	灰分/g	食部/%
鸡蛋白	251	84.4	11.6	0.1	3.1	0.8	100
乌骨鸡蛋白	184	88.4	9.8	0.1	1.0	0.7	100
鸭蛋白	197	87.4	9.9	微量	1.8	0.6	100
鹅蛋白	201	87.2	8.9	微量	3.2	0.7	100

1.蛋清中的水分

禽蛋蛋清中的水分含量为85%~89%。各层之间水分含量不同,外层稀薄蛋白的水分含量为89%,外层浓厚蛋白的水分含量为84%,内层稀薄蛋白的水分含量为86%。系带膜状层水分的含量为82%。

2.蛋清中的蛋白质

蛋清中蛋白质的含量为总量的11%~13%。现在已从蛋清中分离出40种不同的蛋白质,其中有24种含量较少(它们的性质尚未很好确定)。含量较多的蛋白质有12种,近年来对它们的性质有些了解,但是有些仍然有待进一步研究。

蛋清中的蛋白质除不溶性卵黏蛋白之类的特异性蛋白以外,一般为可溶性蛋白质。总的来看是由多量的球状水溶性糖蛋白质及卵黏蛋白纤维组成的蛋白质体系。蛋清各层之间蛋白质组成差别不大,稀薄(水样)蛋白和浓厚蛋白成分由同样的基本蛋白质组成。新鲜蛋清中的卵黏蛋白含量在各层之间有差异,同时各层间有不溶性卵黏蛋白和溶存性卵黏蛋白之间的质的差别,这种不溶性卵黏蛋白和溶菌酶是形成浓厚蛋白凝胶结构的基础。

浓厚蛋白凝胶状部分的溶菌酶含量较少,但用溶菌酶活性来定量分析时,浓厚蛋白凝胶状部分比液状部分及稀薄蛋白中的溶菌酶含量稍多。这是由于浓厚蛋白中的不溶性卵黏蛋白和溶菌酶的相互作用,比存在于其他部分的溶存性卵黏蛋白和溶菌酶的相互作用显著,溶菌酶在不溶性卵黏蛋白上结合得最多,在与不溶性卵黏蛋白一起配制时也作为不溶物而被除去,在电泳中成为不泳动的成分。其他蛋白质也与溶菌酶相互作用但不成为不溶物,因此,用电泳法分别测定是可能的。

蛋清中存在量较多而又易于分离的蛋白质,它们的物理、生理学性质有相当部分已清楚了。蛋清中的主要蛋白质用硫铵盐析法和羧甲基纤维素之类的离子交换法已被分离和精制。

蛋清中的主要蛋白质有 12 种,其中卵白蛋白、卵伴白蛋白(卵铁传递蛋白)、卵类黏蛋白、卵黏蛋白、溶菌酶和卵球蛋白等为主要蛋白质。蛋清中主要蛋白质种类及性质见表 15-15。

表 15-15 蛋清中主要蛋白质种类及性质

蛋白质类型	含量/%	等电点	相对分子质量	性质
卵白蛋白	54.0	4.5~4.8	45 000	属磷脂糖蛋白
卵伴白蛋白	12~13	6.05~6.6	70 000~78 000	与铁、铜、锌络和,抑制细菌
卵类黏蛋白	11.0	3.9~4.3	28 000	抑制胰蛋白酶
卵抑制剂	0.1~1.5	5.1~5.2	44 000~49 000	抑制蛋白酶,包括胰蛋白酶和糜蛋白酶
卵黏蛋白	3.5	4.5~5.1	—	抗病毒的血凝集作用
溶菌酶	3.4~3.5	10.5~11.0	14 300~17 000	分裂 β-(1,4)-D-葡萄糖胺
卵糖蛋白	0.5~1.0	3.0	24 400	属糖蛋白
黄素蛋白	0.8	3.9~4.1	32 000~36 000	结合核黄素
卵巨球蛋白	0.05	4.5~4.7	760 000~900 000	热抗性极强
卵球蛋白 G2	4.0	5.5	36 000~45 000	发泡剂
卵球蛋白 G3	4.0	5.8	36 000~45 000	发泡剂
抗生物素蛋白	0.05	9.5	53 000	结合核黄素
无花果蛋白酶抑制剂	0.05	5.1	12 700	抑制蛋白酶,包括木瓜和无花果蛋白酶

(1)卵白蛋白 蛋清中的卵白蛋白在其等电点时用硫铵或硫酸钠盐析,容易得到卵白蛋白的针状结晶,经重结晶可得高纯度精制标准样品。卵白蛋白的等电点为 pH 4.5 左右,可溶于水及稀盐溶液。卵白蛋白质在蛋白中的含量最多,约占蛋白质的 54%,它是一个近于球形的磷糖蛋白,是蛋清中蛋白质的代表类型,其中包含所有的必需氨基酸。卵白蛋白不止一种,它是电泳性质稍有不同的三组分(A1、A2 及 A3)的混合物,A1、A2 及 A3 以 85:12:3 的比率组成。

(2)S-卵白蛋白 又称硫型卵白蛋白,是卵白蛋白的一种变形,对热稳定。这种蛋白质是由 Smith 和 Back 在研究卵白蛋白的热变性过程中发现的,证明其在贮藏蛋中含有多量,卵白蛋白与 S-卵白蛋白在 pH 3 下受热变性的速度不同,利用变性度能测定卵白蛋白中 S-型存在的比例,实验证明,在蛋的贮藏中 S-型由卵白蛋白转变生成。其转变率因贮藏天数等条件而异,转变速度也随着 pH 增大,以及随着温度升高而加快。从卵白蛋白和 S-型的物理化学性质比较研究的结果看,S-型也是未变性的蛋白质。在贮藏期间,卵白蛋白能转变成 S-卵白蛋白,冷藏 6 个月后由产后的 5%增至 81%。它是一种耐热蛋白质,S-型卵白蛋白稳定性高的原因尚未搞清。天然卵白蛋白和 S-卵白蛋白的变性温度分别为 84.5℃和 92.5℃。

(3)片白蛋白 卵白蛋白的水溶液中不加入防腐剂,在 1℃下放置数月后,用硫铵再结晶时,得不到卵白蛋白的针状结晶,而得到板状结晶,这种蛋白质被命名为片白蛋白。这是因为在枯草芽孢杆菌分泌的酶的作用下,卵白蛋白中非蛋白态氮素游离,变为片白蛋白。

(4)卵伴白蛋白或卵铁传递蛋白 蛋清中还存在着更易溶的非结晶性白蛋白,1889 年 Osborne 将这种蛋白质命名为副卵白蛋白或卵伴蛋白,也广泛使用着卵铁传递蛋白的名称。此种蛋白质是近似于血清铁传递蛋白的蛋白质,每个蛋白质分子中有 2 个配位中心可与 Fe、Cu 或 Zn 等金属离子结合。卵伴白蛋白的金属离子复合体结构如图 15-3 所示。

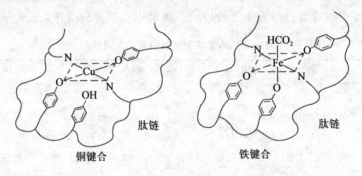

图 15-3 卵伴白蛋白的不同金属(Cu、Fe)复合体

卵伴白蛋白具有阻止细菌生长的作用。在痢疾志贺氏菌之类的需 Fe 微生物培养基中加入蛋白时,卵伴白蛋白与 Fe 结合使微生物不能生长发育,从而起到阻止细菌生长的作用。

(5)卵黏蛋白 卵黏蛋白是与其他蛋清蛋白很不相同的蛋白质,占蛋白中总蛋白质含量的 2%~2.9%。其中含有硫酸酯及半乳糖胺,且有由于分子内结合而形成亚基的大量的胱氨酸和含有占蛋白中总含量约 50%的唾液酸。它是呈纤维状的一种蛋白质,在溶液中显示较高的黏性,具有维持浓厚蛋白组织,阻止蛋白起泡,同其他的黏蛋白一起阻止由于过滤性病毒引起的红细胞凝集反应的作用。在蛋的贮藏中,蛋白的水样化依赖于卵黏蛋白的变化。卵黏蛋白的结构、大小和组成由于分析方法和条件受很大的影响。卵黏蛋白分布不均匀,卵黏蛋白的制备原料或是全蛋白,或是浓厚蛋白,即便是同一原料也因过滤的筛孔眼的大小不同,而使卵黏蛋白的组成不同。

(6)蛋白质分解酶阻遏物质 在蛋清中发现三种蛋白质分解酶阻遏物质,其特征均已清楚。

①卵类黏蛋白 卵类黏蛋白约占蛋清中蛋白质的 11%,是相对分子质量 28 000 的含有唾液酸的糖蛋白质。这种蛋白质于电泳中是不均一的,至少可分离为五种有阻遏活性的部分。

卵类黏蛋白是热稳定性高的蛋白质。例如,在 pH 3.9 下于 100℃加热 60 min,从黏度、电泳和超速离心分析结果看没变性。在 pH 7 以下加热,其抗胰蛋白酶的活性是比较稳定的。卵类黏蛋白与蛋清中的其他蛋白质比较,其溶解度较大,将经过加热阻遏活性未变的卵类黏蛋白溶液的 pH 即使调整至等电点也不变为不溶性。卵类黏蛋白的重要生化特征是能抑制蛋白酶类,并且不同品种禽类的卵类黏蛋白的抑制作用是不同的。例如,鸡、鹅等的卵类黏蛋白只抑制胰蛋白酶,而火鸡、鸭等的卵类黏蛋白则能抑制胰蛋白酶和糜蛋白酶。

②卵抑制剂　在鸡蛋蛋清中除卵类黏蛋白以外存在着胰蛋白酶抑制剂,又叫卵抑制剂。卵抑制剂在许多方面与卵类黏蛋白相似,但是卵抑制剂是多头抑制剂。除胰蛋白酶外,也能对细菌的蛋白酶、霉菌的蛋白酶,以及牛或鸡的胰凝乳蛋白酶等具有阻遏活性的作用。

③无花果蛋白酶抑制剂　约占蛋清中蛋白质的 1%,相对分子质量小,仅为 12 700,而且分子中不含糖侧链,是不含糖类的蛋白质。无花果蛋白酶具有比卵类黏蛋白热稳定性高的特异性能,它能抑制无花果蛋白酶和番木瓜蛋白酶,而且对菠萝蛋白酶也有抑制作用。此外,还有抑制组织蛋白酶 B_1 及 C 的特色。对于组织蛋白酶 C 的反应部位与对其他的无花果蛋白酶、番木瓜蛋白酶、组织蛋白酶 B_1 和菠萝蛋白酶的反应部位有两处存在着差别。

(7)溶菌酶　1922 年 Fleming 于鼻黏液中发现了溶菌酶开始,后又确定了在鸡蛋蛋清中含有大量的溶菌酶。1937 年,首先由 Abraham 和 Robinson 从卵白中分离出结晶状溶菌酶,溶菌酶是对细菌细胞壁有溶解作用的酶。典型的溶菌酶敏感菌是藤黄微球菌或溶壁微球菌、枯草杆菌等部分革兰氏阳性菌。此外,溶菌酶还具有催化糖转位反应的作用。

蛋清溶菌酶的等电点为 pH 10.5~11.0,是碱性蛋白质。在蛋清中也部分地与卵黏蛋白、卵伴白蛋白、卵白蛋白结合而存在。溶菌酶占蛋清蛋白质的 3%~4%,在系带膜状层或系带中的含量比其他蛋白层中至少多 2~3 倍,它在各蛋白层中含量基本相同。

溶菌酶在 pH 4.5 下加热 1~2 min 仍是稳定的。在 pH 9 下稍不稳定,尤其微量的 Cu^{2+} 可使此酶很不稳定,在 9 mol/L 尿素中结构几乎没有变化,但 6 mol/L 盐酸胍对其影响较大。这些稳定性是由于 4 个 S—S 交联和在每个溶菌酶分子中存在有 3 个水分子。溶菌酶在单独的溶液中比在蛋清中的热稳定性高,这是由于在蛋清的热杀菌中溶菌酶与卵白蛋白发生巯基反应而不活性化。

(8)抗生物素蛋白　抗生物素蛋白是在蛋清中存在的 0.05% 的微量糖蛋白。它与生物素(水溶性维生素之一)结合而成为极稳定的复合体。若将生蛋清和生蛋黄一起食用,则蛋黄中的生物素不能被机体吸收。但我们通常在食用中,因蛋清中的抗生物素蛋白含量较少,所以影响并不大。

抗生物素蛋白几乎不含有 α-螺旋,它由 4 个亚基(相对分子质量各为 15 600)组成,各亚基与 1 分子的生物素结合,由 128 个氨基酸残基组成,糖链由 4 分子的 N-乙酰葡萄糖胺和 5 分子的甘露糖组成,天冬氨酸残基依靠酰胺键与氨基糖结合。

(9)卵巨球蛋白　卵巨球蛋白约占蛋清中蛋白质的 0.5%,是蛋清中相对分子质量很大的一种蛋白质(相对分子质量在 800 000 左右)属于糖蛋白,略具球形,已知它是蛋白中在免疫学上唯一进行广谱交叉反应的成分,它具有较强的免疫力。这种蛋白质近似于卵黏蛋白,具有阻遏流感病毒的血液凝集反应的活性。

(10)黄素蛋白　蛋白中的黄素蛋白是由核黄素与所有的脱辅基蛋白(可以与核黄素结合的蛋白质)结合而成的,占蛋清蛋白质的 0.8%~1.0%。

(11)卵球蛋白 G_2 和 G_3　Longsworth 等证明蛋白中存在三种卵球蛋白。称为 G_1、G_2、G_3。后来发现 G_1 就是溶菌酶。在蛋白中 G_2 和 G_3 每种成分各约占 4%。卵球蛋白是一种典型的球蛋白,饱和的 $MgSO_4$ 和半饱和的 $(NH_4)_2SO_4$ 溶液均能使其沉淀,在食品加工中卵球蛋白可作为优良的发泡剂。

(12)卵糖蛋白 是酸性蛋白质,其中的糖类含 13.6% 的己糖、13.8% 的葡萄糖胺、3% 的唾液酸,N-端是苏氨酸。

3. 蛋清中的碳水化合物

蛋清中的碳水化合物,分两种状态存在。一种是与蛋白质呈缩合状态存在,在蛋清中含 0.5%;另一种是呈游离状态存在的,蛋清内含 0.4%。游离的糖中含 98% 的葡萄糖,其余是微量的果糖、甘露糖、阿拉伯糖、木糖和核糖。

蛋清中的糖类含量虽然很少,但与蛋白片、蛋白粉等蛋制品的色泽有密切的关系。

4. 蛋清中的脂质

新鲜蛋清中含微量的脂质,约占 0.02%,中性脂质和复合脂质的组成是(7~6):1,中性脂质中蜡、游离脂肪酸和游离甾醇是主要成分,复合脂质中神经鞘磷脂和脑苷酯类是主要成分。将带壳蛋贮藏时,随着蛋黄膜的弱化,甘油三酯和胆甾醇酯将由卵黄移行至卵白中。

5. 蛋清中的无机成分

蛋清中的无机成分主要有钾、钠、镁、钙、氯等,其中以钾、钠、氯等离子含量较多,磷、钙含量少于蛋黄。蛋清中的主要无机成分含量如表 15-16 所示。

表 15-16 每 100 g 蛋清中无机成分含量 mg

无机物	含量	无机物	含量	无机物	含量
钾	138.0	氯	172.1	锌	1.503
钠	139.1	铁	2.251	碘	0.072
钙	58.52	氯	165.3	铜	0.062
镁	12.41	磷	237.9	锰	0.041

6. 蛋清中的酶

禽蛋之所以能发育形成新的生命个体,除含有多种营养成分和化学成分外,还含有很多的酶类。蛋清中不仅含有蛋白分解酶、淀粉酶和溶菌酶等,而且最近还发现有三丁酸甘油酶、肽酶、磷酸酶、过氧化氢酶等。过氧化氢酶最适 pH 8,最适温度 20℃,50℃ 以上的温度可使其失活。

7. 蛋清中的维生素及色素

蛋清中的维生素含量较少,主要为核黄素,如表 15-17 所示。

表 15-17 禽蛋清中的维生素含量(可食部每 100 g 含量) mg

种类	维生素 A	维生素 E	硫胺素	核黄素	烟酸
鸡蛋清	微量	0.01	0.04	0.31	0.2
鸭蛋清	23	0.16	0.01	0.07	0.1
鹅蛋清	7	0.34	0.03	0.04	0.3

蛋清中色素很少,其中含有少量的核黄素,因此,干燥后的蛋清带浅黄色。

四、系带及蛋黄膜的化学成分

1. 系带和系带膜状层

系带膜状层是嵌入蛋黄膜的系带纤维层,在蛋的尖端和近于钝端的蛋黄膜的极部系带膜状层较厚,从其结构中可明显地看到从靠近尖端的极部伸出二根扭转的丝状系带于浓厚蛋白中,而从靠近钝端的极部则伸出一根扭转的丝状系带于浓厚蛋白中。系带膜状层占全部蛋清的 2%,系带占全部蛋清的 0.2%～0.8%。

系带是一种卵黏蛋白,含 N 13.3%、S 1.08%、胱氨酸 4.10%、葡萄糖胺 11.4%。系带上结合着较多溶菌酶,在系带固形物中溶菌酶的质量分数约相当于蛋清固形物中溶菌酶的质量分数的 3 倍。

2. 蛋黄膜

蛋黄膜的平均质量为 51 mg,含水量为 88%,脱脂的膜干重约 7 mg,外层和内层质量比约为 2：1。内层和外层的主要成分都是糖蛋白。蛋黄膜的氨基酸多为疏水性的,这成为蛋黄膜不溶性的原因之一,在氨基酸中不含有组成结缔组织蛋白质的羟脯氨酸,由此可推论蛋黄膜中不存在胶原。

蛋黄膜中含有的脂质为干重的 1.35%,其中性脂质部分的组成是三甘油酯、甾醇、甾醇酯以及游离脂肪酸。而复合脂主要成分是神经鞘磷脂。

五、蛋黄的化学成分

蛋黄不仅结构复杂,其化学成分也极为复杂。蛋黄仅含有 50% 的水分,其余大部分是蛋白质和脂肪,二者的比例为 1：2,脂肪主要以脂蛋白的形式存在。此外还含有糖类、矿物质、维生素、色素等。禽蛋蛋黄的化学成分见表 15-18。

表 15-18　蛋黄化学组成(可食部每 100 g 含量)

种类	能量/kJ	水分/g	蛋白质/g	脂肪/g	糖类/g	灰分/g
鸡蛋黄	1 372	51.5	15.2	28.2	3.4	1.7
鸟鸡蛋黄	1 100	57.8	15.2	19.9	5.7	1.4
鸭蛋黄	1 582	44.9	14.5	33.8	4.0	2.8
鹅蛋黄	1 356	50.1	15.5	26.4	6.2	1.8

1. 蛋黄中的蛋白质

蛋黄中的蛋白质大部分是脂蛋白质,包括低密度脂蛋白、卵黄球蛋白、卵黄高磷蛋白和高密度脂蛋白,其组成如表 15-19 所示。

表 15-19　蛋黄中蛋白质组成　　　　　　　　　　　　　　　　　　　　%

蛋白种类	高密度脂蛋白	低密度脂蛋白	卵黄高磷蛋白	卵黄球蛋白	其他
所占比例	16.0	65.0	4.0	10.0	5.0

当离心蛋黄时,能沉降出颗粒,颗粒占卵黄固形物的 23%,它含有卵黄高磷蛋白、高密度脂蛋白和少量低密度脂蛋白。浆状物中主要含有低密度脂蛋白,还含有卵黄球蛋白。颗粒和浆状物的组成见表 15-20。

表 15-20　颗粒和浆状物的蛋白质组成　　　　　　　　　　　　　　　%

种类	高密度脂蛋白	低密度脂蛋白	卵黄高磷蛋白	卵黄球蛋白
颗粒	70	12	16	0
浆状物	0	86	0	14

各种蛋白质的主要特征分述如下：

(1)低密度脂蛋白　低密度脂蛋白通常称为 LDL(low density lipoprotein)。LDL 是蛋黄中存在量最多的蛋白质，也是蛋黄显示出乳化性，将蛋黄冻结融解时凝胶化的组分。

LDL 的脂质含量非常高，达 89%；含蛋白质 11%，因此，相对密度低。将 LDL 用乙醚处理时在乙醚层和水层之间有不溶性的脂蛋白，为卵黄脂蛋白，但是，用乙醚处理的脂蛋白非常容易变性。将 LDL 于超速离心机上分离时，可分成二组分，分别称为 LDL_1 和 LDL_2，其含量比为 1:4。

(2)卵黄脂磷蛋白　又称为高密度脂蛋白(HDL,high density lipoprotein)，与 LDL 相比含脂质量少，而且脂质大部分存在于分子的内部。卵黄脂磷蛋白存在于颗粒中，与卵黄高磷蛋白形成复合体。经电泳可分成 2 组分，分别称为 α-卵黄脂磷蛋白和 β-卵黄脂磷蛋白(含量比为 1:8)。

(3)卵黄高磷蛋白　卵黄高磷蛋白是含磷蛋白质，其所含磷至少占卵黄磷蛋白的 80%，而占蛋黄总含磷量的 69%。其所含的蛋白质则仅占蛋黄蛋白质的 4%。卵黄高磷蛋白的相对分子质量约为 36 000。

卵黄高磷蛋白由于结合有多个磷酸根。因此，在溶液中表现出与酸性多肽具有同样的特性，即易与各种阳离子相结合，现在已被确认的有 Ca^{2+}、Mg^{2+}、Mn^{2+}、Co^{2+}、Sr^{2+}、Fe^{2+}、Fe^{3+} 等。

(4)卵黄球蛋白　用电泳分离或超速离心，可将其分离成 α、β、γ 三种成分。但是进行圆盘凝胶电泳时，γ-卵黄球蛋白是一种成分，α-和 β-卵黄球蛋白进一步区分为 15 种成分。

(5)核黄素结合性蛋白质　即核黄素与卵黄中蛋白质的结合体，也称为 YRBP(yolk riboflavin binding protein)。核黄素结合性蛋白质在蛋黄中仅含微量，占总蛋白质的 0.4%。蛋白质与核黄素以 1:1 形成复合体。复合体在 pH 3.8~8.5 的范围内是稳定的。在 pH 3.0 以下时，则核黄素离解。已知复合体相对分子质量为 36 000。

2.蛋黄中的脂质

蛋黄中的脂质含量较高，占 30%~33%。从蛋黄中提取脂质时，通常使用各种有机溶剂，但是由于溶剂的种类和萃取的条件不同，则被提取出来的脂质的数量和组成也有很大的差异。其原因之一可能是卵黄脂质的大部分往往与蛋白质结合着。

(1)真脂　蛋黄中的真正脂肪，系由不同的脂肪酸和甘油所组成的三甘油酯，占蛋黄的 20%，其理化常数如表 15-21 所示。

表 15-21　蛋黄脂肪的理化常数

项目	数值	项目	数值
相对密度	0.918	碘价	69.8~70.3 g I/100 g
熔点	16~18℃	折射率 25℃ 40℃	1.466 0 1.461 6~1.463 4
凝固点	−7~−5℃	水溶性挥发性脂肪酸数	0.62
皂化价	190.2 mg KOH/g	波连斯克值 (非水溶性挥发性脂肪酸数)	0.28
酸价	4.47 mg KOH/g		

（2）磷脂质　蛋黄中的磷脂质不仅本身具有很强的乳化作用，而且作为脂蛋白的组成成分也使蛋黄显示出较强的乳化能力。但是由于含有不饱和脂肪酸多，易于氧化，很不稳定。因此，在蛋品的保藏上，是应引起注意的重要成分。

蛋黄中有 10% 左右的磷脂，其中大部分为卵磷脂，占总磷脂类的 70%，其次为脑磷脂，占 25%，而神经磷脂占总磷脂类的 2%～3%，见表 15-22。这些成分对脑组织和神经组织的发育很重要。

表 15-22　各种禽蛋黄卵磷脂和脑磷脂的含量　　　　%

蛋类	鸡蛋黄	鸭蛋黄	鸽蛋黄	孔雀蛋黄
卵磷脂	7.5	8.0	5.8	8.6
脑磷脂	3.3	2.7	4.3	1.9
合计	10.8	10.7	10.1	10.5

（3）类甾醇　蛋黄中的类甾醇几乎都是胆甾醇，其余的甾醇大部分是动物性甾醇类，也存在一部分 β-谷甾醇和 Δ-甲基胆甾醇之类的植物甾醇等。

（4）神经鞘脂质　蛋黄中的神经鞘脂质分为神经酰胺、脑苷脂类和神经鞘磷脂，并以 1∶2∶7 的比例存在。

神经酰胺是神经鞘氨醇与脂肪酸的酰胺键合物。脑苷脂类是于神经酰胺上以苷键结合己糖的化合物。而神经鞘磷脂是于神经酰胺上以酯键结合磷酸胆碱的化合物。

3. 蛋黄中的色素

蛋的各个构成部分均含有色素，尤以蛋黄中含量最多。由于蛋黄中含有各种色素，使蛋黄呈黄色和橙黄色。蛋黄中的色素，大部分为脂溶性色素，属于类胡萝卜素一类。

蛋黄类胡萝卜素中主要是叶黄素，其次为玉米黄质，两者的例为 7∶3，隐黄质和 β-胡萝卜素的量很少。

4. 蛋黄中的维生素

禽蛋中的维生素主要存在于蛋黄中，蛋黄中的维生素不仅种类多，而且含量丰富，尤以维生素 A、维生素 E、维生素 B_2、维生素 B_6、泛酸为多。此外，尚有维生素 D、维生素 K、维生素 B_1、维生素 B_{12}、叶酸、烟酸等。

5. 蛋黄中的无机物

蛋黄中含 1.0%～1.5% 的矿物质，其中以磷为最丰富，可占其无机成分总量的 60% 以上，钙次之，占 13% 左右。此外，还含有 Fe、S、K、Na、Mg 等。蛋黄中的 Fe 易被吸收，而且也是人体必需的无机成分。蛋黄中的无机成分见表 15-23。

表 15-23　蛋黄中的无机成分（可食部 100 g 含量）

种类	钾/mg	钠/mg	钙/mg	镁/mg	铁/mg	锰/mg	锌/mg	铜/mg	磷/mg	硒/μg
鸡蛋黄	95	54.9	112	41	6.5	0.06	3.79	0.28	240	27.01
鸭蛋黄	86	30.1	123	22	4.9	0.10	3.09	0.16	55	25.00
鹅蛋黄	—	24.4	13	10	2.8	微	1.59	0.25	51	26.00

6. 蛋黄中的酶

蛋黄中含有许多的酶,至今已确知存在于蛋黄中的酶有淀粉酶、甘油三丁酸酶、蛋白酶、肽酶、磷酸酶、过氧化氢酶等,它们的活性不高。其中 α-淀粉酶可用作全蛋低温杀菌的判定标准,这是由于 α-淀粉酶在 64.5℃下,经过 2.5 min 的低温杀菌将会失活,但在低于此温度的条件下不失活。淀粉酶的这个失活条件与杀灭沙门氏菌的条件基本一致,因此,在检验巴氏消毒冰鸡全蛋的低温杀菌效果时,常用测定 α-淀粉酶的活性加以判别。蛋的冻结、解冻、均质化、喷雾干燥和冻结干燥对淀粉酶的活性基本没有影响。

第三节　禽蛋的营养价值

食品的营养价值取决于食品中所含营养物质的种类和数量,以及人们对它们的消化和吸收程度。禽蛋的营养价值主要决定于蛋黄、蛋白的含量及其构成比例、化学成分。如前所述,禽蛋的营养成分是极其丰富的,尤其含有人体所必需的优良的蛋白质、脂肪、类脂质、矿物质及维生素等营养物质,而且消化吸收率非常高,堪称优质营养食品。

一、禽蛋具有较高的热量

禽蛋的成分中约有 1/4 的营养物质具有热量,蛋的热量是由其含有的脂肪和蛋白质所决定的,因为糖的含量甚微。尽管如此,蛋的热量也还是超过其他许多食品的热量,它的热量虽然低于猪肉、羊肉,但高于牛肉、禽肉和乳类。不同食品的热值比较如表 15-24 所示。

表 15-24　不同食品所含热值比较

每 100 g 食品	脂肪/g	蛋白质/g	碳水化合物/g	热量/kJ
猪肉	28.8	16.7	1.0	1 381
羊肉	28.8	11.1	0.8	1 285
鸡蛋	15.0	11.8	1.3	783
鸭蛋	16.0	14.2	0.3	846
鹅蛋	16.0	13.1	3.3	879
牛肉	6.2	20.3	1.7	603
鸡肉	2.5	21.5	0.7	465
鸭肉	7.5	16.5	0.5	569
鹅肉	11.2	10.8	0	603
牛乳	4.0	3.3	5.0	289
羊乳	4.1	3.8	4.3	289

二、禽蛋富含营养价值较高的蛋白质

禽蛋不仅具有较高的热值,而更重要的是它含有营养价值较高的蛋白质。这是因为蛋类所含有的蛋白质,从"量"的角度和从"质"的角度综合评定,是属于完全蛋白质。通常食品蛋白质营养价值的高低,可以从蛋白质的含量、蛋白质的消化率、蛋白质的生物价和必需氨基酸的含量等四个方面来衡量。禽蛋的蛋白质从上述四个方面测定都达到了理想的标准。

(1)蛋白质的含量高　评定一种食品蛋白质的营养价值时,应以其含量为基础。如果含量太低,即使蛋白质消化率很高,亦不能满足机体需要,无法发挥优良蛋白质应有的作用。蛋类蛋白质的含量是比较高的,鸡蛋的蛋白质含量为 $11\% \sim 13\%$,鸭蛋为 $12\% \sim 14\%$,鹅蛋为 $12\% \sim 15\%$。

日常食物中,粮谷类每千克含蛋白质 80 g 左右,豆类 300 g,蔬菜 10～20 g,肉类 160 g,蛋类 120 g,鱼类 100～120 g。上述表明,蛋类的蛋白质含量仅低于豆类和肉类,而高于其他食物,因此,蛋类亦是蛋白质含量较高的重要食物。

(2)蛋白质的消化率高　蛋白质消化率是指一种食物蛋白质可被消化酶分解的程度。蛋白质消化率越高,则被机体吸收利用的可能性越大,其营养价值也越高。蛋白质消化率用蛋白质中能被消化吸收的氮的数量与该种蛋白质含氮总量的比值来表示:

$$蛋白质消化率＝食物中被消化吸收氮的数量/食物中含氮的总量 \times 100\%$$

通常植物性食品蛋白质消化率比动物性食品蛋白质消化率低。

按常规方法烹调食物时,各种食品中蛋白质消化率比较如下:蛋类蛋白质消化率为 98%,奶类为 $97\% \sim 98\%$,肉类为 $92\% \sim 94\%$,米饭为 82%,面包为 79%,马铃薯为 74%。由此可见,蛋类的蛋白质消化率是很高的,是其他许多食品所无法比拟的。

(3)蛋白质的生物价高　生物价是表示蛋白质营养价值最常用的指标,是用食物蛋白质中在体内被吸收的氮与吸收后在体内真正被利用的氮的数量比值来表示蛋白质被吸收后在体内被利用的程度。

$$蛋白质生物价＝氮在体内的储存量/氮在体内的吸收量 \times 100\%$$

与常见的食物蛋白质的生物价相比,蛋的蛋白质的生物价也是比较高的,如表 15-25 所示。

表 15-25　常见食物蛋白质的生物价

蛋白质	生物价	蛋白质	生物价
鸡蛋(全)	94	大米	77
鸡蛋黄	96	小麦	67
鸡蛋白	83	大豆	64
牛乳	85	玉米	60
牛肉	76	蚕豆	58
白鱼	76	小米	57
猪肉	74	面粉	52
虾	77	花生	59

由表 15-25 可明显看出,鸡蛋蛋白质的生物价均高于其他动物性食品和植物性食品蛋白质的生物体,由此亦可反映出禽蛋的蛋白质营养价值是比较高的。

(4)禽蛋中必需氨基酸的含量及比例比较平衡　评定一种食物蛋白质营养价值高低时,还应当根据其 8 种必需氨基酸的种类、含量及其相互间的比例。蛋类的蛋白质中不仅所含必需氨基酸的种类齐全,含量丰富,而且必需氨基酸的数量及相互间的比例也很适宜,与人体的需要比较接近或比较相适应。因此,普遍认为蛋类的蛋白质营养价值很高,是一种理想的蛋白质。

目前,已知鸡蛋蛋白质和人奶蛋白质是营养价值最好的蛋白质,所以通常将鸡蛋的蛋白质中所含氨基酸的相互比例作为参考标准。为方便起见,有时亦可将其中含量最少的色氨酸作为 1 来计算出其他必需氨基酸的相应比例,我们评定一种食物蛋白质的营养价值时,便可将其必需氨基酸含量逐一与此种参考氨基酸构成比例相比较,计算出其氨基酸评分。

一种食品蛋白质的氨基酸评分越接近 100,表示其含量越接近人体的需要,则此种食品的蛋白质营养价值也越高。日常食物中蛋白质氨基酸构成比例评分见表 15-26。

表 15-26　几种食品的氨基酸评分

项目	氨基酸评分	项目	氨基酸评分
全蛋	100	芝麻	50
人乳	100	稻米	67
牛乳	95	小米	63
大豆	74	全麦	53
花生	65	玉米	49

三、蛋中含有丰富的脂肪

禽蛋含有丰富的脂肪,尤其是磷脂含量较高。蛋中脂肪含量的 20% 为真正脂肪,10% 为磷脂类。磷脂是结合脂肪,主要为卵磷脂、脑磷脂和神经磷脂,这些磷脂对脑组织和其他神经组织的发育有极其重要的作用。蛋中的脂肪熔点较低,故极易被消化吸收。

四、蛋中含有丰富的矿物质

禽蛋中的矿物质除钙的含量比较少外,其他矿物质元素都较丰富,尤其是磷和铁的含量较多,而且易被人体吸收利用。

五、蛋中含有丰富的维生素

在人类膳食中较易缺乏的维生素主要是维生素 A、维生素 B_1(硫胺素)、维生素 B_2(核黄素)、维生素 C、维生素 B_5(尼克酸)及维生素 D 等。在禽蛋中除维生素 C 含量较少之外,其他各种维生素均有一定含量,而含量较多的是维生素 A、维生素 E、维生素 B_1、维生素 B_2、维生素 B_5 及维生素 D 等。作为维生素 D 的天然来源,禽蛋仅次于鱼肝油。

第四节　禽蛋的理化特性

一、禽蛋的重量

蛋的重量随着家禽种类不同,有显著的差别。一般鸡蛋平均重为 52 g、鸭蛋为 85 g、鹅蛋为 180 g。蛋的重量不仅受种类的影响,而且还受品种、年龄、体重、饲养条件等因素的影响。

不同种类、品种蛋之间的差别如表 15-27 所示。

表 15-27　不同种类、品种之间的蛋重差别

种类	品种	最低重/g	最高重/g	平均重/g
鸡	大型大骨鸡	75	124	82.5
	来航鸡	55	60	57
	九斤黄鸡	50	60	55
	崇明鸡	21.8	68.7	50
鸭	北京鸭	85	160	88
	建昌鸭	68	77	74.5
	高邮鸭	75	85	80
	诸暨鸭	57	68	61
鹅	中国鹅	120	170	135
	白鹅	210	310	225
	清远鹅	125	156	140
	武岗铜鹅	218	310	260

一般说来,初产母禽所产的蛋较轻,经产母禽产的蛋较重。以鸡为例,开产后第一个月,蛋重平均为 36.8 g,第三个月为 45 g,比第一个月增重 8.2 g,增加 22.3%;第五个月为 49.9 g,比第一个月增重 13.1 g,增加 35.6%;第十三个月为 57.3 g,比第一个月增重 20.5 g,增加 55.7%。

母禽的个体大小,与产蛋重量有一定关系,随体重的增加,蛋重也有所增加。如北京柴鸡体轻,蛋重只有 40 g。蛋的重量也与蛋黄数成正比,黄多蛋重,双黄、三黄蛋较正常蛋重。

饲养管理对蛋重的影响主要表现在环境温度和营养成分供给上。如蛋白质饲喂的多少可影响蛋的大小。在大多数情况下,以增加饲料中蛋白质含量来增大蛋的重量,饮水不足可以减轻蛋重。环境温度的高低,除影响产蛋量外,对蛋重影响也很大;环境温度高时,蛋重量减轻。

二、蛋壳颜色

不同的品种与品系蛋的色泽不同,此与蛋壳内含卟啉的多少有关。蛋的色泽基本上可分为 4 种:白壳蛋,如来航蛋;褐壳蛋,如洛岛红蛋;浅褐壳蛋,是白壳与褐壳蛋杂交种;我国有的地方品种鸡产绿壳蛋。由品种和种类决定,鸡蛋有白色和褐色,鸭蛋有白色和青色,鹅蛋为暗白色和浅蓝色。

三、蛋壳的厚度

蛋壳的厚度因禽的种类、品种、饲料等不同也有差异,一般鸡蛋壳平均厚度为 0.36 mm,鸭蛋壳平均厚度为 0.47 mm,鹅蛋壳平均为 0.81 mm。深色蛋壳厚度高于白色蛋壳。饲料不足或缺乏钙质的母禽,所产的蛋,其蛋壳较薄,甚至形成砂壳蛋或软壳蛋。

四、禽蛋的相对密度

蛋的相对密度与蛋的新鲜程度有关,新鲜鸡蛋的相对密度在 1.08~1.09,新鲜火鸡蛋、鸭

蛋和鹅蛋的相对密度约为 1.085,陈蛋的相对密度逐渐减轻,为 1.025～1.060。因此,通过测定蛋的相对密度,可以鉴定蛋的新鲜程度。

蛋各个构成部分相对密度也不同,蛋清的相对密度在 1.039～1.052,而蛋黄的相对密度较轻,为 1.028～1.029,因此,当蛋内的系带消失后,蛋黄便会向上浮贴在蛋壳上,形成贴皮蛋。此外,各层蛋白的相对密度也有差异。蛋壳的相对密度为 1.741～2.134。

五、蛋内容物 pH

新鲜蛋白的 pH 为 7.6～7.9,各层蛋白的 pH 稍有不同。贮藏期间,由于蛋清内部的二氧化碳向外逸出,pH 逐渐升高,最高可达 9.0～9.7。新鲜蛋黄的 pH 为 6.0 左右,贮藏期间变化缓慢,最高可上升到 6.4～6.9。当蛋腐败变质时,pH 迅速下降。

六、禽蛋的扩散和渗透性

蛋的内容物并不是均匀一致的,蛋清分几层结构,蛋黄也同样有分层结构,在这些结构中化学组成有差异。因此,蛋在放置过程中,高浓度部分物质向低浓度部分运动,即扩散,逐渐使蛋内各结构中所含物质均匀一致,如蛋清在贮存期间浓厚蛋白层消失。

蛋还具有渗透性,在蛋黄与蛋清之间,有一层具有渗透性的蛋黄膜,低分子化合物能通过蛋黄膜。根据顿南平衡原理,贮存期的蛋,由于蛋清和蛋黄所含的化学成分不同,蛋黄中含量比蛋清高的盐类就扩散到蛋清中,蛋清中的水分不断地渗透到蛋黄中。散黄蛋大部分是由于蛋清和蛋黄间渗透作用引起的。这种渗透作用与蛋的存放时间、存放温度成正比。

另外,蛋的渗透作用还表现在蛋内容物与外界环境之间,它们中间隔有蛋壳部分;蛋壳上有气孔,蛋内水分可以向外蒸发,二氧化碳可以逸出。同样,蛋放置在高浓度物质中,物质也会向蛋内渗透,再制蛋加工就是利用了蛋的扩散性和渗透性。

七、蛋液的黏度

蛋清中的稀薄蛋白是均一的溶液,而浓厚蛋白具有不均匀的特殊结构。蛋黄是悬浊液。鲜蛋蛋清、蛋黄的黏度不同。

一般认为鲜鸡蛋蛋清黏度为 $(3.5～10.5)×10^{-3}$ Pa·s,蛋黄黏度为 0.11～0.25 Pa·s,蛋黄中混入蛋清,其黏度将降低。陈蛋的黏度降低,主要是由于蛋白质分解及表面张力降低所致。

八、禽蛋的表面张力

表面张力是分子间吸引力的一种量度。在蛋液中存在大量蛋白质和磷脂,由于蛋白质和磷脂可以降低表面张力,因此,蛋清的表面张力为 0.55～0.65 mN/cm,蛋黄的表面张力为 0.45～0.55 mN/cm,两者混合后的表面张力为 0.50～0.55 mN/cm。蛋在存放过程中,由于蛋白分解而导致表面张力下降。

九、禽蛋的耐压度

蛋的耐压度又称蛋的抗压性,即蛋能最大程度承受的压力,单位为兆帕。耐压度的大小与蛋在包装运输中的破损率关系密切。蛋的耐压度因蛋的形状、蛋壳厚度和禽的种类不同而异。

圆形蛋耐压度最大,椭圆形者适中,长形者最小;蛋壳越厚耐压度越大,反之耐压度变小。不同种类禽蛋耐压度是不同的,见表 15-28。

表 15-28 各种禽蛋的耐压度

禽蛋种类	质量/g	耐压度/(MPa/枚)
鸡蛋	60	0.41
鸭蛋	85	0.60
鹅蛋	200	1.10
野鸡蛋	31	0.35
火鸡蛋	85	0.60
鹌鹑蛋	9	0.13
孔雀蛋	95	1.00
鸵鸟蛋	1 400	5.50
天鹅蛋	285	1.20

蛋壳的厚薄还同壳色有关,一般是色浅的蛋壳薄,耐压度小;色深的蛋壳厚,耐压度大。蛋壳的厚薄也与季节有关,冬季饲料含矿物质较多,故蛋壳较厚,耐压度大;而夏季饲料蔬菜等较多,含矿物质少,故蛋壳较薄,耐压度也小。以来航鸡为例,其蛋壳厚度与气候条件之间的关系如表 15-29 所示。

表 15-29 不同季节蛋壳厚度

月份	壳厚/mm	月 份	壳厚/mm
1	0.349	7	0.315
2	0.351	8	0.305
3	0.347	9	0.325
4	0.343	10	0.337
5	0.334	11	0.343
6	0.323	12	0.347

由表 15-29 可以看出,冬季(12、1、2 月份)各月份产的蛋蛋壳较厚,夏季(6、7、8 月份)各月份产的蛋蛋壳较薄。蛋愈大,壳愈厚,耐压度也愈大。就一枚蛋而言,蛋的纵轴耐压度大于横轴耐压度,因此,蛋在包装时应竖放。

十、禽蛋的透光性

蛋壳的结构不是致密的,其上有气孔,具有透光性。透光性大小可用折射率表示,蛋的折射率与蛋清、蛋黄固形物浓度有关。因此,用灯光透照时,可以观察蛋内容物特征。灯光透视是检验禽蛋新鲜度的一种常用方法。

第五节 禽蛋的功能特性

禽蛋有很多重要功能特性,其中与食品加工密切相关的特性有蛋的热力学性质、凝固性、发泡性、乳化性及贮运特性。禽蛋的这些功能特性在各种食品加工中得到广泛应用,如蛋糕、饼干、再制蛋、蛋黄酱、冰淇淋及糖果等制造,是其他食品添加剂所无法替代的。

一、禽蛋的热力学性质

在蛋品加工中,加热杀菌、冷却、贮藏等是常用的方法。因此,了解食品的热力学特性是非常必要的。

1. 加热凝固点和冻结点

禽蛋蛋清的加热凝固温度为 $62 \sim 64℃$,平均为 $63℃$;蛋黄为 $68 \sim 71.5℃$,平均为 $69.5℃$;混合蛋为 $72 \sim 77℃$,平均为 $74.2℃$。热凝固的温度因蛋白的种类及所存在的盐类而有所不同,卵白蛋白的加热凝固点为 $67 \sim 72℃$。伴白蛋白热稳定性最低,为 $58 \sim 67℃$;卵球蛋白为 $67 \sim 72℃$。卵黏蛋白和卵类黏蛋白热稳定性较高,不发生凝固。此外,各层蛋白的加热凝点也稍有差别。

蛋清的冻结点为 $-0.48 \sim -0.41℃$,平均为 $-0.45℃$;蛋黄的冻结点为 $-0.617 \sim -0.545℃$,平均为 $-0.6℃$。冷藏鲜蛋时,随着贮藏时间的延长,蛋清冰点降低,蛋黄冰点则升高,这与蛋清水分和蛋黄的盐分相互渗透有关。冷藏鲜蛋时,应控制适宜的温度,以防蛋壳破裂。

2. 热容

禽蛋的热容一方面取决于蛋内含水量的多少,另一方面与禽蛋所处的温度高低有密切关系。含水量较高,则其热容也较高;含水量较低,则其热容也较低。在同样的组织状态下,禽蛋在 $0℃$ 以上时,热容的变化较大;在 $0℃$ 以下时,其热容的变化较小。

3. 热导率

禽蛋各部分的热导率与其中的化学组成和温度有关。脂肪含量高的部分,其热导率降低;反之,脂肪含量低的部分,其热导率增高。水分含量高的部分,热导率强;水分含量低的部分,其热导率弱。当蛋的温度发生变化时,如高于冰点,则其热导率改变不大;如低于冰点,则其热导率改变较大。

二、蛋的凝固性

蛋的凝固性或称凝胶化,是蛋白质的重要特性。当禽蛋蛋白受热、盐、酸、碱及机械作用时会发生凝固。蛋的凝固是一种蛋白质分子结构变化,该变化使蛋液变稠,由流体变成半固体或固体(凝胶)状态。

1. 凝固的机理

蛋白质的凝固分为两个阶段:即变性和结块。变性就是在外界因素作用下,蛋白质分子的次级键(如氢键、二硫键、盐键等)被破坏,使分子有规则的肽链结构(二级、三级、四级结构)打开呈松散不规则的结构,分子的刚性降低,柔性、不对称性增加,疏水基团暴露,形成中间体。当受外界因素作用不强或作用时间短时,中间体回复到原来状态,仍具有原来物质特性,这称可逆变性。当外界作用因素强或作用时间长时,中间体中被释放出来的极性基因,重新形成新的空间结构,改变了原来物质的性质,这称不可逆变性。不可逆变性的蛋白质分子的肽链之间又借助次级键相互缔合形成较大的聚合物成为凝胶状的块,失去流动性和可溶性。

2.影响禽蛋产品发生凝固的因素

影响蛋白质凝固变性的因素很多,如加热、酸、碱、盐、有机溶剂、光、高压、剧烈震荡等。现将在食品加工中常见的现象介绍如下:

(1)加热引起的凝固变性　蛋经加热,便由生变成半熟,再由半熟达到全熟,其蛋清、蛋黄的状态有多种变化。表 15-30 表示蛋清、蛋黄加热温度与凝固的关系。

表 15-30　蛋白、蛋黄加热温度与凝固的关系(加热 8 min)

温度/℃	蛋清凝固状态	蛋黄凝固状态
55	液态透明,几乎无变化	无变化
57	液态,稍有白色浑浊	无变化
59	乳白色,半透明稍有凝胶状	无变化
60	乳白色,微半透明稍有凝胶状	无变化
62	乳白色,微半透明稍有凝胶状	无变化
63	乳白色,微半透明稍有凝胶状	为黏稠,几乎无变化
65	白色,半透明凝胶状,分离出稀薄蛋白	黏而柔软的糊状
68	白色,半透明凝胶状,分离出稀薄蛋白	黏而柔软的糊状,近半熟
70	能凝固成形,柔软,周围有稀薄蛋白质分离	黏而成饼状,半熟
75	能凝固成形,稍软,稀薄蛋白质凝固	富有弹性的树胶状,硬、半熟,色稍白、稍黏而分散
80	完全凝固,硬,能装满并高出试管	黏、弹力小、分散好、白色增加
85	完全凝固,硬,能装满并高出试管	白色增加、分散非常好

这是在加热时间一定,不同加热温度情况下所引起的凝固变化。如果温度一定,不同加热时间下也可发生不同程度的变性,时间愈长,变性凝固愈深。例如,日本的温泉蛋是于 65～68℃下浸泡 50 min 制成的,蛋黄凝固而蛋清呈半流动状态的半熟蛋。在短时间的高温中,蛋清凝固而蛋黄呈半流动状态。

(2)干燥引起的变性作用　水分子常是晶体的组成部分,所以结晶水的丧失常引起晶体的瓦解。蛋液蛋白质以及一切天然蛋白质中含有水分子,这些水分子填充在肽键的间隙中,稳定蛋白质分子的结构。禽蛋蛋白质脱水后,就使蛋白质内部结构改变而发生变性,例如加工干蛋白时,使蛋白液脱去一部分水分,其中蛋白质内部虽然有些改变,但程度轻,结构变化小,制成结晶干蛋白片后再加适量的水仍可使之恢复为原来蛋白质的状态和性状。这样加工出来的干蛋白片使用价值较高。但是若在干蛋白加工过程中加温过高,蛋白质分子运动加速,互相撞击的力足以折断次级键而使之凝固。加水后不能使之恢复原有的性状和状态。

(3)蛋液加热变性凝固与其含水量的关系　蛋液的变性凝固,如果是由于加热作用所引起的,则其凝固点与产品中蛋白液含水量的高低有密切关系。不管是全蛋液、蛋清液或蛋黄液,水分愈降低,则其凝固点也愈增高。反之,蛋液水分含量愈高,则其凝固点愈低。例如,全蛋液的含水量平均为 73% 左右,加热至 60℃,保持 4～5 min,便开始凝固。但是全蛋粉的水分为

4%左右,加热到 60℃,保持 100 h 以上,其溶解度仍正常;加热至 80~85℃,保持 3~4 h,其溶解度也良好;加热至 90℃,保持 0.5 h 还是不减低它的溶解度。又如蛋清液含水量平均为85%,加温到 55℃,保持 0.5 h 乃至 1 h,便开始凝固。但是,使蛋清液的水分减少至 15%~17%,成结晶蛋白片时,加温至 55℃,保持 120 h,加温至 70℃,保持 12 h,或水分减少至 2%~4%,加温至 80~85℃,保持 4~6 h,均不影响其水溶性。这是由于含水量大的蛋白质较含水量小的蛋白质易变性,含水量大的蛋白质因水分子容易渗入蛋白质分子空隙运动,加速次级键的断裂,而促使蛋白质加速凝固变性。

(4)蛋液凝固变性与 pH 的关系　蛋液的凝固变性,主要是由于蛋白质受物理化学等的影响所致。而蛋白质的凝固变性又与等电点有密切的关系。鸡蛋卵白蛋白的等电点为 4.5,这时的蛋白质加热最容易凝固变性。反之,蛋液蛋白质的 pH 距离它的等电点愈远时,则加热时较不易凝固变性。例如,将 pH 4.8~5.4 和 pH 8.4 的蛋白液同时加热到 54℃,pH 为 4.8~5.4 的比较容易凝固变性,而 pH 8.4 的蛋白液,在较长时间内也不凝固变性。这一点,对于干蛋白片加工时,提高烘制温度,不使蛋白质发生凝固变性,从而杀灭蛋液中的沙门氏菌具有很重要的意义。具体操作时可在发酵后蛋白液中加氨水,使其 pH 达到 8 以上。

大多数蛋白质的等电点接近 pH 5。在等电点时,蛋白质的溶解度、黏度、渗透压、膨胀性及导电能力最小。当 pH>12.0 时蛋白质会生碱凝固,即凝胶化,这是因为蛋白质分子的凝集所致。

(5)添加物对凝固变性的影响　加入食盐、砂糖时,蛋的凝固温度会发生变化。于 15% 的蛋水溶液中加入 1% 食盐则促进蛋液的凝固,这是由于食盐中的钠离子造成的。由于盐类能减低蛋白质分子间的排斥力,因此,蛋在盐水中加热,蛋液凝固完全,且易离壳。如果是钙,凝固力将更强,效果是钠的千倍。100 g 牛奶中约含 0.1 g 钙,会得到添加食盐一样强的凝固性。因此,制作蛋糕如果使用牛奶,产品质量更好。

另一方面,砂糖有减弱蛋白质凝固的作用,蛋液中加入糖可使凝固温度升高,凝固物变化,加糖后制品的硬度与砂糖添加量成反比。不添加砂糖时硬度是 26;加入的糖浓度为 10% 时,硬度为 21;加入的糖浓度为 20% 时硬度为 15;加入的糖浓度为 30% 时硬度为 8,此时硬度是不加糖时的 2/3 以下。人们喜欢甜味小的糕点,砂糖用量的减少,对于蛋糕类点心的绵软性的影响值得注意。

制作鸡蛋饮料或蛋乳饮料时,在加热杀菌过程中,可将蛋白质一部分先行分解,或加多量的蔗糖,或少量柠檬酸或酒石酸,以防止蛋白质的热凝固。

三、蛋清的起泡性

泡沫是一种气体分散在液体中的多相体系,即当搅打蛋清时,空气进入并被包在蛋清液中形成气泡。在起泡过程中,气泡逐渐由大变小,而数目增多,最后失去流动性,通过加热使之固定。早在 300 年前,蛋清的起泡性就被用在食品加工上制作蛋糕等产品。蛋清的起泡性决定于球蛋白、伴白蛋白,而卵黏蛋白和溶菌酶则起稳定作用。蛋清一经搅打就会起泡,原因是蛋清蛋白质降低了蛋清溶液的表面张力,有利于形成大的表面;溶液蒸汽压下降,使气泡膜上的水分蒸发现象减少;泡的表面膜彼此不立刻合并;泡沫的表面凝固等。

(一)搅打引起的蛋清变化

打蛋第一阶段,形成较大的气泡,无色半透明,易流动,为刚刚发泡的阶段,具有脱除涩、辣等异味的作用。第二阶段泡沫变小,湿而有光泽,用打蛋器搅拌后,取出打蛋器时可看到打蛋器的尖端由于泡沫的压力而弯曲、摇动。说明泡沫具有一定的弹性,处于半立状态,适宜于制作柔软的蛋糕。第三阶段是充分起泡状态,泡小,容积增大,色白而明亮,继续打泡时光泽消失,弹力下降,成为不易破灭的泡。把容器倒置时,泡不落下,这在制蛋糕等方面有广泛用途。第四阶段泡沫坚实而脆弱,表面干燥。这是打泡过度造成的。外界稍加一点刺激就会使泡破灭,成为棉絮般小泡,这种干泡,弹性小,即使泡内空气膨胀,泡膜也不扩大。气泡破灭,空气逸出后变成不理想的海绵状结构。以上各阶段并非有明显的界限,在实际操作中,起泡的各阶段对于制出性能良好的蛋糕至关重要。

(二)起泡作用

搅打蛋清时,由于蛋白质分子发生了横向结合,形成薄膜,从而产生起泡作用。

1.表面张力和起泡

如果我们实验时把水搅拌几下并不起泡,然而在水中加入肥皂或酒精,搅拌后就会起泡。

蛋白质类起泡剂降低表面张力的能力有限,但是它可以形成具有一定机械强度的薄膜,这是因为蛋白质分子之间除了范德华引力外,分子中的羧基与氨基之间有形成氢键的能力,所以由蛋白质生成的薄膜十分牢固,形成的泡沫相当稳定。就禽蛋蛋白质来说,稀薄蛋白比浓厚蛋白表面张力更小,加入试管等容器中振荡时,有良好的起泡性能,所以陈蛋和稀蛋白多的蛋比新鲜蛋更易起泡。但是,陈蛋或稀薄蛋白泡沫稳定性差,并不适宜用于糕点制作。

2.蛋的起泡力和泡沫稳定性

起泡能力和泡沫的稳定性是两个不同的概念。起泡能力是指液体在外界条件作用下,生成泡沫的难易程度;表面张力越低越有利于起泡,通常加入表面活性剂即此目的。泡沫的稳定性是指泡沫生成后的持久性,即泡沫的"寿命"长短。由于表面张力与温度有密切关系,随温度的升高表面张力下降。因此,起泡力是随温度的升高而增强。

起泡力一般用从搅拌容器底部到达泡沫表面的高度来表示。全蛋液当温度达 20℃ 以上时起泡力变化不大。良好的起泡性是重要的,但保持泡沫的稳定性也是必要的。泡沫的稳定性受表面黏度的影响。表面黏度是液体表面单分子层的黏度,不是纯液体黏度,液体内部的黏度叫体黏度。液体的体黏度很高,也可以获得较稳定的泡沫,但远不如表面黏度的影响大。表面黏度通常由表面活性分子在表面构成的单分子层产生。蛋白质水溶液有很高的表面黏度,可以形成相当稳定的泡沫;甚至有些泡沫的表面膜具有半固体或固体性质,这种泡沫极不容易破灭。一般来说蛋白泡沫比较稳定。

用电动搅拌器打泡时,即使浓厚蛋白也能充分起泡,其泡比稀薄蛋白的更牢固、稳定,当蛋白起泡时,立刻冷却,就会成为细小稳定的泡。

温度对泡沫的稳定性也有影响。38℃时起泡最好,打蛋 8 min 左右达到最大起泡力,是原来的 2 倍,以后逐渐减少,这种泡不够稳定。21℃左右起泡良好而稳定。

(三)影响蛋清起泡性的因素

1.添加物对蛋清起泡的影响

无添加物的蛋清起泡良好,但离液量多,泡膜干燥、脆弱,易于失去弹性而破灭。由于干燥而无弹性的气泡不能膨胀,对制作糕点不利,所以无添加物起泡不可取。添加物种类的不同对起泡力有一定影响,见表 15-31。起泡力的优劣可以由泡的相对密度和离液率来鉴定。

表 15-31　不同添加物所得蛋白泡的相对密度和离液率

添加物	搅拌时间 /min	相对密度	外观	离液率/%			放置后的状态
				60 min	120 min	180 min	
无添加物	1	0.177	易碎	37.5	60.5	73.0	变形
食盐(1%)	7	0.186	松脆	41.5	64.5	75.5	变形
砂糖(50%)	5	0.333	新鲜而有光泽	10.8	26.5	37.5	小球形
酒石酸(1.5%)	5	0.170	发干	14.5	32.5	46.5	球形
葡萄糖浆 (15%)	5	0.210	稍新鲜	30.0	45.0	55.2	比砂糖稍大的球形

　　泡的相对密度表示了起泡力的优劣,由表中可以看出,起泡力以酒石酸最好;其次为无添加物蛋液、加食盐的、加葡萄糖浆的、加砂糖的。离液率就是泡沫变成液体的比例,表示了泡的持久性。离液率越小,稳定性越强。添加物影响泡稳定性的强弱顺序为:砂糖、酒石酸、葡萄糖浆、无添加物、食盐。分别添加食盐、葡萄糖浆、酒石酸、砂糖后打泡,放置 3 h 观察,其中加盐的泡最不好,泡较松软,容积最小;其次是加葡萄糖浆的;加酒石酸的泡表面干燥、膜薄,最好的是添加蔗糖的。

　　添加食盐使液体的表面张力稍有提高。在 20℃ 时,水的表面张力是 72.8 mN/m,添加食盐后由于浓度提高,表面张力变大,添加 4% 的食盐时表面张力为 77 mN/m,因此添加食盐对起泡不利。再则,食盐与水的亲和力强,易于溶解,使泡的离液量增多。所以制糕点需添加食盐时,不要超过 1%,最好不在打蛋时加入,而在其他工序加入。为了防止有时食盐不能完全溶解,可制成食盐饱和液滴加。

　　制作蛋糕时,可以添加酒石酸或柠檬酸于蛋清中,目的是得到坚实而不易变形的蛋糕,而且有机酸作用于面粉的色素,使蛋糕增白。蔗糖易溶于水,糖液有一定黏度,添加于蛋清中,由于黏度增加使排液量减少,起泡力虽稍差,但是较长时间打泡的话,能成细而密集的泡。蔗糖具有持水性,可以延迟蛋白泡表面的变化,防止蛋白泡干燥,形成变化较小而稳定的泡。添加蔗糖还可以防止起泡过度。

　　油脂是消泡剂,能影响蛋液的起泡性。当添加 1% 时,蛋白不易起泡;添加 2% 时,将阻塞空气的混入;添加 3% 时,随着不断搅拌,泡内空气反而会不断逸出。所以,在打蛋前应用热水将容器洗净。由于蛋黄含有很多脂肪,应将蛋黄与蛋清分离完全,分开搅打。

　　2. 蛋白泡放置时的变化

　　(1)气泡的再分布　蛋白泡最初是细小、洁白紧密,放置之后细小的泡逐渐合并成大泡,而气泡数减少,随之大泡变得越来越大,这种现象称为泡的再分布。再分布时变化迅速的泡不稳定,而缓慢变化的泡比较稳定。这些变化是由于泡膜空气而引起。当大小泡相接时,气泡中的压力如下式:

$$气泡中压力 = p + 4r/R$$

式中:p 为大气压力;r 为表面张力;R 为气泡的半径。

　　由于大气压和表面张力是一定的,泡中的压力由气泡的大小决定。由上式可知,大泡中的压力小,小气泡压力大。大小泡的交界面向大泡一面突出,小泡的气体通过交界面向大泡扩散使大泡渐渐增大,小泡渐渐变小,最后破灭,进行着泡的再分布。

　　(2)泡膜厚度的变化　蛋白泡一经放置,容器底部即会集聚液体,其原因是泡膜在大气压和重力的作用下流出液体,聚集于容器底部,这种离液越多,说明泡膜越来越薄,甚至破灭。

　　3.蛋白泡与pH的关系

　　蛋白的等电点约在pH 4.8,这时起泡最好。可以采用酒石酸或柠檬酸降低陈蛋的pH。如果陈蛋的pH为9时设为a,慢慢加入酒石酸直至pH降到5.0设为b,a的相对密度等于0.142,b的相对密度等于0.129。这是由于加入酸性酒石酸使蛋白接近于等电点时打蛋,起泡良好。但是加酸不能过多,以防酸味对糕点的不良影响。

　　蛋的起泡力除受上述因素影响之外,还因产蛋季节、蛋的贮藏日期以及蛋的种类不同而异。一般春季产的蛋起泡力最好,秋季次之,夏季稍差;鲜蛋比贮藏蛋起泡力好;冻结蛋的蛋清虽然解冻后浓厚蛋白减少,但是pH以及制糕点时应具备的特性与鲜蛋清几乎相同,打蛋时如采用10℃以下的温度,长时间搅拌,由于浓厚蛋白变稀,起泡力相当好,能形成柔软的泡;干蛋白的起泡性能也较好,一般一份干蛋白加入5.5~7份的水时,能打出与鲜蛋清同样坚实的泡,制出品质好的糕点。

　　鉴定蛋的起泡力可采用下列方法:将蛋和蔗糖混合,于35℃下用电动搅拌器搅拌。用内径5.5 mm、长35 cm的玻璃管吸入高度为20 cm的起泡蛋液,在20 s内滴下液滴的数目愈少起泡愈好。起泡良好的液滴不易落下,起泡不好的液滴下落得快。

　　总之,利用蛋品加工糕点等食品时,除了能增加产品营养和蛋香味外,很大程度上是利用蛋品的性质,即它的乳化性、凝固性及起泡性等。为了得到理想的产品,加工时必须考虑蛋的品种、产地、产蛋季节、蛋的新鲜度及搅拌器的选用、搅拌速度、时间、温度、添加物的影响等因素,以便加工出品质优良、经济合理的产品。

四、蛋黄的乳化性

　　蛋黄中含有丰富的卵磷脂,所以具有优良的乳化性。卵磷脂是一种天然的乳化剂,从而使蛋黄具有良好的乳化作用。蛋黄的乳化性对蛋黄酱、色拉调味料、起酥油面团等的制作有很重要的意义。众所周知,油与水是不相溶的,但卵磷脂既具有能与油结合的疏水基,又有能与水结合的亲水基,在搅拌下能形成混合均匀的蛋黄酱。蛋黄酱的粒子构造为油的小粒子周围包着卵黄(乳化剂),再外层就是醋,蛋黄黏稠的连续性能促进乳化液的稳定,因为它阻止分散相(油滴)的运动和聚集。蛋黄的乳化性受加工方法和其他因素的影响,用水稀释蛋黄后,其乳化液体的稳定性降低。这是由于稀释后,乳化液中的固形物减少,黏度降低之故。向蛋黄中添加少量食盐、食糖等都可显著提高蛋黄的乳化能力;蛋黄发酵后,其乳化能力增强,乳化液的热稳定性高(100℃,30 min);温度对蛋黄卵磷脂的乳化性也有影响,例如,制蛋黄酱时,用冷藏蛋乳化作用不好,一般蛋黄温度以16~18℃比较适宜,温度超过30℃又会由于过热使粒子硬结在一起而降低蛋黄酱的质量;而酸能降低蛋黄的乳化力;另外,冷冻、干燥、贮藏都会使乳化力下降。

五、鲜蛋的贮运特性

　　温度的高低、湿度大小以及污染、挤压碰撞等会引起鲜蛋质量的变化。鲜蛋在贮藏、运输等过程中具有以下特点:

1. 孵育性

鲜蛋存放以 −1～0℃为宜。因为低温有利于抑制蛋内微生物和酶的活动,使鲜蛋呼吸缓慢,水分蒸发减少,有利于保持鲜蛋的营养价值和鲜度。温度在 10～20℃时就会引起鲜蛋渐变;21～25℃时胚胎开始发育;25～28℃时发育就加快,改变了禽蛋的内部品质;37.5～39.5℃时,仅 3～5 d 内胚胎周围就出现树枝状血管,即使未受精的蛋,气温过高也会引起胚珠和蛋黄扩大。高温造成蛋白变稀、水分蒸发、气室增大、质量减轻。据测定,一枚鲜蛋存放在 9℃环境中时,每昼夜失重 1 mg;22℃时,失重 10 mg;37℃时,失重 50 mg。

2. 易潮性

潮湿是加快鲜蛋变质的又一重要因素,雨淋、水洗、受潮都会破坏蛋壳表面的胶质薄膜,造成气孔外露,细菌容易进入蛋内繁殖,加快蛋的腐败。

3. 冻裂性

蛋既怕高温,又怕低温。当温度低于 −2℃时,易将鲜蛋蛋壳冻裂,蛋液渗出;−7℃时,蛋液开始冻结。因此,当气温过低时,必须做好保暖防冻工作。

4. 吸味性

鲜蛋能通过蛋壳的气孔不断进行呼吸,故当存放的环境有异味时,它有吸收异味的特性。鲜蛋在收购、调运、储存过程中如与农药、化学药品、煤油、腥鱼、药材或某些药品等有异味的物质或腐烂变质的动植物放在一起时,就会带有异味,影响食用及加工产品质量。

5. 易腐性

鲜蛋含丰富的营养成分,是细菌的天然培养基,当鲜蛋受到禽粪、血污、蛋液及其他有机物污染时,细菌就会先在蛋壳表面生长繁殖,并逐步从气孔侵入蛋内。在适宜的温度下细菌就会迅速繁殖,加速蛋的变质,甚至使其腐败。

6. 易碎性

挤压碰撞极易使蛋壳破碎,造成裂纹、硌窝、流清等。

鉴于上述特性,鲜蛋必须存放在干燥、清洁、无异味、温度偏低、湿度适宜、通气良好的地方,并要轻拿轻放,切忌碰撞,以防破损。

复习思考题

1. 简述禽蛋的构造及其在加工贮藏中的意义。
2. 试述蛋壳上的气孔的分布特征及作用。
3. 什么是气室?气室测定方法及其在加工贮藏中的意义有哪些?
4. 什么叫系带?系带的结构特点及作用?
5. 蛋的化学组成特点有哪些?
6. 蛋清中包括哪 12 种主要的蛋白质,它们的物理化学、生理学和食品加工性质是什么?
7. 蛋黄中包括哪 4 种主要的蛋白质,它们的结构特点和食品加工性质是什么?
8. 蛋黄中包括哪 3 类主要的脂质,它们的结构特点和食品加工性质是什么?
9. 试述蛋黄中的色素、维生素、矿物质等含量和组成特点。
10. 以数据和事实论证禽蛋营养价值的全面性。
11. 试述禽蛋的理化性质及其在加工贮藏中的应用。
12. 试述禽蛋的功能特性及其在食品加工和贮藏中的应用。

第十六章
禽蛋的品质鉴定和分级

【目标要求】

1. 掌握禽蛋的质量指标；
2. 掌握禽蛋的分级方法；
3. 掌握禽蛋的品质鉴定方法。

第一节　禽蛋的质量指标

禽蛋的质量指标是各企业经营鲜蛋、进行品质鉴定和分级的重要依据，直接关系到商品等级、市场竞争力和经济效益，已引起了国内外的重视。衡量禽蛋质量的指标主要包括一般质量指标和内部质量指标。

一、禽蛋的一般质量指标

1. 蛋壳状况

蛋壳状况是影响禽蛋商品价值的一个重要质量指标，蛋壳的感官质量可以通过感官指标进行观察判断，如蛋壳的厚度、清洁程度、完整状况和色泽四个方面进行鉴定。蛋壳厚度因家禽种类不同而不同。鹅蛋壳最厚(0.49～1.00 mm)，鸭蛋壳次之(0.35～0.57 mm)，鸡蛋壳(0.24～0.42 mm)和鹌鹑蛋壳(0.15～0.21 mm)最薄。蛋壳厚度越大，蛋壳强度越大，所以常以蛋壳厚度来间接表示蛋壳强度。蛋壳厚度在 0.35 mm 以上时，具有良好的可运性、贮藏性及耐压性。据美国加利福尼亚大学的研究表明，蛋壳厚度在 0.25 mm 以下时，会产生 85% 左右的破壳蛋。蛋壳厚度与蛋破损间的关系见表 16-1。蛋壳的色泽，由家禽的种类和品种所决定，鸡蛋有白色和褐色(浅褐、褐、深褐)，鸭蛋有白色和青色，鹅蛋为暗白色。

表 16-1　蛋壳厚度与蛋破损间的关系

蛋壳厚度/mm	0.28	0.31	0.33	0.36	0.38
蛋壳破损与裂纹蛋/%	45.5	21.8	12.3	6.8	4.9

质量正常的鲜蛋,蛋壳表面应清洁,无禽粪、无杂草及其他污物;蛋壳完好无损、无硌窝、无裂纹及流清等现象;蛋壳的色泽应当是各种禽蛋所固有的色泽,表面无油光发亮等现象。

2.禽蛋的形状

禽蛋的形状一般为标准的椭圆形,也有细长型或近似球形,细长形和近似球形的禽蛋耐压程度小,在运输和贮藏过程中极易破伤。标准形状鸡蛋见图16-1。

禽蛋形状常用蛋形指数(蛋长径与短径之比)来表示。标准鸡蛋蛋形指数在 1.30～1.35,标准鸭蛋蛋形指数为 1.20～1.40,标准鹅蛋蛋形指数为 1.25～1.54,高于上限者为细长形,小于下限者为球形。禽蛋大小对蛋形指数也有一定的影响,禽蛋大小与蛋形指数的关系见表16-2。在包装过程中,要求每箱中禽蛋的形状尽量保持一致,禽蛋纵轴的耐压性大于横轴,在运输和贮藏时,以竖放为佳。

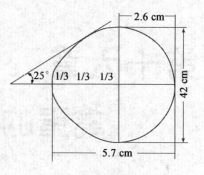

图 16-1　标准形状的鸡蛋

表16-2　禽蛋大小与蛋形指数的关系

禽蛋种类	禽蛋大小/g	蛋形指数
鸡蛋	30～40	1.1～1.2
	40～50	1.24～1.3
	50～60	1.28～1.36
鸭蛋	65～75	1.20～1.25
	75～85	1.20～1.25
	85～100	1.41～1.48
鹅蛋	150～170	1.25～1.31
	170～190	1.32～1.40
	190～210	1.37～1.54

3.禽蛋的重量

禽蛋的重量是评定蛋的等级、新鲜度和蛋的结构的重要指标,其重量与家禽的品种及禽蛋的贮存时间有着较大的关系。一般情况下,鸡蛋重 40～75 g,鸭蛋重 70～100 g,鹅蛋重 160～245 g,鹌鹑蛋重 9～12 g。在贮存过程中,禽蛋内部水分不断向外蒸发,使禽蛋变轻,贮存时间越长,蛋越轻。所以,外形大小相同的同种禽蛋,较轻的蛋可以判断为陈蛋。由此可见,禽蛋的重量也是评定禽蛋新鲜程度的重要指标之一,我国和世界上许多国家出口的鲜蛋都是以重量作为等级的标准。不同重量的同种禽蛋,其蛋壳、蛋白和蛋黄的组成比例不同,随着蛋重的增大,蛋壳和蛋白比例相应增大,而蛋黄比例则基本稳定,在蛋制品工业中选择原料时要充分重视这一点。

4.禽蛋的比重

蛋的比重与蛋重量大小无关,而与禽蛋的新鲜度有着密切关系,是评定禽蛋的新鲜程度的重要标准之一,禽蛋存放时间愈长,气孔愈大,蛋内水分蒸发愈多,其比重越小。

禽蛋的比重用盐水漂浮法来测定,共分9级。在 1 000 mL 水中加入 68 g 氯化钠为 0 级,加入 72 g 氯化钠为 1 级,依此类推,每增加 4 g,级别增加一级。各级盐水经比重计检测和校正后,将蛋依次从低浓度向高浓度通过,悬浮时表明蛋与盐水同比重。最适测定温度为 34.5℃。

在商业上,一般配制成 1.080、1.070、1.060、1.050 四种比重等级的盐水来测定蛋的比重。比重在 1.080 以上的蛋为新鲜蛋,比重在 1.060~1.080 为次鲜蛋,比重在 1.050~1.060 的蛋为陈次蛋,比重在 1.050 以下的蛋为变质蛋,比重低于 1.025,则表明蛋已陈腐。需要注意的是,经比重鉴别过的禽蛋,由于盐水使蛋壳表面胶质脱落,失去保护膜,气孔暴露,细菌容易侵入,蛋内水分也易蒸发,故不宜久存。

二、禽蛋的内部品质指标

1.蛋白状况

蛋白状况是评定禽蛋质量优劣的重要指标。质量正常的蛋,其蛋白状况应当是浓厚蛋白含量多,约占全部蛋白的 50%~60%,无色、透明,有时略带淡黄绿色。

蛋白状况可用灯光透视和直接打开两种方法来判定。

(1)灯光透视法 灯光透视时,若见不到蛋黄的暗影,蛋内透光均衡一致,表明浓厚蛋白较多,蛋的质量优良。

(2)直接打开法 打开禽蛋后,经过滤分离,测定蛋白指数(浓厚蛋白与稀薄蛋白之比)来判定蛋的新鲜程度,新鲜禽蛋蛋白指数为 6∶4 或 5∶5。

2.蛋黄状况

蛋黄状况也是评价禽蛋的质量的重要指标之一,可以通过灯光透视或直接打开的方法来判定。

(1)灯光透视法 灯光透视时,若蛋黄位居中心,不显露,不移动,看不到蛋黄的暗影,则为新鲜禽蛋;若暗影明显且靠近蛋壳,则表明蛋的质量较差。

(2)直接打开法 打开禽蛋后,通过测量蛋黄指数(蛋黄高度与蛋黄直径之比)来判定蛋的新鲜程度。新鲜蛋的蛋黄几乎是半球形,蛋黄指数在 0.40~0.44;存放很久的蛋,其蛋黄是扁平的,蛋黄指数下降,蛋黄指数小于 0.25 时,蛋黄膜则极易破裂,出现散黄。合格蛋的蛋黄指数为 0.30 以上。

蛋黄色泽对禽蛋的商品价值和价格也有很大的影响,饲料叶黄素是影响蛋黄色泽的主要因素。国际上通常用罗氏(Roche)比色扇的 15 种不同黄色色调等级比色,出口鲜蛋的蛋黄色泽要求达到 8 级以上。

3.哈夫单位

哈夫单位是目前国际上对禽蛋品质进行评定的重要指标和常用方法。哈夫单位测定仪见图 16-2。哈夫单位是根据蛋重和浓厚蛋白高度,按一定公式计算出其指标的一种方法,哈夫单位计算公式:

$$Ha = 100 \cdot \lg(h + 7.57 - 1.7 \cdot w^{0.37})$$

式中:Ha 为哈夫单位;h 为测量蛋品的高度,mm;w 为测量蛋

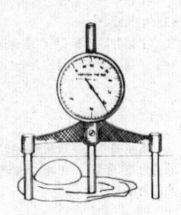

图 16-2 哈夫单位测定仪

品的质量,g。

哈夫单位可以用来衡量蛋白品质和蛋的新鲜程度。新鲜蛋哈夫单位通常在 80 以上,高的可达 90 左右。随着存放时间的延长,由于蛋白质的水解,使浓厚蛋白变稀,蛋白高度下降,哈夫单位变小。通常食用蛋哈夫单位在 72 以上即可,低于 60 就会受到消费者的拒绝,当哈夫单位低于 31 时则为次蛋。禽蛋包装时应使气室向上(壳的圆头向上),防止储存期间对蛋白造成压力,使哈夫单位值升高。

4. 禽蛋内容物的气味和滋味

禽蛋内容物的气味和滋味是否正常,是判别蛋内容物成分有无变化或变化大小的质量指标。质量正常的禽蛋,打开后无异味,但稍有轻微的腥味(这与家禽的饲料有关),煮熟后,气室处无异味,蛋白色白无味,蛋黄味淡而有香气。若打开后有异臭味,则是轻微的腐败蛋。若在蛋壳外面就能闻到氨及硫化氢的臭味,表示禽蛋已经严重腐败,即所谓"臭蛋"。

5. 系带状况

质量正常的禽蛋,其系带粗白而有弹性,位居蛋黄两侧,明显可见。若系带变细,且与蛋黄脱离,甚至消失时,表明蛋的质量降低,并容易出现不同程度的黏壳蛋。

6. 胚胎状况

鲜蛋的胚胎应无受热或发育现象。未受精蛋的胚胎在受热后发生膨大现象,受精蛋的胚胎受热后发育,最初产生血环,最后出现树枝状的血管,形成血环蛋或血筋蛋。

7. 气室状况

气室状况是我国及其他许多国家评定鲜蛋等级的重要依据,也是灯光透视时观察的首要指标。新鲜禽蛋的气室很小,随着禽蛋放置时间延长,水分蒸发越多,气室越大,蛋的质量也相应地降低。气室大小有两种表示方法。一种是用气室高度表示,气室高度(mm)=(气室左边高度+气室右边高度)/2;一种是用气室宽度表示,气室宽度(mm)=气室左边宽度+气室右边宽度。气室高度测定见标尺图 16-3。

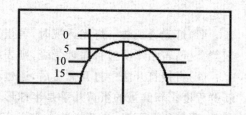

图 16-3　气室高度测定标尺

8. 微生物指标

生物学指标是评定蛋的新鲜程度和卫生状况的重要指标。质量优良的禽蛋应当无霉菌和细菌生长现象。

上述各项指标,是评定禽蛋质量鲜陈优劣的重要依据。在进行禽蛋质量评定和分级时,要对上述各项指标进行综合分析后,才能做出正确的判断和结论。

第二节　禽蛋的分级

禽蛋的分级一般从外观检查和光照鉴定两个方面进行综合确定。在分级时,应注意蛋壳的清洁度、完整性、色泽,外壳膜是否存在,蛋的大小、重量和形状,气室大小,蛋白、蛋黄和胚胎的能见度及位置等。

一、内销禽蛋的质量标准

1. 国家卫生标准

参见 GB 2748—2003 鲜蛋卫生标准。鲜蛋感官指标见表 16-3,理化指标见表 16-4。

表 16-3　鲜蛋感官指标

项目	指标
色泽	具有禽蛋固有的色泽
组织形态	蛋壳清洁、无破裂,打开后蛋黄凸起、完整、有韧性,蛋白澄清透明、稀稠分明
气味	具有产品固有气味,无异味
杂质	无杂质,内容物不得有血块及其他组织异物

表 16-4　鲜蛋理化指标

项目	指标
无机砷/(mg/kg)	0.05
铅(Pb)/(mg/kg)	0.2
镉(Cd)/(mg/kg)	0.05
总汞(以计)	0.05
六六六、滴滴涕	按 GB 2763 规定执行

2. 收购等级标准

目前尚未有全国统一的收购等级标准,但有些地区制定了收购等级标准。收购等级标准见表 16-5。

表 16-5　鲜蛋收购等级标准

蛋的等级	特点
一级蛋	不分禽蛋品种,不论大小(除仔鸭蛋外),必须新鲜、清洁、完整、无破损
二级蛋	品质新鲜,蛋壳完整,沾有污物或受雨水淋湿的蛋
三级蛋	污染严重,污染面积超过 50% 的蛋和仔鸭蛋

冷藏时,一级蛋可贮存 9 个月以上;二级蛋可贮存 6 个月左右,三级蛋只可短期贮存或及时安排销售。

在加工腌制蛋时,一、二级鸭蛋宜加工彩蛋或糟蛋,三级蛋一般用于加工咸蛋。

3. 冷藏蛋分级

冷藏蛋分级标准见表 16-6。

一级冷藏蛋除夏季不可加工为松花蛋、咸蛋外,其他季节均可加工。二级冷藏蛋可以加工为咸蛋,但只在冬季可以加工为松花蛋。三级冷藏蛋不宜用于加工松花蛋和咸蛋。

表 16-6　冷藏蛋分级标准

冷藏蛋等级	特点
一级冷藏蛋	蛋壳清洁、坚固完整、稍有斑痕;气室高度<1 cm,允许轻微移动;蛋白浓厚、透明;蛋黄紧密、明显发红、略偏离中央,无胚胎发育
二级冷藏蛋	蛋壳坚固完整、有少量污泥或斑迹;气室高度<1.2 cm,允许移动;蛋白稀薄、透明、允许有水泡;蛋黄稍紧密、明显发红,偏离中央,黄大扁平,转动时正常,胚胎稍膨大
三级冷藏蛋	蛋壳完整、有污迹、脆薄;气室允许移动,空头大,但不允许超过蛋的1/4;蛋白稀薄如水;蛋黄大且扁平,显著发红,明显偏离中央,胚胎明显膨大

4.销售分级

目前没有全国统一的标准,但各地的标准大同小异,销售标准见表 16-7。

一般是:①一级蛋　鸡蛋、鸭蛋(除仔蛋外)、鹅蛋不论大小,凡是新鲜、无破损的均按一级蛋销售。成批的仔蛋、裂纹蛋、大血筋蛋、泥污蛋和雨淋蛋,按一级蛋折价销售。②二级蛋　指硌窝蛋、黏眼蛋、穿眼蛋(小口流清、头照蛋、靠黄)等。③三级蛋　指大口流清蛋、红贴皮蛋、散黄蛋、外霉蛋等。

表 16-7　销售分级标准

蛋的等级	特点
一级蛋	鸡蛋、鸭蛋(除仔蛋外)、鹅蛋不论大小,必须新鲜、无破损
二级蛋	硌窝蛋、粘眼蛋、穿眼蛋(小口流清、头照蛋、靠黄)
三级蛋	大口流清蛋、红贴皮蛋、散黄蛋、外霉蛋

不同等级的蛋,其销售差价依地区、季节不同而不同。

二、出口鲜蛋分级标准

1.按质量分级

我国商品检验局根据蛋的保存时间、蛋壳、气室、蛋白、蛋黄及胚胎状况而分为 3 级。各级蛋的质量标准见表 16-8。

表 16-8　各级蛋的质量标准

指标		一级蛋	二级蛋	三级蛋
蛋重	单个重	60 g 以上	50 g 以上	38 g 以上
	10 个重	不少于 600 g	500 g 以上	380 g 以上
蛋壳		清洁、坚固、完整	清洁、坚固、完整	污蛋不超过全蛋的1/10
气室		深度 5 mm 以上者不超过全蛋的10%	深度 5 mm 以上者不超过全蛋的10%	深度 7~8 mm,不超过全蛋的1/4
蛋白		色清、浓厚	色清、较浓厚	色清、较稀薄
蛋黄		不显露	略明显,但仍固定	明显,且移动
胚胎		不发育	不发育	允许稍发育

(1)一级蛋　刚产出不久；蛋壳坚固完整、清洁干燥；色泽自然有光泽，并带有新鲜蛋固有的腥味；透视时气室很小，深度 5 mm 以上者不超过全蛋的 10%，不移动；蛋白浓厚、透明；蛋黄位于中央，胚胎不发育。

(2)二级蛋　存放时间略长；蛋壳坚固完整、清洁，允许稍带斑迹；透视时气室小，深度 5 mm 以上者不超过全蛋的 10%，不移动；蛋白略稀、透明；蛋黄稍大，明显，允许偏离中央，胚胎不发育。

(3)三级蛋　存放时间较长；蛋壳脆薄，有污迹、斑迹；深度 7～8 mm，不超过全蛋的 1/4，允许移动；蛋白较稀、透明；蛋黄大而扁平，显著呈红色，胚胎允许稍发育。

随着我国对外贸易的发展以及国际市场的变化，出口禽蛋的质量分级标准也有所变化，对不同国家和地区的分级标准也有所不同。在出口时，要根据国际市场情况和买方的要求，经双方协商，将分级标准具体规定在合同上面。

2.按重量分级

出口禽蛋除按质量分类外，还可按重量分级，出口禽蛋重量分级标准见表 16-9。

表 16-9　出口禽蛋重量分级标准

指　标	每箱重量/300 枚	每千枚蛋重量
大超级鸡蛋	＞16.75 kg	＞55.5 kg
一级鸡蛋	＞15 kg	＞50 kg
二级鸡蛋	＞14 kg	＞46.5 kg
指　标	每箱重量/360 枚	每千枚蛋重量
三级鸡蛋	＞15.75 kg	＞43.5 kg
四级鸡蛋	＞13.75 kg	＞38 kg
指　标	每箱重量/240 枚	每千枚蛋重量
大超级鸭蛋	＞16.75 kg	＞70 kg
一级鸭蛋	＞15.25 kg	＞64 kg
二级鸭蛋	＞13.5 kg	＞56.5 kg
三级鸭蛋	＞12 kg	＞50 kg

第三节　禽蛋的品质鉴定方法

品质鉴定是禽蛋生产、经营、加工中的重要环节之一，直接影响到商品质量、等级、市场竞争力和经济效益等。目前广泛采用的鉴定方法包括感官鉴定法、光照透视鉴定法、理化检验法和微生物学检验法，通常只需采用前两种不破壳的鉴定方法就可以反映蛋的质量了，必要时，可以进行理化检验和微生物学检验。

一、感官鉴定法

感官鉴别法是检验人员凭借自身的技术经验，依靠感官，即视觉、听觉、触觉、嗅觉等感觉器官，通过看、听、嗅、摸等方法来鉴定蛋的品质，该方法基本不需要任何仪器设备，操作简便，是基层业务人员普遍使用的方法。

1.眼看

眼看是指用肉眼观察蛋壳色泽、形状、壳上膜、蛋壳清洁度和完整情况。新鲜禽蛋蛋壳比较粗糙,表皮呈粉红色,色泽鲜明(红皮蛋红润,白皮蛋洁白),表面干净,附有一层霜状胶质薄膜;如表皮霜状胶质脱落,壳色油亮或发乌发灰,甚至有霉点,则为陈蛋。

2.耳听

耳听鉴别鲜蛋的品质通常包括敲击法和振摇法两种方法。

(1)敲击法　即通过敲击蛋壳发出的声音来判定有无裂纹、变质和蛋壳的厚薄程度。方法是把蛋拿在手上,轻轻抖动使蛋与蛋相互碰击,细听其声,若声音坚实,似碰击石头时产生的清脆的咔咔声,则为新鲜蛋;若发音沙哑,有啪啪声,则为裂纹蛋;大头有空洞声,则为空头蛋;若发音尖细,有"叮叮"响声,则为钢壳蛋。

(2)振摇法　即将鲜蛋拿在手中振摇,没有声响的为新鲜禽蛋,若振摇内容物有动荡音响则为散黄蛋。

3.手摸

手摸是指用手摸禽蛋的表面是否粗糙,掂量禽蛋的轻重,新鲜禽蛋蛋壳粗糙,重量适当;不新鲜禽蛋手摸有光滑感,掂量时过轻或过重。

4.鼻嗅

鼻嗅是指用鼻子嗅其气味是否正常,有无异味。方法是用嘴向蛋壳上轻轻哈一口热气,然后用鼻子嗅其气味。一般新鲜鸡蛋、鹌鹑蛋无异味,新鲜鸭蛋有轻微腥味。若蛋白、蛋黄正常,但有异味,属于异味污染蛋;若有霉味,属于霉蛋;若有臭味则属于臭蛋或劣质蛋。

二、光照透视鉴定法

光照透视鉴定法是在灯光透视下,观察蛋壳结构的致密度、气室高度,蛋白、蛋黄、系带和胚胎状况等的特征,对禽蛋综合品质进行评价的一种方法。其鉴定原理是禽蛋蛋壳具有透光性,蛋的结构、成分发生变化形成不同质量的蛋,在灯光透视下会呈现各自不同的特征。采用灯光透视法对禽蛋逐个进行选剔称作"照蛋",此方法准确、快速、简便,是我国和世界各国鲜蛋经营和蛋品加工时普遍采用的一种方法。各种照蛋器的图片见图16-4。

光照透视鉴定法按"照蛋"采用方式的不同,一般分为手工照蛋、机械照蛋和电子自动照蛋三种。手工照蛋是利用照蛋器进行照蛋;机械照蛋是利用自输送式的机械进行连续照蛋;电子自动照蛋是利用光学原理,采用光电元件组装装置代替人的肉眼照蛋,以机械手代替人工操作,以机器输送代替人力搬运,实现自动鉴别的科学方法。按工作程序可分为上蛋、整理、照蛋、装箱四个部分。

各种不同质量的蛋,在灯光透视下,会呈现出不同的形态特征。

1.新鲜蛋

新鲜蛋光照时,蛋壳表面无任何斑点或斑块;蛋内容物透亮,呈淡橘红色;气室较小,高度不超过 5 mm,略微发暗,固定在蛋的大头,不移动;蛋白浓厚澄清,无色,无任何杂质;蛋黄居中,蛋黄膜裹得很紧,不见或略见朦胧暗影,位居中心或稍偏,蛋转动时,蛋黄也随之转动;胚胎看不见,无发育现象;系带在蛋黄两端,呈淡色条状带。鲜蛋适合长期低温储存、日常食用及食

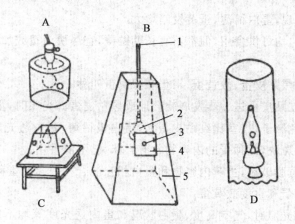

图16-4　各种照蛋器图片
A.圆形单孔照蛋器　　　B.方形双孔照蛋器
C.方形三孔照蛋器　　　D.煤油灯照蛋器
1.电源　2.灯泡　3.照蛋孔　4.胶皮　5.木匣

品加工。

2.破损蛋

破损蛋是指在收购、包装、贮运过程中受到机械损伤的蛋。常见的有以下几种。

(1)裂纹蛋　商业上称为哑子蛋或丝壳蛋,这种蛋在蛋壳上有细小裂纹,将蛋放在手中相互碰撞时,有破碎声或发出哑声。

(2)硌窝蛋　鲜蛋受到挤压,使蛋壳表面有明显的裂纹,局部破损向里凹陷,但蛋壳内膜及蛋白膜完好,内容物尚未暴露。

(3)流清蛋　又称为流蛋、汤蛋,是蛋在搬运时或贮存过程中有碰撞,使蛋壳破裂很厉害,壳下膜有裂口,蛋清向外溢流,有时蛋黄也外溢。

破损蛋由于蛋壳受损,容易受到微生物的感染和破坏,不适合贮藏,应及时处理,可以加工成冰蛋品等。

3.陈次蛋

陈次蛋包括陈蛋、靠黄蛋、红贴皮蛋、热伤蛋等。

(1)陈蛋　存放时间过久的蛋叫陈蛋。由于存放时间过久,水分蒸发较多,所以光照时,气室较大,蛋黄阴影较明显,不在蛋的中央,蛋黄膜松弛,蛋白稀薄。

(2)靠黄蛋　蛋黄离开蛋中心,靠近蛋壳,但尚未贴在蛋壳上,称为靠黄蛋。陈蛋进一步发展形成靠黄蛋。光照时,气室增大,蛋白更稀薄,能很明显地看到蛋黄暗红色的影子,系带松弛、变细,蛋黄始终向蛋白上方浮动。

(3)红贴皮蛋　又称为搭壳蛋,光照时,气室较靠黄蛋大,蛋黄有少部分贴在蛋壳的内表面上,且在贴皮处呈红色。红贴皮蛋可分为轻度红贴和重度红贴。轻度红贴是在蛋壳内黏着绿豆大小的红点,若用力转动,蛋黄会离开蛋壳,变成靠黄蛋;重度红贴是指蛋黄在内壳贴的面积较大,且牢固地贴在蛋壳上,光照时阴影很明显。

(4)热伤蛋　禽蛋因受热较久,导致胚胎虽未发育,但已膨胀者称为热伤蛋。光照时,可见胚胎增大但无血管出现,蛋白稀薄,蛋黄发暗增大。

以上四种陈次蛋,均可供食用,但都不宜长期贮藏,宜尽快消费或加工成冰蛋品。

4.劣质蛋

劣质蛋主要包括黑贴皮蛋、散黄蛋、霉蛋和黑腐蛋四种。

(1)黑贴皮蛋　红贴皮蛋进一步发展就会形成黑贴皮蛋。光照时,蛋黄大部分贴在蛋壳某处,呈现较明显的黑色影子,气室比红贴皮蛋大,蛋白极稀薄,蛋内透光度大大降低,蛋内甚至出现霉菌的斑点或小斑块,此种蛋的内容物常有异味,已不能食用。

(2)散黄蛋　蛋黄膜破裂,蛋黄内容物和蛋白相互混合在一起的蛋称为散黄蛋。按其散黄程度可分为轻度散黄蛋和重度散黄蛋。

①轻度散黄蛋　光照时,气室高度、蛋白状况和蛋内透光度等均不定,有时可见蛋内呈云雾状。

②重度散黄蛋　光照时,气室大且流动,蛋内透光度差,呈均匀的暗红色,手摇时有水声。

在运输过程中受到剧烈震动,使蛋黄膜破裂而造成的散黄蛋,以及由于长期存放,蛋白质中的水分渗入卵黄,使卵黄膜破裂而造成的散黄蛋,打开时一般无异味,均可及时食用或加工成冰蛋品。但由于细菌侵入,细菌分泌的蛋白分解酶分解蛋黄膜使之破裂,形成的散黄蛋有浓臭味,不可食用。

(3)霉蛋　鲜蛋在包装、储运过程中受潮或雨淋时,很容易滋生霉菌,产生霉蛋。根据霉菌在蛋壳内发育状况可分为壳外霉蛋、轻度霉蛋和重度霉蛋三种。仅壳外发霉,内部正常者称为壳外霉蛋,这种霉蛋品质无变化,可以食用;光照时,蛋白膜上有霉点或霉块,打开后蛋液中无霉点和霉味,则为轻度霉蛋,这种霉蛋品质无变化,可以食用;光照时,霉菌遍布全蛋,有较严重发霉气味,打开后蛋白膜及蛋液内均有较多霉斑或蛋白呈胶冻样霉变,则为重度霉蛋,此种霉蛋以严重变质,不可食用,但可综合利用加工成其他产品。

(4)黑腐蛋　黑腐蛋又称为臭蛋、老黑蛋、腐败蛋、坏蛋,蛋壳乌灰色,甚至可使蛋壳因受内部硫化氢气体膨胀而破裂,透视时,蛋不透光,呈灰黑色,打开后,蛋的混合物呈灰绿色或暗黄色,并带有恶臭味,这类蛋是严重变质的蛋,不可食用。

三、理化鉴定

理化鉴定主要包括相对密度鉴定法和荧光鉴定法。

1.相对密度鉴定法

相对密度鉴定法是利用蛋的新鲜程度降低后,蛋内水分蒸发,气室扩大,内容物质量减轻的变化,在一定相对密度的盐水溶液中观察其沉浮情况来鉴别蛋的新鲜程度。

先配制各种浓度的食盐水(表16-10),将禽蛋置于食盐水中,以蛋放入后不漂浮的食盐水的相对密度来作为该蛋的相对密度。质量正常的新鲜蛋的相对密度为 $1.080 \sim 1.090$,若低于 1.050,则表明蛋已陈腐。蛋壳厚度对蛋的相对密度有一定的影响,蛋壳越薄,相对密度越小。蛋壳厚度与蛋的相对密度关系见表16-11。

表 16-10　食盐水浓度表

相对密度	食盐水浓度/%	相对密度	食盐水浓度/%
1.007 25	1	1.065 93	9
1.014 50	2	1.073 35	10
1.021 74	3	1.080 97	11
1.028 99	4	1.088 59	12
1.036 24	5	1.096 22	13
1.043 66	6	1.103 84	14
1.051 08	7	1.111 46	15
1.058 51	8		

表 16-11　蛋壳厚度与蛋的相对密度的关系

蛋的相对密度	1.070	1.080	1.090
蛋壳厚度/mm	0.28～0.30	0.33～0.36	0.38～0.41

2.荧光鉴定法

荧光鉴定法是用紫外光照射,观察蛋壳光谱的变化来鉴别蛋新鲜程度的一种方法。其原理是用紫外光照射,蛋的鲜陈由荧光强度的强弱反映出来,质量新鲜的蛋荧光强度弱,而越陈旧的蛋荧光强度越强,即使有轻微的腐败,也会引起发光光谱的变化。据测定,最新鲜的蛋,荧光反应是深红色,渐次由深红色变为红色、淡红色、青、淡紫色、紫色等等。根据这些光谱变化可以判定蛋的品质好坏。

四、微生物学检查法

在蛋品加工企业和商业经营中一般不做微生物学检查,只有在发现有严重问题,需深入研究、查找原因时,才进一步进行微生物学检查,主要是鉴定蛋内有无霉菌和细菌污染现象,特别是沙门氏菌污染状况、蛋内菌数是否超标等。

复习思考题

1.禽蛋的一般质量指标是什么? 禽蛋的内部品质指标是什么?

2.内销禽蛋的收购等级标准是什么?

3.试述禽蛋的重量与贮藏时间的关系,并说明原因。

4.判定蛋白、蛋黄状况的方法有哪些,如何进行?

5.简述冷藏蛋分级标准。

6.禽蛋感官鉴定法有哪些?

7.通过光照透视鉴定法,新鲜禽蛋的特点是什么?

8.劣质蛋主要包括哪些蛋,其照蛋时的主要特征是什么?

9.陈次蛋主要包括哪些蛋,其照蛋时的主要特征是什么?

10.试述光照透视鉴定法的原理。

第十七章

禽蛋的贮藏保鲜

【目标要求】
1. 掌握鲜蛋在贮藏过程中的变化;
2. 了解蛋贮藏保鲜的基本原则;
3. 掌握蛋的贮藏保鲜方法、主要原理及其操作方法。

第一节　鲜蛋在贮藏过程中的变化

鲜蛋在贮藏过程中,无论采取哪种保鲜方法,蛋的内容物都会发生不同程度的物理、化学和生物学的改变。

一、物理变化

1. 蛋重

鲜蛋在贮藏过程中,由于蛋壳上分布有气孔,蛋内水分不断蒸发,蛋的重量会逐渐变轻,贮藏时间越久,气室越大,减重越多。主要影响因素包括温度、湿度、贮藏期、贮藏方法及蛋壳厚薄等。

(1)温度　蛋贮藏温度的高低与蛋重有着直接的关系。温度越高,减重越多。有报道表明,鸡蛋在 9℃ 和 18℃ 条件下贮藏,鸡蛋每昼夜的减重是相同的,在 22℃ 和 37℃ 条件下贮藏,鸡蛋每昼夜的减重也相差不多,但在 9~18℃ 和 22~37℃ 两段不同的温度范围贮藏,蛋的减重相差 40~50 倍之多。不同温度贮藏蛋的重量变化见表 17-1。

表 17-1　不同温度贮藏蛋的重量变化(湿度相同)

温度/℃	每昼夜质量变化/g	温度/℃	每昼夜质量变化/g
9	0.001	22	0.04
18	0.001	37	0.05

(2)湿度　环境湿度越高,减重越少。不同湿度贮藏蛋的重量变化见表 17-2。

表 17-2　不同温度贮藏蛋的重量变化（温度相同）

空气相对湿度/%	90	70	50
每昼夜质量变化/g	0.007 5	0.018 3	0.025 8

（3）贮藏期　蛋贮藏时间越长，减重越多。

（4）贮藏方法　鲜蛋可以采用不同的方法进行保鲜，获得的保鲜效果也不同。浸泡法几乎不减重；涂膜保鲜在蛋壳表面形成一层均匀的薄膜，使蛋气孔闭塞，阻止了水分的外逸，所以蛋减重较少；谷物贮藏减重较多。

（5）蛋壳的厚薄　蛋壳越薄，水分蒸发越多，则减重越多。

2.气室变化

气室是衡量蛋新鲜程度的标志之一。蛋在形成过程中没有气室，蛋产下后，内容物遇冷，收缩形成了气室，其高度小于 3 mm。蛋在贮藏过程中，随着水分的蒸发、二氧化碳的逸出及蛋的内容物的不断干缩，导致气室逐渐增大。在贮藏温度、湿度、气孔数量及大小等条件相同的情况下，贮藏时间越长，气室越大。不同贮藏时间蛋的气室高度变化见表 17-3。

表 17-3　不同贮藏时间蛋的气室高度变化

时间/d	0	25	50	75	100
气室高度/mm	1.5	6.0	9.0	11.5	13.5

3.水分变化

在一定的温度、湿度条件下，随着蛋贮藏时间延长，蛋白中的水分不断通过蛋壳上的气孔不断向外蒸发，同时也会向蛋黄内渗透，导致内容物水分不断变化。鲜蛋的蛋白和蛋黄的含水量分别为 73.57% 和 47.58%，经过一段时间贮藏后，蛋白中水分可降至 71% 以下，而蛋黄中水分有所增加。

蛋白内的水分向蛋黄渗透的数量及速度与贮藏的温度、时间有直接关系，温度越高渗透速度越快，贮存时间越久，渗透到蛋黄中的水分也越多。

4.浓厚蛋白水样化

鲜蛋随着贮藏时间的延长，蛋白结构不断发生变化，浓厚蛋白逐渐减少，稀薄蛋白含量逐渐增加。研究发现，浓厚蛋白中的卵黏蛋白含量由于贮藏而减少，而水样蛋白中的卵黏蛋白含量由于贮藏而增加。卵黏蛋白中含有使蛋白溶解的卵黏蛋白溶解酶，使蛋白结构崩溃，致使蛋白水样化。

5.蛋黄膜的变化

鲜蛋在贮藏过程中，蛋白的水样化使蛋黄膜弹性减小，甚至破裂，造成散黄蛋。蛋黄膜的弹性用蛋黄指数来表示，即蛋破壳后，将蛋黄放在平板上，测其高度和直径，二者之比即为蛋黄指数。

二、化学变化

1.pH 变化

蛋在贮藏期间，pH 不断发生变化。蛋黄 pH 变化较缓，鲜蛋蛋黄的 pH 为 6.0~6.6，随着贮藏时间延长,pH 逐渐上升,至接近中性,以至达到中性。蛋白的变化比蛋黄大,最初蛋白的 pH 为 7.6~7.9,贮藏后可达 9.0 以上。但当蛋接近变质时,pH 则有下降的趋势。

其主要原因是由于蛋在贮藏过程中与空气接触,导致溶解在蛋内的 CO_2 不断通过气孔向外散逸,使 pH 不断上升,当气室内的 CO_2 与外界空气中的 CO_2 达到平衡后,就停止下降,此时蛋白 pH 达 9.0 以上。例如蛋在 25℃贮藏时,第 1 天散逸的 CO_2 气体最多,pH 上升很快,10 d 后散逸的速度变得很慢,pH 开始下降。

当蛋黄和蛋白的 pH 均接近 7 时,说明蛋已相当陈旧,但尚可食用。当蛋腐败后,CO_2 难以排出,加上腐败后蛋内有机物分解产生酸类,pH 下降到中性或酸性,这种蛋不能食用。

2.挥发性盐基氮值(VBN)增加

蛋在贮藏期间,由于酶和微生物的作用,使蛋中蛋白质发生分解,而使挥发性盐基氮值增加。蛋的品质与挥发性盐基氮含量关系见表 17-4。

表 17-4　蛋的品质与挥发性盐基氮含量关系

蛋的品质	VBN 值/(mg/100 g)	蛋的品质	VBN 值/(mg/100 g)
新鲜蛋	3.54	贴壳蛋	7.00~11.00
刚散黄蛋	3.95	老黑蛋	大于 137.00
散黄蛋	6.06		

3.脂肪酸的变化

贮存期间,蛋黄中的脂类逐渐氧化,使游离脂肪酸逐步增加。鸡蛋贮藏期间游离脂肪酸变化情况见表 17-5。

表 17-5　蛋的品质与挥发性盐基氮含量关系

贮藏期	游离脂肪酸/%	酸价/(mg KOH/g)	贮藏期	游离脂肪酸/%	酸价/(mg KOH/g)
鲜蛋	1.72	3.42	12 个月	5.12	10.25
3 个月	3.12	6.21	腐败蛋	17.3	34.40

4.磷酸的变化

蛋在贮存期间,随着贮存时间延长,蛋黄中的卵黄磷蛋白、磷脂类及甘油磷酸等,会分解出可溶性无机态磷酸,使磷酸含量增加,尤其是腐败的蛋,可溶性磷酸增加更多。

三、生理学变化

禽蛋在贮藏期间,较高温度(25℃)会使其胚胎产生发育现象。使受精卵的胚胎周围产生网状血丝、血圈、甚至血筋现象,称为胚胎发育蛋;使未受精卵的胚胎有膨大现象,称为热伤蛋。

蛋的生理学变化,常常引起蛋的食用价值降低,耐贮性也随之降低,甚至引起蛋的腐败变质。所以要注意控制保藏温度,防止蛋的生理学变化。

四、微生物变化

鲜蛋具有极高的营养价值,也是微生物良好的培养基。蛋在形成、贮藏和流通过程中,很容易受到微生物的污染。健康母鸡产的鲜蛋,其内容物里是没有微生物的。然而生病的母鸡,在蛋的形成过程中可能污染上各种病原微生物。如沙门氏菌等。

禽蛋在贮藏和流通过程中,外界微生物接触蛋壳,会通过气孔或裂纹侵入蛋内,使内容物发生微生物学变化。

蛋内常发现的微生物主要有霉菌和各种细菌,如曲霉属、青霉属、毛霉属、白霉菌、葡萄球菌、大肠杆菌、产碱杆菌、大肠杆菌、变形杆菌、埃希菌属、假单胞菌等。各种微生物的侵入,不仅使蛋内容物的结构形态发生变化,而且蛋内的主要营养成分也发生变化,造成蛋的腐败变质。各种微生物引起蛋内的变化见表 17-6。

表 17-6　各种微生物引起蛋内的变化

微生物	蛋内变化
荧光假单胞菌(*Pseudomonas fluorescens*)	蛋白质、卵磷脂分解,蛋白质发出绿色荧光
绿脓杆菌(*Pseudomonas asruginosa*)	蛋白质发出绿色荧光
恶臭假单胞菌(*Pseudomonas petida*)	蛋白质发出蓝色荧光
嗜麦芽假单胞菌(*Pseudomonas maltophilia*)	蛋白质分解,产生 H_2S 和色素,蛋黄凝胶化,能看到黄绿色稠状的丝,有胺类臭气
变形菌属(*Proteus*)	蛋白质、卵磷脂分解,产生 H_2S,呈暗褐色,蛋黄呈褐色或黑色
液化气假单胞菌(*Aeromonas liquefacilens*)	蛋白质、卵磷脂分解,产生 H_2S,呈黑色,凝胶蛋白,呈灰色
黏质沙雷菌(*Serratia marcescens*)	蛋白质、卵磷脂分解,产生红色素,蛋白质变成粉红色
产碱杆菌(*Alcaligenes*)	蛋白质、卵磷脂分解
枝孢霉属(*Cladosporium*)	蛋壳表面、蛋壳膜产生暗绿或黑色斑点,蛋白凝胶化,蛋黄膜弹性减弱
侧孢霉属(*Sporotrichum*)	蛋壳表面、蛋壳膜产生红色或粉红色斑点,在蛋内繁殖,蛋白凝胶化,蛋黄膜弹性减弱
青霉属(*Penicillium*)	生成蓝绿色或黄绿色孢子

第二节　蛋贮藏保鲜的基本原则

一、保持蛋壳和壳外膜的完整性

蛋壳是蛋本身具有的一层最理想的天然包装材料和保护层,是与外界的一道天然屏障。分布在蛋壳上的壳外膜可以将蛋壳上的气孔封闭,可以阻止细菌的侵入,但这层薄膜很容易被水溶解,失去对蛋的保护作用。因此,无论采用什么样的方法贮藏鲜蛋,都应当尽量保持蛋壳和壳外膜的完整性。

二、防止微生物的污染

微生物是导致蛋品质变坏的主要原因之一。因此在蛋的贮藏过程中,要尽量采取各种方法,防止外界微生物侵入蛋内。如在贮藏前要把严重污染的蛋挑出,另行处理;鲜蛋入库前,贮藏库要严格杀菌消毒;用具有抑菌作用的涂料涂膜蛋壳等。

三、抑制微生物的繁育

蛋在贮藏过程中,不可避免地会受到各种微生物的污染,因此,在鲜蛋贮藏过程中应尽量设法抑制这些微生物的繁育,达到保鲜的目的。

四、保持蛋的新鲜状态

蛋在产出后,不断地发生着生理生化变化,如水分和能量不断消耗,二氧化碳不断散逸,氧气不断渗入,蛋液的 pH 不断升高,浓蛋液变稀,蛋黄膜弹性逐渐降低,气室逐渐增大等,导致蛋的品质逐渐下降。鲜蛋贮藏过程中要尽量减缓这些变化。

五、抑制胚胎发育

受精蛋在贮藏过程中要防止胚胎发育,否则会降低蛋的品质,因此在蛋的贮藏过程中要避免胚胎发育。最好的方法是采用低温贮藏,尤其是在夏季,如库温超过 23℃,就可能导致胚胎的发育。

第三节　蛋的贮藏保鲜方法

目前,我国的禽蛋,特别是 95% 以上的鸡蛋是以鲜蛋形式消费的。由于禽蛋在贮存过程中会发生各种生理生化变化和微生物变化,促使蛋内容物的成分分解,降低蛋的品质,因此,在蛋的贮存过程中,根据贮藏量、贮藏时间和经济条件等,适宜的采用一些科学的贮藏方法,一方面可以保证禽蛋的质量,延长禽蛋的货架期;另一方面可以调节产蛋淡季禽蛋的供应。蛋的贮藏保鲜方法包括冷藏法、液浸法、涂膜法、消毒法、气调法及干藏法,其中冷藏法和液浸法应用较多。

一、冷藏法

1. 基本原理

冷藏法是利用低温来抑制微生物的生长繁殖和酶的活性,减缓蛋的生理生化变化,延缓浓蛋白水样化的速度和减少干耗率,使鲜蛋在较长时间内能较好地保持原有的品质,从而达到保鲜的目的。冷藏法是目前国内外广泛使用的一种贮藏保鲜方法。

2. 冷藏技术管理

(1)入库前的准备

①冷库消毒　鲜蛋入库前,冷藏库应预先打扫干净、消毒、通风换气,以消灭库内残存的微生物和害虫。消毒可采用漂白粉溶液喷雾消毒或乳酸熏蒸消毒。放蛋的冷库内,严禁存放其他带有异味的物品,以免污染鲜蛋,影响品质。

②严格选蛋　鲜蛋必须经过严格的感官检验和灯光透视,选择符合质量要求的鲜蛋入库,剔除破损蛋、污壳蛋和劣质蛋。

③合理包装　为防止鲜蛋污染发霉,入库蛋的包装要求完整、结实、清洁、干燥、无异味。

④鲜蛋预冷　鲜蛋入冷藏库前,必须经过预冷。如果不经过预冷而直接入库,会由于蛋的温度高,使库温上升,水蒸气会在蛋壳上凝结成水珠,造成霉菌污染。因此,鲜蛋在放入冷藏库

前,必须进行预冷。预冷方式有两种:一种是在冷藏库的穿堂、过道进行,每隔 1~2 h 降温 1℃,待蛋温降至 1~2℃时入库冷藏;另一种是在冷库附近设预冷库,预冷的温度一般为 2~4℃,相对湿度为 75%~85%,时间约为 24 h,使蛋温下降至 2~3℃时,便可入库贮藏。

(2)入库后的管理

①码垛需留有间隔　鲜蛋入库后,为了使库内温度、湿度均匀,并改善库内通风,要按蛋的品种,顺着冷空气循流的方向码垛,蛋箱不要靠墙,要离墙 20~30 cm,蛋箱之间要有一定空隙,各堆垛之间要留出 10 cm 左右的间隔,地面上要有垫板或垫木。垛的高度不能超过风道的喷风口,以利于空气对流畅通。

②库内温、湿度的控制　冷库内的温度、湿度稳定是保证取得良好冷藏效果的关键。鲜蛋冷藏最适温度为 -1.5~-1℃,也可以稍低一些,但不应低于 -2.5℃,否则会使蛋内水分冻结,而导致蛋壳的破裂。温度在一昼夜内变化幅度不能超过 ±0.5℃;库内相对湿度以 85%~88%为宜,湿度过高,霉菌易于繁殖,湿度过低,则会加速蛋内水分的蒸发,增加自然干耗。

③定期检查鲜蛋质量　便于了解鲜蛋在贮存期间的质量变化,更好地确定冷藏时间的长短,发现问题及时采取措施。变质的蛋要及时出库处理,对长期贮存的蛋还要翻箱,以防止出现污黄、靠蛋等次品。

(3)正确出库　冷藏蛋出库时,应先放在特设的房间内,使蛋温逐渐回升,当蛋温升到比外界温度低 3~4℃时,方可出库。如果未经过升温而直接出库,由于蛋温较低,外界温度较高,鲜蛋突然遇热,蛋壳表面就会凝结水珠(俗称"出汗"),容易造成微生物的污染而导致蛋品变质。

二、液浸法

1. 石灰水贮藏法

(1)贮藏原理　石灰水贮藏法是将鲜蛋保存在澄清后的饱和石灰水溶液中。其保藏原理是利用蛋内呼出的二氧化碳同石灰水中的氢氧化钙作用,生成不溶性的碳酸钙微粒,沉积在蛋壳表面,闭塞气孔,可减缓蛋内呼吸作用,并造成蛋内二氧化碳有所积聚,抑制浓厚蛋白变稀,使蛋白 pH 下降,不利于微生物的生长繁殖,同时,石灰水本身具有杀菌作用,达到长时间保鲜的目的。

(2)操作方法　选择洁净的生石灰块,按照生石灰:水=(1~1.5):100 的比例投入缸中,使其充分溶解,呈均匀的饱和溶液,澄清、过滤、冷却后即可使用。

将经过检验合格的鲜蛋轻轻地放入盛有石灰水的缸中,使其缓慢下沉,以免破碎。每缸装蛋应低于液面约 10 cm,经 2~3 d,液面上会形成硬质薄膜,不要触动它,以免薄膜破裂而影响贮蛋质量。

(3)注意事项

①严格选蛋　石灰水贮藏法对蛋的质量要求很严格。一定选择质量优良的鲜蛋,如有破损蛋、劣质蛋混入,随着蛋的腐败变质,微生物会借助石灰水的传播扩散,导致石灰水发浑变臭,影响蛋的品质。

②严格控制库温及水温　库温和水温尽量保持凉爽。炎热季节,库温要低于 25℃,水温要低于 20℃;冬季寒冷季节,库温要低于 3~5℃,水温控制在 1~2℃。

③定期检查　石灰水浸泡期间,要每日早、午、晚 3 次检查库温、水温和水质情况。如发现

石灰水发浑、发绿或有臭味,要及时换水;如缸中有漂浮蛋、破壳蛋、臭蛋等,要及时捞出。

④经石灰水浸泡的蛋,蛋壳松脆,需轻拿轻放。

(4)贮藏效果　用石灰水溶液贮藏鲜蛋,材料来源丰富,经济实惠,降低成本,操作简单,即可大批贮藏,也可小批量贮藏,保存效果良好。但蛋壳色泽较差,有时会有较强的碱味,由于气孔闭塞,煮蛋时,容易"放炮",可在煮制时先在蛋的大头处刺一针眼加以避免。

2.水玻璃贮藏法

水玻璃又名泡化碱。其化学名词为磷酸钠,是硅酸钠(Na_2SiO_3)和硅酸钾(K_2SiO_3)的混合溶液。通常为白色,溶液黏稠、透明,易溶于水,呈碱性反应。

(1)贮藏原理　水玻璃遇水生成偏硅酸或多聚硅酸胶体物质,包围在蛋壳外面形成一层薄的干涸水玻璃层,使气孔闭塞,减少蛋内水分蒸发,减弱蛋内呼吸作用和生化反应,阻止微生物的进入,同时,溶液又有杀菌作用,所以能使鲜蛋能较长时间保鲜。通常贮藏于20℃的室温条件下,可以保存4~5个月。

(2)操作方法　我国多采用3.5~4.00波美度的水玻璃溶液贮藏鲜蛋,目前市场上销售的水玻璃的浓度有56、52、50、45、400波美度5种,因此,购买了水玻璃溶液后不能直接使用,必须进行稀释。

其稀释公式为:加水量=(原水玻璃溶液浓度/要求配制溶液浓度)-1。

稀释时,先在容器内倒入水玻璃原溶液,然后加入少量的水,充分搅拌,使其全部溶解,再加入剩余稀释所需要的水,混匀即可。

(3)注意事项

①配制水玻璃溶液加入的水,最好是软水或含矿物质少的自来水,如果是硬水,必须要经过软化,因为硬水中含有较多的Ca、Mg、Fe等矿物质,会影响水玻璃溶液贮藏蛋的效果。

②水玻璃溶液贮藏法对蛋的质量要求也很严格,一定选择质量优良的鲜蛋。

③水玻璃贮藏蛋的温度,只要水不结冰,温度越低越好。

④水玻璃贮蛋半个月左右,蛋的外表会粘有白色絮状物,溶液呈白灰色,略有浑浊,属正常现象,但若发现溶液呈粉红色,浓厚糨糊状与水分开,是温度过高所致,此时应将蛋捞出洗净,剔除坏蛋,重新配制溶液再贮藏。

⑤经水玻璃贮藏的蛋,在销售加工前,必须用15~20℃温水将水玻璃洗净,并晾干,否则蛋壳黏结,容易破裂。

(4)贮藏效果　水玻璃贮藏的蛋,色泽较差,气孔闭塞,煮蛋时,容易"放炮",可在煮制时先在蛋的大头处刺一针眼加以避免。

3.混合液体保鲜

混合液体的主要组成是石灰、石膏、白矾(即"二石一白"),因此,有人称为"三合一"保鲜剂。操作方法如下:

(1)保鲜原理　石灰、石膏和白矾均可与水发生化学反应,生成碳酸钙,碳酸钙能闭塞蛋壳气孔,同时,溶液中的氢氧化钙与液面上的二氧化碳接触,在蛋壳表面形成一层碳酸钙覆盖物,阻止了微生物的进入,使蛋与空气隔绝,处于"真空无菌"环境中,从而达到保鲜的目的。

(2)操作方法

①配制"三合一"混合溶液　每50 kg清水加生石灰1.5 kg,石膏0.2 kg,白矾0.15 kg,制成混合液体。配制时,由于白矾、石膏质地较硬,不易溶解,所以先将它们碾成粉末,过筛后称

量,混合均匀备用。然后将称量好的生石灰打碎去渣后,溶入 10～15 kg 水中,经 12 h 左右溶解后,再用 35～40 kg 水将已乳化的石灰水隔筛冲滤到缸内,除去杂质,边搅拌边加入白矾、石膏混合粉,直到粉末全部溶解时为止(至水中漩涡冒泡即止)。

②放蛋　将配制好的"三合一"混合溶液放置一刻钟,水溶液自然澄清,即可放蛋。放蛋不宜太满,应低于水面 10～15 cm,并在缸(池)上加盖,防止灰尘、杂质进入,以保持缸(池)内清洁。配制成的 50 kg 左右混合液体可贮存鲜蛋 50 kg。

(3)注意事项

①严格选蛋。用于混合液体贮存的蛋必须质量优良,对蛋源不明的蛋,尤其是市场上采购的鲜蛋,要通过照验后,方可贮存。

②蛋浸入后,要捞出漂浮在水面上的全部杂质,并剔除上浮的蛋。

③蛋浸入后 1～2 d,液面上会慢慢形成一层薄膜,可以隔绝外界空气和微生物侵入,具有密封的作用。若未结成薄冰状膜,要检查原因,并重新配制混合液;若液面薄膜凝结不牢或有小洞不凝结,并闻到石灰气味,说明溶液有变质可能,要及时采取措施,按每 50 kg 液体补加 2.5 kg 左右的石膏和白矾。如仍不能改变上述情况,要及时把蛋捞出,重新配制混合溶液。

④贮蛋的容器应放置在空气流通且凉爽的房间里,避免阳光照射。

⑤要经常检查室内温度。

⑥贮藏期间,1 个月左右要将蛋翻动一次,防止蛋贴壳。翻蛋时手要干净,轻拿轻放。

⑦蛋出缸(池等容器)时,应将蛋散开晾干。在容器底部带有沉淀石灰的蛋,可利用缸或池内混合液体清洗干净后,再取出晾干。

(4)贮藏效果　混合液体贮藏保鲜法经济可行、效果较好,贮存保鲜 8～10 个月,其品质仍不会改变。

三、涂膜保鲜法

1.保鲜原理

利用一种或几种涂膜剂配成一定浓度的溶液,均匀地涂覆在蛋壳的表面,使蛋壳上的气孔处于封闭状态,阻止微生物侵入,减少蛋内二氧化碳和水分向外散逸。这样就能防止蛋内容物 pH 升高,延缓浓厚蛋白的水化和气室的增大,从而达到保鲜的目的。

2.涂膜剂的要求

(1)涂膜材料在蛋壳上形成的薄膜质地致密、附着力强、吸湿性小,可以适当地增加蛋壳的机械强度。

(2)涂材材料价格低廉、资源充足、用量较小,以降低成本。

(3)涂膜材料无毒无害,不致癌、不致畸、不突变,对辅助杀菌剂尽量无抵抗作用。

(4)使用方法简便。一般鲜蛋涂膜剂包括水溶性涂料、乳化剂涂料和油质性涂料等,涂膜剂多采用液体石蜡,液体石蜡毒性小,酸败腐蚀作用也小,涂膜性好,成膜效果明显。除此之外,还可采用固体石蜡、植物油、聚苯乙烯、聚乙烯醇、丁二烯苯乙烯、丙烯酸树脂、聚氯乙烯树脂、醇溶蛋白、聚麦芽三糖等多种涂膜剂。

3.操作方法

(1)选蛋　选择优质新鲜禽蛋(夏季产后 1 周以内,春秋产后 10 d 以内),经光照检验,剔除劣质蛋。

(2)涂膜 将少量涂膜剂放在合适容器中,涂膜方法有涂刷法、浸渍法和喷淋法三种,大多采用喷淋法。经检验合格的鲜蛋,涂刷、浸渍或喷淋后自然晾干,便可装箱贮藏。

①松脂石蜡合剂法 将石蜡18份、松脂18份、三氯乙烯64份,混合搅匀,然后将经检验合格的鲜蛋置于其中浸泡30 s,取出晾干,可在常温贮存6~8个月。

②蔗糖脂肪酸酯法 将经检验合格的鲜蛋,浸入1%蔗糖脂肪酸酯溶液中20 s,取出晾干,在25℃的情况下可保鲜6个月。如果与低温保藏手段相结合,保藏效果更优。

③蜂油合剂法 取蜂蜡112 mL,水浴溶化后加入橄榄油224 mL,边加边调和均匀,然后将经检验合格的鲜蛋浸入其中,均匀涂上一层薄膜后,取出晾干,可贮存6个月以上。

(3)入库管理 将涂膜处理后的蛋装箱后入库,要保持通风良好。库温保持在25℃以下,相对湿度70%~80%,如气温过高或阴雨潮湿天气,可用塑料膜制成帐子覆盖蛋箱,蛋箱可叠放几层,但层与层间要有间隔,并留出人行通道,以便定期抽查。最上层蛋箱要放置吸潮剂。

(4)定期检查 不要轻易翻动蛋箱,一般20 d左右检查一次。

4.注意事项

(1)用此法贮藏鲜蛋,原料必须新鲜,蛋内未受微生物污染,否则涂膜后蛋内的微生物仍可继续繁殖,造成蛋的变质。

(2)鲜蛋涂膜前要杀菌消毒,尤其是污壳蛋必须清洗,然后晾干涂膜。

(3)蛋箱摆放要平稳,以防移位破损。

(4)若吸潮剂结块,应碾碎、烘干再用,或更换吸潮剂。

5.贮藏效果

贮藏效果与蛋的新鲜程度有关,蛋越新鲜,则涂膜后贮藏效果越好,因此利用刚产的鲜蛋立即涂膜,其效果就更为明显。涂膜后,蛋内的水分及二氧化碳的逸出大大减少,但不可能完全停止,所以,经涂膜的蛋,在贮藏期间仍会有极低的干耗。有的涂膜剂如液体石蜡,涂膜后蛋壳表面有令人不快的油污感,而且蜡液会向蛋内渗透,使蛋内容物产生异味;动植物油脂的成膜性能差,涂在蛋壳上不易干燥,同时油脂容易酸败,其中的过氧化物渗透到蛋内,对人体健康有害。

四、气调贮藏法

气调贮藏法是一种贮藏时间长、贮藏效果好、既可以少量也可以大批量贮藏的方法。主要有二氧化碳气调贮藏法、化学保鲜剂气调贮藏法和臭氧气调贮藏法等。

1.二氧化碳气调贮藏法

(1)贮藏原理 将鲜蛋贮藏在一定浓度的二氧化碳气体中,使蛋内二氧化碳不易逸出,并得以补充,从而降低鲜蛋内酶的活性,减缓代谢速度,抑制微生物生长繁殖,从而达到保鲜的目的。

(2)操作方法 用聚乙烯薄膜做成一定体积的塑料帐篷,底板也用塑料薄膜,将挑选消毒后的鲜蛋放在底板上预冷2 d,使蛋温与库温基本一致,再将分装扎布袋或化纤布袋的吸潮剂和漂白粉均匀地放在垛顶箱上,然后套上塑料帐篷,用塑料器把帐篷与底板烫牢,抽真空,使帐篷紧贴蛋箱,最后充入20%~30%的二氧化碳气体。

(3)贮藏效果 二氧化碳气调法贮藏鲜蛋,成本低,贮藏效果好。霉菌一般不会侵入蛋内,浓蛋白很少水化,蛋黄膜弹性保持较好,且不易破裂,即使贮藏10个月,品质也无明显下降。

该法贮藏的蛋比冷藏法降低干耗 2%～7%，且温湿度要求相对宽松。

2.化学保鲜剂气调贮藏法

化学保鲜剂气调贮藏法是利用化学保鲜剂，通过化学脱氧获得气调效果。化学保鲜剂一般由无机盐、金属粉末和有机物质组成，通过化学反应，能强效地吸收食品包装袋中的氧气，使贮藏蛋的食品袋中氧气含量在 24 h 内降到 1%，同时具有杀菌、防霉、调整二氧化碳含量等作用，从而达到保鲜的作用。如以铸铁粉为主要成分的化学保鲜剂，其成分构成是 15 g 铸铁粉＋3 g 氯化钠＋4 g 硅藻土＋2 g 活性炭＋3 mL 水，可以在 24 h 内将 10 L 空气中的氧气含量降到 1%。

五、消毒法

1.巴氏杀菌贮藏法

巴氏杀菌贮藏法是一种经济、简便、适用于偏僻山区和多雨潮湿地区少量、短期的贮藏方法。

(1)贮藏原理　鲜蛋经巴氏杀菌后，能杀灭蛋壳表面的大部分细菌，同时，高温使靠近蛋壳的一层蛋白凝固，可防止蛋内水分、二氧化碳散逸及微生物的入侵，达到保鲜的目的。

(2)操作方法　先将鲜蛋放入特制的铁丝筐内，以每筐放蛋 100～200 枚为宜，然后将筐内的蛋沉浸在 95～100℃ 的热水中，浸泡 5～7 s 后立即取出，沥干表面水分，待蛋温降低，即可放入阴凉、干燥的库房进行贮存。

如果将巴氏杀菌法处理的鲜蛋，与其他保鲜手段配合使用，会收到更好的贮存效果。如经巴氏杀菌法处理的鸡蛋，再放在草木灰中或石灰水中贮存 3 个月，废品率仅为 1.5%。

2.过氧乙酸贮藏法

(1)贮藏原理　过氧乙酸具有很强的氧化作用，可将蛋壳表面菌体蛋白质氧化而使微生物死亡，对多种微生物，包括芽孢及病毒都有高效、快速的杀灭作用，从而达到保鲜的目的。

(2)操作方法　使用过氧乙酸溶液贮藏鲜蛋，有浸泡、喷雾和熏蒸三种方法。

①浸泡法　配制 1～2 g/L 的过氧乙酸溶液，将检验合格的鲜蛋，浸泡在过氧乙酸溶液中 3～5 min，取出晾干，便可存放贮藏。如果将其贮存在冷库里，则保藏时间可以更长。

②喷雾法　适合于少量鲜蛋的处理，因为大批鲜蛋存放在容器中，喷雾法不可能使药剂均匀地喷到每个鲜蛋的全部外壳，没有喷到的蛋面上，仍能被微生物所污染，导致品质变坏。

③熏蒸法　是一种可取的简便办法。先配制 140～200 g/L 的过氧乙酸溶液，放在密闭库房的搪瓷盆内，任其自然挥发；也可使用 30～50 g/L 的过氧乙酸溶液，放在密闭库房的搪瓷盆里，加热挥发，室内保持 60%～80% 的相对湿度。熏蒸时，过氧乙酸剂量一般可按每 1 cm³ 的空间用 1～3 g 计算，密封 1～2 h，取出，存放贮藏。

(3)注意事项　气温高时过氧乙酸容易分解挥发，因此，最好现用现配，或将配好的原液贮存在冷库里。

复习思考题

1.鲜蛋在贮藏过程中的物理变化有哪些？

2.禽蛋在贮藏过程中气室如何变化？其主要原因是什么？

3.禽蛋在贮藏过程中蛋重如何变化？其影响因素有哪些？

4.判定蛋白、蛋黄状况的方法有哪些,如何进行?

5.鲜蛋在贮藏过程中的化学变化有哪些?

6.试述蛋贮藏保鲜的基本原则。

7.蛋的贮藏保鲜方法有哪些? 常用的是什么?

8.冷藏法的原理是什么,使用过程中需要注意什么?

9.试述涂膜保鲜的原理及对涂膜剂的要求。

10.试述水玻璃贮藏法的原理及主要操作方法。

第十八章

松花蛋加工

【目标要求】

1. 掌握松花蛋的种类和品质特点；
2. 掌握松花蛋的加工原理及原、辅料选择的方法；
3. 掌握传统松花蛋的加工方法；
4. 掌握松花蛋的质量标准及质量检验方法。

第一节 概　　述

一、概念

松花蛋(preserved egg，alkaline-preserved egg，century egg)是指以鲜鸭蛋或其他禽蛋为原料经纯碱和生石灰或烧碱、食盐、茶叶等辅料配制而成的料液或料泥加工而成的再制蛋品。

我国制作松花蛋历史悠久，最早记载于1640年明末戴羲著的《养馀月令》。松花蛋的创始民间都是把"石灰拾蛋"、"柴灰拾蛋"作为松花蛋的由来。据传，宋末元初，在我国江苏省吴江县黎里镇的一家小茶馆里，该茶馆主人每天将客人喝茶后的茶叶倒入烧茶的柴灰中。一次，店主在打扫柴灰时，在柴灰堆中偶然发现了数枚埋藏较久的鸭蛋，蛋壳已经失去光泽，店主将蛋打开一看，蛋中蛋清部分已凝固，并且乌黑而有光泽，表面有松针形的花纹。店主随之尝了一口，味爽可口、香气突出，别具风味。当时引起人们的兴趣，纷纷仿制。在此过程中，人们不断改进藏蛋方法，有的用桑树灰或豆秸灰加上茶叶、纯碱、石灰、食盐等制成糊状物，将鸭蛋埋入其中；后来有人将这种灰料糊状物涂抹在鸭蛋上再储藏起来，使蛋清凝固之后再取出食用。当时，人们称这种蛋为"变蛋"、"彩蛋"等。因为黎里镇在太湖流域一带，人们又称松花蛋为"湖彩蛋"。随后，湖彩蛋的做法传到了北京通县，在张辛庄有个姓程的商人，将原始用"滚灰法"制作工艺改为"浸泡法"，做成的松花蛋色彩鲜艳，蛋黄的中心部分像饴糖，又叫京彩蛋或溏心松花蛋。近年来，我国开发了一些松花蛋新品种，如无铅松花蛋、涂膜松花蛋、滚灰松花蛋、工艺彩蛋、纸包法松花蛋等。

松花蛋是我国劳动人民发明创造的蛋制品之一，至今仍为世界上独一无二的传统风味食品,不仅受我国人民喜爱,而且也深受国外消费者青睐,在国际市场上享有很高声誉。近年来,我国松花蛋已远销亚、欧、美三大洲 30 多个国家和地区。

二、种类和特点

松花蛋的生产多采用鲜鸭蛋为原料,现在全国各地均有生产,但由于我国地域辽阔,加工工艺和用料不尽相同,名称也不一致。各地分别称松化蛋为皮蛋、变蛋、彩蛋或五彩蛋等,这些名称是根据松花蛋的产品特点产生的,因为在松花蛋的蛋白表面及里面有形似松针的结晶,故得名松花蛋;又因为松花蛋的蛋黄呈现墨绿、草绿、茶色、暗绿及橙红等五彩色层,所以也叫彩蛋或五彩蛋。此外,有些地方将松花蛋称为牛松花蛋、泥蛋、加碱蛋等。

(一)分类方法

我国松花蛋种类繁多,分类也不尽相同,主要有以下几种分类方法:

(1)根据产地气候分为湖彩蛋、京彩蛋等;

(2)根据加工方法分为浸泡法、包泥法、滚粉法、浸泡包泥法、封皮法、纸包法等;

(3)根据蛋黄质地分为汤心(溏心)、硬心(老松花蛋)等;

(4)根据原材料种类分为鸭松花蛋、鸡松花蛋、鹌鹑松花蛋等;

(5)根据成品口味分为传统松花蛋、五香松花蛋、药用松花蛋等;

(6)根据配方组成分为无铅松花蛋、含锌松花蛋、含铜松花蛋等;

京彩蛋和湖彩蛋的主要区别见表 18-1。

表 18-1　京彩蛋和湖彩蛋的区别

项目	京彩蛋	湖彩蛋
加工方法	料液浸泡	料泥包蛋
NaOH	4%～6%	6%～8%
外形特点	包泥疏松、易剥落	包泥坚实、色泽深、不易剥落
蛋黄质地	汤心(溏心)	硬心(实心)
蛋清色泽	呈绿色	春季黄色、秋季绿褐色
蛋清质地	不坚韧	坚韧、外形坚硬、易切体
成品口感	清香回味短不带辛辣、味淡	浓香回味悠长、带辛辣味略咸
配方特点	咸度低含盐少微含铜、锌	碱度高、含盐高、不含铅

(二)松花蛋的食用特点

成品松花蛋,蛋壳易剥除;蛋白凝固,呈浅绿褐色或茶色的半透明胶冻状,在茶色的蛋白中有松针状的白色结晶或花纹;蛋黄呈半凝固状、具溏心,可明显的分为墨绿、土黄、灰绿、橙黄等不同颜色,产品香味浓郁,食后有清凉感觉,风味独特。鲜鸭蛋腌制成松花蛋后,胆固醇含量下降 20%以上,蛋白质与脂质被分解,更容易被人体吸收。

松花蛋入口爽滑、口感醇香、回味绵长,深受人们喜爱,在中国及世界各地有 20 亿消费者,诞生了皮蛋瘦肉粥、皮蛋豆腐、姜汁松花蛋、松花蛋鱼片汤、手撕皮蛋等经典松花蛋名菜。

松花蛋还是具有食疗功能的食品,中国的传统医学认为,松花蛋性凉、味辛,有解热、去肠火、治牙疼、去痘等功效。

三、松花蛋的化学成分和营养价值

(一)化学成分

1.全蛋的成分变化

鲜蛋加工成松花蛋后,其主要成分变化如表 18-2 所示。

表 18-2　鲜鸭蛋和鸭松花蛋化学成分比较

蛋 别	水分/%	蛋白质/%	脂肪/%	糖类/%	矿物质/%	总热量/kJ
鲜鸭蛋(全)	70	13.0	14.7	1.0	1.3	778.60
松花蛋(全)	67	13.6	12.4	4.0	3.6	761.85

由表 18-2 可知,鲜鸭蛋加工成松花蛋以后,全蛋的成分变化可以归纳为以下几点:

(1)由于蛋内水分转移,蛋清中的水分含量降低,全蛋的水分也随之降低,而蛋内糖类含量则相对地提高。

(2)在腌制过程中,由于碱和食盐的渗透作用,松花蛋的矿物质含量较鸭蛋明显增加。

(3)由于在腌制中,蛋内的部分脂肪发生水解,使松花蛋的脂肪含量有所降低,随之蛋的总发热量也稍有下降。

2.蛋清和蛋黄的成分变化

松花蛋中蛋清和蛋黄内成分的变化如表 18-3 所示。

表 18-3　鲜鸭蛋和松花蛋蛋清、蛋黄成分比较　　　　　　　　　　　　　%

种类	水分	粗蛋白	粗脂肪	脂肪酸度	矿物质
鸭蛋蛋清	8.7	11.1	—	—	0.8
松花蛋蛋清	6.98	20.1	—	—	3.03
鸭蛋蛋黄	43.7	18.0	35.0	2.1	1.04
松花蛋蛋黄	54.5	14.0	21.0	7.5	4.07

由表 18-3 可知,鸭蛋加工成松花蛋后,蛋清和蛋黄成分的变化可以归纳为以下几点:

(1)蛋清中,由于一部分水分向外通过蛋壳渗透到料泥中,所以蛋清中蛋白质的含量相对提高。

(2)蛋黄中的水分逐渐增加,是由于蛋清中的一部分水分,在腌制过程中,通过蛋,黄膜渗入到蛋黄中,同时蛋黄中蛋白质的含量相对地降低。

(3)由于料液(或料泥)中碱的渗入,蛋黄中一部分脂肪发生水解,使蛋黄中的脂肪含量下降,而脂肪酸价上升。

(4)由于料液(或料泥)中碱和食盐的渗入。使蛋清和蛋黄中矿物质含量均有所增高。

(二)营养价值

松花蛋的营养价值与鲜蛋相接近。由于碱液的浸泡,蛋白质和脂肪发生分解。维生素 B 全部被破坏,而维生素 A 及维生素 D 变化较小。由于蛋白质的分解,最终产物形成氨和硫化氢使松花蛋具有特殊的风味,能适当刺激消化器官,增进人们的食欲。同时,由于一部分蛋白质被分解成简单蛋白质和氨基酸,易于消化,从而提高了松花蛋的消化吸收率。

第二节　松花蛋的加工原理

松花蛋在加工过程中主要经历以下四个阶段：

1. 化清期

这是鲜蛋泡入料液后发生明显变化的第一阶段。鲜蛋浸入料液或包料泥后，料液或料泥中的 OH^-、Na^+、Cl^- 等通过蛋壳上的气孔而进入蛋内，蛋内 pH 迅速上升，蛋内蛋白质分子表面带上了越来越多的负电。由于静电斥力，分子越来越松散，黏度下降，到最低值时，原来被束缚的水部分变成了自由水，蛋清液化，称为化清作用。

化清期蛋内氢氧化钠的含量为 $0.3\% \sim 0.6\%$，蛋清从黏稠变成稀薄的透明水样溶液，蛋白质完全变性。但是，化清的蛋白还具有凝固性。

蛋黄的变化不同于蛋清，它不经过化清期，而是凝固层从外向内逐渐加厚。当蛋黄的含碱量（以 NaOH 计）达到 $2 \sim 3$ mg/g 时就直接凝固。在蛋清化清期，蛋黄有轻度凝固（鸭、鸡蛋凝固约 0.5 mm，鹌鹑蛋还薄些）。

2. 凝固期

随着蛋内氢氧化钠含量的不断增加，当含量达到 $0.6\% \sim 0.7\%$ 时，发生的理化变化是完全变性。蛋白质分子在氢氧化钠的持续作用下，分子之间相互作用形成新的聚集体。由于这些聚集体形成了新的空间结构，分子的亲水能力增强，吸附水的能力逐渐增大，溶液中的自由水又变成了束缚水，溶液黏度随之逐渐增大，达到最大黏度时开始凝固，直到完全凝固成弹性极强的胶体为止。

在这一阶段，蛋清从稀薄的透明水样溶液凝固成具有弹性的凝胶体，蛋清胶体呈无色或微黄色（视加工温度而定）。在蛋清凝固期蛋黄凝固 $1 \sim 3$ mm。

3. 转色期

此阶段的蛋清呈深黄色透明胶体状。蛋黄凝固 $5 \sim 10$ mm（指鸭、鸡蛋）或 $5 \sim 7$ mm（鹌鹑蛋），转色层分别为 2 mm 或 0.5 mm，蛋清含碱量降低到 $3.0 \sim 5.3$ mg/g。如果含碱量超过一定范围，凝固蛋清再次化清变为深红色水溶液，使蛋成为次品。这时的物理化学变化是蛋清、蛋黄均开始产生颜色，蛋白胶体的弹性开始下降。这是因为蛋白质分子在 NaOH 和 H_2O 的作用下发生降解，结果使蛋白胶体的颜色由浅变深。

4. 成熟期

蛋白全部转变为褐色的半透明凝胶体，仍具有一定的弹性，并出现大量排列成松枝状结晶体；蛋黄凝固层变为墨绿色或多种色层，中心呈溏心状；全蛋已具备了松花蛋特有风味，可以作为产品出售。此时蛋内含碱量为 3.5 mg/g。这一阶段的物理化学变化同转色阶段。蛋黄的墨绿色主要是蛋白分子同硫基反应的产物，生色基团可能是由硫基和蛋氨酸形成的。

成品松花蛋贮存期间，蛋的化学反应仍在不断地进行，其含碱量不断下降，游离脂肪酸和氨基酸含量不断增加。为了保持产品的质量稳定，可适当采取控制条件，如包泥、降温等。

在松花蛋加工过程中，传统料液中加入 $0.2\% \sim 0.4\%$ 的氧化铅，可促进松花蛋成熟。主要是通过蛋壳上形成黑斑点（硫化铅）沉淀，堵塞蛋壳的气孔、蛋膜的网孔及腐蚀孔，调节松花蛋内碱的渗透及含量。铅具有一定的毒害作用，人们通过反复试验发现金属离子铜、锌、铁可以取代铅的作用，铜、锌两种无铅工艺已用于松花蛋的工业化生产。

一、松花蛋的凝固

在松花蛋的凝固过程中,尤其是在蛋白的凝固过程中,首先经过蛋清的稀化,然后蛋清逐渐变稠而凝固的过程,即为化清和凝固两个阶段。接着进入转色和成熟阶段。前两个阶段中,起主要作用的物质是氢氧化钠。生石灰和水作用先生成熟石灰,熟石灰再与纯碱作用生成氢氧化钠。其反应式如下:

$$CaO + H_2O \rightarrow Ca(OH)_2 + 热量$$

$$Ca(OH)_2 + Na_2CO_3 \rightarrow 2NaOH + CaCO_3 \downarrow$$

氢氧化钠是一种强碱性物质,它能通过蛋壳气孔而深入蛋内,料液中的氧化铅又能促进碱液更快地深入蛋内,使蛋内的蛋白质开始变性,发生液化。随着碱液的逐步深入,由蛋白渗向蛋黄,从而使蛋白中碱的浓度逐渐降低,变性蛋白分子继续凝聚,由于水的存在,成为凝胶状,并有弹性。同时食盐中的钠离子、石灰中的钙离子、植物灰中的钾离子、茶叶中的单宁物质等,都会促使蛋内的蛋白质凝固和沉淀,使蛋黄凝固和收缩,从而发生松花蛋的内容物的离壳现象。所以优质松花蛋,外壳很容易剥落下来。蛋白和蛋黄的凝固速度和时间与温度的高低有关;温度高,碱性物质作用快;反之,则慢。所以加工松花蛋需要一定的温度和时间。而适宜的碱量则是关键,如果混合料中碱量过多,作用时间过长,会使蛋白质和胶原物质受到破坏,使已凝固的蛋白再次化清变为液体,这种变化称为"碱伤"。因此,在松花蛋加工中,要严格控制碱的用量、温度和时间。

二、松花蛋的呈色

1. 蛋白呈现褐色或茶色

蛋白变成褐色或茶色是由于蛋内微生物和酶发酵作用的结果。蛋白的变色过程,首先是鲜蛋在浸泡前,侵入蛋内的少量微生物和蛋内蛋白酶、胰蛋白酶、解脂酶及淀粉酶等发生作用,使蛋白质发生一系列变化所致。其次是蛋白中的糖类变化所致,它以两种形态出现,一部分糖类与蛋白质结合,直接包含在蛋白质分子里;另一部分糖类在蛋白里并不与蛋白质结合,而是处于游离的状态。前者的组成情况是:在卵白蛋白中有 2.7%(甘露糖),伴白蛋白中有 2.8%(甘露糖与半乳糖),卵黏蛋白中有 1.49%(甘露糖与半乳糖),卵类黏蛋白中有 9.2%(甘露糖与半乳糖);后者主要是葡萄糖,占整个蛋白的 0.41%,此外,还有部分游离的甘露糖和半乳糖。它们的醛基和氨基酸的氨基与碱性物质相遇,发生作用时,就会发生美拉德反应,生成褐色或茶色物质,使蛋白呈现褐色或茶色。

2. 蛋黄呈现草绿或墨绿色

蛋黄中的卵黄磷蛋白和卵黄球蛋白都是含硫较高的蛋白质。它们在强碱的作用下,加水分解会产生胱氨酸和半胱氨酸,提供了活性的硫氢基(—SH)和二硫基(—S—S—)。这些活性基与蛋黄中的色素和蛋内所含的金属离子铅、铁相结合,使蛋黄变成草绿色或墨绿色,有的变成黑褐色。蛋黄中含有的色素物质在碱性情况下,受硫化氢的作用会变成绿色;在酸性情况下,当硫化氢气体挥发后,就会褪色。溏心松花蛋出缸后,如果未及时包上料泥,或将松花蛋剥开暴露在空气中时间较长,则暴露部位或整个蛋会变成"黄蛋"。这就说明,蛋黄色素是引起色变的内在因素。此外,红茶末中的色素也有着色作用,而且蛋黄本身的颜色就存在着深浅不一的状况。因此,在松花蛋色变过程中,常见的蛋黄色泽有墨绿、草绿、茶色、暗绿、橙红等,再加上外层蛋白的红褐色或黑褐色,便形成了彩蛋。

三、松花蛋松花的形成

成品松花蛋蛋白和蛋黄的表层,有松枝针状的结晶花纹和彩环,称为"松花"。松花的成因曾经是蛋品加工行业长期没有解开的一个谜。研究结果表明,松花蛋内松化结晶体都是纤维状氢氧化镁水合结晶,其物理化学性质及光谱数据等均同标准氢氧化镁吻合。当蛋内的镁浓度达到足以同 OH^- 化合形成氢氧化镁时,在蛋白质凝胶体内,它们就形成水合晶体,即松花结晶体。蛋内松花的多少,与其镁的浓度以及分布有关,镁的来源除蛋内容物含有少量外,主要来源于蛋壳和蛋壳膜,镁能部分从料液溶解进入蛋内。生产实践表明,镁在蛋内的分布是不均匀的;传统生石灰、纯碱法生产的松花蛋,其镁的分布均匀性比用烧碱法生产的好。

四、松花蛋鲜辣风味的形成

松花蛋鲜辣风味的形成是由于禽蛋中的蛋白质在混合料液成分的作用下,受到蛋内蛋白分解酶的作用,分解产生氨基酸;氨基酸经氧化产生酮酸,酮酸具有辛辣味。蛋白质分解产生的氨基酸中含有数量较多的谷氨酸,谷氨酸同食盐相作用,生成谷氨酸钠,谷氨酸钠是味精的主要成分,具有味精的鲜味。蛋黄中的蛋白质分解产生少量的氨和硫化氢,有一种淡淡的臭味,食盐渗入蛋内产生咸味,再加上茶叶成分具有香味,各种滋味成分的综合,使松花蛋具有一种鲜香、咸辣、清凉爽口的独特风味。

第三节 原料蛋和辅料的选择

一、原料蛋的选择

原料蛋的好坏,是影响松花蛋品质的一个决定因素。对原料蛋必须进行逐个检查和严格的挑选,要求蛋壳洁净、新鲜、无异味,气室高度不得高于 9 mm,照蛋时整个蛋的内容物呈均匀一致的微红色,胚珠无发育现象,大小均匀一致。

二、辅料的选择

1. 烧碱

烧碱又名氢氧化钠(NaOH),可以代替纯碱和生石灰加工松花蛋。要求色白、纯净、成块状或片状。烧碱在空气中极易吸收水分,具有强烈的腐蚀性,在配料操作时,要防止烧灼皮肤和衣服。

2. 纯碱

纯碱的学名为无水碳酸钠(Na_2CO_3)俗称食碱、大苏打等。白色粉末,能溶解于水,不溶于酒精。纯碱暴露在空气中,易吸收空气中的湿气而质量增大,并结成块状;同时,易与空气中的碳酸气体化合生成碳酸氢钠(小苏打),性质发生变化。选用纯碱时,要选购质纯色白的粉末状纯碱,碳酸钠含量要在 96% 以上,不能用吸潮后变色发黄的"老碱"。配料前,最好对纯碱的碳酸钠含量进行测定,以免效率降低。

3. 生石灰

生石灰的学名为氧化钙(CaO),俗称石灰等。其性质为白色、块状、体轻,在水中生成氢氧化钙(熟石灰),释放大量的能量。石灰中有效氧化钙的含量不得低于 75%。加工松花蛋时生石灰的使用量要适宜。

4. 茶叶

茶叶的作用,一是增加松花蛋的色素,二是改善松花蛋的风味,三是茶叶中的单宁能促使蛋白凝固。加工松花蛋一般都选用红茶末,因红茶中含有单宁 8%～25%,咖啡碱 1%～5%,还含有芳香油等成分;而这些成分在绿茶中含量比较少。严禁使用受潮或发生霉变的茶叶。

5. 植物灰

植物灰中含有各种矿物质,主要有碳酸钠和碳酸钾。有的植物灰中的含碱量达 10%左右,与石灰水作用,同样可以产生氢氧化钠和氢氧化钙。植物灰要求质地纯净、粉粒大小均匀、无杂质、无异味。使用时应进行检测。

6. 食盐

学名为氯化钠($NaCl$),性质为白色结晶体,具有咸味,易吸潮。要求氯化钠含量在 96%以上。

7. 蛋白凝固及封锁剂

主要是金属氧化物,传统使用氧化铅(PbO)。铅是重金属,长期使用会对人体造成慢性中毒,现在已经禁止使用。生产中主要采用锌盐、铜盐等代替氧化铅。氧化锌(ZnO),白色粉末,难溶于水,可溶于酸和强碱;属于营养增补剂(锌强化剂)。

8. 黄土

必须选择干燥、无异味、无杂质的黄土,含腐殖质较多的泥土不能使用。宜在气候干燥时备齐,晒干后存放于库房内,防止受潮、雨淋。

9. 水

为保证松花蛋的质量和卫生,使用的水质要符合国家卫生标准。通常要求使用沸水。

第四节　松花蛋加工的设施及设备

目前,我国大多数松花蛋加工企业的生产规模较小,设备简陋,效率低下。由于采用手工制作,即大缸(或池)浸泡、人工配料、手工包泥等,费时费力,破损多,产品质量不稳定。随着科学技术的进步和社会的发展,在生产中采用机械化、自动化加工技术,改进产品质量,提高劳动生产率,这已成为松花蛋生产现代化的必由之路。

一、加工场地的要求

1. 鲜蛋检验及贮存场地的要求

为了确保原料蛋的质量,鲜蛋检验及贮存场所应满足以下要求:厂房宽敞,地面平整,场地清洁、阴凉、干燥;既要避免阳光直射,又要通风透气;场地温度控制在 10～25℃,相对湿度维持在 45%～95%。

2. 辅料贮存场地的要求

加工松花蛋使用的辅助材料种类多、数量大,必须根据各种辅料的特点,用专门的容器贮存。各种辅料不能随意堆放,也不要混放,要避免日晒雨淋,以防辅料的性质发生变化甚至失去作用。

3. 配料间及料液贮存间的要求

配料间是配制料液时各种辅料发生化学作用的场地。因此,必须具备良好的条件,配料间要求高大宽敞,内墙壁要有较高的墙裙,以适应多水作业的要求。室内除供水、称量、加热、搅拌、过滤等配料系统和料液测试设备外,不要存放其他物品,以免相互影响。另外,要防止外界的污染,减少空气中二氧化碳与料液的化学反应。

4. 加工车间的要求

加工车间是松花蛋生产最主要的场所,也是松花蛋成熟的场所。在生产中,控制适宜的车间温度是松花蛋加工成败的关键。当料液浓度不变时,车间温度决定着松花蛋的成熟速度及浸泡时间。加工车间的温度一般为 15~25℃,其中以室温 22℃ 为最佳。有条件的加工车间可安装暖气或空调。

二、加工机械

1. 拌料机

拌料机又称打料机,结构简单,由可动支架、离心搅拌机和电动装置三部分组成。在松花蛋生产中,搅拌机代替手工操作,效率高、劳动强度低、效果好,深受欢迎。

2. 吸料机

吸料机又称料液泵,由料浆泵、料管和支架组成。吸料机能吸取黏稠较大的松花蛋料液,它适合于生产中料液转缸、过滤和灌料等工序。

3. 打浆机

这种机器由动力装置、搅拌器、料筒及固定支架组成。打浆机已为许多松花蛋加工厂所采用,其主要用途是生产包裹松花蛋的浓稠料泥。

4. 包料机

包料机一般由料池、灰箱、糠箱、筛分装置、传送装置及成品盘等组件构成。使用这种机器每小时可包涂松花蛋 1 万枚以上,不仅大大提高了工作效率,而且避免了手工操作时碱、盐等对皮肤的损伤。近年来,由于传统松花蛋生产中外裹泥糠的保存方法不符合检疫、方便、卫生、无污染等要求,松花蛋生产中的包料已经发展成为涂膜方法,出现了不同功能、型号的松花蛋涂膜机。

5. 原料鸭蛋清洗、消毒、烘干、计量、分级一体机

由于禽类的生理特点,蛋在产出后,蛋壳上会残留粪污和分泌物等,还时常沾有泥土、草屑、饲料残渣、羽毛等。对原料鸭蛋的清洗、消毒、烘干、计量、分级的一体化连续处理机械出现,解决了原料蛋易污染的问题。

6. 松花蛋清洗、杀菌、涂膜一体机

该类机械是为松花蛋出缸以后的清洗、涂膜保鲜而设计的,避免了在清洗中的易碎和人工接触的污染,显著提高生产速度与效率。该类设备的主要工艺流程为上蛋→清洗→烘干→喷膜→消毒。

三、简易加工工具

小型蛋品加工厂和大部分农村,松花蛋的加工方法目前仍然采用传统的手工制作,虽然这

种方法的生产量少、效率低,但对设备的要求不高,投资少,这些工具主要包括陶瓷缸、各类盛蛋容器(桶、盆、瓢、勺)、洗蛋捞蛋工具(竹制蛋篓或塑料蛋箱、漏瓢)、压蛋网盖、包涂泥料的工具及保护用具(乳胶手套、橡皮围腰、长统胶靴)等。

第五节 京彩蛋加工

溏心松花蛋加工法,即将选好的鲜蛋用配制好的料液进行浸泡而制成的再制蛋,是当前加工松花蛋广泛使用的方法。在清朝中叶,河北省通县张辛庄有一位姓程的改进了传统松花蛋的加工方法,在硬心松花蛋加工方法的基础上采用料汤浸制法,故又称京彩蛋。这种蛋蛋黄中心有形似饴糖状的酱色软心,故称为溏心松花蛋。溏心松花蛋加工法可以提高产量,便于质量检验,保证产品质量,提高产品的合格率。

一、配方

1.传统配方

我国主要松花蛋加工地区的传统配方使用了氧化铅。松花蛋加工中,实际配方应根据生产季节、气候等情况做出调整,以保证产品的质量。由于夏季鸭蛋的质量不及春、秋季节的质量高,蛋下缸后易于出现蛋黄上浮及变质发生,因此,应将生石灰与纯碱的用量适当加大,从而加速松花蛋的成熟,缩短成熟期。我国各地的松花蛋加工配方分别见表18-4。

表18-4 国内加工松花蛋常用的配方   kg

材料	上海市	江苏省	浙江省	山东省	湖南省	锦州市	大连市
沸水	100	100	100	100	100	100	100
纯碱	5.45	5.3	6.25	7.8	6.5	6.0	6.5
生石灰	21	21.1	16	29	30	22	28
氧化铅	0.424	0.35	0.25	0.5	0.25	0.7	0.5
食盐	5.45	5.5	3.5	2.8	5.0	5.0	5.0
红茶末	1.3	1.27	0.625	1.13	2.5	0.8	—
松柏枝	—	—	—	0.25	—	—	—
草木灰	6.4	7.63	6.0	1.0	5.0	—	2.0
黄土	—	—	—	0.25	—	—	—

2.现代配方

所制成的料液,其氢氧化钠含量一般要求在4%～5%。

(1)无铅传统配方 纯碱3.5 kg,石灰13 kg,茶叶末1.25 kg,食盐1.50 kg,硫酸锌0.075 kg,硫酸铜0.037 5 kg,植物灰0.5 kg,清水50 kg,鸭蛋1 000枚。

(2)无铅清料配方 氢氧化钠30～40 g,硫酸锌2～3 g,硫酸铜0～1 g,食盐50～60 g,红茶末25 g,沸水1 000 mL,鸭蛋20枚。

(3)含铅清料配方 氢氧化钠2.5～2.75 kg,红茶末2 kg,氧化铅150 g,食盐2 kg,水50 kg,鸭蛋50 kg。

二、工艺流程

原料蛋→照蛋→敲蛋→分级→装缸 ⎤
辅料配方→配料→熬料或冲料→冷却→验料 ⎦ →灌料泡蛋→成熟管理→抽样检查→出缸
验质分级→配料泥→包蛋→装缸→成品。

三、操作要点

1. 原料蛋的准备

经感官检查、光照鉴定正常,蛋壳完整,大小一致的新鲜蛋,洗净、晾干后,再次敲蛋挑出裂纹蛋,将合格蛋装缸。

2. 配制料液

(1)称料　根据加工蛋量确定料液需要量,计算各种辅料需要量。准确称取各种辅料。

(2)料液的配制　将茶叶投入耐碱性容器或缸内,加入沸水。然后放入石灰(分多次放入)和纯碱,搅匀溶解。取少量料液于研钵内,放入氧化铅,研磨使溶解,而后倒入料液中。再加入食盐,溶解、充分搅匀后捞出杂质及不溶物(清除的石灰渣应用石灰补足量),晾后待用。

3. 料液的检测

(1)盐酸溶液滴定法　取少量上清液进行氢氧化钠浓度检查,用 5 mL 吸管量取澄清料液 4 mL,注入 300 mL 三角烧瓶中,加蒸馏水 100 mL,加 10% 氯化钡溶液 10 mL,摇匀静止片刻,加 0.5% 酚酞指示剂 3 滴,用 1 mol/L 盐酸标准溶液滴定至溶液粉红色恰好消退为止,用掉的盐酸标准溶液的毫升数相当于 NaOH 含量的百分率。

(2)蛋白质凝固试验法　在烧杯中加入 3~4 mL 料液上清液,再加入鲜蛋蛋清 3~4 mL,无须搅拌,静置 15 min 左右,观察蛋清状况,如果蛋清凝固并有弹性,再经 60 min 左右,蛋清再次化清,表示该料液配制的碱度合适;如果在 30 min 内即再次化清,表示料液的碱度过大,不宜使用;如果蛋清静置 15 min 左右不凝固,表示料液中的碱度过低,也不宜使用。

(3)波美表测定法　波美表一般是用来测定单一溶质溶液浓度。料液中同时含有 NaOH、NaCl、$CaCO_3$ 和 Na_2CO_3 等,因此,用波美表测定料液 NaOH 误差较大,一般用来估算料液的稠度。波美度 = 11~18(15.5℃),正常稠值;波美度 ≤10,料液太稀;波美度 ≥30,料液太稠,无法利用。

4. 灌料

将冷却后的料液搅匀,灌入蛋缸中,使蛋全部淹没,盖上缸盖,注明日期,做好记录。

5. 管理

(1)静置　浸泡成熟期间,蛋缸不许任意移动。

(2)控温　室内温度以 20~25℃ 为佳,昼夜温差不能超过 10℃,切忌温度忽高忽低。①料液温度过低,成品蛋清发黄发硬,蛋黄不呈溏心,"穿心化油"不彻底;呈腥味,并伴有苦涩味。②料液温度过高,蛋清凝固不完整、绵软、粘壳;蛋黄硬结;成品多呈臭味。

(3)密封　整个加工过程要求完全密封,要尽量避免与外界环境过多的接触,防止加工过程"走碱"现象。

(4)控湿　车间内要保持较高的湿度,相对湿度 80%~95%。

(5)控时　成熟期 30~40 d。应定时抽样检查,以便确定具体出缸时间。

6.抽样检查

第一次检查:下缸后,春秋天(15～20℃)7～10 d,夏天(25～30℃)5～6 d即可检查。蛋清已经基本凝固,色透明,有固定形状;蛋黄呈黄色偏向一侧,蛋黄外围呈胶状,内呈半流体;如果像鲜蛋一样,说明料液中碱度过小,如果颜色呈深黑色,说明碱度过高。

第二次检查:春秋天15～20 d,夏天10～13 d,将蛋样剥壳检查,如果蛋清凝固成青褐色或茶褐色,表面光洁,透明或不透明,蛋白不粘手或略粘手,蛋黄部分凝固,呈绿色或墨绿色,从外到内有明显的不同的三圈分层,蛋黄中心为橙黄色黏胶状溏心,有时还有生蛋样生心,为转色期,时间较长,料液是正常的。

第三次检查:春秋天经25～30 d,夏天经18～20 d。剥壳后,如果发现蛋清烂头粘壳,发红,灯光透视时尖端呈深红色,说明料液碱性过强,需要提前出缸。如果蛋清弱化,不坚实,蛋黄溏心较大,灯光透视时,尖端呈淡黄色,碱度小,要延迟出缸时间。

第四次检查:春秋天经30～45 d,夏天经25～35 d。取几枚蛋,用手抛起,回落手中,如果有轻微弹颤感,用灯光透视检查,蛋内呈灰黑色,小头微红或橙黄,剥壳检查,蛋清凝固有光洁,不粘壳,呈墨绿色或棕褐色,蛋黄大部分凝固呈绿褐色,轮状色彩明显,蛋黄中心呈淡黄色溏心。表明松花蛋成熟,可以出缸。

7.出缸

将成熟的松花蛋捞出,用残余上清液洗去壳面污物,沥干并经质量检查即可出售。如需存放或运输必须进行包泥或涂膜包装。

8.品质检验("一看、二掂、三摇、四弹、五照、六剥检")

一看:观看蛋壳是否完整,壳色是否正常,将破壳蛋、裂纹蛋,黑壳蛋,较大的黑色斑块蛋剔除。

二掂:取一枚蛋放在手中向上抛起10～15 cm高,连抛数次,鉴定其内容物有无弹性,若有轻微弹颤性,并较沉重感者为优质松花蛋,若弹性过大,则为大溏心松花蛋。若无弹性为烂头或响水松花蛋。

三摇:用手摇晃蛋,此法是对无弹性松花蛋的补充检查,方法是用拇指、食指和中指捏住松花蛋的两端,在耳边上下、左右摇动2～3次听其有无响声,听不出声音的为优质蛋,若有水响声为响水松花蛋,一端有水荡声的为烂头松花蛋。

四弹:即用手弹,将松花蛋放在左手掌中,以右手食指轻轻弹打蛋的两端,弹声为柔软之特特声即为优质蛋,如发出比较生硬的得得声即为次劣蛋(包括响水蛋和烂头蛋)。

五照:即用灯光透视,此法作为感官检验缺乏经验者的重要方法,照蛋时若松花蛋大部分呈黑色,蛋的尖端为黄棕色或微红色即为优质松花蛋,若蛋内大部或全部呈黄褐色并有轻微的移动,即为未成熟蛋。若蛋内呈黑色暗影并有水泡阴影来回转动,即为响水蛋,蛋清过红为碱伤蛋,松花蛋一头为深红色为烂头蛋。

六剥检:抽取有代表性的样品松花蛋剥壳检验,先观察外形、色泽、硬度等情况。再用刀纵向切开,观察内部蛋清、蛋黄色泽状况,最后品尝其滋味和气味。若蛋清光洁,不粘壳,有弹性,呈棕褐色或茶青色的半透明体,蛋黄为墨绿色或草绿色的不同色层,蛋黄心为橘红色的小溏心,不流不淌,气味芳香,余味绵长即为优质松花蛋。如蛋清粘壳,烂头,甚至水样液化,更严重者,蛋黄呈黄红色且变硬,有辛辣碱味即为碱伤蛋。若蛋清凝固较软,蛋黄溏心较大,有蛋腥味即为未完全成熟松花蛋。若蛋清呈灰白色,不透明,有不良气味者为感染细菌而变质的蛋。若蛋清凝固良好,蛋黄为黄色者为接触空气而变黄的松花蛋,失去松花蛋特用的风味。

9.包泥保藏

用废料液拌黄土搅拌呈糊状进行包制。也可用聚乙烯醇或火棉胶等成膜剂涂膜后包装出售。作用:

(1)保护蛋壳,以防破损;

(2)延长保存期,防止松花蛋接触空气而变黄或接触细菌而变质;

(3)促进松花蛋成熟,增加蛋清硬度,尤其是高温需要提前出缸,蛋清较软,溏心较大的松花蛋。

第六节 湖彩蛋加工

湖彩蛋是用新鲜的辅料包在蛋壳上,又叫生包蛋、鲜制蛋。此法历史悠久,相传太湖一代的劳动人民创造,又有老松花蛋之称。由于蛋黄全部凝固而稍硬,故称为硬心松花蛋。

一、传统配方

传统硬心松花蛋加工时常采用植物灰为主要辅助材料,不加氧化铅。加工硬心松花蛋的辅料用量多少取决于辅料和蛋的质量、腌制时的质量、蛋壳的致密度、厚度以及禽蛋种类等,其配方如表18-5所示。

表18-5 硬心松花蛋配料标准

配方	水/kg	纯碱/kg	生石灰/kg	食盐/kg	茶/kg	植物灰/kg	鸭蛋/枚
配方1	17.5~19	1.4~1.6	6	1.5~1.75	0.5~1.5	15	1 000
配方2	23.5	1.55	6	1.55	0.75	15	1 000
配方3	25	1.9	6	1.5	0.75	17.5	1 000
配方4	21~24	1.5~2.4	5.5~6	1.5~1.75	0.75~1	15	1 000
配方5	17.5~20	1.2~1.6	6	1.5~1.75	0.5~1.5	15	1 000

二、工艺流程

配料→制料→起料→冷却→打料→检验 ⎤
　　　　　　　　　　　　　　　　　　├→搓蛋→钳蛋→装缸→质检→出缸→选蛋→包装。
照蛋→靠蛋→分级 ⎦

三、操作要点

1.制料

将茶叶投入锅中加水煮透,过滤后加石灰,待全溶后加碱、加盐。经充分搅拌后捞出不溶物。然后向此碱液中加草木灰,再经搅均翻匀。待泥料开始发硬时,用铁铲将料取于地上使其冷却。为了防止散热过慢影响质量,地上泥块以小块为佳。

2.打料

用打料机或人工打料。次日,取冷却的料泥投入到打料机内,开动机器,数分钟后即可达到料泥发黏纯熟状态。如人工打料,也要打至发黏成熟状态。料泥要求调制细腻、均匀、起黏和无块,使含碱量均匀,即可使用。

3. 验料

简易验料法,即取灰料的小块于培养皿或烧杯内抹平,将蛋清少量滴于泥料上,10 min 后进行观察。碱度正常的泥料,用手摸有蛋白质凝固呈粒状或片状,有黏性感。无以上感觉为碱性过大。如果有粉末感,为碱性不足。碱性过大或不足均应调整后使用。

4. 包料、装缸

戴上胶皮手套,右手用泥刀取 50～100 g 泥压平,左手取一个蛋放在泥上,双手团圆搓几下,使料泥厚度均匀,松紧适宜。应以两手搓捆蛋,泥包的均匀而牢固,包好后放入稻壳内滚动,使泥面均匀黏着稻壳,防止蛋与蛋黏着在一起。蛋放入缸内应放平放稳,并以横放为佳。装至距缸口 6～10 cm 时,停止装缸,进行封口。

5. 封缸、成熟

可用塑料薄膜盖缸口,再用细麻绳捆扎好,上面再盖上缸盖;也可用软皮纸封口,再用猪血料涂布密封。封缸后不再移动,特别在初期,以防泥料脱落。成熟室温度以 15～25℃为适,防止日光暴晒和室内风流过大。春季 60～70 d,秋季 70～80 d 即可出缸。

6. 贮存

成品以敲为主、摇为辅的方法检出次蛋,如烂头蛋、响水蛋、泥料干燥蛋、脱料蛋及破蛋等等。优质蛋即可装箱或装筐出售或贮存。成品贮存室应干燥阴凉、无异味、有通风设备。库温 15～25℃,可保存半年之久。

第七节　其他松花蛋的加工

一、滚粉松花蛋加工

滚粉松花蛋加工原理与其他方法相同,所不同的是辅料先配成粉,再以滚粉方式黏于表面。此法加工松花蛋简单易行,但要严格掌握滚粉层厚薄,否则影响松花蛋的质量。

1. 粉料配制

4:5:6 配料法:食盐细粉 4 份,纯碱粉 5 份,生石灰粉 6 份,鸭蛋 100 枚。

百分比配料法:食盐细粉 27%,纯碱粉 33%,生石灰粉 40%,鸭蛋 100 枚。

质量比配料法/g:食盐细粉 67.5,纯碱粉 82.5,生石灰粉 100,鸭蛋 100 枚。

根据经验,每枚鸭蛋需混合粉料 2.5 g 左右。

2. 加工工艺

石灰稍喷水待开裂成细粉,过筛后待用。食盐最好为细盐,如粗盐需炒干碾细。将上述粉料按需要量混合,在铁锅中翻炒,使其保持灼热状态。另备黄泥浆(黄泥充分吸水后再搅拌)于另一容器中,泥浆稠度以放蛋于泥浆中,半个蛋身在泥浆中为准。把蛋放泥浆中沾泥后,随即放入锅内灼热的混合料中轻轻地滚动,使蛋壳黏附一层粉。滚粉后即可放入缸或坛中,用塑料布密封。夏季 20 d 左右,冬季 30～40 d,春秋 25～30 d 即可出缸。出缸前要抽样检查松花蛋品质,检查方法与溏心松花蛋相同,如发现烂头,出缸后要把蛋面的粉料晾干,以阻止粉料中的氢氧化钠继续渗入蛋内。

二、浸泡包泥法

(一)工艺流程

配料→熬料→冲料→装缸与灌汤→技术管理→出缸→包泥、滚稻→入缸、封口→贮存。

(二)操作要点

1. 配料

鲜鸭蛋 50 kg,生石灰 14～15 kg,纯碱 3.5～3.75 kg,黄丹粉 0.15 kg,食盐 2.2 kg,茶叶 1.5 kg,木炭灰 1 kg,松柏枝 0.15 kg,黄泥 0.5 kg,清水 50 kg。各地根据气候季节变化,配料标准也随之有所变动,其主要材料生石灰和纯碱的用量有所不同。由于夏季鸭蛋的质量不及春、秋季节的质量高,蛋下缸后不久便有蛋黄上浮及变质发生。为此,应将生石灰与纯碱的用量标准适当加大,从而加速松花蛋的成熟度,缩短成熟期。生石灰需选用纯度高、杂质含量少的白色块灰为佳;黄丹粉以选用淡黄色为佳,其品质较纯,效果较好。配料时,必须碾细过筛,越细越好,以免出现"猪眼"(即颗粒状的黄丹粉腐蚀蛋白使蛋白呈现黑色的斑点),影响成品质量。

2. 熬料

按配料标准,把事先称量准确的纯碱、食盐、茶叶、松柏枝、清水倒入锅中加热煮沸。

3. 冲料

先将生石灰称好放入缸(或桶)中,后将黄丹粉、草木灰放在生石灰上面。再将上述煮沸的料水(或汁液)趁沸倒入缸,此时生石灰遇到汁液,即自行化开,同时放出热量,产生高温,待缸中蒸发力渐弱后,不断翻动搅拌均匀。

4. 装缸与灌汤

将挑选出来的鲜鸭蛋,分级或分大小放入清洁的缸内。下缸前,在缸底要铺一层洁净的麦秸,以免最下层的鸭蛋直接与硬缸底相碰、受到上面许多层次的鸭蛋的压力而破损。蛋入缸时,要轻拿轻放,层层平放,装至距缸口 6～10 cm 处,加上花眼竹篦盖压住,以免灌汤以后,鸭蛋飘浮起来。装缸后,将冷却的料液(或料汤)加以搅动,使其浓度均匀,按需要量徐徐由缸的一边灌入缸内,直到鸭蛋全部被料汤淹没为止。料汤的温度要随季节不同而异:春、秋季节应控制在 15℃左右为宜;冬季最低 20℃为宜。夏季料汤的温度应掌握在 20～22℃,保持在 25℃以下为好。

5. 技术管理

灌汤后即进入腌制过程。技术管理工作主要是严格掌握室内(缸房)的温度:初期一般要求在 21～25℃。春秋季节的经过 7～10 d,夏天经过 3～4 d,冬季经过 5～7 d 的浸渍,蛋的内容物即开始发生变化,蛋白首先变稀,称为"化清时期",随后约经 3 d,蛋白逐渐凝固。此时室内温度可提高到 25～27℃,以便加速碱液和其他配料身蛋内渗透,待浸渍 15 d 左右,可将室温降至 16～18℃范围内,以便使配料缓缓地进入蛋内。在腌制过程中,必须有专人负责,每天检查蛋的变化、温度高低、料汤多少等,并随时记录,以便发现问题及时解决。

6. 出缸

鸭蛋入缸后 45 d 左右即可成熟(夏天约需 40 d,冬天需 50～60 d)出缸。

7. 包泥、滚稻

对验质分级选出的合格蛋进行包泥。所用包泥系用 60%～70% 的黄黏土与 30%～40%

的已腌渍过松花蛋的料汤,调合成糊状。包泥时将蛋逐只用泥料包裹,每枚蛋包泥厚 2 mm 左右。为防止包泥后的松花蛋互相粘连,包泥后即应将蛋放在稻壳上来回滚动,稻壳便均匀地粘到包泥上,并适当喷一点食盐水,使糠壳颜色美观。大约每 100 枚蛋需稻壳 500 g 左右。

8.入缸、封口

把包好的蛋装入缸或坛内,装满后用泥密封妥缸或坛口,即可入库贮存。

9.贮存

松花蛋的贮存方法一般有下列三种:①原缸贮存。②包料后装缸贮存。③包料后装箱或装篓贮存。

松花蛋的贮存期与季节有关,一般春季贮存期较长,而夏季贮存期较短。库内的温度控制在 10~20℃ 范围内为宜,并应将盛有松花蛋的缸(坛)或篓(箱)置于凉爽通风处,切勿受日晒、雨淋或受潮,造成松花蛋发霉变质。

三、五香松花蛋

五香松花蛋的辅料是在溏心或硬心松花蛋辅料配方的基础上加传统香辛料配制而成。五香松花蛋成品,除具有其他方法加工松花蛋的品质标准外,还有滋气味特殊、成熟快的特点。其加工方法可用浸泡法或生包法。

1.浸泡法

(1)原料配方(鲜鸭蛋 150 枚) 纯碱 5 kg,桂松花 100 g,小茴 100 g,石灰 15 kg,山楂 100 g,丁香 100 g,黄土 0.75 kg,茶叶 0.5 kg,玉果 50 g,广丹 250 g,食盐 4 kg,荜拨 100 g,花椒 300 g,草木灰 0.75 kg,良姜 100 g,陈丹 100 g,柏枝 250 g,清水 78 kg,砂仁 50 g,大茴 0.5 kg。

(2)制作方法 把碱面、食盐、石灰、黄土、广丹置于缸内,其他原料放入锅里熬煮,待各种原料下齐后退火,将煮好的料水转入碱面、石灰缸内,搅拌均匀,过滤后冷却泡蛋。浸泡期夏季 5~6 d,冬季需要 7~10 d,比一般松花蛋成熟期快 30 d 左右。

(3)残料利用 配一次料可使用四次,第二次制作时把第一次用过的料水加上碱面 2 kg,盐 1 kg,方法同上,泡制时间 11~12 d。第三次制作时,把第二次用过的料水加碱面 2.5 kg,盐 1 kg,方法同上,浸泡时间 16~17 d。第四次制作时,把第三次用过的残料加入和第三次等量的碱面和盐,浸泡时间为 18~20 d。

2.生包法(灰包法)

(1)原料配方(鲜鸭蛋 1 000 枚) 碱面 3.5~4 kg,草木灰 0.5 kg,桂松花 50 g,石灰 10 kg,丁香 50 g,山楂 50 g,食盐 2 kg,豆蔻 50 g,良姜 50 g,茶叶 2 kg,桂子 50 g,大茴 0.5 kg,荜拨 50 g,花椒 0.5 kg,砂仁 50 g,水适量。

(2)制作方法 除石灰以外,全部原料放入锅里熬煮,取出料汁,再慢慢加入石灰,搅拌成糊状。若糊稀可以加草木灰调整,以能适应鲜鸭蛋滚涂为止。将经过检验合格的鲜鸭蛋,在冷却好的料糊中滚粘后捞出,放入稻壳或锯末中滚干后装缸,密封 6~7 d,即可开缸检查。

四、鸡蛋松花蛋加工

加工方法、原理与鸭蛋相同,但鸡蛋中水分含量较鸭蛋多,因此加工鸡松花蛋的配料中,用碱量要稍多些。另外,鸡蛋比鸭蛋小,故鸡松花蛋的成熟期较短。

1.浸泡工艺

料液配方:沸水 50 kg,纯碱 4~4.5 kg,生石灰 14~16 kg,红茶末 1~2 kg,食盐 1.5~2 kg,硫酸锌 75 g,硫酸铜 35 g,鸡蛋 50 kg。鸡松花蛋的料液制作和浸泡方法与溏心松花蛋相同,唯成熟期较短,在 20~25℃条件下 20 d 左右即可成熟。

2.涂包工艺

料泥配方(以 1 000 枚鸡蛋计):生石灰 6.5 kg,纯碱粉 1.9~2.5 kg,食盐 250 g,植物灰 2.5~3 kg,红茶末 200g,水适量。

料泥的制作:先把茶叶加适量的水煮沸,再分次投入生石灰于茶汁内,待石灰作用后投入纯碱和食盐,搅拌均匀,捞出石灰渣,然后加植物灰搅成糊状。涂包时,把蛋放入糊状泥中黏一层,再放在锯末或谷壳中滚一下后装缸,加盖封口,10 d 左右成熟,出缸后晾干即可食用。

五、鹌鹑松花蛋

鹌鹑松花蛋是以鹌鹑蛋为原料加工的松花蛋。鹌鹑松花蛋晶莹如玉,有弹性和松花,蛋黄呈黄、橙、褐、绿、蓝诸色,溏心适中,带有清香的滋味。

它是自 20 世纪 80 年代以来,我国鹌鹑养殖业大发展后而发展起来的一类新品种松花蛋。其加工原理和方法与其他松花蛋相似,但由于其个小(重约 10 g)蛋壳薄(仅 0.2 mm),因此在某些技术要求上与其他松花蛋加工有所不同。

1.原料蛋的选择

加工用的原料鹌鹑蛋,应通过灯光透视、严格挑选、要求在 5 d 内的新鲜蛋,蛋壳为灰白色,上面有红褐色或紫色斑点,色泽鲜艳,蛋壳结构致密、均匀,光洁平滑,蛋形正常,蛋重在 10~15 g。剔除白色蛋、软壳蛋、畸形蛋、破损蛋等。

2.料液配制

水 10 kg,氢氧化钠(纯度为 96%)0.42 kg,红茶末 0.3 kg,食盐 0.25 kg,五香料 160 g(桂皮、豆蔻、白芷和八角各 40 g)。

按配方要求先将五香料,红茶和水放在锅中煮沸 15~20 min,然后用纱布将茶叶过滤,茶汁趁热加入氢氧化钠、食盐和氧化铅,充分搅拌,使其完全溶解,静置 1 d,冷却到室温,测定 NaOH 浓度。

3.装缸

将检验后新鲜的鹌鹑蛋小心放入陶瓷缸内,尽量减少人为的损失。每缸装蛋 10~20 kg 为宜,以防挤压破损。

4.出缸

温度 20℃时,经 18~20 d 便可成熟,经检验合格后出缸。

5.涂膜

由于鹌鹑蛋体积小,用传统的包泥滚糠法包装比较困难,食用不便。可将晾干的松花蛋用医用石蜡或 4%聚乙烯醇进行涂膜保质,使松花蛋进一步后熟。

复习思考题

1.简述松花蛋的种类和特点。

2.试述松花蛋加工的基本原理,松花蛋形成过程中为什么会出现化清和凝固现象?

3.纯碱、生石灰、烧碱、硫酸锌、硫酸铜在松花蛋加工上分别起什么作用?

4.京彩蛋加工工艺及操作要点是什么?

5.湖彩蛋加工工艺及操作要点是什么?

6.京彩蛋与湖彩蛋生产工艺的主要区别是什么?

7.京彩蛋与湖彩蛋生产中常见的质量问题是什么? 怎样解决?

8.采用浸泡法加工松花蛋为什么要验料? 怎样进行验料?

9.采用浸泡法加工松花蛋如何进行成熟期的管理?

10.即使用新鲜禽蛋加工松花蛋,其成品中蛋黄总不在中央,为什么?

11.试述松花蛋品质检验的主要方面。

12.试设计一个年产 10 万 t 的现代化的松花蛋加工厂。

第十九章

咸蛋加工

【目标要求】

1. 掌握咸蛋的种类和品质特点;

2. 掌握咸蛋的加工原理及原、辅料选择的方法;

3. 掌握三种传统咸蛋的加工方法;

4. 掌握咸蛋的质量标准及质量鉴定方法。

咸蛋(salted egg)又称盐蛋、腌蛋、味蛋等,是指以鸭蛋为主要原料经腌制而成的风味特殊、食用方便的再制蛋。咸蛋的加工,在我国具有悠久的历史,早在1 600多年前,我国就有用盐水储藏蛋的记载。元代出版的《农桑衣食摘要》中记载:"……水乡居者宜养之,雌鸭无雄,若足其豆麦,肥饱则生卵,可以供厨,甚济食用,又可以腌藏……",说明600多年前我国就已经生产加工咸蛋了。咸蛋在我国生产极为普遍,全国各地均有生产,而长江以南各地养鸭发达,盛产优质咸蛋,主要产区包括江苏、湖北、湖南、浙江、江西、福建、广东等省。早在1900年,我国咸蛋产品即开始出口外销,主要输往港澳市场,还远销新加坡,东南亚各国,少量销往美国、英国、意大利等国。

品质优良的咸鸭蛋具有"鲜、细、嫩、松、沙、油"六大品质特点。煮(蒸)熟后切开断面,黄白分明,蛋白质地细嫩,蛋黄松沙,呈朱红(或橙黄)色起油,周围有露水状油珠,中间无硬心(俗称穿心化油),味道鲜美;用双黄蛋加工的咸蛋,色彩绚丽,风味别具一格。咸蛋食用时,黄白混吃味道最好;可切拌以其他凉菜作冷菜拼盘,或加碎肉、碎木耳、绍兴酒和葱末蒸食,风味别致。

我国咸蛋主要品种包括江苏高邮咸蛋、湖北沙湖咸蛋、湖南西湖咸蛋以及浙江兰溪等地的黑桃蛋。咸蛋按加工方法可分捏灰咸蛋、灰浆咸蛋、灰浆滚灰咸蛋、泥浆咸蛋、泥浆滚灰咸蛋和盐水咸蛋等。目前出口的咸蛋主要是捏灰咸蛋(又名搓灰咸蛋,黑灰咸蛋)。

第一节 咸蛋的加工原理

一、食盐在腌制中的作用

咸蛋主要使用食盐腌制而成。蛋经盐水浸泡后,其保藏性不仅增加,而且滋味可口,因此腌制蛋便由贮蛋方法变成了加工再制蛋的方法。食盐有一定的防腐能力,可以抑制微生物的生长发育,使的蛋内容物分解和变化速度延缓,所以咸蛋的保存期比较长。但食盐只能起到暂时的抑菌作用,或减缓蛋的变质速度,当食盐的防腐力被破坏或不能继续发生作用时,咸蛋仍会很快地腐败变质。因此,从咸蛋的加工直到成品销售为止,必须为食盐的防腐作用创造条件,否则无论成品或半成品,仍会在薄弱的环节中腐败变质。

食盐溶解在水中可以发生扩散作用,对周围的溶质具有渗透作用。食盐所以具有防腐能力,主要是产生渗透压的缘故。咸蛋的腌制过程,就是食盐通过蛋壳及蛋壳膜向蛋内进行渗透和扩散的过程。渗透和扩散的速度与溶液的浓度和温度有关。就浓度来说,食盐溶液浓度每增加1‰即可产生相当于6.1个大气压的渗透压力,因而浓度越高,渗透压越大,腌制速度也越快。就温度来说,每增加1℃,渗透压就会增加0.3‰~0.35‰,因而腌制速度也愈快。在腌制过程中,食盐产生很大的渗透压,使细菌细胞体的水分渗出,并使细菌细胞产生质壁分离现象,细菌不能再进行生命活动,甚至死亡。由于腌制时食盐渗入蛋内,使蛋内的水分脱出,降低蛋内水分含量,从而使食盐浓度提高,抑制了细菌的生命活动。同时,食盐可以降低蛋内蛋白酶的活性和细菌产生蛋白酶的能力,从而延缓了蛋的腐败变质速度。腌制咸蛋时,食盐的作用主要表现在以下几个方面:①脱水作用;②降低了微生物生存环境的水分活性;③对微生物有生理毒害作用;④抑制了酶的活力;⑤同蛋内蛋白质结合产生风味物质;⑥促使蛋黄油渗出。

二、鲜蛋在腌制中的变化

当鲜蛋包以泥料或浸入食盐溶液中后,食盐通过气孔而渗入蛋内。其转移的速度除与盐溶液的浓度和温度成正比外,还和盐的纯度以及腌渍方法等有关。采用盐泥和灰料混合物腌蛋的方法比用盐溶液浸渍法要慢一些,而循环盐水浸渍的方法比一般的浸渍方法要快。食盐中所含氯化钠的成分越多,渗透的速度越快。如盐中含有镁和钙盐较多时,就会延缓食盐向蛋内的渗透速度,而推迟蛋的成熟期。蛋中脂肪对食盐的渗透有相当大的阻力,所以含脂肪多的蛋比含脂肪少的蛋渗透的慢,这也是咸蛋蛋黄不咸的原因。蛋的品质对渗透速度也有影响,原料蛋新鲜,蛋清浓稠的蛋成熟快,蛋清较稀的成熟慢。加工过程中,温度越高,食盐向蛋内渗透越快,反之则慢。蛋内水分的渗出,是从蛋黄通过蛋清逐渐转移到盐水中,食盐则通过蛋清逐渐移入蛋黄内。食盐对蛋清和蛋黄所表现的作用并不相同。对蛋清可使黏度逐渐减低而变稀,对蛋黄则使其黏度逐渐增加而变稠变硬。食盐对蛋清、蛋黄的作用变化情况见表19-1。

表 19-1　腌制时蛋内蛋清和蛋黄的性质变化规律

腌制时间/d	水分含量/%		食盐含量(占干物质的百分比)		黏度(水为100,20℃)	
	蛋清	蛋黄	蛋清	蛋黄	蛋清	蛋黄
0	87.4	48.1	1.2	0.1	10	142
15	87.6	48.0	2.3	0.3	7	340
30	86.8	44.3	9.8	0.3	7	1 525
60	85.1	37.8	18.9	1.2	6	已经凝固
90	74.2	26.0	21.4	2.9	3	已经凝固

由表19-1可知,腌制的时间越长,蛋内容物的水就越少,而干物质中的食盐含量就越多,尤其是蛋清的减少程度比蛋黄更显著。另外,由于蛋内水分的减少以及蛋黄蛋清在腌制过程

中有某种程度的分解,使蛋黄内脂肪成分相对增加,如腌制 10 d 时含油量上升较快,以后缓慢上升。因此,咸蛋蛋黄内的脂肪含量看起来要比鲜蛋高许多,使蛋黄出现"松、沙、油"的现象。

综上所述,咸蛋在腌制期间的变化可以归纳为以下几点:

1.水分含量

水分含量随着腌制时间的延长而下降,蛋黄含水量下降非常明显,蛋清含水量下降不显著。因为食盐溶液的浓度大于蛋内,所以,蛋内水分的渗出是从蛋黄通过蛋清逐渐转移到盐水中。腌制时间越长,蛋中食盐含量越多,咸蛋内的水分含量越低,而且蛋黄的脱水作用很明显。

2.食盐含量

食盐的含量随着腌制时间的延长而增加,主要表现为蛋清中食盐含量的增加,在蛋黄中因脂肪含量高会妨碍食盐的渗透性和扩散,所以,蛋黄中食盐含量增加不多。

3.黏度和组织状态

咸蛋在腌制期间,随着食盐的渗入,蛋清的黏度降低,呈水样,而蛋黄的黏度增加,呈凝固状态。由此可知,食盐成分对蛋清和蛋黄所表现的作用并不相同,其机理尚不清楚,有待研究。

4.pH

咸蛋的 pH 与鲜蛋的 pH 显著不同,随着腌制时间的延长,蛋清 pH 逐渐下降,由碱性向中性发展,这可能是由于食盐的渗入破坏了蛋清中的溶菌酶等碱性蛋白质的结果,同蛋内 CO_2 的排出也有关系。蛋黄的 pH 变化不明显,由开始的 6 下降至 5.77,变化缓慢,蛋黄的 pH 下降同脂肪的增加有关。

5.蛋黄含油量

咸蛋在腌制过程中,蛋黄内含油量上升较快,腌至 10 d 时更明显,以后则缓慢上升。蛋黄含油量的增加对咸蛋风味形成有一定意义。

6.质量变化

咸蛋在腌制期间,其质量略有下降,主要是由水分的损失造成的。

三、蛋在腌制过程中有关因素的控制

1.食盐的纯度和浓度

食盐中除了钠盐,还含有镁盐和钙盐等物质。蛋在腌制过程中,镁盐和钙盐会影响食盐向蛋内渗透的速度,推迟咸蛋成熟的时间,同时,钙盐和镁盐具有苦味,且能与蛋中的化学成分发生化学变化,影响质量。当水溶液中钙离子和镁离子浓度达到 0.15%～0.18%和在食盐中达到 0.6%时,即可察觉出有苦味。因此,要求食盐纯度高,一般选用纯净的再制盐或海盐。

蛋在腌制时,食盐用量越多,浓度越大,食盐成分向蛋内渗入的速度越快,咸蛋的成熟也较快。腌制时食盐的用量要根据腌制目的、环境条件(气温)、腌制方法和消费者口味而有所不同。腌制时气温低,用盐量可少些;气温高,用盐量高些。既要风味咸淡适中,又要防止腐败变质。

2.腌制方法

盐泥或灰料混合腌制的方法,由于食盐成分渗入蛋内速度较慢,咸蛋的成熟也较迟缓;用食盐水溶液浸渍的方法,食盐成分渗入蛋内速度较快,可缩短腌制时间;而用循环盐水浸渍的方法,食盐渗入蛋内速度更快。

3.腌制期的温度

温度越高,食盐向蛋内渗透和扩散的速度越迅速,反之则慢。所以,夏季腌蛋成熟时间短,冬季腌蛋成熟时间长。由于温度越高,微生物生长活动越迅速,禽蛋越易变质。因此,选择腌制温度必须慎重,咸蛋的腌制和贮存一般都在低于25℃。

4.蛋内脂肪的含量

脂肪对食盐的渗透有相当大的阻力,所以含脂肪多的蛋黄食盐的渗入较慢,而脂肪含量少的蛋清,食盐的渗入速度就快。

5.原料蛋的新鲜度

鸭蛋新鲜,蛋清浓稠,食盐渗透和扩散作用缓慢,咸蛋的成熟也较慢;反之,质量差的鸭蛋,蛋清稀薄,食盐渗透和扩散较快,咸蛋的成熟也较快。

为了获得高质量的咸蛋,必须选用新鲜的鸭蛋,根据不同的腌制方法控制食盐用量和浓度、环境温度及腌制时间。各种因素是互相联系和互相制约的,在生产中要根据具体情况灵活掌握。

第二节 原料蛋和辅料的选择

我国各地加工咸蛋,使用的原料蛋和辅料大同小异,没有太大的差别。但由于加工方法和各地方生活习惯的不同,对使用辅料的品质和用量上各有具体要求。

一、原料蛋的选择

鸭蛋蛋黄中的脂肪含量较多,产品质量风味较好,所以加工咸蛋的原料主要为鸭蛋,亦可用鸡蛋或鹅蛋加工。加工用的原料蛋必须新鲜,蛋壳上的泥污和粪污必须洗净。必须经过光照检验后,剔除次、劣蛋,保证原料蛋新鲜、完整、无公害、无污染。

二、辅料的选择

1.食盐

食盐是加工咸蛋最主要的辅助材料。其感官指标要求是色白、味咸、氯化钠含量高(96%以上)、无苦涩味、无杂质的干燥产品。在大批量生产时,应测定食盐中氯化钠的含量和含水量,以便在加工中能正确掌握食盐的用量。

由于用化学分析法测定食盐溶液浓度操作比较烦琐,一般蛋品加工厂采用波美表测定食盐浓度。波美度(°Bé)是表示溶液浓度的一种方法,把波美比重计浸入所测溶液中,得到的度数叫波美度。比重与波美度的转换关系公式为:当比重>1时,比重=144.3/(144.3-波美度);当比重<1时,比重=144.3/(144.3+波美度)。食盐浓度与波美度对应关系见表19-2。

考虑温度的影响,进行如下的修正:15.6℃为基准温度,每升高1℃,波美度会降低0.052。专用的盐水波美表,有测定溶液波美度对应的该种类溶液的浓度,可以直接读数,不用查表。

2.草木灰

采用草灰法加工咸蛋时,草灰主要是用来和食盐调成料泥或灰料,使其中的食盐能够长期、均匀地向蛋内渗透,同时可有效阻止微生物向蛋内侵入,防止由于环境温度变化时对蛋内容物的不利影响。除此以外,草灰还能明显地减少咸蛋的破损,便于贮藏、长途运输和销售。国内加工咸蛋一般选用植物灰,使用时应选择干燥、无霉变、无杂质、无异味、质地均匀细腻的产品。

表 19-2　食盐浓度与波美度表

比重(20℃)	波美度	NaCl/%	NaCl/(g/100 mL)	比重(20℃)	波美度	NaCl/%	NaCl/(g/100 mL)
1.007 8	1.12	1	1.01	1.112 1	14.60	15	16.60
1.016 3	2.27	2	2.03	1.119 2	15.42	16	17.90
1.022 8	3.24	3	3.06	1.127 2	16.35	17	19.10
1.029 9	4.22	4	4.10	1.135 3	17.27	18	20.40
1.036 9	5.16	5	5.17	1.143 1	18.14	19	21.70
1.043 9	6.10	6	6.25	1.151 2	19.03	20	23.00
1.051 9	7.16	7	7.34	1.159 2	19.89	21	24.30
1.058 9	8.07	8	8.45	1.167 2	20.75	22	25.60
1.066 1	8.98	9	9.56	1.175 2	21.60	23	27.00
1.074 4	10.00	10	10.71	1.183 4	22.45	24	28.40
1.081 1	10.88	11	11.80	1.192 3	23.37	25	29.70
1.089 2	11.87	12	13.00	1.200 4	24.18	26	31.10
1.096 0	12.69	13	14.20	1.203 3	24.48	26.4	31.80
1.104 2	13.66	14	15.40				

3. 黄土

在咸蛋加工的用料上,也可以采用黄土加工,甚至可将草灰与黄土混合使用。黄土的作用与草灰相同。选用的黄土应是深层的、经干燥的、无杂质、无异味。含腐殖质较多的泥土不能使用,以免使禽蛋变质。

4. 水

加工咸蛋一般直接使用清洁的自来水,但使用冷开水对于提高产品的质量较为有利。

第三节　传统咸蛋加工

一、裹灰咸蛋

裹灰咸蛋主要采用提浆裹灰法加工,我国出口咸蛋较多采用此种加工方法。

(一)配方

要根据内外销区别、加工季节和南北方口味不同而适当调整。各地在不同季节加工咸蛋配料比例见表 19-3。

表 19-3　各地在不同季节加工咸蛋配料比例（鸭蛋 1 000 枚）

加工地区	加工季节	使用的辅助材料/kg		
		食盐	草木灰	水
四川	5 月至来年 4 月	8	25	12.5
	5—10 月	7.5	22.5	13
湖北	11 月至来年 4 月	4.25	15	12.5
	5—10 月	3.75	19.5	12.5
北京	11 月至来年 4 月	4.3～5	15	12.5
	5—10 月	3.8～4.5	15	12.5
江苏	春季、秋季	6	20	18
浙江	春季、秋季	5～6	17～20	15～18

(二)工艺流程

原料蛋挑选→配料→打浆→验料→提浆→裹灰→捏灰→包装→腌制→成品。

(三)操作要点

1.配料

按配方准确称取各配料，如无配方，可按草木灰：水：食盐＝5：4：1 的比例称取各配料。

2.打浆

先将食盐溶于水中。草木灰分几次加入打浆机内，先加 3/4 或 2/3，在打浆机内搅拌均匀，再逐渐加入剩余的部分，直至全部搅拌均匀为止。使灰浆搅成不流、不起水、不成块、不成团下坠，放入盘内不起泡的不稀不稠灰浆。

3.验料

验料方法是将手放入灰浆中，取出后皮肤呈黑色、发亮，灰浆不流、不起水、不成块、不成团下坠；灰浆放入盆内不起泡。灰浆达到标准后，放置一夜到次日即可使用。如无打浆机，可用人工代替，方法是先将盐水倒入缸内，加入 2/3 的草木灰，搅拌均匀，然后人工穿上长筒套鞋，进入缸内反复踩动，边踩边加剩余的草木灰，直至灰浆达到上述要求即可。

4.提浆

将挑选好的原料蛋，在经过静置搅熟的灰浆内翻转一下，使蛋壳表面均匀地粘上一层 2 mm 厚灰浆。

5.裹灰

将提浆后的蛋尽快在干燥草灰内滚动，使其粘上 2 mm 厚的干灰。如过薄则蛋外灰料发湿，易导致蛋与蛋的粘连；如过厚则会降低蛋壳外灰料中的水分，影响成熟时间。

6.捏灰

裹灰后还要捏灰，即用手将灰料紧压在蛋上。捏灰要松紧适宜，滚搓光滑，无厚薄不均匀或凸凹不平现象。

7.装缸包装

捏灰后的蛋即可点数入缸或装篓。出口咸蛋一般使用尼龙袋或纸箱包装。

8.腌制

此法腌制的咸蛋，夏季腌制 20～30 d，春秋季腌制 40～50 d。

9.成品

成品检验按有关标准执行。

二、盐泥咸蛋

盐泥咸蛋是利用盐泥涂布法加工制成。盐泥涂布法是用食盐和黄土加水调成泥浆,然后涂布、包裹原料蛋来腌制咸蛋。

(一)配方

食盐 6~7.5 kg,干黄土 6~8 kg,清水 4~5 kg,原料蛋 1 000 枚。

(二)工艺流程

原料蛋挑选→食盐溶解→调泥→涂布→装缸→包装→腌制→成品。

(三)操作要点

1.食盐溶解

将食盐放在容器内,加水使其完全溶解。

2.调泥

加入搅碎的干黄土,待黄土充分吸水后调成糊状泥料。原料蛋放入成熟泥料时,呈半沉半浮状态。

3.涂布

将挑选好的鸭蛋放于调好的泥浆中,使蛋壳周围全部粘满盐泥。为使泥浆咸蛋不粘连,外形美观,可在泥浆外再滚上一层草木灰、稻壳或锯末,即成为泥浆滚灰咸蛋。

4.装缸包装

点数入缸或装箱。

5.腌制

夏季腌制 25~30 d,春秋季腌制 30~40 d。

6.成品

成品检验按有关标准执行。

三、浸泡咸蛋

浸泡法是将鸭蛋直接浸泡在盐水、泥浆或灰浆水中,让其成熟的一种腌制方法,是一种成熟速度较快的方法。包括盐水浸泡法和灰浆、泥浆浸泡法两种。

(一)配方

食盐 4~7.5 kg,咸蛋腌制剂 0.6~0.8 kg,清水 50 kg,原料蛋 800~1 000 枚。腌制剂配方见表 19-4。

表 19-4　咸蛋腌制剂配方表

配方	香料及用量比例
1	八角 3、桂皮 8、豆蔻 3、良姜 8、茴香 3、山楂 12
2	八角 3、花椒 6、豆蔻 3、丁香 3、良姜 6、孜然 4、香木 4
3	桂皮 6、茴香 3、豆蔻 6、花椒 3、丁香 6、红茶 12

(二)工艺流程

原料蛋挑选→配料→食盐溶解→验料→装缸→腌制→出缸包装→成品。

(三)操作要点

1.配料

按配方准确称取各配料。配料时,先在拌料缸内放入咸蛋腌制剂,再添加食盐,加水搅拌至完全溶解、均匀后即为加工咸蛋的料液。因为料液的食盐浓度影响咸蛋的成熟时间和产品的含盐量,所以不同季节不同地区加入的盐量要有所变化。夏季加大食盐的用量,冬天减少用盐量;当地饮食口味偏重要加大用盐量,口味偏轻要减少用盐量。如用泥浆或灰浆浸泡,则在配好的盐水中加5%的干黄土或草木灰,并搅拌成均匀的糨糊状。

2.验料

对配制好的盐水,必须测定其食盐浓度,用波美表测定:取1个大小适当的洁净干燥的量筒,将待测料液搅拌均匀并确保食盐完全溶解,静止后取上清液盛入量筒中,小心地将干燥的波美表放入量筒中,不要与量筒内壁相靠,同时确保波美表自由浮动。待其稳定后,读取与料液液面相平处的波美表上的刻度,即得料液的波美度。

3.盐水的重复利用

盐水浸泡法剩余的残液可以重复利用,采用波美表测定残液食盐浓度,然后再添加食盐补足浓度,以备重复利用。其方法是先将残液过滤除去鸭毛、碎蛋壳等杂质,再测定浓度,添加食盐将残液的波美度调整至22~23波美度,每重复利用1次增加1波美度,然后再加入0.1%的咸蛋腌制剂,完全溶解后便可腌蛋。

4.腌制

将挑选合格的鲜蛋放入缸或池内,装至离缸口3~5 cm时,将蛋面摆平,盖上1层竹篾,再用3~5根粗竹片压住,以防灌料后鲜蛋上浮。然后将配制好的料液缓缓倒入腌制缸内,待液面将蛋全部淹没后,在表层撒一层盐并加盖密封。咸蛋腌制时间的长短因季节不同、蛋的大小和口味轻重而不同。一般情况下,夏季需18 d左右,春秋季需30 d左右,冬季则需40 d左右。

5.出缸包装

腌制成熟的咸蛋必须尽快出缸包装。

6.成品

成品检验按有关标准执行。

四、传统咸蛋加工方法的比较

(一)工艺方面

浸泡法工艺最为简单,劳动强度低,生产周期短,适宜于大批量、机械化生产,盐水还可以重复利用;包灰法虽然工艺相对复杂,但用此法加工的咸蛋质量好,出口创汇率高,我国已研制出适用于此工艺的机械设备,从而使此法也适于大批量生产。

(二)品质方面

咸蛋的品质与加工用料关系密切。一般用泥料(泥浆浸泡法、包泥法)加工的咸蛋咸味较重,蛋黄色泽鲜艳,蛋黄质地松沙、油珠较多;而用灰料(包灰法、灰浆浸泡法)加工的咸蛋咸味较轻,蛋白细嫩,但蛋黄品质不如前者,松、沙、油等不突出;用盐水浸泡加工的咸蛋蛋白咸味较重,水分含量高,蛋黄品质不如前面二者松沙,在高温季节黑蛋黄的比例较高。不使用咸蛋腌制剂时容易出现盐水变质现象。

（三）成熟速度方面

咸蛋成熟速度以盐水浸泡法最快，其次是泥浆和灰浆浸泡法，以包灰法、泥浆滚灰法最慢。

（四）咸蛋贮运方面

以包灰法、滚灰法加工的咸蛋贮藏期最长，贮运过程中破损率最低；而以盐水浸泡法加工的咸蛋最不耐贮藏，且在贮运过程中破损率最高；以其他方法加工的咸蛋次之。

（五）食用方便性及卫生性方面

以盐水浸泡法加工的咸蛋食用最为方便、卫生，目前常用此法生产真空包装熟咸蛋；以包灰法、灰浆浸泡法加工的咸蛋次之；用泥料加工的咸蛋食用方便，但卫生性最差。

第四节　咸蛋其他加工方法

一、饱和食盐水腌蛋

（1）原料　精盐，水，新鲜鸡蛋。

（2）方法　配制盐溶液（盐∶水＝1∶5）→浸泡→密封。

（3）操作要点　先将蛋洗净后晾干，然后按量在腌制容器中溶解食盐，制成20％的盐水。待盐水冷却至20℃左右即把原料蛋放入其中浸渍，密封保存，20～30 d即成咸蛋。

二、面糊腌蛋

（1）原料　面粉，五香粉，精盐，白酒，鸡蛋。

（2）方法　调制面糊→加白酒、五香粉→鸡蛋包裹→蘸盐→密封。

（3）操作要点　将鸡蛋洗净晾干，面粉用20℃左右的水调成糊状，浓稠程度以鲜鸡蛋放入呈半浮半沉状态为宜；然后放入适量五香粉、白酒等。鲜鸡蛋放入调好的面糊中缓慢转动，待蛋壳表面粘满面糊后取出，蘸盐，最后放入腌制容器内，密封腌制，夏季30 d，春秋季40 d，冬季60 d。

三、辣味腌蛋

（1）原料　辣酱，精盐，鸡蛋。

（2）方法　蛋表面包裹辣酱→表面蘸满精盐→密封。

（3）操作要点　将蛋洗净晾干后裹上辣酱，然后蘸盐，装入腌制容器密封后，经过30 d左右腌制成咸蛋。

四、白酒浸腌蛋

（1）原料　白酒，精盐，鸡蛋。

（2）方法　在酒中浸蘸→表面蘸满精盐→密封。

（3）用量　蛋/酒＝5/1，蛋/盐＝10/1。

（4）操作要点　将蛋洗净晾干，浸蘸量好的白酒，然后表面蘸满精盐，最后装入腌制容器密封，经过30 d左右可腌制成咸蛋。

五、咸辣腌蛋

（1）原料　白酒，辣酱，精盐，鸡蛋。

（2）方法　调料（辣酱：白酒＝4∶1）→蛋表面均匀蘸料→裹盐→密封。

（3）操作要点　先将鸡蛋洗净晾干，将辣酱按白酒：辣酱＝1∶4调制，蛋表面均匀蘸料，然后裹盐，最后装入腌制容器密封，30 d可腌制成咸蛋。

第五节　咸蛋的化学成分和质量要求

一、咸蛋的化学成分

咸蛋的化学成分随着原料蛋的变化而变化，同时，也受配料标准、加工方法和贮藏条件影响。咸蛋和鸭蛋的化学成分变化见表19-5。

表 19-5　咸蛋和鸭蛋的化学成分

种类	食部/%	能量/kJ	水分/%	蛋白质/%	脂肪/%	糖类/%	灰分/%
咸蛋	88	795.34	61.3	12.7	12.7	6.3	7.0
鸭蛋	87	753.48	70.3	12.6	13.0	3.1	1.0

二、评定咸蛋的质量标准

咸蛋的质量标准包括蛋壳状况、气室大小、蛋白状况（色泽、有斑点、细嫩程度）、蛋黄状况（色泽、是否起油）和滋味等，具体的要求如下：

（1）蛋壳　咸蛋壳应完整、无裂纹、无破损、表面清洁。

（2）气室　小。

（3）蛋白　蛋白纯白、无斑点、细嫩。

（4）蛋黄　色泽红黄，蛋黄变圆且黏度增加，煮熟后黄中起油或有油析出。

（5）滋味　咸味适中，无异味。依据上述各项指标评分标准如表19-6所示（以百分法计）。

表 19-6　各项指标所占分值

指　标	分值
蛋壳：无裂纹、气室小	20分
蛋白：纯正、无斑点、鲜嫩	20分
蛋黄：红黄色、松沙、出油	30分
滋味：咸味适中、无异味	30分

三、咸蛋验收标准及方法

1. 抽样方法

对于出口咸蛋，采取抽样方法进行验收。1—5月和9—12月按每100件抽查5%～7%，

6—8 月按 100 件抽查 10%,每件取装数的 5%。抽检人员可根据到货的品质、包装、加工、贮存等情况,酌情增减抽检数量。

2. 质量验收

抽验时,不得存在红贴壳蛋、黑贴壳蛋、散黄蛋、臭蛋、泡花蛋(水泡蛋)、混黄蛋、黑黄蛋。

3. 重量验收

自抽检样品中每级任取 10 枚鉴定大小是否均匀,先称总重量,计算其是否符合分级标准,再挑出体枳小的蛋分别称重,检查其是否符合规定。平均每个样品蛋的重量不得低于该等级规定的质量,但允许有不超过 10% 的邻级蛋。出口咸蛋重量分级标准见表 19-7。

表 19-7　出口咸蛋重量分级标准

级别	1 000 枚重量/kg 以上	级别	1 000 枚重量/kg 以上
一级	77.5	四级	62.5
二级	72.5	五级	57.5
三级	67.5		

四、次、劣咸蛋产生的原因

咸蛋在加工、贮存和运输过程中,有时会产生次、劣咸蛋。有些虽然质量降低,但尚可食用;有些因变质而失去食用价值。次、劣咸蛋在灯光透视下,各有不同的特征。

1. 泡花蛋

透视时可看到内容物中有水泡花,泡花随蛋转动,煮熟后内容物呈"蜂窝状",这种蛋称为泡花蛋,不影响食用。产生原因主要是鲜蛋检验时,没有剔除水泡蛋;其次是贮存过久,盐分渗入蛋内过多。防止方法是避免鲜蛋受水湿、雨淋,检验时注意剔除水泡蛋,加工后不要贮存过久,成熟后及时食用或销售。

2. 混黄蛋

透视时内容物模糊不清,颜色发暗,打开后蛋清呈白色与淡黄色相混的粥状物,蛋黄的外部边缘呈淡白色,并发出腥臭味,这种蛋称为混黄蛋,初期可食用,后期不能食用。产生原因是原料蛋不新鲜,盐分不够,加工后存放过久所致。

3. 黑黄蛋

透视时蛋黄发黑,蛋清呈混浊的白色,这种蛋称为"清水黑黄蛋",该蛋进一步变质,蛋黄和蛋清全部变黑,成为具有臭味的"混水黑黄蛋"。前者可以食用,有的消费者很喜欢吃;后者不能食用。产生原因是加工咸蛋时,鲜蛋检验不严,水湿蛋、热伤蛋没有剔除;或在腌制过程中温度过高,存放时温度过高,时间过久而造成。预防的措施是:严格剔除鲜蛋中的次劣蛋,腌制时防止高温,成熟后不要久贮。

此外,还有红贴皮咸蛋、黑贴皮咸蛋、散黄蛋、臭蛋等,这些都是由于原料蛋不新鲜所造成的。

复习思考题

1. 简述我国传统咸蛋的品质特点。

2. 试述腌制咸蛋的机理。

3. 裹灰咸蛋的加工工艺及操作要点是什么？

4. 盐泥咸蛋的加工工艺及操作要点是什么？

5. 浸泡咸蛋的加工工艺及操作要点是什么？

6. 试比较咸蛋不同加工方法的优缺点。

7. 简述咸蛋的质量标准及质量鉴定方法。

第二十章

糟 蛋 加 工

【目标要求】

1. 掌握糟蛋的种类和品质特点；
2. 掌握糟蛋的加工原理及原、辅料选择的方法；
3. 掌握三种传统糟蛋的加工方法；
4. 掌握糟蛋的质量标准及质量鉴定方法。

第一节　糟蛋的种类和特点

糟蛋(egg preserved in rice wine)即用糯米酒糟糟制鲜鸭蛋而制成的蛋制品,它是我国传统的再制蛋种类之一。我国生产糟蛋的历史悠久。据史料记载,糟蛋是随着我国酿酒事业的发展而兴起来的,但我国历史上何时生产出第一批糟蛋,尚难考证。在明清时代用小作坊的方式生产制作糟蛋就比较常见了。清朝乾隆年间,浙江地方官吏曾以平湖糟蛋作为贡品,获得清帝乾隆的喜好,特颁发京牌以示嘉奖。后来,随着名声的传播,这种糟蛋在江南一带制作的人越来越多,逢年过节都作为一道佳肴,也是亲友互相馈赠的名贵礼品。清朝时期,在我国四川省宜宾出现了一种醇香可口的糟蛋新品种。

目前,我国糟蛋生产发展很快,由于它营养丰富、别具风味,不仅受到国内消费者的喜爱而且在国外市场上销路也很好、声誉高,是传统的出口土特产品之一。

一、糟蛋的种类

我国历史上最为著名的糟蛋有浙江平湖糟蛋、四川宜宾糟蛋、河南陕县糟蛋。糟蛋根据成品外形又可以分为软壳糟蛋和硬壳糟蛋。软壳糟蛋可用禽蛋直接加工,也可将禽蛋加热处理后加工,制成品的石灰质蛋壳已脱落或消失,仅有壳下膜包住,似软壳蛋。硬壳糟蛋常用禽蛋直接糟制,成品仍有蛋壳包住。平湖糟蛋和叙府糟蛋是用禽蛋为原料直接糟制而成的软壳糟蛋。

二、糟蛋的特点

浙江平湖糟蛋、四川宜宾糟蛋、河南陕县糟蛋各具品质特点。具体特征如下：

平湖糟蛋:蛋质柔软,蛋白呈乳白色的胶冻状,蛋黄呈橘红色半凝固状,色白如玉,味浓郁、醇和、鲜美,食之沙甜可口,食后余味绵绵不绝。

宜宾糟蛋:蛋形饱满完整,蛋白呈黄红色,蛋黄呈油色,整枚蛋质软嫩,色泽红亮,食之醇香味长,能贮藏3年不变质。叙府陈年糟蛋味道更佳。

陕县糟蛋:蛋形饱满完整,蛋白稀薄而有光亮,蛋黄红黄软嫩,有浓郁的芳香酒味,食之味鲜微甜,回味悠久。

第二节　糟蛋的加工原理及原辅料选择

一、糟蛋加工的基本原理

糟蛋是将鸭蛋与酒糟和盐封入缸内糟渍后制成。酒糟中的醇和盐,通过渗透和扩散作用进入蛋内,使蛋清和蛋黄发生变化。但是这种变化很缓慢,需要较长的时间糟蛋才能成熟。在糟渍过程中,鸭蛋发生的变化主要是产生芳香的酯类,香气增浓;蛋壳成分降解,脆弱易碎,与蛋壳膜逐渐分离。糟渍过程中,醇和盐进入蛋内,可使蛋黄和蛋清发生凝固和变性作用,因为醇对蛋白质能产生变性作用,并使蛋带有香味或轻微的甜味。蛋在糟渍过程中,醇可以产生乙酸(醋酸),酸有侵蚀蛋壳、使蛋壳溶化变软的作用。因蛋壳中的主要成分是碳酸钙和磷酸钙,它遇到醋酸,产生醋酸钙,醋酸钙很容易溶解,因此蛋壳软化变薄,致使醇更易渗入蛋内。其化学反应如下:

$$CaCO_3 + 2CH_3COOH \rightarrow Ca(CH_2COO)_2 + H_2CO_3$$

$$H_2CO_3 \rightarrow H_2O + CO_2 \uparrow$$

在糟制中,醇的浓度虽然不是很大,但由于糟渍的时间有4~6个月之久,蛋中的微生物特别是致病性沙门氏菌均可被杀死,所以糟蛋可以生吃。

二、原辅料的选择

加工糟蛋的主要原料是鸭蛋、糯米、酒药和食盐等。

1. 原料蛋的选择

糟蛋加工所用原料蛋应经感官鉴定和光照检查而挑出蛋形正常、大小均匀、蛋壳完整的新鲜鸭蛋,一般以每100枚鸭蛋6.5 kg以上为宜。

2. 糯米的要求

糯米是加工糟蛋的主要原料,每加工100枚鸭蛋需糯米8~10 kg。米粒大小均匀、洁白、含淀粉多,含脂肪及蛋白质少,无异味。

3. 酒药的准备

酒药又名酒曲,是酿酒用的菌种。它是多种菌种培养在特殊培养基(用辣蓼草粉、芦黍草粉、一丈红粉等制作成的培养基)上而制成的一种物质,它是酿酒用的发酵剂和糖化剂。这种菌种是经多年纯化培养而成的,主要有毛霉、根霉、酵母及其他菌种。

毛霉、根霉均能产生丰富的淀粉酶,对葡萄糖、果糖、麦芽糖均有很好的发酵作用,具有强的糖化能力;同时还能产生水果香气,具有分解蛋白质的能力。常用的酒药有三种:

(1)绍酒药 绍酒药是酿制绍兴酒所用的菌种,是用糯米粉配合辣蓼草粉及芦黍草粉,再用辣蓼草汁调制而成的一种发酵剂,用此酒药酿制成的酒糟香味较浓,但酒性过强,生产糟蛋单一使用可缩短成熟时间,但产品辣味浓、滋味气味差。绍酒药的生化性能:酸度 0.681 6(每克酒药相当酸的毫摩尔数),pH 6.1,液化力 193.5[每克酒药在 30℃条件下,每小时能液化淀粉的质量(mg)],糖化力 83.54[糖化淀粉所生成还原糖的质量(mg)]。发酵力 16.45(每克酒药能产生 CO_2 的多少)。绍酒药的化学成分见表 20-1。

表 20-1 绍酒药的化学成分 %

化学成分	水分	粗蛋白	脂肪	粗纤维	糖分	糊精、淀粉、灰分
含量	13.7~15.38	7.82~8.23	1.39~1.8	0.47~0.68	1.1~1.91	65.59~70.24

(2)甜药 系面粉或米粉与一丈红粉等混合制成的发酵剂。制成的糟味甜,酒性弱,含醇量低,成熟时间长,一般和其他酒药配合使用。

(3)糖药 系芦黍草粉、辣蓼草粉与一丈红粉混合制成。制成的糟味略甜、酒性温和,性能介于绍酒药和甜药之间。

加工糟蛋多将绍药和甜药混合使用,其用量应先进行试验。酒药采用的种类及用量是否适当,应看制出的糟是否有适当的发酵力和糖化力,是否能使蛋白质很好地凝固;在糟制过程中糟应能防止杂菌的繁殖;糟应有一定的醇香味,还要有一定的甜味。一般每 100 kg 糯米用绍药 165~215 g,甜药 60~100 g。但酒药用量除与质量有关外,还与发酵时的温度有关。温度高,酒药用量较少。在任何温度条件下,甜药的用量应少于绍酒药,否则糖化力强,甜味大,制出的糟易酸败。不同发酵温度需用酒药量见表 20-2。

表 20-2 不同发酵温度需用酒药量

温度/℃	绍酒药的用量/g	甜酒药的用量/g	总量/g
10	186	89	275
18	173	71	244
22	161	59	220

4.食盐

应采用符合卫生标准的洁白、纯净的海盐。

5.水

应是无色、无味、透明的洁净水,pH 近于中性,未检出硝酸盐、氨态氮及大肠杆菌等。有机物含量每升低于 5 mg,固形物含量每升不超过 100 mg。

第三节 糟蛋加工

一、平湖糟蛋

平湖糟蛋加工的季节性较强,是在 3 月至端午节间,端午后天气渐热,不宜加工。加工过程要掌握好酿酒制糟、击蛋破壳、装坛糟制三个关键环节。

(一)配料标准

按鲜鸭蛋 120 枚计算,需用优质糯米 50 kg(熟糯米饭 75 kg),食盐 2 kg,甜酒药 200 g,白酒药 100 g。

(二)工艺流程

陶坛→定型→挑选→检查→清洗→蒸坛→晾置 ⎤
糯米→浸洗→蒸饭→拌酒药→发酵成糟→糟制 ⎬ → 封坛→管理→成熟→检验→成品。
原料蛋→检验→洗蛋→晾蛋→击蛋破壳→装坛 ⎦

(三)操作要点

1.酿酒制糟

主要包括糯米的选择、浸洗、蒸饭、淋饭、制糟等多道工序。

(1)糯米浸洗　将选好的糯米先进行淘洗,然后放入缸中加冷水浸泡。浸泡时间要根据气温高低而有所不同。一般气温在 20℃以上浸泡 20 h,10~20℃浸泡 24 h,10℃以下浸泡 28 h。

(2)蒸饭　捞出浸好的糯米,用清水冲洗 2~3 次后倒入蒸笼内蒸煮。蒸煮时先不加盖,待蒸汽上到饭面后加盖。蒸 10 min 后揭开盖,向饭面均匀地洒一点热水,以使米饭均匀熟透。再盖上盖蒸 10~15 min,饭即蒸好,出饭率 150%左右。

(3)淋饭　蒸好的饭倒入沥箕中,稍加拨散后,用冷水淋冲 2~3 min,使饭温降至 30℃左右。以适应酒药生长发育要求。

(4)拌酒药及酿糟　淋水后的饭,沥去水分,倒入缸中,撒上预先研成细末的酒药。酒药的用量以 50 kg 米出饭 75 kg 计算,应根据气温的高低而增减用药量。

加酒药后,将饭和酒药搅拌均匀,面上拍平、拍紧,表面再撒上一层酒药,中间挖一个直径 3 cm 的塘,上大下小。塘穴深入缸底,塘底不要留饭。缸体周围包上草席,缸口用干净草盖盖好,以便保温。经 20~30 h,温度达 35℃时就可出酒酿。当塘内酒酿有 3~4 cm 深时,应将草盖用竹棒撑起 12 cm 高,以降低温度,防酒糟热伤、发红、产生苦味。待满塘时,每隔 6 h,将塘之酒酿用勺浇泼在面上,使糟充分酿制。经 7 d 后,把酒糟拌和灌入坛内,静置 14 d 待变化完成、性质稳定时方可供制糟蛋用。品质优良的酒糟色白、味香、略甜,乙醇含量为 15%左右。

2.击蛋破壳

(1)选蛋　采用感官鉴定和灯光透视方法对原料蛋进行严格挑选,剔除次、劣蛋。

(2)洗蛋　逐个用板刷将蛋壳上的污物洗净,洗净的蛋应放在通风处晾干。

(3)击蛋破壳　为使糟渍过程中酒糟中的醇、酸、糖、酯等成分易于渗入蛋内,须将晾干后的蛋进行击蛋破壳。击蛋时,将鸭蛋放于左手掌心中,右手用小竹片(长 13 cm、宽 3 cm、厚 0.7 cm)对准蛋的纵侧轻轻一击,然后转半周再在蛋的另一纵侧轻轻一击。使两者在纵向产生的裂纹连成一线,同时勿使蛋壳内膜和蛋白膜破裂。

3.蒸坛

糟蛋坛是糟制糟蛋的重要容器,鲜蛋从入糟坛到出坛大约需经 5 个月的时间。因此,要求坛子必须坚实、耐用、无裂缝,无其他脏物污染。糟蛋坛在使用前需进行清洗和蒸汽消毒,即为蒸坛。先将所用的坛检查一下,看是否有破漏,用清水洗净后进行蒸汽消毒。消毒时,将坛底朝上,涂上石灰水,然后倒置在带孔眼的木盖上,再放在锅上,加热锅里的水至沸,使蒸汽通过盖孔而冲入坛内加热杀菌。如发现坛底或坛壁有气泡或蒸汽透出,即是漏坛,不能使用,待坛底石灰水蒸干时,消毒即完毕。然后把坛口朝上,使蒸汽外溢,冷却后叠起,坛与坛之间用三丁纸 2 张衬垫,最上面的坛,在三丁纸上用方砖压上,备用。

4. 装坛(又称落坛)

取经过消毒的糟蛋坛,用酿制成熟的酒糟 4 kg(底糟)铺于坛底,摊平后,将击破蛋壳的蛋放入,每枚蛋的大头朝上,直插入糟内,蛋与蛋依次平放,相互间的间隙不宜太大,但也不要挤得过紧,以蛋四周均有糟、且能旋转自如为宜。第 1 层蛋排放后再入腰糟 4 kg,同样将蛋放上,即为第 2 层蛋。一般第 1 层放蛋 50 多枚,第 2 层放 60 多枚,每坛放 2 层共 120 枚。第 2 层排满后,再用面糟摊平盖面,然后均匀地撒上 1.6~1.8 kg 食盐。

5. 封坛糟制

目的是防止乙醇、乙酸挥发和细菌的侵入。蛋入糟后,坛口用牛皮纸 2 张,刷上猪血,将坛口密封,外再包牛皮纸,用草绳沿坛口扎紧。封好的坛,每 4 坛一叠,坛与坛间用三丁纸垫上(纸有吸湿能力),排坛要稳,防止摇动而使食盐下沉,每叠最上层坛口用方砖压实。每坛上面标明日期、蛋数、级别,以便检验。

6. 成熟

糟蛋的成熟期为 5~6 个月,应逐月抽样检查,以便控制糟蛋的质量。根据成熟的变化情况,来判别糟蛋的品质。

第 1 个月,蛋壳带蟹青色,击破裂缝已较明显,但蛋内容物与鲜蛋相仿。

第 2 个月,蛋壳裂缝扩大,蛋壳与壳内膜逐渐分离,蛋黄开始凝结,蛋清仍为液体状态。

第 3 个月,蛋壳与壳内膜完全分离,蛋黄全部凝结,蛋清开始凝结。

第 4 个月,蛋壳与壳内膜脱开 1/3,蛋黄微红色,蛋清乳白状。

第 5 个月,蛋壳大部分脱落,或虽有小部分附着,只要轻轻一剥即脱落。蛋清成乳白胶冻状,蛋黄呈橘红色的半凝固状,此时蛋已糟渍成熟,可以投放市场销售。

二、叙府糟蛋

原产于四川省宜宾市,已有 120 年的历史。叙府糟蛋工艺精湛、蛋质软嫩、蛋膜不破、气味芳香、色泽红黄、爽口助食。其加工用的原辅料、用具和制糟与平湖糟蛋大致相同,但其加工方法与平湖糟蛋不同。

(一)原料配方

甜酒糟 7 kg,68 度白酒 5 kg,红砂糖 1 kg,陈皮 25 g,食盐 1.5 kg,花椒 25 g,鸭蛋 150 枚。

(二)加工方法

1. 选蛋、洗蛋和击破蛋壳

同平湖糟蛋加工。

2. 装坛

以上配料混合均匀后(除陈皮、花椒外),将全量的 1/4 铺于坛底(坛要事先清洗、消毒),将击破壳的鸭蛋 40 枚大头向上竖立在糟里,再加入甜酒糟约 1/4,铺平后再以上述方式放入鸭蛋 70 枚左右,再加甜酒糟 1/4,放入其余的鸭蛋 40 枚,一坛共 150 枚,最后加入剩下的甜酒糟,铺平,用塑料布密封坛口,不使漏气,在室温下存放。

3. 翻坛去壳

上述加工的糟蛋,在室温下糟渍 3 个月左右,将蛋翻出,逐枚剥去蛋壳,成为软壳蛋。切勿将蛋壳膜剥破。

4.白酒浸泡

将剥去蛋壳的蛋逐枚放入缸内,倒入高度白酒(每150枚蛋需4 kg左右),浸泡1~2 d。这时蛋清与蛋黄全部凝固,不再流动,蛋壳膜稍微膨胀而不破裂者为合格。如有破裂者,应作次品处理。

5.加料装坛

将用白酒浸泡过的蛋逐枚取出,装入能容下150枚蛋的坛内。装坛时,用原有的酒糟和配料再加入红砂糖1 kg、食盐0.5 kg、陈皮25 g、花椒25 g、熬糖2 kg(红砂糖2 kg加入适量的水,煎成拉丝状,待冷后加入坛内),充分搅拌均匀,按以上装坛方法,层糟层蛋,最后加盖密封,保存于干燥而阴凉的仓库内。

6.再翻坛

贮存3~4个月后,必须再次翻坛,即将上层的蛋翻到下层,下层的蛋翻到上层,使整坛的糟蛋达到均匀糟渍。同时,做一次质量检查,剔出次劣糟蛋。翻坛后的糟蛋,仍应浸渍在糟料内,加盖密封,贮于库内。从加工开始直至糟蛋成熟,需要10~12个月时间,此时的糟蛋蛋质软嫩,蛋膜不破,色泽红黄,气味芳香,即可销售,也可继续存放2~3年。

三、鸡蛋糟蛋

陕州糟蛋系采用鸡蛋和黄酒酒糟加工酿制而成。传说晚清时浙江绍兴一个酿酒师傅把这种工艺传到了陕州。它用料严格,工艺讲究,成品蛋蛋心呈红黄色细腻糊状,无硬心,有蛋香、脂香、酒香等多种香味,味悠长可口,风味独特。成品蛋宜存放于清凉处,随吃随捞,食时去壳,加香油少许,是豫西有名的风味食品。

(一)原料配方

鸡蛋100枚,黄酒酒糟23 kg,食盐1.8 kg,黄酒4.5 kg(酒精浓度13~15度),菜油50 mL。

(二)加工方法

将生糟放在缸内,用手压平,松紧适宜,然后用油纸封好,在油纸上铺约5 cm厚的砻糠,然后,盖上稻草保温,使酒糟发酵20~30 d,至糟松软,再将糟分批翻入另一缸内,边翻边加入食盐。用酒拌匀捣烂,即可用来糟制。

鸡蛋经挑选后,洗净晾干。一层糟一层蛋,蛋与蛋的间隔以3 cm左右为度,蛋面盖糟,撒食盐100 g左右,再滴上50 mL菜油,封口,贮放5~6个月,至蛋摇动时不发出响声则为成熟。这种糟蛋加工期及贮存期较平湖软壳糟蛋长。

四、硬壳糟蛋

(一)原料配方

鸭蛋100枚,绍兴酒酒糟25 kg,食盐1.8 kg,黄酒4.5 kg(酒精浓度13~15度),菜油50 mL。

(二)加工方法

将生糟放在缸内,用手压平,使糟不过松也不过紧实。然后用油纸封好,油纸上铺约5 cm厚的砻糠,再盖上稻草保温,使酒糟发酵20~30 d,至糟松软,再将糟分批翻入另一缸内,边翻边加入食盐。酒糟拌匀捣烂,即可用来糟渍鸭蛋。加工所用鸭蛋经挑选后,洗净晾干,加发酵成熟的酒糟落坛糟渍,放一层糟放一层蛋,蛋与蛋的间隔以 3 cm 左右为度,不可挤紧,蛋面盖糟,撒食盐 100 g 左右,再滴上 50 mL 菜油。坛口用牛皮纸封好,包上竹箬,贮放 5～6 个月,蛋摇动时已不发出响声则为成熟。这种糟蛋加工期比平湖软壳糟蛋要长,而贮存期也较平湖软壳糟蛋为长。

五、熟制糟蛋

(一)原料配方

鸭蛋 100 枚,绍兴酒酒糟 10 kg,食盐 3 kg,醋 0.2 kg。

(二)加工方法

将酒糟放缸中,加食盐和醋,充分搅拌,使混合均匀,以备糟蛋之用。将蛋放于凉水锅中,煮沸 5 min,捞出后放在凉水中冷却,然后剥去蛋壳,留下壳下膜,层糟层蛋进行糟制,坛口密封好,40 d 即可糟透食用。

六、成品保管、分装与运输

(一)成品保管

经过检验合格的糟蛋,仍应带糟贮存于原糟坛内,坛仍要密封起来,堆存在易于通风,室温较低的仓库里,以待销售,一般可以保存半年以上。

(二)成品分装与运输

为了便于糟蛋的销售,可用小坛或玻璃瓶分装,每个容器内装入糟蛋 4～5 枚。容器内除装入糟蛋外,同时也要将酒糟装进去,使糟蛋埋在酒糟里,而保持糟蛋的质量,防止糟蛋干硬,失去香味。分装糟蛋时,对容器及取蛋的夹子等,要严格清洗和消毒,以防止杂菌的污染,造成糟蛋变质,糟蛋分装后,严密封好,贴上商标和说明。

糟蛋销售出厂运输时,在装卸过程中必须轻拿轻放,防止容器碰碎。容器装箱或装篓时,要加填充物,以防破损。

第四节　糟蛋的成分和质量要求

一、化学成分

糟蛋在形成过程中,由于醇、酸、糖和食盐的作用,与鲜鸭蛋比较,水分含量明显下降,灰分、糖类和氨基酸增加,见表 20-3。

表 20-3　糟蛋的化学成分(每 100 g 可食部分)

化学成分	含量	化学成分	含量
水分	52.0 g	磷	111 g
蛋白质	15.8 g	铁	3.1 g
脂肪	13.1 g	硫胺素	0.45 mg
糖类	11.71 g	核黄素	0.5 mg
灰分	7.1 g	烟酸	6.72 mg
氨基酸	8.22 mg/g	维生素 A	234 μg
钙	248 g		

二、质量要求

由于糟蛋是冷食佳品,所以,对其内容物的外观特征、色泽、气味和滋味要求较为严格。质量正常的糟蛋应符合下列要求。

1.感官指标

(1)糟蛋蛋壳与壳下膜完全分离,全部或大部分脱落、个大,蛋清乳白、光亮、洁净,并呈胶冻状。

(2)蛋黄软,呈橘红或黄色的半凝固状,且与蛋清可明显分清。

(3)具有糯米酒糟所特有的浓郁的酯香气,并略有甜味,咸甜适口、无酸味和其他异味。

2.理化指标

糟蛋应满足的理化指标如表 20-4 所示。

表 20-4　糟蛋理化指标(每 100 g 可食部分计)

项目	指标	项目	指标
水分	≥60 g	脂肪	≥12 g
蛋白质	≥9.5 g	氨基酸总量(游离)	≥100 mg

3.微生物指标

细菌数/(cfu/g):≤100;

大肠菌群/(MPN/100 g):≤30;

致病菌:不得检出。

三、常见的次品糟蛋

按照以上几项质量指标对糟蛋进行质量鉴定时,常发现不符合质量要求的次品,其中常见的有水浸蛋、矾蛋和嫩蛋等。

1.水浸蛋

经糟渍蛋清不凝固,仍为流体状态,色由白转红,蛋黄硬实,有异味,这种蛋称为水浸蛋。它是由于酒糟中含醇量低、酒糟变质所造成,此种蛋不能食用。

2.矾蛋

矾蛋的特征是蛋壳变厚如同燃烧后的矾一样,由于蛋壳变质,坛同一层排列膨胀的蛋挤成一团,而造成蛋不成形,糟呈糊状与蛋混杂。严重时甚至无法从坛中取出,故称为“凝坛”,必须击破坛底才能将蛋取出。矾蛋的形成是由坛内的上层开始逐渐向下层发展。有时仅上层变成矾蛋,而下层尚有未成矾蛋的蛋,后者可取出,如及时换上质量优等的酒糟继续糟渍,仍可得到符合质量要求的糟蛋。形成矾蛋的因素较多,主要是由于酒糟质量不符合要求,糟内含醇量不足,而含酸量较高。在酸的作用下坛内的蛋溶化相连在一起,或者由于糟蛋坛漏了,坛内液体减少,加之铺糟过薄,使蛋与蛋相互接触、挤压。

防止方法一是加强对所用酒糟及坛的检验,禁止使用不合格材料,二是严格按装坛的要求装坛,三是加强对糟制过程的检查,及时剔除矾蛋。

3.嫩蛋

嫩蛋的特征是蛋清仍为液体,蛋黄不凝固、不变色、无异味。煮制时仍能凝固,可以食用,但无糟蛋固有的风味。产生的原因是糟制过程中气温过低,糟制时间不足。若在自然条件下加工,预防的措施是应掌握好加工季节,有条件的可安装空调,以便控制环境条件。另外,应加强糟制过程中的检验,保证充足的糟制时间,不可随意提前开坛启封。

复习思考题

1. 简述糟蛋的种类和特点。
2. 试述糟蛋加工的基本原理。
3. 试述各种酒药的特点。加工糟蛋酒药选择的依据是什么?
4. 平湖糟蛋的加工工艺及操作要点是什么?
5. 叙府糟蛋的加工工艺及操作要点是什么?
6. 平湖糟蛋与叙府糟蛋生产工艺的主要区别是什么?
7. 平湖糟蛋与叙府糟蛋生产中常见的质量问题是什么?怎样解决?
8. 试述糟蛋品质检验的主要方面。
9. 劣质糟蛋的种类、特点和形成原因有哪些?

第二十一章

现代蛋制品加工

【目标要求】
1. 掌握现代蛋制品的种类和品质特点；
2. 掌握现代蛋制品的加工原理及原、辅料选择的方法；
3. 掌握全液蛋、冰蛋、蛋白片、蛋粉等主要现代蛋制品的加工方法；
4. 掌握现代蛋制品的质量标准及质量检验方法。

第一节 概 述

现代蛋制品加工技术起源于西方工业发达国家,产品主要包括湿蛋制品类和干燥蛋制品类。

一、湿蛋制品类

湿蛋制品是指将新鲜鸡蛋清洗、消毒、去壳后,将蛋清与蛋黄分离(或不分离),搅匀过滤后经杀菌或添加防腐剂(有些制品还经浓缩)后制成的一类蛋制品。这类蛋制品易于运输,贮藏期长,一般用作食品原料,主要包括全液蛋、冰蛋、湿蛋黄、浓缩液蛋等蛋制品。

二、干燥蛋制品类

禽蛋中含有大量的水分,将禽蛋进行冷藏或运输,既不经济,又易变质,干燥是贮藏蛋的首选方法。早在1900年,我国即有了干燥蛋白片,其起泡性好并且耐贮藏,令各国为之惊奇,加工特点是干燥前先用细菌发酵,除去其中的葡萄糖。近年干燥蛋制品工业有了很大发展,已成为蛋制品加工业中的重要组成部分。我国现代化蛋品加工业起步较晚,20世纪80年代引进了很多成套加工设备,但由于加工成本过高和销售不畅,其作用没有完全得到发挥。

目前,国内外生产的干燥蛋制品种类很多,但根据原料的不同,干燥蛋制品主要包括干蛋白、干全蛋、干蛋黄和特殊类型干蛋品。

1. 蛋白片

蛋白片是通过浅盘干燥而制成的片状或粒状的制品,将蛋白片在水中浸泡一夜即可还原,

使用方便,常用于:

(1)食品工业 干蛋白在食品工业上应用很广泛。如可用作冰糖及糖精加工时的澄清剂;加工点心时可作为起泡剂;加工冰淇淋、巧克力粉、清凉饮料、饼干等均有使用。

(2)纺织工业 在染料及颜料浆中加入35%~50%干蛋白片的水溶液,可以增加印染的劲着性;若加以蒸热,即可使染料或颜料固着于纺织物上,所以,印染棉、绢、毛等纺织品时,常用干蛋白做固着剂。

(3)皮革工业 干蛋白可用做皮革鞣制中的光泽剂。

(4)造纸、印制工业 制造高级纸张可用干蛋白做施胶剂,提高纸张的硬度、强度,增强其韧性和耐湿性;印刷制版时,需用干蛋白作为感光剂和胶着剂;陶器、瓷器以及玻璃器皿上的彩画和图案是用印画纸印上的,而印画纸是用干蛋白和颜料配制成的25%浓度的涂料液和配合料,在纸上印刷而成的。

(5)医药工业 主要用干蛋白制造蛋白银治疗结膜性眼炎;用鞣酸蛋白治疗慢性肠炎;制造蛋白铁盐作为小儿营养剂;干蛋白也常用于制造细菌培养基。

2. 干燥全蛋和蛋粉

喷雾干燥蛋粉是通过喷雾干燥而制成的粉状制品。包括普通干燥全蛋粉、干蛋黄粉、除葡萄糖干全蛋粉和干蛋黄粉。此类全蛋和蛋黄制品发泡力很差,但具有良好的黏着性、乳化性和凝固性,故常用于制造夹心蛋糕、油炸圈饼和酥饼等。

3. 加糖干燥全蛋和蛋黄

包括加糖干全蛋和干蛋黄。是在干燥前的杀菌阶段加一定量的糖,使制品具有良好的起泡性及其他机能特性,适用于制造任何糕饼、冰淇淋、鸡蛋面条等。蛋黄粉还可提炼出蛋黄素供医药用,提炼出蛋黄油用于油画、化妆用品等。

4. 其他干蛋品

包括炒蛋用的蛋粉等。这些是将蛋与其他食物(如脱脂乳、酥烤油等)混合,或加入碳酸钠粉调 pH 后喷雾干燥而成的制品。

我国目前仅生产普通全蛋粉、普通蛋黄粉和蛋白片。

第二节 液态蛋加工

液态蛋(liquid eggs)是指禽蛋打蛋去壳后,将蛋液经一定处理后包装,代替鲜蛋消费的产品。可分为蛋白液、蛋黄液、全蛋液三类,供家庭、餐馆直接使用或作为食品加工厂的生产配料。随着食品工业的发展,从 20 世纪起产生了液态蛋行业,历经百余年,取得了卓越的成效。液态蛋可加工生产很多国外市场流行的新型食品,如蛋黄保健油、蛋黄酱、蛋黄酒、蛋奶饮料、卵黄脂、蛋黄提取物、蛋清提取物等。

液态蛋具有显著的优点:能有效地解决鲜蛋易碎、难运输、难贮藏的问题;能有效避免蛋壳的污染问题,有利于集中处理利用蛋壳和蛋残液;符合食品安全性要求,能有效地解决鲜蛋的沙门氏菌等致病菌隐患。

在发达国家,将液态蛋作为配料的食品生产商不直接生产液态蛋产品。20 世纪 90 年代起,欧盟国家、美国和日本都制定了严禁"壳蛋"进入食品工厂应用的法规,在餐饮场所也有相应的禁令,其法规严格规定食品企业不许采购生蛋,必须要用杀菌过的蛋制品,这一措施极大地促进了液态蛋行业的发展。除了液态鲜蛋外,国外已经有经过不同配料调制的液态蛋产品,专门供烹调菜肴和焙烤使用,使得液态蛋已作为食品的重要配料形成了专门的行业。

1938 年在欧洲就完全具备商品化生产液态蛋的能力。巴氏杀菌液体蛋制品在澳大利亚、欧洲、日本和美国已经占鸡蛋产量的 30％～40％;而早在 1976 年美国生产的去壳蛋中约 42％制成冷冻蛋,约 8％制成干燥蛋,约 47％制成液态蛋,其余约 3％为不可食用蛋。我国的液态蛋生产刚刚起步,近年已有液态蛋专业厂家,液态蛋的生产正日益引起重视。

一、工艺流程

蛋的选择→整理→照蛋→洗蛋→消毒→晒蛋→打蛋→混合过滤→冷却→蛋液(全蛋液、蛋白液、蛋黄液)。

二、操作要点

(一)蛋壳的清洗、消毒

蛋壳上含有大量微生物,为防止微生物进入蛋液内,需在打蛋前将蛋壳洗净并杀菌。洗蛋通常在洗蛋室中进行。选择好的蛋装入箱或蛋盘内运至洗蛋室(现代化蛋品加工厂使用真空吸蛋器取蛋后放入洗蛋槽)洗蛋。槽内水温应较蛋温高 7℃ 以上,避免洗蛋水被吸入蛋内。同时,蛋温升高,在打蛋时蛋白与蛋黄容易分离,减少蛋壳内蛋白残留量,提高蛋液的出品率。

洗蛋用水中多加入洗洁剂或含有效氯的杀菌剂。洗涤过的蛋壳上还有很多细菌,因此须进行消毒。常用的蛋壳消毒方法有三种:

1. 漂白粉液消毒法

用于蛋壳消毒的漂白粉溶液浓度对洁壳蛋有效氯含量为 $(100～200)×10^{-6}$,对污壳蛋为 $(800～1\,000)×10^{-6}$。使用时将该溶液加热至 32℃ 左右,至少要高于蛋温 20℃,可将洗涤后的蛋在该溶液中浸泡 5 min,或采用喷淋方式进行消毒。消毒可使蛋壳上的细菌减少 99％ 以上,其中肠道致病菌完全被杀灭。经漂白粉溶液消毒的蛋再用清水洗涤,除去蛋壳表面的余氯。

2. 氢氧化钠消毒法

在 pH 9 的水溶液中,蛋壳上的沙门氏菌随着时间的延长而逐渐减少,pH 大于 11,则细菌数量减少更快。因此,通常用 0.4％ NaOH 溶液浸泡洗涤后的蛋 5 min。

3. 热水消毒法

热水消毒法是将清洗后的蛋在 78～80℃ 热水中浸泡 6～8 min,杀菌效果良好。但此法水温和杀菌时间稍有不当,易发生蛋白凝固。

经消毒后的蛋用温水清洗,然后迅速晾干。这是因为经消毒后的蛋,其蛋壳上附着的水滴中仍有少量细菌和污物,若不迅速晾干,这些细菌和污物很容易进入蛋液中,增加蛋液内细菌数。另外,空气中的微生物也易污染蛋壳,增加蛋的污染程度。打蛋前若不晾干,蛋壳上残留的溶液会滴到蛋液中去。晾干蛋是在吹干室内进行,室内通风良好,清洁卫生,温度可控制在 45～50℃,蛋在 5 min 内被吹干。

还有一种洗蛋消毒方法是不将蛋移入水槽,而是蛋在输送带上前进时用消毒剂喷洗,同时经由两侧的刷子刷洗除去污物后,再用清水喷洗、风干。

洗蛋前后蛋壳表面细菌变化如表 21-1 所示,蛋用水或杀菌剂洗净后,其蛋壳表面细菌会显著减少。但若洗净水中有铁离子存在时,易使假单胞杆菌(*Pseudomonas*)属细菌侵入蛋内增殖,而导致蛋的腐败。在欧美各国常认为打蛋前洗蛋无实际意义,故多不进行洗蛋。

表 21-1　不同洗蛋方法蛋壳表面细菌数量变化

洗蛋条件	活菌数/(cfu/g)	大肠菌群/(MPN/100 g)
鸡蛋专用杀菌剂 A 0.25%,5 min	450	0
鸡蛋专用杀菌剂 B 0.05%,5 min	1 050	5
水洗 5 min 后,次氯酸钠 200 mg/kg,10 s	4 800	0
水洗 5 min	11 000	0
未洗蛋	250 000	300

(二)打蛋

打蛋时,将蛋打破后,剥开蛋壳使蛋液流入分蛋器或分蛋杯内或将蛋白和蛋黄分开。

1.打蛋方法

可分为机械打蛋和人工打蛋。

(1)机械打蛋　打蛋机是于 20 世纪 50 年代发展起来的蛋品生产设备,它可实现蛋清洗、杀菌过程连续化,生产效率大为提高。目前打蛋机在发达国家已被广泛地应用于蛋液加工。我国一些蛋品加工厂已经从丹麦及荷兰引进了打蛋机,蛋的清洗、消毒、晾蛋及打蛋几道工序同时在打蛋机上完成,这样可以保证蛋液的质量。

(2)人工打蛋　蛋经洗净、蛋壳杀菌后用传送带移入打蛋室,用手逐个打蛋去壳,并将蛋白、蛋黄分开的方法即为人工打蛋。人工打蛋的设备及工具:

①打蛋台　打蛋台是打蛋的主要设备。为了消毒方便,台架可用铁管焊成,台面铺有白瓷砖或磨光水泥面或不锈钢面。台高 75 cm,宽为 80 cm(两人对面操作)。打蛋台的长度可根据生产量的多少和打蛋车间的大小而定。打蛋台面上,每隔 39~40 cm 设一个投蛋壳孔。孔上装有方形漏斗,便于投蛋壳。台下装有带槽的蛋壳输送带,将蛋壳及时带走。打蛋台上还装有压缩空气吹风嘴及吹风漏斗,用来吹出蛋壳中剩余的蛋清。吹气孔嘴的孔径为 1~2 mm,嘴间距为 38~40 cm,每个吹风嘴前坐一名打蛋工打蛋。每排打蛋台的两端设有蛋液质量检查点和蛋液汇集桶。打蛋台的中央设有两层输送带,下层距台面高 45~50 cm,上下层间距为 30~35 cm。

②打蛋器　打蛋器由打蛋盘、打蛋刀、分蛋器及蛋液流向器等组成,如图 21-1 所示。打分蛋用的工具有分蛋器和分蛋杯两种,见图 21-2。分蛋器是一种形如蛋黄大小的半圆形镀镍铜球,球的边缘有铜环。打分蛋时,蛋黄留于球内,铜环下压,可分离出蛋清。分蛋杯是一种由铝片压制而成,形似杯状的工具。杯直径为 10 cm,有一把柄。杯的中央有一凹入的半球形,大小如蛋黄,直径为 3 cm、深为 2.5 cm,是存蛋黄处。在存蛋黄处的四周留有 0.3 cm 宽的空隙,蛋白即由此隙流下。蛋液流向器用铜(镀镍)或不锈钢制成,形似蝌蚪,前大呈椭圆形,后端为弯曲状,这样可减缓蛋液流速,观察蛋液色、味、异物等。打全蛋液时,可直接打入流向器中,经感官鉴定后,流入蛋桶。

2.人工打蛋方法

人工打蛋方法有打全蛋和打分蛋之分。

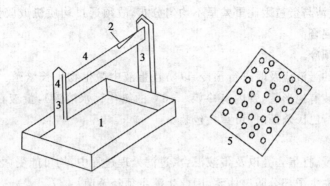

图 21-1　打蛋盘及打蛋刀
1.打蛋盘　2.刀口　3.蛋盘支柱　4.打蛋刀　5.假底

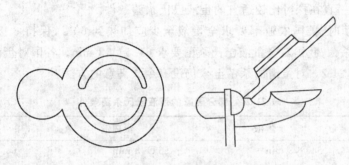

图 21-2　打分蛋器

(1)打全蛋　打蛋人员坐在打蛋台前,取一枚蛋,于打蛋刀上用适当的力量在蛋的中间一次将蛋打碎,成大裂缝,而不要使蛋壳细碎。再用双手的拇指、食指、中指将蛋壳从割破处分开。但勿使手指伸入蛋液内,以防止污染。蛋壳分开后,蛋液流入蛋液流向器内,随即将蛋壳向蛋液流向器内甩一下,再将壳放在吹风嘴上吹风,以达到取尽壳内蛋白的目的。蛋壳即可投入蛋壳收集孔内,同时进行蛋液色、气味和异物等的感官鉴定。正常蛋液沿流向器流入蛋液小桶。如遇次、劣蛋,及时拿出流向器,倒出蛋液或连同蛋液一起更换。若不用流向器时,蛋打开后将蛋液倒入存蛋杯内,蛋壳如以上步骤处理,蛋液则举杯进行质量鉴定,合格蛋液倒入合格桶内,不合格蛋连同存蛋杯一起放在下层输送带上,送到台端的质量检查点,由专人检查后处理。

(2)打分蛋　打分蛋时除增加分蛋器使蛋白和蛋黄分开外,其他工序同打全蛋。操作时,将蛋打破后,剥开蛋壳使蛋液流入分蛋器或分蛋杯内(分蛋器位于打蛋器上)。蛋黄在分蛋器的铜球内或分蛋杯的存蛋黄处,蛋白在球的四周流下。人工打蛋的工作效率一般是每人每小时可打 540～1 260 枚蛋;若需将蛋白、蛋黄分开,则每小时可打 400～700 枚蛋。但人工打蛋的生产效率低,不适于大规模打蛋。目前只有小规模工厂用人工打蛋。人工打蛋的优点是可减少蛋白混入蛋黄中或蛋黄混入蛋白中的现象。

(三)液蛋的混合与过滤

搅拌过滤的方法由于搅拌过滤的设备不同而有差异。目前蛋液的过滤多使用压送式过滤机,但是在欧洲也有使用离心分离机以除去系带、碎蛋壳。由于蛋液在混合、过滤前后均须冷却,而冷却会使蛋清与蛋黄因比重差呈不均匀分布,故须通过均质机或胶体磨,或添加食用乳化剂使其能均匀混合。

(四)蛋液的预冷

经搅拌过滤的蛋液应及时进行预冷,以防止蛋液中微生物生长繁殖。预冷是在预冷罐中进行。预冷罐内装有蛇形管,管内有冷媒(−8℃的氯化钙水溶液),蛋液在罐内冷却至 4℃ 左右即可。如不进行巴氏杀菌时,可直接包装。

(五)杀菌

原料蛋在洗蛋、打蛋去壳以及蛋液混合、过滤处理过程中,均可能受微生物的污染,而且蛋经打蛋去壳后即失去了部分防御体系,因此生液蛋须经杀菌。

最初,蛋液巴氏杀菌法使用冷却缸。随后发现蛋液也可像牛乳那样用板式热交换器高温短时连续杀菌,因此各国纷纷采用高温短时杀菌。但是,蛋液中蛋白极易受热变性,并发生凝固,因此各国学者一直在探讨比较适宜的蛋液巴氏杀菌条件。

蛋液巴氏杀菌时,美国农业部要求全蛋液至少应加热到 60℃,保持 3.5 min;英国采用 64.4℃,2.5 min 杀菌;我国对全蛋液巴氏杀菌要求 64.5℃,3 min。各国对蛋液的巴氏杀菌条件各不一致,见表 21-2。对蛋清的杀菌至今仍没有令人满意的方法。

表 21-2　　部分国家的蛋液巴氏杀菌条件

国家	全蛋液	蛋白液	蛋黄液
波兰	64℃,3 min	56℃,3 min	60.5℃,3 min
德国	65.5℃,5 min	56℃,8 min	58℃,3.5 min
法国	58℃,4 min	55～56℃,3.5 min	62.5℃,4 min
瑞典	58℃,4 min	55～56℃,3.5 min	62～63℃,4 min
英国	64.4℃,2.5 min	57.2℃,2.5 min	62.8℃,2.5 min
澳大利亚	64.4℃,2.5 min	55.6℃,1.0 min	60.6℃,3.5 min
美国	60℃,3.5 min	56.7℃,1.75 min	60℃,3.1 min

蛋中的 α-淀粉酶在 64.4℃,2.5 min 加热后即完全失去活性,因此在英国以测定该酶的活性来判定蛋液是否实施低温杀菌。在美国因为杀菌温度较低,故不用 α-淀粉酶法,而用测定 60℃ 加热即失去活性的 β-N-乙酸葡萄糖胺酶来作为判定的依据。杀菌条件虽各国不同,但大多数国家以杂菌数 5 000～10 000/g 或以下,大肠菌群阴性/0.1 g,沙门氏菌阴性/20～50 g 作为标准。

用于巴氏杀菌的蛋液分为全蛋液、蛋清和蛋黄及添加糖、盐的蛋液,其化学组成不同,干物质含量不一样,对热的抵抗力也有差异,因此,采用的巴氏杀菌条件各异。

1. 全蛋的巴氏杀菌

巴氏杀菌的全蛋液有经搅拌均匀的和不经搅拌的普通全蛋液,也有加糖、盐等添加剂的特殊用途的全蛋液,其巴氏杀菌条件各不相同。我国一般采用的全蛋液杀菌温度为 64.5℃,保持 3 min 的低温巴氏杀菌法。

2. 蛋黄的巴氏杀菌

蛋液中主要的病源菌是沙门氏菌,该菌在蛋黄中的热抗性比在蛋清、全蛋液中高,这是由于蛋黄 pH 较低,沙门氏菌在低 pH 环境中对热不敏感,并且蛋黄中干物质含量高,且相比较热敏性较低,因此,蛋黄的巴氏杀菌温度要比蛋清液稍高。例如美国蛋清液杀菌温度 56.7℃,时间 1.75 min,而蛋黄杀菌温度 60℃,时间 3.1 min,德国相应参数为 56℃,8 min 和 58℃,3.5 min。

添加糖或盐于蛋黄中能增加蛋黄中微生物的耐热性,且盐之增加高于糖,但 Cotterll(1971)指出这种耐热性受盐存在的时间影响。在蛋黄中添加乙酸可以降低微生物对热的抵抗能力。

热处理对蛋黄制品的乳化力影响很小。加盐蛋黄在 65.6～68.9℃下加热后,用来制造的蛋黄酱及糕点其乳化力受影响很小。但将加盐蛋黄 pH 从 6.2 调到 5.0 时,在 60℃下杀菌,则乳化力会损失。

3. 蛋清的巴氏杀菌

(1)蛋清的热处理 蛋清中的蛋白质更容易受热变性。因此,对蛋清的巴氏杀菌是很困难的。有报道指出蛋清在 57.2℃瞬间加热,其发泡力也会下降。Kllne 等(1965)用小型商业板式加热器加热蛋清,流速固定,发现加热温度在 60℃以上时则蛋清黏度和混浊度增加,甚至黏附到加热片上。但在 56.1～56.7℃加热 2 min,蛋清没有发生机械变化和物理变化,而在 57.2～57.8℃加热 2 min,则蛋清黏度和混浊度增加。另外,蛋清 pH 越高,蛋白热变性越大。当蛋清 pH 为 9 时,加热到 56.7～57.2℃则黏度增加,加热到 60℃时迅速凝固变性。图 21-3 所示为各种 pH 条件下允许的巴氏杀菌的温度。可见,对蛋清加热灭菌时要考虑流速、蛋清黏度、加热温度和时间及添加剂的影响。

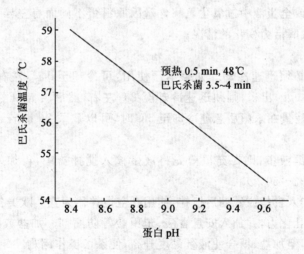

预热 0.5 min, 48℃
巴氏杀菌 3.5~4 min

图 21-3　各种 pH 下允许的巴氏杀菌温度

(2)添加乳酸和硫酸铝(pH 7) 使用这种方法可以大大提高蛋清的热稳定性,从而可以对蛋清采用与全蛋液一致的巴氏杀菌条件(60～61.7℃,3.5～4.0 min),从而提高巴氏杀菌效果。蛋清中伴白蛋白在 pH 7 以下会发生变性,但如果金属铁或铝等与伴白蛋白结合形成复合物后,能提高伴白蛋白的热稳定性。因此,通过加乳酸降低 pH,使铁或铝盐与伴白蛋白结合而提高热稳定性。

加工时首先制备乳酸-硫酸铝溶液。将 14 g 硫酸铝溶解在 16 kg 的 25% 的乳酸中。巴氏杀菌前,在 1 000 kg 蛋清液中加约 6.54 g 该溶液。添加时要缓慢但需迅速搅拌,以避免局部高浓度酸或铝离子使蛋白质沉淀。添加后蛋清 pH 应为 6.0～7.0,然后进入巴氏杀菌器杀菌。

如果可能,可以在乳酸—硫酸铝的溶液中加适当的助发泡剂,这种助发泡剂先制成的浓度为 7%,最终在蛋清中浓度为 0.05%。

(3)添加过氧化氢 过氧化氢很早就应用到蛋液杀菌中。但因过氧化氢在热处理过程中,分解出氧气而产生大量的泡沫。同时,过氧化氢在蛋中有残留。因此,该方法长期未用于生产,近年的研究结果使该方法成为生产中可接受的蛋清巴氏杀菌方法。

(4)真空加热 在加热前对蛋清进行真空处理,一般真空度为 5.1～6.0 kPa(38～45 mm-Hg),然后加热蛋清至 56.7℃,保持 3.5 min。真空处理可以除去蛋清中的空气,增加蛋液内微生物对热处理的敏感性,使之在较低温下加热可以得到同样的杀菌效果。

4.巴氏杀菌蛋液杀菌效果的测定

经巴氏杀菌后的蛋液应进行杀菌效果的检查,一般直接检查蛋液中的微生物。但这需要很长时间,因此,常通过检测其中固有的磷酸酶、α-淀粉酶及过氧化氢酶活性来反应巴氏杀菌效果。但磷酸酶活性在 60℃加热 20 min,70℃加热 5 min 仍能保持活性,因此不适合蛋液巴氏杀菌检查。全蛋液中的 α-淀粉酶失活的临界热处理条件是 64.5℃、2.5 min,因此,在英国用该酶活性存在状况检查全蛋液巴氏杀菌效果。我国全蛋液的巴氏杀菌条件是64.50℃,3 min,也可用此法检测。蛋清或全蛋中的过氧化氢酶在加热到 54.5℃时,活力大幅度下降。因这种酶的活力随着加热温度升高而下降,因此可以通过检查该酶活力来反映全蛋或蛋清液加热情况。但因蛋清或全蛋液中过氧化氢酶含量因原料蛋不同而有差异,故需在蛋液杀菌前后都检查,以便能反映酶活力变化的情况。

(六)液蛋的冷却

杀菌之后的蛋液必须迅速冷却。如果本厂使用,可冷却至 15℃左右;若以冷却蛋(chill egg)或冷冻蛋(frozen egg)出售,则须迅速冷却至 2℃左右,然后再充填至适当容器中。根据 FAO/WHO 的建议,液蛋在杀菌后急速冷却至 5℃时,可以贮藏 24 h;若迅速冷却至 7℃则仅能贮藏 8 h。

如生产加盐或加糖液蛋,则在充填前先将液蛋移入搅拌器中,再加入一定量食盐(一般 10%)左右或砂糖(10%～50%)。

液蛋容易起泡,加入食盐或砂糖后搅拌,使用真空搅拌器为宜。欧美各国有在液蛋中加甘油或丙二醇以维持其乳化力,并加入安息香酸、苯甲酸等防腐剂。加盐或糖尽可能在杀菌前,以避免制品再次污染,但加盐、糖会使液蛋黏度升高,使杀菌操作困难。

(七)液蛋的充填、包装及输送

包装液蛋通常用 12.5～20.0 kg 装的方形或圆形马口铁罐,其内壁镀锌或衬聚乙烯袋。

空罐在充填前必须水洗、干燥。如衬聚乙烯袋则充入液蛋后应封口后再加罐盖。为了方便零用,目前出现了塑料袋包装或纸板包装,一般为 2～4 kg。

欧美的液蛋工厂多使用液蛋车或大型货柜运送液蛋。液蛋车备有冷却或保温槽,其内可以隔成小槽以便能同时运送液蛋清、液蛋黄及全液蛋。液蛋车槽可以保持液蛋最低温度为 0～2℃,一般运送液蛋温度应在 12.2℃以下,长途运送则应在 4℃以下。使用的液蛋冷却或保温槽每日均需清洗、杀菌一次,以防止微生物污染繁殖。

第三节　湿蛋黄制品加工

湿蛋黄制品(liquid yolk)是以蛋黄为原料加入防腐剂后制成的液蛋制品。根据所用防腐剂的不同,湿蛋黄制品分为新粉盐黄、老粉盐黄和蜜黄三种。新粉盐黄以苯甲酸钠为防腐剂,老粉盐黄以硼酸为防腐剂,蜜湿蛋黄制品的防腐剂为甘油。

一、工艺流程

蛋黄液→搅拌过滤→加防腐剂→静置沉淀→装桶→成品。

二、操作要点

1.蛋黄的搅拌过滤

搅拌过滤的目的是割破蛋黄膜,使蛋黄液均匀,色泽一致,并除去系带、蛋黄膜、碎蛋壳等杂质。搅拌可用搅拌器,过滤可用离心过滤器,也可用18、24、32目铜丝筛3次过滤,以达到搅拌过滤的目的。过滤后的纯净蛋黄液存于贮糟内。

2.加防腐剂

(1)湿蛋黄制品中常用的防腐剂　常用混合防腐剂,其防腐效果比单一防腐剂好,持续时间长。加蛋黄液量0.5%～1.0%的苯甲酸钠和8%～10%的精盐,称为新粉盐黄;加蛋黄液量1%～2%硼酸及10%～12%的精盐,称为老粉盐黄;加10%的上等甘油,称为蜜黄;还有加0.75%安息香酸钠和10%～12%精盐的湿蛋制品。

生产老粉盐黄所用的硼酸防腐性较强,但多食或少量而常食均可引起肾脏疾病。因此,老粉盐黄主要供工业用。目前,国家标准中规定只有苯甲酸、苯甲酸钠、山梨酸钾、二氧化硫可作防腐剂。

(2)添加防腐剂的方法　根据蛋黄液量计算加防腐剂量,同时可根据蛋液质量加入1%～4%的水后进行搅拌,以使防腐剂充分混合溶化于蛋液内。搅拌速度120 r/min为宜。过快会产生大量泡沫,延长沉淀时间。

3.静置沉淀

加防腐剂后的蛋黄液应静置3～5 d,使泡沫消失、精盐溶解、杂质沉淀。

4.装桶

湿蛋黄制品用木桶包装。木桶应用榆木、柞木制作。桶外加有5～6道铁箍,桶侧面中部一个小孔为装蛋黄液孔。木桶使用前必须洗净、消毒。然后将65～65℃的石蜡涂于桶内壁。

蛋液静置、沉淀后,将上面泡沫除去,经28目筛过滤于木桶内,每桶装100 kg,用木塞塞住桶口封闭,送于仓库贮藏,库温不高于25℃,每半月翻桶1次。

第四节　冰蛋品加工

冰蛋系(frozen eggs)指鲜鸡蛋经打蛋过滤冷冻制成的蛋制品。我国冰蛋生产始于清光绪末年。20世纪50—60年代,冰蛋生产有了很大发展,产量和质量特别是卫生质量显著提高,畅销国际市场。1972年以来,国外对我国冰蛋提出有机氯农药残留量,使我国蛋品出口受到影响,现仅有少数厂家生产出口产品。冰蛋分冰全蛋、冰蛋黄和冰蛋白三种。冰蛋保持了鲜鸡蛋原有成分,可在−18℃冷库内长期贮存,用前需要溶冻,溶冻时间不宜过长,溶冻后要及时使用。工业用途:①冰全蛋:溶冻后与去壳鲜蛋液相同,食用方法同鲜蛋。②冰蛋黄:用于食品工业制作蛋黄调味汁,蛋乳精、蛋黄酱、饼干等含蛋食品;医药工业用于制作卵磷脂、蛋黄素和蛋黄油等。③冰蛋白:除用于食品工业外,纺织印染工业用于各种纺织品的固着剂;皮革工业用作卜光剂或光泽剂;印刷制版作为感光剂及胶着剂;造纸工业作施胶剂;医药工业制作蛋白银、鞣酸蛋白、蛋白铁液和细菌培养基,还可做人造象牙、发光漆、化妆品等。

一、冰蛋品的加工

(一)工艺流程

蛋液→搅拌过滤→巴氏消毒→预冷→装听→急冻→包装→冷藏→成品。

(二)操作要点

冰蛋品的加工工艺过程,其前部分加工过程如原料蛋检查至杀菌结束完全与蛋液加工相同,后期加工过程包括包装、冻结。

1. 搅拌与过滤

搅拌与过滤系冰蛋品加工过程中的首要环节,目的是将蛋黄和蛋白混匀,以保证冰蛋品的组织状态达到均匀。蛋液经过过滤,可以清除碎蛋壳、蛋壳膜、系带等杂物,以保证冰蛋品的质量达到纯净。

(1)设备及用具

蛋液注入器:将蛋液注入过滤槽内。

过滤槽:第一次过滤用。

搅拌器:内有螺旋桨,以电动机带动,第二次过滤用。

蛋液过滤箱:第三次过滤用。

莲蓬头:最后一次过滤用。

离心泵:将过滤箱内的蛋液抽出。

离心机:过滤蛋黄液、蛋液及检查蛋壳内蛋白液的含量用。

(2)操作过程 搅拌与过滤要经过四次自动连续不断的操作过程。由输送带运来合乎工艺要求的蛋液,先经注入器注入蛋液过滤槽进行第一次过滤,可初步清除蛋壳、蛋液中的杂质并割破蛋黄,随即蛋液自动流入搅拌器内进行第二次过滤。蛋液经螺旋桨搅拌后,加工冰全蛋,使蛋黄、蛋白混合均匀(加工冰蛋黄,蛋黄得以混匀),而其中的蛋黄膜、系带、蛋壳膜等杂质进行第三次过滤。最后由离心泵将蛋液抽至莲蓬头过滤装置中进行最后一次过滤,除去蛋液内所有杂质,纯净的蛋液经漏斗流入预冷罐内进行冷却。

2. 预冷

经过搅拌与过滤已达到均匀纯净的蛋液,由蛋液泵打入预冷罐,在罐中降低温度,这称为预冷。预冷的目的在于防止蛋液中微生物繁殖,加速冻结速度,缩短急冻时间。预冷方法是蛋液由泵打入预冷罐后,由于罐内装有盘旋管(或蛇形管),管内有−8℃氯化钙水不断循环,使管冷却,随之蛋液温度下降得以冷却。一般蛋液的温度达到4~10℃便为预冷结束,即可由罐的开关处放出蛋液,进行装听。

3. 装听

装听又称为装桶或灌桶,装听的目的是便于速冻与冷藏。装听时,将经过消毒和称过重的马口铁听(或内衬无毒塑料袋的纸板盒)放在秤上,听口(或盒口)对准盛有蛋液的预冷罐的输出管,打开开关,蛋液即流入听内,达到规定的质量时,关闭开关,蛋听由秤上取下,随后加盖,用封盖机将听口封固。再送至急冻间进行急冻。内销冰蛋品装听,按我国原商业部部颁标准规定,优级冰蛋品必须装入全新马口铁听内,净重分为 20 kg、10 kg、5 kg 三种规格,听口加盖。一、二级冰蛋品必须用涂蜡纸、塑料袋(无毒)或纸板盒包装。每块净重分为 20 kg、10 kg、5 kg、2 kg、1 kg 和 0.5 kg 等规格,包装应严密。

4. 急冻

蛋液装听后,运送到急冻间,顺次排列在氨气排管上进行急冻。放置蛋听时,听的一角应面向风扇(风扇直径为 1.52 m),听与听之间要留有间隙,以利于冷气流通。冷冻间的前、中、后各部位需挂温度表一支,一般配有专人每 2 h 检查记录一次,以便及时调节温度。冷冻间温度应保持在 −20℃ 以下,使听内四角蛋液冻结均匀结实,以便缩短急冻时间和防止听身膨胀。在急冻间温度为 −23℃ 的条件下,经过 72 h 的急冻,蛋液温度可以降到 −13℃ 以下,这时即可视为达到急冻要求,并将冰蛋经过包装转入冷藏库内冷藏。

5. 包装

急冻好的冰蛋在送入冷藏库前需进行包装,即在马口铁听外面加套涂有标志的纸箱,以便于运输和保管。

6. 蛋液的巴氏消毒

国内外生产冰蛋品的实践已证明,蛋液经过巴氏低温消毒,杀菌效果良好。近年来,我国的大型蛋品加工厂生产的冰鸡全蛋已应用巴氏消毒法。巴氏消毒一般采用自动控制的巴氏消毒机。该设备由片式热交换器、贮存罐、蛋液泵、温度自动控制器等部分组成。该消毒机由不锈钢制成,其中主要部分为片式热交换器,这是由许多受热片组成的平板式热量交换器。受热片的夹层通入所需温度的热水,蛋液通过受热片受热后转入导管保持 3 min,再移入另一同样的受热片夹层中,但这一夹层中改灌入冷的流动水,蛋液通过后便可冷却,流入贮存罐以便装听。冷流体与热流体在受热片的两边表面上形成薄膜流动,通过受热片进行换热,以使蛋液达到预定的杀菌效果。一般蛋液在受热片的加热温度为 64.5℃,经过 3 min 即可达到标准规定的杀菌效果,可杀灭全部致病菌,并使蛋液的大肠菌群和细菌总数大大降低。

(三)影响冰蛋品质量的主要工序

1. 蛋液的包装

经巴氏杀菌后的蛋液或非巴氏杀菌的蛋液,冷却在 4℃ 以下即可包装。在美国多用 13.62 kg 容量的罐装冰蛋;我国多用马口铁罐,容量为 5 kg、10 kg 和 20 kg 三种,这对于冰蛋用量大的厂家比较适合,但对用量小的消费者则有很大不便。铁罐作包装容器,开启也不方便,因此,现在许多冰蛋加工厂采用塑料袋或纸板盒包装,常见的冰蛋包装容器容量为 1～3 kg,蛋液充填入容器后立即密封,送至冷冻室。

充填时应注意液蛋容器必须事先彻底清洗杀菌,干燥后方可使用,充填时防止污染和异物进入,并使蛋液不流至容器外侧,以免霉菌污染。如用铁罐则罐内侧需有涂层或内衬聚乙烯袋。

2.急冻和冷藏

包装后的蛋液马上送到急冻车间冷冻。冷冻时,各包装容器之间尤其是铁听等大包装之间留有一定的间隙,以有利于冷气流通,保证冷冻速度。

急冻车间的温度应保持在−20℃以下,在这样的温度下,急冻72 h即可结束,这时听内中心温度达−15～−18℃,然后即可取听装纸箱包装。冰蛋制作过程中冻结速度与蛋液种类和急冻温度有关。温度低,冻结得快;蛋液所含固体成分多,完成冻结快。所以在同样温度下,蛋黄完成冻结早,全蛋次之,蛋白液虽然开始冻结早,但完成冻结最晚。

将全蛋液置于−10、−20和−30℃冻结时,其冻结速度分别为0.2、0.7和4.0 cm/h。蛋液冻结后第二日解冻的黏度变化为冻结速度越快,其黏度越大。据报道,蛋冷冻在−6℃则黏度增大,且冻结温度越低,冻结后其黏度的增加越大。冷冻蛋经1～2个月贮藏后再解冻,其黏度与发泡性受贮藏温度的影响大,而受冻结速度影响较小。16 kg装的蛋液在−10℃冷冻库冷冻时,蛋液中心温度达−5℃需要10 h以上,冻结速度较慢,以致容器中心部分的蛋液易腐败。因此,蛋液需尽量低温冻结,经冻结后再贮藏于稍高温度下。

全蛋的冻结点在−0.5℃左右,在冻结点以上温度,其比热容全蛋为3.7 J/(g·℃),蛋白为3.9 J/(g·℃),蛋黄为3.3 J/(g·℃)。当蛋在冻结点以下的温度时,其潜热全蛋、蛋白、蛋黄,加13%糖或盐蛋黄分别为246.6、292.6、183.9、167.2和146.3 J/(g·℃)。

蛋的比热容与潜热可依下式算出:

$$比热容＝(水含量＋0.5×固形物含量)/100$$

$$潜热＝(水含量/100)[144−0.5×(32−冻结点)]×0.555$$

冰蛋急冻时常出现胖听现象,或出现听变形现象,甚至发生破听。为了避免此现象的发生,急冻36 h后进行翻听,使听的四角及听内壁冻结结实,然后由外向内冻结。还有一种冰蛋的冻结方法是采用蛋液盘冻结,即将没经包装的蛋液灌入衬有硫酸纸或无毒塑料膜的蛋液盘内进行急冻,然后分成小包装销售。急冻好的冰冻品送至冷库贮藏,冷藏库内的温度应保持在−18℃,同时要求冷库温度不能上下波动太大,以达到长期贮藏的目的。贮存冰蛋的冷库不得同时存放有异味(如腥味)的产品。

二、冰蛋品的解冻

冰蛋制品属冻结食品,故在食用或作为食品工业原料前必须进行解冻,使恢复冻结前的良好状态。因此,不仅急冻和冷藏要达到要求的条件,而且要有科学的解冻方法和良好的卫生条件。解冻要求速度快,汁液流失少,解冻终止时的温度低,而表面和中心的温差小。这样既能使产品营养价值不受损失,又能使组织状态良好。

(一)解冻方法

1.常温解冻法

这是常用的方法,即将冰蛋制品从冷藏库取出后,在常温清洁解冻室内进行自然解冻。此法的优点是简便,但存在着解冻时间较长的缺点。

2.低温解冻法

在5℃或10℃的低温下进行解冻。这样完成解冻的时间分别为48 h、24 h。国外常采用此法。

3. 加温解冻法

即将冰蛋制品置于 $30\sim50^\circ\text{C}$ 的保温室中解冻,加温解冻法解冻快,但温度必须严格控制,室内空气应流通。日本常用此法解冻加盐或加糖的冰蛋。

4. 流水解冻法

流水解冻即将装有冰蛋的容器置于清洁流动水中,由于水比空气传热性能好,因此流水解冻的速度较常温快,还可防止微生物的污染及繁殖。

5. 微波解冻

可利用微波对冰蛋品进行解冻,冰蛋品采用此方法解冻蛋白不会发生变性,能保证蛋品的质量,而且解冻时间短。但微波解冻的成本高,目前还不能普及。

上述几种解冻方法以低温解冻或流水解冻较为适宜,解冻所需时间因冰蛋品的种类而有差异,如冰蛋黄要比冰蛋白解冻时间短,加盐或加糖冰蛋由于其冰点下降,解冻较快。采用不同解冻方法,产品需要的解冻时间也不一样。

在解冻过程中细菌的污染和繁殖也因冰蛋品的种类与解冻方法有所不同。例如,同样的解冻条件下细菌总数的增加在蛋黄中比蛋白中速度快。同一种冰蛋品解冻速度快要比解冻速度慢的方法细菌数增加得少。

(二)冷冻及解冻引起的蛋液性质变化

冷冻会引起蛋液的物理、化学变化,如组织中可能会出现冰晶,含蛋黄制品会有凝胶形成,这些变化在短期冻藏时较不明显,但在长期冷藏后则很明显。因此,在冰蛋制造时应采取一定措施对这些变化加以控制,使得终产品的应用特性不受严重影响。

1. 蛋白性质的变化

蛋白经冷冻、解冻后其浓厚蛋白所占比例减少且黏度下降,以致外观呈水样。见表 21-3。

表 21-3　冷冻、解冻对浓厚蛋白比率的影响　　　　　　　　　　　　　　　%

供试蛋白	浓厚蛋白量	稀蛋白量
新鲜蛋白	58.4	41.6
冷冻、解冻蛋白	27.0	73.0

搅拌后的蛋清解冻时靠近容器内层附近有浓厚化,在中心形成云雾状团,这变化与冰冻速度和加盐有关,使搅拌的蛋清又逆回到蛋清原来的组织结构上。以上变化仅是组织结构的变化,对于冰蛋清在食品中的特性没有影响,可认为与鲜蛋清相同。如蛋白在 -15°C 冻藏 6 个月后,再供调制天使蛋糕时,蛋糕的容积与组织、香味等均与未冷藏的冷冻蛋白相似。

2. 蛋黄性质的变化

当冷冻或贮藏蛋黄的温度低于 -6°C 时,蛋黄黏度增加并发生胶凝,最后失去流动性,即使搅拌也不分散,用机械处理则蛋黄呈斑点状分散,这样的产品在作为其他食品的配料时不易混合均匀。

蛋黄在 -6°C 以上的温度保存时并不发生胶凝化,但是在此温度下长期贮藏则会变味甚至有异味。因此,蛋黄应贮存在 -6°C 以下。冷冻引起的蛋黄黏度上升如图 21-4 所示,在 $-12\sim$ -73°C 温度内,冻藏温度越低则蛋黄的黏度越小。-73°C 冻藏的蛋黄其黏度在 $200\,\text{Pa}\cdot\text{s}$ 以下,故将容器倾倒,蛋黄即流出。

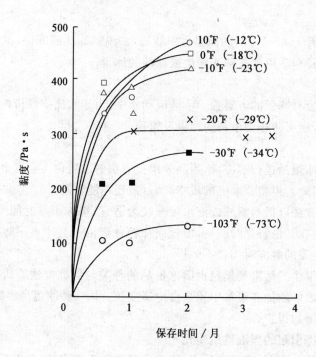

图 21-4　冻藏条件对冷冻蛋黄黏度的影响

蛋黄凝胶作用除受贮藏时间和温度的影响外,还受冰冻速度、冰冻温度和解冻温度的影响,这些条件的影响相互联系,很难测定其单独影响的程度。值得注意的是,蛋黄的冰点为 $-0.6℃$,然而直至 $-6℃$ 时才发生凝胶现象,普通蛋黄在 $-18℃$ 时凝胶作用发生最快。速冻或迅速解冻,蛋黄发生凝胶作用较小,显然速冻时形成冰晶越小,蛋黄蛋白质脱水越少。

普通蛋黄的功能特性受冷冻影响较大。Miller(1951)指出用冰蛋黄制得的蛋黄酱比新鲜蛋黄制得的更黏稠,但稳定性低。添加氯化钠可增加解冻蛋黄的乳化力。Palmer(1969)报道冰冻并贮藏加盐蛋黄($-18\sim-23℃$)其乳化力没有损失,但加糖蛋糕在糕点中的应用性质有损害。蛋黄凝胶形成的机制还不清楚,一般认为是冰冻过程中磷质蛋白发生改变所致。

Feemy 认为脂肪酶可以作用于磷蛋白,但不分解来自这种复合蛋白的磷脂。Powre 等(1963)认为蛋黄冰冻时在凝胶形成的过程中,水起重要作用,冰晶形成将使蛋黄内蛋白脱水而增加盐浓度,并打破蛋白分子周围的水层,从而促进卵黄磷脂蛋白重新排列而发生凝集。Peinke(1967)认为蛋黄中的卵黄磷蛋白或钙离子在凝胶形成和蛋白质凝聚中起交联作用。

为了防止蛋黄因冷冻引起的凝胶化,最常用的方法是在蛋黄冷冻前加 2%～10% 的食盐或 8%～10% 的蔗糖,加食盐效果更好一些。在生产上一般加 10% 的蔗糖或盐。蛋黄如加 8% 食盐时,其平均冻结点为 $-15℃$;而含有 15% 蛋白质的蛋黄添加 10% 食盐时,其冻结点为 $-17℃$,这样加盐蛋黄可以在冻结点温度以上保存,既可达到贮藏目的,又可避免冷冻造成的凝胶化。

蛋黄的冷冻凝胶化程度受添加的食盐或蔗糖浓度的影响,其中 4% 加盐蛋黄解冻后的黏度最小,这是因为食盐对脂蛋白质具有溶解作用,而更高浓度的加盐蛋黄其解冻后的黏度增高是因为食盐溶解争夺蛋黄中水分所致。尽管添加食盐或蔗糖的冰蛋黄在某特殊食品中受到限制,糖浆、甘油、磷酸盐和其他糖类也可使用到冰蛋黄中起防止凝胶化作用。另外,蛋白分解酶(胃蛋白酶、胰蛋白酶等)也可抑制蛋黄冰冻时的凝胶化,但只有胃蛋白酶没有严重影响产品的感官特征,这类酶破坏了蛋黄内形成凝胶的成分。蛋黄在冷冻前加脂肪酶 A 可以减弱蛋黄的凝胶作用。机械处理如均质、胶体研磨或激烈混合减少冻蛋黄的黏度。

冷冻蛋黄解冻时的温度也影响其解冻后的黏度,解冻温度高则蛋黄的黏度低(如 45℃解冻比 21℃解冻黏度低),常把 45℃解冻称之为加(高)温解冻。蛋黄冻结时除黏度变化外,起泡力也会下降,使调制的蛋糕体积小、质地硬,同时乳化力也会变差等。

3. 全蛋液性质的变化

全蛋液在冷冻时也存在凝胶的形成问题,尤其是在全蛋中蛋黄与蛋白保持原状下,经冷冻、解冻则其蛋黄呈汤圆状胶化,即使搅拌也不分散。如果蛋白和蛋黄混合则会因蛋黄的稀释而降低冻结时的凝胶化作用。

在−10～−30℃温度下冻结并在−10～−20℃温度下冷藏全蛋液,其用在焙烤食品中,会使焙烤食品的组织、色调、滋味气味等均下降,但这种现象在冰全蛋贮藏 3 个月时有所改善,然而继续冷藏则又下降。有报道认为全蛋液冰冻后在−18℃下贮藏 1 个月时黏度最大。Miller等(1951)比较了冰全蛋液与鲜蛋液在蛋黄酱中的性质,认为用冰全蛋制得的蛋黄酱更稳定。

三、冰蛋品的质量卫生指标

(一)冰蛋品的质量指标

质量指标是进行冰蛋品的鉴定,分级等的重要依据。冰蛋品的质量指标主要有:状态和色泽、气味、杂质、水分、含油量、游离脂肪酸含量、细菌指标等。由于冰蛋品的用途及销售对象不同,对其质量要求也不同。

1. 状态和色泽

各种冰蛋品均有其固有的冻结状态,对冰鸡全蛋、冰鸡蛋白、冰鸡蛋黄和巴氏消毒冰鸡全蛋均要求冻结坚实均匀。质量正常的冰蛋品还应该有其固有的色泽。冰蛋品的色泽取决于蛋黄中所含有的色素,由于所含色素深浅不同而使不同的冰蛋品的色泽也各异,例如冰鸡全蛋和巴氏消毒冰鸡全蛋应为淡黄色,而冰鸡蛋黄应为黄色,冰鸡蛋白则应为微黄色。此外,冰蛋品的色泽还与加工过程有关,如果打分蛋时蛋黄液中混有蛋白液,则冰蛋黄的色泽也随之变浅。因此,观察色泽可以评定冰蛋品的质量是否正常。

2. 气味

冰蛋品的气味是评定其成品新鲜程度的重要指标,因此,要求所有的冰蛋品的气味必须正常。冰蛋品若带有异味是由于原料、加工或贮藏过程中形成的。如使用霉蛋加工成的冰蛋品就带有霉味。如冰蛋黄中有酸味则多是由于在贮藏过程中受温、湿度的影响而使其中的脂肪酸败所造成的。

3. 杂质

冰蛋品中含有杂质,不但使其纯度降低,直接影响其食用价值,而且有些杂质不符合卫生要求,还会影响人体健康。因此,质量正常的冰蛋品均不得含有杂质。冰蛋品中的杂质大部分是由于加工时过滤不好、卫生条件不良或设备不完善造成。

4. 含水量

鲜蛋(冰蛋原料)的含水量受到许多因素的影响,如鸡的品种、产蛋季节、产蛋期、饲料等,而加工时使用的鲜蛋又常常是不同地区、不同产蛋期、不同品种鸡所产的鲜蛋,其中的成分含量各异,含水量也随之有所不同。因此,冰蛋品的含水量在我国内销或出口的冰蛋品中均以最高为准,如冰鸡全蛋的含水量最高不超过76%,冰鸡蛋白最高不超过88.5%,冰鸡蛋黄最高不超过55%。如果成品中的含水量超过这个最高标准,则其在贮藏、运输过程中容易分解变质,同时也使质量增加。所以,通过对成品水分含量的测定,可以反映出冰蛋品的质量状况。

5.含油量

含油量又称脂肪含量。由于各种因素的影响,鲜蛋的含油量有很大的差别。制成的冰蛋品,每批的含油量各异;对冰蛋品的含油量很难规定固定的数字,通常在标准中规定以最低的含量为限。例如,冰鸡蛋黄的含油量(三氯甲烷冷浸出物)不低于25%,冰鸡全蛋的含油量则要求不低于10%。若打分蛋时,蛋白液混入蛋黄液内,则冰蛋黄中的含油量将随之下降。此外,成品中水分过高也会相应地降低其含油量;反之,水分过低,含油量也会提高。

6.游离脂肪酸含量

由脂肪分解出来的游离脂肪酸和脂肪之比称脂肪酸度。脂肪酸度的高低可说明冰鸡全蛋和冰鸡蛋黄的新鲜程度。凡是贮藏时间过长,或由于温度过高及空气的影响等,蛋黄中的脂肪均会分解产生游离脂肪酸,严重者能使脂肪发生酸败,从而使冰蛋品产生异味。可见,游离脂肪酸含量越高,脂肪酸度越大,成品质量越低劣。因此,游离脂肪酸含量的多少或脂肪酸度的高低也是衡量冰蛋品的重要指标之一。内销冰鸡全蛋,优级品游离脂肪酸(以油酸计)含量应不超过4%,一级品不超过5%,二级品不超过6%。

7.细菌指标

由于冰蛋品在加工过程中不经过高温灭菌处理,因此,加工过程中的卫生条件是否完全合乎要求与成品中的含细菌量的高低有密切关系。而含菌量的高低不仅涉及成品质量优劣,而更重要的是由于细菌总数含量过多往往会使成品中污染有肠道致病菌(沙门氏菌属和志贺氏菌属),若控制不住,将直接危害人体健康。因此,对各种冰蛋品的细菌指标,无论是内销还是出口,国家均有明确规定。例如内销冰鸡全蛋优级品,细菌总数不超过100万个/g,一级品不超过600万个/g;而优级品的大肠菌群不超过25万个/g。肠道致病菌一律不得检出。

(二)冰蛋品的分级标准

1.冰鸡全蛋分级标准

冰鸡全蛋的原料应达到下列要求:优级品:应使用新鲜蛋、新鲜冷藏蛋。一级品:允许使用消毒后的裂纹蛋、硌窝蛋、流清蛋、血圈蛋及霉蛋。二级品:允许使用裂纹蛋、硌窝蛋、血筋蛋、血环蛋、流清蛋、红贴壳蛋、轻度异味蛋(无臭味)、轻度黑贴壳蛋及散黄蛋。用石灰水、泡花碱等浸泡过的鸡蛋不得加工优级冰鸡全蛋。孵化蛋、黑腐蛋、绿色蛋白蛋、重度霉蛋、重度黑贴壳蛋、澥黄蛋等不得作为上述各级冰鸡全蛋的原料。不允许以鸭蛋、鹅蛋或其他禽蛋加工冰鸡全蛋。不同等级的冰鸡全蛋质量要求见表21-4。

2.冰鸡蛋黄质量标准

冰鸡蛋黄的原料应使用新鲜蛋、新鲜冷藏蛋。凡裂纹蛋、硌窝蛋、流清蛋、血圈蛋,血筋蛋、血环蛋、散黄蛋、霉蛋、红贴壳蛋、黑贴壳蛋,绿色蛋白蛋、黑腐蛋、孵化蛋、异味蛋等次劣蛋均不能用于加工冰鸡蛋黄。不允许以鸭蛋、鹅蛋或其他禽蛋加工。冰鸡蛋黄的质量标准见表21-5。

表 21-4　冰鸡全蛋的分级标准

项目	指标	优级品	一级品	二级品
感官指标	状态	坚洁、均匀	坚洁、均匀	坚洁、均匀
	色泽	淡黄	淡黄	淡黄
	气味	正常	正常	略有异味
理化指标	杂质	无	无	无
	水分不超过	76%	6%	6%
	含油量不低于	10%	10%	10%
	游离脂肪酸不超过	4%	5%	6%
细菌指标	细菌数/(cfu/g)	≤5 000	≤5 000	限供高温处理
	大肠菌群/(MPN/100 g)	≤1 000	≤1 000	限供高温处理
	肠道致病菌	不得检出	不得检出	不得检出

表 21-5　冰鸡蛋黄的质量标准

项目	指标	规定
感官指标	状态	坚洁、均匀
	色泽	黄色
	气味	正常
理化指标	杂质	无
	油量(三氯甲烷浸出物)	>25%
	其中:游离脂肪酸(以油酸计)	<4%
细菌指标	细菌数/(cfu/g)	≤10 000
	大肠菌群/(MPN/100 g)	≤110
	肠道致病菌	不得检出

3. 冰鸡蛋白质量标准

加工冰鸡蛋白的原料应达到的要求与冰鸡蛋黄的相同,其质量标准见表 21-6。

表 21-6　冰鸡蛋白质量标准

项目	指标	规定
感官指标	状态	坚洁、均匀
	色泽	白色或乳白色
	气味	正常
理化指标	水分	<88.5%
	杂质	无
细菌指标	细菌数/(cfu/g)	≤10 000
	大肠菌群/(MPN/100 g)	≤110
	肠道致病菌	不得检出

4.巴氏消毒冰鸡全蛋分级标准

巴氏消毒冰鸡全蛋的原料应达到下列要求:优级品:应使用新鲜鸡蛋、新鲜冷藏鸡蛋。一级品:允许使用裂纹蛋,硌窝蛋、小口流清蛋、轻度红贴壳蛋、血圈蛋,血筋蛋、血环蛋、壳霉蛋。凡散黄蛋、重度霉蛋、红贴壳蛋,黑贴壳蛋、绿色蛋白蛋、澥黄蛋、黑腐蛋、孵化蛋、异味蛋等次劣蛋均不能用于加工巴氏消毒冰鸡全蛋,用石灰水、泡花碱等浸泡过的蛋不得用于加工巴氏消毒优级冰鸡全蛋,不允许以鸭蛋、鹅蛋或其他禽蛋加工巴氏消毒冰鸡全蛋。不同等级的巴氏消毒冰鸡全蛋的质量标准见表21-7。

表 21-7　巴氏消毒冰鸡全蛋的质量标准

项目	指标	优级品	一级品
感官指标	状态	坚洁、均匀	坚洁、均匀
	色泽	微黄色	微黄色
	气味	正常	正常
理化指标	杂质	无	无
	水分	<76%	<76%
	油量(三氯甲烷浸出物)	>10%	>10%
	其中:游离脂肪酸(以油酸计)	4%	5%
	α-淀粉酶	>4	—
细菌指标	细菌数/(cfu/g)	≤5 000	≤50 000
	大肠菌群/(MPN/100 g)	≤1 000	≤1 000
	肠道致病菌	不得检出	不得检出

第五节　干蛋白加工

蛋白片(albumen flakes)是指鲜鸡蛋的蛋白液经发酵、干燥等加工处理制成的薄片状制品。

一、工艺流程

蛋白液→搅拌过滤→发酵→中和→烘制→晾干→贮藏→包装。

二、操作要点

(一)搅拌过滤

打分蛋而得的蛋白液,在发酵前必须进行搅拌过滤,使浓蛋白与稀蛋白均匀混合,这样有利于发酵,缩短发酵时间。搅拌过滤还可除去碎蛋壳、蛋壳膜等杂质,使成品更加纯洁。

搅拌过滤的方法根据设备不同而有两种。

1.搅拌混匀器混匀法

蛋白液于搅拌混匀器内,搅拌轴以 30 r/min 的速度进行搅拌。搅拌速度不能过快,过快产生泡沫多,影响出品率。搅拌时间决定蛋白液的质量。春、冬季蛋质好,浓蛋白多,需搅 8～

10 min，而夏、秋季节稀蛋白多，搅 3～5 min 即可。搅拌后的蛋白液可用铜丝筛过滤。筛孔的选择依蛋质而定，春、冬季用 12～16 目，夏、秋季用 8～10 目的筛过滤。

2. 离心泵过滤器混匀法

鲜蛋液用离心泵抽至过滤器，施加压力，使蛋白液通过过滤器上的过滤孔，孔径为 2 mm，使浓蛋白和稀蛋白均匀混合，又能除去杂质，压力的大小与蛋质有关。浓蛋白多的蛋白液所需压力要大，夏、秋季的蛋白液稀蛋白多，压力相对要小些。

(二)发酵

发酵的目的是为了除去蛋白中的糖分，俗称蛋白脱糖，防止干燥及贮藏过程中发生美拉德反应，使产品呈褐色。发酵可降低蛋白液的黏度，提高成品的打擦度、光泽度和透明度。通过发酵，一部分高分子量的蛋白质被分解，增加了成品的水溶物含量。蛋白液的发酵是通过发酵细菌、酵母菌及酶制剂等的作用，使蛋白液中的糖分解。蛋白发酵的过程是复杂的生物化学变化过程，是干蛋白片加工的关键工序。

1. 发酵设备

用来发酵蛋白的传统设备是木桶或陶制缸，发酵室内设有蒸汽排放管、蒸汽开关以调节发酵温度，桶的下端边缘处装一开关龙头。

2. 操作方法

(1)发酵前将发酵桶彻底洗净，防止产生腐败细菌。特别注意桶缝中的污物必须除尽，洗净后的桶用蒸汽消毒 15 min 或煮沸消毒 10 min。然后将桶排列在木架上备用。

(2)将搅拌过滤后的蛋白液倒入桶内，其量为桶容量的 75%，过满会因发酵而产生的泡沫溢出桶外，造成损失。

(3)发酵室的温度　温度高低与发酵时间、蛋白液的浓厚度和蛋白液的初菌数多少有关。一般发酵室温度保持在 26～30℃ 为适。温度高，发酵期短，但温度过高会使蛋白液发生腐败现象。

3. 蛋白液发酵成熟度的鉴定

蛋白液发酵的好坏，直接影响成品的质量，因此，成熟的鉴定至关重要。鉴定应采用综合鉴定法。

(1)桶头泡沫的观察　当蛋白液开始发酵时，会产生大量泡沫于蛋白液面。泡沫不再上升，反而开始下榻，表面裂开，裂开处有一层白色小泡沫出现时。此为发酵成熟的特征之一。

(2)观察蛋白液的澄清度　用烧杯取蛋白液，倒置于玻璃试管约 30 mL，将试管口塞紧后反复倒置几次，经 5～6 s 后，观察有无气泡上升，若无气泡上升，蛋白液呈澄清的半透明淡黄色，认为发酵成熟好了。

(3)嗅其气味，尝其滋味　取少量蛋白液，用已消毒的拇指和食指蘸蛋白液对摸，如果无黏滑性，嗅其气味有轻微的甘蔗汁味，口尝有酸甜味，无生蛋白味为成熟好的标志。

(4)pH 的测定　蛋白液在发酵过程中 pH 的变化，随蛋白液中糖的分解，乳酸的增加而变化。发酵 24 h，蛋白液的 pH 变化不明显，称为发酵缓慢期。48 h，由于蛋液的 pH 和温度适宜细菌的发育和繁殖，所以蛋液 pH 变化较大，能达 5.6 左右，称为对数期。在 49～96 h 内，由于酸度上升的影响，抑制了某些细菌的繁殖，所以 pH 变化不大，称为稳定期或衰亡期。一般蛋白液 pH 达 5.2～5.4 时即为发酵成熟。

(5)测定打擦度　用霍勃脱氏打擦度机测定。其方法是：取蛋白液 284 mL，加水 146 mL，放入该机的紫铜锅内,以2号及3号转速各搅拌1.5 min,削平泡沫,用厘米尺从中心插入测量泡沫高度,高度在16 cm以上为成熟结束的标志,但要同时参考其他指标确定。

4. 放浆

放浆即打开发酵桶下部边缘的开关,放出发酵好了的蛋白液。放浆分三次进行。第一次放出蛋白液全量的75%,余下再澄清3～6 h放第二次、第三次,每次放出10%,最后剩下的5%为杂质及发酵产物不能使用。第一次放出的浆为透明的淡黄色,质量最好。为了避免余下的蛋白液发酵时间长而颜色变暗赤色和有臭味,可在第一次放浆后,将发酵室温度降低至12℃以下,抑制杂菌生长繁殖,达到保证蛋白液继续澄清而无臭味的目的,并可降低次品率。

(三)过滤和中和

发酵后的蛋白液,放浆的同时进行过滤,然后及时进行中和。因为蛋白发酵后,由于葡萄糖发酵产酸,使蛋白液呈酸性,如果直接烘干则会产生大量气泡,有损成品的外观和透明度。酸性成品在保存过程中颜色会逐渐变深,水溶物的含量逐渐减少,降低了成品的质量。因此,为了避免出现以上现象,蛋白液在烘干前必须进行中和。常用相对密度为0.98的纯净氨水进行中和,使发酵后的蛋白液呈中性或微碱性。

蛋白中和时,先将蛋白液表面的泡沫用圆铝盘除去,然后加适量氨水。加氨水时应边加边搅拌,速度不能过快,以防止产生大量泡沫。氨水的添加量与蛋白液的酸度和所需要的pH有关,因此在批量生产时中和前需进行小样试验,也可参考表21-8所列数字加氨水中和。

表21-8　蛋白液不同pH所需氨水量(相对密度0.98)

发酵成熟蛋白液pH	每500 g需加氨水/mL	发酵成熟蛋白液pH	每500 g需加氨水/mL
5.2	3.7～4.02	5.4	2.085～2.65
5.3	2.488～3.24	5.5	1.84～2.46

(四)烘干

烘干又称烘制。是在不致使蛋白液凝固的前提下,利用适当的温度,使蛋白液在水浴中逐渐地除去所含的水分,烘制成透明的薄晶片。

1. 烘干设备

(1)水流烘架　水流烘架是放置蛋白液烘盘用的。烘架全长约4 m,共6～7层,每层水流架上设有水槽供放烘盘用。水槽是用白铁板制成,槽约20 cm。一端或中间处装有进水管。另一端装有出水管。热水由水泵送入进水管而注入水槽内循环流动,再由出水管流出,经水泵送回再次加热使用,蛋白放在槽上的烘盘内使水分逐渐蒸发。水流架装置如图21-5、图21-6所示。

(2)烘盘　铝制方形盘,每边长各30 cm,深5 cm,置于水流架上,作蛋白液蒸发水分用。

(3)打泡沫板　一种木制薄板,板宽与烘盘内径相同,用来除去烘制过程中所产生的泡沫。

(4)其他用具　除了上述设备以外,还有浇浆铝制勺、洁白凡士林、藤架等。

2. 烘干方法

蛋白片的烘干,一般采用热流水浇盘烘干法。

(1)浇浆前的准备工作　浇浆前提高水流温度至70℃,以达烘烤灭菌的目的。然后降温,使水温控制在54～56℃。再用消毒过的白布擦净烘盘。然后用白布蘸纯洁的白凡士林涂盘,

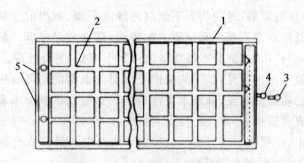

图 21-5　水槽与烘盘的排列平面
1.水槽　2.烘盘　3.进水管　4.出水管　5.水溢流口

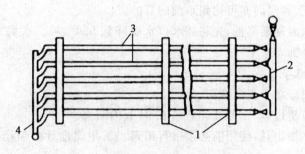

图 21-6　水流架装置
1.水槽架　2.进水管　3.水槽　4.回水管

称擦盘上油。涂油必须均匀,油量要适宜。油量过多,烘制时油上浮,产生油麻片的次品;过少产生揭片困难的现象,形成产品碎屑过多和最后的片面一面无光,影响质量。

(2)浇浆　即用铝勺将中和后的蛋白液浇于烘干盘中,浇浆量根据水流温度及不同层次而有差异。按照烘干盘的大小,每盘浇浆大约 2 kg。由于烘盘位置和层次不同,水温不同,又为了清盘时间一致,位于出水处的烘盘,通风不良处的烘盘应当适量少浇浆;进水口附近的烘盘可多浇浆。但各盘浇浆量相差不多于 45～50 g,浆液深度为 2.5 cm 左右。

(3)除去水沫和油沫　蛋白液在烘制过程中由于加热而产生泡沫,使盘底的凡士林受热上浮于液面形成沫状油污。如果这些水沫和油沫不除去,则制得的蛋白片无论是光泽还是透明度均不好,因此必须用水沫板刮去泡沫。

打水沫在浇浆后 2 h 即可进行,打油沫在浇浆后 7～9 h 进行。刮出的水沫或油沫分别存放,另行处理。

(4)揭蛋白片　要求准确掌握片的厚度和时间,而烘干的时间又取决于烘干时热水的温度。

揭片一般分为 3～4 次揭完。在正常的情况下,浇浆后 11～13 h(打油沫后 2～4 h),蛋白液表面开始逐渐地凝结成一层薄片,再过 1～2 h,薄片加厚约为 1 mm 时,揭第一张蛋白片。揭片时,双手各持竹镊子,镊住蛋白片一端的两角,向上揭起,然后干面向上、湿面向下放在藤架上,使湿面黏附着的蛋白液流入烘盘内,待湿面稍干后,湿面向外移到布棚上,搭成"人"字形进行晾白。第一次揭片后经 45～60 min,即可进行第二次揭片。再经 20～40 min,进行第三次揭片,一般可揭 2 次大片,余下揭得的为不完整的小片。

当呈片状的蛋白片揭完后,盘内的剩下蛋白液继续干燥,取出放于镀锌铁盘内,送往晾白车间进行晾干,再用竹刮板刮去盘内和烘架上的碎屑,送往成品车间。最后,用鬃刷刷净烘盘内及烘架上的剩余碎屑粉末,这部分产品质量差可集中存放,另行处理。

(5)烘干时的水温 由上可见,烘干的关键是水温。水温的高低直接影响成品的颜色、透明度,甚至会出现蛋白质凝固现象,降低水溶性物质的含量。烘制时水温过低,不仅会延长烘干时间,而且不能消灭肠致病菌,致使产品受到损失。

因此,烘干过程中,一般按下列方法严格控制水流温度和蛋白液的温度。出水口处浆液温度为 $50\sim51\text{℃}$。浆液为浅豆绿色澄清状。

浇浆后 $2\sim4\text{ h}$ 内,出水口处浆液温度上升到 52℃。浆液色泽同上。

浇浆后 $4\sim6\text{ h}$ 内,应使出水口处的浆液温度提高到 $53\sim54\text{℃}$,这样的温度保持到第一次揭片为止。这样的温度和时间亦可达到杀菌的目的。

第一次揭片后,水温逐渐降低,先将进水口水温降到 55℃,第二次揭片时,再下降 1℃,第三次揭片时,水温可降到 53℃。

3.烘干工艺中注意事项

(1)水槽内的水面应高于蛋白液面。

(2)烘制过程不应超过 22 h,烘干全程应在 24 h 内结束。

(3)烘制车间的一切用具,使用前必须进行消毒。所用温度计必须经过校正,准确无误才能使用。

(4)烘干过程应有专人负责,每半小时进行一次记录。

(五)晾白

烘干揭出的蛋白片仍含有 24% 的水分,需要继续晾干,俗称晾白。晾白车间的四周装有蒸汽排管,保持车间所需要温度。车间内有晾白架,每个架有 $6\sim7$ 层,每层间距 33 cm,放置布棚用。

晾白方法将晾白室温度调至 $40\sim50\text{℃}$,然后将大张蛋白片湿面向外搭成"人"字形,或湿面向上,平铺在布棚上进行晾干;$4\sim5\text{ h}$ 后,用手在布棚下面轻轻敲动,若见蛋白片有瓦裂现象,即为晾干,此时含水量为 15% 左右,取出后放于盘内送至拣选车间。晾干时,根据蛋白片的干湿不同分别放置在距热源远或近的架上晾白。烘干时的碎屑用 10×20 孔的竹筛进行过筛。筛上面的碎片放于布棚上晾干,筛下粉末可送包装车间。

(六)拣选及焙藏

晾白后的蛋白,送入拣选车间,按不同规格、不同质量分别处理。

1.拣大片

将大片蛋白捏成 20 mm 大小的小片,同时将厚片、潮块、含浆块、无光片等拣出返回晾白车间,继续晾干,再次拣选。优质小片送入贮藏车间进行贮藏。挑出的杂质分别存放。

2.拣大屑

清盘所得的碎片用孔径 2.5 mm 的竹筛,筛去碎属与筛上晶粒分开存放。

3.拣碎屑

烘干和清盘时的碎屑用孔径 1 mm 的铜筛筛去粉末,拣出杂质,分别存放。

4.再处理

将所拣出的杂质、粉末等用水溶解,过滤,再次烘干成片做次品处理。

5.焐藏

即是将不同规格的产品分别放在铝箱内,上面盖上白布。再将箱置于木架上 48～72 h,使成品水分蒸发或吸收,以达水分平衡、均匀一致的目的,称为焐藏。焐藏的时间与气温和空气干湿情况有关,要随时抽样检查含水量、打擦度和水溶物含量等,达标准后进行包装。

(七) 包装及贮藏

干蛋白的包装是将不同规格的产品按一定的比例搭配包装的,其比例是蛋白片 85%,晶粒 1%～1.5%,碎屑 13.5%～14%。包装用品是马口铁箱,铁箱容积为 50 kg。消毒后的铁箱,晾干后衬上硫酸纸,按上述比例装入,盖上纸和箱盖,即可焊封。然后再装入木箱,用钉固定,贴上商标、品名、规格、净重、工厂代号、批号、生产日期等。

贮藏蛋白片用的仓库应清洁干燥、无异味、通风良好、库温在 24℃以下。

第六节　蛋 粉 加 工

蛋粉(eggs powder)是指用喷雾干燥法除去蛋液中的水分而加工出的粉末状产品,我国主要生产全蛋粉和蛋黄粉。干蛋粉贮藏性良好,主要供食用和食品工业用,如在食品工业上生产糖果、饼干、面包、冰淇淋、蛋黄酱等。蛋黄粉可提炼出蛋黄素用于医药工业,提炼出的蛋黄油可用于油画及化妆用品等。蛋粉的加工方法与奶粉的加工方法类似。

一、工艺流程

蛋液→搅拌过滤→巴氏消毒→喷雾干燥→筛粉→晾粉→包装→干蛋粉。

二、操作要点

1.搅拌过滤

搅拌是使蛋液均匀一致,过滤是为了除去蛋液中的各种杂质。若搅拌过滤不充分,其中的杂质很容易堵塞雾化器,从而严重影响喷雾干燥的进行。

2.巴氏消毒

与冰蛋加工时的消毒方法相同。

3.喷雾干燥

通常采用压力喷雾干燥法或离心喷雾干燥法,其中离心喷雾干燥方法较好。喷雾干燥的优点是干燥速度快,对产品的色、香、味、营养成分影响小,成品的冲调性好。但喷雾干燥室体积较大,设备热利用率低,粉尘回收装置比较复杂。

(1)压力喷雾干燥　经加热杀菌后的蛋液由压力泵喷射入干燥室,形成雾状微粒,另有鼓风机将加热空气送入干燥室,蛋液微粒中的水分便在瞬间(0.3 s 左右)受热蒸发而干燥成为蛋粉。

(2)离心喷雾干燥　蛋液由压力泵送入高速旋转的离心盘内(5 000～12 000 r/min),使蛋液成为漩涡式环流雾状,同时加热空气送入干燥室使雾状蛋液脱水、干燥。

4.过筛

干燥后的蛋粉送至筛粉室过筛,除去粗大颗粒,经称量后包装。筛粉一般采用机械振动筛。

5.包装

干蛋粉通常采用马口铁箱罐装,也可采用塑料袋包装后再装入纸箱包装。在包装前,包装室及室内用具必须无菌,马口铁箱及衬纸也必须经过严格的消毒处理。

三、蛋粉的功能特性标准

虽然蛋液在干燥过程中受到了各种物理和化学因素的影响,蛋粉制品须满足以下几大功能特性:

1.打擦度

起泡性是蛋清的重要功能特性,这种特性用打擦度来表示。当搅拌蛋白液时,会产生泡沫,并且具有稳定性。经研究认为,泡沫内表面是由折叠并延展的蛋白质构成,形成气体和液体的分界面,在干燥过程中,各种蛋白质受到不同程度的破坏,因而打擦度往往会降低。为了改进干蛋白制品的打擦度,可在干燥前加入一定量的化学添加剂,如盐类、糖类(蔗糖、玉米糖浆)、助打擦剂等。常用的助打擦剂有十二烷基硫酸钠、三醋酸甘油酯、多聚磷酸钠等,使用量为0.1%。

蛋白液中如果混入蛋黄液,所得干燥成品的打擦度受到很大影响,因此可以通过加入脂肪分解酶分解蛋黄中的脂肪,从而改进产品的打擦度。

2.乳化力

蛋黄液、全蛋液和蛋白液都是良好的乳化剂,其中蛋液乳化效果是蛋白的4倍,这主要是由卵磷脂决定的。

3.凝固性

正常干燥应不使成品失去凝固特性,但如果干燥温度过高或贮藏条件不良,全蛋、蛋黄等则会失去溶解性,有葡萄糖存在时,这种损失更严重。加糖、盐可对蛋的凝固性起保护作用。

4.风味

葡萄糖存在是风味变化的重要原因。另外,加工过程中也可能因其他原因引起异味,如用酵母发酵可能会带来酵母味。全蛋或蛋黄的风味稳定性可以通过加蔗糖、玉米糖浆来改善。贮藏期间可采用充气(如氮气、二氧化碳)或除氧包装保持其风味。

5.营养

蛋品在正常干燥条件下,营养损失变化很小,风味正常,即保有应有的全部营养价值。

6.色泽

正常干燥或贮藏条件下,全蛋或蛋黄的色泽保持不变,但干燥时如过热,色素易氧化而使蛋品色泽变浅。另外,没脱葡萄糖的蛋品,过热加工还会发生褐变。

四、干制蛋粉的贮藏和运输

干蛋粉贮藏的仓库应保持干燥,温度不宜超过24℃,最好在0℃的冷库中贮存。蛋粉中含有维生素A,尤其蛋黄中含量更多,维生素在空气中易于氧化,日光照射易被破坏。因此,蛋粉应贮藏在暗处,否则会造蛋粉维生素损失、颜色劣变、成品质量下降。同时应严格控制仓库的相对湿度,一般不应超过70%;湿度大,蛋粉易吸潮,贮藏期会大大缩短。贮藏蛋粉的仓库不得同时存放其他有异味的产品,贮藏前库内应预先进行清洁、消毒。贮藏蛋粉的垛下应加垫枕木,木箱之间以及木箱与墙壁之间应留有一定距离,垛与垛之间应留通风通道,使空气流通良好。

　　与新鲜的鸡蛋相比,干蛋粉运输成本和要求低得多,但在运输的过程中需要注意以下几点:①运输车内保持低温和干燥环境。②避免和其他产生异味的化学品一起运输。③防止包装材料的破损。

第七节　蛋黄酱加工

一、蛋黄酱的概念和特点

　　蛋黄酱(mayonnaise),又称美乃滋,是以蛋黄及食用植物油为主要原料,添加若干种调味物质加工而成的一种乳化状半固体蛋制品。其中含有人体必需的亚油酸、维生素 A、B 族维生素、蛋白质及卵磷脂等成分,是一种营养价值较高的调味品。优质的蛋黄酱色泽淡黄,柔软适度,呈黏稠态,有一定韧性,清香爽口,回味浓厚。蛋黄酱中的油脂以 $2\sim4\ \mu m$ 的微细粒子状分散于醋中,食用时水相部分先与舌头接触,给人以滑润、爽快的酸味感。蛋黄酱的用途十分广泛,是制作西餐菜肴和面点的基本用料之一,可以用来涂抹面包、糕点等食品,也可用作调味料。以蛋黄酱为基本原料,可调制出炸鱼、牛扒以及虾、蛋、牡蛎等冷菜的调味汁。添加番茄汁、青椒、腌胡瓜、洋葱等,可调制出用于新鲜蔬菜色拉或通心粉色拉的调味汁。

　　1912 年,蛋黄酱在美国率先生产上市,以后逐步流行到世界各地,目前各国都有生产销售。近年来,随着消费者需求的不断增加,蛋黄酱品种逐渐增多,衍生出各类半固体的调味酱、色拉调味汁、乳化状调味汁、分离液状调味汁等多种产品。同时,各种类型的蛋黄酱产量也大幅度提高。

　　蛋黄酱是一种乳状液,其稳定性的好坏是决定产品质量的关键。蛋黄酱的稳定性与其所用原辅料的种类、质量、用量、使用方法等有关,还与生产工艺流程及操作方法和参数等有关。蛋黄酱的稳定性可通过黏度的大小来反映,黏度越大,其稳定性越好。

　　乳状液有水包油型(O/W)和油包水型(W/O)两种。蛋黄酱属于 O/W 型乳化体系,但在一定的条件下会转变为 W/O 型,此时,蛋黄酱的原有状态被破坏,流变性改变,黏度大幅度下降,在外观上,蛋黄酱由原来的黏稠均一的体系变成稀薄的"蛋花汤"状。

二、原辅料的选择

　　蛋黄酱生产所用原辅料种类很多,且不同配方所用的原辅料的种类也有较大的差异,主要有植物油、鸡蛋、食醋、香料、食盐、糖等。各种原辅料的特性、用量、质量及使用方法等对蛋黄酱的品质、性状等有着重要影响。

　　1. 蛋黄

　　蛋黄酱是一种天然的完全乳状液,其乳化是围绕蛋黄所产生的。蛋黄(全蛋)是一种天然乳化剂,在蛋黄酱中起乳化作用。使蛋黄具有乳化剂特性的物质主要是卵磷脂和胆甾醇,卵磷脂属 O/W 型乳化剂,而胆甾醇则属于 W/O 型乳化剂。实验证明,当卵磷脂:胆甾醇<8:1时,形成的是 W/O 型乳化体系,或使 O/W 型乳化体系转变为 W/O 型。卵磷脂易被氧化,因此,如蛋黄酱生产所用原料蛋的新鲜程度较低,则不易形成稳定的 O/W 型乳化体系。此外,蛋黄中的类脂物成分对产品的稳定性、风味、颜色也起着关键作用;蛋清是一种很复杂的蛋白

质胶体,它在蛋黄酱制作中有助于同酸组分凝结产生胶状的结构。

　　2.植物油

　　一般应选用无色或浅色的植物油,且硬脂酸含量不高于0.125%。应优先选用橄榄油、精制豆油、生菜油、玉米油、米糠油、茶子油、红花子油等,并要求其颜色清淡、气味正常、稳定性好,浊度尽可能低。橄榄油最好,常用的是精制豆油。有些油品如棕榈油、花生油等,因富含饱和脂肪酸结构的甘油酯,低温时易固化,导致乳状液的不连续性,故不宜用于制作蛋黄酱。

　　3.食醋

　　食醋在蛋黄酱中有多重作用,主要作用是在添加量适当时,可作为风味剂可改善制品的风味;其次,作为防腐剂可以防止因微生物引起的腐败。蛋黄酱制作要求所用的食醋无色,醋酸含量在3.5%～4.5%。由于食醋中往往含有丰富的微量金属元素,而这些金属元素有助于氧化作用,对产品的贮藏不利;因此,可考虑用苹果酸、柠檬酸等替代,也可选用复合酸味剂。

　　蛋黄酱生产中,在蛋黄和植物油用量一定的情况下,添加食醋会使产品的黏度及稳定性大幅度降低,这与食醋的主要成分是水有关,但考虑到醋酸具有防腐及改善风味的作用,可适当多用食醋(或用其他有机酸及含酸较多的果汁)。食醋的用量以使水相中醋酸浓度为2%为宜,即食醋(4.5%醋酸)用量为9.4%～10.8%。

　　4.芥末

　　芥末是一种粉末乳化剂。一般认为蛋黄酱的乳化是依靠卵磷脂和胆甾醇的作用,而其稳定性则主要取决于芥末。在蛋黄、植物油和食醋用量一定的情况下,添加芥末粉可使产品的稳定性提高。当加入1%～2%的白芥末粉时,即可维持体系的稳定,且芥末粉越细,乳化稳定效率越高。考虑芥末对产品风味的影响,一般用量控制在0.6%～1.2%。

　　5.其他

　　生产蛋黄酱用水最好是软水,硬水对产品的稳定性不利。在配料中适当添加明胶、果胶、琼脂等稳定剂,可使产品稳定性提高。糖和盐不仅是调味品,还能在一定程度上起到防腐、稳定产品性质的作用。但配料中食盐用量偏高会使产品稳定性下降,宜将产品水相中食盐浓度控制在10%以下。

三、蛋黄酱的基本加工工艺

(一)基础配方

蛋黄10%,植物油70%,芥末1.5%,食盐2.5%,食用白醋(含醋酸6%)16%。

(二)工艺流程

蛋黄酱的加工工艺流程见图21-7。

(三)操作要点

1.蛋液制备

用清水将鲜鸡蛋洗涤干净,过氧乙酸消毒灭菌,打蛋后将蛋液打入预先消毒的搅拌锅内。若只用蛋黄,可用打分蛋器打分蛋,将分出的蛋黄投入搅拌锅内并搅拌均匀。

蛋液需进行杀菌处理,目前主要采用加热杀菌。应注意蛋黄是一种热敏性物料,受热易变性凝固。试验表明,当搅拌均匀后的蛋黄液加热至65℃以上时,其黏度逐渐上升,而当温度超过70℃时,则出现蛋白质变性凝固现象。为了能有效地杀灭致病菌,一般要求蛋黄液在60℃温度下保持3～5 min,杀菌后的蛋液冷却备用。

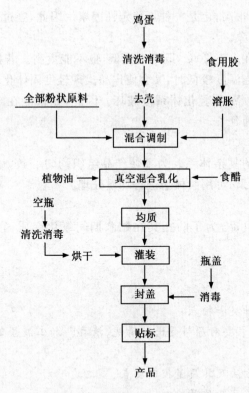

图 21-7　蛋黄酱的加工工艺流程

2. 辅料处理

将食盐、糖等水溶性辅料溶于食醋中，在 60℃ 下保持 3～5 min，然后过滤，冷却备用。将芥末等香辛料磨成细末，进行微波杀菌。

3. 混合乳化

先将除植物油以外的辅料投入蛋液中，搅拌均匀。在不断搅拌下，缓慢加入植物油，随着植物油的加入，混合液的黏度增大，这时应调整搅拌速度，使加入的油尽快分散。搅拌时间对产品黏度的影响见表 21-9。

表 21-9　搅拌时间对产品黏度的影响

搅拌时间/min	黏度/峰面积	搅拌时间/min	黏度/峰面积
0	28	15	157
5	43	16.5	12
10	62		

注：黏度用流变仪测定

在搅拌混合时，搅拌速度要均匀，且向一个方向搅拌。植物油添加速度特别是初期不能太快，否则不能形成 O/W 型蛋黄酱。从表 21-9 可以看出：适当加强搅拌可提高产品的稳定性，但搅拌过度则会使产品的黏度大幅度下降。这是因为对一个确定的乳化体系，机械搅拌作用的强度越大，分散油相的程度越高，内相的分散度越大。而内相的分散度越大，油珠的半径越小，这时分散相与分散介质的密度差也越小，体系的稳定性提高。但油珠半径越小，也意味着油珠的表面积越大,表面能很高,也是一种不稳定性因素。因此,当过度搅拌时,乳化体系的稳定性就被破坏,出现破乳现象。

乳化操作温度应控制在 15～20℃,既不能太低,也不能太高。若操作温度过高,会使物料变得稀薄,不利于乳化;而当温度较低时,又会使产品出现轻度固体化现象。

卵磷脂易被氧化,使 O/W 型乳化体系被破坏。因此,如果能在缺氧或充氮条件下操作,能使产品的有效贮藏期大为延长。

4.均质

蛋黄酱是一种多成分的复杂体系。为了使产品组织均匀一致,质地细腻,外观及滋味均一,以及进一步增强乳化效果,可用胶体磨进行均质处理。

5.包装

蛋黄酱属于一种多脂食品,为了防止其在贮藏期间氧化变质,宜采用不透光材料,真空包装。

复习思考题

1.简述现代蛋制品的种类和特点。

2.在加工液蛋时,为什么要对原料蛋进行清洗、消毒? 加工液蛋时,如何提高产品的卫生质量?

3.简述全蛋液的杀菌方法及其质量控制要点。

4.简述湿蛋品加工工艺及其质量控制。

5.简述冰蛋品的加工工艺及操作要点。

6.简述蛋白片的加工工艺及其操作要点。

7.简述干蛋品加工时,脱糖的方法、原理及其特点。

8.发酵对于干蛋白加工有什么重要作用?

9.简述干蛋粉加工原理、加工工艺及质量控制途径。

10.干蛋品类功能特性包括哪几个方面?

11.蛋黄酱的加工工艺流程及操作要点是什么?

12.简述影响蛋黄酱产品稳定性的因素。

参 考 文 献

[1] 乳品工业手册编写组.乳品工业手册.北京:中国轻工业出版社,1987.

[2] 骆承庠.乳与乳制品工艺学.2版.北京:中国农业出版社,1999.

[3] 郭本恒.干酪.北京:化学工业出版社,2004.

[4] 郭本恒.现代乳品加工学.北京:中国轻工业出版社,2001.

[5] 杨宝进,张一鸣.现代食品加工学.北京:中国农业大学出版社,2006.

[6] 张和平,张佳程.乳品工艺学.北京:中国轻工业出版社,2007.

[7] 蔡健,常锋.乳品加工技术.北京:化学工业出版社,2010.

[8] 李凤林,兰文峰.乳与乳制品加工技术.北京:中国轻工业出版社,2010.

[9] 陈历俊.乳品科学与技术.北京:中国轻工业出版社,2007.

[10] 谢继志.液态乳制品科学与技术.北京:中国轻工业出版社,1999.

[11] 吴祖兴.乳制品加工技术.北京:化学工业出版社,2007.

[12] 魏庆葆.食品机械与设备.北京:化学工业出版社,2008.

[13] 孔保华.乳品科学与技术.北京:科学出版社,2004.

[14] 张兰威.乳与乳制品工艺学.北京:中国农业出版社,2006.

[15] 郭成宇.现代乳品工程技术.北京:化学工业出版社,2004.

[16] 张列兵.新版乳制品配方.北京:中国轻工业出版社,2003.

[17] 李晓东.乳品工艺学.北京:科学出版社,2011.

[18] 夏文水.肉制品加工原理与技术.北京:中国轻工业出版社,2003.

[19] 周光宏.畜产品加工学.北京:中国农业出版社,2011.

[20] 展跃平.肉制品加工技术.北京:化学工业出版社,2010.

[21] 葛长荣,马美湖.肉与肉制品工艺学.北京:中国轻工业出版社,2005.

[22] 于新,李小华.肉制品加工技术与配方.北京:中国纺织出版社,2011.

[23] 孔保华.西式低温肉制品加工技术.北京:中国农业出版社,2013.

[24] 孙京新.调理肉制品加工技术.北京:中国农业出版社,2014.

[25] 李春保,张万刚.冷却猪肉加工技术.北京:中国农业出版社,2014.

[26] 刘登勇.肉品加工机械与设备.北京:中国农业出版社,2014.

[27] 赵改名.酱卤肉制品加工技术.北京:中国农业出版社,2014.

[28] 马美湖.禽蛋制品生产技术.北京:中国轻工业出版社,2003.

[29] 褚庆环.蛋品加工技术.北京:中国轻工业出版社,2007.

[30] 李晓东.蛋品科学与技术.北京:化学工业出版社,2005.

[31] 蔡朝霞.蛋品加工新技术.北京:中国农业出版社,2013.

[32] 张志健.新型蛋制品加工工艺与配方.北京:科学技术文献出版社,2000.

[33] 王卫国.无公害蛋品加工综合技术.北京:中国农业出版社,2003.

[34] 郑坚强.蛋制品加工工艺与配方.北京:化学工业出版社,2006.

[35] 陈来同,唐远.41种生物化学产品生产技术.北京:金盾出版社,1999.

[36] 杨运华.食品罐藏工艺学实验指导书.北京:中国农业出版社,1995.

附表　哈夫单位换算表

蛋白高度/mm	蛋　重/g																				
	50	51	52	53	54	55	56	57	58	59	60	61	62	63	64	65	66	67	68	69	70
3.0	52	51	51	50	49	48	48	47	46	45	44										
3.1	53	53	52	51	50	50	49	49	48	47	46										
3.2	54	54	53	52	52	51	50	50	49	48	48										
3.3	56	55	54	54	53	52	52	51	50	50	49										
3.4	57	56	56	55	54	54	53	52	52	52	51										
3.5	58	58	57	56	56	55	54	54	53	53	52										
3.6	59	59	58	58	57	56	56	55	54	54	53										
3.7	60	60	59	59	58	58	57	56	56	55	54										
3.8	62	61	60	60	59	59	58	57	57	56	56										
3.9	63	62	61	61	60	60	59	59	58	57	57										
4.0	64	63	63	62	61	61	60	60	59	59	58										
4.1	65	64	64	63	62	62	61	61	60	60	59										
4.2	66	65	65	64	64	63	62	62	61	61	60										
4.3	67	66	66	65	65	64	64	63	63	62	60										
4.4	68	67	67	66	66	65	65	64	64	63	63										
4.5	69	68	68	67	67	66	66	65	65	64	64										
4.6	69	69	68	68	68	67	67	66	66	65	65										
4.7	70	70	69	69	68	68	68	67	67	66	66										
4.8	71	71	70	70	69	69	69	68	68	67	67										
4.9	72	72	71	71	70	70	70	69	69	68	68										
5.0	73	72	72	72	71	71	70	70	69	69	69	68	68	67	67	66	66	66	65	65	64
5.1	74	73	73	72	72	71	71	71	70	70	69	69	69	68	68	67	67	67	66	66	65
5.2	74	74	74	73	73	72	72	71	71	71	70	70	70	69	69	68	68	68	67	67	66
5.3	75	75	74	74	74	73	73	72	72	71	71	71	70	70	70	69	69	68	68	68	67
5.4	76	76	75	75	74	74	73	73	72	72	71	71	71	71	70	70	70	69	69	69	68
5.5	77	76	76	76	75	75	74	74	74	73	73	72	72	72	71	71	71	70	70	69	69
5.6	77	77	77	76	76	75	75	75	74	74	74	73	73	72	72	72	71	71	71	70	70
5.7	78	78	77	77	76	76	76	75	75	75	74	74	74	73	73	73	72	72	71	71	71
5.8	78	78	78	78	77	77	77	76	76	76	75	75	74	74	74	73	73	73	72	72	72
5.9	79	79	79	78	78	78	77	77	77	76	76	75	75	75	75	74	74	73	73	73	72
6.0	80	80	80	79	79	78	78	78	77	77	77	76	76	76	75	75	75	74	74	74	73
6.1	81	81	80	80	79	79	79	79	78	78	77	77	77	76	76	76	75	75	75	74	74

续表

蛋白高度/mm	蛋 重/g																				
	50	51	52	53	54	55	56	57	58	59	60	61	62	63	64	65	66	67	68	69	70
6.2	82	81	81	80	80	80	79	79	78	78	78	78	77	77	77	76	76	76	75	75	75
6.3	83	82	81	81	81	80	80	80	79	79	79	78	78	78	77	77	77	76	76	76	76
6.4	83	83	82	82	81	81	81	80	80	80	79	79	79	78	78	78	78	77	77	76	76
6.5	83	83	82	82	82	82	81	81	81	80	80	80	80	79	79	79	78	78	78	77	77
6.6	84	84	83	83	83	82	82	82	81	81	81	81	80	80	80	79	79	79	78	78	78
6.7	85	84	84	84	83	83	83	82	82	82	81	81	81	80	80	80	80	79	79	79	78
6.8	85	85	85	84	84	84	83	83	83	82	82	82	82	81	81	81	80	80	80	79	79
6.9	86	86	85	85	85	84	84	84	84	83	83	82	82	82	82	81	81	81	80	80	80
7.0	86	86	86	86	85	85	85	84	84	84	83	83	83	83	82	82	82	81	81	81	80
7.1	87	86	86	86	86	86	85	85	85	84	84	84	84	83	83	83	82	82	82	81	81
7.2	88	87	87	87	86	86	86	86	85	85	85	84	84	84	84	83	83	83	82	82	82
7.3	88	88	88	87	87	87	86	86	86	86	85	85	85	84	84	84	84	83	83	83	83
7.4	89	89	88	88	88	87	87	87	86	86	86	86	85	85	85	85	84	84	84	83	83
7.5	89	89	89	89	88	88	88	87	87	87	87	86	86	86	85	85	85	85	84	84	84
7.6	90	90	89	89	89	89	88	88	88	87	87	87	87	86	86	86	86	85	85	85	84
7.7	91	90	90	90	89	89	89	89	88	88	88	88	87	87	87	86	86	86	86	85	85
7.8	91	91	91	90	90	90	90	89	89	89	88	88	88	88	87	87	87	86	86	86	86
7.9	92	91	91	91	90	90	90	89	89	89	89	89	88	88	88	88	87	87	87	87	86
8.0	92	92	92	91	91	91	90	90	90	90	89	89	89	89	88	88	88	88	87	87	87
8.1	93	92	92	92	92	91	91	91	90	90	90	90	89	89	89	89	88	88	88	88	87
8.2	93	93	93	92	92	92	92	91	91	91	91	90	90	90	89	89	89	89	88	88	88
8.3	94	93	93	93	93	92	92	92	92	91	91	91	91	90	90	90	90	89	89	89	89
8.4	94	94	94	93	93	93	93	92	92	92	92	91	91	91	91	90	90	90	90	89	89
8.5	95	95	94	94	94	94	93	93	93	92	92	92	92	91	91	91	91	90	90	90	90
8.6	96	96	95	95	94	94	94	93	93	93	93	93	92	92	92	92	91	91	91	91	90
8.7	96	96	95	95	95	94	94	94	94	93	93	93	93	93	92	92	92	92	92	91	91
8.8	96	96	96	95	95	95	95	94	94	94	94	93	93	93	93	93	92	92	92	92	91
8.9	97	96	96	96	96	95	95	95	95	94	94	94	94	94	94	93	93	93	93	92	92
9.0	97	97	97	96	96	96	96	95	95	95	95	94	94	94	94	93	93	93	93	92	92